Química forense
experimental

Dados Internacionais de Catalogação na Publicação (CIP)
(Câmara Brasileira do Livro, SP, Brasil)

Química forense experimental / Bruno Spinosa de
   Martinis e Marcelo Firmino de Oliveira,
   organizadores . -- São Paulo : Cengage
   Learning, 2022.

   1. reimpr. da 1. ed. brasileira de 2016.
   Vários autores.
   Bibliografia.
   ISBN 978-85-221-2277-6

   1. Prova pericial 2. Química forense 3. Química
legal I. Martinis, Bruno Spinosa de. II. Oliveira,
Marcelo Firmino de.

15-08622   CDD-614.1

Índice para catálogo sistemático:
1. Química forense 614.1

Química forense experimental

Bruno Spinosa De Martinis e
Marcelo Firmino de Oliveira

Organizadores

CENGAGE
Learning

Austrália • Brasil • Japão • Coreia • México • Cingapura • Espanha • Reino Unido • Estados Unidos

Química forense experimental
1ª edição

**Bruno Spinosa De Martinis e
Marcelo Firmino de Oliveira (orgs.)**

Gerente editorial: Noelma Brocanelli

Editora de desenvolvimento: Viviane Akemi Uemura

Supervisora de produção gráfica: Fabiana Alencar Albuquerque

Copidesque: Bel Ribeiro

Revisão: Mayra Clara Albuquerque Venâncio dos Santos,
 Daniela Paula Bertolino Pita e Norma Gusukuma

Diagramação e projeto gráfico: PC Editorial Ltda.

Capa: Edison Rizzato

Imagem da capa: Undergroundarts.co.uk e Deliverance

Especialista em direitos autorais: Jenis Oh

Pesquisa iconográfica: ABMM

Editora de aquisições: Guacira Simonelli

© 2016 Cengage Learning Edições Ltda.

Todos os direitos reservados. Nenhuma parte deste livro poderá ser reproduzida, sejam quais forem os meios empregados, sem permissão, por escrito, da Editora. Aos infratores aplicam-se as sanções previstas nos artigos 102, 104, 106 e 107 da Lei nº 9.610 de 19 de fevereiro de 1998.

Esta editora empenhou-se em contatar os responsáveis pelos direitos autorais de todas as imagens e de outros materiais utilizados neste livro. Se porventura for constatada a omissão involuntária na identificação de alguns deles, dispomo-nos a efetuar, futuramente, os possíveis acertos.

A Cengage Learning não se responsabiliza pelo funcionamento dos links contidos neste livro que podem estar suspensos.

Para informações sobre nossos produtos, entre em contato pelo telefone **0800 11 19 39**

Para permissão de uso de material desta obra, envie seu pedido para
direitosautorais@cengage.com

© 2016 Cengage Learning. Todos os direitos reservados.

ISBN-13: 978-85-221-2277-6
ISBN-10: 85-221-2277-6

Cengage Learning
Condomínio E-Business Park
Rua Werner Siemens, 111 – Prédio 11 – Torre A – 9º andar
Lapa de Baixo – CEP 05069-900 – São Paulo – SP
Tel.: (11) 3665-9900 – Fax: (11) 3665-9901

Para suas soluções de curso e aprendizado, visite
www.cengage.com.br

Impresso no Brasil.
Printed in Brazil.
1. reimpressão de 2022.

Agradecimentos

*Antônio José Ipólito e Marcelo Firmino de Oliveira,
autores do Capítulo 2,
agradecem ao fotógrafo técnico pericial Antônio Élcio Ferreira,
do Núcleo de Perícias Criminalísticas de Ribeirão Preto,
pelas imagens produzidas.*

*Leandro Augusto Calixto,
Anderson Rodrigo Moraes de Oliveira e Thiago Barth
dedicam o Capítulo 12 à mestra, inspiração e uma das pioneiras
do emprego da eletroforese capilar no Brasil,
Prof. Pierina Sueli Bonato,
docente da FCFRP-USP – Faculdade de Ciências Farmacêuticas
de Ribeirão Preto.*

*Os autores e organizadores desta obra,
Bruno Spinosa De Martinis e Marcelo Firmino de Oliveira,
agradecem o apoio da Capes – Coordenação de Aperfeiçoamento
de Pessoal de Nível Superior,
pelos projetos concedidos no âmbito
do Edital n. 25/2014 – Pró-Forenses.*

Sumário

Capítulo 1 – Planejamento experimental: uma importante ferramenta em estudos químico-forenses 2

INTRODUÇÃO 4

PRINCIPAIS METODOLOGIAS 6
    Cálculo dos efeitos principais 12
    Planejamento fatorial fracionário 16

ESTUDO DE CASO 20

PRÁTICA DE LABORATÓRIO 21
    Utilização do planejamento fatorial para a determinação de condições experimentais 21
        Objetivo 22
        Procedimento 22
        Quesitos 22
        Relatório de análises 22

EXERCÍCIOS COMPLEMENTARES 23

REFERÊNCIAS BIBLIOGRÁFICAS 23

Capítulo 2 – Testes rápidos para detecção de substâncias entorpecentes 26

INTRODUÇÃO 28
    Importância dos testes rápidos na identificação preliminar de drogas de abuso 28

PRINCIPAIS METODOLOGIAS 29
    Maconha 29
        Teste rápido 30
            Teste do *Fast Blue* B 30
                Reagentes 30
    Cocaína 30
        Teste rápido 31
            Teste do Tiocianato de Cobalto 31
                Reagentes 31
    LSD (dietilamina do ácido lisérgico) 31
        Teste de Ehrlich 32
    Anfetaminas, metanfetaminas e seus derivados 32

        Teste de Marquis   33
ESTUDO DE CASO   34
PRÁTICA DE LABORATÓRIO – 1   34
    Exame preliminar para constatação da presença de cocaína em substância em pó suspeita   34
        Objetivo   34
        Reagentes e vidraria   34
        Procedimento   35
        Quesitos   35
        Relatório de análises   35
PRÁTICA DE LABORATÓRIO – 2   35
    Exame preliminar para constatação da presença de canabinoides em amostras suspeitas de maconha   35
        Objetivo   35
        Reagentes e vidraria   36
        Procedimento   36
        Quesito   36
EXERCÍCIOS COMPLEMENTARES   36
REFERÊNCIAS BIBLIOGRÁFICAS   37

Capítulo 3 – Identificação de impressões digitais   38

INTRODUÇÃO   40
PRINCIPAIS METODOLOGIAS   42
    Métodos físicos   42
    Métodos químicos   43
        Ninidrina   43
        Vapor de iodo   44
        Vapor de cianoacrilato   44
    Métodos mistos   45
ESTUDO DE CASO   45
PRÁTICA DE LABORATÓRIO   47
    Identificação de impressões digitais utilizando-se métodos físicos e químicos   47
        Objetivo   47
        Aparelhagem   47
        Reagentes e vidraria   47
        Procedimento   48
            Revelação de impressões digitais com negro de fumo   48
            Revelação de impressões digitais com carbonato de chumbo   48
            Revelação de impressões digitais com iodo   48
            Revelação de impressões digitais com cianoacrilato   48
        Quesitos   49
        Relatório de análises   49
EXERCÍCIOS COMPLEMENTARES   49
REFERÊNCIAS BIBLIOGRÁFICAS   49

Capítulo 4 – Luminol: Síntese e propriedades quimiluminescentes 50

INTRODUÇÃO 52
    Identificação de vestígios de sangue 53
    O uso do luminol 53
        Sensibilidade e limitações das técnicas quimiluminescentes 54

ESTUDO DE CASOS 56
    Caso 1 56
    Caso 2 56

PRÁTICA DE LABORATÓRIO 57
    Preparação e uso do luminol 57
        Objetivo 57
        Aparelhagem 57
        Reagentes e vidraria 58
            Síntese do luminol 58
            Teste da quimiluminescência do luminol 58
            Vidraria 58
        Procedimento 58
            Síntese do luminol 58
                Parte 1 58
                Parte 2 59
            Teste da quimiluminescência do luminol 59
        Análise 60
        Quesitos 60

REFERÊNCIAS BIBLIOGRÁFICAS 60

Capítulo 5 – Análise de resíduos de disparos de armas de fogo 62

INTRODUÇÃO 64

PRINCIPAIS METODOLOGIAS 65
    Rodizonato de sódio 65
    Teste de Griess 66
    Espectrometria de absorção atômica (EAA) 68
    Microscopia Eletrônica de Varredura 70

ESTUDO DE CASO 73

PRÁTICA DE LABORATÓRIO 74
    Exame residuográfico utilizando rodizonato de sódio em pH tamponado 74
        Objetivo 74
        Aparelhagem 74
        Reagentes e vidraria 74
        Procedimento 75
        Quesitos 75
        Relatório de análises 76

EXERCÍCIO COMPLEMENTAR 76

REFERÊNCIAS BIBLIOGRÁFICAS 76

Capítulo 6 – Espectrofotometria de absorção molecular no ultravioleta e visível 78

INTRODUÇÃO 80

PRINCIPAIS METODOLOGIAS 82
  Medida da absorção intrínseca 82
  Derivação química 83
  Acoplamento a técnicas de separação 83
  Espectrofotometria derivativa 84
  Titulações espectrofotométricas 84

ESTUDO DE CASO 84

PRÁTICA DE LABORATÓRIO 85
  Aplicação da Lei de Lambert-Beer: detecção de cocaína por espectrometria de UV-vis após complexação com $Co(SCN)_2$ 85
    Objetivo 85
    Aparelhagem 86
    Reagentes e vidraria 86
    Procedimento 86
      Estudo da Lei de Lambert-Beer 86
    Quesitos 87
    Relatório de análises 87

EXERCÍCIOS COMPLEMENTARES 87

REFERÊNCIAS BIBLIOGRÁFICAS 87

Capítulo 7 – Espectroscopia de absorção no infravermelho 88

INTRODUÇÃO 90

PRINCIPAIS METODOLOGIAS 91
  Espectroscopia de absorção no infravermelho: conceitos básicos 91
  Instrumentação 95
  Acessórios 99
    ATR (*Attenuated Total Reflection*) 99
    DRIFTS (*Diffuse Reflectance Infrared Fourier Transform Spectroscopy*) 102
    Célula de diamante ou safira 104
    Microscopia FTIR 104
  Amostragem 106
    Pastilha de KBr 107
    Dispersão em óleo 107
    Solução 108
    ATR 108
    DRIFTS 109
    Microscopia 109
  Coleta de vestígios e espectroscopia FTIR 109
  Interpretação dos espectros 109
  Limitações das técnicas 110

PRÁTICA DE LABORATÓRIO 110
  Experimento de espectroscopia de absorção no infravermelho 110

Objetivo   110
  Aparelhagem   110
  Reagentes e vidraria   111
  Procedimento   111
  Quesitos   111
  Relatório de análises   112
EXERCÍCIOS COMPLEMENTARES   112
REFERÊNCIAS BIBLIOGRÁFICAS   112

Capítulo 8 – Espectroscopia Raman   114

INTRODUÇÃO   116

PRINCIPAIS METODOLOGIAS   117
  Espectroscopia Raman: conceitos básicos   117
  Microscopia Raman   124
  Efeito Raman ressonante   131
  Efeito SERS (*Surface Enhanced Raman Scattering*)   132
  Outras técnicas em espectroscopia Raman   135
  Coleta de vestígios e espectroscopia Raman   137
  Interpretação dos espectros   138

PRÁTICA DE LABORATÓRIO   138
  Experimento de espectroscopia Raman   138
    Objetivo   138
    Aparelhagem   138
    Procedimento   139
    Quesitos   139
    Relatório de análises   139

EXERCÍCIOS COMPLEMENTARES   140
REFERÊNCIAS BIBLIOGRÁFICAS   140

Capítulo 9 – Espectrometria de absorção atômica   142

INTRODUÇÃO   144
  Fundamentos de espectrometria de absorção atômica   144
    Histórico   144
    Instrumentação   145
    Espectrometria de absorção atômica
      de alta resolução com fonte contínua   146

PRINCIPAIS METODOLOGIAS   149
  Espectrometria de absorção atômica em chama (FAAS)   149
    Chama ar/acetileno   150
    Chama óxido nitroso/acetileno   150
  Espectrometria de absorção atômica
    em forno de grafite (GFAAS)   150

ESTUDO DE CASO   150

PRÁTICA DE LABORATÓRIO   151
  Detecção de chumbo em resíduos de disparo de arma de fogo por espectrometria
    de absorção atômica   151
    Objetivo   151

       Aparelhagem   151
       Reagentes e vidraria   151
       Procedimento   152
       Quesitos   153
       Relatório de análises   153
Exercícios complementares   153
Referências bibliográficas   153

Capítulo 10 – Cromatografia em camada delgada   154

Introdução   156
Principais metodologias   157
   Preparação das placas   157
   Análise cromatográfica   158
Estudo de casos   160
   Amostras apreendidas de cocaína ou crack   160
   Amostras de maconha apreendidas   161
Prática de laboratório   162
   Análise de amostras de cocaína por cromatografia em camada delgada   162
      Objetivo   162
      Aparelhagem   162
      Reagentes e vidraria   162
      Procedimento   163
      Quesitos   163
      Relatório de análises   164
Exercícios complementares   164
Referências bibliográficas   165

Capítulo 11 – Cromatografia líquida de alta eficiência   166

Introdução   168
   Cromatografia líquida de alta eficiência   170
      Detectores por absorvância no ultravioleta e no visível   171
      Detector por fluorescência   172
      Modalidades da cromatografia líquida de alta eficiência   173
         Cromatografia líquida em fase reversa   173
         Cromatografia líquida por supressão iônica   174
         Cromatografia líquida por par iônico   175
   Cromatografia líquida de ultraeficiência acoplada à espectrometria de massas sequencial   176
Estudo de caso – 1   177
Prática de laboratório   178
   Análise de 3,4-metilenodioximetanfetamina (MDMA) em comprimidos de *Ecstasy* por HPLC com detector de fluorescência   178
      Introdução   178
      Objetivo   178
      Reagentes e soluções padrão   179

Condições cromatográficas 179
Preparo da amostra 179
Curva analítica (análise quantitativa) 179
Precisão interensaios 179
Quesitos 180
Relatório de análises 180
Para consulta *on-line* *180*

ESTUDO DE CASO – 2 181

PRÁTICA DE LABORATÓRIO 181
Determinação de benzoilecgonina, cocaína e cocaetileno em amostras de urina e soro por cromatografia líquida de alta eficiência com detecção por arranjo de diodos (HPLC-DAD) 181
Objetivo 181
Reagentes, materiais e soluções padrão 181
Amostras biológicas 182
Procedimento de extração em fase sólida (SPE) 182
Condições cromatográficas 182
Análise qualitativa 183
Análise quantitativa/preparo das curvas analíticas 183
Quesitos 183
Relatório de análises 183
Para consulta *on-line* *183*
Leitura complementar 184

ESTUDO DE CASO – 3 186

PRÁTICA DE LABORATÓRIO 186
Determinação de 1,4-benzodiazepínicos e metabólitos em amostras de plasma, urina e saliva por cromatografia líquida de alta eficiência com detecção espectrofotométrica (HPLC-DAD) 186
Introdução 187
Objetivo 187
Reagentes, materiais e soluções padrão 188
Amostras biológicas 188
Preparo das amostras 188
Pré-tratamento da amostra 188
Extração em fase sólida 188
Condições cromatográficas 188
Análise qualitativa 189
Análise quantitativa/preparo das curvas analíticas 189
Quesitos 189
Relatório de análises 189
Para consulta *on-line* *190*

EXERCÍCIOS COMPLEMENTARES 190

REFERÊNCIAS BIBLIOGRÁFICAS 191

Capítulo 12 – Eletroforese capilar e técnicas de eletromigração em capilares na análise forense 194

INTRODUÇÃO 196
Instrumentação 196
Fonte de alta tensão 196
Capilares 197
Cartuchos 197

Sistema de detecção 197
Processo analítico por CE 197
Aspectos teóricos da eletroforese capilar 198
Mobilidade eletroforética do analito (μ_{ef}) 198
Fluxo eletrosmótico da solução (μ_{eo}) 198
Outras técnicas de eletromigração em capilar importantes à análise forense 199
MEKC 200
NACE 200

PRINCIPAIS METODOLOGIAS 201
Documentoscopia 201
Balística forense 204
Drogas de abuso 207

ESTUDO DE CASO 209

PRÁTICA DE LABORATÓRIO 211
 # Prática 1: Documentoscopia 211
Objetivo 211
Materiais e reagentes 211
Procedimento 211
a) Condições de análise 211
b) Preparo do eletrólito de análise 211
c) Condicionamento do capilar 211
d) Solução padrão 212
e) Amostragem 212
f) Solução amostra 212
Quesitos 212
Relatório de análise 212
 # Prática 2: Balística forense 213
Objetivo 213
Materiais e reagentes 213
Procedimento 213
a) Condições de análise 213
b) Preparo do eletrólito de análise 213
c) Condicionamento do capilar 213
d) Solução do padrão interno 214
e) Solução padrão 214
f) Amostragem 214
g) Solução amostra 214
Quesitos 215
Relatório de análise 215
 # Prática 3: Drogas de abuso 215
Objetivo 215
Materiais e reagentes 215
Procedimento 215
a) Condições de análise 215
b) Preparo do eletrólito de análise 216
c) Condicionamento do capilar 216
d) Solução padrão 216
e) Amostragem 216
f) Solução amostra 216
g) Branco de urina 217
Quesitos 217
Relatório de análise 217

EXERCÍCIOS COMPLEMENTARES   217
REFERÊNCIAS BIBLIOGRÁFICAS   218

Capítulo 13 – Cromatografia em fase gasosa   222

INTRODUÇÃO   224

PRINCIPAIS METODOLOGIAS   224
   Gás de arraste   225
   Introdução da amostra   225
   Outras formas de introdução da amostra no cromatógrafo   226
      Dessorção térmica   226
      Purge and trap   226
      Headspace   227
   Forno da coluna de separação   227
   Colunas de separação   227
   Escolha da fase estacionária   228
   Detectores   228

ESTUDO DE CASO – 1   231

PRÁTICA DE LABORATÓRIO – 1   231
   Quantificação de etanol em fluido oral e ar alveolar   231
      Objetivo   231
      Aparelhagem   231
      Reagentes e vidraria   231
      Procedimento   232
      Condições cromatográficas   232
      Condições de incubação da amostra   233
      Quesitos   233
      Relatório de análises   233
      Exercício complementar   233

PRÁTICA DE LABORATÓRIO – 2   233
   Análise qualitativa de ácido 11-nor-delta9-tetraidrocanabinol carboxílico por cromatografia em fase gasosa acoplada
ao espectrômetro de massas   233
      Objetivo   233
      Aparelhagem   234
      Reagentes e vidraria   234
      Procedimento   234
      Condições cromatográficas   235
      Condições do espectrômetro de massas   235
      Avaliação dos resultados   235
      Quesito   237
      Relatório de análises   237
      Exercícios complementares   237

ESTUDO DE CASO – 2   237

PRÁTICA DE LABORATÓRIO – 3   238
   Identificação de cocaína em notas de papel-moeda   238
      Objetivo   238
      Aparelhagem   238
      Reagentes e vidraria   238
      Procedimento   239
      Condições cromatográficas   239

Condições do espectrômetro de massas 239
Avaliação dos resultados 239
Quesitos 240
Relatório de análises 240
Exercício complementar 240

PRÁTICA DE LABORATÓRIO – 4 240
Análise qualitativa de cocaína, cocaetileno e benzoilecgonina por cromatografia em fase gasosa acoplada ao espectrômetro de massas 240
Objetivo 240
Aparelhagem 240
Reagentes e vidraria 240
Procedimento 241
Condições cromatográficas 242
Condições do espectrômetro de massas 242
Avaliação dos resultados 242
Quesito 244
Exercícios complementares 244

REFERÊNCIAS BIBLIOGRÁFICAS 244

Capítulo 14 – Técnica de extração emergente utilizando ponteiras DPX em amostra alternativa para a análise de canabinoides por GC-MS 246

INTRODUÇÃO 248

PRINCIPAIS METODOLOGIAS 250

ESTUDO DE CASO 252

PRÁTICA DE LABORATÓRIO 252
Detecção de canabinoides em amostras de cabelo utilizando extração em fase sólida com ponteiras descartáveis de extração (DPX), fase reversa (RP) e cromatografia em fase gasosa acoplada à espectrometria de massas (GC-MS) 252
Objetivo 252
Aparelhagem 253
Reagentes e vidraria 253
Procedimento 253
Quesitos 255
Relatório de análises 256

EXERCÍCIOS COMPLEMENTARES 256

REFERÊNCIAS BIBLIOGRÁFICAS 256

Capítulo 15 – Voltametria 260

INTRODUÇÃO 262
Princípio da técnica 262

PRÁTICA DE LABORATÓRIO PARA UM CASO REAL 271
Determinação de fenacetina em amostras de cocaína 271
Objetivo 271

        Justificativa 271
        Aparelhagem 272
        Reagentes e vidraria 272
        Procedimento 273
        Quesitos 277

EXERCÍCIOS COMPLEMENTARES 277
    Relatório de análises 277

REFERÊNCIAS BIBLIOGRÁFICAS 278

Capítulo 16 – Análise de Δ^9-tetraidrocanabinol utilizando técnicas voltamétricas 280

INTRODUÇÃO 282

PRINCIPAIS METODOLOGIAS 284
    Análise de Δ^9-THC por algumas técnicas instrumentais 284
    Exame colorimétrico adotado para constatação de canabinoides 284
    Análise de Δ^9-THC utilizando técnicas eletroquímicas 286

ESTUDO DE CASO 290

PRÁTICA DE LABORATÓRIO 294
    Análise voltamétrica de Δ^9-THC
        em amostras apreendidas pela polícia 294
        Objetivo 294
        Reagentes e vidraria 294
        Procedimento 295
        Quesitos 295
        Relatório de análises 295

EXERCÍCIOS COMPLEMENTARES 295

REFERÊNCIAS BIBLIOGRÁFICAS 296

Capítulo 17 – Microscopia eletroquímica de varredura 298

INTRODUÇÃO 300
    Microeletrodos 301

PRINCIPAIS METODOLOGIAS 303
    Modo *feedback* 303
    Modo gerador/coletor 306
    Obtenção de imagens 307

PRÁTICA DE LABORATÓRIO 308
    Obtenção de imagens de impressão digital utilizando Microscópio Eletroquímico
        de Varredura 308
        Objetivo 308
        Justificativa 308
        Aparelhagem 309
        Reagentes e vidraria 309
        Procedimento 309
        Quesitos 311

EXERCÍCIO COMPLEMENTAR 311

Relatório do experimento 312
REFERÊNCIAS BIBLIOGRÁFICAS 312

Capítulo 18 – Exame metalográfico 314

INTRODUÇÃO 316
  A individualização de um veículo 316
  A individualização de uma arma de fogo 317

PRINCIPAIS METODOLOGIAS 318
  Deformação dos metais durante a gravação de caracteres por punção 318
  Exame metalográfico 319
  Procedimento técnico 319
    Escolha dos reativos 320
      Alumínio e suas ligas 320
        Reagente de Keller (solução branda) 320
        Reagente de Tucker (solução agressiva) 320
        Reagente de Hume Rothery (tempo estimado de 45 a 60 minutos) 320
      Aço carbono e titânio 320
        Reagente de Hatcher (brando) 321
      Aço inoxidável 321
        Reagente de Bessemann & Haemers (solução branda) 321
        Reagente de Bessemann & Haemers (solução agressiva) 321

ESTUDO DE CASO 321

PRÁTICA DE LABORATÓRIO 323
  Exame metalográfico 323
    Objetivos 323
    Reagentes e equipamentos 323
    Procedimento 324
    Quesitos 324
    Relatório de análises 324

EXERCÍCIOS COMPLEMENTARES 325

REFERÊNCIAS BIBLIOGRÁFICAS 325

Capítulo 19 – Investigação de possíveis interferentes no teste do bafômetro 326

INTRODUÇÃO 328

PRINCIPAIS METODOLOGIAS 329
  A Lei Seca no Brasil 329
  Detecção de etanol no ar alveolar exalado 330
    Princípios de detecção 331
      a) Bafômetros descartáveis (colorimétricos) 331
      b) Detector eletroquímico (células eletroquímicas) 331
      c) Semicondutores (Modelo Taguchi) 332
  Detecção de etanol em amostras biológicas 333
    Princípios de detecção 334
      a) Via úmida 334
      b) Via úmida – Espectrofotometria de absorção na região do UV-Vis 334
      c) Técnicas cromatográficas 334
  Detecção de etanol em cadáveres 335

ESTUDO DE CASO 335

PRÁTICA DE LABORATÓRIO 336
Investigação da influência de substâncias interferentes na análise do ar exalado dos pulmões através do etilômetro 336
Objetivo 336
Aparelhagem 337
Reagentes e vidraria 337
Procedimento 337
Quesitos 338
Relatório de análises 338

EXERCÍCIOS COMPLEMENTARES 338

REFERÊNCIAS BIBLIOGRÁFICAS 339

Capítulo 20 – Espectrometria de massas moderna aplicada em ciências forenses 340

INTRODUÇÃO 342

PRINCIPAIS METODOLOGIAS 344
Principais técnicas de ionização 345
Ionização por elétrons (EI) 345
Ionização por íons secundários/
bombardeamento de átomos acelerados SIMS/FAB 347
MALDI 348
ESI 349
Ionização ambiente 350
DESI 351
DART 351
Analisadores de massas 352
Analisadores por tempo de voo (TOF) 354
Setor magnético/elétrostático (EB) 355
Quadrupolo (Q) 356
Armadinha de íons (QIT, do inglês *Quadrupolo Íon Trap*) 357
Orbitraps 357
Ressonância ciclotrônica de íons
por transformada de Fourier (FT-ICR) 358
Espectrometria de massas sequencial 359
Triploquadruplo 360

ESTUDO DE CASO 363

PRÁTICA DE LABORATÓRIO 365
Análise da cafeína em urina humana empregando a cromatografia líquida de alta eficiência acoplada à espectrometria de massas sequencial (HPLC-MS/MS) 365
Objetivo 365
Aparelhagem 365
Reagentes e vidraria 365
Procedimento 366
Quesitos 368
Relatório de análises 368

EXERCÍCIO COMPLEMENTAR 368

REFERÊNCIAS BIBLIOGRÁFICAS 368

Capítulo 21 – Análise de interferentes vegetais nos métodos colorimétricos e cromatográficos para análise qualitativa de maconha   372

INTRODUÇÃO   374
   Classificação farmacológica da maconha   374
   Identificação botânica da maconha   375

PRINCIPAIS METODOLOGIAS   375
   Testes colorimétricos de identificação da maconha   375
   Cromatografia em Camada Delgada (CCD)   376
   Espécies vegetais submetidas aos testes colorimétricos de identificação da maconha e de Cromatografia em Camada Delgada Analítica (CCDA)   376

ESTUDO DE CASO   377
   Teste de Fast Blue B   377
      Mangifera indica (Mangueira)   377
      Artemisia absinthium (Losna)   380
      Salix sp. (Salgueiro-chorão)   382
   Teste de Duquenóis-Levine   384
      Mangifera indica (Mangueira)   384
      Artemisia absinthium (Losna)   385
      Salix sp. (Salgueiro-chorão)   387
   Cromatografia em Camada Delgada Analítica (CCDA)   388
      Mangifera indica (Mangueira)   389
      Salix sp. (Salgueiro-chorão)   390

PRÁTICA DE LABORATÓRIO   391
   Submissão das espécies ipê-mirim, canela e ingá aos testes colorimétricos de identificação da maconha e de CCDA   391
      Objetivo   391
      Aparelhagem   391
      Reagentes e vidraria   391
      Procedimento   392
         Testes colorimétricos   392
         Teste de Fast Blue B   392
            Preparação da solução de Fast Blue B   392
            Procedimento analítico   392
         Teste de Duquenóis-Levine   392
            Preparação da solução de vanilina etanoica 2%   392
            Procedimento analítico   392
         Análise CCDA   393
            Preparação das placas cromatográficas   393
            Fase móvel   393
            Procedimento analítico   393
      Relatório de análises   393

EXERCÍCIOS COMPLEMENTARES   394
REFERÊNCIAS BIBLIOGRÁFICAS   394

Capítulo 22 – Aplicações de sensores piezelétricos em análises forenses   396

INTRODUÇÃO   398
   Um breve histórico   398

PRINCIPAIS METODOLOGIAS   399
   Fundamentação da microbalança de cristal de quartzo   399
   Relação quantitativa entre frequência e massa:
      a equação de Sauerbrey   401
   A geração de vapores de drogas   402
   A aplicação dos modificadores químicos (*coatings*)   402
   Aplicações da microbalança de cristal de quartzo
      nas ciências forenses   403
ESTUDO DE CASOS   404
   Análise de vapores de amônia no ar   404
   Análise de vapores de cocaína e canabinoides   408
      Maconha   410
         Coating de Fast Blue B Salt   410
         Coating de Fast Blue B Salt + Náfion   411
         Coating de Triton X-100®   412
      Cocaína pura   414
         Coating de THEED®   414
         Coating de Amina-220®   415
         Coating de Triton X-100®   415
      Cocaína impura   416
         Coating de THEED®   416
         Coating de Amina-220®   416
         Coating de Triton X-100®   416
PRÁTICA DE LABORATÓRIO   418
   Detecção de cafeína, teobromina e lidocaína utilizando
      sensores piezelétricos   418
      Objetivo   418
      Aparelhagem   418
      Reagentes e vidraria   418
      Procedimento   418
      Quesitos   420
      Relatório de análises   420
EXERCÍCIOS COMPLEMENTARES   420
REFERÊNCIAS BIBLIOGRÁFICAS   420

Exercícios complementares – Resolução   423

Prefácio

A ideia da criação da obra *Química Forense Experimental* surgiu no âmbito do trabalho diário do grupo de docentes, estudantes e pesquisadores do Departamento de Química da Faculdade de Filosofia, Ciências e Letras de Ribeirão Preto – Universidade de São Paulo (FFCLRP-USP). Desde 2007, este Departamento oferece em seus cursos de bacharelado em Química três modalidades: Convencional, Química Biotecnológica e Química Forense. Por constituir o primeiro curso de bacharelado em Química Forense do Brasil, a Universidade de São Paulo destacou-se mais uma vez pelo pioneirismo e pela inovação, possibilitando a formação de químicos especializados em atuação na esfera forense.

Os desafios foram muitos. Com frequência, a criação de um novo curso de graduação exige a contratação de novos docentes para suas disciplinas específicas, bem como a montagem da infraestrutura necessária à sua realização.

No tocante à divulgação do conhecimento na área de Química Forense, é importante mencionar que o Departamento de Química também apoiou a criação do evento bianual ENQFor – Encontro Nacional de Química Forense, que tem observado a cada edição um aumento considerável no número participantes, bem como de trabalhos científicos apresentados neste tema desde sua primeira edição, em 2008.

Apesar da importância crescente deste tema no cenário nacional, sabemos que há muito para fazer no tocante à divulgação da pesquisa e do conhecimento científico produzido nesta área. Como exemplo, é possível notar atualmente que as reuniões anuais das principais sociedades civis dedicadas à divulgação do conhecimento em Química (ABQ – Associação Brasileira de Química, SBQ – Sociedade Brasileira de Química) ainda não apresentam tópicos de Química Forense em suas listas de eixos temáticos para apresentação de trabalhos. A justificativa para a criação deste tópico pode ser facilmente comprovada mediante análise da quantidade expressiva de trabalhos científicos apresentados nos congressos afins que são genuinamente pertencentes ao tópico de química forense, mas forçosamente alocados em outros, por falta da opção correta disponível.

Em termos de material didático pertinente ao assunto, testemunhamos ao longo desses oito anos de existência do curso de Bacharelado em Química Forense o lançamento de diversas obras em português, pertinentes a este tema, bem como à criminalística e às ciências forenses de modo geral, que indubitavelmente contribuem para uma melhoria considerável na formação do cientista forense. Entretanto, foi possível notar também certa carência de material didático no idioma português, principalmente no tocante à prática laboratorial. Mais precisamente, alguma obra que pudesse ser utilizada como um roteiro experimental para as técnicas de análise química ensinadas em nosso curso de graduação.

Neste contexto, esta obra apresenta como característica principal e diferencial a introdução básica teórica de diversas técnicas de análise química voltadas à área forense, acompanhadas de seus respectivos roteiros de práticas laboratoriais no final de cada capítulo. Tem-se, desta forma, a possibilidade de utilização deste livro tanto em disciplinas teóricas quanto práticas, seja na graduação, na pós-graduação ou em cursos de formação de peritos forenses. São abordadas ao longo de 22 capítulos diversas técnicas clássicas e instrumentais de análise química; por exemplo, métodos colorimétricos, espectrométricos, técnicas de separação, métodos eletroquímicos, dentre outros.

Além da introdução teórica sobre cada técnica, os capítulos são formados por Estudo de casoss e uma proposta de roteiro experimental para prática de laboratório, que apresentam quesitos a serem respondidos pelos alunos, assim como por questões complementares. Pretendemos desta forma incentivar a discussão minuciosa das técnicas de análise química no contexto da Química Forense, discorrendo sobre suas vantagens operacionais e suas limitações intrínsecas.

Visando à obtenção de um livro composto por capítulos elaborados por renomados especialistas em cada área de atuação, foram convidados mais de 30 autores colaboradores, grupo este formado por peritos criminais e professores pesquisadores, que, por sua vez, contaram com a colaboração de seus orientandos de graduação e pós-graduação, conferindo suas experiências profissionais e valiosas sugestões, atingindo de forma primorosa o escopo proposto neste projeto. A todos estes profissionais ficam nossos sinceros agradecimentos. Agradecemos também a todas as pessoas que de forma direta ou indireta colaboraram para que a publicação desta obra se tornasse possível.

Bruno Spinosa De Martinis
Marcelo Firmino de Oliveira

Sobre os autores

Adelir Aparecida Saczk

Graduada em Química, Bacharelado e Licenciatura pela Universidade Federal do Paraná (1996), Mestrado em Química pela Universidade Federal do Paraná (2000) e Doutorado em Química pela Universidade Estadual Paulista Júlio de Mesquita Filho (2005). Atualmente é professora Associada I da Universidade Federal de Lavras. Desde outubro de 2012 é Coordenadora do Curso de Pós-Graduação em Tecnologias e Inovações Ambientais, modalidade Mestrado Profissional, e de novembro de 2012, Vice-Diretora de Meio Ambiente e Coordenadora do Laboratório de Gestão de Resíduos. Desde novembro de 2014, o UFLA – Laboratório de Analítica e Eletroanalítica, sob sua responsabilidade, está credenciado pela ANP – Agência Nacional do Petróleo. Atua na área de Eletroquímica e Cromatografia, quantificação de interferentes químicos via modificação de superfícies de eletrodos e desenvolvimento de procedimento de amostragem em matrizes ambientais.

Alex Soares de Castro

Graduando em Química, nos cursos de Licenciatura e Bacharelado em Química Forense na FFCLRP – Faculdade de Filosofia, Ciências e Letras de Ribeirão Preto da USP – Universidade de São Paulo. Desenvolve Iniciação Científica, na área de Eletroanalítica Forense, no laboratório de Química Analítica e Química Forense do Departamento de Química da FFCLRP, sob orientação do Prof. Dr. Marcelo Firmino de Oliveira. Entre 2012 e 2014 trabalhou no desenvolvimento de sensores voltamétricos e piezelétricos modificados quimicamente com cucurbiturilas (CB[5], CB[6] e CB[7]) para análises de cocaína em amostras de interesse forense. Atualmente trabalha com eletrodos quimicamente modificados com Base de Schiff para determinação quali e quantitativa da cocaína, além de realizar testes eletroquímicos das formas de uso oral (na forma de chá e em bebidas alcoólicas) da cocaína.

Aline Thais Bruni

Professora do Departamento de Química da Faculdade de Filosofia, Ciências e Letras de Ribeirão Preto/USP. Bacharelado em Química pela Universidade Federal de São Carlos (UFSCar), em 1993. Mestrado em Química pela Universidade Estadual de Campinas (1996). Doutorado em Ciências pela Universidade Estadual de Campinas (2000). MBA em Planejamento e Gestão Ambiental (Unip), em 2003. Bacharelado em Direito pela Universidade Paulista (2009), aprovada no Exame de Ordem da OAB. Profissional cadastrada no Banco de Peritos do CRQ IV Região desde 2011. Diretora Jurídica da SBCF – Sociedade Brasileira de Ciências Forenses no biênio 2013/2014. Experiência na área de Química, com ênfase em Química Teórica e Análise Multivariada. Atuante na área de Criminalística e Ciências Forenses utilizando métodos de química teórica e estatística para avaliar problemas de interesse forense, envolvendo estudo de drogas de desenho, estudos ambientais e avaliação de laudos periciais.

Anderson Rodrigo Moraes de Oliveira

Graduado em Farmácia-Bioquímica pelo Centro Universitário Hermínio Ometto, Doutorado em Toxicologia pela Faculdade de Ciências Farmacêuticas de Ribeirão Preto (FCFRP-USP) e Pós-doutorado pela Universidade de São Paulo (USP). Desde 2009 é docente no Departamento de Química da Faculdade de Filosofia, Ciências e Letras de Ribeirão Preto da Universidade de São Paulo (FFCLRP/USP). Desenvolve pesquisas nas áreas de Separação estereosseletiva de fármacos e metabólitos por HPLC e eletroforese capilar; Desenvolvimento de técnicas miniaturizadas de preparo de amostras; e Estudos de metabolismo *in vitro*.

Antônio José Ipólito

Biomédico desde 1989. Perito criminal da Superintendência de Polícia Técnico-Científica de São Paulo desde 1993, lotado no Laboratório de Exames de Entorpecentes do Núcleo de Perícias Criminalísticas de Ribeirão Preto/SP. Mestre em Ciências na área de Bioengenharia pela USP – Universidade de São Paulo, São Carlos.

Bruno Spinosa De Martinis

Graduado em Química pelo Instituto de Física e Química de São Carlos da Universidade de São Paulo – IFQSC/USP (1990), Mestrado em Química Analítica pela IFQSC/USP (1993), Doutorado em Química Analítica pelo Instituto de Química da Universidade de São Paulo – IQ/USP (1997), Doutorado Sanduíche no exterior, UCBerkeley – Lawrence Berkeley National Laboratory, Estados Unidos (1995). Pós-doutorado na Faculdade de Ciências Farmacêuticas da USP em Ribeirão Preto – FCFRP/USP (1998) e Pós-doutorado no exterior pelo National Institute on Drug Abuse – National Institutes of Health (NIDA/NIH), Baltimore, Estados Unidos (2005-2006). Docente da Faculdade de Medicina de Ribeirão Preto, FMRP/USP (2002-2009) e responsável pelo Laboratório de Toxicologia Analítica Forense do Centro de Medicina Legal da FMRP/USP. Atualmente é Professor Associado do Departamento de Química da Faculdade de Filosofia, Ciências e Letras de Ribeirão Preto da Universidade de São Paulo – FFCLRP/USP. Presidente da SBCF – Sociedade Brasileira de Ciências Forenses (2013-2014). Tem experiência na área de Química Analítica Forense, atuando principalmente nos seguintes temas: Desenvolvimento de métodos analíticos para a investigação de drogas de abuso; Aspectos médico-legais do álcool; Amostras alternativas para a investigação toxicológica; Métodos de extração; Análise cromatográfica; e Investigação de drogas em amostras biológicas *post mortem*.

Cristina Márcia Wolf Evangelista

Graduada em Farmácia-Bioquímica pela Faculdade de Ciências Farmacêuticas de Ribeirão Preto/USP (1984), Especialista em Magistério Superior pela Universidade de Ribeirão Preto (1991), Mestra e Doutora em Fármacos e Medicamentos pela Faculdade de Ciências Farmacêuticas de Ribeirão Preto/USP, respectivamente, 1998 e 2003. Docente das disciplinas de Toxicologia e Análise Toxicológica do Curso de Ciências Farmacêuticas da Universidade de Ribeirão Preto desde 1989. Perita Criminal formada pela Academia da Polícia Civil do Estado de São Paulo (1987). Perita Criminal Chefe da Equipe de Perícias Criminalísticas de Ituverava-SP.

Daiane Cássia Pereira Abreu

Graduada em Química, Licenciatura e Bacharelado pela Universidade Federal de São João del Rei (2014). Estagiou no laboratório de análise química na empresa LSM Brasil (2013). Tem experiência na área de Educação em Química, autora de dois projetos pedagógicos que visam inserir os saberes populares nas aulas de Química utilizando o recurso de mídias digitais. Atualmente é mestranda no Programa de Pós-Graduação em Agroquímica pela Universidade Federal de Lavras, onde desenvolve trabalhos na área de miniaturização de técnicas de preparo de amostra com aplicação em cromatografia sob a supervisão da Dra. Adelir Saczk.

Dalva Lúcia Araújo de Faria

Bacharelado em Química pela Universidade de São Paulo (1982), Mestrado em Química (Físico-Química) pela Universidade de São Paulo (1985) e Doutorado em Química (Físico-Química) pela Universidade de São Paulo (1991). Atualmente é professora associada da Universidade de São Paulo. Tem experiência na área de Química, com ênfase em Espectroscopia, atuando principalmente nos seguintes temas: Raman, Intercalatos, Espectroscopia vibracional, Arqueometria, Patrimônio cultural e Química forense.

Érica Naomi Oiye

Graduada em Química, com habilitação em Química Forense, pela FFCLRP-USP, Mestrado em Ciências em andamento pela mesma instituição. Cursou a Fundação Getúlio Vargas a fim de se especializar na área comercial. Sua vivência acadêmica é focada na Química Analítica aplicada na análise de entorpecentes apreendidos, como cocaína e LSD, através de técnicas eletroanalíticas e HPLC. Ao longo dos últimos anos foi coautora de diversas publicações envolvendo Ciências Forenses. Sua experiência profissional abrange a vivência na indústria química, em ramos como metrologia e técnica comercial, sempre relacionada à área da Química Analítica. Atualmente é também assistente técnica judicial em processos civis e criminais.

Fábio Rodrigo Piovezani Rocha

Bacharel em Química pela Universidade Federal de São Carlos (1993), Mestrado em Química (1996), Doutorado em Ciências (2000) e Pós-doutorado (2002) pela Universidade Federal de São Carlos. Estagiou como professor visitante na Universidade de Valencia (2004). Livre-docente pela Universidade de São Paulo (2007), foi professor do Instituto de Química da USP (2002 e 2010). É Professor Associado do Centro de Energia Nuclear na Agricultura da USP desde abril de 2010. Foi tesoureiro (mandato 2006-2008) e diretor da divisão de Química Analítica da Sociedade Brasileira de Química (mandato 2008-2010). É membro afiliado da Academia Brasileira de Ciências (área de Ciências Químicas), vice-presidente da Comissão de Pós-Graduação do Programa de Pós-Graduação em Ciências (PPG-Ciências) do Centro de Energia Nuclear na Agricultura da Universidade de São Paulo (CENA/USP) e Chefe técnico da Divisão de Técnicas Analíticas e Nucleares do CENA-USP. Tem experiência na área de Química, com ênfase em Química Analítica, atuando principalmente nos seguintes temas: Automação e instrumentação analítica, Análises em fluxo, Métodos ópticos de análise e Química analítica limpa.

Fabrício Souza Pelição

Farmacêutico-Bioquímico pela Universidade Federal do Espírito Santo, especialista em Análises Clínicas pela Escola Superior de Ciências da Santa Casa de Misericórdia de Vitória, Mestre em Ciências – Patologia Geral das Doenças Infecciosas – pela Universidade Federal do

Espírito Santo, Doutor em Toxicologia pela Faculdade de Ciências Farmacêuticas de Ribeirão Preto/USP. Atualmente é Perito Bioquímico Toxicologista da Polícia Civil do Espírito Santo.

Flávio Venâncio Nakadi

Graduado em Química Tecnológica pela Universidade de São Paulo (2008) e Mestrado em Química pela FFCLRP (2011). Doutorando pela Faculdade de Filosofia, Ciências e Letras de Ribeirão Preto/USP. Tem experiência na área de Química, com ênfase em Química Analítica, atuando principalmente nos seguintes temas: HR-CS MAS, Determinação de não metais, Desenvolvimento de método.

Haienny Araujo da Silva

Graduanda do Curso de Química com habilitação em Licenciatura pelo Instituto Federal de Educação, Ciência e Tecnologia de Goiás – Campus Itumbiara. Tem experiência na área de Química analítica, atuando nos seguintes temas: Efluentes industriais oleaginosos, Estatística multivariada e Controle estatístico de processo.

Herbert Júnior Dias

Graduado em Química, Bacharelado e Mestre em Ciências pela Universidade de Franca, onde desenvolveu projeto na área de produtos naturais, com ênfase na aplicação de espectrometria de massas para a determinação de padrões de fragmentação para fins de elucidação estrutural e análise de óleos essenciais e suas respectivas atividades biológicas. Doutorando do Programa de Pós-Graduação em Química da USP-RP, onde desenvolve projeto que envolve a síntese e o estudo de fragmentação de neolignanas di-idrobenzofurânicas.

Izabel Cristina Eleoterio

Graduada em Química, Licenciatura Plena, pelo Centro Universitário da Unifeb – Fundação Educacional de Barretos (2007). Mestre em Ciências na Área de Química, subárea Físico-Química, com ênfase em Eletroquímica Ambiental, pela Universidade São Paulo (2010). Atualmente é doutoranda em Ciências, Área de Química, subáreas Química Analítica com ênfase em Eletroanalítica e Forense Ambiental. Tem experiência em Eletroquímica Ambiental, Eletroquímica Orgânica, Forense Ambiental, Educação Ambiental e Ensino de Química, atuando principalmente nos seguintes temas: Degradação de efluentes industriais e compostos orgânicos utilizando Processos Oxidativos Avançados (fotocatálise heterogênea com TiO_2) e processos eletroquímicos (eletrodo do tipo Ânodos Dimensionalmente Estáveis (ADE) e Fe (VI)), análise dos parâmetros ambientais (COT, DQO, fenóis totais, nitrogênio total, AOX e análise de subprodutos de degradação por (GC-MS), desenvolvimento de sensores voltamétricos para monitoramento ambiental de fármacos, Experimentação no Ensino de Química, Reestruturação de Laboratório didático na Escola Pública.

Jesus Antonio Velho

Graduado em Farmácia-Bioquímica pela UEL – Universidade Estadual de Londrina, com doutorado em Fisiopatologia pela Faculdade de Medicina da Unicamp – Universidade Estadual de Campinas. É Perito criminal federal, atuando nas áreas de Análises de locais de crime, Química forense, Documentoscopia, Balística forense, entre outras. Em relação às atividades de ensino, é professor de Criminalística da USP e professor convidado da área de Criminalística/Locais de Crime na Academia Nacional de Polícia, em cursos de formação profissional da Polícia Federal. Vice-presidente da Sociedade Brasileira de Ciências Forenses, biênio 2013/2014. Autor e organizador da série *Criminalística Premium*, Editora Millennium.

Jorge Ricardo Moreira Castro

Graduado em Química, Bacharelado pela Universidade de São Paulo (1992), Licenciatura Plena em Química pela Universidade de São Paulo (1995), Mestrado em Ciências na área de Química pela Universidade de São Paulo (2005), tendo trabalhado com determinação de poluentes gasosos utilizando cristais piezelétricos de quartzo. Doutorado em Ciências na área de Química pela Universidade de São Paulo (2009), tendo trabalhado com peptídeos antimicrobianos por meio de Simulação de Dinâmica Molecular. Tem experiência na área de Química, com ênfase em Química analítica e Físico-Química teórica, Simulação molecular: Técnica de dinâmica molecular. Atualmente é docente do IFSP – Instituto Federal de Educação, Ciência e Tecnologia de São Paulo, Campus Barretos.

José Fernando de Andrade

Graduado em Química, Licenciatura, pela FFCLRP/USP (1974). Doutorado em Ciências, área de Química analítica, pelo IQ/USP (Janeiro/1982). Pós-Doutorado pela Universidade de Nova Orleans, Louisiana, Estados Unidos (1987-1988). Atualmente é professor associado (MS/5) da FFCLRP/USP. Tem experiência na área de Química, mais especificamente em Química analítica, na qual vem atuando principalmente com as seguintes técnicas: Espectrofotometria, Potenciometria e Microbalança de cristais de quartzo, além de algumas outras, como Espectro e Eletroanalíticas, lidando com complexos metálicos visando à montagem de métodos analíticos diversos e suas aplicações.

Laura Siqueira de Oliveira

Graduada em Química, Bacharelado, pela Universidade Estadual Paulista Júlio de Mesquita Filho, e Licenciatura pela Faculdade de Filosofia, Ciências e Letras de Ribeirão Preto-USP. Nesta instituição obteve o título de Mestre em Ciências. Atualmente é professora de Ciências e de Química, levando um pouco dos conhecimentos sobre a área forense a alunos do Ensino Fundamental. Sua trajetória acadêmica destaca-se na análise de entorpecentes através de técnicas eletroanalíticas com eletrodos quimicamente modificados, cujos resultados renderam uma patente registrada no INPI.

Leandro Augusto Calixto

Graduado em Farmácia Industrial pela Universidade Estadual de Londrina (UEL). MBA em Gestão Empresarial pela FGV e Doutorado pela FCFRP-USP. Atuou como cientista visitante da USP (U.S. Pharmacopeial Convention) em Rockville, Maryland, Estados Unidos. Desde 2011 atua na Fundação para o Remédio Popular (FURP), na área de controle de qualidade, e atualmente leciona a disciplina Controle de Qualidade na Unip – Universidade Paulista.

Luis Carlos Guimarães

Graduado em Ciências Biológicas pelo Centro Universitário de Patos de Minas (2007), Mestrado em Genética e Biologia Molecular com ênfase em Bioinformática (2011) pela Universidade Federal do Pará (2011). Doutorado em Genética pela Universidade Federal de Minas Gerais (2015). Atualmente faz Pós-Doutorado em Genética pela Universidade Federal do Pará. Tem experiência nas áreas de Genética e Biologia Molecular, Microbiologia, Mutagênese,

Estudos funcionais e estruturas de proteínas. Em relação às atividades de ensino, atua como vice-coordenador e professor do Curso de Especialização em Ciências Forenses do Centro Universitário do Estado do Pará.

Luiz Alberto Beraldo de Moraes

Graduado em Química, Bacharelado, pela Universidade Estadual de Londrina (1991), Mestrado em Química pela Universidade Estadual de Campinas (1995), Doutorado em Química pela Universidade Estadual de Campinas (2000). Atualmente é professor MS3 da Universidade de São Paulo, campus Ribeirão Preto. Tem experiência na área de Química, com ênfase em Cromatografia Líquida acoplada à Espectrometria de Massas (LC-MS/MS), atuando principalmente nos seguintes temas: Desreplicação de extratos brutos de micro-organismos, Isolamento de metabólitos secundários bioativos produzidos por actinobactérias e reações íon/moléculas na fase gasosa.

Maiara Oliveira Salles

Graduada em Química com atribuições industriais pela Universidade de São Paulo entre 2003 e 2006. Doutoranda em Química com ênfase em eletroanalítica, sob orientação do Prof. Dr. Mauro Bertotti. Fez parte do Doutorado no laboratório do Prof. Dr. Daniele Salvatore, em Veneza, onde pôde ter maior contato com a técnica de microscopia eletroquímica de varredura (SECM). Finalizou o Doutorado em agosto de 2011 defendendo a tese intitulada *Desenvolvimento de Sensor Eletroquímico para Monitoramento de Chumbo em Resíduos de Disparos de Armas de Fogo*. Pós-doutorada, sob a supervisão do Prof. Dr. Thiago Paixão, trabalha com línguas eletroquímicas e colorimétricas aplicadas a amostras de drogas de abuso e explosivos (2012 a 2014). Atualmente é professora da Universidade Federal do Rio de Janeiro (UFRJ), onde mantém sua linha de pesquisa em eletroanalítica com enfoque em forense.

Maraine Catarina Tadini

Bacharel em Química com habilitação em Química Forense pela FFCLRP-USP. Mestranda em Ciências pela mesma instituição, atuando nas áreas de eletroanalítica e química forense. Ao longo dos últimos anos vem ministrando diversas palestras sobre temas relacionados às ciências forenses para estudantes do Ensino Médio. Seu foco das pesquisas acadêmicas está em análise de MDMA e *ecstasy*, utilizando cucurbiturilas como modificadores eletroquímicos.

Marcela Nogueira Rabelo Alves

Farmacêutica e Bioquímica pela FCFRP-USP. Mestrado e Doutorado na área de Toxicologia na mesma Universidade. Durante o doutorado, estagiou na Universidade de Verona, na Itália. Tem experiência em preparo de amostras biológicas e cromatografia em fase gasosa acoplada à espectrometria de massas em análises forenses.

Marcelo Firmino de Oliveira

Graduado em Química, Bacharelado e Licenciatura, pela Faculdade de Filosofia Ciências e Letras de Ribeirão Preto (1996), Graduado em Química Industrial pela Faculdade de Filosofia, Ciências e Letras de Ribeirão Preto (1998), Mestrado em Ciências pela Faculdade de Filosofia, Ciências e Letras de Ribeirão Preto (1999) e Doutorado em Química pela Universidade Estadual Paulista Júlio de Mesquita Filho (2004). Atuou como Perito criminal junto à Superintendência de Polícia Técnico-Científica do Estado de São Paulo de 2002 a 2007. Atualmente é docente, em regime de dedicação exclusiva, do Departamento de Química da Faculdade de Filosofia, Ciências e Letras de Ribeirão Preto. Tem experiência na área de Química, com ênfase em Eletroanalítica, atuando principalmente nos seguintes temas: Química forense, Eletrodos quimicamente modificados e Biodiesel.

Marcia Andreia Mesquita Silva da Veiga

Graduada, Licenciatura Plena, em Química pela Universidade Federal do Amazonas (1991), Mestrado em Físico-Química pela Universidade Federal de Santa Catarina (1995), Doutorado em Química Analítica pela Universidade Federal de Santa Catarina (1999) e Pós-doutorado em Química Analítica pela Universidade de São Paulo (2004). Tem experiência na área de Química Analítica, com ênfase em Análise de Traços e Química Ambiental, atuando principalmente nos seguintes temas: Métodos de extração e pré-concentração, Desenvolvimento de procedimentos analíticos em ICP-MS, ET AAS, ICP OES, Preparo de amostras, Ensaios de bioacessibilidade, Poluentes urbanos.

Marco Antonio Balbino

Graduado, Licenciatura Plena, em Química pelo Centro Universitário da Fundação Educacional de Barretos (2006); Bacharel em Química com Atribuições Tecnológicas pelo Centro Universitário da Fundação Educacional de Barretos (2007). Mestrado em Ciências (grande área: Química) pela FFCLRP-USP (2010) e em Ciências pela FFCLRP-USP (2010); Doutorado em Ciências pela FFCLRP-USP (2014). Pós-doutorando pela FFCLRP-USP (2015), vinculado ao projeto "Desenvolvimento de testes preliminares colorimétricos e eletroquímicos para a determinação de drogas de abuso novas, convencionais e de desenho em amostras apreendidas pela polícia".

Maria Eugênia Costa Queiroz

Professora Associada do Departamento de Química da FFCLRP-USP. Suas principais linhas de pesquisa incluem técnicas cromatográficas (HPLC, HRGC/MS, UPLC/MS-MS), acoplamentos (LC-LC-MS/MS), técnicas de preparo de amostras (SPME, SBSE, MEPS, DPX), desenvolvimento de novos materiais sorventes [imunossorventes, polipirrol, polímeros de impressão molecular (MIP), fases monolíticas, materiais biocompatíveis de acesso restrito (RAM) e RAM-MIP] para análises *in-tube* SPME/LC e LC-column switching de fármacos e compostos endógenos em fluidos biológicos para fins de monitoração terapêutica e estudos de farmacocinética. É autora de 60 artigos científicos. Membro permanente do Comitê Científico do Simpósio Brasileiro de Cromatografia e Técnicas Afins (Simcro) e do Comitê Organizador do Congresso Latino-Americano de Cromatografia e Técnicas Relacionadas (Colacro).

Maria Fernanda Muzetti Ribeiro

Bacharel em Química com habilitação em Química Tecnológica pela Universidade Federal de São Carlos. Mestranda em Ciências na FFCLRP/USP, cujo projeto envolve a análise de amostras de LSD por técnicas eletroanalíticas através de eletrodos quimicamente modificados. É coautora de diversas publicações e trabalhos de congressos com ênfase em ciências forenses. Sua vivência acadêmica se iniciou em estudos na área eletroquímica aplicada à análise de fármacos, atuando hoje no desenvolvimento de sensores para entorpecentes.

Mariana Dadalto Peres

Graduada em Farmácia e Bioquímica pela Universidade Federal do Espírito Santo (2009). Doutora em Toxicologia pela FCFRP/USP. Perita Bioquímica, Toxicologista, da Polícia Civil do Espírito Santo. Atualmente dedica-se à pesquisa na área de análise toxicológica e drogas de abuso.

Matheus Manoel Teles de Menezes

Bacharel em Química pela Universidade Federal de São Carlos (UFSCar), tendo trabalhado durante a graduação com Métodos Óticos de Análise, atuando principalmente nos seguintes temas: Ferro, Método Espectrofotométrico, Vitamina C, Suco de laranja e Sucos de frutas industrializados. Fez estudos envolvendo Química teórica sobre as equações que regem um Espectrômetro de Massas por Tempo de Voo na área da Físico-Química. Também trabalhou com Síntese de Compostos Inorgânicos, Coordenação com Ligantes Base de Schiff e distintos centros metálicos, e na área de Cristalografia, na resolução e elucidação de estruturas de Compostos Orgânicos. Mestrado e Doutorado em Química, com ênfase em Química Forense, na FFCLRP/USP, com ênfase em Química Forense, tendo como principal foco do estudo a análise de cocaína por métodos piezelétricos e voltamétricos, com modificadores químicos da classe das cucurbiturilas, sob a orientação do Prof. Dr. Marcelo Firmino de Oliveira. Docente efetivo na modalidade Dedicação Exclusiva no Instituto Federal de São Paulo, campus Avaré.

Mauro Bertotti

Graduado, Bacharelado, pelo Instituto de Química da USP (1983). Mestrado (1986) e Doutoramento (1991), pela mesma instituição, sob orientação do Prof. Dr. Roberto Tokoro. Pós-Doutorado, com o Prof. Derek Pletcher, pela Universidade de Southampton, Reino Unido (1995/1996). Docente da Universidade de São Paulo desde 1991; Professor Titular desde 2008. Desde março/2014 é Chefe do Departamento de Química Fundamental. Seus trabalhos de pesquisa são realizados nas áreas de Sensores eletroquímicos, Microeletrodos e Microscopia eletroquímica de varredura.

Pablo Alves Marinho

Graduado em Farmácia com habilitação em Análises Clínicas e Toxicológicas. Mestrado em Ciências Farmacêuticas pela Universidade Federal de Minas Gerais. Perito criminal da Polícia Civil de Minas Gerais, onde coordena o Laboratório de Física e Química Legal do Instituto de Criminalística de Minas Gerais. Tem experiência nas áreas de Desenvolvimento e validação de métodos por cromatografia e espectrometria de massas para determinação de drogas, medicamentos e pesticidas em matrizes complexas. É membro da Sociedade Brasileira de Toxicologia e da Sociedade Brasileira de Ciências Forenses. Atua como professor de Toxicologia e Química Forense nas Academias das Polícias Civil e Militar de Minas Gerais. Faz parte do corpo docente do Centro Universitário UMA/MG, ministrando as disciplinas: Toxicologia, Análises Toxicológicas e Perícia Criminal.

Paulo Marcos Donate

Graduado em Química pela FFCLRP/USP, Doutorado em Química Orgânica pelo Instituto de Química da Universidade de São Paulo, Livre-Docente em Síntese Orgânica pela FFCLRP-USP. Trabalhou como pesquisador químico no Centro de Pesquisas de Paulínia da Rhodia S.A. e como Ingénieur de Développment de Procédés Chimiques na Rhône-Poulenc, em Lyon, França. Atualmente é Professor Associado do Departamento de Química da FFCLRP/USP. Possui experiência na área de Química Orgânica, atuando principalmente nas seguintes áreas: Síntese orgânica, Processos químicos, Química de produtos naturais, Síntese e estudos de diversos tipos de compostos com atividade biológica.

Tânia Petta

Bacharel em Química, Habilitação em Química Tecnológica e Licenciatura pela Universidade de São Paulo/Ribeirão Preto (2005). Mestrado em Química pela USP/RP (2008) e Doutorado em Química pela mesma instituição (2012). Tem experiência na área de Química com ênfase em Espectrometria de Massas, Lipidômica, Produtos Naturais e Química Orgânica. Pós-doutoranda pela Faculdade de Ciências Farmacêuticas de Ribeirão Preto, trabalhando no desenvolvimento de métodos de UHPLC/MS/MS aplicados na análise lipidômica de amostras biológicas. Atua principalmente nos seguintes temas: Cromatografia líquida-espectrometria de massas (HPLC/MS), Bioensaios, Biotransformação, Análise de lipídeos.

Thiago Alves Lopes Silva

Graduado, Licenciatura, em Ciências com habilitação em Biologia pelo Instituto Luterano de Ensino Superior de Itumbiara/ Ulbra (2009), Graduado, Licenciatura em Química pelo Instituto Federal de Educação, Ciência e Tecnologia de Goiás - Campus Itumbiara (2014) e Especialização *Latu senso* em Gerenciamento Ambiental pelo Instituto Luterano de Ensino Superior de Itumbiara/ Ulbra (2014). Tem experiência nas áreas de Zoologia, com ênfase em Entomologia Forense, Entomologia Urbana, Mirmecologia; de Ensino, com ênfase em Experimentação Investigativa e Estudo de caso; e de Química, com ênfase em Quimiometria, Controle Estatístico de Processo (CEP) aplicado à caracterização físico-química de efluentes oleaginosos e na identificação de interferentes vegetais nos testes colorimétricos de identificação da maconha. Mestrando do Programa de Biocombustíveis da Universidade Federal de Uberlândia (UFU), Professor P-III de Biologia da Secretaria Estadual de Educação de Goiás, Orientador de Estudos do Pacto Nacional pelo Fortalecimento do Ensino Médio (MEC).

Thiago Barth

Graduado em Farmácia Industrial pela Universidade Federal de Santa Maria (UFSM). Mestrado em Ciências Farmacêuticas pela mesma instituição, Doutorado em Ciências pela FCFRP-USP, com estágio de doutorado sanduíche na Universidade de Cádiz, Espanha. Desde 2013, Docente do curso de Farmácia da Universidade Federal do Rio de Janeiro – Campus Macaé, lecionando a disciplina Controle de Qualidade de Medicamentos. Atua no desenvolvimento de métodos cromatográficos e por eletroforese capilar para a determinação de fármacos e metabólitos em fluidos biológicos.

Thiago Regis Longo Cesar da Paixão

Bacharel (2001), Licenciatura (2007) em Química pela Universidade de São Paulo. Mestrado e Doutorado em Química (Química Analítica) pela Universidade de São Paulo (2004 e 2007), sob a orientação do Prof. Dr. Mauro Bertotti. Atualmente é Professor Doutor no Departamento de Química Fundamental do Instituto de Química da Universidade de São Paulo e Coordenador do Laboratório de Línguas Eletrônicas e Sensores Químicos.

Vidal Vieira Marques

Graduado em Processamento de Dados pela Faculdade de Tecnologia de São Paulo. Foi Agente de telecomunicações policial por cinco anos e hoje é Perito criminal do estado de São Paulo, atuando nos locais relacionados a Homicídios, Suicídios, Acidentes de Trânsito, Balística Forense, Crimes contra o patrimônio, entre outros. Desde 2008 é responsável pelo setor de Identificação Veicular no Núcleo de Perícias Criminalísticas de Sorocaba – SP, onde aprimora e desenvolve reagentes e métodos em busca de melhores resultados.

capítulo **1**

Planejamento experimental: uma importante ferramenta em estudos químico-forenses

Aline Thaís Bruni

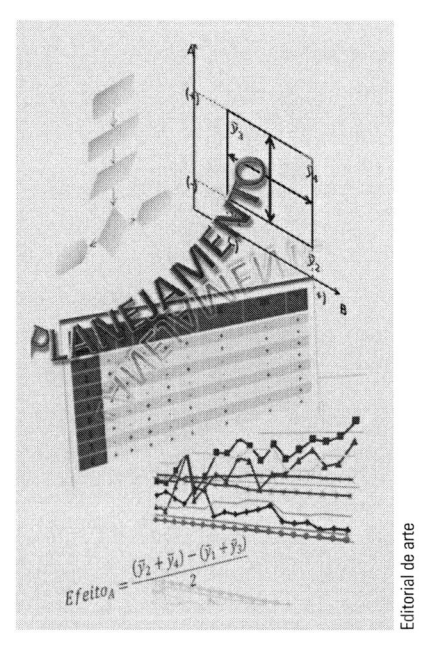

Figura 1 Elementos de planejamento experimental.

Considerando a importância da análise dos vestígios para elucidação da dinâmica criminosa e determinação da responsabilização penal, técnicas cada vez mais sofisticadas são utilizadas para a análise forense. No entanto, nem sempre ter um laboratório bem equipado e sofisticado é suficiente para que as análises sejam fidedignas ou forneçam informação relevante acerca do que se pretende investigar. O processamento dos dados é de extrema importância, assim como o planejamento acerca do que se quer identificar. Neste capítulo, estudaremos como a estatística pode ajudar a planejar racionalmente experimentos analíticos. Planejamento fatorial é uma técnica muito utilizada, que auxilia o pesquisador e o operador de laboratório de inúmeras maneiras; é uma ferramenta poderosa no que diz respeito à gestão laboratorial e otimização de experimentos, já que fornece informações sobre respostas e efeitos experimentais de acordo com as condições predeterminadas. E em análise forense, torna-se de suma importância, pois, muitas vezes, a quantidade de amostras para análise não está disponível da mesma maneira que ocorre com outros tipos de experimentos e pesquisas.

Introdução

A interpretação de vestígios e a correlação destes com a dinâmica do ato criminoso é uma das partes mais importantes para definir a imputabilidade penal. Toda cena de crime gera uma série de materiais que devem ser adequadamente coletados e avaliados a fim de fornecer uma informação fidedigna para ser apresentada no tribunal. Evidências científicas requerem muito cuidado na sua interpretação e esta, por sua vez, deve estar inserida no contexto da avaliação.

Em uma abordagem jurídica, a ideia de certeza absoluta relacionada a análises científicas não deve nortear a interpretação dos operadores do Direito acerca de uma evidência. Deve-se entender que não há qualquer tipo de análise que forneça um resultado 100% confiável; quando este detalhe não é levado em consideração, perde-se a objetividade e, por consequência, a racionalidade da interpretação dos dados relevantes torna-se enfraquecida.

A evidência precisa ser interpretada levando-se em consideração o grau de confiabilidade da análise, que pode ser obtido por meio de tratamentos estatísticos adequados (Aitken e Taroni, 2004). A complexidade do problema que está sendo estudado é o que direciona as exigências a serem aplicadas a medições e resultados (Harvey, 2000).

Estatística é a ferramenta apropriada para que o método científico possa ser consolidado a fim de dirimir controvérsias sobre determinado procedimento. O universo de análises estatísticas é amplo, e a técnica deve ser adequada ao tipo de análise que se deseja realizar.

Considerando que muitos vestígios encontrados na cena de um crime precisam ser avaliados por meio de técnicas laboratoriais, a Química Forense passa a ser uma ferramenta de grande importância para esta análise. Um laboratório bem provido com equipamentos sofisticados é muitas vezes desejado, mas nem sempre isto se faz presente na realidade fática. No entanto, mais importante do que equipamentos de última geração, é necessário que o cientista forense saiba como gerenciar da melhor maneira os recursos que tem em mãos. Para tanto, é necessária a utilização do método científico em todas as etapas da análise, de maneira racional e planejada.

Para as análises laboratoriais mais simples, os químicos devem estar familiarizados com os conceitos que irão trabalhar. A Portaria nº 232, de 8 de maio de 2012, do Inmetro, em seu artigo 1º, dispõe que o Brasil adota a 1ª edição luso-brasileira do *Vocabulário Internacional de Metrologia* – Conceitos fundamentais e gerais e termos associados (VIM), baseada na 3ª edição internacional do *VIM – International Vocabulary of Metrology – Basic and general concepts and associated terms* (JCGM 200:2012), elaborada por diversos órgãos internacionais de medidas (Inmetro, 2012; JCGM 200:2012, 2012). Convém destacar que o valor verdadeiro de uma medida nunca será conhecido. De acordo com a portaria em questão, temos:

> O objetivo da medição na Abordagem de Erro é determinar uma estimativa do valor verdadeiro que esteja tão próxima quanto possível deste valor verdadeiro único. O desvio do valor verdadeiro é composto de erros aleatórios e sistemáticos. Os dois tipos de erros, supostos como sendo sempre distinguíveis, têm que ser tratados diferentemente. Nenhuma regra pode ser estabelecida quanto à combinação dos mesmos para se chegar ao erro total caracterizando um determinado resultado de

medição, tido geralmente como a estimativa. Geralmente apenas um limite superior do valor absoluto do erro total é estimado, sendo, algumas vezes e de maneira imprópria, denominado "incerteza". (Inmetro, 2012)

O valor verdadeiro de uma medida nunca será completamente conhecido, devendo o químico estar familiarizado com a determinação dos erros e qual o alcance destes na confiabilidade da medida.

Em um laboratório, o químico realiza experimentos com o objetivo de responder a determinada pergunta. Exemplo muito comum é a determinação da concentração de uma solução de dada substância. Um dos procedimentos muito utilizados e bem simples é fazer esta determinação por meio de titulações repetidas. É importante destacar que, quando um experimento é repetido várias vezes, sob aproximadamente as mesmas condições, os resultados nunca serão iguais. A flutuação que ocorre entre os resultados obtidos de cada repetição experimental é conhecida como ruído ou erro (Box, Hunter e Hunter, 2005). A partir das medidas de volume consumido da solução titulante de concentração conhecida, é possível fazer uma estimativa da concentração-problema. Nesta estimativa, ainda é possível encontrar o erro da medida de concentração a partir do processamento matemático de todas as análises.

Até agora tratamos do que se chama medidas estatísticas feitas da maneira clássica. A estatística clássica é frequentista, ou seja, as amostras são coletadas aleatoriamente e os parâmetros fixados, devendo-se levar em consideração que o valor verdadeiro da grandeza que está sendo medida está dentro de um limite de confiabilidade (Miller e Miller, 2005). O químico está acostumado com este tipo de estatística, na qual é capaz de encontrar médias das medidas feitas e o respectivo desvio padrão, além de outros indicadores importantes.

À primeira vista pode parecer que uma análise seja suficiente para a interpretação de dados laboratoriais: amostras são avaliadas, é possível encontrar o erro e o limite de confiabilidade. No entanto, nem sempre a estatística clássica é suficiente para explicar todos os problemas e fenômenos nos quais o analista está interessado. Não é nosso objetivo aqui dissertar sobre todos os métodos estatísticos existentes, mesmo porque são muitos e complexos. No entanto, pretendemos deixar clara ao leitor a ideia de que a melhor forma de executar seus experimentos deve ser uma séria investigação, a fim de que a maior quantidade de informação relevante seja retirada dos dados a partir das condições disponíveis de análise. Neste contexto, convém que sejam investigadas as possibilidades dentro da estatística frequentista inferencial entre as outras possíveis para a análise dos resultados. Além disso, o analista deve estar familiarizado não apenas com a possibilidade de visualização de poucos dados de maneira univariada. Dada a quantidade de dados que podem ser gerados em um laboratório químico, em razão da evolução nos métodos de análise, ele deve estar ainda familiarizado com as técnicas multivariadas disponíveis para a extração de informação química relevante (Bruni e Talhavini, 2012).

O que se pretende neste capítulo é, contudo, anterior a todas as análises: inserir o leitor no contexto do planejamento experimental, abordando os principais aspectos do planejamento fatorial e qual sua inserção dentro de análises químico-forenses. Há muitas técnicas que podem ser utilizadas para este fim e excelentes livros-texto que podem ser consultados para maiores informações.

Principais metodologias

A estatística, em suas diversas vertentes, pode ser utilizada para o tratamento de dados já obtidos por meio de experimentos. No entanto, não é incomum que, muitas vezes, após os experimentos feitos e os dados coletados, a análise destes resulte em informações sem relevância para a avaliação que se espera. Tipicamente, um dos principais erros cometidos em química analítica são os experimentos químicos serem realizados sem nenhum plano ou projeto anterior (Walmsley, 2006). Muitas vezes, o executor de um experimento não está a par dos métodos de planejamento, apenas dos pós-execução, ou seja, aqueles relacionados à análise dos dados. No entanto, quando um experimento é mal planejado e, por consequência, mal conduzido, os dados podem fornecer uma interpretação errônea da realidade, ainda que métodos estatísticos confiáveis sejam utilizados (Silva, 2007). O planejamento de um experimento é essencial para que não se encontre a resposta certa para o problema errado (Box, Hunter e Hunter, 2005). Métodos estatísticos para planejar a abordagem laboratorial têm sido cada vez mais utilizados. O conhecimento dos métodos é importante para que o maior número de informações relevantes sobre o sistema de estudo seja alcançado.

O propósito dos modelos experimentais é entregar o máximo de informação possível com mínimo esforço experimental ou financeiro. Esta informação é então empregada na construção de modelos sensíveis dos objetos sob investigação (Stoyanov e Walmsley, 2006b).

Quando se fala em disciplina experimental na área de Química temos sempre a necessidade de entender o que está sendo feito e quais os resultados prováveis dos experimentos. Nem sempre esta é uma tarefa fácil. Ao projetar e avaliar um método analítico, os erros associados a cada medição são avaliados para garantir que seu efeito cumulativo não limitará a utilidade da análise. Erros conhecidos ou acreditados que podem afetar o resultado podem ser minimizados (Harvey, 2000).

Formular a pergunta correta sobre o que se quer estudar é essencial para a definição do problema. Deve-se levar em consideração que os problemas reais têm suas particularidades, que devem ser avaliadas antes da próxima tomada de decisões. Monitoramento do processo de medição e análise da qualidade dos valores medidos são muito importantes para a tomada de decisões dentro da avaliação da qualidade dos resultados (Harvey, 2000).

Neste contexto, convém emprestar alguns conceitos aplicados em mecanismos de gerenciamento. A gestão da qualidade tem gradativamente aumentado sua importância em vários ramos da atividade humana, e na área forense não é diferente (Costa et al., 2010). Se considerarmos o fato de que os estudos forenses são de extrema importância para a aplicação da justiça e o esclarecimento das características do tipo penal, quanto mais rigorosa for a análise menos questionamentos haverá.

Um procedimento comum em gestão é a aplicação do ciclo PDCA, uma ferramenta de controle de processos (Rodrigues; Estivalete e Lemos, 2008). As letras vêm da definição em inglês:

$P = Plan$ (**P**lanejar)

$D = Do$ (**D**esenvolver, executar)

C = *Check* (**C**hecar, Avaliar)

A = *Act* (**A**gir, tomar decisões).

Este ciclo pode perfeitamente ser utilizado para a otimização de um experimento. Toda vez que determinado procedimento experimental é planejado, as fases seguintes são mais fáceis de serem realizadas. Assim, um bom planejamento faz com que a execução do problema em questão tenha um direcionamento. Além disso, os processos de checagem dessa execução são mais definidos, uma vez que os indicadores de desempenho podem ser previamente determinados. Por fim, temos a tomada de decisões, representada pelo verbo "agir" dentro do ciclo. Se os indicadores de desempenho estão de acordo com o que se espera do experimento, uma conclusão pode ser tirada a partir dos resultados. Em termos forenses, isto significa um indicativo de como esclarecer o problema que está sendo investigado. Caso os indicadores não apresentem um resultado adequado ou esclarecedor, a ação pode direcionar a uma tomada de decisões que permita um novo planejamento a fim de suprir as deficiências do primeiro. O objetivo de se usar o planejamento consiste em obter uma avaliação precisa dos resultados esperados, a fim de obter melhor eficiência dos procedimentos experimentais, aumentando o desempenho das análises e também a diminuição de custos (Box, Hunter e Hunter, 2005; Silva, 2007).

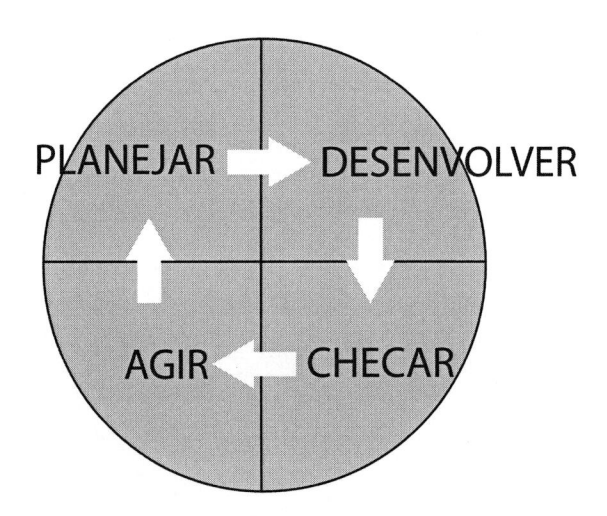

Figura 2 Representação gráfica do ciclo PDCA.

A princípio, podemos nos valer de uma lista com perguntas sobre o tema que se deseja investigar; este procedimento pode ajudar a definir o problema e suas características. As perguntas devem ser feitas até que se obtenha um entendimento satisfatório acerca do problema existente e dos recursos disponíveis para que ele seja resolvido. Deve-se ressaltar que é preciso focar o conhecimento sobre o assunto que está sendo tratado, pois as técnicas estatísticas devem ser consideradas ferramentas para tratar de determinado problema, ou seja, estas não têm um fim em si mesmas (Box, Hunter e Hunter, 2005).

A literatura apresenta um grande número de sugestões sobre o que pode ser perguntado antes de estudar um problema, bem como os passos que devem ser seguidos para tal (Beebe, Pell e Seasholtz, 1998; Box, Hunter e Hunter, 2005; Brach e Dunn, 2009; Brereton, 2003; Miller e Miller, 2005). Obviamente não se trata de um rol taxativo; os questionamentos devem ser adaptáveis ao tipo de investigação que se deseja fazer.

No caso forense em especial, as técnicas devem ser bem estabelecidas desde a coleta, passando pelo planejamento da análise e, por fim, pela avaliação dos dados. Esta sequência dá confiabilidade e credibilidade, além de fornecer robustez adequada à cadeia de custódia. Não faremos referência aqui aos procedimentos de abordagem da cena do crime nem de coleta de vestígios, porque, como já referido, esta obra é anterior à análise laboratorial e escrita por equipe diversa. Apesar de ser uma atividade de extrema importância, capaz de influenciar toda a análise laboratorial, vamos considerar que ela foi feita de maneira exemplar e focar na avaliação pós-coleta. Também concentraremos nosso objeto de estudo na análise química de vestígios.

Neste contexto, podemos sugerir alguns passos para a avaliação em questão:

- *Estabelecer o interesse de estudo*: sugere-se avaliar qual tipo de informação se deseja extrair da análise. Uma revisão adequada da literatura pode auxiliar na verificação do que vem sendo feito na área de interesse da investigação.
- *Estimar as possibilidades de execução e reprodutibilidade experimental*: as etapas de análise que serão utilizadas devem ser formuladas.
- *Estruturar as etapas de análise*: é adequado considerar quais são os processos químicos envolvidos, ou seja, deve-se ter uma ideia da reação entre os compostos que serão utilizados e suas características. Há dois casos a se considerar neste tópico:
  a) *As reações químicas são conhecidas*: neste caso, é bem mais fácil determinar os procedimentos para melhoria de rendimentos e detecção de produtos.
  b) *As reações químicas são desconhecidas*: um estudo mais aprofundado sobre mecanismos de reação e condições para que esta aconteça é desejável. A previsão da reação química envolvida deve ser feita no sentido de aperfeiçoar o problema e conseguir um resultado adequado.
- *Avaliar a realidade de trabalho*: é interessante que se faça um questionamento sobre a obtenção de dados por uma técnica mais simples, eficiente e um menor custo.
- *Elaborar indicadores de desempenho*: é desejável saber quais grandezas serão medidas com os materiais e instrumentos disponíveis. Esta é uma etapa imprescindível, que precisa ser considerada dentro da realidade de trabalho.
- Avaliar os indicadores de desempenho a fim de buscar uma informação precisa do estudo.

Reafirmando, este rol não é taxativo; além disso, deve ser adaptado ao problema concreto, que deve ser pensado tanto no que diz respeito ao seu planejamento quanto à análise dos resultados (Brach e Dunn, 2009; Brereton, 2003; Miller e Miller, 2005).

Há várias técnicas que podem ser utilizadas para o planejamento experimental, e muitos livros que explicam cada uma delas. Nesse capítulo, ficaremos restritos ao planejamento fatorial e como esta técnica pode auxiliar em análises forenses.

Para melhor entendimento do planejamento experimental, algumas terminologias precisam ser conhecidas (Brach e Dunn, 2009; Brereton, 2003; Galdamez e Carpinetti, 2004; Silva, 2007):

Fatores: grandezas que serão submetidas a alterações a fim de se obter uma resposta a partir delas. Essas alterações serão feitas em condições previamente determinadas, chamadas níveis.

Níveis: cada nível corresponde a uma condição experimental na qual cada um dos fatores sofrerá alteração. A combinação de diferentes níveis para cada grandeza fornecerá uma resposta experimental diferente que deve ser analisada.

Cada **tratamento** corresponde à combinação das condições preestabelecidas pelos fatores em diferentes níveis e fornecerá uma **resposta,** que deve ser quantitativa e mensurável (Brach e Dunn, 2009).

Quando se fala em planejamento experimental, deve-se, antes, identificar os fatores que podem afetar os resultados e utilizar análise estatística para avaliar esses efeitos (Miller e Miller, 2005). Assim, cada fator será estudado em um número de níveis predeterminado.

Cada um dos fatores pode ser determinado em n diferentes níveis. Vamos supor n_1 níveis para o fator A, n_2 níveis para o fator B, e assim por diante. Supondo fatores de A até infinito, temos um conjunto na forma $n_{1(A)} \times n_{2(B)} \times n_{3(C)} \ldots n_{\infty(\infty)}$ experimentos. A este planejamento damos o nome **planejamento fatorial completo**, ou seja, aquele no qual todos os fatores são combinados em diferentes níveis, sendo que o número de experimentos totais é a produtória de todos os níveis escolhidos para cada fator. Todos esses experimentos podem ser repetidos a fim de se determinar os desvios envolvidos nas medidas (Box, Hunter e Hunter, 2005; Brereton, 2003; Marinho, 2005; Teófilo e Ferreira, 2006).

Como exemplo, vamos supor o seguinte conjunto, como especificado na Tabela 1. Veja que, neste caso, um dispendioso número de experimentos é requerido. Além disso, se os experimentos forem feitos em triplicata, ter-se-á um aumento significativo de 240 para 720 ensaios, o que demandará muito mais tempo e custo laboratorial.

Muitas vezes, planejamentos fatoriais completos em dois níveis são utilizados para se ter uma ideia da influência das combinações sobre a resposta. Ressalte-se que o planejamento em dois níveis é o mais simples que existe. Este tipo é considerado uma triagem, útil para eliminar os efeitos que não são significativos entre as variáveis experimentais e suas interações (Box, Hunter e Hunter, 2005; Brereton, 2003; Miller e Miller, 2005; Teófilo e Ferreira, 2006).

Tabela 1 Número de experimentos para um planejamento com cinco fatores e níveis diversos

Fator	Níveis
A	2
B	3
C	5
D	4
E	2
Total de Experimentos	$2 \times 3 \times 5 \times 4 \times 2 = 240$

Quando falamos em fatores quantitativos, cada um dos dois níveis pode receber um sinal para cada extremo de valores determinado. O maior valor recebe o sinal positivo (+) e o menor, sinal negativo (–). Como exemplo, vamos propor um planejamento em dois níveis para três fatores A, B e C, utilizando os sinais já especificados. O número de ensaios, neste caso, será 8, já que $2^3 = 2 \times 2 \times 2 = 8$. Essas combinações podem ser representadas em uma matriz, chamada Matriz Codificada de Experimentos. Para organizar os níveis, há uma ordem padrão que consiste em colocar, inicialmente, todos os fatores nos níveis mais baixos, e depois alterar as colunas com sinais positivos e negativos, indicando os níveis altos e baixos respectivamente. Assim, o primeiro fator será colocado no nível mais baixo seguido do mais alto, alternando um a um; o segundo será alternado dois a dois; o terceiro, quatro a quatro; e assim por diante (Barros Neto, Scarminio e Bruns, 1995). A Tabela 2 apresenta uma matriz codificada de experimentos para um planejamento 2^3, cujos níveis são colocados na ordem padrão.

Tabela 2 Matriz codificada de experimentos com os níveis colocados na ordem padrão

Experimento	Fator		
	A	B	C
1	–	–	–
2	+	–	–
3	–	+	–
4	+	+	–
5	–	–	+
6	+	–	+
7	–	+	+
8	+	+	+

Deve-se lembrar que fatores qualitativos também podem ser utilizados, e o experimentador nomeará conforme lhe convier. Exemplo são os catalisadores. Não há, neste caso, o que determine o maior ou menor nível, podendo-se, portanto, se atribuir um sinal para identificar cada catalisador, ou, ainda, fazer o experimento com as combinações dos fatores qualitativos para cada um dos fatores quantitativos. Quando mais de um experimento for feito para cada nível, a média deles deve ser considerada (Teófilo e Ferreira, 2006).

Devem ser consideradas ainda as possibilidades de experimentos nos quais esses fatores sofrem interações, ou seja, a combinação entre eles pode ser feita dois a dois, o que corresponde às combinações de segunda ordem e de terceira ordem, nas quais temos os valores de todos os níveis dos três fatores combinados. Neste caso, os sinais também são combinados de acordo com o produto entre os sinais de cada nível individualmente (Teófilo e Ferreira, 2006). A Tabela 3 mostra um exemplo dessas combinações de segunda e de terceira ordens; os sinais resultantes dos termos de ordem superior são obtidos a partir daqueles apresentados na Tabela 2.

Tabela 3 Exemplos de experimentos que podem ser feitos para três diferentes fatores quantitativos em dois níveis, de acordo com interações de segunda e terceira ordem

	Interações de segunda ordem			Interações de terceira ordem
Experimento	AB	AC	BC	ABC
1	(– –) = +	(– –) = +	(– –) = +	(– – –) = –
2	(+ –) = –	(+ –) = –	(– –) = +	(+ – –) = +
3	(– +) = –	(– –) = +	(+ –) = –	(– + –) = +
4	(+ +) = +	(+ –) = –	(+ –) = –	(+ + –) = –
5	(– –) = +	(– +) = –	(– +) = –	(– – +) = +
6	(+ –) = –	(+ +) = +	(– +) = –	(+ – +) = –
7	(– +) = –	(– +) = –	(+ +) = +	(– + +) = –
8	(+ +) = +	(+ +) = +	(+ +) = +	(+ + +) = +

Para a formulação do modelo, não podem ser descartadas as possibilidades de interações entre os fatores que estão sendo trabalhados. Portanto, se há três fatores, tem-se um modelo no qual a resposta será do tipo (Box, Hunter e Hunter, 2005):

$$y = b_0 + \underbrace{b_1 A + b_2 B + b_3 C}_{\substack{\text{Efeitos} \\ \text{principais} \\ \text{para cada} \\ \text{fator}}} + \underbrace{b_{12} AB + b_{13} AC + b_{23} BC}_{\substack{\text{Efeitos para} \\ \text{as interações} \\ \text{de segunda} \\ \text{ordem}}} + \underbrace{b_{123} ABC}_{\substack{\text{Efeito para} \\ \text{a interação} \\ \text{de terceira} \\ \text{ordem}}} \qquad \text{Equação 1}$$

Neste caso, para três fatores temos três termos lineares que dependem de cada fator; três termos de interações de segunda ordem (termos quadráticos); e um termo de interação de terceira ordem (termo cúbico), resultando num total de oito termos, considerando b_0, que corresponde à interceptação. A interceptação pode também ser considerada como a resposta média, ou seja, a média de todas as respostas para cada combinação possível (Brereton, 2003; Teófilo e Ferreira, 2006).

Combinando as Tabelas 2 e 3, temos uma matriz de design, também conhecida como matriz de coeficientes de contraste, representada pela Tabela 4. Nesta matriz estão representados os diferentes ensaios que contêm todas as combinações dos níveis para os fatores; os efeitos de segunda ordem também são representados pela combinação dois a dois de cada um dos fatores. Ainda temos os efeitos de terceira ordem, no qual todos os fatores são combinados. O efeito médio, por sua vez, terá sempre um sinal positivo, pois corresponde ao produto dos sinais de todos os efeitos que podem existir (Barros Neto, Scarminio e Bruns, 1995; Brereton, 2003; Stoyanov e Walmsley, 2006; Teófilo e Ferreira, 2006).

Tabela 4 Representação da matriz de design, ou de coeficientes de contraste, para um planejamento 2^3

Ensaio	Fatores			Efeitos de segunda ordem			Efeitos de terceira ordem	Efeito Médio
	A	B	C	AB	AC	BC	ABC	I
1	−	−	−	+	+	+	−	+
2	+	−	−	−	−	+	+	+
3	−	+	−	−	+	−	+	+
4	+	+	−	+	−	−	−	+
5	−	−	+	+	−	−	+	+
6	+	−	+	−	+	−	−	+
7	−	+	+	−	−	+	−	+
8	+	+	+	+	+	+	+	+

Cálculo dos efeitos principais

Para explicar como são feitos os cálculos dos efeitos principais, usaremos como exemplo um planejamento 2^2. O efeito principal para cada um dos fatores será a média dos efeitos nos dois níveis, considerando-se a média do número de experimentos. Assim, para dois fatores em dois níveis diferentes, teremos um total de quatro ensaios e duas respostas para cada execução (em duplicata) (Barros Neto, Scarminio e Bruns, 1995; Teófilo e Ferreira, 2006).

Na Tabela 5, temos os fatores A e B em dois níveis (+) e (−); $R1$ e $R2$ são as repetições de cada ensaio, feitos em duplicata. A resposta média, $\bar{y}_i$, corresponde à média entre as respostas para as repetições de cada ensaio.

Tabela 5 Respostas

Ensaio	A	B	R1	R2	Média (M)
1	−	−	y_{1R1}	y_{1R2}	$\bar{y}_1 = \dfrac{y_{1R1} + y_{1R2}}{2}$
2	+	−	y_{2R1}	y_{2R2}	$\bar{y}_2 = \dfrac{y_{2R1} + y_{2R2}}{2}$
3	−	+	y_{3R1}	y_{3R2}	$\bar{y}_3 = \dfrac{y_{3R1} + y_{3R2}}{2}$
4	+	+	y_{4R1}	y_{4R2}	$\bar{y}_4 = \dfrac{y_{4R1} + y_{4R2}}{2}$

O efeito principal para o fator A será a somatória das médias nos dois níveis maiores menos a somatória das médias dos dois níveis menores, dividido pelo número de níveis:

$$Efeito_A = \frac{(\bar{y}_2 + \bar{y}_4) - (\bar{y}_1 + \bar{y}_3)}{2}$$

Equação 2

De forma análoga, para o fator B, temos:

$$Efeito_B = \frac{(\bar{y}_3 + \bar{y}_4) - (\bar{y}_2 + \bar{y}_1)}{2}$$

Equação 3

Em termos genéricos, para o cálculo dos efeitos principais para um planejamento 2^2, deve-se percorrer os passos:

a) Para cada ensaio, fazer a média aritmética do número de repetições. Esta média será a resposta de cada ensaio;
b) Para cada fator, calcular a soma das médias obtidas para o mesmo nível (maior e menor);
c) Fazer a diferença entre as somatórias e dividir pelo número de níveis.

Assim, para um fator qualquer X, temos:

$$Efeito_X = \frac{y_+ - y_-}{2}$$

Equação 4

$$Efeito_X = \bar{y}_+ - \bar{y}_-$$

Equação 5

Geometricamente, podemos representar os efeitos principais em cada um dos fatores conforme a Figura 3. Os efeitos principais para os fatores A e B são os contrastes entre as arestas opostas para esse operador (Barros Neto, Scarminio e Bruns, 1995).

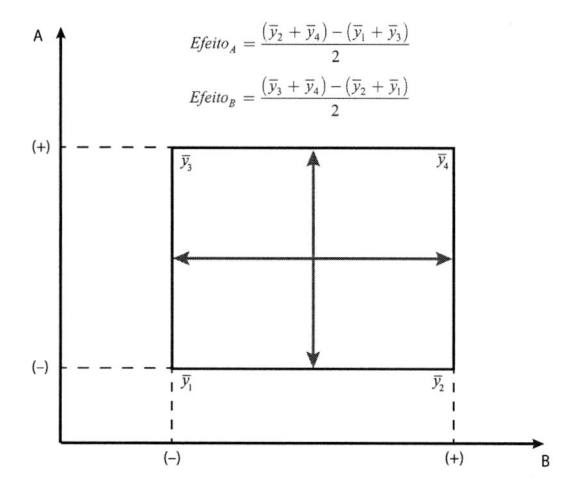

Figura 3 Exemplo geométrico das interações principais dos fatores estudados.

A Figura 4, por sua vez, representa os efeitos de segunda ordem entre os fatores que estão sendo estudados. Assim, temos que o efeito será a diferença entre os valores para as respostas nos dois níveis de A, para os níveis mais altos de B $\bar{y}_4 - \bar{y}_3$, menos a diferença entre os valores para as respostas nos dois níveis de A para os níveis mais baixos de B $\bar{y}_2 - \bar{y}_1$:

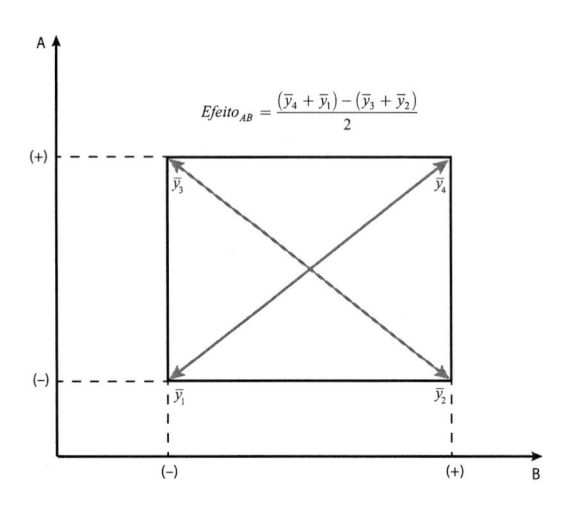

Ensaio	A	B	R1	R2	Média (M)
1	−	−	y_{1R1}	y_{1R2}	$\bar{y}_1$
2	+	−	y_{2R1}	y_{2R2}	$\bar{y}_2$
3	−	+	y_{3R1}	y_{3R2}	$\bar{y}_3$
4	+	+	y_{4R1}	y_{4R2}	$\bar{y}_4$

$$Efeito_{AB} = \frac{(\bar{y}_4 - \bar{y}_3) - (\bar{y}_2 - \bar{y}_1)}{2} \qquad \text{Equação 6}$$

$$Efeito_{AB} = \frac{(\bar{y}_4 + \bar{y}_1) - (\bar{y}_3 + \bar{y}_2)}{2} \qquad \text{Equação 7}$$

Figura 4 Exemplo geométrico das interações de segunda ordem dos fatores estudados.

Os cálculos dos efeitos também podem ser feitos por meio de operações matriciais. Escrevendo a matriz de contraste contendo a unidade para um planejamento 2^2, temos (Barros Neto, Scarminio e Bruns, 1995):

$$\begin{bmatrix} +1 & -1 & -1 & +1 \\ +1 & +1 & -1 & -1 \\ +1 & -1 & +1 & -1 \\ +1 & +1 & +1 & +1 \end{bmatrix}$$

Figura 5 Matriz de contraste incluindo a unidade para um planejamento 2^2.

A primeira coluna representa o efeito médio, que será sempre positivo; a segunda e a terceira representam os níveis para o fator A na ordem padrão. Por fim, a quarta coluna corresponde aos efeitos de interação de segunda ordem.

Assim, para os efeitos sobre um fator A, seguimos o procedimento:

a) Identificar os níveis referentes a este fator na matriz de design, que será uma de suas colunas.
b) Fazer a transposição deste vetor.
c) Multiplicar o vetor dos níveis transposto pelo vetor de resposta.
d) Dividir o resultado por 2, já que é a média neste caso (Barros Neto; Scarminio e Bruns, 1995):

$$Efeito_A = \tfrac{1}{2}[+1 \quad -1 \quad +1 \quad -1] * \begin{bmatrix} \bar{y}_1 \\ \bar{y}_2 \\ \bar{y}_3 \\ \bar{y}_4 \end{bmatrix} \qquad \text{Equação 8}$$

$$Efeito_A = \tfrac{1}{2}\mathbf{X}_A^t * \mathbf{y} \qquad \text{Equação 9}$$

$$Efeito_B = \tfrac{1}{2}[-1 \quad -1 \quad +1 \quad +1] * \begin{bmatrix} \bar{y}_1 \\ \bar{y}_2 \\ \bar{y}_3 \\ \bar{y}_4 \end{bmatrix} \qquad \text{Equação 10}$$

$$Efeito_B = \tfrac{1}{2}\mathbf{X}_B^t * \mathbf{y} \qquad \text{Equação 11}$$

$$Efeito_{AB} = \tfrac{1}{2}[+1 \quad -1 \quad -1 \quad +1] * \begin{bmatrix} \bar{y}_1 \\ \bar{y}_2 \\ \bar{y}_3 \\ \bar{y}_4 \end{bmatrix} \qquad \text{Equação 12}$$

$$Efeito_{AB} = \tfrac{1}{2}\mathbf{X}_{AB}^t * \mathbf{y} \qquad \text{Equação 13}$$

Se quisermos saber o total de efeitos, devemos proceder aos seguintes passos:

a) Transpor a matriz de contraste referente à Figura 5:

$$\begin{bmatrix} +1 & -1 & -1 & +1 \\ +1 & +1 & -1 & -1 \\ +1 & -1 & +1 & -1 \\ +1 & +1 & +1 & +1 \end{bmatrix}^t = \begin{bmatrix} +1 & +1 & +1 & +1 \\ -1 & +1 & -1 & +1 \\ -1 & -1 & +1 & +1 \\ +1 & -1 & -1 & +1 \end{bmatrix}$$

b) Multiplicar a matriz trasposta pelo vetor de resposta, obtendo como resultado o vetor **Z**

$$\begin{bmatrix} + & + & + & + \\ - & + & - & + \\ - & - & + & + \\ + & - & - & + \end{bmatrix} * \begin{bmatrix} \bar{y}_1 \\ \bar{y}_2 \\ \bar{y}_3 \\ \bar{y}_4 \end{bmatrix} = \mathbf{X}^t * \mathbf{y} = \begin{bmatrix} Z_1 \\ Z_2 \\ Z_3 \\ Z_4 \end{bmatrix}$$

c) Dividir o resultado da multiplicação pelos divisores relativos. De maneira geral, temos que, para um planejamento de 2 níveis com k fatores, os efeitos serão divisíveis por 2^{k-1}, enquanto a média terá como divisor o valor de 2^k (Barros Neto, Scarminio e Bruns, 1995). Para este caso, de planejamento 2^2, temos que o média será divisível por 4, e os efeitos, por 2. Portanto, temos: matriz transposta pelo vetor de resposta.

$$Efeitos\,totais = \begin{bmatrix} \mathbf{M} \\ \mathbf{A} \\ \mathbf{B} \\ \mathbf{AB} \end{bmatrix} * \begin{bmatrix} Z_1/4 \\ Z_2/2 \\ Z_3/2 \\ Z_4/2 \end{bmatrix}$$

Planejamento fatorial fracionário

Até o momento, discutimos casos de planejamento em dois níveis para dois e três fatores. Observe que, para maior número de fatores, teremos um crescimento exponencial no número de experimentos quando o de fatores aumenta de uma unidade; se para um planejamento 2^3 temos oito experimentos, em um 2^4 resultarão 16 experimentos, 2^5 em 32, e assim por diante.

Essa explosão fatorial com o acréscimo de uma condição experimental é a grande desvantagem do planejamento fatorial completo. Um crescimento exponencial no número de experimentos faz que as possibilidades de execução não sejam adequadas, já que podem ser caras e demandar muito tempo. Além disso, quando ainda temos as interações necessárias para a modelagem completa da matriz de design, o número de efeitos de interação de ordem superior também cresce drasticamente com o aumento do número de fatores, o que nem sempre resulta informação relevante (Barros Neto, Scarminio e Bruns, 1995; Box, Hunter e Hunter, 2005; Brereton, 2003; Teófilo e Ferreira, 2006). Na prática, esses efeitos são pouco importantes, pois resultam valores insignificantes, e, portanto, é possível, numa primeira aproximação, ser excluídos. Por isso, muitas vezes é requerido reduzir o número de experimentos; esta redução deve ser feita de tal maneira que os resultados relevantes não sejam perdidos (Brereton, 2003; Teófilo e Ferreira, 2006).

A ideia consiste em reduzir o número total de experimentos por uma fração, ou seja, dividi-lo por meio, um quarto ou qualquer outra fração que for de interesse. A este procedimento de redução dá-se o nome **planejamento fatorial fracionário**, no qual os efeitos podem ser representados por meio dos termos de menor ordem.

Um planejamento fatorial fracionário pode ser dado pela seguinte equação (Box, Hunter e Hunter, 2005; Brereton, 2003; Teófilo e Ferreira, 2006):

$$\frac{1}{2^p} 2^k \qquad \text{Equação 14}$$

onde p fornecerá por qual fração o planejamento em dois níveis será dividido.

Vamos utilizar como exemplo o planejamento 2^3. Com já visto, para este planejamento teremos um total de 8 experimentos. Supomos aqui que estes, dependendo dos fatores escolhidos, demandam tempo e gastos acima do que na realidade há no laboratório. Podemos, então, optar por realizar metade dos experimentos. Assim, se k é 3 e p é 1, tem-se:

$$\frac{1}{2^p} 2^k = \frac{1}{2^1} 2^3 = 2^{3-1} = 2^2$$

Desta forma, foi possível diminuir o número total de experimentos para três fatores em dois níveis, de 8 para 4, ou seja, temos metade dos experimentos. E, sendo assim, podemos escolher a meia fração de um planejamento em dois níveis para cada fator. Assim, de $2^4 = 16$ experimentos esperados, podemos optar por uma meia fração destes, ou seja $\frac{1}{2} \cdot 2^4 = 2^3 = 8$ experimentos. A grande pergunta é: Como escolher quais planejamentos serão adequados e representativos do sistema?

Para responder a esta pergunta é necessário que três características principais sejam entendidas no delineamento fracionário (Box, Hunter e Hunter, 2005):

a) *Esparsividade*: As maiores influências para um planejamento de muitos fatores são decorrentes dos efeitos principais e das interações de menor ordem.

b) *Projeção*: Em geral, a fração é projetada a fim de que os maiores efeitos venham dos fatores mais significativos.

c) *Sequencialidade*: experimentos podem ser combinados a fim de que as interações de interesse sejam obtidas.

Quando se utiliza um fatorial fracionário, deve-se ter em mente que haverá perda de informação (Teófilo e Ferreira, 2006). Fatorial fracionário é gerado a partir de um fatorial completo pela escolha de uma estrutura conhecida como "alias", que determina quais são os efeitos capazes de ser confundidos.

Como exemplo, vamos tomar o fatorial completo de 2^3 para nossa análise. Como já visto, os efeitos para cada um dos fatores podem ser calculados conforme indicam as Equações 2 e 3 (NIST/Sematech, 2012).

Se quisermos fazer uma meia fração para o planejamento 2^3, teremos apenas quatro ensaios. O importante é que os principais efeitos para cada fator sejam estimados a fim de que estejam presentes nos quatro ensaios.

Neste caso, os efeitos para cada um dos fatores seriam dados de acordo com os ensaios escolhidos. Caso os outros fossem escolhidos, teríamos efeito similar.

Ensaio	A	B	C
1	−	−	−
2	+	−	−
3	−	+	−
4	+	+	−
5	−	−	+
6	+	−	+
7	−	+	+
8	+	+	+

Escolha 1

Meia fração retirada do planejamento 2^3			
Ensaio	A	B	C
1	−	−	−
4	+	+	−
6	+	−	+
7	−	+	+

Efeitos do planejamento 2^{3-1}			
Ensaio	A	B	A*B
1	−	−	+
4	+	+	+
6	+	−	−
7	−	+	−

Escolha 2

Meia fração retirada do planejamento 2^3			
Ensaio	A	B	C
2	+	−	−
3	−	+	−
5	−	−	+
8	+	+	+

Efeitos do planejamento 2^{3-1}			
Ensaio	A	B	A*B
2	+	−	−
3	−	+	−
5	−	−	+
8	+	+	+

Note que, para a primeira escolha, quando a meia fração do planejamento 2^3 foi escolhida, o efeito correspondente ao fator C no planejamento original é igual ao negativo do efeito de segunda ordem obtido para o planejamento 2^{3-1} (**C = −AB**).

Já para a segunda escolha, os efeitos de segunda ordem no planejamento 2^{3-1} são exatamente iguais aos do fator C (**C = AB**), e, neste caso, os planejamentos se confundem. Este efeito é chamado confusão, ou seja, o terceiro fator é confundido com o efeito de segunda ordem para os dois primeiros fatores. Sendo assim, quando um fatorial fracionário é gerado a partir de um fatorial completo, temos uma estrutura "alias", que determina quais efeitos são confundidos entre si.

Se **C = ±AB**, podemos multiplicar os dois lados por **C**, resultando: **CC = ±ABC**. Quando multiplicamos uma coluna por ela mesma, o resultado é a identidade. Portanto: **I = ±ABC**.

I é chamado gerador do design, ou relação geradora do fatorial fracionário 2^{3-1} (Barros Neto, Scarminio e Bruns, 1995; Nist/Sematech, 2012; Teófilo e Ferreira, 2006).

I = −ABC é o gerador de design para a primeira escolha, enquanto **I = ABC** é para a segunda. Isto significa que, dada a relação geradora, podemos obter o padrão de confusão para o design, uma vez que, dado **I = ABC**, temos que o conjunto completo de "aliases" para o planejamento fatorial fracionário é 2^{3-1}: **A = BC, B = AC** e **C = AB**.

A coletânea de geradores do design, ou seja, todas as sequências possíveis de números, são chamadas relação de definição. O comprimento da menor sequência desta relação é chamada **resolução do planejamento**. A resolução descreve o grau em que os efeitos principais estão confundidos com as interações de ordem superior, e consiste no número de fatores que compõem o termo de menor comprimento para os geradores. A notação corresponde a um número romano de forma subscrita ao lado do planejamento fatorial; um exemplo é um planejamento fracionário em dois níveis de três fatores com resolução III: 2^{3-1}_{III} (Nist/Sematech, 2012; Teófilo e Ferreira, 2006).

Assim, em um fatorial com resolução III, não haverá a confusão entre os efeitos principais, mas sim entre estes e os provenientes das interações de segunda ordem. É o caso do fatorial fracionário 2^{3-1}, que já vimos anteriormente. Nesses casos, os efeitos de três fatores principais não se confundem entre si, mas as seguintes confusões são observadas: **A = BC**, **B = AC** e **C = AB**. De forma similar, na resolução IV os efeitos principais podem ser confundidos com os de três fatores. Já na resolução V, temos que os fatores principais são confundidos com os de quarta ordem, e, ainda, há confusões entre fatores de segunda e terceira ordens. Deve-se ressaltar que as confusões entre os elementos de ordem superior são menos bruscas do que aquelas de ordem inferior, uma vez que as interações de ordem superior são menos significativas. No caso do mesmo número de fatores, um planejamento com resolução superior requererá mais ensaios e, portanto, apresentará custos maiores (Barros Neto, Scarminio e Bruns, 1995; Nist/Sematech, 2012; Teófilo e Ferreira, 2006).

A Tabela 6 apresenta alguns dados relativos a planejamentos fracionários em diferentes resoluções (Damasceno, 2011). Na primeira coluna temos o número de fatores usados, na segunda, o tipo de planejamento fracionário. Note que para planejamentos maiores pode-se ter resoluções diferentes, como é o caso do planejamento 2^{5-1}. O número de ensaios é maior quando a resolução é maior. No entanto, a resolução V para este caso é mais adequada, já que os fatores principais não se confundem entre si, exceto pelo fator E, que se confunde apenas com os efeitos de quarta ordem.

Tabela 6   Dados para planejamentos fracionários em diferentes resoluções

Fatores	Planejamento	Ensaios	Geradores	Relações
3	2_{III}^{3-1}	4	$C = \pm AB$	$I = \pm ABC$
4	2_{IV}^{4-1}	8	$D = \pm ABC$	$I = \pm ABCD$
5	2_{V}^{5-1}	16	$E = \pm ABCD$	$I = \pm ABCDE$
	2_{III}^{5-1}	8	$D = \pm AB$ $E = \pm AC$	$I = \pm ABD$ $I = \pm ACE$
6	2_{VI}^{6-1}	32	$F = \pm ABCDE$	$I = \pm ABCDEF$
	2_{IV}^{6-2}	16	$E = \pm ABC$ $F = \pm BCD$	$I = \pm ABCE$ $I = \pm BCDF$
	2_{III}^{6-3}	8	$D = \pm AB$ $E = \pm AC$ $F = \pm BC$	$I = \pm ABD$ $I = \pm ACE$ $I = \pm ACF$

A literatura explica que, em termos experimentais, raramente se têm resoluções de ordem VI. No entanto, quando a escala é industrial, é possível encontrar esta condição. Como neste capítulo pretende-se utilizar o planejamento para casos forenses, as resoluções menores são as mais viáveis (Barros Neto, Scarminio e Bruns, 1995).

Por fim, o leitor deve estar ciente da importância do planejamento, assim como de suas potencialidades e restrições para cada caso. O assunto é extenso e não se esgota com as informações aqui demonstradas. Há outros tipos de planejamentos, como o fatorial de Plackett--Burmman, planejamentos saturados, com ponto central, metodologia de superfície de resposta, entre outros (Barros Neto, Scarminio e Bruns, 1995; Box, Hunter e Hunter, 2005; Brereton, 2003; Miller e Miller, 2005; Teófilo e Ferreira, 2006).

Recomenda-se a leitura de livros-texto e artigos específicos para cada caso. Nosso objetivo, neste capítulo, foi apresentar os principais aspectos do planejamento fatorial e deixar ao leitor a ideia de suas potencialidades e aplicações.

Estudo de caso

Nesta seção, emprestaremos da literatura exemplos nos quais o planejamento fatorial é utilizado para resolver problemas em casos forenses. No primeiro, o caso prático corresponde a um trabalho no qual planejamento experimental é utilizado para o desenvolvimento de método em toxicologia forense (Moreno et al., 2012).

Nele, o planejamento fatorial serviu para a determinação de estimulantes do tipo piperazina em urina humana. Um método que usa microextração por sorvente empacotado (*mi-*

croextraction by packed sorbent – MEPS) e cromatografia líquida de alta performance com detector por arranjo de diodo (*high performance liquid chromatography-diode array detection* – HPLC-DAD) foi descrito para estudar várias piperazinas. As condições de extração do MEPS foram estudadas por meio da metodologia do planejamento fatorial fracionário.

As condições experimentais foram determinadas por um planejamento fracionário do tipo 2^{5-1} com resolução V. Os fatores estudados foram:

a) diluição da amostra (2: 4),

b) número de aspirações de amostra através do dispositivo (AVC) (2: 8),

c) quantidade de ácido acético (%) para a ativação do absorvente (1: 5),

d) percentagem de metanol para eliminar interferências (etapa de lavagem) (10: 100),

e) quantidade de amoníaco (%) no solvente de eluição (metanol) (1: 5).

Neste caso, para um fatorial completo seriam necessários 32 experimentos, o que deixaria o processo caro. No caso deste planejamento foram feitos, portanto, apenas 16 experimentos, realizados em uma ordem aleatória; o objetivo foi evitar a influência de eventuais ruídos e minimizar os erros sistemáticos. Um método MEPS rápido, sensível, seletivo e preciso foi desenvolvido e completamente validado para a determinação de piperazinas em amostras de urina humana. As análises foram realizadas com volumes de amostra reduzida (0,1 mL), o que proporciona uma vantagem significativa, particularmente quando há pouca disponibilidade de amostra, permitindo que novos exames sejam realizados na mesma amostra. O design fatorial foi útil no processo de optimização, pois permitiu a redução do número de experimentos. Além disso, possibilitou concluir que nenhum dos fatores estudados ou interações teve influência significativa na resposta, e, portanto, os níveis dos fatores poderiam ser definidos pelos valores mais convenientes. O fato de que os limites de detecção e quantificação baixos foram obtidos em volumes de amostra reduzidos permite a detecção de pequenas quantidades de compostos, o que torna este procedimento útil para aqueles laboratórios que realizam análise de urina de rotina.

Há ainda exemplos nos quais o planejamento fatorial foi utilizado para análise de cabelo (Bermejo-Barrera, Moreda-Pinãeiro e Bermejo-Barrera, 2000), tintas automobilísticas (Kochanowski e Morgan, 2000), entre outros.

Prática de laboratório

Utilização do planejamento fatorial para a determinação de condições experimentais

Aqui não será descrita uma prática específica, mas sim alguns direcionamentos para que seja feito um planejamento experimental. Ressalta-se que o leitor terá ainda de consultar outras fontes e verificar se há outras técnicas de planejamento mais adequadas à sua realidade laboratorial, justificando sempre sua escolha!

Objetivo

Aplicar as técnicas de planejamento fatorial para o experimento de laboratório.

Procedimento

1. Determine o tipo de análise que deseja fazer.
2. Faça um levantamento do material e da aparelhagem disponível.
3. Verifique na literatura quais são os principais aspectos da análise que deseja realizar de acordo com a realidade do seu laboratório.
4. Escolha quais variáveis deseja avaliar (fatores) e os níveis de cada uma delas.
5. Estime o número de experimentos por meio do planejamento fatorial completo.
6. Verifique se este número poderia ser diminuído por meio de um potencial fracionário.
7. Analise a resolução requerida do potencial fracionário e quais as possíveis confusões a fim de determinar as relações geradoras.
8. Consulte a literatura para averiguar se existe algum tipo de planejamento que possa refinar suas análises.
9. Faça uma estimativa dos custos envolvidos nos experimentos.
10. Ponha em prática seu planejamento e, se possível, repita os experimentos mais de uma vez.
11. Avalie os erros, as médias e todos os aspectos determinantes da sua análise.
12. Estude os resultados e verifique formas de melhoria.

Quesitos

Os quesitos para o planejamento fatorial podem seguir o ciclo PDCA, ou seja, o experimentador pode verificar o procedimento por meio de questões fundamentadas para desenvolver as ações previstas: planejar, desenvolver, checar e agir. Sugere-se que as questões sejam formuladas a fim de que sejam respondidas de maneira a obter a melhoria contínua do processo.

Relatório de análises

Neste, o experimentador deve anotar as características do planejamento apresentado, seus resultados, suas potencialidades, pontos fortes, pontos fracos e sugestão de melhorias. Os quesitos devem ser respondidos a fim de apresentar elementos que fundamentem a escolha. A conclusão deve versar sobre a viabilidade da análise, seus custos, quais os principais resultados e como o planejamento escolhido foi capaz de otimizar o experimento. Comparações com a literatura são sempre bem-vindas e enriquecem a discussão.

Exercícios complementares

1. Detalhe os passos para obter os efeitos para um planejamento 2^3.
2. Considere os cubos abaixo. O da esquerda, com todos os pontos preenchidos nos vértices, representa o número de experimentos necessários para um planejamento fatorial completo do tipo 2^3. O da direita, por sua vez, apresenta seus cantos com pontos preenchidos e não preenchidos (NIST/Sematech, 2012). Em cada conjunto de pontos temos um planejamento fracionário. Preveja quais os efeitos principais no caso do planejamento referente aos vértices com pontos preenchidos e do com pontos não preenchidos. Compare os resultados.

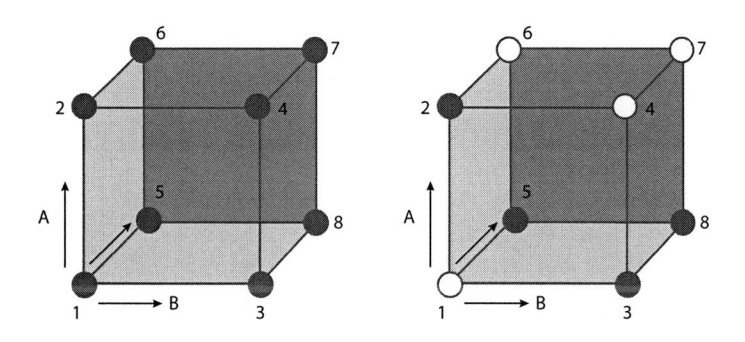

Figura 6 Representação do número de experimentos necessários para um planejamento fatorial completo do tipo 2^3.

3. Elabore um planejamento fatorial completo, fracionário, escolha uma resolução e identifique quais as principais relações geradoras para a resolução escolhida. Sugere-se um planejamento em dois níveis com mais de quatro fatores.

Referências bibliográficas

AITKEN, C. G. G.; TARONI, F. *Statistics and the evaluation of evidence for forensic scientists (statistics in practice)*. 2. ed. West Sussex, England: John Wiley & Sons, 2004. p. 276.

BARROS NETO, B.; SCARMINIO, I. S.; BRUNS, R. E. *Planejamento e otimização de experimentos*. Campinas: Unicamp, 1995.

BEEBE, K. R.; PELL, R. J.; SEASHOLTZ, M. B. *Chemometrics*: a practical guide. Nova York: Wiley-Interscience, 1998.

BERMEJO-BARRERA, P.; MOREDA-PIÑAEIRO, A.; BERMEJO-BARRERA, A. Factorial designs for Cd, Cr, Hg, Pb and Se ultrasound-assisted acid leaching from human hair followed by atomic absorption spectrometric determination. *Journal of Analytical Atomic Spectrometry*, v. 4, 2000, p. 121-30.

BOX, G. E. P.; HUNTER, J. S.; HUNTER, W. G. *Statistics for experimenters*: design, innovation and discovery. 2. ed. New Jersey: John Wiley & Sons, 2005.

BRACH, R. M.; DUNN, P. F. *Uncertainty analysis for forensic science*. 2. ed. Tucson: Lawyers & Judges Publishing, 2009.

BRERETON, R. G. *Chemometrics*: data analysis for the laboratory and chemical plant. West Sussex, England: John Wiley & Sons, 2003. v. 8.

BRUNI, A. T.; TALHAVINI, M. Quimiometria aplicada a análises forenses. In: BRUNI, A. T.; VELHO, J. A.; OLIVEIRA, M. F. DE (orgs.). *Fundamentos de química forense*: uma análise prática da química que soluciona crimes. Campinas: Millennium, 2012. p. 280-316.

COSTA, S. et al. Design of experiments, a powerful tool for method development in forensic toxicology: Application to the optimization of urinary morphine 3-glucuronide acid hydrolysis. Analytical and Bioanalytical Chemistry, v. 396, n. 7, p. 2.533-42, abr. 2010. Disponível em: <http://www.ncbi.nlm.nih.gov/pubmed/20119659>. Acesso em: 2 maio 2014.

DAMASCENO, L. C. M. *Desempenhos dos fatoriais fracionados em estimar efeitos principais na presença de interações duplas*. 2011. Universidade Federal de Viçosa, 2011. Disponível em: <http://www.tede.ufv.br/tedesimplificado/tde_arquivos/41/TDE-2012-02-13T112538Z-3577/Publico/texto completo.pdf>. Acesso em: 13 jun. 2015.

GALDAMEZ, E. V. C.; CARPINETTI, L. C. R. Aplicação das técnicas de planejamento e análise de experimentos no processo de injeção plástica. *Gestão & Produção*, v. 11, n. 1, p. 121–134, 2004.

HARVEY, D. *Modern analytical chemistry*. Nova York: McGraw-Hill, 2000.

INMETRO. Portaria nº 232, de 8 de maio de 2012. Vocabulário Internacional de Metrologia – Conceitos fundamentais e gerais e termos associados (VIM 2012). Brasília, DF: Ministério do Desenvolvimento, Indústria e Comércio Exterior, 2012a. Disponível em: <http://www.inmetro.gov.br/legislacao/rtac/pdf/RTAC001826.pdf>. Acesso em: 13 jun. 2015.

_____. Portaria nº 232, de 8 de maio de 2012. *Vocabulário Internacional de Metrologia* – Conceitos fundamentais e gerais e termos associados (VIM 2012). Brasília, DF: Ministério do Desenvolvimento, Indústria e Comércio Exterior, 2012b.

JCGM 200:2012. *Vocabulário Internacional de Metrologia* – Conceitos fundamentais e gerais e termos associados (VIM 2012). Disponível em: <http://www.inmetro.gov.br/legislacao/rtac/pdf/RTAC001826.pdf>. Acesso em: 15 maio 2012.

KOCHANOWSKI, B. K.; MORGAN, S. L. Forensic discrimination of automotive paint samples using pyrolysis-gas chromatography-mass spectrometry with multivariate statistics. *J. Chromatogr. Sci.*, v. 38, mar. 2000, p. 100-8.

MARINHO, M. R. M. *Planejamento fatorial*: uma ferramenta poderosa para os pesquisadores. Disponível em: <http://www.abenge.org.br/CobengeAnteriores/2005/artigos/PB-5-61001198468-1118313321435.pdf>. Acesso em: 13 jun. 2015.

MILLER, J. N.; MILLER, J. C. *Statistics and chemometrics for analytical chemistry*. 5. ed. Harlow, Essex, UK: Prentice Hall, 2005. p. 268.

MORENO, I. E. D.; DA FONSECA, B. M.; BARROSO, M.; et al. Determination of piperazine-type stimulants in human urine by means of microextraction in packed sorbent ang high performance liquid chromatography-diode array detection. *Journal of pharmaceutical and biomedical analysis*, v. 61, p. 93-9, 5 mar. 2012.

NIST/SEMATECH. *Nist/Sematech e-handbook of statistical methods*. Disponível em: <http://www.itl.nist.gov/div898/handbook/>. Acesso em: 24 fev. 2015.

RODRIGUES, C. M. C.; ESTIVALETE, V. F. B.; LEMOS, A. C. F. V. A etapa planejamento do ciclo PDCA: um relato de experiências multicasos. Disponível em: <http://abepro.org.br/biblioteca/enegep2008_TN_STO_069_496_12017.pdf>. Acesso em: 4 maio 2014.

SCIENTISTS, F.; EDITION, S. *Uncertainty in forensic*. [S.l: s.n.], 2004.

SILVA, J. G. C. *Estatística experimental*: Planejamento de experimentos. Pelotas: Universidade Federal de Pelotas, 2007.

STOYANOV, K.; WALMSLEY, A. D. Response-surface modeling and experimental design. In: GEMPERLINE, Paul (org.). *Practical guide to chemometrics*. 2. ed. Boca Ratón, FL: CRC Press, Taylor & Francis Group, 2006a. p. 263-338.

_____. Response-surface modeling and experimental design. In: GEMPERLINE, Paul (org.). *Practical guide to chemometrics*. 2. ed. Boca Ratón, FL: CRC Press, Taylor & Francis Group, 2006b. p. 263-338.

TEÓFILO, R. F.; FERREIRA, M. M. C. Quimiometria II: planilhas eletrônicas para cálculos de planejamentos experimentais, um tutorial. *Química Nova*, v. 29, n. 2, p. 338-50, abr. 2006. Disponível em: <http://www.scielo.br/scielo.php?script=sci_arttext&pid=S0100-40422006000200026&lng=en&nrm=iso&tlng=pt>. Acesso em: 3 dez. 2014.

WALMSLEY, A. D. Statistical evaluation of data. In: GEMPERLINE, P. (org.). *Practical guide to chemometrics*. 2. ed. Boca Ratón, FL: CRC Press, Taylor & Francis Group, 2006. p. 7-40.

capítulo **2**

Testes rápidos para detecção de substâncias entorpecentes

Antonio José Ipólito
Marcelo Firmino de Oliveira

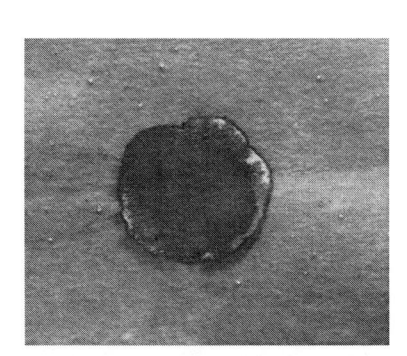

Resultado de teste rápido para identificação de THC: coloração vermelho-escura.

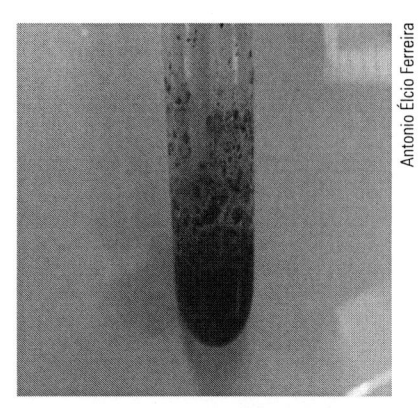

Resultado de teste rápido para identificação de cocaína em tubo de ensaio. Observa-se o precipitado de coloração azul-escura aderido à parede do tubo.

* Você pode visualizar estas imagens em cores no final do livro.

Testes rápidos, ou testes de cor, chamados erroneamente de colorimétricos, fazem parte do rol de procedimentos iniciais para identificação de substâncias entorpecentes, utilizando-se material de laboratório de fácil disponibilidade, em quantidade mínima.

Estes testes tanto podem ser realizados em laboratório quanto em locais de armazenamento de substâncias a serem identificadas preliminarmente.

Apesar de simples e de não ter necessidade de confirmar os resultados definitivos, estes testes têm importância significativa para o encaminhamento e a conclusão definitiva sobre o material analisado, indicando qual teste será realizado no laboratório na análise definitiva.

A possibilidade de realização desses testes em escala semimicro possibilita, por exemplo, a obtenção de maletas portáteis de perícia, dotadas de centenas de frascos de reagentes específicos para cada tipo de analito de interesse forense.

Introdução

O uso e o tráfico de drogas têm aumentado nos últimos anos, segundo estatísticas das secretarias de segurança pública federal e estaduais. Isto mostra a necessidade de treinamento de pessoal que atua nessas investigações para maior eficácia na identificação do material apreendido. As secretarias de segurança têm adquirido grande volume de testes rápidos de identificação de drogas de abuso, investindo na capacitação de pessoal para lidar com esses testes, tanto na forma de coleta, de preservação da amostra, cadeia de custódia, quantidade apropriada para análise e interpretação dos resultados dos testes.

Importância dos testes rápidos na identificação preliminar de drogas de abuso

De acordo com a Lei nº 11.343, de 23 de agosto de 2006, as análises:

> Art. 50. Ocorrendo prisão em flagrante, a autoridade de polícia judiciária fará, imediatamente, comunicação ao juiz competente, remetendo-lhe cópia do auto lavrado, do qual será dada vista ao órgão do Ministério Público, em 24 (vinte e quatro) horas.
>
> § 1º Para efeito da lavratura do auto de prisão em flagrante e estabelecimento da materialidade do delito, é suficiente o laudo de constatação da natureza e quantidade da droga, firmado por perito oficial ou, na falta deste, por pessoa idônea.

Todo aumento de quantidade de apreensão aumenta também as análises de caráter definitivo do material, desde que feita a análise preliminar corretamente. As análises preliminares são de importância extrema para a solicitação da análise definitiva das substâncias suspeitas e a técnica a ser utilizada para detecção final. Essas análises têm que ser consideradas em seus aspectos práticos, como simplicidade e especificidade, além das reações envolvidas. Isto faz com que esses testes sejam amplamente usados como primeiro passo para análise de material suspeito de conter substâncias ilícitas.

Cabe ao perito criminal proceder à análise, obedecendo a uma rigorosa cadeia de custódia, um processo para manter e documentar a história cronológica da evidência. Isto garante a idoneidade e o rastreamento das evidências utilizadas em processos judiciais.

Nas análises, tanto os resultados positivos quanto os negativos são importantes informações para identificação definitiva das substâncias apreendidas. Porém, em algumas situações, não se faz observação apenas em relação à cor, mas também à formação de precipitados, como no caso do teste para cocaína. Testes negativos em comprimidos de ecstasy podem indicar a presença de piperazina, como a metaclorofenilpiperazina (m-CPP). São detalhes que precisam ser muito bem observados para melhor encaminhar os testes definitivos.

Com relação aos testes para constatações de MDMA (ecstasy) e LSD, tem-se observado que quase não é possível identificar presuntivamente a presença destas substâncias, pois outras têm sido usadas como substitutas, como metanfetaminas, DOB (Brolanfetamina), 25B-

-NBOMe (2 – (4-Bromo - 2,5 - Dimetoxi – Fenil) – N – [(2 – Metoxifenil) Metil] Etanoamina) e outras, dificultando a análise preliminar com testes colorimétricos.

> § 2º O perito que subscrever o laudo a que se refere o § 1º deste artigo não ficará impedido de participar da elaboração do laudo definitivo.

Com as alterações na lei de entorpecentes de 2014, os procedimentos para incineração de entorpecentes podem ser determinados a partir do laudo de constatação provisória, guardando material suficiente para análise definitiva. Daí a importância maior dos exames preliminares.

> § 3º Recebida cópia do auto de prisão em flagrante, o juiz, no prazo de 10 (dez) dias, certificará a regularidade formal do laudo de constatação e determinará a destruição das drogas apreendidas, guardando-se amostra necessária à realização do laudo definitivo.

PRINCIPAIS METODOLOGIAS

Nesta seção, mostraremos os testes mais comuns utilizados para pesquisa rápida em material suspeito de conter substâncias ilícitas. Na rotina de laboratório ou em locais de apreensão de material suspeito, em geral é realizada apenas uma análise rápida. De qualquer maneira, após o teste rápido, o material é encaminhado ao laboratório para análise definitiva, como preconiza o Código de Processo Penal brasileiro. As análises preliminares não têm obrigatoriedade de ser confirmadas em análise definitiva, pois esta última é realizada com equipamento e material químico diferenciados e mais específicos. Os testes mais usados são:

1. *Fast Blue* B, para maconha
2. Teste do Tiocianato de Cobalto, para cocaína
3. Teste de Marquis, para anfetaminas, derivados opioides e alguns outros alcaloides
4. Teste de Ehrlich, para LSD

Concomitante às alterações de cor, deve-se observar, em alguns casos, a formação de precipitado, o que, neste caso, diferenciará e qualificará o material analisado.

Maconha

Cannabis sativa L, conhecida popularmente como maconha, é uma das plantas mais antigas que o homem conhece, com relatos de uso há mais de 4.000 anos. Originária da Ásia Central, chegou ao Brasil no final do século XVIII, destinada à produção de fibras. Acredita-se que os escravos já tinham conhecimento de suas propriedades psicoativas.

O Δ9-THC é seu principal princípio ativo, devido ao seu potencial psicoativo; só não é encontrado nas raízes da planta, e tem sua maior concentração nas flores. A Figura 1 ilustra uma alíquota típica de maconha apreendida pela polícia, podendo-se observar o material vegetal prensado.

Figura 1 Amostra típica de maconha apreendida pela polícia.

* Você pode visualizar esta imagem em cores no final do livro.

Teste rápido

Teste do *Fast Blue* B

Reagentes

- Misture, na proporção 2,5:100, *Fast Blue* B com sulfato de sódio anidro
- Éter de petróleo
- Água destilada
- Solução aquosa 0,1N de hidróxido de sódio
- Deposite fragmentos da planta sobre um segmento de papel de filtro
- Adicione éter de petróleo para extração e aguarde a evaporação
- Adicione a mistura do *Fast Blue* B
- Adicione água destilada e observe a coloração

A cor vermelha ou rósea indica a possibilidade da presença de derivados canabinólicos.

A reação cromática de *Fast Blue* B foi atribuída à natureza fenólica da molécula dos canabinois. O mecanismo reacional ocorre quando o extrato etéreo dos produtos da *Cannabis sativa* reage com o *Fast Blue* B, formando um produto de cor vermelha, solúvel na fase orgânica. A coloração formada é resultado da combinação de cores produzidas pela reação com diferentes canabinois.

Para intensificar a coloração, adicione a solução aquosa 0,1N de NaOH.

Cocaína

Cocaína é um alcaloide encontrado nas folhas do vegetal *Erytroxylum coca,* originário dos Andes, cujo comércio é restringido em muitos países. É comercializada em forma de cloridrato (pó cristalino administrado via nasal ou intravenosa) ou pasta base (crack – aspirado a quente por via intrapulmonar, ao volatilizar-se a 95°C). Na Figura 2, é possível observar algumas amostras típicas de cocaína apreendidas pela polícia, em geral comercializadas em frascos do tipo eppendorf.

É comum encontrar na mistura da cocaína grande quantidade de impurezas, provindas do processo de refino e adulterantes acrescidos. Este fato pode provocar alterações nas análises pelos testes rápidos, que serão mais bem interpretados proporcionalmente ao conhecimento e experiência do analista.

Figura 2 Amostras típicas de cocaína apreendidas pela polícia.

Teste rápido

Teste do Tiocianato de Cobalto

Reagentes

- Prepare uma solução com: 6 g de nitrato de potássio
  18 g de tiocianato de cobalto
  100 mL de água
- Solução aquosa de cloreto estanoso a 5%
- Coloque o material em uma placa escavada ou em tubo de ensaio
- Acrescente duas gotas da solução de tiocianato de cobalto
- Acrescente duas gotas de solução aquosa de cloreto estanoso 5%

A formação de precipitado azul indica a possibilidade da presença de cocaína.

Em alguns casos, pode-se realizar uma extração preliminar com ácido clorídrico 1:5 em solução aquosa. O ácido converte a base livre em cloridrato de cocaína, fazendo que se torne solúvel.

LSD (dietilamina do ácido lisérgico)

LSD, ou mais precisamente LSD_{25}, é um composto cristalino que ocorre como resultado das reações metabólicas do fungo *Claviceps purpurea*, relacionado especialmente aos alcaloides produzidos por esta cravagem, sintetizado pela primeira vez em 1938. Em 1943, o químico suíço Albert Hoffman, então funcionário da empresa Sandoz, acidentalmente descobriu seus efeitos, tornando-se um entusiasta até sua morte, aos 102 anos. Timothy Leary foi o grande disseminador do uso indiscriminado da droga, tendo contribuído também para sua erradicação. Na Figura 3 é possível observar algumas amostras típicas de selos de papel embebidos com o princípio ativo da droga apreendidas pela polícia.

Figura 3 Amostras típicas de LSD apreendidas pela polícia.
* Você pode visualizar esta imagem em cores no final do livro.

Teste de Ehrlich

- Prepare uma solução com: 1g de paradimetiaminobenzaldeido diluído em 10mL de metanol

  10 mL de ácido orto-fosfórico concentrado, adicionado cuidadosamente
- Coloque um segmento do papel cartonado suspeito em uma placa escavada e adicione duas gotas do reagente.

O surgimento da cor violeta indica a possibilidade de presença da lisergida.

Anfetaminas, metanfetaminas e seus derivados

Anfetamina é uma droga estimulante do sistema nervoso central, das capacidades físicas e psíquicas. É uma substância simpatomimética sintetizada na Alemanha, por Lazar Edeleanu, em 1887. Anos mais tarde, os médicos introduziram o uso da droga em pacientes para aliviar fadiga e como estimulante do sistema nervoso central. Em 1932, na França, surgiu o primeiro lote com o nome comercial da droga, Benzedrina.

Atualmente, a anfetamina é proibida em vários países, incluindo o Brasil, desde 2011. A maioria dos consumidores são mulheres que usam a droga para promover o emagrecimento. A Figura 4 ilustra algumas amostras de metanfetaminas apreendidas pela polícia.

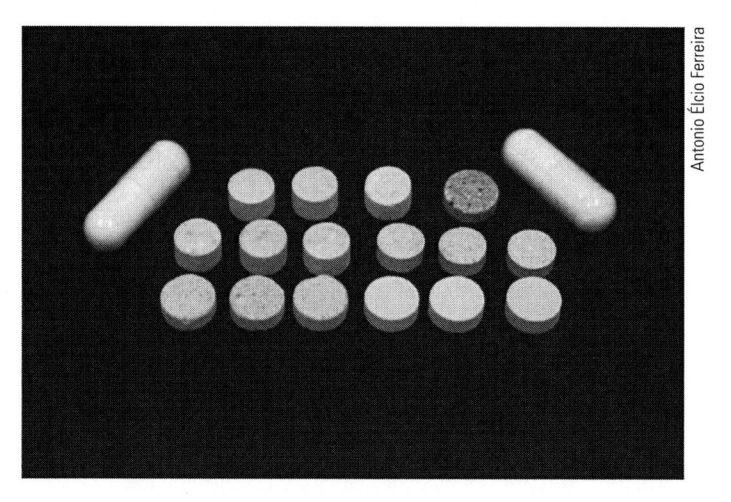

Figura 4 Amostras típicas de metanfetaminas apreendidas pela polícia.

* Você pode visualizar esta imagem em cores no final do livro.

A metilenodioximetanfetamina (MDMA) ou XTC, ADAM, MDM, pílula do amor, ou seu nome mais popular, ecstasy, é uma droga sintetizada a partir da anfetamina, cuja ação remete à diminuição da reabsorção da serotonina, dopamina e noradrenalina no sistema nervoso central, causando euforia, sensação de bem-estar, alterações na percepção sensorial e grande perda de líquidos. O ecstasy ganhou notoriedade com o advento das grandes festas *tecno* e *raves*. Com frequência, os usuários, ao usar a droga, tentam estimular a salivação e o controle de líquidos utilizando pirulitos ou balas durante as festas. É comercializada na forma de comprimidos ou cápsulas.

Teste de Marquis

♦ Prepare uma solução com: 9,8 mL de solução de 8-10 gotas de formaldeído
a 40% em 10 mL de ácido acético glacial
0,2 mL de ácido sulfúrico concentrado

Em uma placa, ou tubo de ensaio, adicione o material (fragmento do comprimido macerado ou parte do pó a ser analisado). Adicione a solução de formaldeído e ácido acético glacial e ácido sulfúrico.

O surgimento das cores a seguir indicará a possibilidade da presença de:

a) Laranja ou marrom: anfetamina ou metanfetamina;
b) Amarela-esverdeada ou verde: 2,5-dimetoxianfetamina ou bromoanfetamina (DOB);
c) Preta: metilenodioximetanfetamina (MDMA).

Estudo de caso

Há muito tempo o mercado tem se valido de produtos conhecidos como "similares" em muitas situações. Roupas, calçados, acessórios de grife, que nada têm a ver com a grife original, saturam o mercado. Considerando-se que boa parte da população não tem poder aquisitivo para ter um original, cresce a compra dos "similares", que, obviamente, não têm a mesma qualidade do produto original. No mercado ilícito dos entorpecentes não é diferente. É muito comum encontrar nas análises substâncias que não são as que foram oferecidas aos usuários. Neste caso, é "similar" só na forma de apresentação, mas totalmente falsa no aspecto químico e, por consequência, na ação no organismo.

Uma apreensão de segmentos cartonados, contendo desenhos, aparentemente selos com LSD, foi encaminhada ao Laboratório de Análises Toxicológicas. Preliminarmente, foram realizados testes rápidos ou de cor no material para posterior confecção do laudo de constatação provisória, como determina a legislação.

O primeiro teste, logicamente, foi o de Ehrlich para LSD. A cor violeta esperada não ocorreu. Num primeiro momento, acredita-se em teste negativo, ou na degradação da lisergida pela luz, em vista de o material não estar protegido. Como o pensamento mercadológico do tráfico de entorpecentes é o mesmo do mercado dos "similares", o indicado é proceder a mais testes para confirmar a análise preliminar e encaminhar o material com mais precisão para o teste definitivo.

O teste seguinte foi o Marquis para anfetaminas e derivados, que apresentou cor laranja, indicando a possibilidade da presença de anfetamina ou metanfetamina. Neste caso, já havia grande possibilidade de o material não conter lisergida. Posteriormente, em análise definitiva por CG-MS, confirmou-se a presença de metanfetamina. Neste caso, "similar" só na forma.

Prática de laboratório – 1

Exame preliminar para constatação da presença de cocaína em substância em pó suspeita

Objetivo

Esta análise objetiva identificar qual material suspeito tem possibilidade da presença de cocaína.

Reagentes e vidraria

– Solução de tiocianato de cobalto
– Solução de cloreto estanoso a 5%
– Uma placa escavada

Procedimento

1. Deposite o material suspeito separadamente em cada área escavada da placa.
2. Adicione duas gotas da solução de tiocianato de cobalto e observe a ocorrência de material precipitado.
3. Adicione duas gotas da solução de cloreto estanoso a 5% e misture.

Quesitos

1. O que se observou quanto à alteração da cor do material suspeito?
2. Qual material formou precipitado?
3. Qual material diluiu por completo?
4. Em algum material foi desenvolvido algum tipo de precipitado diferente na sua consistência?

   Compare o seu resultado com os abaixo.

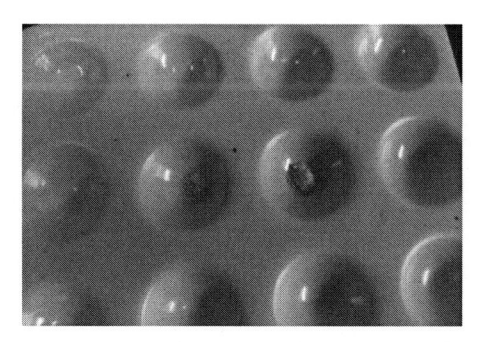

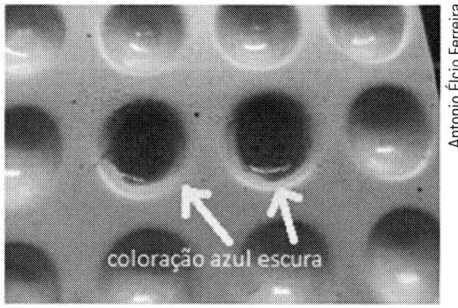

As imagens mostram o depósito do material a ser analisado sobre as placas e o resultado da coloração após a aplicação dos reagentes colorimétricos.

* Você pode visualizar estas imagens em cores no final do livro.

Relatório de análises

Elabore um relatório científico sobre o experimento a ser entregue e discutido com o professor.

Além da estrutura convencional (introdução, parte experimental, resultados, discussão, conclusão e referências), cada grupo deve apresentar no relatório as respostas aos quesitos acima apresentados.

PRÁTICA DE LABORATÓRIO – 2

Exame preliminar para constatação da presença de canabinoides em amostras suspeitas de maconha

Objetivo

Esta análise objetiva identificar a presença de substâncias canabinoides em amostras de maconha por intermédio de reação colorimétrica com o reagente *Fast Blue* B.

Reagentes e vidraria

- 2 tubos de ensaio de 25 mL
- Pipeta graduada de 10 mL
- Pipeta de Pasteur
- Metanol
- Dimetilformamida
- *Fast Blue* B
- 6 tubos de ensaio
- 3 funis pequenos
- 6 folhas de papel-filtro (30s)
- amostras reais (fornecidas pela Polícia Científica)
- amostra de cigarro comercial (providenciada pelo grupo)

Procedimento

1. No tubo de ensaio 1, adicione cerca de 0,1 g da amostra de maconha apreendida, juntamente com 5 mL de metanol, e agite por 2 minutos.
2. No tubo de ensaio 2, adicione cerca de 0,1 g de amostra do cigarro comercial, juntamente com 5 mL de metanol, e agite por 2 minutos.
3. No tubo de ensaio 3, adicione 5 mL de metanol, sendo esta solução considerada como branco.
4. Com o auxílio do funil e do papel-filtro, filtre as soluções dos extratos para os tubos de ensaio remanescentes.
5. Nas folhas de papel-filtro contendo o material vegetal analisado, adicione uma ponta de espátula do reagente *Fast Blue* B, espalhando-o sobre as folhas. Depois, adicione algumas gotas de água destilada às folhas de papel-filtro. Anote os resultados.
6. Nos 3 tubos de ensaio contendo as soluções filtradas (branco, amostra real e amostra falsa), adicione uma pequena quantidade (ponta de espátula) do reagente *Fast Blue* B.
7. Anote os resultados obtidos.
8. Repita o experimento, utilizando desta vez dimetilformamida como solvente.
9. Anote os resultados obtidos e os compare com aqueles obtidos com o uso de metanol.

Quesito

Qual o efeito da troca do solvente metanol pela dimetilformamida no teste colorimétrico para maconha? Proponha uma explicação.

Exercícios complementares

1. Qual a explicação para a mudança de cor observada na reação do tiocianato de cobalto com a cocaína?
2. Indique duas substâncias interferentes para este teste.

3. É possível observar alguma diferenciação entre os resultados obtidos para as amostras de cigarro e de maconha? Explique.

REFERÊNCIAS BIBLIOGRÁFICAS

BELL, S. *Forensic chemistry*. Upper Saddle River, New Jersey: Pearson Prentice Hall, 2006.

LEITNER, A; LECHNER, H; KAINZ, P. *Colour tests for precursor chemicals of amphetamine-type substances*. Áustria: Chemie-Ingenieurschule Graz, 2007.

UNODC. *Rapid testing methods of drugs of abuse*. United Nations, 1994.

VELHO, J. A.; BRUNI, A. T.; OLIVEIRA, M. F. *Fundamentos de química forense*. Campinas: Millennium, 2012.

ZARZUELA, J. L. Química legal. In: TOCHETTO, D. et al. *Tratado de perícias criminalísticas*. Porto Alegre: Sagra-DC Luzzatto, 1995.

NOTA: Nunca realize testes de precipitação em papel-filtro. Os resultados podem apresentar erros de interpretação. Devem-se utilizar placas escavadas ou tubos de ensaio para visualização da formação do precipitado. Todo material, como vidrarias, bastões, deve estar rigorosamente limpo e seco.

capítulo 3

Identificação de impressões digitais

José Fernando de Andrade
Marcelo Firmino de Oliveira

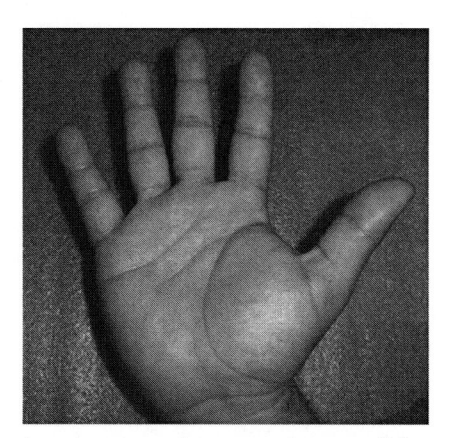

Ao entrar em contato com outras superfícies, a mão humana transfere suas sujidades para esta superfície, criando uma impressão fiel e individual.

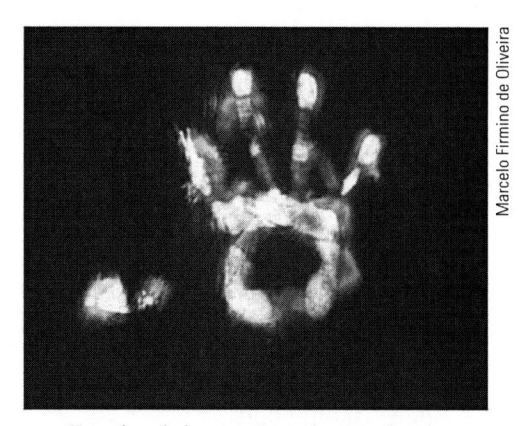

Este tipo de impressão pode ser coletado por diferentes métodos físicos e químicos e utilizado para fins de identificação forense.

* Você pode visualizar estas imagens em cores no final do livro.

Devido ao fato de que cada ser humano possui um conjunto único de impressões digitais (ou impressões digitopapilares), sua identificação constitui fator primordial para a elucidação de casos forenses, no âmbito criminal, cível ou trabalhista.

A superfície dos dedos está em constante contato com substâncias químicas (material biológico excretado por outras partes do corpo, assim como substâncias sólidas e líquidas externas ao corpo). A existência de sulcos nas extremidades dos dedos possibilita um depósito diferenciado dessas sujidades ao longo da sua superfície.

Pelo princípio da transferência, ao tocarmos outras superfícies sólidas, produzimos um desenho fiel dos sulcos existentes em nossos dedos (impressão digital), onde a tinta utilizada para o desenho é formada pelas próprias sujidades presentes nos dedos. A impressão formada, aparentemente invisível, pode ser revelada e coletada mediante utilização de outras substâncias químicas reveladoras, seja por processos físicos (pós coloridos), seja por métodos químicos (vapores reagentes).

INTRODUÇÃO

As impressões digitais (ou digitopapilares), assim como as pegadas e manchas ocultas de sangue ou outros fluidos biológicos, constituem os chamados vestígios latentes, ou seja, aqueles presentes em determinada cena de crime (ou peça associada) que não são visíveis a olho nu (Velho, Bruni e Yoshida, 2012).

A importância da coleta deste tipo de vestígio reside no fato de que as pessoas possuem um conjunto individualizado de impressões digitais (princípio da unicidade), que as acompanham desde a gestação até sua morte sem apresentar mudanças significativas (princípio da imutabilidade) (Chemello, 2006). Cada impressão digital é única, não sendo idêntica nem mesmo entre as impressões de um mesmo indivíduo (princípio da variabilidade) ou até mesmo entre gêmeos univitelinos.

A presença de impressões digitais de determinada pessoa encontradas em um local de crime, por exemplo, pode ser utilizada para atribuir autoria ou, pelo menos, inserir esta pessoa como testemunha no contexto do crime.

Os sulcos presentes nas impressões digitais formam imagens específicas, que podem ser enquadradas em quatro tipos de formato, a saber: arco, presilha interna, presilha externa e verticilo, conforme esquematizado na Figura 1. As impressões digitais dotadas de formações triangulares, designadas como "deltas", podem ser do tipo presilha interna ou externa, enquanto as desprovidas de deltas podem ser do tipo arco ou verticilo.

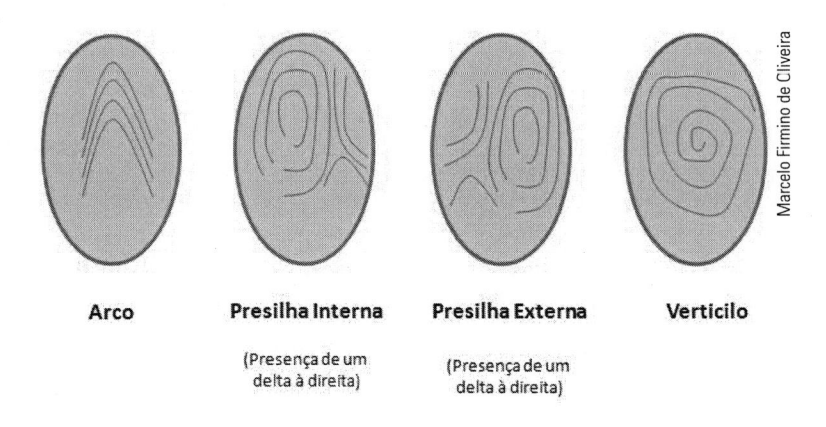

Figura 1 Sistema atual de classificação de impressões digitais.

Tal sistema de classificação, desenvolvido pelo argentino Juan Vucetich, possibilita o agrupamento de todas as impressões digitais humanas nestes quatro tipos de desenhos esquemáticos.

Se todas as impressões digitais podem ser agrupadas em apenas quatro grupos distintos, então, como podemos assegurar seu caráter individualizador?

A resposta está presente exatamente nos desvios do formato dos sulcos presentes na pele, conhecidos como **pontos característicos**, que acabam produzindo figuras que lembram pontos, ilhas, bifurcações etc. e que devem estar em posições coincidentes com as observadas em determinado padrão de confronto.

Para fins de comparação entre uma impressão digital questionada e uma impressão digital padrão de uma determinada pessoa, a legislação brasileira exige a coincidência de, no mínimo, 12 pontos idênticos na mesma localização, com a mesma nomenclatura e sem nenhum ponto discrepante, para confirmar uma identidade.

Na Figura 2, é possível visualizar alguns dos pontos característicos utilizados para análise papiloscópica.[1]

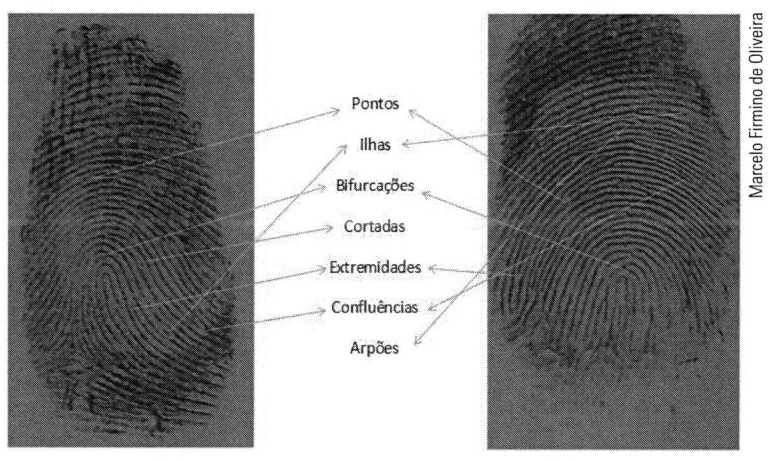

Disponível online: Para maiores informações sobre análises papiloscópicas, recomenda-se o site <http://www.papiloscopia.com.br>.

Figura 2 Alguns pontos característicos analisados em impressões digitais. Amostras de impressões digitais coletadas por método físico (pó de negro de fumo).

Impressões digitais podem estar presentes no local ou na peça analisada em diferentes formas: visíveis – impregnadas por algum tipo de substância visível a olho nu; modeladas – encontradas em superfícies pastosas; e latentes (ou invisíveis) – produzidas pela transferência de material biológico como gorduras, aminoácidos e sais minerais presentes na pele humana sobre a superfície de um objeto (Velho, Bruni e Yoshida, 2012).

Uma informação importante sobre a coleta e análise de impressões digitais consiste no fato de que nem sempre o profissional que coleta as impressões no local é o mesmo que as analisa para fins de identificação. As impressões digitais em locais de crime ou peças relacionadas em geral são coletadas por peritos criminais, enquanto a análise comparativa com padrões de confronto é feita por papiloscopistas.

Neste capítulo, serão discutidos alguns métodos físicos e químicos para a coleta de impressões digitais latentes.

---

[1] Para mais informações sobre análises papiloscópicas, recomenda-se o site: <http://www.papiloscopia.com.br>. E sobre a história das impressões digitais, consulte: <http://onin.com/fp/fphistory.html>.

Principais metodologias

Métodos físicos

Com frequência, métodos físicos consistem na borrifação ou aplicação de pó colorido sobre a superfície na qual se deseja realizar a pesquisa por impressões digitais. Podem ser citados vários tipos de substâncias, como negro de fumo, carbonato de chumbo, pó de ferro, bem como quaisquer outras substâncias que apresentem baixa granulometria, estabilidade química e bom contraste em relação à superfície analisada.

A aplicação desse pó dá-se por utilização de pincéis especiais, espalhando-o sobre a superfície. Caso haja impressões digitais latentes, ocorrerá um depósito diferenciado do pó sobre a superfície, podendo-se observar uma maior concentração sobre as linhas do desenho da impressão que contenham água ou material biológico, como gordura, sais minerais, aminoácidos etc. Para superfícies de cor clara, recomenda-se a utilização de pós escuros (negro de fumo, pó de ferro etc.), e, para as escuras, pós claros (carbonato de chumbo, talco etc.). A Figura 2 ilustra um exemplo de coleta de impressão digital realizada pelo método físico com pó de negro de fumo.

Pelo fato de em geral consistirem de depósitos de água e fluidos biológicos, as impressões digitais constituem-se de vestígios temporários, suscetíveis à ação do tempo. Após a revelação da impressão, torna-se necessária sua coleta, feita pela aplicação de fita adesiva transparente e sua subsequente transposição para lâminas transparentes (de microscópio). Desta forma, tem-se a "imortalização" do vestígio, que pode ser analisado a qualquer momento sem perder suas propriedades morfológicas ao longo do tempo.

> NOTA: vale ressaltar que, quando são utilizados pós magnéticos, como o de ferro, em geral o pincel convencional é substituído por outro com ímã, que permite a coleta de boa quantidade de pó na sua superfície, assim como presta-se à aplicação do pó sobre a superfície a ser analisada e, posteriormente, à coleta do resíduo não depositado.

Métodos químicos

Os métodos físicos com a utilização de pós finos são mais indicados para superfícies sólidas lisas, limpas e polidas, que aceitem a posterior aplicação de fita adesiva para subsequente coleta da impressão digital. Não se enquadram neste tipo de superfície materiais finos, como folhas plásticas e de papel, que podem sofrer ruptura de suas estruturas quando da aplicação e remoção da fita adesiva, comprometendo assim boa parte do vestígio forense.

Para esses tipos de superfícies especiais, recomenda-se a utilização de métodos químicos. Neste caso, a aplicação da substância química reveladora em geral dá-se por via gasosa ou solução líquida, em que os vapores do agente revelador reagem com as substâncias presentes na impressão digital, produzindo um contraste suficiente para sua visualização. Nestes casos, a coleta da impressão digital dá-se por fotografação ou digitalização da superfície, assim produzindo a "imortalização" da prova.

Quando da utilização de métodos químicos de revelação de impressões digitais, são usadas diferentes substâncias químicas, como iodo, ninidrina, vapor de cianoacrilato, dentre outras. A seguir são apresentadas algumas destas substâncias, bem como os procedimentos experimentais para sua utilização.

Ninidrina

Por apresentar boa reatividade com aminoácidos, esta substância tem sido utilizada com frequência em processos de revelação química de impressões digitais. O reagente, inicialmente incolor, ao entrar em contato com aminoácidos presentes na composição das impressões, produz uma coloração rosada, sendo indicado para superfícies claras, como papéis e documentos. Os produtos químicos desta reação são ilustrados na Figura 3.

Este reagente pode ser dissolvido em solvente aquoso ou orgânico (dependendo da matriz a ser analisada) e borrifado sobre a superfície a ser investigada. Este método é mais recomendado para análise de superfícies porosas, como papéis, gesso, madeira, papelão etc.

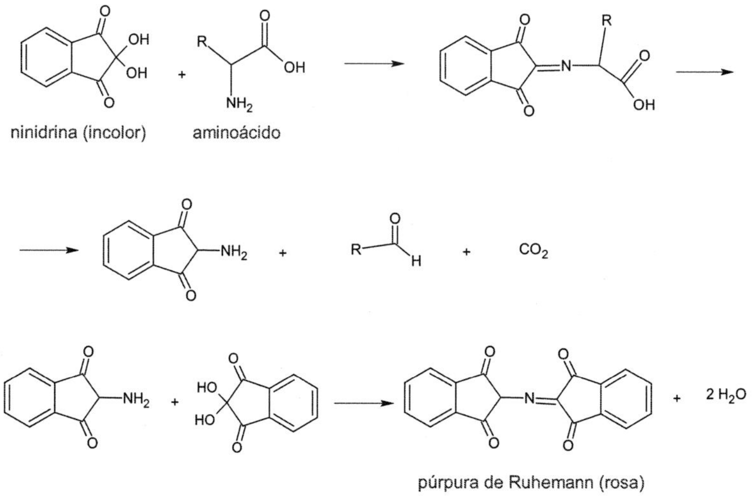

Fonte: Marcelo Firmino de Oliveira e José Fernando de Andrade

Figura 3 Esquema reacional para a ninidrina na presença de aminoácidos.

Vapor de iodo

Cristais de iodo também podem ser empregados para revelação de impressões digitais. Utilizando-se a propriedade de sublimação do iodo em condições ambiente de pressão e temperatura, bem como o fato de que o iodo molecular possui afinidade por traços de gordura presentes nas impressões digitais, é possível processar rapidamente sua revelação em papéis, plásticos e demais objetos de pequeno porte. Como pré-requisito, tem-se a necessidade de confecção de uma cuba de revelação, que pode ser improvisada com frascos comuns de laboratório, como béqueres e placas de Petri. O procedimento consiste em colocar as peças a ser analisadas dentro do frasco (um béquer de 2 L, por exemplo) e, em seguida, adicionar algumas pedras de iodo, tampando-o em seguida.

O iodo vapor se depositará sobre a gordura presente nas impressões digitais, produzindo uma coloração que varia entre bege e marrom-escuro. Para fins de contraste, é aconselhável a utilização deste tipo de revelador em peças de cor clara, como papéis e documentos. A impressão digital revelada pode ser então fotografada ou digitalizada.

Um fato interessante é o caráter reversível desta revelação: ao expor a peça revelada no ambiente, o iodo tende a evaporar, descolorindo a impressão revelada. A revelação pode ser refeita diversas vezes, sem prejuízo à estrutura da peça analisada.

Vapor de cianoacrilato

Conhecido também como vapores de supercola, quando em contato com a água presente nas impressões digitais produzem um precipitado de cor branca, correspondente à polimerização do cianoacrilato. Esses vapores podem ser produzidos em cubas de revelação, mediante leve aquecimento de uma alíquota de supercola. São mais indicados para objetos de coloração escura. A Figura 4 ilustra o esquema reacional para este reagente.

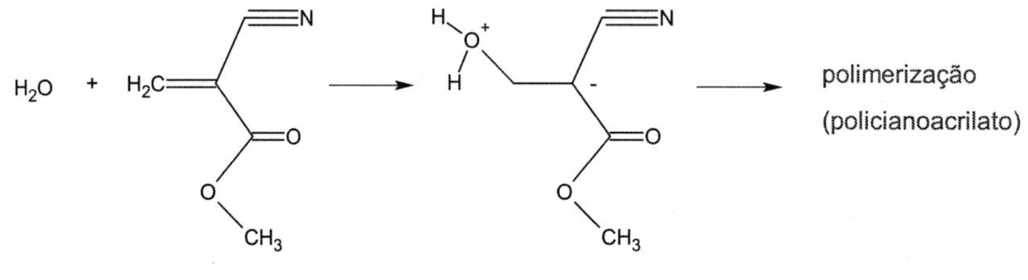

Fonte: Marcelo Firmino de Oliveira e José Fernando de Andrade,

Figura 4 Esquema reacional para a polimerização do cianoacrilato.

A Figura 5 a seguir ilustra os diferentes tipos de colorações obtidos na revelação de impressões digitais por método químico utilizando-se diferentes reagentes.

Ninidrina   Iodo   Cianoacrilato

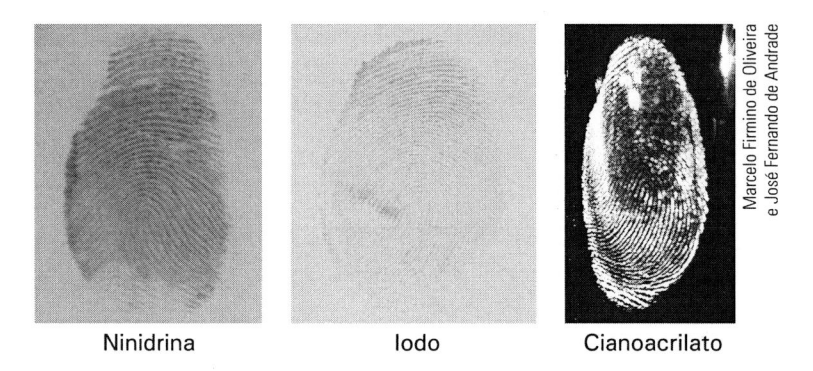

Figura 5 Diferentes tipos de reveladores químicos utilizados na pesquisa de impressões digitais.

* Você pode visualizar estas imagens em cores no final do livro.

Métodos mistos

Atualmente, é possível adicionar substâncias químicas fluorescentes aos reveladores em pó convencionais e utilizar esta mistura na pesquisa de impressões digitais. O resultado é a possibilidade de detecção mesmo sem a presença de contraste visível, pois a utilização de lâmpadas UV especiais possibilita a localização precisa das impressões, conforme exemplificado na Figura 6.

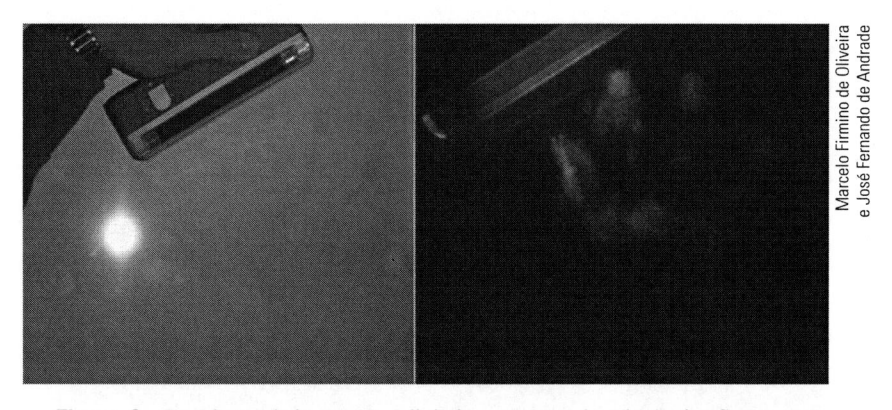

Figura 6 Revelação de impressões digitais com o uso de substâncias fluorescentes.

* Você pode visualizar estas imagens em cores no final do livro.

ESTUDO DE CASO

Coleta e análise de impressões digitais podem ser empregadas no atendimento de diversos tipos de locais, ou em peças oriundas de processos pertinentes às varas cível, criminal, trabalhista, dentre outras. Em exames periciais criminais, muitas vezes o perito lança mão de diversas técnicas e modalidades de análise em um único local.

Como exemplo, em um único local de crime contra pessoa (ex.: homicídio, suicídio etc.), o perito deve fazer o levantamento topográfico do local, elaborar o croqui esquemático, fotografar e coletar as peças de interesse pericial (armas, objetos que contenham vestígios passíveis de auxiliar na determinação de autoria), realizar exames perinecroscópicos no cadáver e exames químicos para diversas detecções (resíduos de disparo de arma de fogo, recentidade do disparo, drogas de abuso).

Para este estudo de caso, será relatado o local de um suposto suicídio, atendido na cidade de São Carlos-SP, no ano de 2006, pela Equipe de Perícias Criminalísticas de São Carlos. Mesmo que todos os vestígios aparentes observados no local indiquem um episódio de suicídio (vítima deitada no chão, evidenciando perfuração no lado esquerdo do peito, e uma arma de fogo próxima à mão direita), existe a necessidade de comprovação de cada vestígio existente no local visando à elucidação do caso. Tais exames são necessários pelo fato de que há a possibilidade real de que o local em questão não seja necessariamente um suicídio, mas sim um homicídio disfarçado.

Pelo princípio de Locard (Crispino, 2008), quando dois corpos entram em contato deixam vestígios (visíveis ou latentes) impressos um no outro. No caso de um disparo de arma de fogo, espera-se encontrar resíduos na mão do atirador, assim como fragmentos de impressões digitais na arma utilizada. Adicionalmente, a arma periciada (no caso, um revólver) deve conter pelo menos um cartucho deflagrado em seu tambor, na posição imediata à linha de disparo, bem como apresentar resultado positivo para exame de recentidade de disparo. A ausência de qualquer um desses vestígios pode produzir mudança considerável na linha de investigação policial.

No caso em questão, após serem obtidos os resultados positivos para recentidade e para resíduos de disparo na mão da vítima, procederam-se aos exames periciais de pesquisa e coleta de impressões digitais na arma coletada na cena. A Figura 7 mostra a arma periciada (revólver da marca Taurus, calibre 38, cano de 2", inox, cabo de madeira).

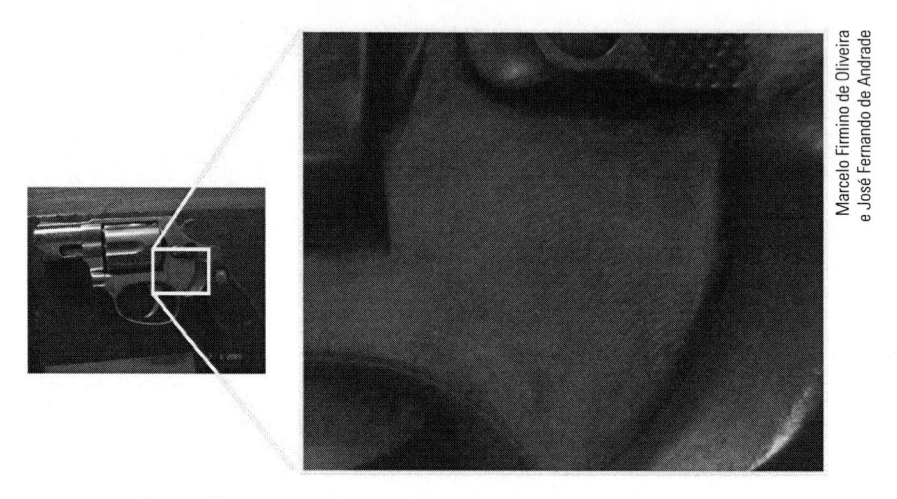

Figura 7 Arma periciada. Visão aproximada da impressão digital, revelada mediante aplicação de pó de negro de fumo.

* Você pode visualizar estas imagens em cores no final do livro.

A comprovação de que as impressões digitais encontradas na referida arma eram da vítima, assim como a ausência de demais vestígios contraditórios, possibilitou a conclusão sobre a natureza de um local de suicídio.[2]

Prática de Laboratório

Identificação de impressões digitais utilizando-se métodos físicos e químicos

Objetivo

Aprender a coletar impressões digitais pelo método físico, utilizando pós de diferentes colorações, e pelo método químico, empregando iodo e cianoacrilato como reveladores.

Aparelhagem

Este experimento necessitará de uma chapa elétrica de aquecimento para a etapa de revelação de impressões digitais pelo método do vapor de cianoacrilato, e, ainda, máquina fotográfica digital ou scanner, para a gravação das impressões digitais reveladas pelos métodos do iodo e do cianoacrilato.

Reagentes e vidraria[3]

- Dois frascos de vidro transparente ou de cor clara
- Uma espátula
- Um frasco de vidro transparente ou de cor escura
- Tiras de papel sulfite de 5 cm de largura por 15 cm de comprimento
- Luvas de látex
- Carbonato de chumbo previamente seco
- Negro de fumo
- 2 pincéis de pelo de marta (um para cada revelador em pó)
- Papel-alumínio
- Tubos de cola comercial à base de cianoacrilato
- Fita adesiva transparente larga
- Lâminas de microscópio
- Iodo sólido
- 2 béqueres de 2 L
- 2 vidros de relógio (utilizados como tampa do béquer)

---

[2] Após a apresentação dos resultados periciais pertinentes a esse caso, o leitor mais perspicaz poderia questionar sobre a possibilidade de que o referido crime ainda assim fosse um homicídio disfarçado. Afinal, existe a possibilidade de que a vítima tenha sido forçada a efetuar o disparo contra o próprio corpo. Quanto a esse questionamento, o que pode ser inferido é que o perito deve lidar apenas com os vestígios observados no local, não lhe sendo permitido criar vestígios ou suposições sobre a dinâmica do evento. Caso o referido crime tenha sido realmente um homicídio forçado, inevitavelmente deveriam existir vestígios complementares no local que pudessem corroborar essa versão. A vítima, ao tentar impedir o ato criminoso, pode produzir vestígios de luta corporal, que seriam identificados, por exemplo, em exames necroscópicos.
[3] A quantidade deve ser dobrada para que se proceda aos dois métodos, físico e químico.

Procedimento

Revelação de impressões digitais com negro de fumo

1. Utilizando o primeiro frasco claro que o grupo recebeu como peça de exame, toque-o com a ponta dos dedos sem utilizar luvas, de modo a nele imprimir propositalmente suas impressões digitais.
2. A partir deste momento, todos os membros do grupo devem utilizar luvas descartáveis visando não mais imprimir impressões digitais nas peças de exame.
3. Com o auxílio do primeiro pincel de pelo de marta, aplique levemente alíquotas de negro de fumo sobre a superfície do frasco, cobrindo toda a extensão das impressões digitais.
4. Aplique uma tira de fita adesiva transparente sobre cada impressão digital revelada. Remova-a cuidadosamente e a deposite sobre uma placa de microscópio.

Revelação de impressões digitais com carbonato de chumbo

1. Utilizando o segundo frasco claro que o grupo recebeu como peça de exame, toque-o com a ponta dos seus dedos sem utilizar luvas, de modo a nele imprimir propositalmente suas impressões digitais.
2. A partir deste momento, todos os membros do grupo devem utilizar luvas descartáveis visando não mais imprimir impressões digitais nas peças de exame.
3. Com o auxílio do segundo pincel de pelo de marta, aplique levemente alíquotas de carbonato de chumbo sobre a superfície do frasco, cobrindo toda a extensão das impressões digitais.
4. Aplique uma tira de fita adesiva transparente sobre cada impressão digital revelada. Remova-se cuidadosamente e a deposite sobre uma placa de microscópio.

Revelação de impressões digitais com iodo

1. Um dos integrantes do grupo deve imprimir propositalmente suas impressões digitais em uma tira de papel sulfite, a ser utilizada como peça de exame. Produza quantas impressões desejar ao longo da tira.
2. A partir deste momento, todos os membros do grupo devem utilizar luvas descartáveis, visando não mais imprimir impressões digitais nas peças de exame.
3. Em um dos béqueres de 2 L, introduza uma pequena quantidade de cristais de iodo.
4. Coloque a tira de papel dentro do béquer e o tampe com o vidro de relógio.
5. Após a revelação das impressões, remova a peça de exame e grave os resultados, por fotografia ou digitalização.

Revelação de impressões digitais com cianoacrilato

1. Um dos integrantes do grupo deve imprimir propositalmente suas impressões digitais no frasco de vidro escuro a ser utilizado como peça de exame. Produza quantas impressões desejar.
2. A partir deste momento, todos os membros do grupo devem utilizar luvas descartáveis visando não mais imprimir impressões digitais nas peças de exame.

3. Utilizando um pedaço de papel-alumínio, produza uma pequena barca (aproximadamente 5 cm de diâmetro) e coloque-a dentro do béquer de 2 L.
4. Adicione 10 gotas de cola de cianoacrilato sobre a barca de papel-alumínio.
5. Coloque o béquer contendo a barca de papel-alumínio sobre uma chapa de aquecimento e ajuste a temperatura para 70°C.
6. Introduza neste béquer o frasco de vidro escuro contendo as impressões digitais a ser reveladas. Em seguida, tampe com um vidro de relógio.
7. Após a revelação das impressões digitais, desligue a chapa de aquecimento, desmonte o sistema e fotografe as impressões obtidas.

Quesitos

1. Dos testes físicos realizados neste experimento, qual o melhor revelador encontrado pelo grupo para o procedimento em vidro transparente?
2. Faça uma comparação entre os métodos químicos por vapor de cianoacrilato e por iodo, tomando por base amostras de papel, de vidro transparente e vidro escuro. Cite as vantagens e desvantagens de cada método.

Relatório de análises

Elabore um relatório científico sobre o experimento, a ser entregue e discutido com o professor.

Além da estrutura convencional (introdução, parte experimental, resultados, discussão, conclusão e referências), cada grupo deve apresentar no relatório as respostas aos quesitos apresentados acima.

Exercícios complementares

1. Quais características físico-químicas são esperadas para uma substância a ser utilizada como revelador físico de impressões digitais?
2. Quais características físico-químicas são esperadas para uma substância a ser utilizada como revelador químico de impressões digitais?
3. Qual a importância da utilização de luvas pelo profissional responsável pela coleta de impressões digitais?
4. De acordo com a atual legislação brasileira, como é possível atribuir a identificação de determinada impressão digital a alguém?

Referências bibliográficas

CHEMELLO, E. Ciência forense: impressões digitais. *Química Virtual*, 2006, p. 1-11.

CRISPINO, F; Nature and place of crime scene management within forensic sciences. *Science & Justice*, v. 48, p. 24-28, 2008.

VELHO, J. A.; BRUNI, A. T.; YOSHIDA, R. L. Análise de vestígios latentes em locais de crime. In: VELHO, J. A.; BRUNI, A. T.; OLIVEIRA, M. F. *Fundamentos de química forense*. Campinas: Millennium, 2012. p. 174-80.

capítulo 4

Luminol:
Síntese e propriedades quimiluminescentes

Paulo Marcos Donate

Solução de luminol recentemente preparada para uso.

Detecção de vestígios de sangue através do uso de luminol.

* Você pode visualizar estas imagens em cores no final do livro.

A utilização de recursos técnico-científicos por agentes policiais é fundamental para a prevenção e a resolução de crimes. **Luminol** é uma substância química especial utilizada na investigação de vestígios de sangue. Este produto químico é capaz de evidenciar vestígios sanguíneos até então invisíveis a olho nu, sendo, portanto, um grande aliado dos peritos forenses para revelar cenas ocultas de um crime. Através de uma reação quimiluminescente, os íons de ferro presentes na hemoglobina do sangue catalisam uma reação química de conversão do luminol (3-aminoftalhidrazida) em um derivado (3-aminoftalato), provocando a emissão de intensa radiação luminosa com cor azul-fluorescente, de maior visibilidade em ambiente escuro. Este procedimento é muito importante porque, a partir das manchas de sangue, torna-se possível sugerir uma dinâmica sobre o que aconteceu no local examinado e, em alguns casos, detectar traços de DNA que permitem o reconhecimento tanto das vítimas quanto dos demais envolvidos no caso em questão.

Introdução

A palavra luminescência descreve todos os fenômenos de luz que não estão diretamente associados ao aumento de temperatura, em oposição à incandescência, que ocorre nas lâmpadas incandescentes (pelo aquecimento de um filamento de tungstênio pela corrente elétrica até que comece a emitir luz, junto com grande quantidade de calor). Portanto, luminescência é a emissão de fótons na região do espectro eletromagnético que abrange o infravermelho (1 mm a 700 nm), o visível (700 a 400 nm) e o ultravioleta (390 a 10 nm). Portanto, luminescência é a luz fria, enquanto incandescência é a luz quente.

Há vários tipos de luminescência, classificados de acordo com o modo de excitação. Por exemplo, a fotoluminescência (fluorescência: fenômeno que ocorre nos fogos de artifício; fosforescência: presente nas telas de televisores e de computadores) é devida à absorção de luz (fótons). Catodoluminescência é originada pelos raios catódicos (feixes de elétrons). A triboluminescência surge devido a forças friccionais (choques mecânicos) ou eletrostáticas aplicadas em certos sistemas cristalinos altamente ordenados. Um processo bioquímico pode fornecer a bioluminescência (reação que ocorre nos fotócitos – células especializadas em reações de emissão de luz; p. ex. dos vaga-lumes e pirilampos), enquanto uma reação química fornece a quimiluminescência. Neste último caso, quase não há emissão de calor, apenas produção de luz (Valeur, 2001; O'Hara et al., 2005; Bartoloni et al., 2011).

Em razão da complexidade dessa reação, inúmeros estudos sobre os intermediários e as etapas da reação quimiluminescente do luminol continuam sendo realizados (Ferreira e Rossi, 2002; O'Hara et al., 2005; Menezes, 2010; Bartoloni et al., 2012).

Em resumo, a reação quimiluminescente pode ser considerada como o inverso da reação fotoquímica. Nesta, determinada substância atinge um estado eletrônico excitado após absorver um fóton e, através de uma reação química, forma-se um produto pelo decaimento ao estado eletrônico fundamental. Já em uma reação quimiluminescente, ocorre uma reação química que leva à produção de uma substância no estado eletrônico excitado que, pelo decaimento para o estado eletrônico fundamental, emite luz (Albertin et al., 1998).

Reagentes quimiluminescentes que sob condições apropriadas podem reagir com certas substâncias originando uma reação quimiluminescente possuem larga aplicação em análises químicas, sendo utilizados na detecção de diversas substâncias em alimentos, medicamentos, plasma sanguíneo, águas minerais e bebidas industrializadas (Albertin et al., 1998; Oliveira et al., 2009; Dias, 2010). Exemplo clássico de reação quimiluminescente é a oxidação do luminol (3-aminoftalhidrazida). Para a ocorrência de quimiluminescência são necessários, além do luminol, um agente oxidante [peróxido de hidrogênio (H_2O_2), oxigênio molecular (O_2) ou ácido hipocloroso (HOCl)] e um catalisador (p. ex., metais de transição). Esta reação ocorre de maneira mais eficiente em meio básico, podendo ser realizada em solventes próticos (como água ou álcool) ou polares apróticos (p. ex., o dimetilsulfóxido). A presença de ferro, cobre ou outro metal de transição catalisa a reação de oxidação do luminol, emitindo uma luz azul-fluorescente que pode ser vista em uma sala escura ou com auxílio de uma luz negra (luz ultravioleta) (Ferreira e Rossi, 2002). Por esta razão, o luminol vem sendo muito utilizado pela polícia científica para identificar vestígios de sangue em roupas, objetos ou no local de um crime. Neste caso, é a presença de traços de ferro da hemoglobina do sangue que pode iniciar a emissão da luz de uma solução básica do luminol com o peróxido de hidrogênio (Fieser e Williamson, 1992; Albertin et al., 1998; Menezes, 2010).

Identificação de vestígios de sangue

Manchas de sangue são de extrema importância em uma investigação criminal, pois, através de sua análise, é possível identificar vítimas e suspeitos, averiguar se o volume de sangue encontrado é compatível com um ferimento e, ainda, a presença ou dosagem de drogas. Entretanto, para que isto seja possível, primeiro é necessário certificar-se de que tais manchas são realmente de sangue. Quando um material com mancha de sangue chega ao laboratório forense, é submetido a testes muito sensíveis, porém pouco específicos, a fim de determinar se a mancha é realmente de sangue ou não. Este tipo de análise é chamado "teste de presunção" (Pitarch et al., 2010). Para que tais testes sejam considerados úteis, devem englobar propriedades como: rapidez, segurança, sensibilidade e especificidade, além de não reagir com a amostra e/ou contaminá-la, interferindo em análises posteriores, como a de DNA.

Há testes de natureza quimiluminescente que são bastante empregados em locais nos quais há a suspeita de haver sangue, cujo objetivo é tornar visíveis manchas em locais que podem ter passado por processos de limpeza e, assim, revelar vestígios que, em razão do tempo transcorrido, já se encontram irreconhecíveis pela simples observação (Monteiro, 2010). Exames presuntivos de sangue em geral são reações químicas catalíticas que envolvem o uso de um agente oxidante e um indicador que muda de cor (ou luminescente), sinalizando a oxidação catalisada pela hemoglobina. Desde a sua descoberta no século XIX, inúmeros desses testes foram desenvolvidos. Dos vários reagentes existentes, apenas um pequeno número tem interesse prático no campo da ciência forense. Os principais utilizados para a análise de sangue são o reagente de benzidina, o de Kastle-Meyer, a fenolftaleína e o luminol (Chemello, 2007).

O USO DO LUMINOL

A 3-aminoftalhidrazida, mais conhecida por luminol, é um composto que, sob determinadas condições, pode fazer parte de uma reação quimiluminescente. Na cena de um crime, nem sempre há evidências visíveis de sangue. Alguém poderia, por exemplo, limpar o local a fim de encobrir o acontecido. Porém, o luminol é extremamente sensível e pode reagir com quantidades diminutas de sangue. Sua elevada sensibilidade de detecção pode chegar a 1:1.000.000.000 (uma parte por bilhão, ou o equivalente a um gota de sangue em 999 milhões gotas de água), mesmo em locais muito lisos, como azulejos, pisos cerâmicos ou de madeira, que tenham sido lavados várias vezes.

A eficácia do luminol é tão grande, que é possível realizar a detecção de sangue mesmo que já tenham se passado seis a oito anos da ocorrência do crime (Gabel et al., 2011; Stene et al., 2013). A reação química produzida não afeta a cadeia de DNA, possibilitando o reconhecimento dos criminosos ou das vítimas. Por isso seu uso é recomendado para locais onde haja suspeita de homicídio e superfícies que, aparentemente, não exibem traços de sangue.

Vários artigos já citaram os possíveis caminhos reacionais para a reação do luminol com agentes oxidantes, tais como O_2 e H_2O_2. Alguns possíveis intermediários também foram detectados (Ferreira e Rossi, 2002). Uma interessante proposta mecanística foi apresentada por Albertin et al. (1998), conforme mostrado no Esquema 1.

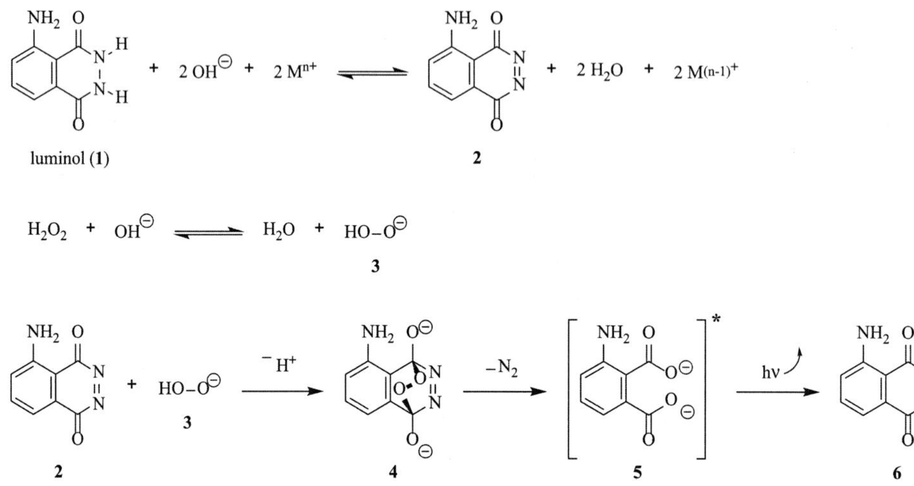

Fonte: Paulo Marcos Donate.

Esquema 1 Proposta mecanística para a reação quimiluminescente do luminol em meio alcalino na presença de um íon de metal de transição (M^{n+}) utilizando H_2O_2 como agente oxidante (Albertin *et al.*, 1998).

Nesta proposta, a emissão da luminescência está ligada ao aparecimento da forma eletronicamente excitada do 3-aminoftalato (**5**). O aparecimento desta espécie está ligado às condições do meio reacional, como o pH e a concentração dos reagentes. O produto final da reação (composto **6**) pode ser formado pela "relaxação" da espécie eletronicamente excitada **5** com luminescência. Há importantes etapas intermediárias, como as formações da diazoquinona (**2**) a partir do luminol (**1**), e a do ânion do peróxido de hidrogênio (**3**), que estão envolvidos na formação do intermediário endoperóxido **4**. A decomposição do peróxido **4** com perda de nitrogênio forma o diânion do ácido 3-aminoftálico no estado excitado (composto **5**), que decai para o estado fundamental (composto **6**) num processo acompanhado pela emissão de radiação por fluorescência do 3-aminoftlato (**5**), com comprimento de onda de aproximadamente 430 nm. Devido à complexidade desta reação, inúmeros estudos sobre os intermediários e as etapas da reação quimiluminescente do luminol continuam sendo realizados (Ferreira e Rossi, 2002; O'Hara et al., 2005; Menezes, 2010; Bartoloni et al., 2012).

Sensibilidade e limitações das técnicas quimiluminescentes

Em geral, a sensibilidade das técnicas quimiluminescentes é bastante elevada, podendo chegar a limites de detecção da ordem de fentomol (10^{-15} mol) (Ferreira e Rossi, 2002). Os limites de detecção do luminol são bastante pequenos, capazes de indicar a presença de sangue em concentrações extremamente baixas. O alto grau de sensibilidade do teste com luminol é descrito na literatura como sendo 1:5.000.000 em tecidos de algodão e 1:100.000 em superfícies não absorventes (Almeida, 2009). Alguns estudos apontam a eficácia do luminol para detectar sangue em superfícies submetidas a até dez lavagens (Ponce e Pascual, 1999).

Uma das limitações que o luminol apresenta é que, devido à sua labilidade, deve ser preparado no momento da utilização e, além disso, ser mantido sob refrigeração para que suas propriedades sejam preservadas e a confiabilidade do teste mantida (Almeida, 2009). A baixa especificidade também pode ser apontada como outra limitação, uma vez que pode induzir a resultados falso-positivos com alguns íons metálicos, como ferro, cromo ou cobalto, que catalisam a reação de oxidação e desencadeiam a emissão de luz pelo reagente. Algumas peroxidases de vegetais e outros tipos de agentes oxidantes também podem reagir com o luminol e gerar a emissão de luz (Creamer et al., 2003).

Superfícies limpas com alvejantes podem apresentar alguma interferência, pois o hipoclorito presente na maior parte dos alvejantes domésticos também pode levar à produção de resultados falso-positivos. Contudo, estudos demonstraram que a luminescência gerada pelo hipoclorito não possui o mesmo comprimento de onda daquela gerada pelo grupo heme do sangue (430 nm ≠ 455 nm) e, além disso, o tempo de duração da emissão de luz e sua forma de extinção não são compatíveis, já que a luminescência produzida pelo sangue decresce com o passar do tempo, enquanto aquela advinda do hipoclorito dissipa-se da superfície em que se encontra (Creamer et al., 2003). No geral, alvejantes contêm estabilizantes voláteis em sua formulação, que evaporam com o passar do tempo; por isso, a quimiluminescência provocada pelo hipoclorito não mais interfere após 8 horas da sua aplicação na superfície estudada (Creamer et al., 2005). Por este motivo, existem técnicas adequadas para diminuir ou eliminar essas interferências, diminuindo assim o risco de erro nas análises. Por exemplo, é possível evitar a interferência causada pelo hipoclorito através da adição de aminas primárias e/ou secundárias ao se preparar o reagente, pois estas inibem a quimiluminescência oxidativa do luminol causada pelo hipoclorito (Kent et al., 2003). A literatura descreve o preparo do reagente contendo 0,05 mol/L do aminoácido glicina ($H_2NCH_2CO_2H$), que é apontado como um bom reagente para impedir a oxidação do luminol pelo hipoclorito (Almeida, 2009).

A exposição do resíduo de sangue a fatores ambientais também pode influenciar no resultado dos testes de presunção. Vestígios de sangue submetidos a condições adversas, como enterrados ou submersos em água, podem fazer que esses testes não apresentem a eficácia esperada. Apesar disso, sabe-se que a efetividade do luminol para indicar a presença de sangue em vestígios desta natureza ainda é bastante elevada, tornando-o o reagente mais indicado para testar amostras envelhecidas ou que se apresentem em mau estado de conservação (Pitarch et al., 2010). Como já descrito, estudos recentes mostraram a capacidade do luminol em detectar traços de sangue depositados no solo após seis a oito anos de exposição ao ar livre (Gabel et al., 2011; Stene et al., 2013). Esses resultados demonstram que os métodos quimioluminescentes de análise forense, dos quais o luminol é o principal reagente utilizado, são extremamente eficazes para indicar a presença de sangue após um longo período por apresentar elevada sensibilidade, sendo capaz de reagir com quantidades ínfimas de sangue.

Estudo de casos

Caso 1

O caso da morte de uma criança de 5 anos de idade, que foi arremessada do sexto andar de um edifício residencial ocorrido em março de 2008, gerou grande repercussão no Brasil, e foi desvendado com o auxílio de técnicas de detecção de manchas de sangue. No local do crime foi encontrada uma fralda de pano manchada de sangue. Apesar do pouco material, foi feito o exame de DNA, e a perícia constatou que o sangue era da criança. A perícia técnica concluiu que a fralda teria sido usada para estancar o sangue que saiu de um pequeno corte, provavelmente após alguma agressão física, e também comprovou que eram dela os pingos de sangue encontrados em outros cômodos do apartamento (na entrada do apartamento, no chão de um dos quartos e na tela da janela de onde a criança teria sido jogada). O laudo pericial também destacou que havia pingos de sangue da criança no carro da família e na cadeirinha do bebê. A condenação dos pais não se baseou apenas nas identificações do sangue da filha, mas este caso ilustra o quanto é importante e robusta como prova uma análise de sangue encontrado no local de um crime.

Desta forma, pode-se concluir que a reação com luminol é uma ferramenta importante na investigação criminal, mas sozinha não chega a provar o delito em si, sendo necessárias outras circunstâncias que evidenciem o cometimento do crime (Monteiro, 2010).

Caso 2

Outro caso que marcou a comunidade forense e a população em geral foi o julgamento de um ex-jogador de futebol americano e ator, em junho de 1994, acusado de duplo homicídio, após a descoberta dos corpos de sua ex-esposa e de seu amigo na frente da casa da vítima, nos Estados Unidos. O julgamento durou 372 dias e, segundo algumas fontes, nesse período, a palavra "sangue" foi dita cerca de 15 mil vezes. E foi justamente esta evidência que acabou decidindo o caso.

A polícia encontrou uma cena de crime com muitas provas latentes: muito sangue, peças de vestuário, pegadas, e uma trilha de sangue que revelava o caminho seguido pelo criminoso. Seguindo essas pistas, os policiais chegaram à casa do ex-marido da vítima, obtendo no local outras evidências: manchas de sangue em seu carro, nas suas meias e no chão do jardim da casa. Os exames de DNA comprovaram que o sangue era das vítimas. Assim, a promotoria acreditava ter nas mãos um caso que não poderia ser contestado. Mas foi surpreendida pela estratégia dos advogados de defesa que questionaram as provas.

As câmeras de televisão flagraram um perito da polícia coletando amostras sem luvas, policiais manipulando evidências sem trocar as luvas e muitas pessoas circulando na cena do crime, que não tinha sido isolada adequadamente. Além disso, as evidências foram coletadas sem identificação e registro prévios e foram conservadas e empacotadas sem a devida separação, e, o que foi pior, a coleta havia sido feita por apenas uma pessoa, sem testemunhas.

Finalmente, os advogados provaram que o laboratório criminal da polícia local não cumpriu os padrões mínimos de manuseio, preservação e separação das evidências. Com base nesses erros, a defesa alegou negligência no manuseio das provas e sua contaminação, acusando os policiais de possível fraude. As provas foram desconsideradas, e o réu absolvido.

Tempos depois, em 1997, o atleta foi submetido a um julgamento cível, no qual foi declarado culpado e condenado a pagar US$ 33,4 milhões aos familiares das vítimas.

Com base neste exemplo, é importante salientar que a preservação cuidadosa da cena do crime é fundamental para a investigação e a solução do caso. Exatamente por isto existe uma grande preocupação com o isolamento do local do crime. E, mais, os procedimentos de coleta e conservação das evidências devem passar por um rigoroso protocolo, a fim de evitar a contestação das provas, como ocorreu neste caso (Oliveira, 2006; Pitarch et al., 2010).

Prática de laboratório[1]

Preparação e uso do luminol

O luminol (3-aminoftalhidrazida) foi obtido pela primeira vez em 1928, pelo químico alemão H. O. Albrecht, tendo sido o primeiro composto a ser utilizado para a identificação de manchas de sangue em meados dos anos 1930, na Alemanha (Menezes, 2010; Monteiro, 2010). Atualmente, um dos principais métodos para sua obtenção é por meio da reação do ácido 3-nitroftálico com hidrazina mediante aquecimento e posterior redução do grupo nitro da 3-nitroftalhidrazida pelo hidrossulfito de sódio para a formação do produto final (3-aminoftalhidrazida), conforme mostrado no Esquema 2 (Fieser e Williamson, 1992).

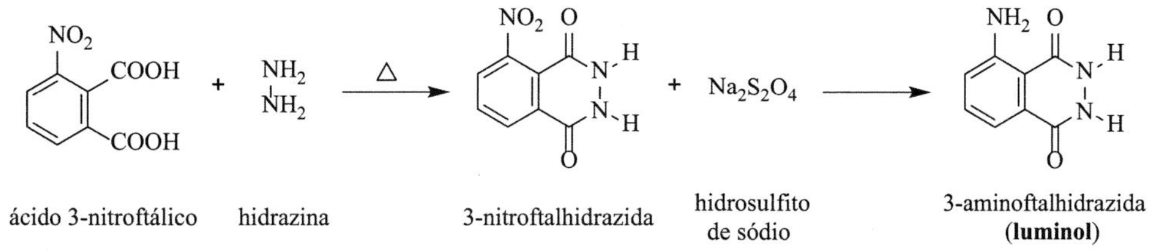

Esquema 2 Síntese do luminol a partir do ácido 3-nitroftálico (Fieser e Williamson, 1992).

Objetivo

Neste procedimento, o luminol pode ser sintetizado a partir do ácido 3-nitroftálico e, posteriormente, sua quimiluminescência testada.

Aparelhagem

---

[1] Este experimento deve ser realizado em uma capela (câmara de exaustão) com boa ventilação e com o uso dos EPIs adequados. Isto porque: o *ácido 3-nitroftálico* e o *trietilenoglicol* são irritantes; a *solução aquosa de hidrazina* tem odor de amônia, produz vapor venenoso e inflamável; o *hidróxido de sódio* é corrosivo e higroscópico; o *ditionito de sódio* é higroscópico e tem odor característico; o *ácido acético* causa queimaduras; e o *peróxido de hidrogênio* é um forte agente oxidante que pode provocar queimaduras e irritações

- Agitador magnético
- Balança analítica
- Banho de óleo com resistência elétrica e reostato
- Banho-maria ou bico de Bunsen
- Barra magnética para agitação
- Bomba de vácuo ou trompa d'água

Reagentes e vidraria

Síntese do luminol

Ácido 3-nitroftálico	2 g
Solução aquosa de hidrazina (8%)	4 mL
Trietilenoglicol	6 mL
Solução aquosa de hidróxido de sódio (10%)	10 mL
Ditionito de sódio (hidrosulfito de sódio)	6 g
Ácido acético	4 mL
Água deionizada	60 mL

Teste da quimiluminescência do luminol

Solução aquosa de hidróxido de sódio (10%)	2 mL
Solução aquosa de ferricianeto de potássio (3%)	4 mL
Peróxido de hidrogênio (3%)	4 mL
Água deionizada	85 mL

Vidraria

Balão de 50 mL com fundo redondo
Béquer de 250 mL
Erlenmeyer de 100 mL
Funil de Büchner para filtragem sob vácuo
Kitassato
Pipetas graduadas de 5 e 10 mL
Provetas de 10, 50 e 100 mL
Sistema de microdestilação

Procedimento

Síntese do luminol

Parte 1

Inicie o procedimento experimental colocando cerca de 100 mL de água deionizada para aquecer em um béquer. Enquanto a água aquece, continue o procedimento.

Em um balão de 50 mL de fundo redondo e com uma boca, adicione 2 g de ácido 3-nitroftálico e 4 mL de uma solução aquosa de hidrazina (8%). Aqueça-o até a dissolução completa dos reagentes usando um banho de óleo de silicone, resistência, reostato e agitação magnética. Após dissolver todo o ácido 3-nitroftálico, adicione 6 mL de trietilenoglicol. Adapte ao balão um sistema de microdestilação conectado a uma bomba a vácuo (ou trompa d'água). Aqueça esta solução para destilar o excesso de água. Terminada a destilação, mantenha a solução em refluxo durante 5 minutos.[2]

Interrompa o refluxo e resfrie a solução a aproximadamente 100 °C. Neste momento, com frequência os cristais do composto intermediário aparecem. Com cuidado, retire o balão de cima do banho de óleo quente, antes de adicionar a água.[3] Quando o balão não estiver mais em cima do banho de óleo quente, adicione 30 mL de água deionizada preaquecida.

Resfrie cuidadosamente o balão debaixo da água de uma torneira. Recolha o composto intermediário (3-nitroftalhidrazida) de cor amarelo-claro por meio de filtração sob vácuo.

Parte 2

O composto intermediário produzido na Parte 1 não precisa ser secado, podendo ser transferido diretamente para o balão de 50 mL de fundo redondo já utilizado. Neste balão contendo o composto intermediário, adicione 10 mL de solução aquosa de hidróxido de sódio (10%) e agite. Ocorrerá a formação de uma solução marrom-avermelhada. Nesta solução, adicione 6 g de ditionito de sódio (hidrosulfito de sódio). Pode-se lavar as paredes do balão com um pouco de água para arrastar o ditionito de sódio à solução.

Aqueça o balão, sob agitação magnética, e mantenha a mistura em refluxo durante 10 minutos (durante este período o produto reduzido pode se separar da solução). Ao término deste tempo, adicione 4 mL de ácido acético, resfrie o balão sob a água de uma torneira agitando-o com as mãos. Recolha o precipitado amarelo-claro do luminol (3-aminoftalhidrazida) por meio de filtração sob vácuo.

Se o filtrado repousar por uma noite, pode precipitar um pouco mais de luminol.

Teste da quimiluminescência do luminol

Prepare duas soluções estoque.

Solução A:

- 40 a 60 mg do luminol
- 2 mL de solução aquosa de hidróxido de sódio (10%)
- 18 mL de água deionizada

Depois de preparada, pegue 5 mL desta solução e dilua com 35 mL de água deionizada.

Solução B:

- 4 mL de solução aquosa de ferricianeto de potássio (3%)
- 4 mL de solução aquosa de peróxido de hidrogênio (3%)

---

[2] **Atenção:** O ponto de ebulição do trietilenoglicol é 215 °C; portanto, tome cuidado ao aquecê-lo e mantê-lo sob refluxo.
[3] Cuidado para não realizar esta adição de água sobre o óleo de silicone ainda quente, pois ele pode espirrar.

– 32 mL de água deionizada

Para testar a quimiluminescência do luminol sintetizado, coloque a *solução diluída A* e a *solução B* simultaneamente em um Erlenmeyer. Para aumentar o brilho da luz emitida, adicione alguns cristais de ferricianeto de potássio e de hidróxido de sódio.

Outros experimentos de demonstração da quimiluminescência do luminol e de vários outros sistemas são discutidos por Albertin e colaboradores (Albertin et al., 1998) e por Chemello (2007).

Análise

Um trabalho interessante utilizando as técnicas criminalísticas de análises de manchas de sangue, incorporando diversas variáveis, tais como as condições ambientais, em que as amostras de sangue foram expostas e os tipos de suportes em que foram depositadas, foi realizado por Pitarch e colaboradores (Pitarch et al., 2010).

Quesitos

1. Mostre o mecanismo da reação usada na síntese do luminol.
2. O peróxido de hidrogênio desempenha papel fundamental na reação do luminol agindo como oxidante. Defina o que é uma espécie oxidante.
3. Quais são os catalisadores que podem ser usados na reação do luminol? Explique como um catalisador age em uma reação química.
4. Cite outras aplicações da quimiluminescência.
5. A síntese do luminol é antiga. Atualmente, quais são os outros compostos que estão sendo sintetizados para uso complementar ou em substituição ao luminol?

REFERÊNCIAS BIBLIOGRÁFICAS

ALBERTIN, R. et al. Quimiluminescência orgânica: Alguns experimentos de demonstração para a sala de aula. *Química Nova*, v. 21, p. 772-79, 1998.

ALMEIDA, J. P. *Influência dos testes de triagem para detecção de sangue nos exames imunológicos e de genética forense*. Dissertação (Mestrado em Biologia Celular e Molecular). Faculdade de Biociências, Pontifícia Universidade Católica do Rio Grande do Sul, Porto Alegre, 2009.

BARTOLONI, F. H. et al. Luz: Um raro produto de reação. *Química Nova*, v. 34, p. 544-54, 2011.

_____. Synthesis of unstable cyclic peroxides for chemiluminescence studies. *Journal of the Brazilian Chemical Society*, v. 23, 2012, p. 2093-103.

CHEMELLO, E. Ciência forense: Manchas de sangue. *Química Virtual*, jan. 2007, p. 1-11.

CREAMER, J. I. et al. Comprehensive experimental study of industrial, domestic and environmental interferences with the forensic luminol test for blood. *Luminescence*, v. 18, p. 193-98, 2003.

_____. Attempted cleaning of bloodstains and its effect on the forensic luminol test. *Luminescence*, v. 20, p. 411-13, 2005.

DIAS, J. R. M. *Desenvolvimento e optimização de sistemas quimiluminescentes de detecção de espécies químicas em águas*. Dissertação (Mestrado em Química). Departamento de Química da Faculdade de Ciências, Universidade do Porto, 2010.

FERREIRA, E. C.; ROSSI, A. V. A quimiluminescência como ferramenta analítica: Do mecanismo a aplicações da reação do luminol em métodos cinéticos de análise. *Química Nova*, v. 25, p. 1003-11, 2002.

FIESER, L. F.; WILLIAMSON, K. L. *Organic experiments*. 7. ed. Lexington: D. C. Heath and Company, 1992, capítulo 45, p. 415-18.

GABEL, R. et al. Detecting blood in soil after six years with luminol. *Journal of the Association for Crime Scene Reconstruction*, v. 17, p. 1-4, 2011.

KENT, E. J. M.; ELLIOT, D. A.; MISKELLY, G. M. Inhibition of bleach-induced luminol chemiluminescence. *Journal of Forensic Scienes*, v. 48, p. 64-67, 2003.

MENEZES, F. M. C. *Synthesis and chemiluminescence studies of luminol and derivatives*. Dissertação (Mestrado em Química). Instituto Superior Técnico, Universidade Técnica de Lisboa, 2010.

MONTEIRO, I. V. P. *Vestígios hemáticos no local de crime*. Sua importância médico-legal. Dissertação (Mestrado em Medicina Legal). Instituto de Ciências Biomédicas, Universidade do Porto, 2010.

O'HARA, P. B.; ENGELSON, C.; PETER, W. S. Turning on the light: Lessons from luminescence. *Journal of Chemical Education*, v. 82, n. 1, p. 49-52, 2005.

OLIVEIRA, G. G. et al. Determinação do paracetamol pela inibição da reação quimiluminescente do luminol-hipoclorito de sódio em um sistema de análise em fluxo empregando o conceito de multicomutação. *Química Nova*, v. 32, p. 1755-59, 2009.

OLIVEIRA, M. F. Química forense: A utilização da química na pesquisa de vestígios de crime. *Química Nova na Escola*, v. 24, p. 17-20, 2006.

PITARCH, P. G. et al. Técnicas de criminalística en manchas de sangre: Fator ambiental en las pruebas de orientación. *Revista de la Escuela de Medicina Legal*, Universitat de Valencia, p. 1-14, jun. 2010.

PONCE, A. C.; PASCUAL, F. A. V. Critical revision of presumptive tests for bloodstains. *Forensic Science Communications*, v. 1, p. 1-15, 1999.

STENE, I. et al. Using luminol to detect blood in soil eight years after deposition. *Journal of the Association for Crime Scene Reconstruction*, v. 19, p. 1-4, 2013.

VALEUR, B. *Molecular fluorescence: Principles and applications*. Weinheim: Wiley-VHC Verlag GmbH, 2001.

capítulo 5

Análise de resíduos de disparos de armas de fogo

Pablo Alves Marinho
Luis Carlos Guimarães
Jesus Antonio Velho

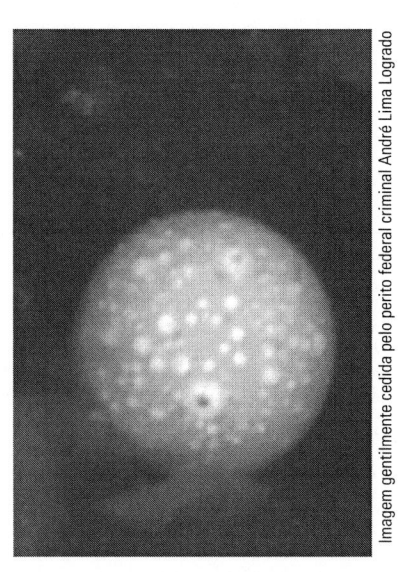

Imagem de partícula derivada de disparo por arma de fogo
obtida por Microscopia Eletrônica de Varredura.

A detecção e a identificação de partículas derivadas de disparo por arma de fogo constituem uma importante ferramenta em investigações criminais. A metodologia para esta detecção passou por uma grande evolução. No passado, buscavam-se compostos nitrogenados da pólvora; hoje, detectam-se resíduos derivados da carga iniciadora, cuja composição mais usual apresenta chumbo (Pb), bário (Ba) e antimônio (Sb), derivados do estifinato de chumbo, nitrato de bário e sulfeto de antimônio. O rodizonato de sódio surgiu no fim da década de 1960, para detecção de Pb e Ba. No entanto, este método, ainda utilizado rotineiramente nos serviços periciais brasileiros, não permite distinguir resíduos de disparo de resíduos ocupacionais/ambientais.

Diferentes métodos físico-químicos prestam-se a este tipo de análise, mas a presença dos três elementos em uma grande variedade de ocupações rotineiras levou ao uso da microscopia eletrônica de varredura acoplada a um espectrômetro por dispersão de energia como a melhor ferramenta para identificação de resíduos de disparo.

Introdução

Armas de fogo destacam-se entre os principais instrumentos para a prática de crime no Brasil. Segundo o Mapa da Violência de 2013, intitulado *Mortes Matadas por Arma de Fogo* (Waiselfisz, 2013), entre 1980 e 2010, perto de 800 mil cidadãos morreram por disparos de algum tipo de arma de fogo. Nesse período, as vítimas passaram de 8.710 em 1980 para 38.892 em 2010, um crescimento de 346,5%. Entre os jovens de 15 a 29 anos este crescimento foi ainda maior: passou de 4.415 óbitos em 1980 para 22.694 em 2010, 414% nos 31 anos compreendidos no mapa. O alto crescimento das mortes por armas de fogo foi alavancado, quase exclusivamente, pelos homicídios, que cresceram 502,8%.

A alta letalidade das armas de fogo deve-se à capacidade de esses instrumentos, de dimensões e formas diversas, propelir em alta velocidade um ou mais projéteis utilizando a força de expansão dos gases resultantes da combustão da pólvora.

A energia de ativação para combustão da pólvora advém da detonação da espoleta (ou cápsula de espoletamento), sensível ao choque mecânico (em geral, o choque que detona a espoleta é causado pela batida do pino percutor da arma que é acionado no momento em que o atirador aperta o gatilho). A espoleta abriga a mistura iniciadora, que, usualmente, tem como principais componentes: estifinato de chumbo, nitrato de bário, sulfeto de antimônio, 2,4,6-trinitrotolueno (TNT), que originam resíduos com presença de chumbo (Pb), bário (Ba), antimônio (Sb), cálcio (Ca) e silício (Si). Podem também ser encontradas misturas iniciadoras compostas por fulminato de mercúrio, diazodinitrofenol, tiazeno, hexametilenotriperoxido-diamina (HMTD) ou azida de chumbo.

No momento do disparo, os resíduos são expelidos da arma na forma de nuvem de vapor, através de aberturas da arma, e lançados em todas as direções. Em consequência, a temperatura ambiente resfria esses vapores, que são então solidificados na forma de partículas finas, cujos resíduos gerados, agora na forma gasosa – compostos originários principalmente de produtos da combustão do propelente, consistindo em dióxido de carbono, monóxido de carbono, água na forma de vapor e óxidos de nitrogênio – são expelidos a uma temperatura aproximada de 2000°C e em alta velocidade. Junto com essa nuvem são expelidas partículas parcialmente combustas e não combustas do propelente e materiais originários da combustão da carga iniciadora. As partículas solidificadas são comumente chamadas resíduos de disparo de armas de fogo, resíduos de disparo ou *gunshot residue* (GSR). As partículas lançadas podem atingir diferentes suportes próximos à arma, por exemplo, as mãos do atirador, anteparos e o alvo.

Para a investigação técnico-científica em ocorrências de crimes praticados com arma de fogo é de fundamental importância a análise dos resíduos dos disparos.[1] A partir dela é possível, por exemplo, inferir se determinado indivíduo suspeito realizou ou não o disparo. Detectam-se, usualmente, resíduos de disparos derivados da carga iniciadora, cuja compo-

---

[1] Para tanto, é importante que o laboratório possua diretrizes que contemplem o tempo máximo de coleta no indivíduo vivo após o disparo, a fim de evitar coletas desnecessárias e a perda de tempo e recursos por parte do laboratório. Um tempo de coleta de até 5 horas após o disparo poderia ser utilizado para os envolvidos vivos. Para vítimas fatais, este tempo pode ser estendido, cabendo ao laboratório definir este período.

sição apresenta chumbo (Pb), bário (Ba) e antimônio (Sb). Esses resíduos são formados em condições específicas de temperatura e pressão durante o disparo, permitindo vaporização e rápida condensação de Pb, Ba e Sb em partículas com formato esférico e diâmetro variando entre 1 e 10μm. No entanto, o formato e o tamanho das partículas podem variar com o tipo de arma empregada para efetuar o disparo (revólveres produzem mais partículas esféricas do que pistolas) e seu calibre (quanto maior o calibre, maior o tamanho médio das partículas). A composição química das partículas também pode variar, dependendo dos componentes da espoleta. Uma mesma partícula pode, ainda, apresentar regiões com composições diferentes.

Atualmente, no âmbito das ciências forenses, sabe-se que não há um procedimento padrão para a coleta e análise de resíduos de disparo de arma de fogo que seja amplamente aceito e aplicado por todas as forças de segurança pública. No Brasil, são aplicadas rotineiramente diferentes metodologias para este tipo de análise, discutidas a seguir.

Principais metodologias

Rodizonato de sódio

O método utilizando este reagente é um ensaio colorimétrico meramente qualitativo que detecta a presença de apenas dois metais presentes na cápsula de espoletamento: bário e chumbo. Dentre as vantagens deste método estão a facilidade de execução na coleta e análise, baixo custo dos reagentes empregados e rapidez nos resultados. Já as desvantagens incluem detecção somente de bário e chumbo na análise, menor sensibilidade em relação às técnicas instrumentais, dificuldade em se detectar a presença dos resíduos a olho nu quando estes se encontram em baixas concentrações.

Este método tem como fundamento a coleta dos resíduos do disparo na mão do suspeito por meio de fitas adesivas, que são fixadas em um suporte de papel-filtro após a coleta e encaminhadas ao laboratório. Também são coletados controles do corpo do indivíduo e da fita utilizada para verificar possíveis contaminações ambientais ou ocupacionais (p. ex., trabalhadores em oficinas de mecânicas ou cerâmicas) no indivíduo e na própria fita. As fitas fixadas no papel-filtro são borrifadas com uma solução tampão de tartarato de sódio (pH = 2,8) e, após, com uma solução aquosa do sal de sódio do ácido rodizônico (rodizonato de sódio) a 0,1% m/v, que deve ser preparada no momento da análise.

Ocorre, assim, uma complexação do rodizonato com os metais ionizados (chumbo II e bário II) pelo pH ácido utilizado, formando os complexos de rodizonato de chumbo (Figura 1), de coloração rosa, e de rodizonato de bário, de coloração alaranjada. Estas cores podem ser visualizadas a olho nu quando a amostra tiver elevado teor dos metais, porém, também podem se apresentar como pontos espaçados, sendo interessante o uso de lupa para melhor visualização dos complexos (Figura 2).

$$\text{(rodizonato)} + Pb^{2+} \rightarrow Pb^{2+}\text{(rodizonato)}^{2-}$$

Fonte: Pablo Alves Marinho.

Figura 1 Reação de complexação do rodizonato de sódio com o chumbo formando o rodizonato de chumbo.

Vale ressaltar que este método possui maior sensibilidade para o chumbo (1:500.000) do que para o bário (1:200.000),[2] sendo, por isso, mais rotineira a visualização do complexo de rodizonato de chumbo.

Independente do resultado obtido pelo teste, por conta das limitações do método, é importante ressaltar no laudo pericial que a presença dos metais na amostra não necessariamente significa que o suspeito tenha disparado a arma de fogo, tendo em vista que esses metais não são exclusivamente encontrados nos resíduos de disparos. Da mesma forma, a ausência dos metais também não pode excluí-lo do emprego da arma de fogo, já que muitos são os fatores que podem contribuir para um falso negativo, como a coleta realizada horas após o evento, o uso de luvas ou a lavagem das mãos pelo atirador, o tipo de arma e munição utilizadas, bem como a forma de empunhadura da arma. Portanto, o resultado obtido não é por si só conclusivo, e merece ser sustentado por outras provas obtidas durante a investigação.

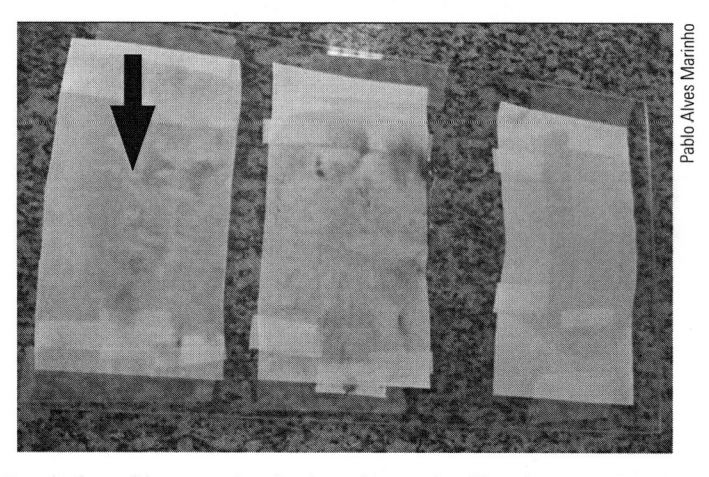

Figura 2 Resultado positivo para chumbo (manchas rosa) utilizando o teste de rodizonato de sódio.

* Você pode visualizar esta imagem em cores no final do livro.

Teste de Griess

Este teste, criado por Griess em 1879, é utilizado para detectar a presença de nitritos presentes no cano e no tambor da arma de fogo utilizada, tendo em vista que a pólvora negra tem, na sua

---

[2] A identificação somente de chumbo e/ou bário na amostra coletada não é suficiente para afirmar que o indivíduo efetuou um ou mais disparos com arma de fogo. Tal achado analítico deve se juntar a outras provas para formar a convicção da autoridade judiciária.

composição, nitrato de sódio ou de potássio. Deste modo, ao ser realizado o disparo, o nitrato é convertido em nitrito, que pode ser detectado pelo teste colorimétrico utilizando o reagente de Griess-Ilosvay (solução de sulfanilamida e alfanaftilamina em meio ácido – Figura 3). Nesta reação, o nitrito reage com a sulfanilamida em meio ácido, formando um diazo composto, que, por sua vez, reage com a alfanaftilamina e gera outro produto de coloração vermelho-púrpura (Figura 4). Algumas modificações do método propõem a utilização da N-(1-naftil)-etilenodiamina em substituição à alfanaftilamina dada sua toxicidade.

Fonte: Pablo Alves Marinho.

Figura 3   Reação entre o reagente de Griess e os íons nitritos.

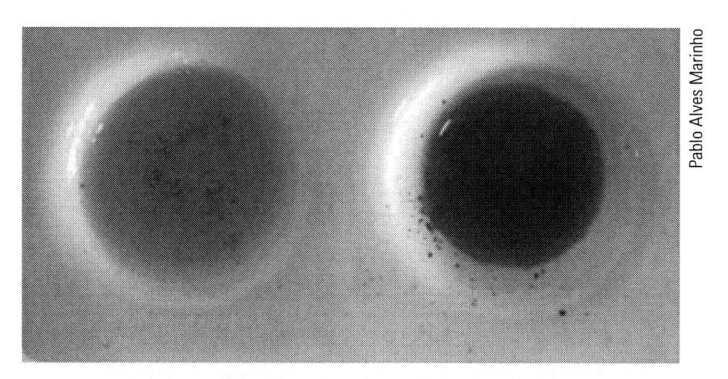

Figura 4   Reação negativa (à esquerda) e positiva (à direita) para nitritos utilizando o reagente de Griess.

* Você pode visualizar esta imagem em cores no final do livro.

No entanto, com o passar do tempo, o nitrito é oxidado a nitrato ou volatiliza-se como ácido nitroso devido à umidade, oxigênio do ar e temperatura, não sendo mais possível sua detecção. Deste modo, não é incomum a solicitação deste tipo de exame para verificar a recentidade do disparo de arma de fogo, já que a detecção dos íons de nitrito indicaria uso recente da arma pelo fato de permanecerem na arma por apenas alguns dias. Porém, pelo fato de a presença de nitritos não ser um marcador exclusivo de resíduo de disparo, porque podem ser encontrados em fertilizantes, alguns alimentos enlatados, urina, cinzas de cigarro, tal ensaio não deve ser utilizado como única prova para esta finalidade.

Para o preparo da solução de ácido sulfanílico, dissolver 1,0 g de ácido sulfanílico em 100 mL de ácido acético a 30% v/v. A alfanaftilamina prepara-se dissolvendo 0,3 g em 70 mL de água em ebulição, devendo-se a seguir filtrar e misturar com 30 mL de ácido acético glacial. Para execução do teste, coletam-se os resíduos da arma com um swab. Num tubo de ensaio, coloca-se o swab e adicionam-se 5 gotas da solução de ácido sulfanílico e 0,5 mL da solução de alfanafitilamina. Em caso de positivo haverá desenvolvimento de uma coloração vermelho-púrpura. A sensibilidade do teste para o nitrito (NO_2^-) é de 0,01 μg.

Junto com a solicitação deste exame, podem surgir alguns quesitos formulados pelas autoridades policiais, como: "Há resíduos de disparos na arma periciada?"; "Quais são os resíduos de disparo encontrados na arma de fogo enviada para exames?"; "Em que partes da arma foram encontrados os resíduos de disparo?"; "É possível determinar se a arma em questão foi disparada recentemente?" Para a resposta de alguns destes possíveis quesitos é importante que o perito deixe claro no corpo do laudo que os resíduos de nitrito determinados não são exclusivos de disparo de arma de fogo, e que não há como afirmar categoricamente o período anterior em que a arma tenha sido utilizada, pois o tempo de permanência desses resíduos pode ser influenciado por muitas variáveis relacionadas às condições ambientais, da arma, da munição e da quantidade de disparos.

Espectrometria de absorção atômica (EAA)

Esta é uma técnica analítica utilizada para determinar quantitativamente a presença de metais, usando como princípio a emissão de radiação ultravioleta por uma lâmpada de cátodo oco e absorção de parte desta energia pelo metal a ser analisado. Durante a análise, a amostra é nebulizada para uma fonte térmica, que pode ser uma chama (espectrometria de absorção atômica por chama) ou um forno de grafite (espectrometria de absorção atômica em forno de grafite), que dissociará e volatilizará o metal, que se encontra no estado fundamental. Parte da radiação emitida pela lâmpada de cátodo oco será absorvida pelo metal ao passar pelo caminho ótico onde se encontra a amostra, fazendo que o metal seja excitado para um nível mais energético. A quantidade da radiação absorvida pelo metal será proporcional à sua concentração na amostra analisada, conforme a lei de *Lambert Beer* ($A = k.c.l$, onde A é a absorbância, k a absortividade molar do composto, c sua concentração na amostra e l o caminho ótico na chama ou no forno de grafite).

Apesar de esta técnica não ser do tipo "padrão ouro" para pesquisa de resíduos de disparo, tem algumas vantagens que podem torná-la mais viável para a implantação na rotina de um laboratório forense. Seu custo é muito menor do que o da microscopia eletrônica de varredura (MEV), os três metais (chumbo, bário e antimônio) são facilmente detectados e os resultados obtidos são quantitativos, além de ter excelente sensibilidade (ppb) e adequada seletividade. No entanto, por ser uma técnica analítica instrumental, necessita de analistas mais treinados para operar o equipamento; as análises não são muito rápidas, já que cada metal é analisado separadamente, sendo necessário construir curvas de calibração para cada metal diariamente; as manutenções preventivas e corretivas por vezes necessitam de trocas de peças ou consumíveis do equipamento, como as lâmpadas de cátodo oco, que têm tempo de via útil predeterminado.[3]

Vale ressaltar que o analista deve realizar estudos para estabelecer os valores de *cut off* (concentração mínima para liberar o resultado como positivo) de cada metal, a fim de diferenciá-los de exposições ambientais e ocupacionais. Assim, torna-se importante, durante o desenvolvimento do método, a coleta de amostras das mãos de pessoas de diferentes atividades laborais (ex.: policiais, mecânicos, pintores etc.) para verificar o nível de contaminação para cada metal nas mãos de pessoas que não tenham efetuado disparo de arma de fogo, mas que possam entrar em contato com metais durante suas rotinas. A presença dos três metais na mão de um suspeito em níveis superiores aos *cut offs* predeterminados também não pode ser usada como único elemento de vinculação com o delito, nem deve ser utilizada separadamente para diagnóstico diferencial entre suicídio e homicídio. É importante ter em mente que o simples contato do indivíduo com armas disparadas recentemente pode também levar a resultados positivos, cabendo à autoridade policial correlacionar o achado analítico com as outras provas juntadas aos autos.

Para a coleta das amostras a serem analisadas por EAA são utilizados swabs seguramente isentos dos metais a serem analisados (chumbo, bário e antimônio), que, após serem umedecidos numa solução de ácido nítrico 5% v/v, são esfregados nas mãos do suspeito e armazenados em um tubo de ensaio de polipropileno também isento de metais (veja a Figura 5). Para cada mão deve-se fazer a coleta em duplicata, além de se coletar um controle do corpo (ex.: costas) e outro do ácido utilizado. O controle do corpo tem a finalidade de verificar uma possível contaminação ocupacional ou ambiental a estes metais no indivíduo.

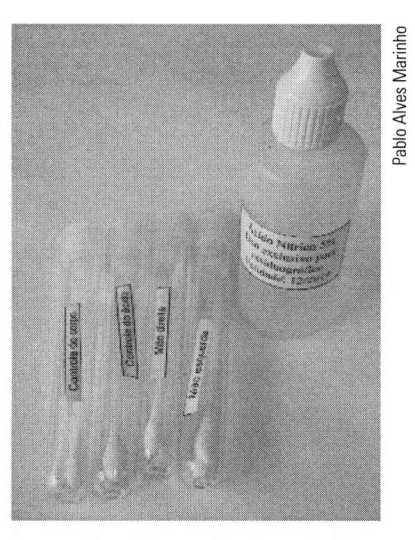

Figura 5 Kit utilizado para coleta das amostras para análise de resíduo de disparo pela técnica EAA.

---

[3] A constatação da presença dos três metais na mão do suspeito por EAA, somada à ausência dos metais no controle do corpo, tornam-se um indício de que são elementos oriundos de um disparo de arma de fogo. Assim, estes metais poderiam aderir nas mãos do indivíduo quando fez o disparo, ou estava próximo de quem o fez, ou, ainda, manuseou uma arma de fogo após ter sido utilizada. Tais informações devem estar claras no corpo do laudo, a fim de evitar interpretações equivocadas.

As condições do método desenvolvido pelos peritos criminais Washington Xavier de Paula e Eduardo Auharek, do Instituto de Criminalística de Minas Gerais, em colaboração com pesquisadores da Universidade Federal de Minas Gerais, estão descritas a seguir.

Tabela 1 Condições do método por EAA em forno de grafite para determinação de chumbo, bário e antimônio

Etapa	Chumbo			Bário			Antimônio		
	°C	Tempo	Argônio	°C	Tempo	Argônio	°C	Tempo	Argônio
Secagem									
Pirólise	900	2 s	5 L/min	900	2 s	5 L/min	500	2 s	5 L/min
Atomização	2700	2 s	0 L/min	2500	2 s	0 L/min	2400	2 s	0 L/min
Limpeza	2800	2 s	5 L/min	2700	2 s	5 L/min	2500	2 s	5 L/min
Comprimento de onda	217,0 nm			553,5 nm			217,6 nm		

Fonte: PAULA, W. X. et al., 2003.

Cumpre destacar que, após vários testes com diferentes modificadores (rutênio, zircônio e zircônio com ródio), o melhor modificador para chumbo e antimônio foi o rutênio (500 μg), enquanto para o bário não foi necessário o uso de nenhum modificador químico.

Para o preparo das amostras coletadas, o swab é extraído em 3 mL de ácido nítrico a 5% em ultrassom ou vortex. A faixa de concentração analisada para chumbo e bário é de 20 a 100 ppb, e para o antimônio, 10 a 40 ppb. Os limites de detecção para chumbo, bário e antimônio para este método são de 1,5; 1,3 e 0,9 ppb, respectivamente. Os resultados são categorizados como positivos quando há a presença dos três metais em uma das amostras coletadas nas quantidades de 1,0 μg para o chumbo, 0,5 μg para o bário e 0,1 μg para o antimônio.

Microscopia Eletrônica de Varredura

Microscopia é a técnica analítica usada para estudar células, organelas, partículas, dentre outros objetos cujas dimensões são invisíveis a olho nu. Em 1591, os holandeses Hans Janssen e seu filho Zacarias Janssen, fabricantes de lentes, construíram o primeiro equipamento capaz de ampliar imagens de objetos muito pequenos por meio de duas lentes de vidro montadas nas extremidades de um tubo. De lá para cá houve grande avanço dos microscópios devido à capacidade de ampliação e aperfeiçoamento das lentes.

Os microscópios ópticos convencionais são equipamentos que têm uma série de lentes multicoloridas e ultravioleta, capazes de enxergar através da luz estruturas pequenas, impossíveis de se visualizar a olho nu, por isso são também conhecidos como microscópios de luz (utilizando luz ou "fótons"). Já na técnica de Microscopia Eletrônica de Varredura, o microscópio utilizado fornece imagens com caráter virtual, pois o que é visualizado no monitor do equipamento é a transcodificação da energia emitida pelos elétrons, ao contrário da radiação de luz, à qual estamos habitualmente acostumados pelo uso dos microscópios ópticos.

O Microscópio Eletrônico de Varredura (MEV) (Figura 6) é um equipamento que fornece, rapidamente, informações sobre a morfologia e composição química elementar de uma amostra sólida. Sua principal vantagem é a alta resolução que pode ser alcançada. Equipamentos comerciais podem atingir resoluções da ordem de 2 a 5 nm, enquanto instrumentos de pesquisa avançada são capazes de alcançar uma resolução maior que 1 nm. Além da alta resolução, as imagens geradas têm aparência tridimensional, resultado direto da grande profundidade de campo da técnica.

Figura 6 Fotografia do Microscópio Eletrônico de Varredura do Instituto Nacional de Criminalística – INC.

O MEV é composto por uma coluna (canhão de elétrons, sistema de demagnificação e objetiva), unidade de varredura, câmara de amostra, sistema de detectores e visualização da imagem. O canhão de elétrons dispara um feixe de elétrons (elétrons primários) que, ao atingir a amostra, interagem com seus átomos, causando mudança na sua velocidade inicial. Desta forma, os elétrons presentes nas várias camadas da eletrosfera do átomo são excitados. Os elétrons, ao entrar em contato com a amostra, liberam energia de diferentes formas. Cada um dos sinais gerados pela emissão de energia (elétrons secundários, retroespalhados, fótons, raios-X, elétrons Auger etc.) necessita de um detector exclusivo para sua captação e transformação em sinal elétrico. As ciências forenses utilizam três sinais: elétrons secundários, elétrons retroespalhados e raios-X. Os elétrons secundários fornecem uma representação topográfica da superfície da amostra e são os responsáveis pela aquisição das imagens de alta resolução; já os retroespalhados proveem uma representação característica de variação de composição ou contraste de número atômico. Os raios-X emitidos permitem a determinação de elementos qualitativos e semiquantitativos da composição da amostra na região de incidência do feixe de elétrons.

Por apresentar as vantagens aqui descritas, e possuir alta discriminação na identificação de resíduos, as ciências forenses consideram as análises realizadas através do MEV como as mais confiáveis entre as metodologias utilizadas para a análise de resíduos de disparos de armas de fogo (Figura 7).

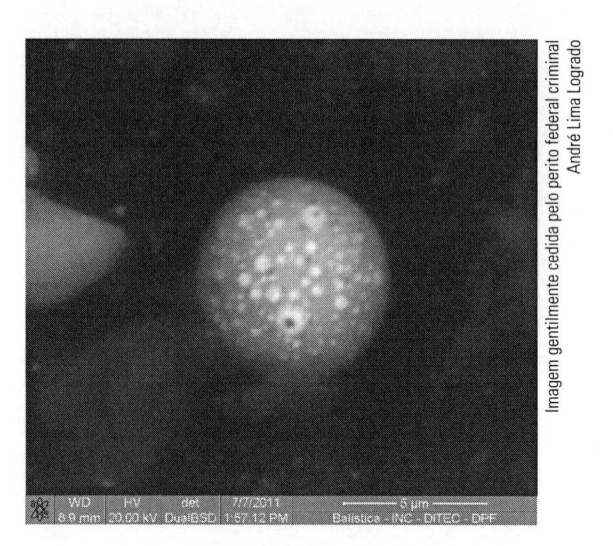

Figura 7 Micrografia de uma partícula de disparo de arma de fogo obtida por um MEV.

Em geral, a coleta dos resíduos (Pb, Ba e Sb) para a análise residuográfica utilizando o MEV é realizada com o auxílio de uma fita adesiva dupla face ou alguns kits comerciais. O *stub* (Figura 8) é utilizado durante a coleta dos resíduos. Este suporte tem tamanho médio de 12,7 mm de diâmetro; é pressionado aproximadamente 50 vezes no local de interesse, normalmente a mão do indivíduo que se deseja saber se foi o autor do disparo, evitando-se regiões úmidas. Durante o manuseio e a coleta também se deve tomar cuidado para não ocorrer contaminações. Uma vez a amostra coletada, deve ser devidamente identificada e armazenada. Para facilitar a identificação das amostras, os fabricantes de *stubs* inserem uma numeração na parte inferior, e também estão disponíveis *stubs* com marcações coloridas para diferenciar as mãos esquerda e direita.

Figura 8 Fotografia de *stubs* comerciais.

Depois de coletadas as amostras, os *stubs* são levados ao MEV para realização das análises. Para que se possa fazer uma correlação entre as partículas identificadas a partir da amostra coletada das mãos de um indivíduo com outras que possam vir a ser consideradas como provenientes de um disparo, as partículas identificadas devem conter os elementos químicos Pb/Ba/Sb (Figura 9). Aquelas contendo somente dois elementos químicos (Pb/Sb, Pb/Ba ou Ba/Sb) são consideradas apenas como indicativas. Para que o resultado possa ser considerado positivo, ou seja, proveniente de um disparo, é necessário que o resultado contenha no mínimo duas partículas associadas aos três metais, conforme as normas internacionais. Contudo, caso os três elementos sejam encontrados separados pode ter ocorrido uma possível contaminação externa.

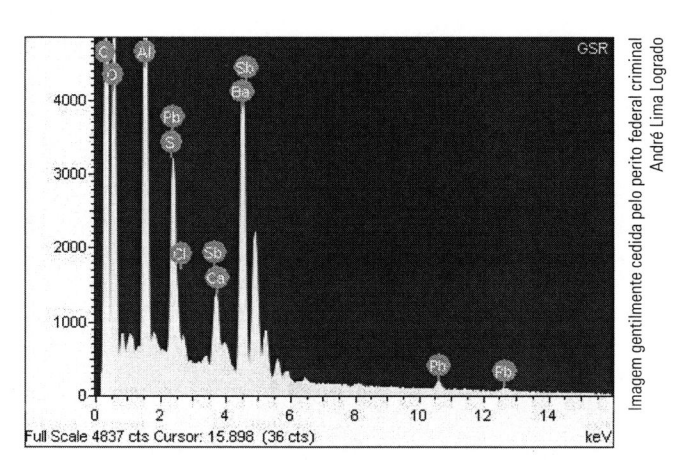

Figura 9 Espectroscopia de Dispersão de Energia de uma partícula encontrada em uma amostra de resíduo de disparo.

ESTUDO DE CASO

Foi encaminhado para o laboratório de química forense um celular contendo um orifício na lateral esquerda, com características compatíveis com a de um orifício provocado por projétil de arma de fogo (Figura 10). No histórico da ocorrência, a vítima alegou ter tido seu celular jogado no chão, e, em seguida, nele sido efetuados vários disparos.

Após coleta nas bordas do orifício com swab umedecido em ácido nítrico 5% e coleta de partes distantes do orifício constatado (controle), o material foi encaminhado para o laboratório para ser analisado em busca de resíduos de disparo pela técnica EAA em forno de grafite.

Ao analisar as amostras coletadas do orifício, foram identificados altos níveis de chumbo, bário e antimônio, porém não no controle coletado do aparelho. Deste modo, a alegação da vítima foi confirmada por meio dos ensaios analíticos. A presença dos três metais contidos na cápsula de espoletamento da arma, que impregnaram o aparelho, sugere que o tiro tenha sido efetuado a uma pequena distância, tendo em vista que estes metais não são projetados a longas distâncias da arma durante o disparo.

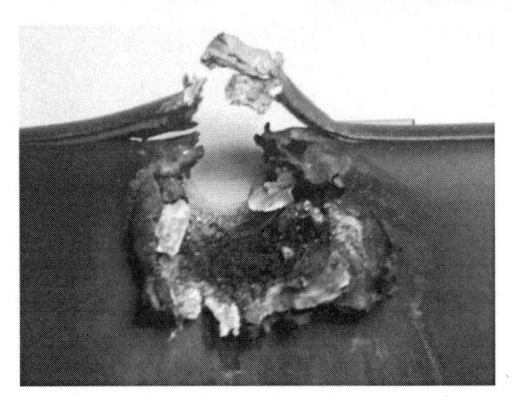

Figura 10   Fotografias do aparelho de celular com orifício compatível com aqueles produzidos por projétil propelido por arma de fogo.

Prática de laboratório

Exame residuográfico utilizando rodizonato de sódio em pH tamponado

Objetivo

Detectar a presença dos metais chumbo e bário em amostras coletadas das mãos de suspeitos a fim de verificar a possibilidade de emprego de arma de fogo num eventual fato criminoso.

Aparelhagem

- Balança analítica
- Medidor de pH
- Lupa

Reagentes e vidraria

- Solução aquosa de rodizonato de sódio 0,1% m/v
- Tampão de ácido tartárico (1,5 g) com bitartarato de sódio (1,9 g) em 1L de água destilada (pH = 2,8)
- Água destilada

- Borrifador
- Fitas adesivas
- Papel-filtro
- Béqueres de 50 mL
- Espátulas
- Balão volumétrico de 1000 mL
- Placas de vidro de 20 cm × 40 cm

Procedimento

A etapa de coleta de amostras de resíduos de disparo deve ser realizada por pessoal autorizado (detentor de porte de arma de fogo) em tanques de disparo ou em estandes de tiro apropriados, em data e horário previamente agendados.

Sugere-se que cada grupo colete amostras em tempos diferentes de disparo (imediato, 1 hora, 2 horas, 3 horas após os disparos) para avaliar a estabilidade dos resíduos nas mãos do suspeito. Os grupos também podem coletar amostras de diferentes armas de fogo (revólver, pistola, espingarda) a fim de verificar a quantidade de resíduos gerados por armas diferentes.[4]

1. No ato da coleta, usar luvas de látex para prevenir contaminação das amostras;
2. Usar tiras de 10 cm de comprimento de fita adesiva branca translúcida (tipo fita Scotch 3M), com 2,5 cm de largura; uma para cada local, pressionando-a uma única vez sobre a pele ou tecido;
3. Nas duas extremidades da fita deve ser colocada uma proteção (anteparo) de papel-filtro de maneira a permitir o adequado manuseio, evitando-se contaminações;
4. Coletar o material em ambas as mãos, nas faces superior do indicador e do polegar, na prega interdigital polegar/indicador, no dorso e palma da mão e outras regiões que julgar necessário. Coletar também controles do corpo (ex.: nuca) e da fita;
5. Fixar as fitas em papel-filtro analítico e nele identificar, a lápis, a região do corpo coletada;
6. Em uma placa de vidro fixar (com fita adesiva) as fitas adesivas aderidas em suporte de papel-filtro, de modo que fiquem em contato direto com a placa de vidro;
7. Borrifar o tampão (pH 2,8) em todo o material a ser analisado e deixar secar;
8. Borrifar as fitas com a solução de rodizonato de sódio recém-preparada e deixar secar à temperatura ambiente;
9. Observar com lupa a presença de pontos de cor rosa e/ou laranja.

Quesitos

1. Diante dos resultados, pode-se afirmar categoricamente que o suspeito efetuou o disparo de arma de fogo?

---

[4] Devem-se anotar as características da arma, das munições utilizadas, o número de tiros efetuados, bem como o tempo de coleta após o disparo.

2. Há como discriminar o tempo e o número de tiros efetuados pelo suspeito de posse das análises realizadas?
3. Qual o significado da amostra coletada do controle do corpo para o exame realizado?

Relatório de análises

Elabore um relatório científico sobre o experimento, a ser entregue e discutido com o professor.

Além da estrutura convencional (introdução, parte experimental, resultados, discussão, conclusão e referências), cada grupo deve apresentar no relatório as respostas aos quesitos acima apresentados.

Exercício complementar

1. Faça uma visita à unidade de Criminalística mais próxima da sua universidade e identifique qual o método de análise de resíduos de disparos de arma de fogo utilizado rotineiramente pelos peritos criminais do seu estado. Elabore um relatório da visita.

Referências bibliográficas

BARTSCH, M. R.; KOBUS, H. J.; WAINWRIGHT, K. P. Update on the use of the sodium rhodizonate test for the detection of lead originating from firearm discharges. *Journal of Forensic Science*, v. 41, n. 6, 1996.

COWAN, M. E. et al. Barium and antimony levels on hands significance as indicator of gunfire residue. *Journal of Radioanalytical Chemistry*, v. 15, 1973, p. 203-18.

FARIAS, R. F. *Introdução à química forense*. 3. ed. Campinas: Átomo, 2010.

FRANK, P. R. O. Resíduos de tiro (GSR – Gunshot residue, FDR – Firearms discharge residue). Disponível em: <http://www.scribd.com/doc/69167062/Residuos-de-Tiro-PF#scribd>. Acesso em: 20 dez. 2014.

GRIESS, P. Bemerkungen zu der Abhandlung der HH. Weselsky und Benedikt Ueber einige Azoverbindungen. *Berichte der deutschen chemischen Gesellschaft*, v. 12, n. 1, p. 426-428, 1879.

KILTY, J. W. Activity after shooting and its effect on the retention of primer residue. *Journal of Forensic Science*, v. 20, n. 2, 1975, p. 219-30.

MANNHEIMER, W. A. *Microscopia dos materiais* – uma introdução. Rio de Janeiro: E-papers, 2002.

MARTINI, A.; PINTO, A. L. *Aplicação da microscopia eletrônica de varredura à análise de resíduos de tiro*. Disponível em: <http://rmct.ime.eb.br/arquivos/RMCT_3_quad_2008/aplic_microscop_elet_resid_tiro.pdf>. Acesso em: 21 dez. 2014.

PAULA, W. X. et al. Método para determinação de antimônio, bário e chumbo em resíduo de disparo de arma de fogo. In: 12º ENQA – Encontro Nacional de Química Analítica. São Luís, 2003.

REIS, E. L. T. et al. Identificação de resíduos de disparos de armas de fogo por meio da técnica de espectrometria de massas de alta resolução com fonte de plasma indutivo. *Química Nova*, v. 27, n. 3, p. 409-13, 2004.

RICOY, C. D. et al. *Apostila de Química Legal*. Curso de Formação Policial para Perito Criminal. Academia de Polícia Civil do Estado de Minas Gerais, 2014.

SILVA, D. C.; SANTOS, J. B. Um estudo sobre a técnica de análise qualitativa de partículas de chumbo provenientes de resíduos de disparo. *Prova Material*, n. 2, 2004.

STONE, I. C.; PETTY, C. S. Examination of gunshot residue. *Journal of Forensic Sciences*, v. 19, n. 4, 1974, p. 784-88.

TOCCHETTO, D. *Balística forense* – Aspectos técnicos e jurídicos. 7. ed. Campinas: Millennium, 2013.

TOCCHETTO, D.; ESPINDULA, A. *Criminalística* – Procedimentos e metodologias. 2. ed. Campinas: Millennium, 2009.

VELHO, J.A. et al. *Fundamentos de química forense*. Campinas: Millennium, 2012.

VELHO, J.A. et al. *Ciências forenses* – Uma introdução às principais áreas da criminalística moderna. 2. ed. Campinas: Millennium, 2013.

WAISELFISZ, J. J. *Mapa da violência 2013* – Mortes matadas por armas de fogo. Disponível em: <http://www.mapadaviolencia.org.br/pdf2013/MapaViolencia2013_armas.pdf>. Acesso em: 20 dez. 2014.

capítulo 6

Espectrofotometria de absorção molecular no ultravioleta e visível

Fábio Rodrigo Piovezani Rocha
Márcia Andreia Mesquita Silva da Veiga

Difração da luz solar na superfície de um CD, que se assemelha a uma rede de difração usada em espectrofotometria.

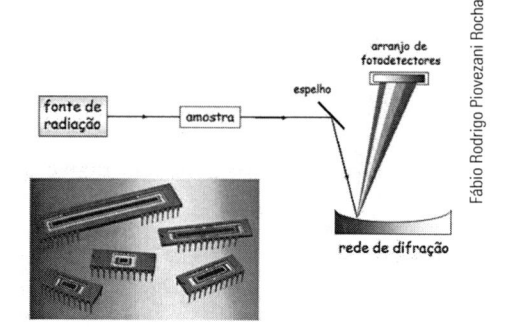

Representação esquemática de um espectrofotômetro multicanal. A fotografia refere-se a arranjos lineares de fotodetectores com até 1.024 elementos sensíveis.

* Você pode visualizar estas imagens em cores no final do livro.

Espectrofotometria UV-vis,[1] também chamada espectrofotometria de absorção molecular, ou de absorção em solução, é uma das técnicas analíticas mais utilizadas para determinações quantitativas de espécies químicas. Em Química Analítica Forense, destaca-se como uma alternativa robusta e de baixo custo para medidas em campo e para o *screening* de espécies em amostras complexas, permitindo a rápida tomada de decisões e a diminuição do número de amostras analisadas por procedimentos mais trabalhosos e demorados. É também um dos detectores mais utilizados em cromatografia a líquido. A técnica baseia-se na medida da atenuação da radiação eletromagnética pela absorção por espécies químicas (moléculas ou íons) em solução. Pela Lei de Beer, esta atenuação é correlacionada à concentração da espécie química a ser determinada. Em geral, as espécies químicas de interesse estão presentes em solução líquida, embora também sejam possíveis medidas em fase sólida ou gasosa. A maioria das aplicações envolve derivação química utilizando reagentes seletivos ou específicos, visando melhorar a seletividade e a sensibilidade.

---

[1] A espectrofotometria UV-vis é correlata à espectrofotometria de absorção atômica (Capítulo 9). Diferenças na instrumentação devem-se ao fato de átomos no estado gasoso (e não moléculas ou íons em solução) absorverem a radiação eletromagnética.

Introdução

Quando um feixe de radiação com energia apropriada atravessa uma solução, radiações de certas frequências podem ser seletivamente absorvidas, atenuando a potência do feixe (*i.e.*, diminuindo o número de fótons incidentes). Neste processo, a energia é transferida à espécie absorvente, as consequências dependem da quantidade de energia absorvida (E) e, portanto, do comprimento de onda da radiação, de acordo com a Equação (1), em que c corresponde à velocidade da luz no vácuo. Radiações eletromagnéticas das regiões UV-Vis apresentam comprimentos de onda com dimensões comparáveis às de vírus e bactérias (40 – 700 nm) e são energéticas o suficiente para promover transições rotacionais, vibracionais e eletrônicas em espécies absorventes (radiações no ultravioleta com $\lambda < 250$ nm são energéticas o bastante para quebrar ligações químicas). Em consequência das diversas transições com energia próxima, os espectros apresentam bandas de absorção, o que os diferenciam dos espectros de absorção atômica.

$$E = \frac{hc}{\lambda} \qquad \text{Equação 1}$$

A extensão do processo de absorção de radiação, ilustrado na Figura 1, é determinada pela medida da potência do feixe transmitido (*i.e.*, que atravessa o meio) na ausência (P_0) e presença (P_T) da espécie absorvente. O resultado é usualmente expresso como transmitância (porcentagem da radiação incidente que é transmitida pela amostra, ou seja, a razão P_T/P_0) ou absorbância (A), definida como $\log (P_0/P_T)$.

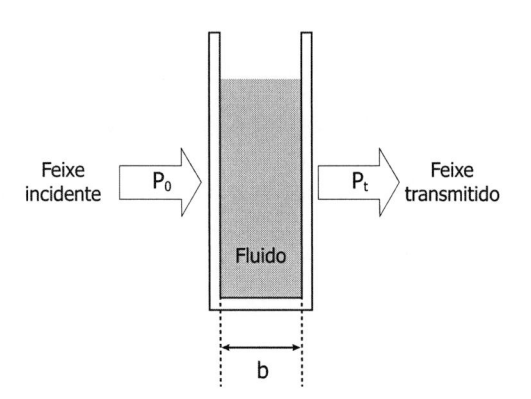

Fonte: Fábio Rodrigo Piovezani Rocha.

Figura 1 Representação do processo de absorção de radiação em uma cubeta com solução absorvente: P_0 e P_T correspondem às potências radiantes incidente e emergente (transmitida), e **b** é a largura interna da cubeta (caminho óptico).

Em condições apropriadas, a absorbância é diretamente proporcional à concentração da espécie absorvente (C), de acordo com a relação denominada Lei de Lambert-Beer, Equação (2). A extensão da absorção de radiação depende do número de espécies absorventes que interagem com o feixe de radiação e do número de fótons absorvidos. O primeiro fator depende diretamente da espessura do meio absorvente (*i.e.*, da largura interna da cela de medida, com frequência denominada cubeta); este parâmetro é denominado caminho óptico (*b*). O número de fótons absorvidos depende da espécie absorvente e do comprimento de onda da radiação incidente. Estes fatores são considerados, em conjunto, pelo termo definido como absortividade molar (*e*), relacionado à probabilidade de transição eletrônica (dependente, portanto, do comprimento de onda) e da seção de choque da espécie absorvente. Verifica-se, na Equação (2), que os termos b e ε são as constantes de proporcionalidade entre A e C.

$$A = \varepsilon b C = \log \frac{P_0}{P_T}$$ Equação 2

O feixe de radiação incidente pode ser também atenuado por outros processos, como reflexão e espalhamento de radiação (refração é eliminada pela incidência do feixe perpendicularmente à cela de medida). Para que a relação expressa pela Equação (1) seja obedecida, estes fenômenos devem ser compensados ou eliminados. A reflexão ocorre quando o feixe de radiação atravessa meios com diferentes índices de refração (p. ex., interfaces ar/cubeta e cubeta/solução). Este fator é considerado medindo-se os valores de P_0 e P_T com a mesma cubeta ou cubetas idênticas. Elimina-se o efeito de espalhamento de radiação evitando-se que haja partículas sólidas em suspensão ou pela derivação matemática do espectro de absorção. A lei de Lambert-Beer também requer que o feixe incidente seja monocromático (na prática, que a largura de banda da radiação incidente seja menor que 1/10 da de absorção) e que as interações intermoleculares entre as espécies absorventes sejam desprezíveis, o que se observa somente em soluções diluídas. Quando a espécie absorvente pode participar de reações de associação ou dissociação em solução, deve-se utilizar condições que tornem o processo constante. Como exemplo, ácidos ou bases fracas encontram-se em equilíbrio com suas formas conjugadas, que, usualmente, apresentam absortividades molares diferentes. O ajuste de acidez do meio ou a seleção de um comprimento de onda em que ambas as espécies apresentem a mesma absortividade molar (ponto isosbéstico) é necessário para que a relação $A \times C$ seja linear.

Os componentes básicos de um espectrofotômetro são: fonte de radiação, monocromador, cela de medida e detector. Estes equipamentos são disponíveis em arranjos de feixe simples (Figura 2a) e feixe duplo (Figura 2b), que apresentam vantagens de menor custo e possibilidade de obtenção de espectros por varredura mecânica, respectivamente. As fontes de radiação mais empregadas são as lâmpadas de filamento de tungstênio (ou tungstênio-halogênio) e de deutério, para medidas no visível e ultravioleta, respectivamente. Como estas lâmpadas emitem radiação em ampla faixa espectral, é necessário o uso de um monocromador para que a Lei de Lambert-Beer seja obedecida (filtros de absorção ou de interferência são utilizados em equipamentos mais simples, denominados fotômetros). Cubetas de vidro ou acrílico (medidas no visível) ou de quartzo (medidas no ultravioleta) são com frequência empregadas. Detectores usuais são fotodiodos e fotomultiplicadores. Equipamentos multicanais, que utilizam arranjos de sensores (fotodiodos ou CCDs), possibilitam a obtenção de espectros de absorção em tempos da ordem de ms, por isto atrativos para medidas em sistemas dinâmicos, como os de análises em fluxo ou cromatográficos, bem como para o monitoramento cinético de reações. Equipamentos portáteis também estão disponíveis comercialmente, explorando diodos emissores de luz (LED) como fonte de radiação ou arranjos de sensores miniaturizados.

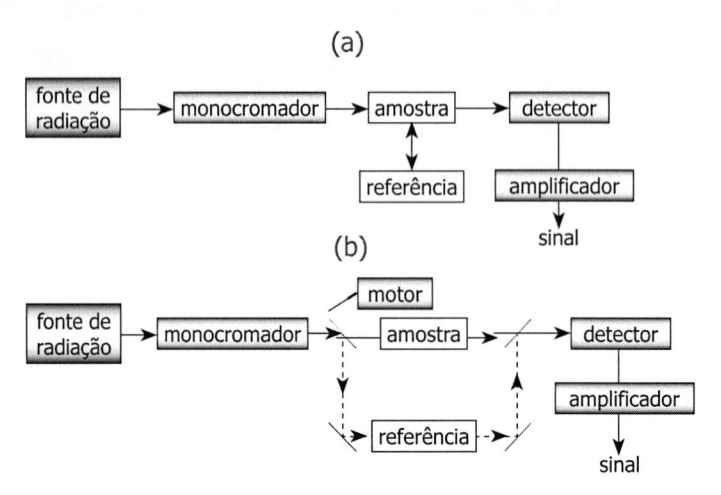

Fonte: Fábio Rodrigo Piovezani Rocha.

Figura 2   Diagramas de blocos de espectrofotômetros com feixe simples (a) e feixe duplo (b).

Principais metodologias

Medida da absorção intrínseca

Espécies orgânicas contendo duplas e triplas ligações e alguns íons inorgânicos (p. ex., íons complexos) absorvem radiação eletromagnética nas regiões do ultravioleta e visível, viabilizando a medida espectrofotométrica direta. Em outras palavras, nestas espécies, as diferenças entre os níveis energéticos correspondem à energia do feixe de radiação com comprimento de onda no UV-vis [veja a Equação (1)]. Entretanto, com frequência a medida da absorção de radiação intrínseca do analito apresenta limitações em termos de sensibilidade,[2] especialmente de seletividade, visto que outras espécies químicas presentes no meio também podem absorver radiação no comprimento de onda da medida. Assim, esta alternativa é empregada apenas em aplicações relativamente simples, como determinação da quantidade de um princípio ativo em uma preparação farmacêutica, que requer somente dissolução da amostra, remoção de sólidos em suspensão para evitar espalhamento de radiação e diluição para compatibilizar com a faixa de resposta linear. Também é comum esta medida quando se emprega um espectrofotômetro como detector acoplado a técnicas de separação, como a cromatografia a líquido de alta eficiência e a eletroforese capilar. Neste caso, a prévia separação à detecção fornece a seletividade necessária à determinação. Outra alternativa para a melhoria de seletividade é o processamento matemático dos espectros de absorção, utilizando ferramentas quimiométricas. Espectros de absorção no UV-vis são também úteis para subsidiar a identificação de estruturas de espécies químicas.

---

[2] Alternativas para aumento de sensibilidade em espectrofotometria são discutidas no artigo de ROCHA, F. R. P.; TEIXEIRA, L. S. G. *Química Nova*, n. 27, p. 807-12, 2004. Disponível em: <http://www.sbq.org.br>. Acesso em: 24 jun. 2015.

Derivação química

Derivação química é com frequência empregada em Química analítica para a conversão do analito em uma espécie mais adequada à quantificação por meio da reação com reagentes seletivos ou específicos. Derivação química é a estratégia mais usual em aplicações analíticas da espectrofotometria, por permitir a melhoria de seletividade, explorando a formação de espécies que absorvam radiação em região espectral diferente de espécies concomitantes; da sensibilidade, com a formação de espécies com maior absortividade molar ou para gerar espécies detectáveis a partir das não absorventes. A maioria das aplicações envolve a formação de uma espécie absorvente dependente da concentração inicial do analito. Entretanto, é também possível explorar analiticamente o consumo de um reagente absorvente pela reação com o analito (descolorimetria).

Quando derivação química é empregada, é importante assegurar excesso de reagente e condições reacionais apropriadas (p. ex., pH, solvente e temperatura) para a conversão quantitativa do analito (ou grupos de analitos) nas espécies que serão medidas. E, ainda, avaliar o tempo de reação para que a condição de estado estacionário seja alcançada, exceto no caso de métodos cinéticos de análise. Nestes, o tempo de reação é rigorosamente controlado, sendo possível a medida sem atingir a condição de equilíbrio. Em alguns casos, o parâmetro de medida é a própria velocidade da reação química, que, em condições apropriadas, pode ser relacionada à concentração do analito. Algumas aplicações exploram o efeito catalítico do analito sobre a reação de formação ou consumo da espécie absorvente. Exemplos típicos de métodos cinéticos são as análises em fluxo, bastante empregadas para a mecanização de procedimentos analíticos.

Em Química Analítica Forense, com frequência é necessário avaliar qualitativamente a presença de uma espécie (p. ex., o produto do metabolismo de um fármaco ou de um entorpecente) ou se sua concentração está acima de um valor limite. A adição de um reagente seletivo à amostra e a uma solução contendo a concentração limite da espécie permite, pela comparação visual das intensidades de cor, esta avaliação e a rápida tomada de decisão, assim minimizando o número de amostras a serem analisadas no laboratório.

Acoplamento a técnicas de separação

Detectores espectrofotométricos estão entre os mais utilizados em cromatografia a líquido de alta eficiência e eletroforese capilar, inclusive em muitas aplicações em Química Analítica Forense. Isto se deve ao fato de muitas espécies químicas de interesse absorver radiação no UV-vis e poder ser seletivamente medidas após a separação cromatográfica. São duas as alternativas mais usuais: medida em comprimento de onda fixo e acoplamento a espectrofotômetros multicanais.

No primeiro caso, tem-se um detector mais simples e de menor custo que, em geral, utiliza uma lâmpada de vapor de mercúrio como fonte de radiação, explorando a linha de emissão em 254 nm, comprimento de onda na qual muitas espécies orgânicas absorvem radiação. Há, entretanto, limitação para medida em outras regiões espectrais, além de algumas espécies poderem ser medidas fora do máximo de absorção de radiação, diminuindo, portanto, a sensibilidade. No segundo caso, é possível a obtenção de espectros de absorção continuamente durante a eluição, permitindo a obtenção de gráficos tridimensionais (absorbância × comprimento de onda x tempo). Desta forma, cada espécie pode ser quantificada nos máximos de absorção correspondentes, e informações espectrais podem ser utilizadas para a avaliação da eficiência de separação e melhoria de resolução de espécies que não foram efetivamente separadas. Os detectores multicanais podem ser baseados em arranjos de diodos (*diode array*) ou de dispositivos de acoplamento de carga (CCDs).

Para o acoplamento à cromatografia a líquido são utilizadas celas de fluxo de volume reduzido (tipicamente < 10 μL) para minimizar a dispersão pós-coluna e evitar a perda de resolução cromatográfica. Em eletroforese capilar, é comum a detecção no próprio tubo capilar, o que, apesar de minimizar a dispersão, pode prejudicar a detecção em razão da redução do caminho óptico.

Espectrofotometria derivativa

A derivação matemática de um espectro de absorção pode ser utilizada para a melhoria de seletividade e, eventualmente, determinações espectrofotométricas simultâneas. É também uma alternativa bastante explorada para a melhoria de sensibilidade e da razão sinal/ruído, mas a eficiência desta ferramenta para esta finalidade é criticamente dependente da largura da banda de absorção. Esta estratégia também é útil para eliminar efeitos de espalhamento de radiação por partículas sólidas em suspensão. Usualmente, o efeito do espalhamento é linearmente dependente do comprimento de onda, e, assim, é completamente eliminado considerando a 2ª derivada do espectro de absorção.

Titulações espectrofotométricas

O ponto final de uma titulação que envolva a formação ou consumo de uma espécie absorvente pode ser adequadamente detectado através de medidas espectrofotométricas. Neste caso, a absorbância é medida após cada adição de titulante, permitindo a construção da curva de titulação (absorbância *versus* volume de titulante). O volume final é então utilizado para o cálculo da concentração do analito. Na prática, são utilizadas sondas de transflectância, constituídas por um espelho acoplado à extremidade de fibras ópticas, permitindo a medida direta de absorbância pela inserção na solução. Quando estes dispositivos não são disponíveis, é necessário periodicamente retirar alíquotas do frasco de titulação para a medida de absorbância. Outras aplicações de titulações espectrofotométricas são a determinação de constantes de equilíbrio e da estequiometria de reações químicas.

ESTUDO DE CASO

Em julho de 2013, peritos criminais federais foram acionados em um município do estado do Pará para examinar o conteúdo suspeito da mala de uma passageira interceptada no aeroporto. Tratava-se de sete caixas de um complemento alimentar denominado "Dried plum" (ameixa seca), cada uma contendo 15 unidades (sachês). Após aberto um sachê, foi constatado que o recheio de cada ameixa consistia de 12,0 gramas de material sólido, em pó, de cor branca. Testes químicos preliminares foram efetuados neste material, como o Teste de Scott, resultando **positivo** para o alcaloide **cocaína**.

Figura 3 Identificação positiva de cocaína em material apreendido.
(a) Cocaína dentro de um suposto complemento alimentar de ameixa.
(b) Material suspeito antes da adição de tiocianato de cobalto.
(c) Após adição do reagente, confirmação com surgimento da coloração azul.

* Você pode visualizar estas imagens em cores no final do livro.

Teste de Scott é amplamente empregado como pré-teste ou triagem para identificar o cloridrato de cocaína, em campo ou no laboratório, e consiste no uso de uma solução de tiocianato de cobalto em meio ácido, que, em presença de cocaína (b), produz um complexo de cobalto II de colação azul:

$$Co^{2+} + 4SCN^- + 2B: \leftrightarrow [Co(SCN)_4B_2]^{2-}$$
(Cor Rosa)   (Cor azul)

Prática de laboratório

Aplicação da Lei de Lambert-Beer: detecção de cocaína por espectrometria de UV-vis após complexação com $Co(SCN)_2$

Objetivo

Estudar a Lei de Lambert-Beer em sistemas espectrofotométricos utilizando o complexo de cocaína com tiocianato de cobalto.

Aparelhagem

- Espectrofotômetro UV-vis
- Agitador magnético

Reagentes e vidraria

- Solução aquosa de $Co(SCN)_2$ 0,1mol L^{-1}
- Clorofórmio PA
- 2 pipetas graduadas de 4 mL
- 4 tubos de vidro com tampa rosqueada (10 mL)
- 4 tubos de ensaio (5 a 10 mL)
- Solução padrão de cocaína (pureza 99,9%) 30 mg/mL em solvente
- Solução amostra de cocaína apreendida com concentração teórica de 30 mg/mL
- 1 barra magnética pequena
- 1 béquer de 20 mL
- 1 micropipeta de 1000 µL
- 3 ponteiras para micropipeta
- 2 cubetas

Procedimento

Estudo da Lei de Lambert-Beer

1. Limpar e secar toda a vidraria.
2. Adicionar ao béquer de 20 mL 4,0 mL da solução padrão de cocaína 30 mg/mL (fase orgânica) e 4,0 mL da solução de $Co(SCN)_2$ 0,1mol L^{-1}.
3. Com o auxílio da barra magnética, agitar o sistema bifásico por 20 minutos.
4. Transferir a fase orgânica para um tubo rosqueado.
5. Repetir o experimento, utilizando-se agora a solução de amostra de cocaína apreendida.
6. No espectrofotômetro, obter o espectro da solução da fase orgânica (azulada) utilizando-se clorofórmio como branco. Determinar o ε máximo de absorção para o complexo cocaína-tiocianato de cobalto. Se a solução estiver muito concentrada e exceder o limite de sinal do aparelho, diluí-la com clorofórmio, anotando o teor da diluição.
7. Com o auxílio da micropipeta e dos tubos de ensaio, utilize a solução da fase orgânica (azulada) que você acabou de analisar e faça uma bateria de soluções mais diluídas (diferentes concentrações) pelo método de diluição simples.
8. Obter os espectros destas soluções mais diluídas e construir uma curva analítica para o complexo.
9. Calcular a absortividade molar (ε) para esta espécie.
10. Obter o espectro da solução da amostra e, nela, determinar a concentração de cocaína. Caso necessário, dilua esta solução também, anotando seu fator de diluição.[3]

---

[3] Em geral, a cocaína apreendida apresenta teor inferior devido a adições de outras substâncias; p. ex., amido, bicarbonato e farinha. Os adulterantes mais comuns, ou seja, alcaloides que imitam algumas propriedades da cocaína, são cafeína ou lidocaína. Algumas vezes, a adulteração chega a 100%, com a presença somente de fármacos que imitam os sintomas, sendo, portanto, considerada uma amostra placebo.

Quesitos

1. Por que utilizar clorofórmio para estas análises? Quais as propriedades físico-químicas deste solvente que o habilitam para esta análise espectrofotométrica?
2. Cite alguns interferentes colorimétricos para a cocaína neste método; indique a referência utilizada.
3. Indique uma provável estrutura química para o complexo cocaína-tiocianato de cobalto.

Relatório de análises

Elabore um relatório científico sobre o experimento, a ser entregue e discutido com o professor.

Além da estrutura convencional (introdução, parte experimental, resultados, discussão, conclusão e referências), cada grupo deve apresentar no relatório as respostas aos quesitos aqui apresentados.

Exercícios complementares

1. Qual a consequência da absorção de radiação UV-vis por moléculas em solução?
2. Explique por que é necessário "zerar" o espectrofotômetro com o solvente antes das medidas.
3. Explique como os efeitos de espalhamento de radiação e reflexão do feixe de radiação são evitados nas medidas espectrofotométricas.
4. Considere que 100 fótons incidiram sobre uma cubeta de 2 cm de caminho óptico; 98 foram transmitidos quando a cubeta foi preenchida pelo solvente; e 50 quando o solvente foi substituído por uma solução contendo 2×10^{-5} mol L^{-1} do analito. Calcule a transmitância, a absortividade molar e a concentração do analito em uma amostra que apresentou A = 0,225.
5. Quais as condições para que a Lei de Lambert-Beer seja obedecida quando a medida é baseada na absorção intrínseca do analito? Que condições adicionais são necessárias se o procedimento envolver derivação química?
6. Descreva sucintamente uma aplicação da espectrofotometria em Química Forense diferente das descritas neste texto.

Referências bibliográficas

HARRIS, D. C. *Análise química quantitativa*. 6. ed. Rio de Janeiro: LTC, 2005.
OWEN, T. *Fundamentals of UV-visible spectroscopy*. Alemanha: Hewlett-Packard, 1996.
SKOOG, D. A.; HOLLER, F. J.; NIEMAN, T. A. *Princípios de análise instrumental*. 5. ed. Porto Alegre: Bookman, 2002.
SOMMER, L.; PURKYNE, J. E. *Analytical absorption spectrophotometry in the visible and ultraviolet*. The principles. Amsterdã: Elsevier, 1989.
VELHO, J. A.; BRUNI, A. T.; OLIVEIRA, M. F. *Fundamentos de química forense*. Campinas: Millennium, 2012.

capítulo 7

Espectroscopia de absorção no infravermelho

Dalva Lúcia Araújo de Faria
Marcelo Firmino de Oliveira

Vestígio de substância em pó, de coloração branca, coletado em local de apreensão de drogas.

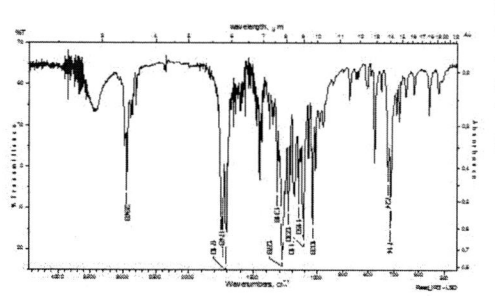

Após a devida análise química por espectroscopia na região do infravermelho, constatou-se que a substância em questão era, indiscutivelmente, cocaína.

A análise química de substâncias de interesse forense precisa ser irrefutável. Ao menor erro de interpretação de resultados, pode-se produzir a inocência de um culpado ou, pior, a culpabilidade de um inocente.

Neste contexto, a espectroscopia de absorção no infravermelho constitui uma técnica considerada classe A para análise química de substâncias pelos laboratórios de química forense.

No exemplo acima, tem-se a coleta de uma amostra de pó branco, apreendida em um local de crime, cujo aspecto aparente era semelhante ao de cocaína. É sabido, porém, que há diversas substâncias químicas, seja de uso doméstico, alimentício ou farmacêutico, que têm este mesmo aspecto físico.

A obtenção do espectro no infravermelho para referida substância (figura ao lado) possibilitou sua identificação incontestável, sendo obtido resultado positivo para cocaína.

Introdução

Idealmente, as técnicas analíticas empregadas na área forense não devem ser invasivas nem destrutivas. O caráter não invasivo preserva a integridade do vestígio ou do objeto analisado, ao passo que o não destrutivo garante a possibilidade de realização de contraprovas ou análises complementares mesmo depois de muito tempo passado desde a primeira perícia. Neste contexto, as técnicas espectroscópicas apresentam enorme potencialidade, apesar de nem sempre ter essas duas características, dependendo de como são usadas. Exemplo representativo desta situação é quando a análise necessita que sejam preparadas soluções do analito. Trata-se de um procedimento com características invasivas (já que um fragmento ou todo o analito deverá ser tomado para a análise) e destrutivas, pois, mesmo que seja possível recuperar por evaporação do solvente a amostra inicialmente usada, ela não terá as mesmas características, porque pode se cristalizar de modo diferente do original, ou mesmo sofrer alguma alteração quando em solução.

Todas as técnicas espectroscópicas estão baseadas na interação da radiação eletromagnética (radiação gama, ultravioleta, visível, infravermelho, micro-ondas etc.) com a matéria. Como a radiação é classificada com base na região do espectro eletromagnético em que se situa, também são variadas as técnicas espectroscópicas e o tipo de informação que proporcionam, já que radiações diferentes contêm energias diferentes e provocarão efeitos diversificados na matéria, como mostrado na Figura 1. Assim, a espectroscopia de absorção eletrônica usa radiação na faixa visível e ultravioleta do espectro, que é capaz de interagir com os elétrons das espécies químicas presentes, ao passo que a radiação no infravermelho tem energia substancialmente menor e atua sobre as vibrações que os átomos executam. Como consequência, o uso de radiação na região do ultravioleta ou do visível (UV-vis) muda a energia dos elétrons em moléculas e íons, enquanto a radiação no infravermelho altera a amplitude das vibrações dos átomos nessas espécies químicas.

Qualquer que seja o tipo de radiação, quando houver alguma forma de interação com a matéria (absorção, absorção seguida de emissão, ou espalhamento) será possível registrar um gráfico que descreva a intensidade da radiação absorvida ou emitida em função de sua energia ou de uma propriedade proporcional a ela, como comprimento de onda, frequência ou número de onda. A esta representação gráfica dá-se o nome de espectro.

Espectroscopia vibracional é um termo que se aplica às espectroscopias de absorção no infravermelho (IR) e Raman (veja o Capítulo 8). Há ainda a possibilidade de se registrar o espectro de emissão no infravermelho, mas, como este é um recurso muito pouco usado, esta técnica não será aqui discutida.

As técnicas de espectroscopia vibracional vêm ocupando posição de destaque nas investigações forenses porque fornecem informações mais detalhadas sobre o analito, permitindo sua identificação inequívoca. De fato, a energia com que os átomos vibram depende primariamente da sua massa e da força da ligação ou ligações químicas que os prendem a outros átomos, sendo influenciadas pelo meio no qual se encontram e pela natureza da interação que estabelecem com moléculas ou íons em sua vizinhança. Desta forma, o espectro vibracional de uma espécie química incorpora todos esses fatores, constituindo-se uma verdadeira impressão digital da substância. Pode-se, assim, compreender a importância desta ferramenta de análise no contexto da Química Forense, principalmente com o aprimoramento da instrumentação e de acessórios, assim como de recursos computacionais, que aumentaram a possibilidade de seu uso como ferramenta não invasiva nem destrutiva, como será abordado a seguir.

	Fenômeno	Faixa de energia	Técnica
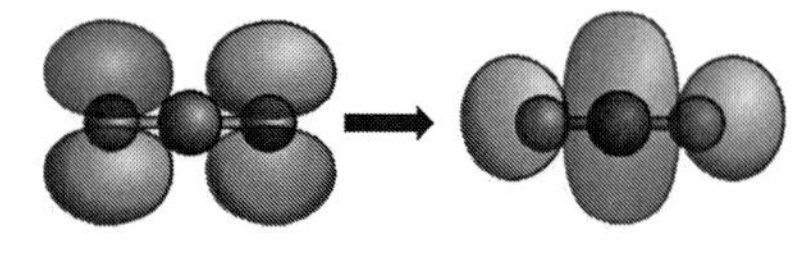	Redistribuição da nuvem eletrônica (transições eletrônicas)	1,65 a 6,2 eV (λ de 200 a 700 nm (a partir do ultravioleta médio); ν de 3,8 × 10^{14} a 1,5 × 10^{15} Hz)	Espectroscopia de absorção ou de emissão eletrônica
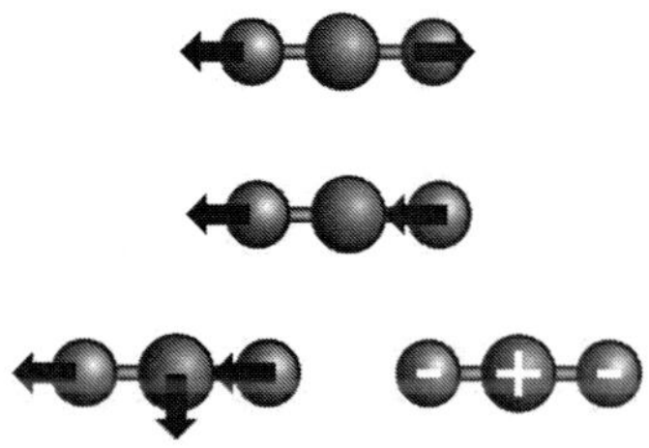	Vibração dos átomos (transições vibracionais)	0,049 a 0,25 eV (λ de 5 a 25 μm (infravermelho médio); ν de 1,2 × 10^{13} a 6,0 × 10^{13} Hz)	Espectroscopia vibracional
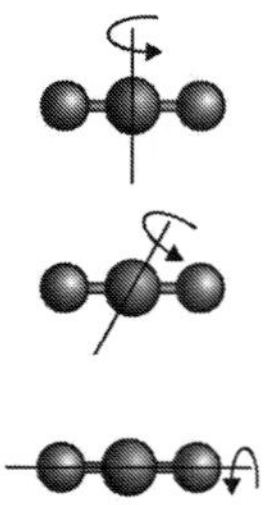	Rotação molecular (transições rotacionais)	1,24 μeV a 1,24 meV (λ de 1 mm a 1 m; ν de 300 MHz a 300 GHz)	Espectroscopia rotacional

Fonte: Weber Amendola com base em Dalva Lúcia Araújo de Faria.

Figura 1 Radiação eletromagnética com diferentes energias provoca efeitos distintos sobre a matéria, que dão origem às diferentes técnicas espectroscópicas.

* Você pode visualizar estas imagens em cores no final do livro.

PRINCIPAIS METODOLOGIAS

Espectroscopia de absorção no infravermelho: conceitos básicos

A energia que existe em átomos e moléculas encontra-se presente nos elétrons ligados aos núcleos atômicos (energia eletrônica), nas vibrações que os átomos fazem nas moléculas, nos íons poliatômicos e nas estruturas cristalinas de compostos iônicos, moleculares e metais (energia vibracional) e nos movimentos de rotação executados por moléculas no estado gasoso (energia rotacional). Essas energias, entretanto, não podem variar de modo contínuo e assumir qualquer valor, mas somente mudar em saltos com valores específicos. Depreende-se disto que, qualquer que seja o tipo de energia que exista em um átomo ou molécula, ela somente pode ter valores específicos (dados pelos níveis de energia), e para que esta energia aumente, é necessário que haja absorção de uma quantidade de energia exatamente igual à necessária para levar o átomo ou molécula de um nível energético a outro. De forma análoga, para diminuição da energia é necessário que ocorra a emissão de uma quantidade de energia que corresponda à diferença entre dois níveis de energia existentes no átomo ou molécula. A constatação deste fato levou à ideia de *quantização* de energia na matéria, ou seja, sua transferência não se dá de forma contínua, mas sim através de pacotes com valores específicos, chamados *quantum* (ou *quanta* no plural). A Figura 2 ilustra esses eventos.

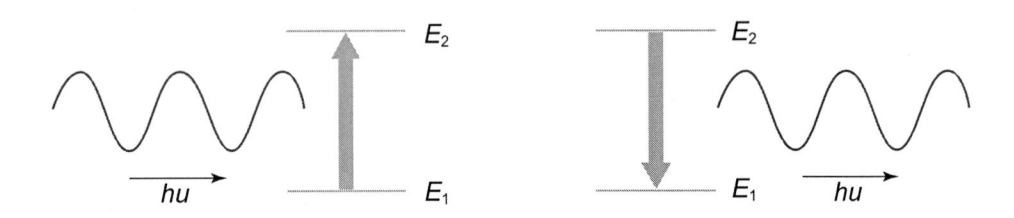

Fonte: Dalva Lúcia Araújo de Faria.

Figura 2 A absorção e a emissão de radiação ocorrem quando a energia da radiação absorvida ou emitida ($E = h\nu$) coincide com a diferença entre dois níveis de energia na molécula ($\Delta E = E_2 - E_1$).

Por outro lado, sabe-se que a radiação eletromagnética é composta por um campo elétrico e um campo magnético ($\vec{E}$ e $\vec{B}$, respectivamente), que oscilam perpendicularmente entre si e também em relação à direção de propagação (Figura 3). A radiação eletromagnética é caracterizada por uma frequência (ν) ou um comprimento de onda (λ), que se relacionam através da equação $\nu = c/\lambda$ (c = velocidade da luz), sendo a frequência diretamente proporcional à energia da radiação (E_{rad}), como mostrado pela equação $E_{rad} = h\nu$ (que também pode ser escrita como $E_{rad} = hc/\lambda$), sendo que a constante de proporcionalidade h é chamada constante de Planck. Nas técnicas espectroscópicas de absorção no UV-VIS, infravermelho, Raman, micro-ondas etc. a interação ocorre através do campo elétrico da radiação.

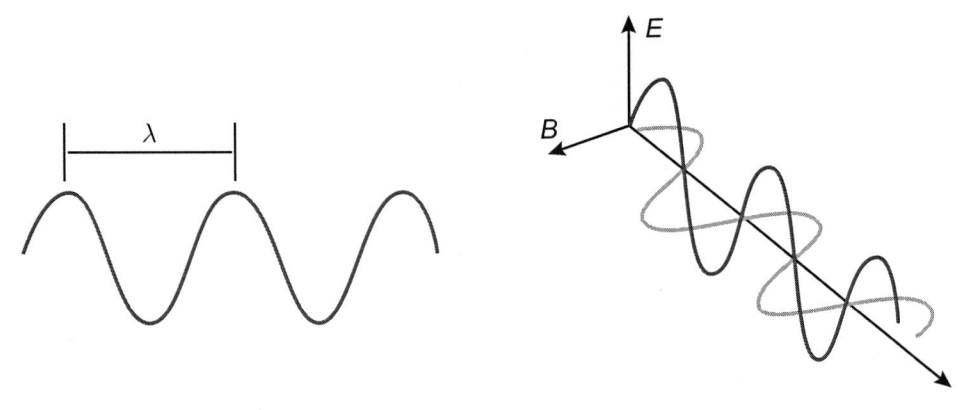

Fonte: Dalva Lúcia Araújo de Faria.

Figura 3 Radiação eletromagnética: campos elétrico ($\vec{E}$) e magnético ($\vec{B}$) oscilantes, perpendiculares à direção de propagação.

É fácil perceber, portanto, que somente poderá ocorrer absorção (ou emissão) de radiação eletromagnética se sua energia ($h\nu$) for igual à diferença de energia (ΔE) entre dois níveis energéticos no átomo ou molécula em questão. É exatamente este o fundamento das técnicas de espectroscopia de absorção: se uma radiação policromática (muitos comprimentos de onda, portanto, muitas frequências distintas) incidir sobre a matéria ocorrerá a absorção seletiva de determinados comprimentos de onda (frequências). Por este motivo a absorção é um fenômeno de *ressonância*, ou seja, para que aconteça é necessário que pelo menos um componente da radiação usada tenha energia igual à correspondente a dois níveis energéticos subsequentes (Figura 2). Como será visto ainda neste capítulo, entretanto, a condição de ressonância não é por si só suficiente para que ocorra absorção; é necessário que determinadas *regras de seleção* sejam contempladas.

Caso ocorra absorção, a matéria não pode permanecer indefinidamente com o excesso de energia que absorveu, e uma das possibilidades de retornar ao seu estado original é através da emissão de radiação, que é particularmente relevante quando ocorre na região visível do espectro eletromagnético, constituindo *fluorescência* ou *fosforescência*.

Como dito, para que ocorra absorção de radiação no infravermelho (IR), não basta que a energia da radiação eletromagnética coincida com a diferença de energia entre dois níveis energéticos na espécie química de interesse. Chamando cada um desses níveis de energia vibracional de v ($v = 0$, $v = 1$, $v = 2$ etc.), quando uma molécula ou íon tem a quantidade mínima de energia vibracional possível diz-se que está em seu *estado vibracional fundamental* ($v = 0$). Para passar ao primeiro estado vibracional excitado ($v = 1$), ela precisa receber energia (E) tal que E corresponda à diferença de energia entre $v(1)$ e $v(0)$, ou seja, $E_{v1} - E_{v0} = \Delta E = E_{rad}$. Esta absorção, entretanto, somente ocorrerá se for possível ao íon ou à molécula interagir com o campo elétrico oscilante da radiação; para isto, a vibração molecular também precisa originar um campo oscilante de mesma frequência, como é o caso das vibrações atômicas nas quais o momento de dipolo da molécula ($\vec{\mu}$) varia com a vibração, ou seja, se a vibração originar um dipolo oscilante que tenha a mesma frequência de oscilação da radiação eletromagnética ocorrerá o acoplamento entre a radiação e a molécula, levando à absorção. Esta condição é representada matematicamente por $\left(\frac{\partial \vec{\mu}}{\partial q}\right)_0 \neq 0$, ou seja, a variação do momento dipolar causada pela mudança na posição dos átomos ao longo da vibração (aqui representada pela coordenada interna q) deve ser diferente de zero para que ocorra absorção de radiação no infravermelho, isto é, para que a vibração seja *ativa* no infravermelho. A Figura 4 apresenta alguns exemplos de vibrações ativas e não ativas em moléculas neutras.

A intensidade da banda de absorção no IR dependerá da magnitude do dipolo oscilante gerado pela vibração, sendo que, quanto maior ele for, maior será a eficiência na transferência de energia da radiação.

No caso de um espectro no IR, em geral a intensidade é dada em termos de porcentagem de *transmitância* (%T), que é a razão entre a intensidade da radiação que atravessa a amostra (I) e a que incide sobre ela (I_0) multiplicada por 100 ou $(I/I_0) \times 100$. Outra unidade também usada é a *absorbância*, que corresponde ao logaritmo do inverso da transmitância (A = log 1/T). A energia da radiação no infravermelho está na faixa de micrômetros (μm, a milionésima parte do metro, ou 10^{-6} m) mas, em espectroscopia vibracional, é usual que ela seja expressa na unidade chamada *número de onda* (cm^{-1}), que é o recíproco do comprimento de onda em centímetros (1/l) e, portanto, uma grandeza diretamente proporcional à energia.

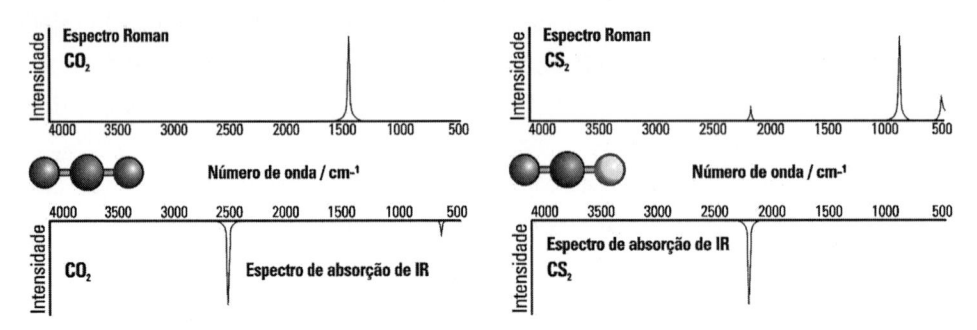

Fonte: Weber Amendola com base em Dalva Lúcia Araújo de Faria.

Figura 4 Espectros vibracionais calculados (Raman e no infravermelho) da molécula de CO_2 e de COS. A presença do centro de inversão na molécula de CO_2 faz que as vibrações ativas no IR não o sejam no espectro Raman; na molécula de COS todos os modos são ativos, tanto no espectro Raman quanto no de absorção no IR, apesar de as intensidades não serem as mesmas.

* Você pode visualizar estas imagens em cores no final do livro.

A instrumentação usada atualmente em espectroscopia de absorção no infravermelho utiliza interferômetros para discriminar cada componente registrado no espectro; por isso emprega-se a expressão espectroscopia FTIR (*Fourier Transform InfraRed spectroscopy*), ou, simplesmente, FTIR, para representar a técnica e diferenciá-la dos equipamentos dispersivos, que utilizam redes de difração (ou prismas) na obtenção dos espectros (Figura 5).

Fonte: Dalva Lúcia Araújo de Faria.

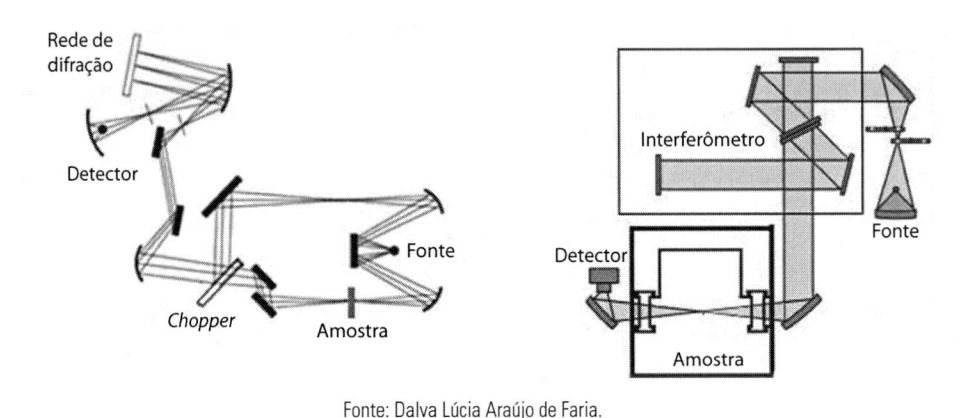

Figura 5 Esquemas do espectrômetro dispersivo (à esquerda) e interferométrico (à direita).

A espectroscopia de absorção no IR é um recurso bastante importante na identificação de substâncias, porque as vibrações dos átomos acontecem em valores específicos de frequência, característicos dos grupos funcionais que constituem a espécie química. Deste modo, vibrações referentes aos íons sulfato, carbonato, fosfato, nitrato etc. aparecem em faixas de frequência (ou melhor, números de onda) características, permitindo a fácil identificação desses íons, inclusive sua quantificação. Do mesmo modo, vibrações envolvendo grupos $-CH_3$, $-CH_2$, $=C-H$, $-C\equiv N$, $>C=C<$, $>C=O$ etc., também apresentam absorções em regiões características, o que possibilita obter um espectro único e específico para cada composto. Alterações na intensidade, largura e/ou deslocamentos nas bandas de absorção também são bastante úteis na compreensão de efeitos de interação dos compostos com a vizinhança ou no estudo de decomposição de substâncias, o que é particularmente útil quando se estudam compostos orgânicos.

Esta característica da espectroscopia de absorção no IR é uma diferença marcante quando comparada à absorção no UV-VIS, que, apesar de ser uma técnica bastante difundida, apresenta espectros com bandas largas, fazendo com que a obtenção de informações específicas em amostras de natureza desconhecida seja extremamente difícil.

Instrumentação

Praticamente a totalidade dos equipamentos hoje utilizados em espectroscopia de absorção no IR é constituída pelos interferométricos e, especificamente na área forense, os raros que não o são correspondem a instrumentos dispersivos antigos, mas ainda operacionais. Como já dito, o termo *dispersivo* é empregado para equipamentos que utilizam redes ou prismas; isto porque a radiação que provém da amostra contém vários comprimentos de onda, que precisam ser espacialmente separados para que sejam registrados individualmente no espectro (Figura 6). Essa separação espacial (dispersão) pode ser feita por meio de um componente óptico adequado, tipicamente um prisma ou uma rede de difração, como ocorre na espectroscopia de absorção no UV-VIS e na maioria dos casos da espectroscopia Raman. No caso da absorção no IR há diversas vantagens em se trabalhar com um interferômetro, como será visto adiante.

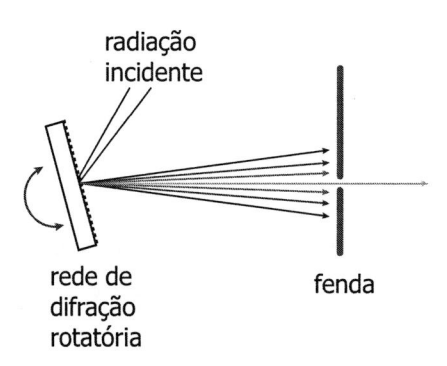

Fonte: Dalva Lúcia Araújo de Faria.

Figura 6 Nos equipamentos dispersivos no IR, apenas um componente espectral é registrado por vez, e sua seleção é feita através de uma fenda.

Em equipamentos interferométricos, por outro lado, não é feita a dispersão dos componentes espectrais no espaço, mas registra-se um padrão de interferência gerado ao se fazer com que a radiação proveniente da amostra seja refletida por um espelho fixo e outro móvel. Assim, à medida que o espelho móvel se desloca é criado um padrão de máximos e mínimos, chamado interferograma (Figura 7).

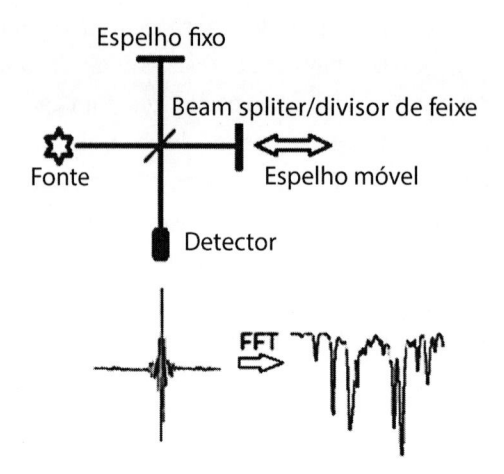

```
        Espelho fixo
             |
             |
           Beam spliter/divisor de feixe
   ☆ ———————/——————— ⇔
  Fonte    /     Espelho móvel
          |
       Detector
```

```
    /\          ∿∿∿
___/  \___  FFT  ⇒  ∿∨∿∨∿
    \/
```

Fonte: Dalva Lúcia Araújo de Faria.

Figura 7   Esquema de funcionamento de um equipamento FTIR.

O espectro pode ser extraído desse interferograma mediante um conjunto de operações matemáticas, chamado Transformada de Fourier (FT), que traz para o domínio das frequências (ou de uma grandeza equivalente; p. ex., o número de onda) a intensidade que estava no domínio do espaço ou tempo, pois a velocidade de deslocamento do espelho é conhecida. Até aproximadamente a metade da década de 1970, a quase totalidade dos equipamentos era do tipo dispersivo, porém, o barateamento dos equipamentos interferométricos fez com que já no início da década de 1990 esse quadro estivesse completamente invertido. As vantagens dos instrumentos FTIR sobre os dispersivos residem nos seguintes fatos: (i) cada ponto do interferograma contém informação do espectro inteiro (vantagem multiplex, ou de Felgett); (ii) não há necessidade de fendas para aumentar a resolução do espectro, porque a resolução é dada pela magnitude do deslocamento máximo do espelho móvel (vantagem de Jacquinot); e (iii) a precisão com que as posições das bandas são dadas é muito maior que em um equipamento dispersivo, porque o movimento do espelho móvel é controlado por um laser de He-Ne (vantagem de Connes). Com isto, as acumulações de espectros podem ser feitas sem que haja alargamento das bandas, e as subtrações de espectros, por exemplo, apresentam resultados muito melhores, assim como as acumulações de espectros, visando melhorar sua qualidade (relação sinal/ruído).

Basicamente, equipamentos FTIR consistem em uma fonte contínua (policromática) de radiação no IR, um interferômetro e um detector (Figura 7). De modo geral, a fonte de radiação é um material cerâmico (óxidos de cério e zircônio) aquecido entre 1200 e 1700°C pela passagem de corrente elétrica. As janelas e lentes, em geral são de KBr ou CsI que, por serem sensíveis à umidade, são usualmente recobertas com um filme de material protetor, eventualmente ouro. A detecção é feita tipicamente através de detectores DTGS (*deuterium triglycine sulfate* ou sultafo deuterado de triglicina), mas também podem ser usados detectores MCT (*mercury and cadmium telluride* ou telureto de mercúrio e cádmio). Na região do infravermelho próximo, os detectores mais comuns são PbS, InAs, InGaAs ou InSb. Microscópios FTIR geralmente usam MCT como detector, porque são mais sensíveis, apesar de mais caros. Nas figuras a seguir são mostradas as faixas espectrais de transparência de substâncias usadas como janelas ou outros componentes ópticos na região do IR (Figura 8), as curvas de emissão das fontes de radiação IR usuais (Figura 9), assim como as respostas de detectores usados em toda a região espectral entre o visível e o infravermelho (Figura 10), lembrando que o infravermelho médio situa-se entre 2,5 e 50 μm. A faixa operacional dos materiais que têm transparência na região do infravermelho médio é mostrada na Tabela 1.

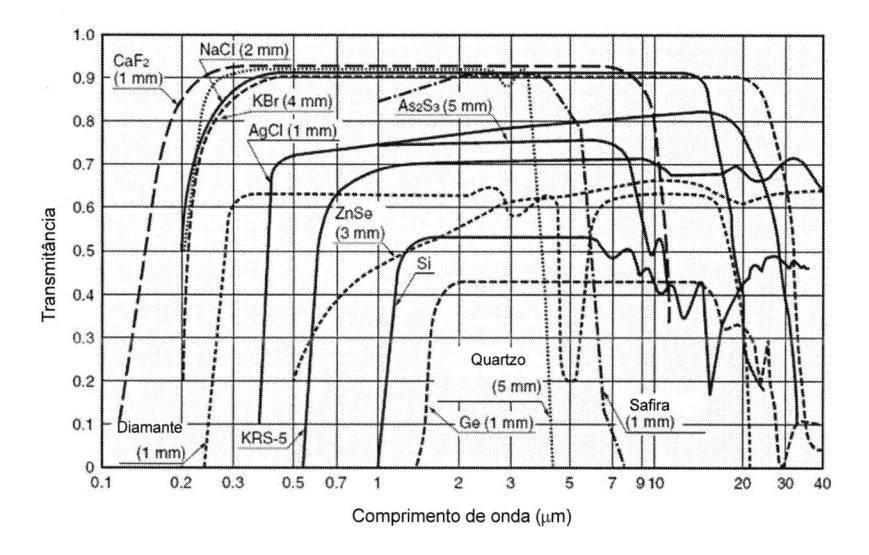

Fonte: Disponível em < http://www.hamamatsu.com/resources/pdf/ssd/infrared_kird9001e.pdf >, p. 5. Acesso em: 20 out 2015.

Figura 8 Espectros de transmissão de substratos para espectroscopia.
A região do NIR é compreendida entre 0,8 e 2,5 μm, e o infravermelho médio, entre 2,5 e 50 μm.

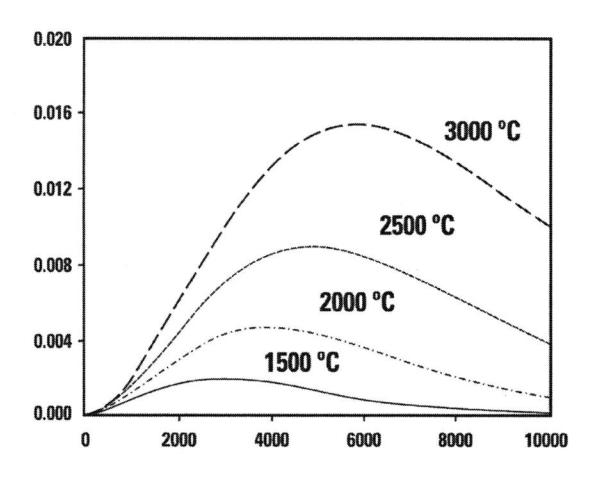

Fonte: Weber Amendola com base em Dalva Lúcia Araújo de Faria.

Figura 9 Curvas de emissão de radiação de corpo negro para diversas temperaturas.
As fontes usadas em espectroscopia FTIR são, de modo geral,
aquecidas em temperatura ao redor de 1500 °C.

Tabela 1 Regiões espectrais nas quais alguns substratos usados em espectroscopia FTIR apresentam transparência

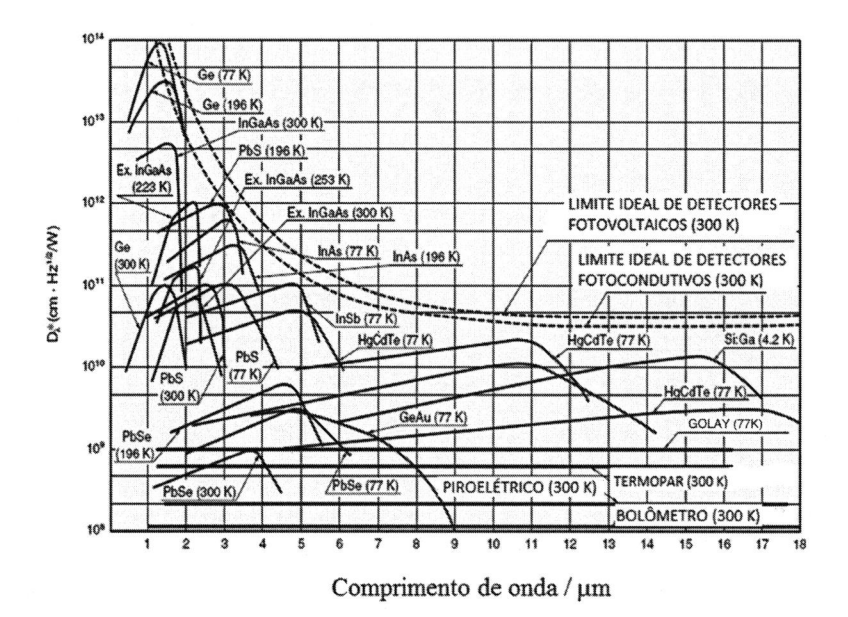

Substrato	FAIXA ESPECTRAL / cm⁻¹
Quartzo	3 300 cm⁻¹ até UV de vácuo
Fluoreto de cálcio	1 200 a 14 500
Brometo de potássio	400 a 1 4000
Iodeto de césio	200 a 6 400

Fonte: Disponível em < http://www.hamamatsu.com/resources/pdf/ssd/infrared_kird9001e.pdf >, p. 5. Acesso em: 20 out 2015.

Figura 10 Curvas de resposta de diversos materiais usados como detectores. A região de interesse para a espectroscopia FTIR é aquela entre 2,5 e 50 μm.
Disponível em: <http://www.hamamatsu.com/resources/pdf/ssd/infrared_kird9001e.pdf>.
Acesso em: 3 jul. 2015.

Há, ainda, outro tipo de equipamento FTIR que vem ganhando importância, principalmente em aplicações industriais, mas que pode dar ótimas contribuições à área forense. Trata-se do espectrômetro FTNIR, ou seja, um instrumento que registra as absorções na região do infravermelho próximo, tipicamente entre 4 000 e 12 500 cm⁻¹ (Figura 11). Nesta região do espectro, aparecem as bandas em posições que são múltiplos das vibrações fundamentais (que ocorrem de $v = 0$ para $v = 1$), chamadas *sobretons*, que correspondem a transições de $v = 0$ para $v = 2, 3$ ou níveis vibracionais maiores sendo, por isso, denominados primeiro sobretom (de $v = 0$ para $v = 2$), segundo sobretom (de $v = 0$ para $v = 3$), e assim por diante. Também aparecem nesta região as *bandas de combinação*, que resultam da interação entre vibrações (modos normais) distintas.

Deste modo, acima de 3 500 cm⁻¹, podem ser observados os sobretons e bandas de combinação de vibrações C=O (carbonila), C≡C, C≡N, C–H, N–H e O–H. Esta é uma condição importante, porque a principal vantagem da espectroscopia FTNIR é que, pelo fato dos sobretons serem substancialmente menos intensos que as vibrações fundamentais, é possível trabalhar com quantidades muito maiores de substância, fazendo que esta espectroscopia seja uma técnica realmente não destrutiva, permitindo, por exemplo, o estudo de substâncias dentro de embalagens plásticas. Sua principal desvantagem é necessitar o uso de métodos estatísticos na obtenção das informações, porque pode haver sobreposição de bandas; talvez esta seja a razão de seu uso ainda incipiente na área Forense.

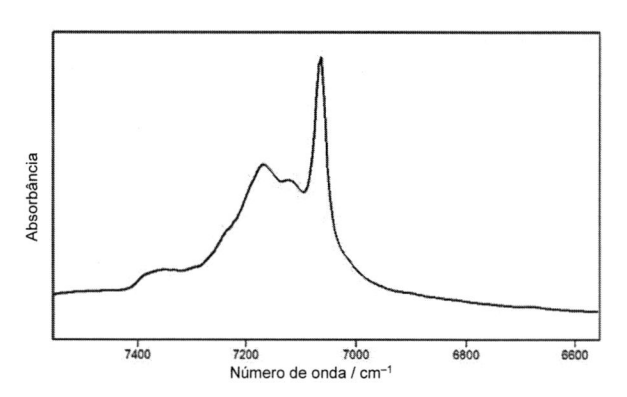

Fonte: Espectro gentilmente obtido pela empresa Bruker Optics (Brasil).

Figura 11 Espectro FTNIR de caolinita pura obtido usando um acessório de ATR.

Acessórios

Diversos tipos de acessórios existentes hoje no mercado são particularmente atraentes para uso em criminalística por acrescentar versatilidade à técnica e, alguns, por permitir a investigação de modo não invasivo nem destrutivo, como destacado no início deste capítulo. Os métodos baseados em reflexão (ATR, DRIFT, espectroscopia de absorção-reflexão etc.) vêm tendo, junto com a microscopia no IR, crescente uso na área forense. Tais técnicas fundamentam-se no fato de que os componentes da radiação que não forem absorvidos serão refletidos pela amostra, fornecendo um espectro equivalente ao de absorção, após processamento adequado. A espectroscopia de reflectância difusa (DRIFTS – *Diffuse Reflectance Infrared Fourier Transform Spectroscopy*) utiliza este conceito diretamente: a radiação proveniente da fonte é focalizada por espelhos côncavos sobre a amostra finamente pulverizada e diluída com KBr. Já as técnicas de ATR usam a reflexão total atenuada, como discutido a seguir, quando serão também apresentados exemplos de uso de cada uma das técnicas apresentadas.

ATR (*Attenuated Total Reflection*)

Sabe-se que, quando a radiação eletromagnética propagando-se em um dado meio com índice de refração n_1 atinge outro de índice de refração n_2, em geral dois fenômenos acontecem: difração e refração. Ocorre, entretanto, que há um certo ângulo de incidência, chamado ângulo crítico (θ_c), a partir do qual somente ocorre a reflexão total da radiação (Figura 12); o ângulo crítico depende apenas dos índices de refração dos dois meios e é dado pela Equação (1):

$$\theta_c = \text{arcosseno}\,(n_2/n_1) \qquad \text{Equação 1}$$

Na fronteira entre os dois meios formam-se ondas evanescentes, cuja intensidade decai exponencialmente a partir da superfície, penetrando na amostra e sendo por ela atenuada caso ocorram absorções. Se um analito de índice de refração n_2 é colocado em contato com um cristal de uma substância de alto índice de refração (n_1), ocorrerão absorções da onda evanescente que atenuarão a reflexão total, dando origem ao espectro FTIR-ATR. Esta é a razão do nome ATR (Reflexão Total Atenuada). A profundidade de penetração da radiação no analito (d_p) é definida como a distância a partir da superfície na qual a intensidade da radiação cai para $1/e$ do valor original, o que corresponde a cerca de 37% (e é a base dos logaritmos naturais, e corresponde a 2,718). A profundidade de penetração depende dos índices de refração dos meios e também do comprimento de onda da radiação, como mostrado na Equação (2), apresentada a seguir, sendo λ o comprimento de onda da radiação, n_1 o índice de refração do cristal usado, n_2 o índice de refração da amostra e θ o ângulo de incidência da radiação no cristal, em relação à normal da superfície (Figura 12).

$$d_P = \frac{\lambda}{2\pi n_1 \left(\text{sen}^2\theta - \frac{n_2^2}{n_1^2}\right)^{1/2}} \qquad \text{Equação 2}$$

A Figura 13 apresenta o esquema de um acessório de ATR. A amostra é colocada em contato íntimo com o cristal (chamado IRE, *Internal Reflection Element*), que é feito de uma substância com alto índice de refração, em geral seleneto de zinco (ZnSe), Germânio, Diamante, Silício ou KRS-5 (mistura de iodeto e brometo de tálio), e compactada para garantir um bom contato óptico, sem o qual podem surgir artefatos. A Tabela 2 apresenta vários tipos de cristais e respectivas propriedades (ATR, 2014).

Considerando os tipos de cristais disponíveis e a faixa espectral a que o infravermelho diz respeito (tipicamente entre 2,5 e 25 μm), na prática, a profundidade com que a radiação penetra na amostra (d_p) é de 0,5 a 10 μm, dependendo das condições experimentais (tipo de cristal) e da região espectral, como abordado na Equação (2) apresentada.

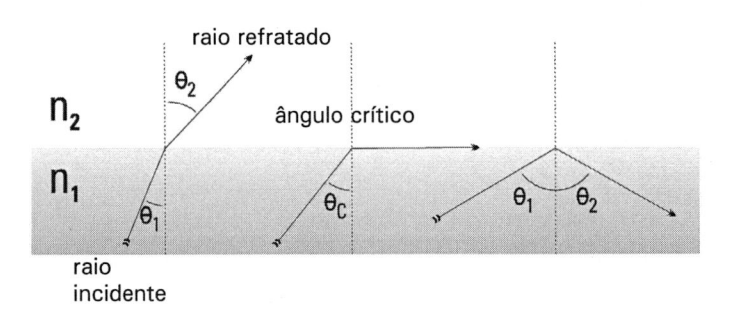

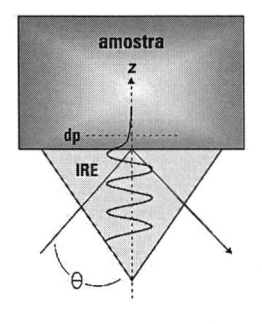

Fonte: Dalva Lúcia Araújo de Faria.

Figura 12 Esquema de reflexão total atenuada mostrando a onda evanescente (IRE = *Internal Reflection Element,* ou seja, o cristal de ATR).

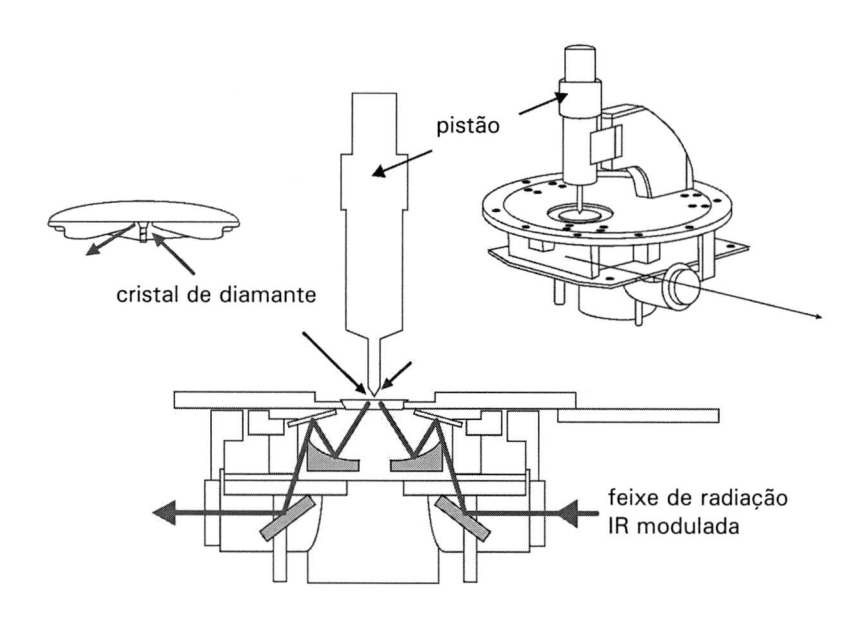

Fonte: Bruker Optics Brasil.

Figura 13 Esquema de acessório de ATR de única reflexão (acessório de ATR Platinum, reproduzido com autorização da Bruker Optics).

Fica claro pela Equação (2) que a penetração da radiação na amostra depende da região espectral considerada, sendo menor nas regiões de alta frequência (maior número de onda ou menor comprimento de onda) para dado cristal. Por esta razão, é necessário fazer a correção de ATR ao obter o espectro usando este acessório, caso contrário as bandas da região de estiramento C-H, N-H e O-H aparecerão com intensidade menor, reflexo da menor intensidade da onda evanescente. Esta correção é bastante simples de ser feita, uma vez que as mudanças nas intensidades relativas decorrentes da profundidade de penetração da radiação dependem linearmente de λ e, assim, dividir a intensidade medida pelo respectivo comprimento de onda (ou multiplicar pelo número de onda) é uma correção bastante efetiva para este tipo de distorção e os espectros corrigidos têm bandas com intensidades relativas similares às obtidas em modo de transmissão (p. ex., com pastilhas de KBr).

Há, ainda, outro efeito que ocasiona distorção nas bandas, a *dispersão anômala*, que decorre do fato do índice de refração de uma substância variar com o comprimento de onda (dispersão normal), mas ter um comportamento anômalo nas proximidades de uma banda de absorção intensa, causando distorção no formato e na posição das bandas no espectro feito ATR. Este assunto foge ao escopo deste capítulo; portanto, não será tratado em detalhe, mas pode ser encontrado no livro *Fourier Transform Spectrometry*, de Griffiths e Haseth. De qualquer forma, os principais fabricantes de equipamentos FTIR já têm incorporado no *software* do instrumento a opção de correção devido à dispersão anômala da radiação. Em alguns acessórios é possível, ainda, variar a penetração da onda evanescente no material variando-se o ângulo de incidência da radiação.

Tabela 2 Características dos cristais usados em ATR

Cristal	Índice de refração	Penetração* μm	Solubilidade em água	Faixa de pH	Dureza kg. mm^{-1}
ZnSe/Diamante**	2,4	2,01	Insolúvel	1 a 14	5700
Germânio	4,0	0,66	Insolúvel	1 a 14	550
KRS-5	2,4	2,13	Pouco solúvel	5 a 8	40
Silício	3,4	0,85	Insolúvel	1 a 12	1150
ZnS	2,2	3,86	Insolúvel	5 a 9	240
ZnSe	2,4	2,01	Insolúvel	5 a 9	120

* Valor obtido considerando-se o índice de refração da amostra igual a 1,5 e a penetração em 1000 cm^{-1}
** Cristal de ZnSe recoberto com fina camada de diamante.
Fonte: Extraída da Nota de Aplicação *ATR: Theory and Applications*. Pike Technologies. Disponível em: <http://www.piketech.com/files/pdfs/ATRAN611.pdf>. Acesso em: 10 dez. 2014.

A suscetibilidade dos cristais usados como elementos de reflexão interna a agentes químicos (p. ex., acidez do meio, no caso de líquidos) e físicos (p. ex., dureza do analito) pode ser uma restrição ao uso da técnica de FTIR-ATR em algumas circunstâncias.

Do ponto de vista da obtenção do espectro, como não há grande penetração da onda evanescente na amostra, não há necessidade de diluí-la com outra substância, mas triturá-la é essencial para garantir um bom contato físico e óptico entre ela e o cristal, de modo a obter espectros confiáveis, livres de artefatos. Além disso, vários tipos de vestígios podem ser colocados diretamente sobre o cristal sem necessidade de qualquer tipo de manipulação e, caso isso não possa ser feito, uma vantagem adicional é o fato de que pequenas quantidades de substância podem ser empregadas em acessórios de uma única reflexão, mas é importante destacar que o cristal todo deve ser recoberto com a amostra para que se obtenham espectros livres de artefatos.

Há vários exemplos de aplicação da técnica de ATR em Química Forense; entre eles pode ser citado o trabalho que detecta cocaína em saliva em concentrações de até 0,020 mg/mL sem necessidade de separação ou extração (Hans et al., 2012) e o que permite a identificação do polímero utilizado em embalagens de plástico usando a calorimetria diferencial de varredura (DSC) como técnica complementar (Causin et al., 2006). Há atualmente na literatura muitos trabalhos que utilizam microscopia no IR e objetiva ATR, acessório que será discutido no subtítulo 3.4 – Microscopia FTIR.

DRIFTS (*Diffuse Reflectance Infrared Fourier Transform Spectroscopy*)

Reflexão difusa resulta da interação da radiação com superfícies rugosas. Neste tipo de acessório, quando a radiação no IR incide sobre a amostra pulverizada, parte dela é absorvida pelo material e parte é refletida, sendo o espectro DRIFTS o registro da radiação refletida pela amostra em função do número de onda (cm^{-1}) O espectro da radiação que foi refletida pela amostra indicará então quais componentes foram absorvidos.

Como a reflectância não tem relação linear com a concentração do analito, é preciso aplicar uma transformação matemática (Kubelka-Munk), que permite expressá-la em termos de absorbância e, assim, informações quantitativas podem ser obtidas. A transformada de Kubelka-Munk é dada pela equação a seguir, onde $f(R_\infty)$ é a função de Kubelka-Munk, R_∞ a razão entre a reflectância da amostra e a da referência (geralmente KBr ou KCl), k o coeficiente molar de absorção e s o coeficiente de espalhamento:

$$f(R_\infty) = \frac{(1 - R_\infty)^2}{2R_\infty} = \frac{k}{s}$$

Nos casos em que R_∞ é pequena (menor do que 0,01), o logaritmo de $1/R_\infty$ é proporcional à concentração ($-\log R_\infty = k'c$, sendo k' uma constante).

Para que a transformada de Kubelka-Munk possa efetivamente proporcionar valores compatíveis de concentração, é importante que o analito esteja bastante diluído (no geral 5% a 10% em massa usando KBr como diluente), finamente pulverizado, e a camada de amostra tenha pelo menos 1,5 mm de espessura. Caso seja possível atender a essas restrições, o espectro obtido e processado (Kubelka-Munk ou log ($1/R_\infty$) terá intensidades relativas semelhantes às dos espectros feitos de pastilhas de KBr. Caso ocorram deformações nos perfis das bandas em razão da dispersão anômala descrita no caso do ATR, é possível corrigir o espectro usando a transformada de Kramers-Kronig, geralmente disponível nos *softwares* dos equipamentos FTIR comerciais.

Considerando as dificuldades em obter informações quantitativas de um espectro DRIFT, após a aplicação da transformada de Kuberlka-Munk a banda mais intensa não deve ter intensidade maior que 50% da escala.

Por suas características, a DRIFTS adapta-se bem ao estudo de papéis, tecidos e pós. Exemplos de aplicação desta técnica são a identificação de *toners* de fotocopiadoras (Mazzella, Lennard e Margot, 1991) e de corantes em tecidos (Kokot e Gilbert, 1994). Como já citado, trata-se de um procedimento invasivo que usa quantidades variáveis de amostra, que deve ser diluída com KBr ou outro diluente adequado. Opcionalmente, é possível recolher uma pequena quantidade da amostra sobre uma pequena lixa, que é colocada no acessório, minimizando assim a quantidade de amostra necessária para a realização da análise. A Figura 14 apresenta uma descrição esquemática de um acessório de DRIFTS

Fonte: Dalva Lúcia Araújo de Faria.

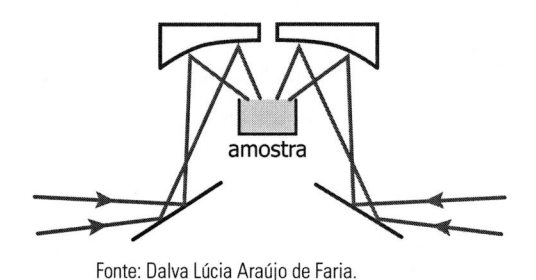

Figura 14 Esquema de acessório para medidas de reflectância difusa (DRIFTS).

Célula de diamante ou safira

Células feitas de substâncias duras, como diamante e safira, podem ser usadas na obtenção de espectros de transmissão de quantidades mínimas de amostra. Neste caso, uma pequena quantidade da amostra a ser analisada é colocada entre pequenas janelas feitas desses materiais (Figura 15) e comprimida até adquirir uma espessura que permita seu estudo por transmissão, já que, se o sólido triturado formar uma camada muito espessa, a absorção de radiação será muito grande e o espectro obtido apresentará bandas distorcidas por causa da saturação.

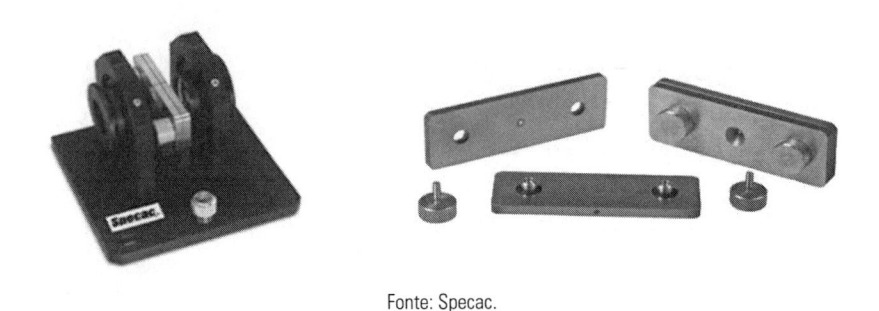

Fonte: Specac.

Figura 15 Esquema de célula de diamante e do condensador de radiação (Specac).

As janelas, em geral, são pequenas (entre 1,5 e 2 mm) e normalmente é necessário empregar um condensador de feixe para nelas focalizar a radiação proveniente da fonte. Além da necessidade de manipulação da amostra e da possibilidade de a pressão aplicada causar alterações no analito, este acessório tem custo relativamente elevado, já sendo substituído por acessórios de ATR. Apesar disto, ainda encontra aplicação na área forense; por exemplo, na análise de *toners* usados em documentos questionados legalmente (Almeida Assis et al., 2012) e também em combinação com alguns tipos de microscópios FTIR.

Microscopia FTIR

A microscopia FTIR operando em modo de reflexão é um recurso verdadeiramente não destrutivo (Figura 16). Neste caso, utiliza-se uma objetiva do tipo Cassegrain ou uma lente ATR, e não há necessidade de manipulação da amostra, apesar de, no caso da lente ATR, haver necessidade de contato físico com a amostra.

Em um microscópio FTIR, a radiação no IR e luz visível usam o mesmo caminho óptico, o que permite que espectros possam ser obtidos de pontos específicos, escolhidos após inspeção visual, na superfície da amostra. Lentes do tipo Cassegrain ou ATR são usadas e uma abertura define qual área no campo de visão será estudada.

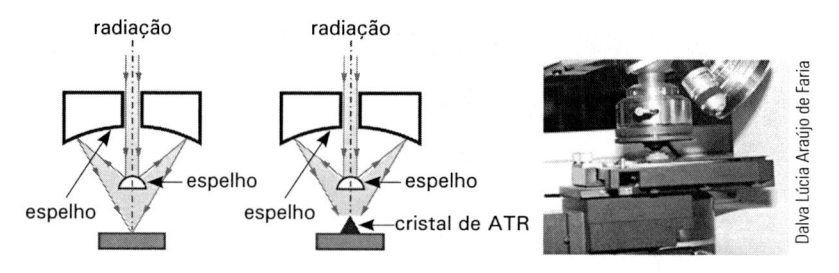

Fonte: Weber Amendola com base em Dalva Lúcia Araújo de Faria.

Figura 16 Esquema das lentes objetivas Cassegrain (à esquerda) e ATR (ao centro); objetiva Cassegrain (à direita).

Caso um microscópio de transmissão seja usado, espectros de boa qualidade somente podem ser obtidos de amostras que tenham espessura fina o suficiente. Para isto, células de diamante podem ser empregadas, como já discutido.

Um dos recursos disponíveis no âmbito da microespectroscopia de absorção no IR é a obtenção de imagens químicas, isto é, imagens cujas cores falsas refletem a presença e quantidade de substâncias químicas nas áreas estudadas. Uma das limitações no uso deste recurso é o fato de que a resolução espacial (também chamada lateral) é determinada por aberturas que selecionam a área a ser analisada, que precisam ser tão menores quanto melhor for a resolução espacial. Por conta disto ocorre uma diminuição drástica no sinal, piorando bastante a relação sinal/ruído, e muitas vezes inviabilizando a obtenção das imagens.

Uma das formas de contornar este problema é usar uma fonte de radiação no IR que seja intensa em toda a faixa espectral de interesse, o que pode ser conseguido acoplando o microscópio FTIR – que geralmente tem como acessório uma objetiva ATR (Figura 16) – a uma fonte de radiação sincrotron, produzida em aceleradores de partículas carregadas (elétrons) que, quando aceleradas, produzem radiação eletromagnética em várias faixas de energia. Uma ilustração do tipo de estrutura necessária à produção desta radiação é mostrada na Figura 17, que esquematicamente ilustra o anel do Laboratório Nacional de Luz Síncrotron (LNLS).[1]

Este tipo de abordagem foi empregada na investigação de camadas de tintas imobiliárias, com uma resolução lateral de 5 μm (Sloggett et al., 2010). Equipamento FTIR usando radiação sincrotron e a técnica de imageamento foram empregados também na identificação de partículas microscópicas presentes como contaminantes em impressões digitais latentes e na determinação da sua distribuição na impressão (Banas et al., 2012). Apesar da sua potencialidade, infelizmente uma fonte de radiação sincrotron está longe de ser facilmente acessível a peritos ou laboratórios de perícias criminais, o que restringe bastante sua aplicabilidade. De qualquer forma, há relatos na literatura de que excelentes resoluções espaciais – da ordem de 15 μm – foram obtidas usando-se micro-FTIR-ATR e detector multicanal FPA (Focal-Plane Array) (Joseph, 2010). Como será visto oportunamente, a microscopia Raman oferece melhor resolução lateral (da ordem de 1 μm) e proporciona, basicamente, o mesmo tipo de informação que a absorção no IR, com algumas vantagens e facilidades. Por este motivo, vem sendo largamente empregada na obtenção de imagens químicas.

---

[1] Disponível em: <http://lnls.cnpem.br/about-us/how-synchrotron-work/>. Acesso em: 25 jun. 2015.

Fonte: © EPSIM 3D/JF Santarelli, Synchroton Soleil.

Figura 17 Esquema de um acelerador de partículas para produção de radiação síncroton.

Amostragem

Conforme já destacado ao longo deste capítulo, para a espectroscopia FTIR, em geral, é necessária a manipulação das amostras e, apesar da integridade química poder ser preservada, a estrutural muitas vezes não é. Também foi dito que os espectros no IR podem ser obtidos em modo de transmissão ou reflexão, isto é, conforme a radiação atravesse a amostra ou seja refletida por ela. No primeiro caso, as amostras precisam ser colocadas em algum tipo de suporte para que possam ser atingidas pela radiação. É nesta categoria que estão as formas convencionais de amostragem, como as pastilhas de KBr ou outro sal inorgânico, e as dispersões em óleos minerais, como o Nujol e o Fluorolube e o DRIFTS. Na segunda categoria estão o ATR e a microscopia FTIR, nas quais pode não ser necessária qualquer tipo de manipulação, sendo, no mais das vezes, apenas preciso pulverizar a amostra ou transformá-la em um filme fino. O ATR também pode ser usado na análise de líquidos e pastas.

O tipo de análise a ser feita depende da natureza da amostra e de qual informação é necessária. No infravermelho, se não houver inconveniente na perda de uma pequena quantidade de material, podem ser preparadas pastilhas de KBr ou dispersões em óleo (Nujol® e Fluorolube® tipicamente). Se a perda da integridade física de parte da amostra não constituir um problema, ela pode ser pulverizada para estudo por ATR ou DRIFTS. Amostras constituídas de diferentes camadas, como é o caso de fragmentos de pinturas automotivas, devem ser consideradas com cuidado. Ao triturá-las, a predominância no espectro será do componente presente em maior quantidade, não necessariamente o de interesse. Exemplo é o caso de tintas de automóveis constituídas de várias camadas de preparação, camada pigmentada e, finalmente, verniz protetor. A camada pigmentada é uma das mais finas, e as mais próximas do metal, formadas pelos compostos de preparação da superfície, substancialmente mais espessas. Assim, caso o objetivo da análise seja o confronto de tintas, certamente a trituração da amostra não será a forma mais adequada de estudá-las.

Pastilha de KBr

No caso de pastilhas de KBr ou outro sal inorgânico, como NaCl ou CsI, por exemplo, essas substâncias (criteriosamente secas) são trituradas com pistilo em almofariz feito de material adequado, de elevada dureza, de modo a resistir ao atrito do processo de trituração. Ao pó finamente pulverizado é adicionada a amostra, de modo a preparar uma mistura de cerca de 2% a 4% em massa, reiniciando-se a moagem até que uma mistura visualmente homogênea seja obtida. Essa mistura é então transferida para um pastilhador, de aço inoxidável, no qual será submetida a vácuo para remoção do ar úmido que se encontra entre as partículas do pó, e à pressão de cerca de 10 toneladas por cm² por cerca de 5 minutos. Nessas condições, é feita uma fusão a frio da mistura sólida, resultando em um disco (pastilha) com aspecto vítreo. A presença de água no sal da matriz inorgânica ou na amostra faz com que a pastilha fique opaca, reduzindo a qualidade do espectro obtido e, ainda, fazendo que o espectro tenha intensas bandas de absorção de água em ca. 1 600 e 3 500 cm^{-1}. Ainda, mesmo que a pastilha esteja isenta de água, se a amostra não ficar homogeneamente dispersa na matriz, o formato das bandas poderá ficar alterado, com aspecto de derivada primeira (efeito Christiansen). Caso a amostra seja suscetível à pressão ou ao processo de fusão a frio de maneira geral, poderá se decompor durante o procedimento; isto é particularmente verdadeiro no caso de biomoléculas, açúcares e compostos iônicos suscetíveis de troca de íons com a matriz. Esse efeito de matriz pode ser exemplificado no caso de espectros no IR de sais de metanfetaminas; o processamento necessário à preparação das pastilhas causa alterações no espectro que são nitidamente dependentes do tipo de sal inorgânico utilizado (Chappell, 1995).

Finalmente, apesar de ser teoricamente possível recuperar a amostra da pastilha, na prática é mais fácil preservá-la para futuras análises; neste caso, o armazenamento deve ser feito em atmosfera seca, pelas razões já expostas.

Dispersão em óleo

A dispersão em óleo mineral é feita de maneira similar à pastilha em KBr, exceto pela quantidade de amostra, que neste caso é maior. Uma pequena gota de óleo (Nujol®, Fluorolube® e Kel-F® são os mais usados) é adicionada ao material finamente pulverizado e mistura-se vigorosamente até formar uma pasta homogênea com consistência de manteiga. Esta pasta é então colocada entre janelas feitas de material transparente à radiação no IR, tipicamente KBr, CsI ou KRS-5. A escolha da janela é determinada pelo limite inferior de número de onda que se deseja chegar; com janelas de KBr, os espectros podem ser obtidos a partir de 350 cm^{-1}, ao passo que, com CsI e KRS-5, pode-se ir até 200 cm^{-1}. Vale lembrar que de nada adianta usar janelas de CsI para conter a dispersão se a óptica do equipamento não for também de iodeto de césio ou de KRS-5, porque, neste caso, o fator limitante é o próprio aparelho. Outro dado importante é que o tipo de óleo usado limita a faixa do espectro a que se tem acesso. Nujol®, por exemplo, é uma mistura de hidrocarbonetos de cadeia longa, portanto, as vibrações envolvendo átomos de carbono e de hidrogênio (estiramentos e deformações angulares das ligações C–H) dominam o espectro acima de 1300 cm^{-1}; por isso, este óleo só pode ser usado para o registro do espectro abaixo desse valor. Já Kel-F® e Fluorolube®, como os nomes já permitem antever, são derivados fluorados de hidrocarbonetos e, assim, as ligações C–H foram substituídas por ligações C–F. Como a posição das bandas varia inversamente com a massa dos átomos envolvidos na vibração, quanto mais pesados os átomos forem, menor será a frequência vibracional e, por este motivo, os estiramentos e deformações angulares C–F situam-se todos abaixo de 1300 cm^{-1}, razão pela qual devem ser usados em combinação com Nujol® para que se possa obter toda a região espectral do IR. Uma recomendação geral é que se use o espectro dos respectivos óleos para o registro do espectro de referência (*branco* ou *background*), porque algumas de suas bandas fracas podem aparecer em amostras mais diluídas e equivocadamente atribuídas ao composto em análise.

Solução

O espectro depende do estado de agregação das substâncias, e, portanto, é desejável obtê-lo também da solução. Quando necessário, o uso de solvente com diferentes polaridades pode trazer informações mais completas sobre a amostra. Subtração de fundo é essencial em muitos casos, daí a importância que equipamentos FTIR passaram a ter. A Figura 18 mostra uma célula usada para obtenção de espectros de absorção no IR de líquido ou soluções. Outra opção é utilizar espaçadores entre janelas transparentes no IR; esses espaçadores podem ter várias espessuras, permitindo a obtenção de espectros com bandas de intensidade adequada.

Fonte: Dalva Lúcia Araújo de Faria.

Figura 18 Células para obtenção de espectros FTIR de líquidos e soluções.
À direita, célula de caminho óptico variável; à esquerda, célula de caminho óptico fixo, que, apesar disto, pode ser alterado com o uso de espaçadores adequados, que são colocados entre as janelas.

ATR

No acessório de ATR podem ser acomodadas amostras finamente pulverizadas, líquidos, pastas e filmes, assim como pequenos objetos que tenham superfície plana, pois deve haver contato físico eficiente para evitar que artefatos sejam registrados no espectro. Esses acessórios podem ser de reflexões múltiplas (em geral 25) ou única (*single bounce*). Quantidades menores de amostra podem ser empregadas em um acessório de única reflexão. É importante que o analito cubra completamente a superfície do cristal.

DRIFTS

Para sua utilização, esta técnica exige que a amostra esteja finamente pulverizada. Na maioria das vezes deve ser feita a diluição com KBr ou outro sólido inorgânico que seja inerte e transparente ao IR na faixa de obtenção do espectro. Um recurso alternativo é usar um pequeno disco recoberto com material abrasivo (tipicamente carbeto de silício), que é friccionado sobre a superfície do objeto ou amostra que se pretende estudar. O espectro é então obtido diretamente da superfície do disco. Neste caso, é importante registrar como referência o espectro da própria lixa para evitar interpretações equivocadas do espectro obtido.

Microscopia

Como já mencionado, a microscopia FTIR não necessita de manipulação ou preparo da amostra, desde que operando em modo de reflexão. Este recurso é particularmente útil considerando que o uso de fitas adesivas é corrente em criminalística para suportar vestígios de pequena dimensão durante as análises e também armazenamento. Assim, a microscopia em modo reflexivo pode ser usada sem que se tenha a preocupação com a interferência da fita adesiva empregada, mesmo para longos períodos de tempo de armazenamento. É importante destacar, entretanto, que essa estabilidade não pode ser universalmente aplicada a qualquer tipo de vestígio, porque há aqueles que são mais suscetíveis à ação das substâncias voláteis liberadas pela fita ou pelo adesivo empregado.

Na microscopia FTIR, às vezes, opta-se pelo uso combinado com células de diamante para obtenção de espectros em modo de transmissão; como foi dito, a compressão nessas células leva à perda da integridade física do vestígio, e só deve ser empregada em casos em que este fator não seja relevante.

Coleta de vestígios e espectroscopia FTIR

Talvez a etapa mais crucial na análise de vestígios por espectroscopia FTIR seja sua coleta no local por peritos de campo. É importante que haja a compreensão de que recursos sofisticados serão empregados e que a presença de qualquer tipo de contaminante, em qualquer quantidade, pode inviabilizar o uso daquele vestígio do ponto de vista legal, ou levar o perito a conclusões errôneas. Uma vez que a coleta seja feita corretamente, é imprescindível que o mesmo tipo de cuidado seja tomado no local onde serão realizadas as análises, visando evitar a contaminação durante o procedimento. Os materiais a serem usados em alguma etapa da coleta, preparação ou armazenagem dos vestígios devem preferencialmente ser certificados para uso forense, ou ser testados antes, já que podem liberar substâncias voláteis que podem interagir com os vestígios. Este é o caso, por exemplo, de certas embalagens plásticas que podem ser usadas para o armazenamento das amostras (Dickson, 1974).

Interpretação dos espectros

A correta interpretação dos espectros obtidos depende que do entendimento que o tipo de amostragem ou o procedimento adotado para a análise podem ter reflexos nos resultados registrados. Por exemplo, algumas amostras sofrem alterações se preparadas como pastilhas de KBr, ou porque se decompõem quando submetidas à pressão, ou porque trocam cátions ou ânions com o sal da matriz. Isto ocorre porque, nas condições em que a pastilha é feita, realiza-se na prática uma fusão a frio. Um bom exemplo disto é um estudo de sais de metanfetaminas já citado no item anterior (Chappell, 1995). Em caso de dúvida, devem ser registrados os espectros das dispersões em óleo. A trituração também pode afetar algumas substâncias, e, se houver esta possibilidade, o uso de DRIFTS e ATR fica comprometido, porque também com estas técnicas é necessário pulverizar a amostra (no ATR pode ser possível usar o vestígio diretamente sobre o cristal em casos favoráveis). Finalmente, um espectro FTIR de boa qualidade deve ter como 90%T na faixa de 10% a 90%, a fim de minimizar a possibilidade de distorção de bandas, como já mencionado.

Como comentário final, é importante destacar que comparações com dados da literatura ou de referência devem ser feitas entre espectros obtidos em condições idênticas, mesmo que a mesma técnica tenha sido usada. Assim, espectros de transmissão em pastilha de KBr só devem ser diretamente comparados com espectros também feitos em modo de transmissão com KBr; os feitos por ATR somente podem sê-lo com ATR, e assim por diante.

Limitações das técnicas

Como principais limitações da espectroscopia de absorção no IR encontram-se a impossibilidade de obtenção de informações referentes à composição elementar do objeto e a detecção de traços de substâncias. Além disso, sofre a interferência da água ou da presença de grupos –OH, em geral, e, do ponto de vista da análise, pode exigir algum tipo de manipulação da amostra.

PRÁTICA DE LABORATÓRIO

Experimento de espectroscopia de absorção no infravermelho

Objetivo

Realizar estudo comparativo entre a técnica de transmissão usando pastilha de KBr e reflexão total atenuada (ATR)

Aparelhagem

- Equipamento FTIR com acessório de ATR de única reflexão
- Pastilhador
- Prensa para valores de pressão entre 7 e 9 toneladas por cm^2 ou acima
- Um fragmento de pintura de automóvel de cerca de 1 cm^2
- Almofariz e pistilo[2]
- Lâminas de bisturi
- Luvas de látex

---

[2] Disponíveis em vários materiais, como porcelana, ágata e corundum, por exemplo. Neste experimento, qualquer um pode ser usado, mas, na prática, é necessário verificar qual o mais adequado, pela possibilidade de ataque químico da amostra ou de transferência de fragmentos microscópicos do almofariz ou pistilo durante a trituração.

Reagentes e vidraria

– KBr grau espectroscópio e seco (mufla a 300°C por 4 horas)

Procedimento

1. Tenha em mãos um fragmento de pintura de carro de cerca de 1 cm^2 e divida-o em dois pedaços usando uma lâmina de bisturi.
2. Coloque o lado pintado de um dos fragmentos sobre o cristal do acessório de ATR e garanta um contato perfeito entre as superfícies do fragmento e do cristal; isto geralmente é feito aplicando leve pressão através de um pequeno pistão existente no acessório.
3. Registre o espectro entre 700 e 4000 cm^{-1}, com resolução espectral de 4 cm^{-1}; 128 aquisições devem ser suficientes para que se obtenha um espectro com boa relação sinal/ruído. Todos os equipamentos FTIR oferecem uma opção de "correção de ATR" (quando isto não é feito automaticamente) devido à menor penetração na amostra da onda evanescente em comprimentos de onda menores, como é o caso da região onde são observadas as vibrações de estiramento C–H, O–H e N–H, por exemplo.
4. Vire o fragmento, colocando o lado fosco sobre o cristal, e repita o procedimento usado na etapa 3 para obtenção do espectro.
5. Tome o outro fragmento e pese-o; com o auxílio de uma lâmina de bisturi, seccione um pequeno pedaço de fragmento de modo a produzir uma mistura de 5% a 8% em massa com KBr.
6. Coloque o fragmento em um almofariz limpo e seco, triture-o até obter um pó bastante fino; misture a este pó, ainda no almofariz, uma massa de KBr seco proporcional à massa do analito para que se tenha a composição desejada de 5% a 8% em massa do analito.
7. Triture a mistura até que se transforme em um pó fino e homogêneo.
8. Coloque a mistura em um pastilhador seguindo o procedimento do fabricante, inclusive no que tange à pressão a ser aplicada.
9. Remova a pastilha de KBr, observe seu aspecto, acondicione-a rapidamente no suporte adequado e coloque-a no equipamento FTIR; um espectro de referência (em geral, contra o ar quando se usam pastilhas de KBr) deve ter sido previamente registrado nas mesmas condições nas quais se obterá o espectro da amostra.
10. Registre o espectro como descrito na etapa 3, escolhendo a escala de transmitância para a intensidade. Um espectro de boa qualidade deve estar limitado à faixa de 10% a 90%; caso haja bandas com intensidade maior do que a definida nesse limite, triture a pastilha novamente, diluindo-a com um pouco mais de KBr.

Quesitos

1. Amostras de uma substância branca apreendidas em um local sob suspeição foram encaminhadas para análise por FTIR. Como você conduziria esta análise? Descreva e justifique seu procedimento.

2. Qual é o fenômeno físico no qual a espectroscopia de absorção no IR está fundamentada?
3. Você precisa realizar a análise de FTIR de um vestígio coletado em local de ato ilícito; entretanto, precisa que a amostra seja preservada em sua integridade química e física. Como você realizaria a análise?
4. Por que se diz que um espectro no infravermelho é como a impressão digital da substância química analisada?

Relatório de análises

Elabore um relatório científico sobre o experimento a ser entregue e discutido com o professor.

Além da estrutura convencional (introdução, parte experimental, resultados, discussão, conclusão e referências), cada grupo deve apresentar no relatório as respostas aos quesitos aqui apresentados.

EXERCÍCIOS COMPLEMENTARES

1. Liste as principais diferenças entre as técnicas de análise FTIR usadas.
2. Compare os três espectros obtidos e explique as diferenças entre eles.
3. Considerando sua resposta ao item anterior, qual das duas metodologias você usaria ao analisar um vestígio de pintura automotiva?
4. Quais os cuidados que necessariamente devem ser tomados para evitar artefatos nos espectros quando se usa cada uma das técnicas?

REFERÊNCIAS BIBLIOGRÁFICAS

ALMEIDA ASSIS, A. C. et al. Diamond cell Fourier transform infrared spectroscopy transmittance analysis of black toners on questioned documents. *Forensic Science International,* v. 214, p. 59-66, 2012.

ATR: Theory and applications. Pike Technologies. Disponível em: <http://www.piketech.com/files/pdfs/ATRAN611.pdf>. Acesso em: 10 dez. 2014.

BANAS, A. et al. Detection of microscopic particles present as contaminants in latent fingerprints by means of synchrotron radiation-based Fourier transform infra-red micro-imaging. *Analyst,* v. 137, p. 3459-65, 2012.

BARTICK, E. G. Applications of vibrational spectroscopy in criminal forensic analysis. In: CHALMERS, J. M.; GRIFFITHS, P. R. (eds.). *Handbook of vibrational spectroscopy.* Chichester: John Wiley & Sons, 2002.

CAUSIN, V. et al. A quantitative differentiation method for plastic bags by infrared spectroscopy, thickness measurement and differential scanning calorimetry for tracing the source of illegal drugs. *Forensic Sci. Int.,* v. 164, p. 148-54, 2006.

CHAPPELL, J. S. Matrix effects in the infrared examination of methamphetamine salts. *Forensic Sci. Int.,* v. 75, p. 1-10, 1995.

DICKSON, S. J.; MISSEN, A. W.; DOWN, G. J. The investigation of plasticizer contaminants in post--mortem blood samples. *Forensic Science,* v. 4, p. 155-59, 1974.

FARIA, D. L. A. de. Espectroscopia vibracional. In: BRANCO, Regina P. de O. (org.). *Química forense sob olhares eletrônicos*. Campinas: Millennium, p. 173-229, 2006.

GRIFFITHS, P. R.; HASETH, J. A. de. Fourier transform infrared spectrometry. In: WINEFORDNER. J. D. (ed.). *Chemical analysis*: A series of monographs on analytical chemistry and its applications. 2. ed. Chichester: John Wiley & Sons, 2007.

HANS, Kerstin M.-C.; MÜLLER, Susanne; SIGRIST, Markus W. Infrared attenuated total reflection (IR-ATR) spectroscopy for detecting drugs in human saliva. *Drug Testing and Analysis,* v. 4, p. 420-29, 2012.

JOSEPH, E. et al. Macro-ATR-FT-IR spectroscopic imaging analysis of paint cross-sections. *Vib. Spectrosc*, v. 53, p. 274-78, 2010.

KOKOT, S.; GILBERT, C. Application of drift spectroscopy and chemometrics to the discrimination of dye mixtures extracted from fibres from worn clothing. *Analyst*, n. 119, p. 671-76, 1994.

MAZZELLA, W. D.; LENNARD, C. J.; MARGOT, P. A. Classification and identification of photocopying toners by diffuse reflectance infrared Fourier transform spectroscopy (DRIFTS): II. Final report. *J. Forensic Sci*, 36, p. 820-37, 1991.

SALA, O. *Fundamentos da espectroscopia Raman e no infravermelho*. 2. ed. Araraquara: Unesp, 2006.

SLOGGETT, R. et al. Microanalysis of artworks: IR microspectroscopy of paint cross-sections. *Vibrational Spectroscopy,* v. 53, p. 77-82, 2010.

capítulo 8

Espectroscopia Raman

Dalva Lúcia Araújo de Faria

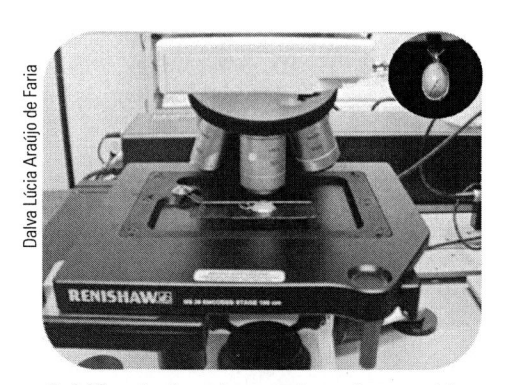

Falsificação de pedras preciosas é uma prática ilícita bastante comum. Nesta foto, um pingente de autenticidade questionada é analisado em um microscópio Raman com radiação laser de baixíssima intensidade.

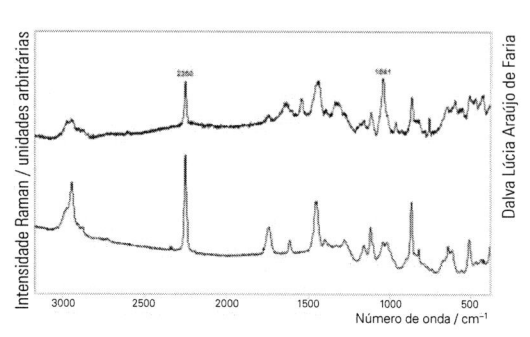

Nesta figura, a radiação espalhada inelasticamente gera um espectro que mostra tratar-se de turquesa estabilizada ou reconstituída por conter, além da própria turquesa, também uma resina do tipo cianoacrilato.

O grande desafio das técnicas analíticas empregadas em criminalística é proporcionar informações inequívocas e precisas sobre os vestígios analisados, preservando-se sua integridade química e física.

Espectroscopia Raman é uma técnica efetivamente não invasiva, na medida em que a análise pode ser realizada no objeto como um todo sem necessidade de remoção de fragmentos. Além disso, é também não destrutiva, porque o objeto é sondado com um feixe de radiação laser de baixíssima intensidade, que não provoca alterações químicas ou físicas nas áreas analisadas.

Essas características são demonstradas no exemplo da foto acima, no qual a autenticidade de um pingente supostamente constituído por uma turquesa estava sendo avaliada. O pingente foi colocado diretamente no estágio de um microscópio Raman, no qual a objetiva tanto focaliza o feixe laser de intensidade muito baixa em pontos escolhidos da superfície quanto coleta a radiação inelasticamente espalhada pelo objeto, que formará o espectro Raman.

Os espectros Raman obtidos do pingente mostram de modo inequívoco que efetivamente se trata de turquesa, que foi estabilizada ou reconstituída usando-se uma resina do tipo cianoacrilato. Na figura acima, o espectro de cima é do pingente, e o de baixo, de uma resina de cianoacrilato.

Introdução

As técnicas de análise usadas nas ciências forenses vêm, ano após ano, ampliando sua capacidade de responder aos questionamentos gerados na investigação de atos ilícitos, e novas ferramentas são acrescentadas com frequência no arsenal de instrumentos à disposição do perito, assim como novas metodologias de análise são constantemente disponibilizadas. Além disso, os peritos de campo podem contar com um número expressivo de instrumentos portáteis, capazes de orientar de forma mais eficiente a coleta de vestígios em locais de crime, impedindo que informações importantes se percam. É importante destacar, entretanto, que esta ampliação dos recursos tecnológicos à disposição da criminalística é, em parte, impulsionada pelo aumento da sofisticação e inventividade daqueles que perpetram atos ilícitos.

Quando se constata que as técnicas classificadas como não destrutivas e não invasivas estão entre as que vêm sendo crescentemente usadas em laboratórios de investigação criminal, entende-se que a razão óbvia é que a preservação dos vestígios, tal como coletados, é a garantia da possibilidade de realização de contraprovas, o que pode auxiliar tanto a promotoria quanto a defesa ao longo de um julgamento.

Algumas vezes, os termos "minimamente invasivo", "minimamente destrutivo", "virtualmente não destrutivo", "não destrutivo" e "não invasivo" são usados como sinônimos, quando, na verdade, não são. Uma técnica analítica é destrutiva quando a integridade química e/ou física da amostra é comprometida na análise. Uma análise por HPLC, por exemplo, necessita da dissolução da amostra ou de parte dela, e um espectro de absorção no infravermelho feito pelo método clássico de pastilha em KBr faz que a informação sobre a estrutura cristalina da amostra se perca irremediavelmente. Técnica não invasiva, por sua vez, é aquela que não requer a remoção de fragmentos do objeto a ser analisado, entretanto, é possível otimizar o procedimento de modo que a quantidade requerida de amostra seja a mínima possível, o que pode chegar a microgramas nas técnicas minimamente invasivas. Há, ainda, análises que podem ser conduzidas usando-se nanogramas (ou menos) da amostra; estes são os métodos virtualmente não invasivos. No caso da espectroscopia de absorção no IR usando pastilha de KBr, tem-se uma técnica invasiva (requer a tomada de amostras) e também destrutiva, mesmo que a composição química do analito não seja alterada ao longo da análise.

Diversos aspectos devem ser considerados quando da escolha do tipo de técnica analítica adequada às necessidades da perícia: natureza da informação pretendida, necessidade de portabilidade do equipamento ou não, custo de utilização (operação e manutenção) e disponibilidade (equipamento e pessoal). Levando em conta estes fatores, duas técnicas não destrutivas nem invasivas que vêm sendo mais empregadas em criminalística são a espectroscopia Raman e a Fluorimetria de Raios X (XRF). Estas são, entretanto, técnicas que respondem a diferentes questionamentos, porque a XRF propicia informações sobre os elementos químicos presentes na amostra analisada, enquanto a espectroscopia Raman permite o acesso à composição química do objeto analisado, ou seja, às substâncias e não apenas aos elementos químicos.

Neste capítulo, a espectroscopia Raman será abordada como ferramenta de investigação criminal, campo no qual as possibilidades da técnica são imensas devido a algumas características importantes que esta ferramenta apresenta:

- permite a identificação inequívoca de substâncias químicas, sejam orgânicas, inorgânicas ou mesmo de origem biológica, como vírus, bactérias etc.;
- é aplicável a qualquer estado físico da matéria e a soluções, sejam as amostras transparentes, opacas ou translúcidas;
- não é afetada pela presença de água, um interferente comum em espectroscopia de absorção no infravermelho;
- não requer qualquer tipo de pré-tratamento do objeto analisado;
- permite o fácil acesso à região espectral abaixo de 400 cm^{-1}, enquanto na espectroscopia FTIR isto só é possível em equipamentos nos quais a óptica de KBr tenha sido substituída, por exemplo, por CsI e, mesmo assim, para estudos abaixo de 200 cm^{-1} é geralmente necessário substituir a fonte e o detector;
- não é invasiva, não requerendo qualquer tipo de contato físico com a amostra; e
- os equipamentos portáteis hoje disponíveis permitem análises em campo, substituindo com larga vantagem os testes presuntivos geralmente realizados.

São, portanto, objetivos deste capítulo apresentar conceitos básicos sobre a técnica, a instrumentação usada e os efeitos e recursos especiais largamente usados, como o efeito Raman ressonante (RR) e o efeito SERS (*Surface Enhanced Raman Scattering*), além de destacar algumas das aplicações da espectroscopia Raman na área forense.

Recomenda-se a leitura prévia do Capítulo 7, uma vez que vários conceitos já apresentados são comuns à espectroscopia Raman e não serão novamente aqui abordados.

PRINCIPAIS METODOLOGIAS

Espectroscopia Raman: conceitos básicos

Ao contrário das técnicas que envolvem absorção de radiação, a espectroscopia Raman baseia-se em um princípio diferente. Trata-se de uma técnica de espalhamento de luz. Isto significa que a restrição discutida em capítulos anteriores, de que algum componente da radiação eletromagnética deveria corresponder a uma diferença de energia entre dois níveis subjacentes, não se aplica mais, porque o espalhamento não é um fenômeno de ressonância. Isto explica por que a espectroscopia Raman permite que se obtenham informações sobre as vibrações dos átomos usando uma radiação de energia muito maior, geralmente no visível (Figura 1).

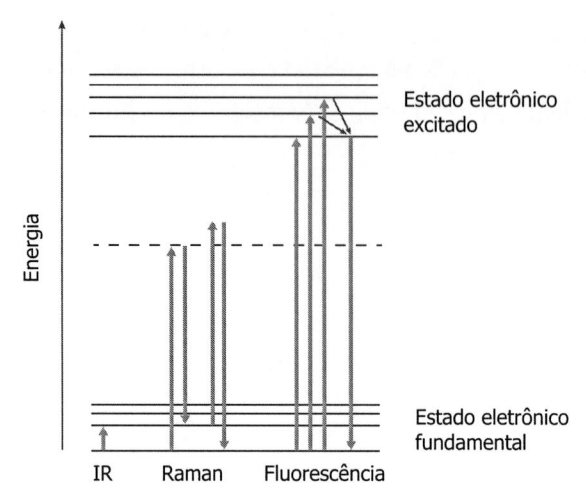

Figura 1 Comparação entre a absorção no infravermelho, espalhamento Raman e fluorescência.

Fonte: Dalva Lúcia Araújo de Faria.

O caráter não invasivo da espectroscopia Raman advém do fato de que a amostra é sondada por um feixe de radiação laser de baixa potência, incapaz de produzir danos de qualquer natureza à amostra, desde que operado adequadamente.[1] A radiação, ao incidir na amostra, sofre espalhamento, o que altera não somente sua direção de propagação, mas pode alterar também sua energia (espalhamento inelástico). Isto acontece porque o campo elétrico da radiação incidente ($\vec{E}$) atua sobre a nuvem eletrônica das moléculas, polarizando-a e criando nela um dipolo induzido ($\vec{P}$), que oscila com a mesma frequência da radiação incidente e que emitirá radiação eletromagnética em todas as direções, exceto na do eixo do dipolo. A facilidade com que a nuvem eletrônica é afetada por um campo elétrico externo é medida através de uma grandeza chamada polarizabilidade (α); assim, a radiação espalhada é uma emissão secundária produzida pela matéria quando perturbada pela radiação incidente, sendo que esta perturbação será tanto maior quanto maior for a polarizabilidade dessas substâncias e maior for o campo elétrico da radiação incidente ($\vec{P} = \alpha \vec{E}$).

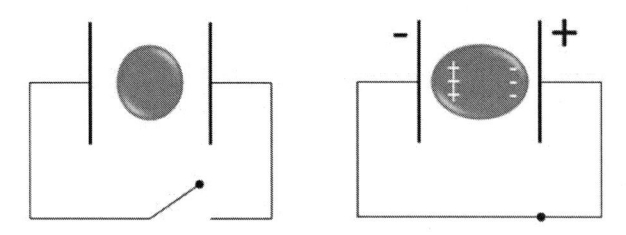

Fonte: Dalva Lúcia Araújo de Faria.

Figura 2 Um campo elétrico externo é capaz de polarizar a eletrosfera, induzindo a formação de um dipolo. Neste exemplo, o campo elétrico é estático, mas, quando a molécula está exposta a uma radiação eletromagnética, ele oscila no tempo, criando um dipolo induzido oscilante na molécula.

---

[1] Amostras que sejam fotossensíveis podem ser fotoquimicamente degradadas dependendo do comprimento de onda da radiação laser usada e a degradação térmica pode advir do uso de radiação que seja absorvida pela amostra; o uso de baixas intensidades de radiação laser evita a decomposição da amostra apenas neste último caso.

Especificamente no caso do espalhamento inelástico, para que esse ocorra é necessário que a polarizabilidade molecular mude à medida que os átomos da substância em análise vibrem, o que é escrito como $\left(\frac{\partial \alpha}{\partial q}\right)_0 \neq 0$ (Note-se que no caso da absorção no IR, o que deve variar com a vibração é o momento dipolar, $\vec{\mu}$). Com isso, a indução do dipolo nas moléculas ou íons poliatômicos é modulada (Figura 3) pela frequência de vibração, fazendo com que a radiação secundária emitida ($h\nu_s$) tenha energia diferente da incidente ($h\nu_0$) e que esta diferença de energia seja igual à frequência de vibração dos átomos (Sala, 2006) ($h\nu_v$) ou $h\nu_0 - h_s = h\nu_v$, conforme mostrado na Figura 1).

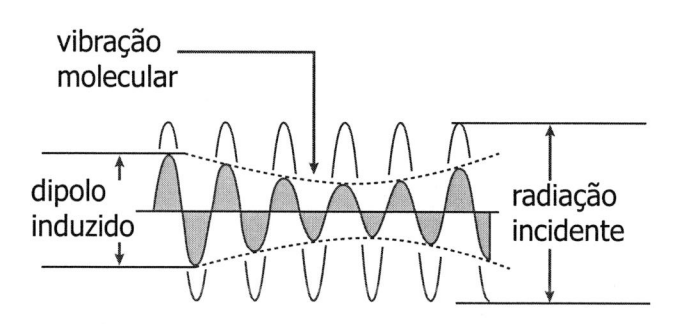

Fonte: Dalva Lúcia Araújo de Faria.

Figura 3 A vibração dos átomos faz que a magnitude do dipolo induzido varie com a mesma frequência da vibração, condição para que esta vibração origine uma banda no espectro Raman.

Uma forma simplificada de descrever esses eventos é através da mecânica clássica. Lembrando que $P = \alpha \cdot E$, e $E = E_0 \cos \nu_0 t$; que o movimento dos átomos também é descrito por uma função periódica de frequência ν_v ($q = q_0 \cos \nu_v t$); e que para deslocamentos atômicos pequenos α é uma função linear de q ($\alpha = {}_0 + {}_0 q$), obtém-se:

$$P = \alpha E = \alpha E_0 \cos \nu_0 t = \left(\alpha_0 + \left(\tfrac{\partial \alpha}{\partial q}\right)_0 q\right) E_0 \cos \nu_0 t = \left(\alpha_0 + \left(\tfrac{\partial \alpha}{\partial q}\right)_0 q_0 \cos \nu_v t\right) E_0 \cos \nu_0 t$$

$$P = \alpha_0 E_0 \cos \nu_0 t + \left(\tfrac{\partial \alpha}{\partial q}\right)_0 q_0 \cos \nu_v t \, E_0 \cos \nu_0 t$$

$$P = \alpha_0 E_0 \cos \nu_0 t + \left(\tfrac{\partial \alpha}{\partial q}\right)_0 q_0 E_0 \cos \nu_v t \cos \nu_0 t \qquad \text{Equação 1}$$

Sabendo que $(\cos \alpha \cos \beta) = \tfrac{1}{2}[\cos(\alpha + \beta) + \cos(\alpha - \beta)]$, a equação acima pode ser reescrita como:

$$P = \alpha_0 E_0 \cos \nu_0 t + \tfrac{1}{2}\left(\tfrac{\partial \alpha}{\partial q}\right)_0 q_0 E_0 [\cos(\nu_0 + \nu_v)t + \cos(\nu_0 - \nu_v)t] \qquad \text{Equação 2}$$

Nesta equação, o primeiro termo ($\alpha_0 E_0 \cos \nu_0 t$) corresponde ao espalhamento elástico (mesma frequência da radiação incidente) e o segundo tem um componente ($\tfrac{1}{2}\left(\tfrac{\partial \alpha}{\partial q}\right)_0 q_0 E_0$

[cos $(\nu_0 - \nu_v)t$]), que envolve a diminuição na frequência de vibração e outro (½ $\left(\frac{\partial \alpha}{\partial q}\right)_0 q_0 E_0$ [cos $(\nu_0 + \nu_v)t$]) no qual ela aumenta.

Este aumento de energia pode ser explicado considerando que, apesar da maioria das substâncias encontrar-se no nível vibracional de menor energia (v = 0), sabe-se, pela Lei de Distribuição de Boltzmann, que níveis de maior energia, como v = 1, podem estar também populados, dependendo de sua energia e da temperatura.[2] Por este motivo, a radiação inelasticamente espalhada pode ter energia maior que a incidente, aparecendo na região anti-Stokes do espectro (Figura 4). Esta região é, entretanto, muito pouco empregada. Deve-se enfatizar que no espectro Raman não se reporta o valor absoluto da radiação espalhada e sim a diferença entre as energias da radiação incidente e da espalhada. Por esta razão as bandas na região anti--Stokes aparecem na mesma posição das bandas na região Stokes, porém com sinal negativo, já que a radiação espalhada tem energia maior que a incidente.

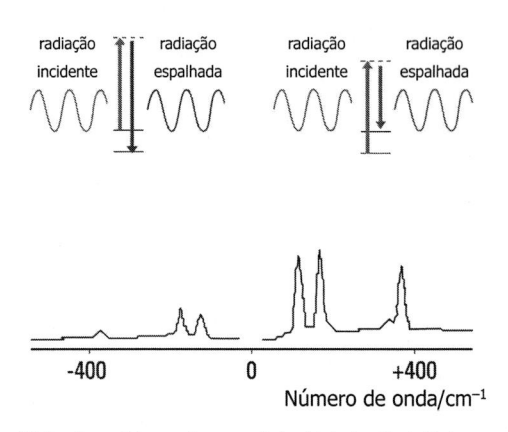

Fonte: Weber Amendola com base em Dalva Lúcia Araújo de Faria.

Figura 4 Regiões Stokes (à direita) e anti-Stokes (à esquerda) de um espectro Raman. Em geral, a região de interesse é apenas a Stokes.

* Você pode visualizar estas imagens em cores no final do livro.

Comumente são muitas as vibrações que provocam mudança na polarizabilidade e, portanto, são muitas as frequências geradas pela amostra, que precisam ser separadas para que o espectro Raman possa ser registrado. Assim, no espectrômetro Raman é feita a discriminação da radiação inelasticamente espalhada em função de sua energia.

Um espectrômetro Raman consiste basicamente em um elemento discriminador capaz de separar cada componente espectral para que possa ter sua intensidade quantificada e um detector. A discriminação dos componentes espectrais pode ser feita através de sistemas dispersivos, que separam espacialmente cada componente espectral, como redes de difração e prismas (Figura 5) ou então, com interferômetros (Figura 6), nos quais a discriminação é feita através de um padrão de interferência envolvendo todas as frequências presentes na radiação espalhada. No primeiro caso, são tipicamente utilizados detectores CCD (*Charge Coupled*

---

[2] $N = N_0 \cdot \exp(-\Delta E/kT)$, sendo ΔE a diferença de energia entre os níveis cuja população se deseja determinar em uma dada temperatura T, e k, a constante de Boltzmann (1,38 × 10^{-23} J/K).

Device), enquanto no segundo empregam-se fotodiodos semicondutores, como InGa (uma liga de índio e gálio), InGaAs (arseneto de índio e gálio) ou Ge (germânio).

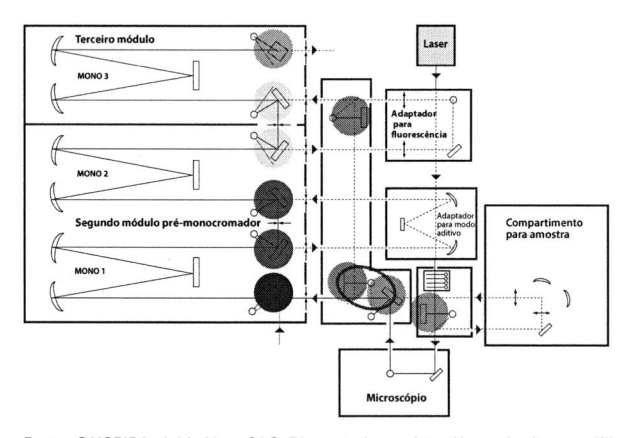

Fonte: ©HORIBA, Jobin Yvon SAS. Disponível em: <http://www.horiba.com/fileadmin/uploads/Scientific/Documents/Raman/T64000.pdf>. Acesso em: 6 jul. 2015.

Figura 5 Esquema de equipamento Raman dispersivo (T64000, Jobin Yvon Horiba).
* Você pode visualizar esta imagem em cores no final do livro.

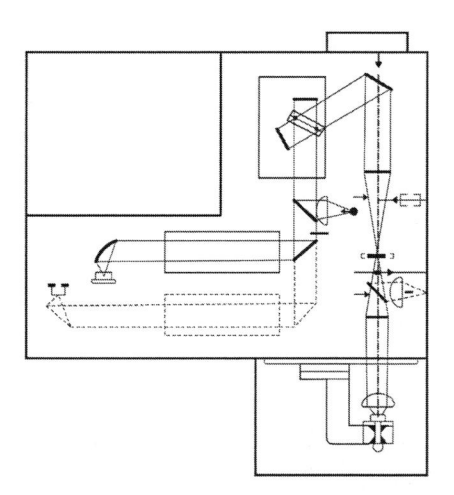

Fonte: Weber Amendola com base em Bruker Optics (Brasil). Reproduzido com permissão do fabricante Bruker Optics (Brasil).

Figura 6 Esquema de equipamento FT-Raman (RFS 100, Bruker).

Detectores desempenham papel crucial em espectroscopia Raman. Por este motivo, é importante acrescentar mais alguns detalhes a seu respeito. Detectores CCD são matrizes de fotodiodos cujas dimensões podem variar dependendo da necessidade da investigação (Figura 7); sua faixa de operacionalidade situa-se tipicamente entre 400 e 1100 nm, uma vez que abaixo de 400 nm o silício (substância na qual o CCD é baseado) absorve e acima de 1100 nm não há energia suficiente para promover os elétrons da banda de valência para a de condução. Cada fotodiodo é chamado *pixel*, em analogia aos pontos que compõem uma imagem (*pixel* =

picture element) e é comum que tenha dimensões de 25 × 25 μm. Na obtenção de espectros convencionais, apenas uma pequena área do detector (p. ex., 580 × 10 *pixels*) é empregada, correspondente à imagem da fenda.

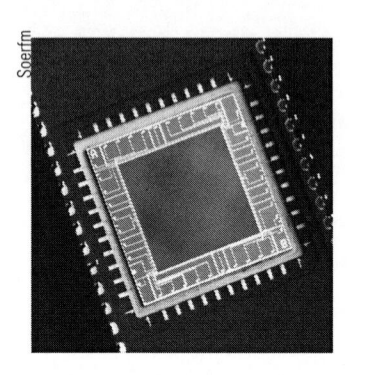

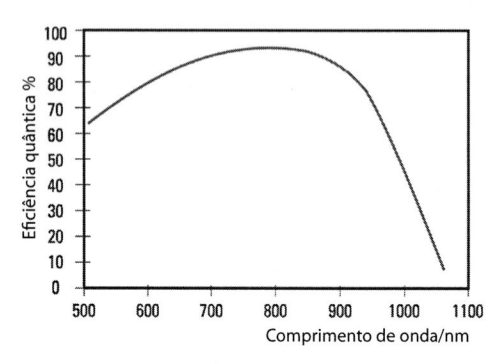

Fonte: Weber Amendola com base em Dalva Lúcia Araújo de Faria.

Figura 7 Imagem de um detector CCD, tipicamente usado em espectroscopia Raman e esquema da curva de resposta (eficiência quântica *versus* comprimento de onda). Um CCD convencional opera entre 400 nm e 1050 nm.

Até aqui foram indiretamente destacadas as duas principais restrições da espectroscopia Raman: pequena intensidade (inerente a um fenômeno de segunda ordem como o espalhamento de luz) e interferência causada pela luminescência da amostra, que pode ser proveniente das espécies químicas de interesse ou de impurezas.

Com frequência, a intensidade é descrita em termos da secção de choque, um conceito proveniente da física de partículas que representa a probabilidade de interação entre duas partículas (no caso, a molécula e o fóton), sendo que quanto maior for a secção de choque, maior a intensidade do sinal. A secção de choque para o espalhamento Raman situa-se entre 10^{-28} e 10^{-30} cm^2 molécula^{-1} sr^{-1} (molécula livre), enquanto para a absorção no infravermelho este valor é de aproximadamente 10^{-22} cm^2 molécula^{-1} sr^{-1}, e para a fluorescência é cerca de sete ordens de grandeza maior (cerca de 10^{-15} cm^2 molécula^{-1} sr^{-1}). Comparando esses valores, fica claro o porquê de a fluorescência (ou luminescência em geral) ser um evento tão indesejado quando se trabalha com espectroscopia Raman. Há algumas estratégias para contornar este problema e a mais óbvia é usar um laser de baixa energia, porque a emissão fluorescente deve ser antecedida por uma absorção e quanto menor for a energia da radiação incidente, menor será a possibilidade de isto ocorrer. Acontece que, como visto, a eficiência dos detectores CCD é muito pequena em comprimentos de onda maiores, tornando impraticável seu uso com radiações acima de 1000 nm. Por esta razão, no final da década de 1980 começaram a ser comercializados equipamentos FT-Raman (Bruce Chase, 1986), que adotam uma abordagem totalmente diferente da dos instrumentos dispersivos, usam um detector monocanal feito de metal ou liga metálica que é sensível no NIR e registra uma resposta (intensidade) à medida que o espelho móvel do interferômetro se desloca (o princípio de funcionamento de equipamentos interferométricos já foi discutido no Capítulo 7). Com isto foi possível obter espectros

Raman com excitação no infravermelho próximo (1 064 nm), o que, em grande número de casos, é suficiente para contornar a luminescência (Figura 8).

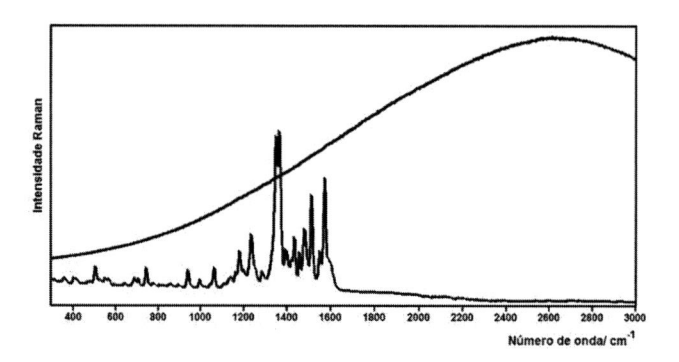

Fonte: Dalva Lúcia Araújo de Faria.

Figura 8 Espectro Raman de corante alimentício, obtido com excitação em 632,8 nm (espectro na parte superior) e em 1.064 nm (espectro na parte inferior). No primeiro caso, apenas um fundo largo de fluorescência é registrado, ao passo que, com a excitação no NIR, as bandas Raman são claramente observadas.

Neste ponto é importante explorar um pouco mais quais são os fatores que afetam a intensidade de um sinal Raman e suas implicações nos espectros obtidos. A intensidade Raman (I) é determinada por diversos fatores, como intensidade da radiação laser incidente (I_0), número de espalhadores (N), energia da radiação incidente (ν) e taxa de variação da polarizabilidade com a vibração molecular ($(\partial\alpha/\partial q)_0$) (Sala, 2006):

$$I \mu I_0 \cdot N \cdot \nu^4 \cdot [(\partial\alpha/\partial q)_0]^2 \qquad \text{Equação 3}$$

O efeito Raman normal (ou ordinário) é observado quando a amostra não absorve a radiação laser empregada nem efeitos de superfície são considerados. Nestas condições, para dada radiação de excitação, a intensidade do sinal Raman somente pode ser ampliada aumentando-se a intensidade da radiação incidente (I_0) ou o número de espalhadores (N), já que ν e $(\partial\alpha/\partial q)_0$ são invariantes. O número de espalhadores pode ser aumentado preparando-se soluções mais concentradas ou ampliando-se a área sondada, no caso de sólidos, e a intensidade da radiação laser (I_0) pode ser aumentada; entretanto, em soluções concentradas podem ocorrer interações entre moléculas (ou íons) do soluto que inexistem em situações práticas. O aumento no volume sondado faz que se perca a seletividade espacial, que pode ser uma informação desejada, e, finalmente, a intensidade da radiação laser incidente não pode ser indiscriminadamente aumentada devido, principalmente, à possibilidade de degradação da amostra. A Equação (3) evidencia, entretanto, que há uma dependência da intensidade com a quarta potência da radiação espalhada (ν^4), o que permite concluir que, quanto maior for a frequência da radiação excitante, maior será a intensidade do sinal Raman. Ao contrário, esta dependência é um fator desfavorável ao uso da técnica FT-Raman que usa radiação com comprimento de onda longo (1 064 nm) e, portanto, baixa frequência.

Microscopia Raman

A aplicação da espectroscopia Raman em problemas reais envolve a investigação de amostras química e fisicamente heterogêneas e, por isso, a possibilidade de discriminar diferentes componentes em uma mistura é um recurso importante. Além disso, a capacidade de analisar vestígios de dimensões micrométricas permite ampliar a potencialidade da técnica na área forense. Por isto, desde a década de 1970 buscava-se o desenvolvimento de microscópios Raman, instrumentos capazes de aliar a especificidade química da espectroscopia Raman com a resolução lateral da microscopia óptica, tornando assim possível a análise e a discriminação de componentes em amostras química ou fisicamente heterogêneas. Os instrumentos usados nos primeiros trabalhos utilizando microscopia Raman, publicados na década de 1970 (Delhaye e Dhamelincourt, 1973), tinham baixa luminosidade (*light throughput*), requerendo o uso dos caros detectores multicanais então disponíveis (Vidicon), não tão eficientes quanto os detectores CCD atuais. Com isto, havia a necessidade de utilização de altas potências de laser, fazendo que a análise só pudesse ser realizada em amostras resistentes a esta alta intensidade. A Figura 9 mostra o esquema do primeiro microscópio Raman comercializado.

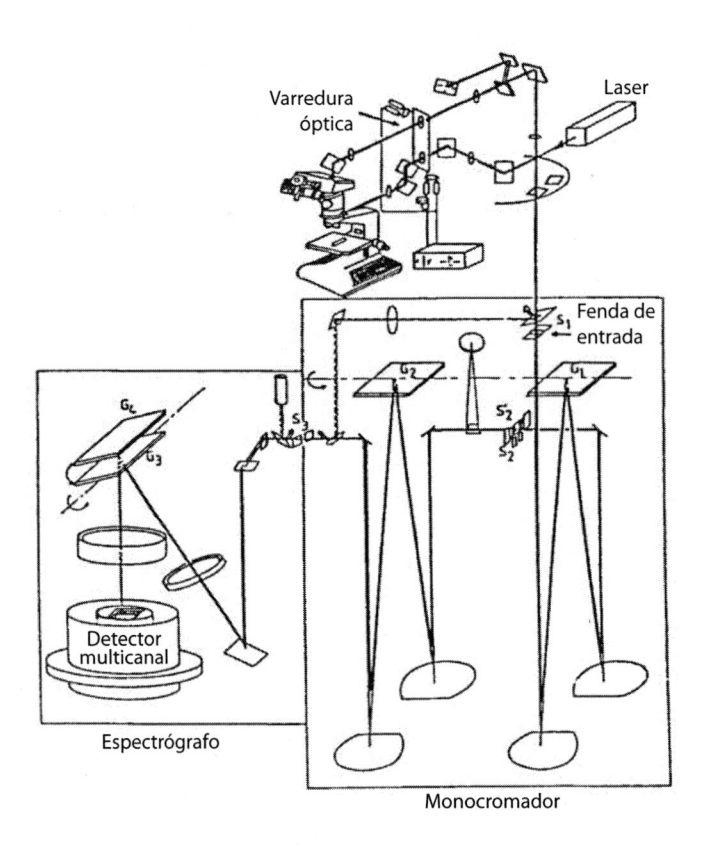

Figura 9 Esquema óptico do primeiro Microscópio Raman comercial (Microdil 28, Dilor) (Dhamelincourt, 1987).

Com o desenvolvimento de novos detectores e filtros, a partir do início da década de 1990 microscópios Raman dedicados começaram a ser comercializados. A Figura 10 mostra o esquema de um microscópio Raman comercializado no começo dos anos 1990, que deu início ao que se pode chamar microscopia Raman de alto desempenho.

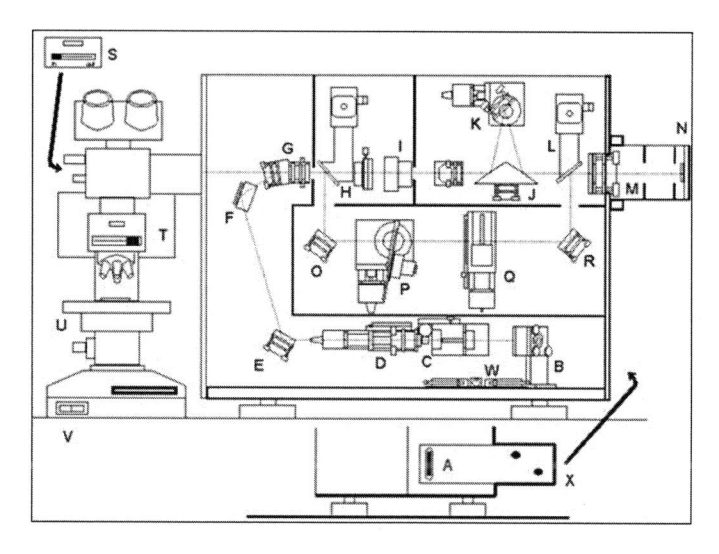

Fonte: Reproduzida com permissão do fabricante Renishaw plc.

Figura 10 Esquema óptico de Microscópio Raman comercializado pela Renishaw.

O funcionamento de instrumentos baseados em filtros de *notch* (holográficos) fundamenta-se no fato de que a radiação laser, previamente filtrada para eliminar linhas indesejáveis (emitidas junto com a radiação laser), incide sobre um filtro de *notch* em um ângulo tal que este filtro atua como um espelho e é quase completamente refletida na direção do microscópio, sendo focalizada pela objetiva no ponto de interesse da amostra. A radiação espalhada por essa área da amostra é coletada pela mesma objetiva e segue o mesmo caminho óptico percorrido pela radiação incidente, entretanto, o ângulo de incidência da radiação espalhada no filtro de *notch* é diferente, de forma que este componente atua efetivamente como um filtro, removendo eficiente e seletivamente a radiação espalhada elasticamente (chamada espalhamento Rayleigh). A seletiva rejeição da radiação Rayleigh com filtro de *notch* faz com que seja possível o acesso tanto à região Stokes quanto à anti-Stokes do espectro Raman, o que pode ser útil em algumas circunstâncias.

Uma desvantagem apresentada pelos filtros de *notch* é sua pouca durabilidade (cerca de três anos) e alto custo. Um substituto de maior durabilidade são os filtros de borda, ou de *edge*, que apresentam a vantagem de uma borda com corte menos inclinada que os filtros de *notch*, porém, têm a desvantagem de não permitir a observação da região anti-Stokes (Figura 11).

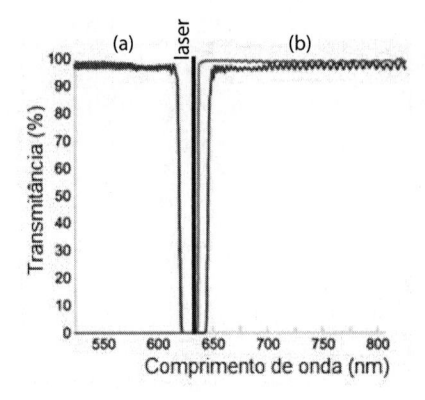

Fonte: Dalva Lúcia Araújo de Faria.

Figura 11 Comportamento de filtros *notch* (a) e *edge* (b) em função do comprimento de onda.
A linha central marca o comprimento de onda da radiação laser utilizada.

Além da alta resolução espacial e da capacidade de identificar componentes de dimensões diminutas (até cerca de 1 μm^2), os microscópios Raman apresentam duas outras características bastante úteis: capacidade de gerar imagens que mostram a distribuição espacial de substâncias químicas em uma superfície e confocalidade.[3]

No que tange às imagens Raman, alguns equipamentos permitem a obtenção do que se chama imagem direta da superfície analisada. Para isto, a radiação laser é desfocalizada em uma grande área na amostra (tipicamente ca. 20 μm de diâmetro) e um filtro de banda passante (não mais uma rede de difração ou um prisma) é usado, permitindo que a radiação correspondente a uma banda característica da espécie de interesse seja registrada. Isto possibilita conhecer a distribuição espacial dessa substância naquela área (Figura 12).

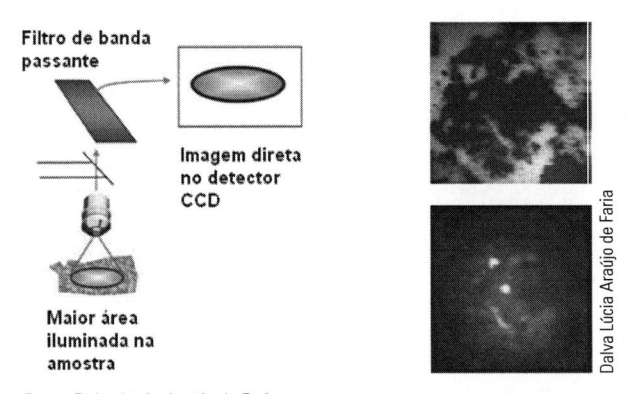

Fonte: Dalva Lúcia Araújo de Faria.

Figura 12 Esquema ilustrando a obtenção de imagens Raman pelo modo direto, também chamado iluminação global. À direita estão as imagens feitas com luz branca e Raman (iluminação global da mesma área) de uma amostra contendo uma mistura de açúcar e cocaína. Os pontos claros na imagem Raman indicam a presença do alcaloide.

---

[3] "Mesmo foco". Conceito patenteado por Marvin Minsky em 1957 (Patente US 3013467). Significa que as informações que estão sendo registradas no detector são majoritariamente aquelas provenientes da área na qual a radiação laser está focalizada na amostra, rejeitando com isso os demais sinais.

Imagem Raman é, portanto, uma representação gráfica da distribuição espacial de dada substância em uma amostra, obtida empregando-se a radiação por ela espalhada. No caso da espectroscopia Raman, a imageamento direto permite a obtenção de imagens de áreas pequenas, como explicitado anteriormente; para áreas maiores é necessário empregar outro método, chamado mapeamento. Neste caso, a amostra é movimentada na platina do microscópio em passos micrométricos, de modo a cobrir toda a área de interesse – que pode ser de vários cm^2 – e um espectro é obtido de cada ponto. O conjunto de espectros reflete, assim, a composição química de cada ponto da área investigada e imagens que representem a intensidade de qualquer componente espectral podem ser geradas (Figura 13).

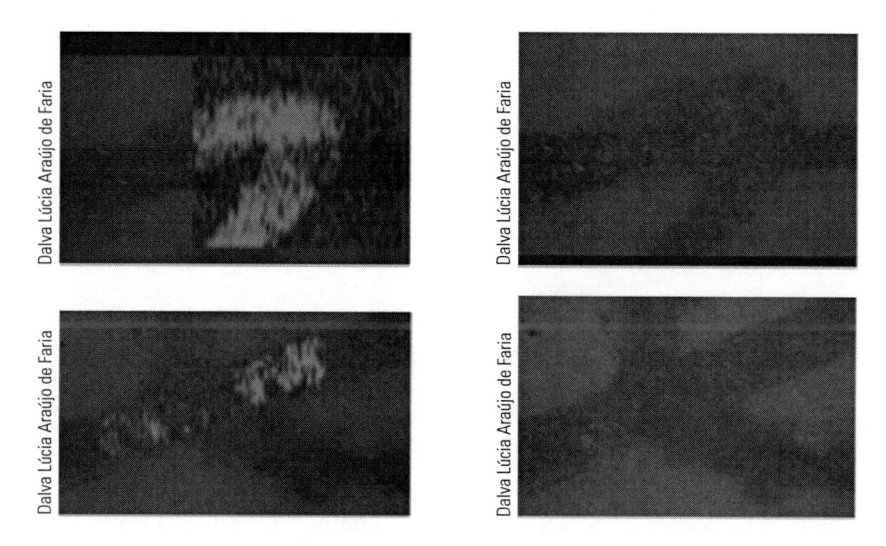

Figura 13 Imagem Raman feita de documento (nota promissória) suspeito de ter sido forjado (imagens Raman na coluna à esquerda e respectivas imagens de luz branca à direita). A imagem foi gerada a partir da intensidade da banda em 1536 cm^{-1}, característica da tinta de caneta usada. A imagem Raman, apresentada no canto superior esquerdo, mostra que a assinatura está sobre a linha impressa no documento, como esperado. Já a mostrada no canto inferior esquerdo indica que a tinta da assinatura está sob o dígito feito com máquina de escrever, que compõe o valor da nota promissória, mostrando que foi inserido após a assinatura do documento, o que caracteriza a fraude.

Há várias formas de fazer o mapeamento; as duas mais comuns são: em ponto e em linha (Figura 14). Um estudo comparativo cuidadoso desses três métodos (imagem direta, por mapeamento pontual e por mapeamento em linha) (Schlücker, 2003) mostrou que o mapeamento apresenta a vantagem de maior rapidez, principalmente se a área sondada for grande (milímetros ou centímetros quadrados), mas a resolução espacial é praticamente a mesma que a do imageamento direto (ca. 1μm). A imagem direta apresenta como grande vantagem a melhor qualidade da imagem (ca. 300 nm no caso considerado), que obviamente depende das características instrumentais, como tipo de filtro empregado (podem ser usados filtros dielétricos ou sintonizáveis, como os acusto-ópticos (AOTF) ou de cristal líquido (LCTF)) e número de pixels no detector. Um aspecto importante a ser destacado é a resolução lateral que é possível obter nas imagens; tal resolução, como será mostrado adiante, é restringida pelo limite de difração de Bragg e depende do comprimento de onda da radiação empregada, do índice de refração do meio no qual a luz se propaga (geralmente ar, mas podem ser usadas objetivas de imersão) e também da lente usada na focalização dessa radiação na amostra.

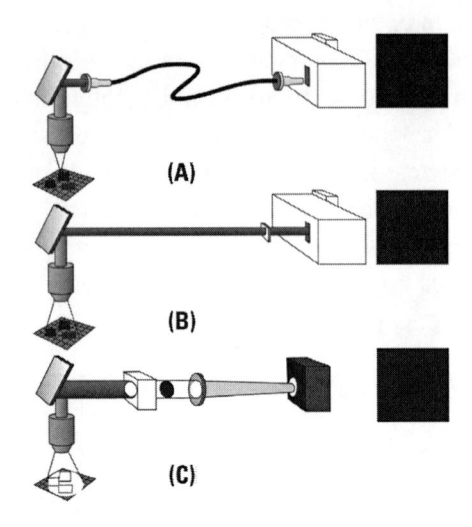

Fonte: Weber Amendola com base em Dalva Lúcia Araújo de Faria.

Figura 14 Esquema ilustrando a obtenção de imagens Raman através de mapeamento pontual (A), em linha (B) e imagem direta (C).

Outro aspecto importante da microscopia Raman é a confocalidade, cujas vantagens são ampliar a resolução lateral (fazendo que seja atingido o limite de ca. 1 μm^2) e a resolução axial (ca. 2 μm^2) e minimizar a contribuição da luminescência ao espectro. Na prática, esta confocalidade é conseguida fazendo-se uma filtragem espacial da radiação espalhada, usando, para isto, tipicamente dois pequenos orifícios (*pinholes*), como mostrado na Figura 15.

Como o espalhamento Raman é um fenômeno de baixa intensidade, as áreas da amostra que estão fora do foco da radiação laser dão pequena contribuição ao espectro, por causa da intensidade substancialmente menor da radiação nessas áreas; entretanto, caso a amostra apresente luminescência, mesmo as áreas da amostra fora do foco da radiação laser contribuirão para o espectro registrado, porque a luminescência tem intensidade substancialmente maior que a do espalhamento de luz, sobrepondo-se às bandas Raman, muito mais fracas. Com a filtração espacial do sinal, apenas as espécies químicas localizadas no volume focal da radiação dão contribuições significativas ao espectro e, deste modo, uma apreciável rejeição da luminescência pode ser feita.

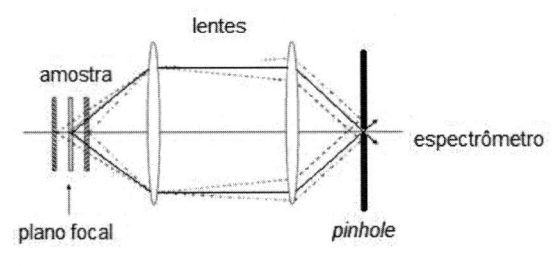

Fonte: Dalva Lúcia Araújo de Faria.

Figura 15 O conceito de confocalidade diz respeito à rejeição espacial da radiação proveniente de regiões da amostra fora do plano focal na amostra, como aqui ilustrado.

As principais decorrências da confocalidade é que se pode obter um perfil de distribuição de determinado componente químico tanto lateral (superfície da amostra) quanto axialmente (profundidade); no caso da resolução axial, é importante que a amostra seja transparente à radiação laser empregada, o que em geral impede a obtenção de tais perfis de profundidade em amostras intensamente coloridas ou translúcidas.

Para a obtenção de alta confocalidade é preciso selecionar cuidadosamente as objetivas a serem usadas. Isto porque há uma dependência entre a abertura numérica da objetiva empregada e a resolução lateral e axial que pode ser atingida. Para entender este fato, é importante lembrar que na formação de imagens, cada ponto da superfície iluminada pela radiação laser atua como uma fonte de luz pontual, que gerará um padrão de interferência (disco de Airy) quando passar através de uma lente. Em óptica, disco de Airy[4] são padrões de interferência obtidos do ponto de luz mais bem focalizado que uma lente perfeita com abertura circular pode fazer.

A resolução de dois pontos próximos somente é possível quando o máximo de um disco de Airy coincidir com um primeiro mínimo de um anel vizinho (Figura 16). Este é o Critério de Rayleigh que, expresso em termos formais, mostra que a resolução lateral (r) é determinada pelo comprimento de onda da radiação laser usada no experimento (λ) e pela abertura numérica da objetiva (NA):

$$r = 0{,}61 \cdot \lambda/\mathrm{NA} \qquad \text{Equação 4}$$

Abertura numérica (NA) é um número que indica a eficiência da objetiva na captação da radiação espalhada em um meio de índice de refração n levando em conta a distância focal (f) e a abertura da lente (A); é obtida através da Equação (5) e ilustrada na Figura 17.

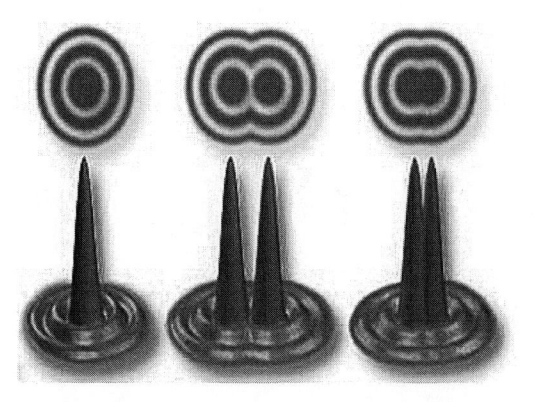

$$\mathrm{NA} = n \cdot \mathrm{sen}\,\theta \qquad \text{Equação 5}$$

Fonte: Disponível em: <http://www.olympusmicro.com/primer/anatomy/numaperture.html>.
Acesso em: 1º ago. 2011. Adaptada por Dalva Lúcia Araújo de Faria.

Figura 16 Distribuição de intensidade em padrões de Airy e sua relação com resolução lateral em imagens. Cada padrão corresponde a um ponto na superfície examinada, que somente pode ser discriminado com nitidez se não houver superposição com o máximo gerado por ponto vizinho.

---

[4] O nome refere-se a George Biddell Airy, o primeiro a estudar esse fenômeno de difração, em 1835.

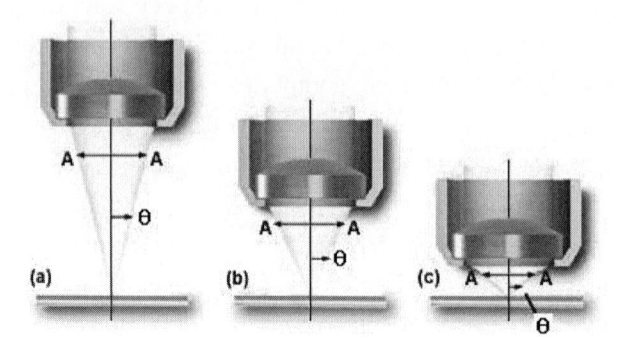

Fonte: Disponível em: <http://www.olympusmicro.com/primer/anatomy/numaperture.html>.
Acesso em: 1º ago. 2011. Adaptada por Dalva Lúcia Araújo de Faria.

Figura 17 Ilustração mostrando a eficiência da captura de luz em função de diferentes distâncias focais.

Esta Equação (4) significa que, para uma objetiva convencional, a resolução lateral máxima é cerca de metade do valor do comprimento de onda da radiação utilizada, porque $n = 1,000$ (índice de refração do ar) e $NA = n\, \text{sen}\, \theta = 1$ (valor máximo). A máxima resolução lateral prevista pelo Critério de Rayleigh quando se emprega objetiva seca (que opera ao ar) e se utiliza a radiação em 514,5 nm é de cerca de 300 nm (0,3 mm). Apesar de valores próximos a este poderem ser alcançados no caso de imagens diretas, o mesmo não se aplica para a obtenção de espectros Raman, quando a resolução lateral nos casos mais favoráveis é próxima de 1 μm.

Objetivas que têm NA maior produzem anéis de Airy menores e têm, portanto, maior resolução lateral (Figura 18).

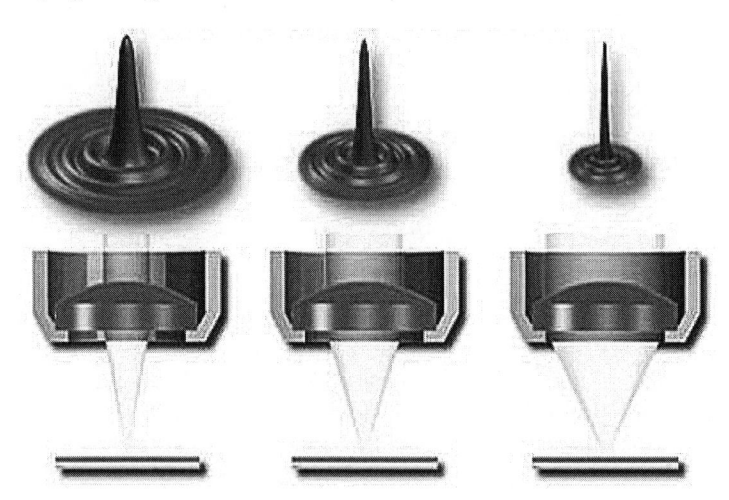

Fonte: Disponível em: <http://www.olympusmicro.com/primer/anatomy/numaperture.html>.
Acesso em: 1º ago. 2011. Adaptada por Dalva Lúcia Araújo de Faria.

Figura 18 Relação entre os padrões de Airy, a abertura numérica da objetiva e a resolução lateral na imagem.

Para a resolução axial em amostras transparentes à radiação, a equação que descreve a resolução axial é dada por:

$$r = 2\lambda n/(\text{NA})^2 \qquad \text{Equação 6}$$

Da mesma forma, a máxima resolução axial que se pode teoricamente atingir quando se trabalha com a linha laser em 514,5 nm é de cerca de 1 μm, mas, na prática, este valor situa-se entre 3 e 5 μm.

A relação entre confocalidade e abertura numérica mostra que, quando se deseja alta resolução lateral ou axial, não se devem utilizar objetivas de distância focal longa (LWD – *Long Working Distance*) ou ultralonga (ULWD – *Ultra Long Working Distance*), por que elas têm baixa abertura numérica.

Pelo mesmo motivo, lentes de imersão, que podem trabalhar imersas em água ou óleos, são alternativas interessantes para aumentar a confocalidade, porque o índice de refração desses meios é substancialmente maior, fazendo que NA seja maior, permitindo assim melhor resolução lateral e axial. A Tabela 1 relaciona os índices de refração de alguns líquidos que podem ser usados com objetivas de imersão.

Tabela 1 Valores de índice de refração para diferentes meios.

Meio	Índice de refração (n)
Ae	1,000
Água	1,333
Glicerina	1,470
Óleo de parafina	1,480
Óleo sintético	1,515
Anisol	1,518
Bromonaftaleno	1,658
Iodeto de metila	1,740

Efeito Raman ressonante

Retomando a equação que descreve a intensidade do sinal Raman (3), pode-se antever que uma forma de aumentar a intensidade da radiação espalhada é atuar sobre a variação da polarizabilidade com a vibração dos átomos $(\partial\alpha/\partial q)_0$. É exatamente devido a este termo que, sob determinadas condições, é possível observar uma intensificação seletiva (vibrações específicas, como será visto a seguir) de até 5 ordens de grandeza no sinal Raman.

É este o princípio fundamental do efeito Raman ressonante, que ocorre quando a radiação laser empregada coincide com uma intensa banda de absorção da espécie de interesse. Bandas de absorção no visível envolvem transições eletrônicas entre dois estados, implicando redistribuição eletrônica, e, neste caso, a variação na polarizabilidade passa a depender não somente da vibração nuclear, mas também da redistribuição eletrônica causada pela transição. Isto significa que as bandas Raman referentes às vibrações que envolvem os átomos do grupo cromofórico devem experimentar significativa intensificação (de 4 a 5 ordens de grandeza). Desta explicação decorre o fato de que a intensificação Raman é seletiva, restringindo-se aos grupos cromofóricos, e, por isso, o espectro obtido em condição de ressonância normalmente difere bastante do espectro Raman ordinário, como mostrado na Figura 19, que apresenta os espectros Raman de uma mesma substância (mesotetrakis (4-N-metilpiridil) porfirina, TMPyP) obtidos em vários comprimentos de onda.

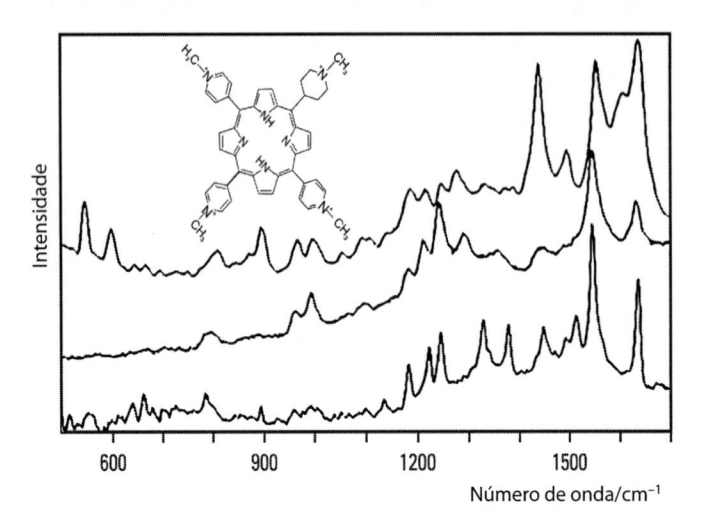

Fonte: Weber Amendola com base em Dalva Lúcia Araújo de Faria.

Figura 19 Espectros Raman de TMPyP (mesotetrakis (4-N-metilpiridil) porfirina) obtidos em diferentes comprimentos de onda.
As diferenças nas intensidades indicam ressonância com diferentes grupos cromofóricos.

O efeito Raman ressonante representa uma vantagem adicional para a técnica, já que, além de ser seletivo em relação a impurezas (ou matriz) incolores, aumenta bastante a detectabilidade da substância colorida, porque há um fator de 4 a 5 ordens de grandeza de intensificação. Esta característica é largamente explorada na literatura (Buzzini, Massonnet e Sermier, 2006). Ocorre, entretanto, que muitas vezes as condições de ressonância propiciam também a ocorrência de luminescência. Como a secção de choque para luminescência é maior que para espalhamento inelástico (mesmo com a intensificação observada de até 10^6), muitas vezes o sinal Raman é completamente sobrepujado por ela. Nessas condições, uma alternativa interessante é utilizar o efeito SERS, que, na condição de ressonância do adsorbato, é denominado efeito SERRS (*Surface Enhanced Resonance Raman Scattering*). Isto porque, com muita frequência, a interação com a superfície desativa a rota de luminescência e intensifica a de espalhamento. Estes dois efeitos serão discutidos a seguir.

Efeito SERS
(*Surface Enhanced Raman Scattering*)

SERS é um efeito que corresponde a uma intensificação seletiva do sinal Raman causado pela presença de uma superfície com propriedades e rugosidade adequadas. Na prática, é um efeito observado majoritariamente em superfícies de cobre, ouro e prata, e as formas de preparação das superfícies SERS ativas são variadas: coloides, filmes de metais evaporados, filmes depositados em ultra-alto vácuo, nanopartículas, eletrodos etc.

Como visto, a secção de choque do espalhamento Raman é muito pequena, por isto não se espera a observação de espectro Raman em monocamadas de moléculas sobre superfícies, já que o número de espalhadores também é pequeno (cerca de 10^{14} moléculas por cm^2). Apesar disto, Fleischmann e colaboradores (1974) conseguiram obter, com boa qualidade, o espectro Raman de piridina adsorvida em eletrodo de prata. Na ocasião, os autores atribuíram esta observação à alta rugosidade do eletrodo, causada pelos ciclos de oxidação-redução aplicados ao eletrodo para ativar a superfície, mas pouco tempo depois ficou demonstrado (Jeanmarie e Van Duyne, 1977) que a intensificação era muito maior do que a esperada pelo aumento da área superficial do eletrodo e foi identificada a existência de um novo efeito de intensificação causado pela interação da molécula com a superfície, ao qual foi dado o nome de efeito SERS (Espalhamento Raman Intensificado por Superfície – Surface Enhanced Ramon Scattering).

Como já antecipado, o efeito SERS, assim como o Raman ressonante, é seletivo, na medida em que o espectro não corresponde, na maioria dos casos, exatamente ao espectro Raman da molécula livre, isto é, sem a influência da superfície (Figura 20). Isto decorre do mecanismo de intensificação que, apesar de complexo, pode ser simplificadamente escrito em termos de uma contribuição que envolve mudanças na polarizabilidade molecular associadas principalmente à interação química com a superfície (quimiossorção) e outra decorrente da grande intensificação do campo elétrico da radiação incidente e da espalhada que ocorre na superfície do metal, que depende da rugosidade e das propriedades ópticas desse metal, afetando as moléculas que se encontrem nas proximidades dessa superfície (fisiossorção). A primeira contribuição é chamada de química, e a segunda, de eletromagnética.

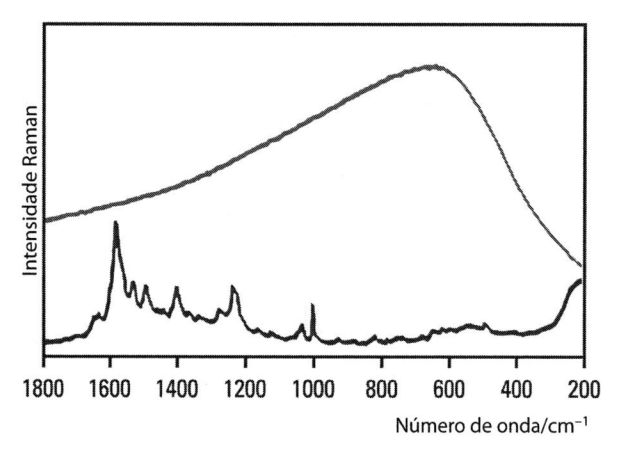

Fonte: Weber Amendola com base em Dalva Lúcia Araújo de Faria.

Figura 20 O efeito SERS é particularmente útil no caso de amostras que apresentem luminescência. A curva (a) é o espectro obtido com excitação em 632,8 nm de um comprimido de ecstasy proveniente de apreensão. Nela, vê-se apenas a luminescência da amostra.
A curva (b) é o espectro SERS do mesmo comprimido, feito com mesma radiação e usando uma superfície de cobre. A luminescência foi suprimida pela superfície SERS ativa.

Quanto à contribuição química, alguns modelos propõem a formação de um complexo superficial em que o espalhamento Raman pode sofrer intensificação eletrônica, como no efeito Raman ressonante, devido à transição de transferência de carga (do adsorbato para o metal, ou vice-versa) altamente permitida. De qualquer forma, o principal fator que contribui para o efeito SERS, de acordo com o mecanismo químico, é a intensificação ocorrida na polarizabilidade efetiva do sistema metal-molécula (Sant'Anna, Corio e Temperini, 2006).

Segundo o mecanismo eletromagnético, moléculas próximas à superfície SERS ativa experimentariam um campo elétrico muito mais intenso (cerca de 6 ordens de grandeza) do que o da radiação incidente na ausência da superfície, como será detalhado adiante. Hoje, há consenso de que ambos os mecanismos contribuem de forma variável para a intensificação observada e que a participação do mecanismo eletromagnético seja substancialmente maior (cerca de 4 ordens de grandeza).

No que diz respeito à seletividade na intensificação das bandas Raman, há diversos fatores relevantes a serem considerados. No caso de moléculas quimiossorvidas, espera-se um efeito mais acentuado nas vibrações que envolvem os átomos ligados diretamente à superfície, mas mesmo no caso de moléculas não especificamente ligadas à superfície a proximidade é importante, uma vez que a intensidade desse campo elétrico local decai exponencialmente com a distância. Finalmente, a geometria de adsorção também tem um papel importante sobre quais bandas são observadas no espectro Raman e com qual intensidade.

Assim, o efeito SERS corresponde à intensificação (tipicamente $10^5 - 10^6$ vezes) de algumas bandas no espectro Raman que certas moléculas adsorvidas em determinadas superfícies metálicas especialmente preparadas apresentam. A dependência ao tipo de molécula pode ser entendida considerando que, mesmo no caso do mecanismo eletromagnético, a ação do campo local será substancialmente mais acentuada no caso de moléculas que apresentem alta polarizabilidade. Por este motivo, moléculas de baixa polarizabilidade, como água, metano e nitrogênio, apresentam intensificação SERS desprezível, enquanto nas moléculas contendo grupos tiol, amina ou sistemas aromáticos o fator de intensificação é elevado.

Relembrando a expressão que descreve as contribuições para a intensidade Raman, em que a intensidade da radiação é dada pelo quadrado de sua amplitude e que, no caso do efeito SERS, o que interessa é a intensidade da radiação incidente amplificada pela superfície (I_{local}) e também a intensidade da radiação espalhada (I_{ESP}), pode-se reescrever a Equação (3) como:

$$I_{SERS} \mu\, I_{local} I_{ESP}\, N\nu^4 [(\partial\alpha/\partial q)_0]^2$$
$$I_{SERS} \mu\, E_0^2 E_{ESP}^2\, N\nu^4 [\partial\alpha/\partial q)_0]^2 \quad \text{Equação 7}$$

A Equação 7 mostra que se o campo local for amplificado 600 vezes, como calculado para partículas cilíndricas, a intensificação SERS será de cerca de 6 ordens de grandeza.

As aplicações analíticas do efeito SERS dependem de superfícies que possam produzir espectros reprodutíveis. Os estudos acerca de nanopartículas incentivaram a busca por métodos de síntese deste tipo de partícula, principalmente de Ag e Au, com formas otimizadas e baixa dispersão de tamanhos.

Dispersões coloidais dos metais citados e também de cobre são amplamente utilizadas na obtenção de espectros SERS ou então na supressão da luminescência apresentada pelas amostras, já que a interação com a superfície metálica pode estimular rotas não radiativas de relaxação de energia. Este tipo de superfície apresenta a vantagem de ser de fácil preparação, mas tem o inconveniente de não permitir um controle muito rigoroso de tamanho e forma das partículas, o que afeta a reprodutibilidade dos espectros registrados.

Resumidamente, portanto, a observação e magnitude do efeito SERS dependem: (i) da natureza do metal (tipicamente cobre, ouro e prata são os utilizados devido às suas propriedades ópticas); (ii) da morfologia da superfície (rugosidade ou nanoestruturação são essenciais para permitir a interação da luz com a superfície metálica); (iii) da radiação excitante (superfícies de prata têm intensificação máxima na região do verde/azul, enquanto para as de ouro e cobre isto ocorre no vermelho); e (iv) do tipo de molécula estudada (quanto maior for a polarizabilidade da espécie química, mais favorável é a observação do efeito SERS).

Outras técnicas em espectroscopia Raman

Apesar de todos os avanços na instrumentação e da popularização de recursos como o efeito SERS em aplicações analíticas, o grande limite que se impõe ao uso forense da técnica advém ainda do perito criminal, que, em regra, desconhece a técnica ou suas enormes possibilidades nessa área de atuação. Isto é particularmente verdadeiro quando se constata que nos últimos cinco anos foram enfrentados de forma bastante eficiente os dois principais problemas identificados no uso da técnica, quais sejam, seu custo (aquisição e manutenção) e a interpretação dos resultados. Isto se deu pela miniaturização dos instrumentos, que hoje pesam menos do que 2 kg, permitindo sua portabilidade e fácil manipulação, e pela substituição da interpretação direta de espectros por algoritmos que fornecem identificação positiva baseada em bancos de dados e em métodos estatísticos (quimiométricos) para as classes mais comuns de substâncias de interesse forense, como explosivos, narcóticos, produtos tóxicos etc., além da possibilidade de organização de novos bancos de dados projetados para atender a necessidades específicas. A estas características cabe acrescentar a de que equipamentos Raman podem hoje ser facilmente operados remotamente, evitando a exposição do perito em casos de riscos de explosão ou ambientes química ou biologicamente danosos. O barateamento de detectores multicanais que respondem na região do infravermelho próximo permite a obtenção dos espectros em 1 064 nm, contornando assim a restrição à análise imposta por amostras luminescentes.[5] Uma detalhada discussão a respeito de aplicações de modernos equipamentos Raman portáteis pode ser encontrada na literatura (Izake, 2010).

No momento, entretanto, as técnicas que se apresentam mais promissoras para uso em campo são o SORS (*Spatially off-set Raman Spectroscopy*), explicado pela difusão da radiação laser no objeto em estudo, e a espectroscopia Raman de transmissão. No caso do SORS, quando a radiação incide perpendicularmente à superfície, sua penetração na amostra é limitada pelos efeitos de absorção e de espalhamento na amostra, sendo que, em comprimentos de onda longos (p. ex., 785 nm), esse último fator é o que mais contribui. Quanto mais distante do ponto de incidência (Δs) for feita a coleta da radiação espalhada, maior será a contribuição de camadas mais profundas da amostra (Figura 21) (Izake, 2010). As principais aplicações

---

[5] Equipamentos portáteis com laser em 1064 nm – Rigaku.

da técnica SORS na área forense envolvem a detecção de substâncias dentro de embalagens (Matousek e Stone, 2009), sem a necessidade de abri-las, como mostrado na Figura 22.

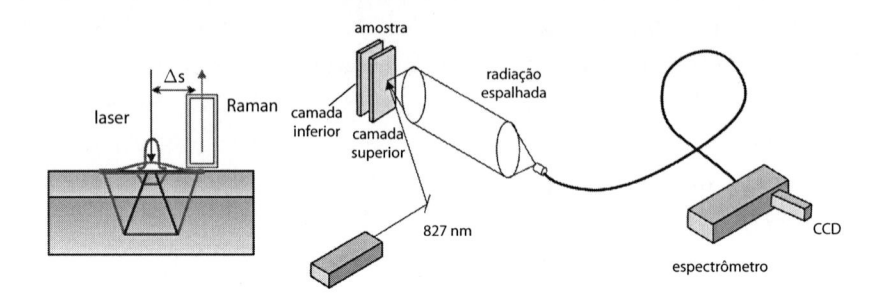

Fonte: Weber Amendola com base em Matousek e Stone (2009). Adaptada por Dalva Lúcia Araújo de Faria.

Figura 21   Esquema geral sobre os princípios da técnica SORS.

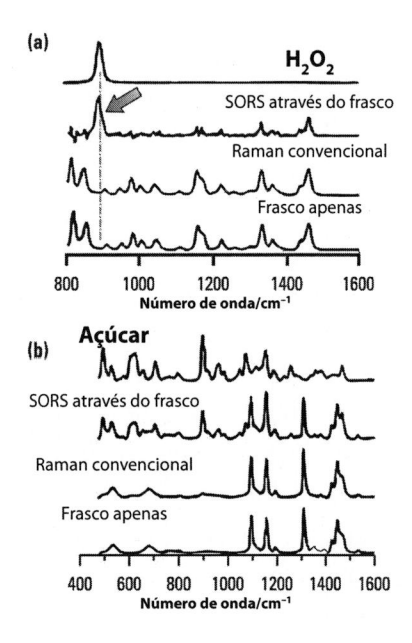

Fonte: Weber Amendola com base em: <www.clf.stfc.ac.uk/resources/PDF/ar06-07_s5_noninvasvedetection.pdf>. Acesso em: 25 jun. 2015. Adaptada por Dalva Lúcia Araújo de Faria.

Figura 22   Espectros Raman ($l_0 = 830$ nm) de (a) peróxido de hidrogênio e (b) açúcar, contidos em um frasco de bloqueador solar comercial (foto), usando a metodologia convencional e a técnica SORS. O espectro do frasco apenas está incluído na figura para permitir a comparação.

A capacidade de identificar substâncias dentro de frascos e embalagens tem óbvia importância forense e o modo de transmissão (*Transmission Raman Spectroscopy*) é uma forma de obtenção de espectros Raman que vem despertando interesse neste sentido. Ao contrário das geometrias convencionais, que coletam a radiação espalhada a 90° e 180°, neste caso, a radiação laser é desfocalizada na superfície do objeto e coletada do lado oposto. No exemplo dado na Figura 23 são mostradas duas formas de obtenção de espectros Raman de uma cápsula contendo um fármaco com geometria de retroespalhamento (180°) e de transmissão.

Fonte: Dalva Lúcia Araújo de Faria.

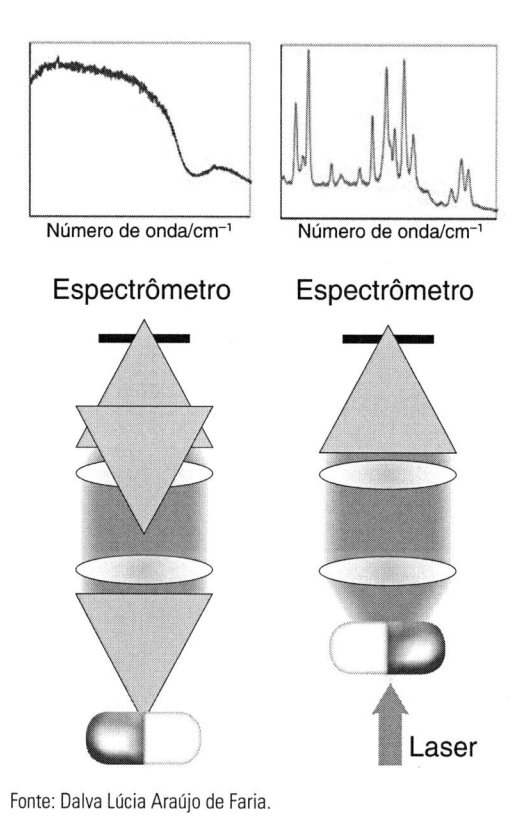

Figura 23 A espectroscopia Raman de transmissão (à direita) é muito menos sensível à luminescência da amostra do que a espectroscopia Raman convencional (à esquerda). Nesta figura, a luminescência da cápsula do medicamento mascara o espectro Raman das substâncias dentro dela quando se usa retroespalhamento, ao passo que, em modo de transmissão (à direita), o espectro Raman é registrado sem problema.

No retroespalhamento não é possível obter o espectro do fármaco, porque a cápsula em si apresenta luminescência a qual como a penetração da radiação nessa geometria é pequena, domina o espectro. Já no modo de transmissão, a radiação atravessa a cápsula e, como a quantidade de fármaco é muito maior do que a do material da cápsula, é ele quem dá a contribuição principal ao espectro registrado. É por este motivo que no modo de transmissão a contribuição de luminescência de camadas externas não interfere na obtenção do espectro do sistema analisado.

Coleta de vestígios e espectroscopia Raman

O trabalho do perito de campo é certamente crucial, quaisquer que sejam as técnicas analíticas a ser empregadas, mas os cuidados com a coleta de vestígios são particularmente importantes quando a técnica é sensível a quantidades mínimas de substâncias (nano ou mesmo picogramas), como é o caso da microscopia Raman.

A possibilidade de contaminação dos vestígios deve ser considerada muito seriamente, e todo cuidado deve ser tomado tanto no local do ato ilícito quanto no laboratório de perícia.

Interpretação dos espectros

Os espectros Raman ordinários são mais simples de serem analisados do que os espectros de absorção no IR. Isto ocorre porque, fora da condição de ressonância, não são observadas bandas de combinação e sobretons. Apesar disto, alguns cuidados devem ser tomados, principalmente quando se utiliza um microscópio Raman, porque o laser é focalizado em uma área muito pequena (tipicamente de 3 a 5 μm^2) e é possível que, no caso de amostras heterogêneas, um espectro obtido de uma área tão pequena pode não ser representativo da amostra como um todo. Além disso, em amostras que contêm substâncias microcristalinas, é possível que o laser seja focalizado em um único microcristal e, neste caso, pode haver uma dependência na intensidade de algumas bandas com a orientação espacial dos microcristais e, portanto, resultar em espectros diferentes para diferentes áreas da amostra. Como esse o efeito pode ser pequeno ou bastante acentuado, é sempre recomendado que nunca se obtenha apenas um espectro de dada amostra, mas pelo menos três, de modo que se possa compará-los e eventualmente identificar este tipo de circunstância.

Caso seja possível ocorrer o efeito Raman ressonante, já foi demonstrado neste texto como o espectro pode variar quando se altera o comprimento de onda da radiação de excitação. Por isso, sempre devem ser comparados espectros obtidos com o mesmo comprimento de onda e com a mesma potência, porque é possível também que a utilização de uma intensidade mais elevada do que a amostra possa suportar resulte em sua decomposição.

PRÁTICA DE LABORATÓRIO

Experimento de espectroscopia Raman

Objetivo

Identificação de fibras usando espectroscopia Raman.

Aparelhagem

- Equipamento Raman, preferencialmente operando em 632,8 nm (laser de He-Ne) ou 785 nm (laser de estado sólido). Para este experimento, tanto pode ser usado um microscópio Raman quanto um equipamento convencional, porque não há limitação na quantidade de fibras, mas um microscópio é preferível.
- Fibras poliméricas naturais e sintéticas: lã, nylon, algodão ou outras fibras de roupas; p. ex., poliéster (não algodão).
- Luvas de látex.

Procedimento

1. Caso esteja usando um microscópio Raman, apoie cuidadosamente uma fibra por vez sobre uma lâmina de vidro, coloque-a sob a objetiva (use uma de magnificação x20 pelo menos) e ajuste o foco de modo a visualizá-la nitidamente.
2. Escolha a área de onde pretende obter o espectro e faça incidir o feixe de radiação laser neste ponto. Os microscópios Raman são ajustados de modo que a área escolhida na imagem do microscópio coincida com a incidência do laser.
3. Caso não seja um microscópio, use várias fibras para ter quantidade suficiente de amostra.
4. Registre o espectro de cada fibra entre 200 e 1800 cm^{-1}; caso o equipamento permita, ajuste a resolução espectral para 4 cm^{-1}. Escolha o número de espectros que serão acumulados de modo a obter um bom espectro, com bandas bem definidas e minimizando o ruído (oscilação inespecífica do sinal). Faça ao menos dois espectros de cada fibra e compare-os para ver se são reprodutíveis (devem ser).
5. Faça uma tabela na qual possa colocar a posição das bandas observadas e sua intensidade relativa (use uma escala qualitativa de sua escolha para discriminar bandas intensas, médias e fracas).
6. Sabendo a natureza química das fibras que escolheu, identifique as bandas que são características de um dado polímero.
7. De posse deste pequeno banco de dados, faça a análise de uma fibra de natureza desconhecida que lhe será dada pelo professor e tente identificar de que substância é constituída.

Quesitos

1. Por que os espectros Raman das fibras que você analisou são diferentes?
2. A presença de corantes nas fibras poderia atrapalhar a análise? Por quê?
3. Caso não fosse possível observar o espectro Raman por causa da luminescência da amostra, o que você poderia fazer para tentar contornar este problema?
4. Como você faria a mesma análise usando espectroscopia FTIR? Compare as duas técnicas em termos de tempo dispendido na análise (a partir do recebimento da fibra desconhecida) e dos resultados obtidos.

Relatório de análises

Elabore um relatório científico sobre o experimento a ser entregue e discutido com o professor.

Além da estrutura convencional (introdução, parte experimental, resultados, discussão, conclusão e referências), cada grupo deve apresentar no relatório as respostas aos quesitos apresentados anteriormente.

Exercícios complementares

1. Por que os equipamentos Raman portáteis são uma opção vantajosa aos testes presuntivos?
2. Enumere e discuta as vantagens da espectroscopia Raman sobre a espectroscopia de absorção no IR.
3. Por que a posição das bandas em um espectro Raman ordinário é sempre a mesma, independente da radiação usada na obtenção dos espectros?
4. Qual a principal vantagem em se usar um equipamento FT-Raman?

Referências bibliográficas

ALMEIDA ASSIS, A. C. et al. Diamond cell Fourier nsform infrared spectroscopy transmittance analysis of black toners on questioned documents. *Forensic Science International,* v. 214, p. 59-66, 2012.

ATR: Theory and applications. Pike Technologies. Disponível em: <http://www.piketech.com/files/pdfs/ATRAN611.pdf>. Acesso em: 10 dez. 2014.

BANAS, A. et al. Detection of microscopic particles present as contaminants in latent fingerprints by means of synchrotron radiation-based Fourier transform infra-red micro-imaging. *Analyst,* v. 137, p. 3459-65, 2012.

BRUCE CHASE, D. Fourier transform Raman spectroscopy. *J. Am. Chem. Soc.*, n. 108, 1986, p. 7485-88.

BUCKLEY, K.; MATOUSEK, P. Non-invasive analysis of turbid samples using deep Raman spectroscopy. *Analyst,* n. 136, p. 3039-3050, 2011.

BUZZINI, P.; MASSONNET, G.; SERMIER, F. M. The micro Raman analysis of paint evidence in criminalistics: case studies. *J. Raman Spectrosc.,* n. 37, 2006, p. 922-31.

CAUSIN, V. et al. A quantitative differentiation method for plastic bags by infrared spectroscopy, thickness measurement and differential scanning calorimetry for tracing the source of illegal drugs. *Forensic Sci. Int.*, v. 164, p. 148-54, 2006.

CHALMERS, J. M.; GRIFFITHS, P. R. (eds.) Applications of vibrational spectroscopy in criminal forensic analysis. In: BARTICK, E. *Handbook of vibrational spectroscopy*. Chichester: John Wiley & Sons, 2002.

CHAPPELL, J. S. Matrix effects in the infrared examination of methamphetamine salts. *Forensic Sci. Int.*, v. 75, p. 1-10, 1995.

DELHAYE, M.; DHAMELINCOURT, P. *J. Raman Spectrosc.*, n. 3, 1973, p. 33.

DHAMELINCOURT, P. Laser Raman and fluorescence microprobing techniques. *Anal. Chim. Acta,* n. 195, p. 33-43, 1987.

DICKSON, S. J.; MISSEN, A. W.; DOWN, G. J. The investigation of plasticizer contaminants in post-mortem blood samples. *Forensic Science,* v. 4, p. 155-59, 1974.

ELIASSON, C.; MACLEOUD, N. A.; MATOUSEK, P. Non-invasive detection of counterfeit drugs using Spatially Offset Raman Spectroscopy (SORS). Rutherford Appleton Laboratories. Central Laser Facility Annual Report, 2007-2008, p. 203-06. Disponível em: <www.clf.stfc.ac.uk/resources/PDF/ar06-07_s5_noninvasvedetection.pdf>. Acesso em: 25 jun. 2015.

FARIA, D. L. A. de. Espectroscopia vibracional. In: BRANCO, Regina P. de O. (org.). *Química forense sob olhares eletrônicos*. Campinas: Millennium, 2006. p. 173-229.

FLEISCHMANN, M.; HENDRA, P. J.; McQUILLAN, A. J. Raman spectra of pyridine adsorbed at a silver electrode. *Chem. Phys. Lett.*, n. 26, p. 163-66, 1974.

GRIFFITHS. P. R.; HASETH, J. A. de. Fourier transform infrared spectrometry. In: WINEFORDNER, J. D. (ed.). *Chemical analysis*: A series of monographs on analytical chemistry and its applications. 2. ed. Chichester: John Wiley & Sons, 2007.

HANS, Kerstin M.-C.; MÜLLER, Susanne; SIGRIST, Markus W. Infrared attenuated total reflection (IR-ATR) spectroscopy for detecting drugs in human saliva. *Drug Testing and Analysis,* v. 4, p. 420-29, 2012.

IZAKE, E. L. Forensic and homeland security applications of modern portable Raman spectroscopy. *Forensic Sci. Int.*, n. 202, p. 1-8, 2010.

JEANMARIE, D. L.; VAN DUYNE, R. P. J. Surface Raman spectroelectrochemistry. Part I: heterocyclic, aromatic and aliphatic amines adsorbed on the anodized silver electrode. *Electroanal. Chem.*, n. 84, p. 1-20, 1977.

JOSEPH, E. et al. Macro-ATR-FT-IR spectroscopic imaging analysis of paint cross-sections. *Vib. Spectrosc.*, v. 53, p. 274-78, 2010.

MATOUSEK, P.; STONE, N. Emerging concepts in deep Raman spectroscopy of biological tissues. *Analyst*, n. 134, 2009, p. 1058-66.

SALA, O. *Fundamentos da espectroscopia Raman e no infravermelho.* 2. ed. Araraquara: Unesp, 2006.

SANT'ANNA, A. C.; CORIO, P.; TEMPERINI, M. L. A. O efeito SERS na análise de traços: o papel das superfícies nanoestruturadas. *Química Nova*, n. 29, p. 805-10, 2006.

SCHLÜCKER, S. et al. Raman microspectroscopy: A comparison of point, line and wide-field imaging methodologies. *Anal. Chem.* n. 75, p. 4.312-18, 2003.

SLOGGETT, R. et al. Microanalysis of artworks: IR microspectroscopy of paint cross-sections. *Vibrational Spectroscopy,* v. 53, p. 77-82, 2010.

capítulo 9

Espectrometria de absorção atômica

Márcia Andreia Mesquita Silva da Veiga
Flávio Venâncio Nakadi

Resíduos de disparo de uma arma de fogo.

Espectrômetro de absorção atômica em forno de grafite.

A técnica de espectrometria de absorção atômica (AAS – *Atomic Absorption Spectrometry*) visa, principalmente, a detecção elementar. Um grande número de elementos da tabela periódica pode ser determinado com precisão e acurácia necessárias do ponto de vista legal. Embora a prática aqui apresentada seja a determinação de chumbo (Pb) em resíduos de disparo de arma de fogo, a técnica pode ser empregada na determinação, por exemplo, de arsênio, um elemento tóxico muito letal, nos casos de suspeita de envenenamento. O princípio da técnica fundamenta-se na capacidade que os átomos têm de absorver a radiação que eles próprios emitem, ou seja, átomos de Pb absorverão a radiação emitida por outros átomos de Pb. Esta condição torna esta técnica específica e seletiva. De maneira geral, a técnica é monoelementar, e pode ser empregada de dois modos específicos: chama e forno de grafite. No primeiro modo, tem-se considerável velocidade analítica, mas a faixa de trabalho é limitada a concentrações na ordem de partes por milhão. No modo forno de grafite, a sensibilidade instrumental é uma vantagem com baixos limites de detecção, porém, com prejuízo da velocidade analítica, quando comparado com o modo chama. São modos que se completam de acordo com a necessidade do operador, o elemento requerido e a quantidade de amostra disponível.

Introdução

Fundamentos de espectrometria de absorção atômica

Histórico

Os primeiros experimentos referentes a esta técnica remontam a 1856, quando o químico Robert Wilhelm Bunsen detectou os elementos rubídio e césio em água mineral. Com o físico Gustav Robert Kirchhoff, ambos realizaram o estudo sistemático das linhas reversas no espectro dos elementos alcalinos e alcalinos terrosos. Em 1860, Kirchhoff estabeleceu a lei geral da absorção e emissão da energia pela matéria: "Todos os corpos podem absorver a radiação que eles próprios emitem". A principal diferença entre emissão e absorção atômica está no fato de que a primeira trata da detecção de pequena radiação em fundo não luminoso, enquanto a absorção atômica trata da detecção de pequena atenuação de radiação em curto intervalo λ sobre um fundo luminoso. Apenas em 1952 o australiano Alan Walsh realizou os primeiros estudos de um protótipo com a formação básica que temos atualmente: uma fonte de linha modulada, chama para atomização, monocromador e amplificador. Walsh descobriu que a maioria dos átomos livres na chama se encontrava no estado fundamental (99%), e os restantes (1%) ionizados ou excitados, ou seja, espectros de absorção seriam vantajosos em relação a espectros de emissão atômica, tornando possível a construção de um protótipo, visto ser necessária a existência de átomos livres, gasosos e no estado fundamental para que ocorra a absorção atômica. Em 1963 foi construído o primeiro equipamento comercial de acordo com as ideias de Alan Walsh.

O princípio fundamental da espectrometria de absorção atômica (AAS) envolve a medida da absorção da intensidade de radiação eletromagnética, proveniente de uma fonte de luz, por átomos gasosos no estado fundamental. Com base neste princípio, o elemento de interesse (metal, semimetal e não metal), no estado gasoso e fundamental, absorve a radiação de um comprimento de onda específico pela transição de seus elétrons para um nível mais energético. Isto torna a AAS uma técnica específica, pois utiliza uma fonte capaz de emitir uma radiação de comprimento de onda específico para que ocorra a transição eletrônica característica do elemento de interesse. Considerando a natureza de partícula da luz, podemos assumir que a luz trafega na forma de partículas (fótons), e que cada fóton tem determinada energia E:

$$E = h\nu \qquad \text{Equação 1}$$

onde h = constante de Plank e ν = frequência. Sabendo-se que $\nu = c/\lambda$ (c = velocidade da luz e λ = comprimento de onda),

$$E = hc/\lambda \qquad \text{Equação 2}$$

De acordo com a Equação (2), a energia (E) é diretamente proporcional a ν e inversamente proporcional a λ. Com isso, elementos com baixos comprimentos de onda necessitariam de mais energia, enquanto aqueles com maiores comprimentos de onda seriam mais facilmente detectáveis, uma vez que a energia requerida não seria muito elevada.

Embora se possa pensar que qualquer transição eletrônica em um átomo seja possível, apenas algumas transições são permitidas: aquelas que obedecem às regras de seleção. Cada átomo possui seu próprio conjunto de estados energéticos permitidos, intrínseco à sua natureza. Para o sódio, por exemplo, o cálculo de um dos seus comprimentos de onda permitidos seria dado pela Equação 3:

$$\lambda = \frac{hc}{(E_{3p} - E_0)}$$ Equação 3

Substituindo por valores tabelados dos níveis de energia para Na, teríamos:

$$\lambda = 589,6 \text{ nm}$$

O átomo de Na tem seu próprio conjunto característico de níveis de energia e, assim, seu próprio e único conjunto de comprimento de onda de emissão e absorção.

Assim como em espectrometria de absorção molecular no ultravioleta e visível, a lei de Lambert-Beer é aplicada em todos os processos.

$$\frac{\Phi_{tr}(\lambda)}{\Phi_0(\lambda)} = e^{-Nl\kappa(\lambda)}$$ Equação 4

onde: $\Phi_0(\lambda)$ = potência radiante emitida no comprimento de onda λ
$\Phi_{tr}(\lambda)$ = potência radiante transmitida no comprimento de onda λ

$$A = \log \frac{\Phi_0(\lambda)}{\Phi_{tr}(\lambda)} = 0,43 Nl\kappa(\lambda)$$ Equação 5

onde: N = número total de átomos livres na camada absorvedora
l = comprimento da camada absorvedora
$\kappa(\lambda)$ = coeficiente de absorção atômica espectral

O sinal de absorvância medido é a razão logarítmica entre a potência radiante emitida e a potência radiante transmitida em dado comprimento de onda. Absorvância é diretamente proporcional à concentração.

Instrumentação

A Figura 1 apresenta a estrutura em blocos de um instrumento de espectrometria de absorção atômica (AAS). Uma lâmpada (fonte de radiação) contendo, por exemplo, Pb, emite luz a partir de átomos de Pb excitados que produzem um feixe de radiação (uma mistura dos comprimentos de onda deste elemento) que será absorvido por quaisquer átomos de Pb na amostra. No sistema de atomização, a amostra é convertida em átomos livres no estado gasoso e fundamental, e o feixe de radiação eletromagnética emitida pela lâmpada passa através da amostra vaporizada. Parte desta radiação é absorvida pelos átomos de chumbo na amostra. A quantidade de luz absorvida é proporcional ao número de átomos.

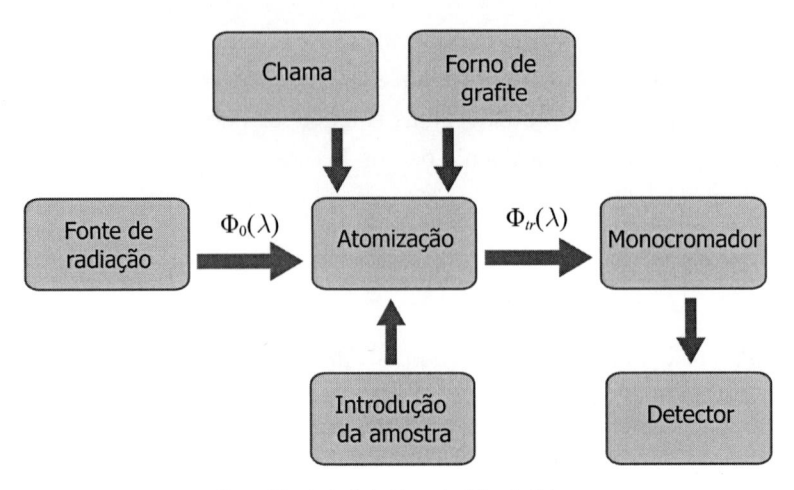

Fonte: Márcia Andreia Mesquita Silva da Veiga.

Figura 1 Diagrama em blocos de um espectrômetro de absorção atômica.

Fonte de radiação é um sistema que permite proporcionar a radiação necessária na forma de linhas. No geral, é uma lâmpada de cátodo oco, que consiste em bulbo de vidro contendo gás inerte (argônio ou neônio), com um cátodo contendo o elemento de interesse. Ao se aplicar uma diferença de potencial entre o cátodo e o ânodo, os primeiros íons do gás inerte são gerados (Ar^+). Estes íons são fortemente atraídos pela superfície catódica e, com o bombardeio, ejetam os átomos metálicos em um processo chamado *sputtering*. Estes átomos ejetados se chocam com outros íons do gás indo para o estado excitado e, na sequência, emitem a radiação característica do metal ao retornarem para o estado fundamental (por exemplo, $Pb^* \rightarrow Pb + h\nu$). A radiação é concentrada em um feixe, que passa através de uma janela de quartzo.

No sistema de atomização, o analito é convertido em átomos livres no estado gasoso e fundamental. A porção do atomizador através do qual o feixe de radiação passa é chamado volume de absorção ou de observação. O atomizador possui dois modos principais: chama e forno de grafite, que serão discutidos com mais detalhes ao fim deste tópico.

No monocromador ocorre a dispersão e a separação da radiação. Um comprimento de onda específico (linha espectral) é selecionado, e os demais são excluídos, permitindo assim a determinação de um elemento selecionado na presença de outros.

Detectores são tipicamente tubos fotomultiplicadores, que produzem um sinal elétrico proporcional à intensidade da radiação.

Espectrometria de absorção atômica de alta resolução com fonte contínua

A técnica de espectrometria de absorção atômica consolidou-se como uma ferramenta robusta para a determinação elementar, principalmente metais. Durante muitos anos houve melhorias tecnológicas dos equipamentos (sistemas de correção de fundo mais eficazes, lâmpadas mais intensas e emissão mais constante, detectores mais sensíveis etc.), porém a técnica em si manteve-se inalterada desde sua concepção. Uma das limitações da AAS é a necessidade de uma lâmpada específica para cada elemento, o que a torna uma técnica monoelementar. Como a largura do pico de uma linha atômica possui poucos picômetros, seria necessário um monocromador capaz de dispersar finamente o espectro de radiação para aplicar uma lâmpada de fonte contínua. A impossibilidade de visualização da região espectral da linha analítica é outro fator limitante. O fotomultiplicador aplicado como detector recebe a radiação proveniente do monocromador, e seu foco é adequado para diferentes resoluções em uma faixa de comprimento de onda (chamada de fenda espectral). Entretanto, o detector não distingue interferências espectrais de natureza atômica ou molecular.

Houve muitas tentativas para implementar uma lâmpada de fonte contínua em AAS, porém, os monocromadores não disponibilizavam a resolução requerida e as lâmpadas empregadas não emitiam continuamente e com alta intensidade na região espectral de interesse para AAS (entre 190 e 900 nm). Heitmann e colaboradores (1996) descrevem o primeiro protótipo e aplicações do que hoje é conhecido espectrometria de absorção atômica de alta resolução com fonte contínua (HR CS AAS – *High-Resolution Continuum Source AAS*). A base teórica da técnica permanece inalterada, o que a diferencia da convencional são os componentes: fonte de radiação, monocromador e detector.

Uma lâmpada de arco curto de xenônio sob alta pressão (similar às utilizadas em holofotes) que opera em modo *hot-spot* a 300 W é empregada como fonte de radiação. Ela emite continuamente entre 190 e 900 nm, e sua intensidade é duas ordens de magnitude, aproximadamente, maior do que as lâmpadas convencionais de cátodo oco. Este atributo permite maior razão sinal/ruído, o que lhe confere menores limites de detecção. Portanto, com apenas uma lâmpada é possível avaliar todos os elementos que antes necessitavam de uma fonte de radiação para cada.

O monocromador, duplo de alta resolução (um prisma e uma rede de difração echelle), é o responsável por prover a resolução exigida para o emprego de uma fonte contínua. A radiação proveniente do forno de grafite chega ao monocromador e é pré-dispersada em uma faixa entre 0,4 e 4 nm. Portanto, apenas uma região específica do espectro continuará seu trajeto, dirigida a uma fenda intermediária através de espelhos para a segunda câmara, na qual está a rede de difração. Esta possui um poder de resolução de 75 000, o que corresponde a uma separação de 2,7 pm em 200 nm e 6,7 pm em 500 nm. A radiação finamente dispersa atinge, por fim, o detector para posterior avaliação.

Diferente dos fotomultiplicadores utilizados como detectores em AAS, nesta técnica é empregado um dispositivo de carga acoplada (CCD – *Charge-Coupled Device*) como detector, composto de 588 regiões fotossensíveis, denominadas pixel, com dimensões de $24 \times 24\ \mu m^2$, das quais 200 são utilizadas para fins analíticos. Para amplificar o sinal recebido, há um total de 58 pixels perpendiculares aos 588 que recebem a radiação. Desta forma, cada pixel age como um detector independente para cada comprimento de onda finamente disperso pelo monocromador; esta característica permite avaliar uma região espectral com riqueza de detalhes.

A Figura 2 exibe uma aplicação prática deste novo sistema. A linha analítica mais sensível para o elemento zinco é 213,857 nm. Há uma linha de ferro em 213,859 nm que, apesar de ser pouco sensível, é um elemento abundante em diversas amostras, tornando-o um potencial interferente. Além disso, nessa região espectral a molécula NO absorve e gera um espectro de bandas estruturadas, devido a transições vibrônicas. O que é observado como bandas "difusas" em outras técnicas espectroscópicas, em HR CS AAS é possível resolver as bandas estruturadas de moléculas diatômicas. A Figura 2A corresponde a um espectro de uma solução de zinco em ácido nítrico 5% v v^{-1} com adição de ferro, gerado através de um atomizador de chama na região espectral do Zn. A Figura 2B é um espectro da mesma região de uma solução de Fe, na qual é possível observar o sinal da linha de 213,859 nm que se sobrepõe à do zinco, e outra a 213,970 nm que não interfere em sua determinação. O perfil de banda estruturada de uma molécula diatômica pode ser observado na Figura 2C, que corresponde a uma solução de ácido nítrico 5% v v^{-1} (transição $X^2\Pi \rightarrow A^2\Sigma^+$ da molécula NO). Em ambos os casos, a relação entre seus picos (213,859 e 213,970 nm para o Fe e picos da banda estruturada de NO) é constante; portanto, através de um algoritmo de mínimos quadrados pode-se efetuar uma correção de interferência espectral. Desta forma, o espectro resultante desta correção estará livre de interferências espectrais, sobressaindo apenas o pico do analito (Figura 2D).

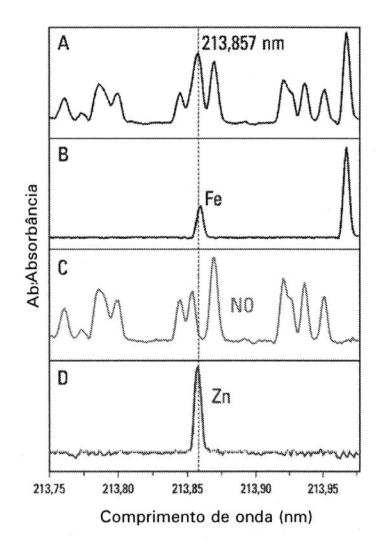

Fonte: Weber Amendola com base em Flávio Venâncio Nakadi.

Figura 2 Espectros obtidos por HR CS AAS com atomização em chama de:
(A) mistura de zinco (0,1 mg L^{-1}), ferro (500 mg L^{-1}) e ácido nítrico 5% v v^{-1};
(B) solução de ferro (500 mg L^{-1}); (C) solução de ácido nítrico 5% v v^{-1}; e
(D) espectro de zinco depois da correção de mínimos quadrados em 213,857 nm.

* Você pode visualizar esta imagem em cores no final do livro.

Observa-se que a nova dimensão (comprimento de onda) provida por esta técnica fornece informações valiosas sobre o ambiente espectral da janela de trabalho. A possibilidade de avaliar a região da linha analítica permite maior compreensão de efeitos de matriz, principalmente se há sobreposição de picos, como já discutido. Porém, na Figura 2, a molécula de NO foi tratada como um interferente. Mas, se a altura dos picos referentes à banda estruturada é proporcional à concentração, seria possível a quantificação de uma molécula diatômica? Sim. E qual seria a vantagem desta característica? Apesar de a técnica AAS determinar fósforo, os elementos comumente determinados são metais e semimetais, pois os não metais absorvem, geralmente, na região de UV de vácuo. Se há possibilidade de gerar uma molécula diatômica com não metais, e esta molécula absorve na região de trabalho de AAS, amplia-se a aplicação desta técnica.

Vários trabalhos abordaram este tema, e seu potencial de determinação de não metais, e, dentre as moléculas avaliadas, a quantificação de enxofre através da molécula CS (transição $X^1\Sigma^+ \rightarrow A^1\Pi$) é a mais explorada; seu perfil é exibido na Figura 3. Uma das grandes vantagens desta molécula é que fonte de carbono em AAS é comum (acetileno em chama e grafita em forno de grafite), e a força de ligação entre os átomos de carbono e enxofre é alta (713,3 ± 1,2 kJ mol^{-1}). Desta forma, a estabilidade da molécula é mantida mesmo em ambientes de alta temperatura, empregada em AAS, e sua determinação é viável.

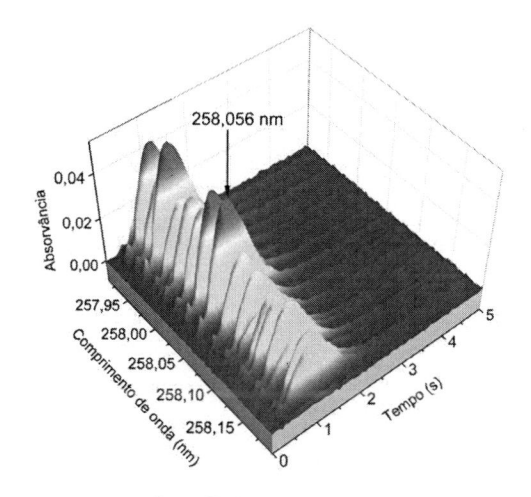

Fonte: Flávio Venâncio Nakadi.

Figura 3 Espectro da molécula CS de uma solução de tioureia (0,20 mg de enxofre) na região espectral de 258,056 nm.

* Você pode visualizar esta imagem em cores no final do livro.

PRINCIPAIS METODOLOGIAS

Em geral, o processo de atomização ocorre por duas maneiras principais: chama e atomização eletrotérmica. No modo chama, a amostra é aspirada até a cabeça do atomizador; na atomização eletrotérmica, é inserida em tubo de grafite, que é, então, aquecido eletricamente.

Espectrometria de absorção atômica em chama (FAAS)

A chama deve vaporizar e converter a amostra tanto quanto possível em átomos gasosos. Os parâmetros mais importantes são: energia térmica (temperatura), ambiente químico para a produção de átomos, velocidade de queima (tempo de residência), transparência (particularmente no UV distante) e segurança de operação.

Um tubo capilar conecta a amostra ao queimador. A amostra é aspirada para o interior do nebulizador através do efeito *venturi*: a diferença de pressão causada pela entrada dos gases faz com que a amostra seja aspirada. Uma vez no interior do nebulizador, a amostra é convertida em um *spray*, dessolvatada e volatilizada, com geração de átomos livres. As gotas maiores vão para o dreno, e somente uma pequena fração ira vaporizar na chama. Apenas cerca de 1% da amostra é nebulizada.

Dois tipos de chama são as mais empregadas: ar/acetileno e óxido nitroso/acetileno.

Chama ar/acetileno

Na maioria dos equipamentos disponíveis comercialmente, a fenda da cabeça do queimador tem, tipicamente, 10 cm de comprimento. A temperatura média desta chama é 2.200-2.400 °C, considerada chama universal para cerca de 30 a 35 elementos. A velocidade de queima para esta mistura é de 159 cm/s. É completamente transparente em uma ampla faixa espectral, operada estequiometricamente ou ligeiramente oxidante. A queima ocorre conforme a reação abaixo:

$$5O_2 + 2C_2H_2 \rightarrow 4CO_2 + 2H_2O$$

Chama óxido nitroso/acetileno

Esta possui intensa emissão. A fenda da cabeça do queimador tem 5 cm e opera em uma temperatura média de 2.600 a 2.800 °C. Sua velocidade de queima é de 285 cm/s. Possui chama redutora para elementos refratários com alta afinidade pelo oxigênio, com forte emissão. Devido à alta temperatura gerada, aumenta a ionização de alguns elementos; logo, tem limitações com elementos de baixo potencial de ionização, como bário, por exemplo.

$$3N_2O + C_2H_2 \rightarrow 2CO + 3N_2 + H_2O\ (+\ CN)$$

Espectrometria de absorção atômica em forno de grafite (GFAAS)

Esta consiste de um tubo de grafite aquecido eletricamente, resfriado por água, que é purgado por um gás inerte (argônio). O volume medido (10-40 μL) é inserido na plataforma do tubo de grafite por um orifício por intermédio de um amostrador automático. O tubo é então aquecido eletricamente através da passagem de uma corrente em uma série de etapas pré-programadas. O programa pode variar conforme o elemento ou a amostra. A primeira etapa consiste na secagem, ou seja, evaporar o solvente, com tempo médio de 30 a 40 s e temperatura de 100 a 150 °C. Após a secagem, a próxima etapa é a pirólise, na qual ocorre a remoção da matriz sem perda do analito (elemento), com temperatura variando entre 450 a 1.600 °C. Após a pirólise, a temperatura aumenta rapidamente, com parada do gás de proteção. Em um tempo compreendido entre 5 e 10 s o analito é vaporizado e atomizado. Após a atomização, o tubo é aquecido a altas temperaturas (aproximadamente 2.700 °C) para limpeza, permitindo a leitura da próxima amostra. Durante todo o ciclo de aquecimento, o tubo de grafite é purgado com gás argônio. Na atomização eletrotérmica, praticamente 100% da amostra é atomizada. O resultado deste programa de tempo-temperatura é um sinal transiente dependente do tempo, proporcional à massa do analito. Como toda amostra introduzida no tubo é atomizada, e devido ao maior tempo de residência no volume de absorção, a GFAAS é, em três ordens de magnitude, mais sensível do que a FAAS, e é também um sistema versátil, que permite a análise direta de sólidos.

ESTUDO DE CASO

A imagem a seguir é uma simulação. A arma empregada foi uma pistola semiautomática. Os tiros foram dados para demonstrar (1) tiro à queima-roupa e (2) tiro a 150 cm de distância. Nota-se a diferença nas tatuagens.

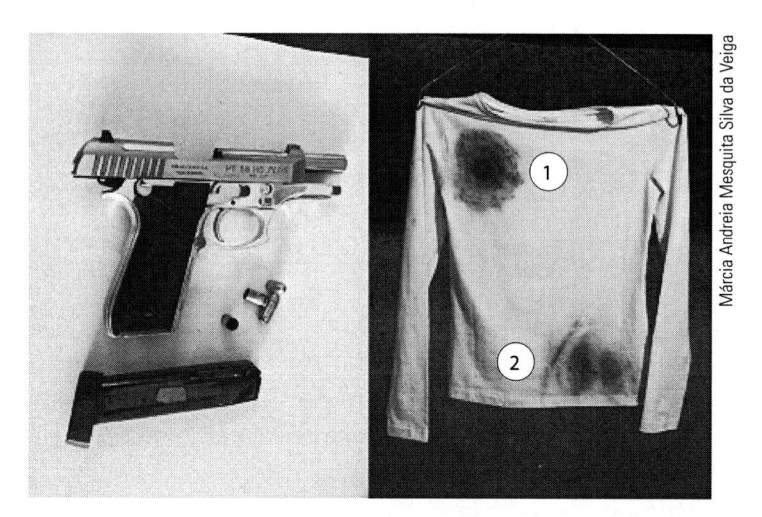

Figura 4 Disparos efetuados por uma pistola semiautomática em diferentes distâncias: (1) à queima-roupa; (2) 150 cm.

Prática de laboratório

Detecção de chumbo em resíduos de disparo de arma de fogo por espectrometria de absorção atômica

Objetivo

Familiarização com a técnica de espectrometria de absorção atômica e sua aplicação na determinação de chumbo em resíduos de disparos de armas de fogo.

No experimento, uma pequena alíquota da amostra será inserida no tubo de grafite. O funcionamento e a técnica de espectrometria de absorção atômica serão explicados no momento da prática. A calibração externa será aplicada como método de calibração. Deve-se anotar os parâmetros experimentais de tempo-temperatura do forno de grafite.

Aparelhagem

- Espectrômetro de absorção atômica com atomização eletrotérmica contendo como fonte de radiação lâmpada de cátodo oco de Pb.
- Balança analítica
- Banho de ultrassom

Reagentes e vidraria

- Bateria de soluções padrão de Pb (10 a 100 $\mu g\ L^{-1}$)
- Solução de HNO_3 destilado 10% (v/v)
- Solução de EDTA 2% (m/v)
- Água deionizada
- Swab (hastes flexíveis com pontas de algodão)
- Luvas de látex
- Tubos tipo falcon de 15 mL

Procedimento

1. A etapa de coleta de amostras de resíduos de disparo deve ser realizada em local apropriado, e os disparos efetuados por voluntários, em tanques de disparo apropriados, em horário previamente agendado.
2. No ato da coleta, usar luvas de látex para prevenir contaminação das amostras.
3. Após o disparo em tanque apropriado, esfregar a região dorsal das mãos do atirador com uma swab (hastes flexíveis com pontas de algodão) umedecida em solução de EDTA 2% m/v (usar os dois lados da swab), conforme apresentado na Figura 5.
4. Seccionar cada swab utilizada para coleta e acondicioná-las em tubos tipo falcon de 15 mL, devidamente rotulados e identificados.
5. No laboratório, adicionar em cada tubo contendo as amostras 2 mL de solução de HNO_3 10% v/v, submetendo-as a banho de ultrassom por 5 minutos. Prepare também um tubo contendo uma swab limpa, que servirá como branco (O branco será coletado da região dorsal das costas do atirador).
6. Após o banho de ultrassom, adicionar 8 mL de água deionizada no tubo contendo a swab e deixar em repouso por 10 minutos.
7. Remover a swab de cada tubo e levar as soluções (amostra e padrões) para a sala do espectrômetro de absorção atômica.
8. Medir a absorvância de cada solução padrão de Pb preparada previamente no comprimento de onda apropriado. Cada amostra deve ser analisada em triplicata.
9. Anote os resultados para a montagem da curva analítica.
10. Através dos valores obtidos, construa a curva analítica.
11. Determine a concentração de Pb ($\mu g\ L^{-1}$) para as amostras coletadas.[1]

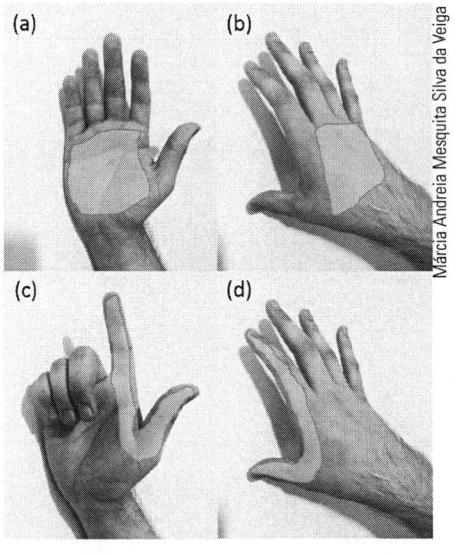

Figura 5 Regiões da mão de atiradores submetidas à coleta: a) palma; b) dorso; c) região da pinça (palmar); d) região da pinça (dorsal).

---

[1] Devem-se anotar as características da arma e das munições utilizadas:
* *Arma*: marca, modelo, calibre, tamanho do cano, numeração de série, capacidade de acondicionamento, estado de conservação e demais características.
* *Munição*: marca, modelo, estado de conservação e demais características.

Quesitos

1. Por que o branco foi coletado na região dorsal (costas) do atirador?
2. Quais seriam os interferentes para esta determinação?
3. Calcule a média, o desvio padrão e o desvio padrão relativo da concentração de chumbo nas amostras.
4. É possível observar algum padrão nas mãos do atirador?

Relatório de análises

Elabore um relatório científico sobre o experimento a ser entregue e discutido com o professor.

Além da estrutura convencional (introdução, parte experimental, resultados, discussão, conclusão e referências), cada grupo deve apresentar no relatório as respostas aos quesitos aqui apresentados.

EXERCÍCIOS COMPLEMENTARES

1. Um equipamento para medida de absorção atômica com chama pode ser empregado para medidas de emissão? Justifique.
2. Quais as principais vantagens da espectrometria de absorção atômica com atomização eletrotérmica em relação à técnica com atomização em chama?
3. Descreva as principais etapas de um programa de aquecimento em AAS em forno de grafite.
4. Quais seriam as principais interferências em GFAAS e de que maneira poderiam afetar a determinação de Pb em resíduos de disparo de arma de fogo?

REFERÊNCIAS BIBLIOGRÁFICAS

BELL, S. *Forensic chemistry*. Upper Saddle River, NJ: Pearson Prentice Hall, 2006.
BUTCHER, D. J. Molecular absorption spectrometry in flames and furnaces: a review. *Analytica Chimica Acta*, v. 804, p. 1-15, dez. 2013.
HEITMANN, U. et al. Measurements on the Zeeman-splitting of analytical lines by means of a continuum source graphite furnace atomic absorption spectrometer with a linear charge coupled device array. *Spectrochimica Acta Part B:* Atomic Spectroscopy, v. 51, n. 9-10, p. 1095-1105, jul. 1996.
LAJUNEN, L. H. J.; PERÄMÄKI, P. *Spectrochemical analysis by atomic absorption and emission*. RSC, 2004. 342p.
LIDE, D. R. Bond dissociation energies. *CRC Handbook of Chemistry and Physics*. 89. ed. Boca Raton, FL: CRC Press/Taylor and Francis, 2009.
REIS, E. L. T. et al. *Química Nova*, n. 27, p. 409-13, 2004.
RESANO, M.; FLÓREZ, M. R.; GARCÍA-RUIZ, E. High-resolution continuum source atomic absorption spectrometry for the simultaneous or sequential monitoring of multiple lines. A critical review of current possibilities. *Spectrochimica Acta Part B*: Atomic Spectroscopy, v. 88, p. 85-97, out. 2013.
VELHO, J. A.; BRUNI, A. T.; OLIVEIRA, M. F. *Fundamentos de química forense*. Campinas: Millennium, 2012.
WELZ, B. et al. *High-resolution continuum source AAS:* The better way to do atomic absorption spectrometry. Weinheim: Wiley-VCH, 2005. 295p.
WELZ, B.; SPERLING, M. *Atomic absorption spectrometry*. Weinheim: Wiley-VCHm, 1999.

capítulo **10**

Cromatografia em camada delgada

Adelir Aparecida Saczk
Daiane Cássia Pereira Abreu
Marco Antonio Balbino
Marcelo Firmino de Oliveira

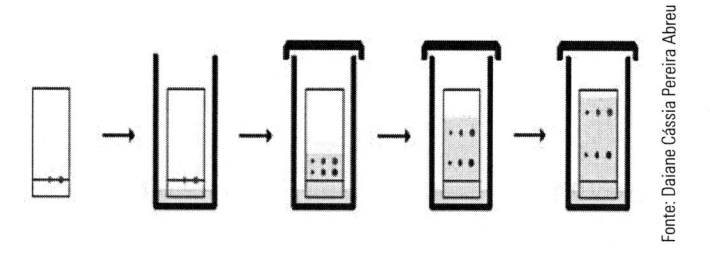

Etapas de desenvolvimento em uma análise por cromatografia em camada delgada.

Separação e purificação de substâncias químicas constituem etapa fundamental para os estudos de identificação, caracterização molecular e elucidação de suas propriedades químicas.

Neste contexto, a técnica de cromatografia em camada delgada constitui-se como importante método de separação de substâncias, considerado rápido, portátil e de baixo custo operacional.

No âmbito forense, esta técnica é amplamente utilizada em laboratórios de identificação de substâncias entorpecentes, sendo inclusive utilizada como método de identificação de princípios ativos, por intermédio da análise dos fatores de retenção de cada substância investigada.

Ao submetermos uma alíquota de solução líquida contendo uma mistura de substâncias químicas em determinada superfície (fase estacionária), podemos constatar a ocorrência de dois fenômenos físico-químicos:

1) o espalhamento desta solução através da superfície, conhecido como capilaridade;
2) a eluição diferenciada dos componentes da solução, produzida em decorrência das diferentes interações entre os componentes da solução e as fases estacionária e móvel.

A diferença na "distância" percorrida pelos diferentes componentes da solução possibilita um método rápido e eficaz da sua separação química, inclusive tornando possível a coleta destas frações separadas para análises químicas posteriores por outras técnicas.

Neste capítulo abordaremos os princípios da técnica de cromatografia em camada delgada e sua aplicabilidade em análises de interesse forense.

Introdução

Cientistas forenses utilizam diversas técnicas especializadas a fim de garantir alto nível de confiabilidade e esclarecer com o máximo de detalhes os casos judiciais que demandam algum tipo de análise química. Dentre os métodos de análise empregados na química forense e diversas áreas das ciências, a cromatografia se destaca por apresentar facilidade na separação, identificação e quantificação das espécies químicas quando acoplada a outras técnicas de análise instrumental ou por si só, garantindo resultados rápidos e seguros.

A cromatografia compõe-se de métodos físico-químicos de separação dos componentes presentes em uma mistura, baseando-se na migração diferencial destes componentes entre a fase estacionária, que interage com os elementos, e a fase móvel, que conduz a mistura por meio de um soluto pela fase estacionária (Collins, Braga e Bonato, 2006).

A técnica vem sendo desenvolvida há mais de cem anos, podendo ser classificada em modalidades, inicialmente pela forma física do sistema, ou seja, o suporte da fase estacionária, que pode ser um tubo cilíndrico ou uma superfície planar. Já tipo de cromatografia é definido de acordo com o mecanismo de separação e os diferentes tipos de fases utilizadas. A Figura 1 apresenta as classificações da cromatografia pelas formas físicas das fases móveis e estacionárias, dando ênfase ao tipo de cromatografia em camada delgada (Collins, Braga e Bonato, 2006).

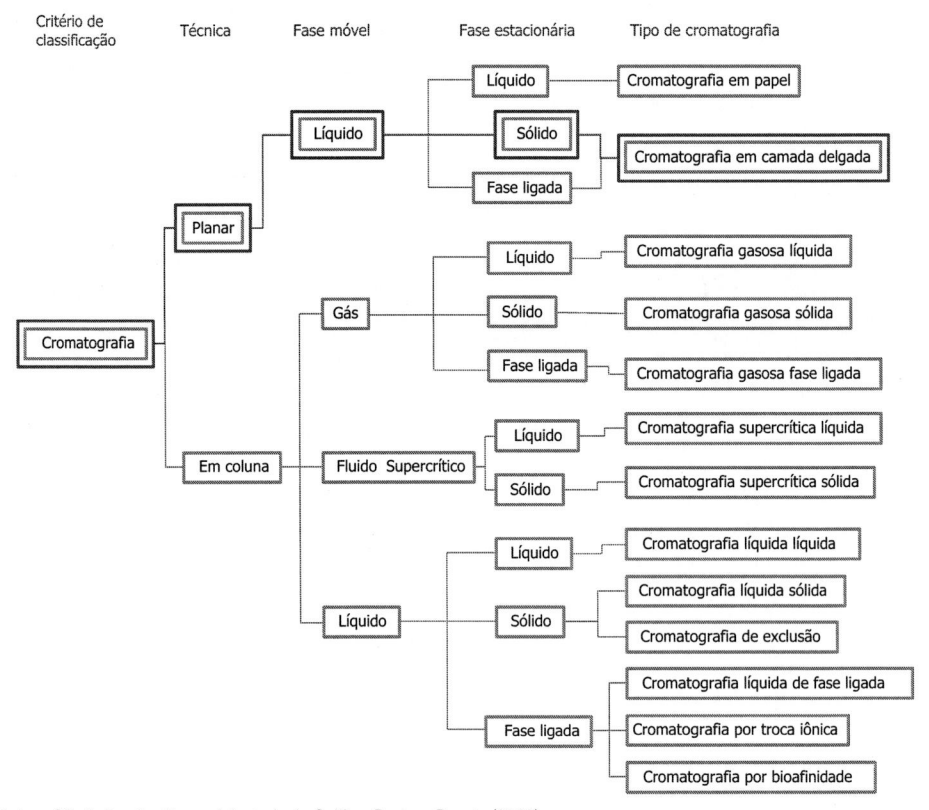

Fonte: Daiane Cássia Pereira Abreu. Adaptado de Collins, Braga e Bonato (2006).

DISPONÍVEL ON-LINE: Para mais informações sobre a história da cromatografia, recomenda-se o site: <http://www.cromatografialiquida.com.br/>. Recomenda-se também o site: <http://www.britannica.com/EBchecked/topic/115917/chromatography>. Acesso em: 5 nov. 2014.

Figura 1 Classificação da cromatografia pelas formas físicas das fases móveis e estacionária.

A cromatografia em camada delgada (CCD) foi descrita pela primeira vez por Beyerinck, em 1889, que, em seu experimento, utilizou um sólido em camada delgada sobre vidro no estudo de sais inorgânicos. No entanto, as denominações cromatografia e cromatograma somente surgiram no segundo trabalho de Tswett, publicado em 1906. Somente na década de 1930 a cromatografia passou a ser considerada com seu "redescobrimento". Em 1938, com os trabalhos de Izmailov e Shraiber, a CCD passou a ser ferramenta de análise nas áreas de química e bioquímica, sendo amplamente utilizada em análises de substâncias orgânicas e organometálicas a partir da década de 1960 (Collins, Braga e Bonato, 2006).

O desenvolvimento da técnica e sua utilização em diversos campos da ciência são provenientes de inúmeras vantagens, tais como: fácil manuseio e compreensão, tempo de separação rápido, versatilidade, grande repetitividade e baixo custo (Collins, Braga e Bonato, 2006).

O método mais simples para detectar substâncias de uma mistura é a CCD. O processo de separação se dá principalmente pelo mecanismo de adsorção líquido-sólido; contudo, o tratamento da fase estacionária possibilita a obtenção dos mecanismos de partição ou troca iônica, ampliando a aplicação da técnica (Collins, Braga e Bonato, 2006; Degani, Cass e Vieira, 1998). O mecanismo de separação de substâncias nesta técnica está embasado em suas diferentes velocidades de migração na fase estacionária pela afinidade com os solventes utilizados como fase móvel. A fase estacionária é uma fina camada de um sólido adsorvente, em geral sílica, alumina, celulose ou poliamida, depositada sobre um suporte planar inerte.

A amostra a ser identificada é aplicada em um ponto inferior da placa e colocada num recipiente contendo poucos mililitros de solvente, que passa pela placa e arrasta a amostra por efeito de capilaridade. Após o deslocamento da fase móvel, deixa-se a placa secar para, após revelá-la com reativos que deem cor às substâncias quando forem incolores (Collins, Braga e Bonato, 2006; Peres, 2002). A análise dos resultados é realizada por comparação com substância padrão de acordo com seu fator de retenção, determinado pela razão entre as distâncias percorridas pela substância e a pela fase móvel (Degani, Cass e Vieira, 1998).

CCD é uma técnica qualitativa que permite identificar visualmente os componentes presentes na amostra, direcionando os peritos a outras técnicas de confirmação (Collins, Braga e Bonato, 2006); por exemplo, de cromatografia em coluna associada à espectrometria, utilizadas para a detecção de drogas de abuso; análises toxicológicas sistemáticas; identificação de drogas utilizadas em *doping;* dentre outras aplicações (Chinchole et al., 2012). A determinação de componentes pela CCD não é possível quando a quantidade da substância que se deseja analisar estiver abaixo do limite de detecção da técnica. Nessas situações, recomenda-se técnicas cromatográficas instrumentais com capacidade de detecção na ordem de traços, como cromatografia líquida de alta eficiência ou cromatografia gasosa. Tais técnicas serão discutidas nos Capítulos 11 e 13, respectivamente.

PRINCIPAIS METODOLOGIAS

Preparação das placas

As placas cromatográficas utilizadas nas análises CCD podem ser adquiridas comercialmente para confecção no próprio laboratório ou pré-fabricadas. As pré-fabricadas têm custo bem mais elevado, contudo, não necessitam da fase de preparação, são mais uniformes e homogêneas, possibilitando a obtenção de melhor separação dos componentes, e compostas por uma lâmina de material plástico, alumínio ou vidro com uma camada de adsorvente.

Para confeccionar placas cromatográficas em laboratório, o primeiro passo é a limpeza e secagem da placa de vidro, evitando-se, durante este processo, a utilização de produtos como solventes orgânicos, que podem dificultar a aderência do adsorvente pelo fato de, em geral, serem gordurosos.

A deposição do adsorvente na placa cromatográfica pode ser manual ou com o emprego de espalhadores. Quando utilizados espalhadores, a placa de vidro deve ter tamanho específico, pois os equipamentos comercializados são, na maioria, construídos para atender a placas de 20 cm de comprimento e largura variada. Este cuidado é desprezível quando a deposição do adsorvente for manual.

Dois processos simples de preparação manual da placa são comumente empregados. O primeiro consiste em espalhar de maneira uniforme, sobre uma placa de vidro em posição horizontal, uma suspensão preparada com adsorvente no solvente adequado. Neste, a superfície obtida não apresenta grande uniformidade.

O segundo processo se dá com a imersão de duas placas com faces justapostas em uma suspensão do adsorvente com solvente orgânico volátil, em geral, clorofórmio. Em seguida, as placas devem ser retiradas lentamente da suspensão e separadas. Depois da evaporação do solvente, a camada de adsorvente é exposta ao vapor d'água. Neste obtém-se uma superfície mais uniforme, indicado na confecção de placas de pequenas dimensões.

Em ambos os processos deve-se repousar a placa já com o adsorvente em uma superfície plana e horizontal, a fim de secá-la ao ar. O indicativo de que a superfície está seca é a aparência opaca, evidenciando a aderência do adsorvente no vidro. O tempo de secagem varia de acordo com o adsorvente utilizado; por exemplo, placas de celulose impregnadas com polietilenoimina necessitam de 12 horas para secar, enquanto as de poliamida, 30 minutos.

Placas preparadas manualmente são restritas à escala analítica. Para se preparar placas para uso analítico ou preparativo, torna-se necessária a utilização de espalhadores, assim obtendo-se placas uniformes e com espessuras definidas. Espalhadores são compostos, basicamente, por um suporte no qual é mantida a placa de vidro, deslizando-se sobre ela um recipiente que permite o escoamento regular da suspensão do adsorvente contida neste.

Para separações de alguns componentes as placas preparadas ou pré-fabricadas necessitam de ativação. A ativação desejada pode ser alcançada pelo aumento de temperatura em determinado tempo; os parâmetros variam de acordo com o adsorvente utilizado. As placas podem ser armazenadas prontas em dessecadores ou locais fechados para ser utilizadas posteriormente.

Análise cromatográfica

Tendo em vista que existe uma competição entre as moléculas da fase móvel e da amostra pela fase estacionária, na separação dos componentes de uma mistura, o solvente ou a mistura dos solventes tem papel crucial, devendo ser escolhido com muito cuidado. A natureza química das substâncias separadas de uma amostra e a polaridade do solvente devem ser conhecidas para garantir uma separação mais eficiente.

Para auxiliar na escolha do solvente, as séries eluotrópicas (Collins, Braga e Bonato, 2006) são uma ferramenta útil, por ordenar os solventes segundo suas polaridades. Misturas de solventes costumam obter melhores resultados quando comparados à utilização de um único solvente, por ser possível obter uma polaridade média dos componentes da mistura.

Para realizar a separação cromatográfica, o solvente, que atua como fase móvel, deve ser colocado em um recipiente, denominado cuba cromatográfica, de forma a cobrir totalmente seu fundo até a altura que seja inferior a da mancha da amostra que será adicionada. É importante que a cuba esteja fechada para que possa saturar com a fase móvel. A saturação também pode ser garantida adicionando-se sobre as paredes da cuba papel-filtro umedecido com solvente, como mostra a Figura 2.

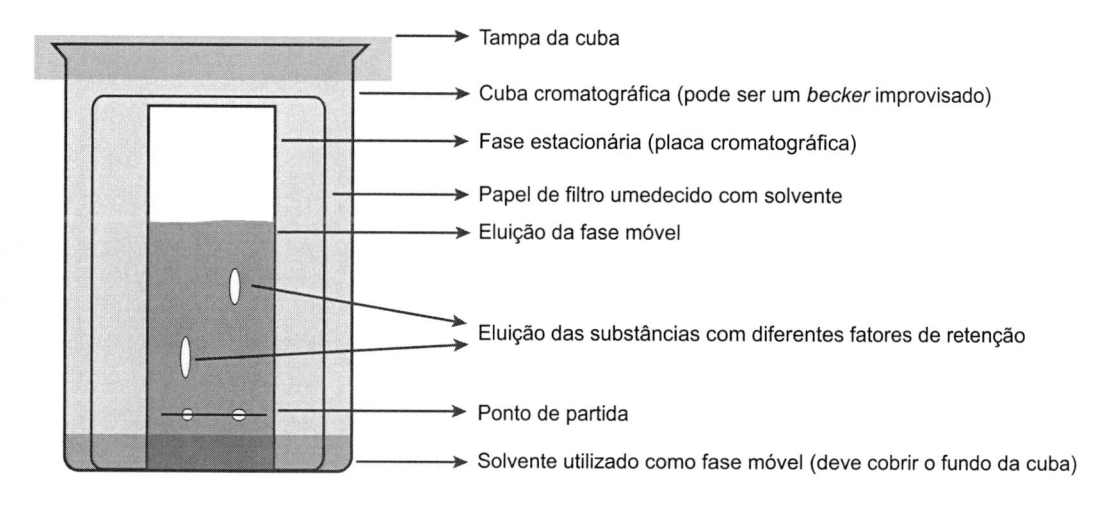

Fonte: Marcelo Firmino de Oliveira.

Figura 2 Sistema cromatográfico utilizado na cromatografia em camada delgada.

Antes da aplicação das amostras nas placas cromatográficas, estas devem ser dissolvidas em solvente bastante volátil, geralmente etanol e diclorometano. O solvente tem como finalidade manter as manchas da amostra menores para melhor separação, o que se dá pela evaporação do solvente. Vale ressaltar que a amostra não deve ser muito diluída, devendo-se ter sempre em mente o limite de detectabilidade do revelador.

As amostras podem ser rotineiramente aplicadas nas placas cromatográficas empregando-se sistemas automáticos, ou com o auxílio de micropipetas ou microsseringas, quando necessária aplicação de quantidade predeterminada. Quando não exigida a precisão na quantidade de amostra, capilares de vidro podem ser utilizados para este fim.

Após a aplicação da amostra, a placa deve ser colocada ligeiramente em posição vertical, com uma das extremidades apoiando-se no fundo da cuba e a outra na lateral. Em pouco tempo, a eluição da fase móvel e da amostra atingem o máximo. A placa deve, então, ser retirada rapidamente da cuba para secar, podendo-se utilizar secador de cabelo ou deixar secar ao ar.

A análise qualitativa de substâncias que apresentam coloração pode ser realizada visivelmente, através da cor das manchas ou pelo fator de retenção R_f, determinado pela razão da distância percorrida pelas substâncias presentes na amostra, d_r, e pela distância percorrida pela fase móvel, d_m. A identificação das substâncias deve ser feita por comparação com padrões, e estas deverão apresentar o mesmo R_f. A Figura 3 exemplifica a identificação de substâncias no cromatograma.

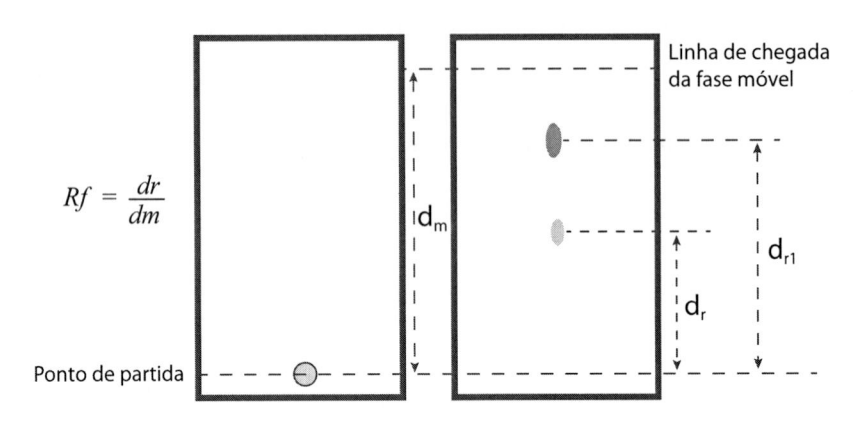

$$Rf = \frac{dr}{dm}$$

Fonte: Daiane Cássia Pereira Abreu.

Figura 3 Esquema de um cromatograma obtido por cromatografia de camada delgada.

Quando os componentes a ser separados são incolores, reagentes são usados para torná-los visíveis. A revelação dos cromatogramas pode ser realizada utilizando-se meios físicos, químicos ou biológicos. Exemplo de revelação pelo método físico são os instrumentos de ultravioleta, utilizados na identificação de substâncias fluorescentes. Quando não fluorescentes, o inverso pode ser realizado, impregnando o adsorvente com substâncias que fluorescem. Em meios biológicos, a utilização de reações enzimáticas ou bacterianas pode tornar a mancha visível. Por meio químico, componentes insaturados podem ser complexados com vapores de iodo, revelando pontos amarronzados.

Pode-se utilizar, além do desenvolvimento uni, também o bidimensional, que se resume a aplicar a cromatografia normalmente, retirar a placa da cuba e colocá-la em outra, num ângulo de 90° em relação ao anterior utilizando outro solvente. Uma placa pode sofrer sucessivos desenvolvimentos até que se consiga uma boa separação. Existem diversos equipamentos de CCD no mercado, que utilizam múltiplos desenvolvimentos, ampliando a aplicação da técnica e possibilitando resultados mais confiáveis para a identificação visual, além de instrumentos que tornam possíveis resultados quantitativos, como a cromatografia de camada delgada de alta eficiência.

Estudo de casos

Amostras apreendidas de cocaína ou crack

A técnica de CCD em laboratórios forenses com frequência é utilizada em testes qualitativos para detecção de drogas de abuso, como cocaína, crack, maconha, ecstasy, entre outras. Para cada amostra de substância suspeita a ser testada no laboratório, há necessidade da presença de um padrão certificado para aquela substância. Como exemplo, é sabido que amostras "comerciais" de cocaína no mais das vezes se apresentam dissolvidas com outras substâncias diluentes (de mesmo aspecto físico, como farinha de trigo, amido de milho etc.) ou adulterantes (de propriedades farmacológicas similares à cocaína, como lidocaína e procaína, que são anestésicos, ou cafeína, estimulante). Tanto os diluentes quanto os adulterantes em geral não apresentam interesse pericial, visto que, na maioria, são substâncias de uso permitido. Há a necessidade, portanto, de se detectar o princípio ativo de interesse (no caso, cocaína) nestas amostras. Para tanto, realiza-se frequentemente a diluição da amostra em solvente apropriado e visando à obtenção de um cromatograma de placa. Em paralelo, deve-se obter outro cromatograma, referente à solução de mesmo solvente, contendo apenas o padrão a ser investigado. Caso o cromatograma da amostra investigada apresente uma fração correspondente a um analito com o mesmo fator de retenção da substância padrão, tem-se um resultado considerado positivo para a identificação da droga.[1]

Amostras de maconha apreendidas

Estas apresentam algumas particularidades em relação às demais amostras de drogas de abuso. Por serem, na maioria das vezes, alíquotas de material vegetal prensado, apresentam um número bem maior de componentes químicos em sua composição. Como comparação, enquanto amostras de cocaína apresentam 4 ou 5 componentes químicos em sua composição (cocaína misturada a diluentes ou adulterantes), a maconha exibe mais de 60 espécies diferentes de canabinoides, sem mencionar os demais componentes vegetais sem interesse pericial.

Apesar de apresentar uma composição química mais complexa, as análises de amostras de maconha por CCD tendem a oferecer um resultado mais confiável do que aquelas realizadas para cocaína, por exemplo. Ao se utilizar o reagente colorimétrico *Fast Blue* B Salt como agente revelador para canabinoides da maconha (Bordin et al., 2012), é possível obter uma especificidade considerável, em especial para a espécie delta-9-tetraidrocanabinol (Δ^9-THC), que constitui o canabinoide majoritário da planta, bem como de maior atividade farmacológica no ser humano. Os cromatogramas oriundos de amostras reais de maconha apresentam, portanto, uma série de bandas avermelhadas, com variações de cores do amarelo ao roxo, referentes aos produtos de reação do corante *Fast Blue* B Salt com os canabinoides presentes na planta, como pode ser visualizado na Figura 4.

---

[1] 1) Este resultado positivo é puramente preliminar e deve ser complementado com outros exames químicos por diferentes técnicas de análise. A razão dessa necessidade reside no fato de que, dentre os milhões de substâncias químicas conhecidos pelo ser humano, inevitavelmente pode haver outras que apresentem fator de retenção igual ou próximo ao padrão investigado. 2) A única situação em que a técnica de CCD pode ser utilizada com 100% de confiabilidade para um resultado definitivo é para resultados negativos. Ou seja, caso a amostra não apresente nenhum componente de sua mistura com fator de retenção igual ao padrão, então inexiste a possibilidade de existência do princípio ativo investigado naquela amostra. 3) Uma forma de se aumentar a confiabilidade dos resultados positivos obtidos por CCD consiste na escolha de reveladores físicos ou químicos mais específicos para a substância investigada. Mesmo que determinado componente da amostra elua com mesmo fator de retenção que o padrão, este não necessariamente apresentará resultado positivo perante o revelador (colorimétrico ou não) utilizado.

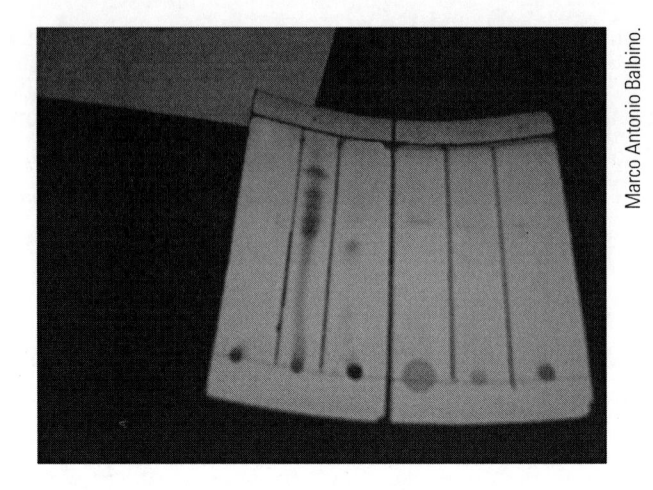

Figura 4 Na segunda raia, da esquerda para a direita, tem-se um perfil típico de cromatograma obtido para solução de extrato de amostra de maconha.

* Você pode visualizar esta imagem em cores no final do livro.

PRÁTICA DE LABORATÓRIO

Análise de amostras de cocaína por cromatografia em camada delgada

Objetivo

Aprender a técnica analítica envolvendo cromatografia em camada delgada para análise de amostras de cocaína apreendidas.[2]

Aparelhagem

Para esta prática, será necessária a utilização de um frasco plástico borrifador de solução aquosa e banho de ultrassom.

Reagentes e vidraria

- Padrão comercial de cocaína PA.
- Padrão comercial de lidocaína PA.
- Amido de milho comercial.
- Acetona grau cromatográfico.
- Solução aquosa de tiocianato de cobalto 5%.
- Solução aquosa de HCl 1mol/L.
- Alíquota de amostra real de cocaína (fornecida pela Polícia Científica).

---

[2] Por se tratar de experimento envolvendo a utilização de entorpecentes, o laboratório deve contar com o monitoramento de um perito criminal da Polícia Estadual ou Federal, que será o responsável pelo fornecimento de amostras apreendidas de entorpecentes para análise. E, ainda, os estudantes devem realizar toda a etapa experimental utilizando luvas protetoras.

- Luvas de látex.
- 4 frascos do tipo Eppendorf de 2 mL.
- Micropipeta ajustada para 5 mL.
- Ponteiras descartáveis para micropipeta.
- 4 cromatoplacas comerciais (previamente aquecidas a 80°C por 30 min).
- 1 cuba de desenvolvimento cromatográfico (pode ser um béquer improvisado, desde que comporte a cromatoplaca e tenha tampa apropriada).
- Tira de papel-filtro.

Procedimento

1. No Eppendorf 1, adicione uma alíquota de cerca de 10 mg do padrão de cocaína.
2. No Eppendorf 2, adicione uma alíquota de cerca de 10 mg do padrão de lidocaína.
3. No Eppendorf 3, adicione uma alíquota de cerca de 10 mg do amido comercial.
4. No Eppendorf 4, adicione uma alíquota de cerca de 10 mg da amostra questionada de cocaína.
5. Em cada Eppendorf, adicione 1 mL de acetona. Feche os frascos e submeta-os a um banho de ultrassom por 2 minutos.
6. Com o auxílio da micropipeta, colete 5 mL de cada solução preparada e adicione cada alíquota em cromatoplacas separadas (assinale levemente o ponto de aplicação com um lápis).
7. Monte a cuba cromatográfica com a tira de papel-filtro em seu interior. Nela, adicione a fase móvel (acetona), não se esquecendo de embeber a tira de papel-filtro com o solvente. A presença da tira de papel-filtro embebida no solvente no interior da cuba agiliza a eluição do solvente através da placa cromatográfica, por saturar o meio interno com o solvente.
8. Proceda ao desenvolvimento cromatográfico para cada placa. Ao retirá-las da cuba, anote o ponto final da frente do solvente. Deixe secar à temperatura ambiente dentro de uma capela de exaustão.
9. Borrife a solução de tiocianato de cobalto 5% nas cromatoplacas. Anote os resultados obtidos. Calcule os fatores de retenção para as diferentes substâncias estudadas, quando possível (anote em quais placas ocorre a revelação de manchas azuis).

Quesitos

1. Em quais cromatoplacas foi possível a observação de manchas azuis? Qual é a reação envolvida neste processo? (Cite a literatura especializada).
2. Quais foram os valores de R_f obtidos neste experimento? Foi possível a confirmação da presença de cocaína na amostra questionada? Justifique sua resposta.
3. Comente a eficácia do revelador colorimétrico para a detecção de cocaína ante a lidocaína e o amido de milho.

Relatório de análises

Elabore um relatório científico sobre o experimento a ser entregue e discutido com o professor.

Além da estrutura convencional (introdução, parte experimental, resultados, discussão, conclusão e referências), cada grupo deve apresentar no relatório as respostas aos quesitos aqui apresentados.

EXERCÍCIOS COMPLEMENTARES

1. Em uma análise de 6 amostras suspeitas de ser cocaína, foram obtidos os seguintes resultados:

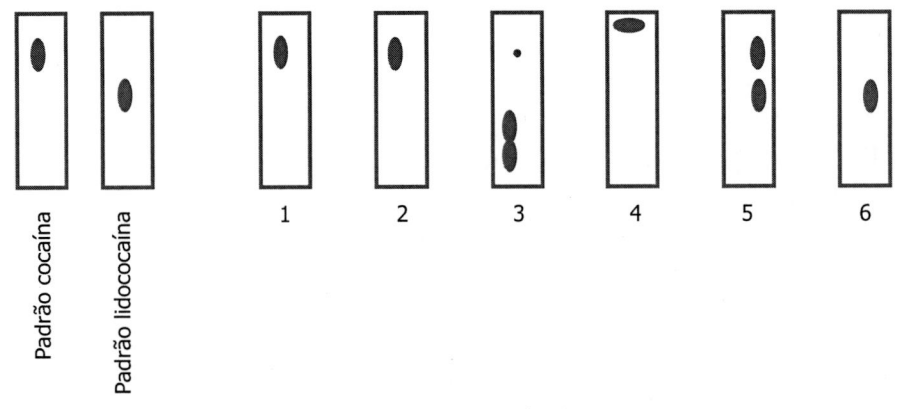

Fonte: Marcelo Firmino de Oliveira.

Qual o resultado da análise?

2. Em uma reação de esterificação, um químico submeteu uma alíquota dos reagentes RCOOH e R'OH e do produto formado à análise por CCD, obtendo os seguintes resultados:

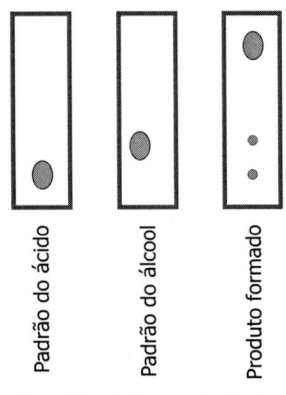

Fonte: Marcelo Firmino de Oliveira.

Qual o resultado da análise? Justifique sua resposta em termos químicos.

Referências bibliográficas

BORDIN, D. C. et al. Análise forense: pesquisa de drogas vegetais interferentes de testes colorimétricos para identificação dos canabinoides da maconha (*Cannabis Sativa L.*). *Química Nova*, v. 35, n. 10, p. 2040-43, 2012.

CHINCHOLE, R. et al. Recent applications of hyphenated liquid chromatography techniques in forensic toxicology: A review. *International Journal of Pharmaceutical Sciences Review and Research*, v. 14, n. 1, 2012.

COLLINS, C. H.; BRAGA, G. L.; BONATO, P. S. *Fundamentos de cromatografia*. São Paulo: Unicamp, 2006. p. 17-85.

DEGANI, A. L.; CASS, Q. B.; VIEIRA, P. C. Cromatografia: um breve ensaio. *Química Nova na Escola*, n. 7, p. 21-25, 1998. Disponível em: <http://qnesc.sbq.org.br/online/qnesc07/atual.pdf>. Acesso em: 22 out. 2015.

PERES, T. B. Noções básicas de cromatografia. *Biológico*, v. 64, n. 2, p. 227-29, 2002.

capítulo **11**

Cromatografia líquida de alta eficiência

Maria Eugênia Costa Queiroz
Cristina Márcia Wolf Evangelista

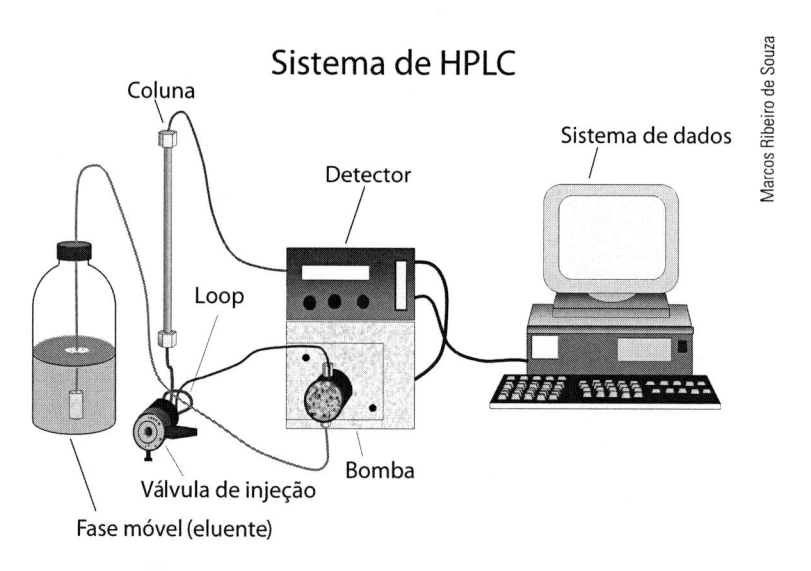

Figura 1 Esquema de um cromatógrafo a líquido.

A cromatografia líquida de alta eficiência, em conjunto com a espectrofotometria ou a espectrometria de massas, é empregada na determinação (separação, identificação e quantificação) de uma imensa variedade de substâncias, de espécies iônicas às macromoléculas, nas áreas clínica, ambiental, de alimentos, petroquímica e forense.

Introdução

As Ciências Forenses têm como objetivo aplicar uma vasta gama de conhecimentos técnicos e científicos a fim de responder a quesitos de interesse para auxiliar na elucidação de crimes. Desta forma, abrangem as mais diversas áreas, como química, bioquímica, toxicologia, física, odontologia, entre outras, incluídas a Química Forense, a Bioquímica Forense, e assim por diante.

Peritos são profissionais que, utilizando-se dessas áreas do conhecimento, se responsabilizam pelo fornecimento da prova técnica. Há os peritos criminais (pertencentes à instituição oficial pública), judiciais (nomeados pelo Poder Judiciário) e auxiliares técnicos (contratados pelas partes).

O significado etimológico da palavra perícia advém do latim *peritia*, "conhecimento adquirido pela experiência".

De acordo com o artigo 160 do Código de Processo Penal, os peritos elaborarão o laudo pericial, onde descreverão minuciosamente o que examinarem e responderão aos quesitos formulados. A função do perito é *visum et repertum*, ou seja, ele deve observar, interpretar e relatar a realidade dos fatos delituosos. O resultado final deste trabalho é a elaboração do Laudo Pericial, um relatório escrito que conterá todas as suas observações e conclusões com fundamentação técnico-científica.

A prova pericial fornecida pelo perito permite a reconstrução do desenrolar dos fatos ocorridos. No processo penal, o exame de corpo de delito é imprescindível, de modo que todos os vestígios materiais deixados em um local de crime devem ser analisados e estudados pelo perito. Esta prova jamais pode ser dispensada, mesmo quando o criminoso confessa a prática do delito.

Faz-se necessário definir vestígio, evidência e indício. *Vestígio* corresponde a qualquer objeto, material, marca ou sinal, que potencialmente possa estar relacionado com o crime em questão. *Evidência* é definida como sendo o vestígio que, após examinado pelo perito, está diretamente vinculado ao crime. *Indício* engloba, além das evidências (elementos materiais), outros elementos de natureza subjetiva, próprios da esfera da polícia judiciária, já na fase processual.

Na execução dos trabalhos periciais, o perito deve zelar pela manutenção da chamada cadeia de custódia. Com ela, é possível realizar um completo rastreamento da prova material, desde a coleta, passando pelo transporte e exames, até o armazenamento. Para tanto, todas as peças de exame devem ser devidamente lacradas e identificadas em todas essas fases, de forma a evitar substituição, perdas ou alterações. Cadeia de custódia é um processo usado para manter e documentar a história cronológica das evidências utilizadas em processos judiciais, objetivando garantir a idoneidade e permitir a validação de tal prova material.

As técnicas empregadas pela perícia permitem verificar em um local de crime, contra a pessoa, por exemplo, se um suspeito esteve ou não presente na cena, seja pela presença de uma mancha de sangue da vítima constatada em sua vestimenta, ou pelo esperma coletado do corpo do cadáver, que apresenta o mesmo padrão genético deste suspeito, ou por impressões digitais coletadas no local e confrontadas com as do indivíduo, ou mesmo por constatação e/ou confrontação de outros materiais deixados e/ou coletados no local.

A atividade do perito não se restringe somente a exame do local de crime contra a pessoa, também abrange, por exemplo: a) realizar exames grafotécnicos, documentoscópicos e químicos; b) examinar instrumentos de crimes, como armas de fogo, armas brancas e outros, além de conteúdos de mídias e computadores; c) realizar exames em locais de crimes contra o patrimônio (furtos qualificados, roubos e danos dolosos); f) verificar se houve ou não adulteração das numerações de chassi/motor de veículos; g) realizar exames físicos e de engenharia (incêndios, desabamentos, crimes ambientais, entre outros); i) realizar exames toxicológicos, como identificação de entorpecentes, alcoolemia e pesquisa de toxicantes em vísceras; j) proceder a exames contábeis; e k) examinar locais de acidentes de trânsito.

Uma das áreas que constituem as Ciências Forenses é a Química Forense, responsável pela produção de provas materiais para a Justiça através da realização de exames laboratoriais, pelo perito, de vários tipos de amostras, biológicas ou não. Tais exames são realizados por solicitação de autoridades policiais, judiciárias e/ou militares (processos militares).

Vários são os exames periciais pertencentes à área da Química Forense, como os exames químicos utilizados na revelação da numeração remanescente de um chassi ou motor de veículo adulterado; identificação de materiais explosivos; verificação de adulteração/falsificação de compostos químicos como combustíveis, agrotóxicos, entre outros.

Os avanços da Química Forense contribuíram para o desenvolvimento de várias áreas forenses, como a documentoscopia, cujos métodos são utilizados, por exemplo, para a análise de tintas de instrumentos escreventes.

Métodos químicos também se fazem presentes na Balística Forense. Sabidamente, quando uma arma de fogo é deflagrada, grande quantidade de material na fase gasosa ou aerossol sólido é expelida junto com o projétil. Os resíduos de tiro são compostos formados principalmente por chumbo, bário e antimônio, oriundos da deflagração da espoleta, além de pólvora parcialmente fundida, elementos do cano da arma e do próprio projétil. Desta forma, a constatação da presença de tais resíduos nas mãos de um suspeito permite sua colocação na região do disparo, ou seja, no local do crime.

As análises toxicológicas também se beneficiam da evolução dos métodos químicos, pois os emprega na execução das suas pesquisas. Estas análises são importantes para caracterizar a morte por envenenamento, seja um caso de homicídio, suicídio ou mesmo de natureza acidental, além de outras finalidades, como identificação de substâncias entorpecentes, bem como para determinação da alcoolemia.

Nas análises toxicológicas são utilizadas *amostras biológicas* (sangue, urina, cabelo, conteúdo estomacal, vísceras, ar exalado etc.), e *não biológicas*, por exemplo, na identificação de venenos diluídos em água encontrados no local de um crime.

As técnicas de análise toxicológica variam desde simples reações colorimétricas até instrumentais, como as espectrofotométricas e as cromatográficas (cromatografia gasosa e cromatografia líquida de alta eficiência) acopladas a diferentes sistemas de detecção.

Cromatografia líquida de alta eficiência, objeto deste capítulo, é uma técnica analítica de separação que permite a determinação de grande quantidade de substâncias em diferentes matrizes, sendo usada com grande destaque na Química Forense, especialmente nas análises de drogas de ilícitas, agrotóxicos e medicamentos em fluidos biológicos.

Cromatografia líquida de alta eficiência

Cromatografia líquida de alta eficiência (HPLC – *High-Performance Liquid Chromatography*) é uma técnica analítica de separação pela qual os diferentes componentes (solutos) de uma amostra são separados (migração diferencial) por interações (sorção/solubilidade) com as fases: estacionária (FE), de grande área superficial, e móvel (FM), a fase líquida.

A Figura 1 ilustra um esquema básico de um cromatógrafo a líquido de alta eficiência, constituído por reservatório de fase móvel, bomba de alta pressão, injetor (válvula de seis pórticos), coluna cromatográfica, detector e sistema de aquisição de dados.

Nas análises forenses, alguns μL da amostra, após o preparo adequado para a exclusão dos componentes endógenos da matriz e pré-concentração dos solutos, são injetados à pressão atmosférica na válvula de seis pórticos (canais) com o auxílio de uma microsseringa. A injeção da amostra, diluída na fase móvel ou em um solvente mais fraco que esta fase, pode ser realizada com válvulas manuais ou com o autoinjetor (injeção automática). A válvula de seis pórticos (injetor) possui duas posições: carregar e injetar (Figura 2). Na posição carregar, a amostra injetada preenche a alça de amostragem (*loop*), e seu excesso é direcionado para o descarte, enquanto a fase móvel é direcionada para a coluna analítica. Na posição injetar, a fase móvel passa pela alça de amostragem e arrasta a amostra para a coluna analítica. Em geral, em sistemas de HPLC com colunas analíticas, injetam-se volumes de amostra menores que 20 μL.

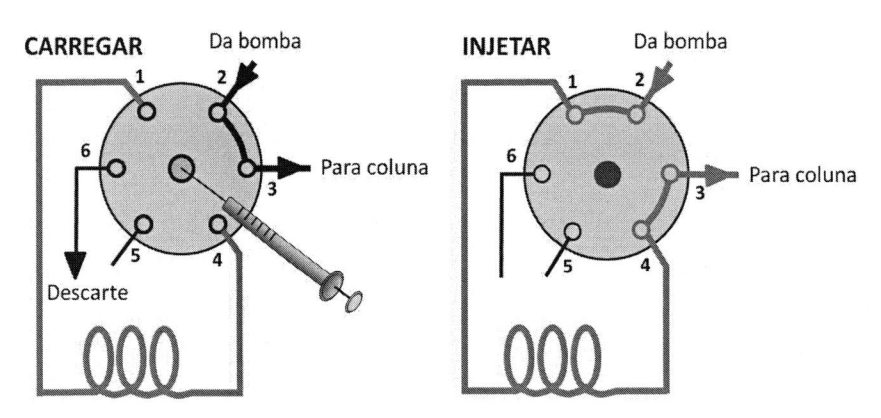

Fonte: Marcos Ribeiro de Souza.

Figura 2 Válvula de injeção de seis pórticos.

A fase móvel (FM) flui através da estacionária sob altas pressões e deve ser preparada com solventes miscíveis de alto grau de pureza (grau cromatográfico) e, principalmente os solventes polares devem ser desgaseificados para a remoção de O_2 e outros gases. Esta desgaseificação pode ser realizada em banho ultrassônico, sistema a vácuo sob agitação, filtração em membrana permeável ou diretamente no sistema cromatográfico, com a passagem contínua do gás He no reservatório da FM. A captação desta fase no reservatório (geralmente de vidro) é realizada por um filtro de aço inox, com poros de 10 μm, para remover partículas que possam obstruir a tubulação do sistema HPLC.

Para aumentar o tempo de uso das colunas analíticas, uma coluna de guarda (pré-coluna), no geral de 1 a 3 cm de comprimento, com mesmo diâmetro interno da analítica e recheada com a mesma fase estacionária (FE) desta última, é conectada entre o injetor e a coluna analítica, para evitar a sorção de impurezas.

Na coluna analítica, tubo de aço inox recheado com materiais sorventes, ocorre a separação cromatográfica. Colunas analíticas têm comprimento de 5-30 cm, diâmetro interno de 2-6 mm e tamanho de partícula de FE de 3-5 μm. A separação cromatográfica é realizada a baixas temperaturas isotérmicas, permitindo a separação de substâncias termicamente instáveis. Os sistemas cromatográficos mais modernos possuem um forno para o controle isotérmico da temperatura (30-70°C) da coluna e, portanto, da separação cromatográfica. O aumento da temperatura da coluna diminui o tempo da análise e o consumo de FM, pois diminui a viscosidade desta última, favorecendo a transferência de massas do soluto da FE para a FM. Para a seleção da temperatura da coluna, deve-se considerar o ponto de ebulição dos solventes da FM e a estabilidade da FE na temperatura da análise.

A separação cromatográfica pode ser realizada no modo isocrático ou por gradiente. No primeiro, a composição da FM permanece constante durante toda a separação cromatográfica, já na eluição por gradiente, a composição (polaridade) da FM é modificada gradativamente ao longo da corrida cromatográfica. Esta permite a separação de substâncias de diferentes polaridades em menor tempo de análise, com melhor resolução e detectabilidade. Quanto maior o tempo que o soluto permanecer na FE da coluna, mais largo e achatado (menor detectabilidade) será seu pico no cromatograma.

Os detectores por absorvância no ultravioleta e no visível, por arranjo de diodos, por fluorescência e espectrômetros de massas, têm sido os sistemas de detecção mais utilizados nas análises forenses.

Detectores por absorvância no ultravioleta e no visível

Os detectores com absorvância de luz na região ultravioleta visível têm sido os mais utilizados em HPLC, e em geral sido a primeira escolha, pois 90% dos solutos orgânicos analisados por cromatografia líquida absorvem radiação na região ultravioleta visível do espectro eletromagnético, sendo que aproximadamente dois terços destes solutos absorvem radiação no comprimento de onda de 254 nm.

O princípio do detector ultravioleta visível é baseado na absorção de luz ultravioleta, ou visível monocromática, pelos grupos funcionais (cromóforos) dos solutos quando a radiação eletromagnética em comprimento de onda específico passa pela amostra, segundo a Lei de Beer-Lambert. Em comprimento de onda específico, a absorvância é linearmente proporcional à concentração molar do soluto em intervalo de concentração de 10^4 a 10^5 e apresenta limites de detecção na faixa de 0,1 a 1,0 ng para solutos que absorvem intensamente na região ultravioleta visível.

Os detectores são classificados de acordo com a frequência da radiação medida; ultravioleta na faixa de comprimento de onda aproximada de 190 a 340 nm e ultravioleta visível de 190 a 800 nm. Esses detectores são divididos em três categorias: comprimento de onda fixo, comprimento de onda variável e arranjo de fotodiodos.

Os primeiros são os mais simples; como as linhas de emissão são estreitas, com raias espectrais em comprimentos de onda bem definidos, o monocromador não é requerido, reduzindo assim o custo do detector. A lâmpada de mercúrio de baixa pressão tem sido a mais utilizada na maioria dos detectores de comprimento de onda fixo, monitorando a resposta nos comprimentos de onda de 254 nm e 280 nm.

O detector de comprimento de onda variável utiliza fontes de alta energia, tais como: lâmpada de deutério que emite espectro contínuo de radiação ultravioleta de 190 a 340 nm, e de tungstênio, que emite espectro de radiação visível de 340 a 850 nm. Este detector permite selecionar o comprimento de onda no qual o soluto absorva intensamente a radiação, mas não os interferentes ou componentes da fase móvel, aumentando a seletividade e detectabilidade.

No detector com arranjo de fotodiodos, a radiação de uma fonte contínua, geralmente proveniente da lâmpada de deutério, passa através de um sistema de lentes acromáticas que focalizam a radiação policromática na célula de amostra. A radiação transmitida incide sobre lentes que focalizam o feixe sobre uma fenda, e desta sobre uma grade de difração holográfica. Esta grade dispersará a radiação nos comprimentos de onda que a compõem e focalizará a radiação sobre o arranjo de fotodiodos. Diferentes faixas de comprimentos de onda chegam aos diodos, e a resolução da radiação depende da proximidade dos diodos e da dispersão produzida pela grade. Centenas de fotodiodos formam um circuito integrado, em geral sobre um único chip de silício. Cada fotodiodo é conectado em paralelo a um capacitor de armazenagem, que é carregado inicialmente com uma voltagem conhecida. A radiação incidente nos fotodiodos descarrega parcialmente os capacitores. A corrente requerida para recarregar cada capacitor é proporcional à intensidade de luz transmitida através da célula. Assim, é formado o espectro de absorção, geralmente de 180 a 800 nm, permitindo a detecção simultânea em diferentes comprimentos de onda.

O conhecimento do espectro de absorvância de cada soluto presente na amostra permite selecionar o comprimento de onda de máxima absorvância para cada soluto e também avaliar a pureza dos picos do cromatograma.

Detector por fluorescência

Este tem sido o terceiro detector mais utilizado em HPLC, sendo o mais específico e seletivo dos detectores ópticos. É empregado na detecção de solutos que apresentam fluorescência natural ou se tornam fluorescentes após reações. A detectabilidade (limite de detecção, geralmente 10^{-12} g) deste detector é 1.000 vezes maior que a do detector ultravioleta para solutos que absorvem intensamente na região ultravioleta. A intensidade da emissão da radiação fluorescente depende do meio, ou seja, da FM, o que dificulta o emprego de eluição por gradiente. A presença de impurezas na FM, principalmente o oxigênio, pode anular a detecção da radiação fluorescente.

Modalidades da cromatografia líquida de alta eficiência

A cromatografia líquida de alta eficiência, em razão da grande variedade de mecanismos de separação, propicia a separação de solutos iônicos, ionizáveis, não iônicos, polares e apolares. A classificação da HPLC, em três grupos, tem sido baseada na natureza do soluto (caráter iônico, polaridade e massa molar) e no mecanismo de separação. No primeiro grupo, encontram-se as modalidades da cromatografia líquida em fase normal, reversa e por exclusão, para as determinações de solutos não iônicos. No segundo grupo, as da cromatografia líquida com supressão iônica, par iônico, troca iônica, para as determinações de solutos iônicos ou ionizáveis. Já no terceiro grupo, as separações especiais, tais como a cromatografia líquida de bioafinidade, quiral, entre outras.

A cromatografia líquida em fase reversa, por supressão iônica e por par iônico têm sido as modalidades mais utilizadas para as determinações de fármacos e drogas ilícitas em toxicologia forense.

Cromatografia líquida em fase reversa

Esta é a modalidade da cromatografia líquida mais utilizada – cerca de 80% das análises empregam esta modalidade –, pois permite a separação de uma grande variedade de solutos e o uso de FMs aquosas (mais baratas e menos tóxicas). As separações cromatográficas são realizadas em FE apolar quimicamente ligada aos grupos silanóis da superfície da sílica. Os mecanismos de partição e/ou adsorção e a teoria solvofóbica têm sido utilizados para explicar as interações dos solutos com a FE.

A FE apresenta grupos apolares, tais como os C_{18}, C_8, fenil, C_6, C_4, C_2, que são ligados, através de ligações covalentes, aos grupos silanóis da superfície da sílica, através da reação de sililação com organoclosilano, formando assim as ligações siloxano ($\equiv$Si–O$\equiv$SiR$'_2$R). Desta forma, equilíbrios de partição (solubilidade) das moléculas do soluto entre a FM e o fino filme de fase líquida apolar são observados. A seletividade/especificidade da retenção do soluto pode ser mudada variando o grupo apolar quimicamente ligado à superfície da sílica.

As fases estacionárias, quimicamente ligadas, devido às ligações covalentes estáveis, possibilitam o uso de maiores vazões e temperaturas, assim como o emprego da eluição por gradiente. No entanto, apenas 50%, ou menos, dos grupos silanóis participam da reação de sililação. Desta forma, retenções indesejáveis (adsorção) de solutos polares com os grupos silanóis residuais podem ser observadas, resultando em cromatogramas com picos largos e assimétricos. Os silanóis residuais podem ser desativados através do processo de capeamento, ou seja, reação com trimetilclorosilano, embora não seja possível a derivação de todos os grupos silanóis.

A composição da FM também influencia no mecanismo de retenção. Quando a FM aquosa apresenta baixa concentração de solvente orgânico, a teoria solvofóbica explica o mecanismo de retenção dos solutos em fase reversa. A retenção das moléculas do soluto apolar junto à fase reversa ocorre devido à baixa solubilidade destas na FM aquosa. Neste caso, a composição da FM apresenta maior influência na seletividade da separação, quando comparada à FE.

A FM empregada em cromatografia líquida em fase reversa tem sido uma mistura de solventes orgânicos e água. Acetonitrila, metanol e traidrofurano têm sido os solventes mais utilizados em fase reversa. O uso de apenas estes três solventes deve-se à pequena quantidade de solventes orgânicos miscíveis em água. A otimização do fator de retenção (Equação 1) dos solutos tem sido realizada através de variações da porcentagem de água (solvente fraco) na FM. Quanto maior a quantidade de água, maior o fator de retenção dos solutos não iônicos.

$$k = tr'/tm \qquad \text{Equação 1}$$

onde tr' é o tempo que as moléculas do soluto permanecem na FE, e tm o tempo que as moléculas do soluto permanecem na FM.

A força dos solventes da FM aumenta nesta ordem: água (0), metanol (2,6), acetonitrila (3,2) e tetraidrofurano (4,5). Entre parênteses são ilustrados os valores do fator força peso do solvente (S). Desta forma, o solvente é denominado forte quando possui polaridade semelhante à FE. A polaridade do solvente orgânico governa a seletividade da FM, que pode ser mudada através da troca do solvente orgânico de uma mistura aquosa binária, mantendo a polaridade da FM constante, ou através da adição de um terceiro solvente (5% a 25%), usualmente acetonitrila ou tetraidrofurano em misturas água-metanol.

Cromatografia líquida por supressão iônica

Esta separa solutos ionizáveis, como os fármacos que em geral são ácidos ou bases fracas. Esta modalidade da cromatografia líquida de alta eficiência é uma extensão da em fase reversa, na qual a água da FM é substituída por uma solução-tampão, com pH adequado para suprir a ionização dos solutos ionizáveis, os quais apresentam baixa retenção em fase reversa. Estes solutos já na forma não ionizada ou parcialmente ionizada, ou seja, mais hidrofóbicos, são retidos na coluna em fase reversa.

As soluções-tampão têm sido preparadas com valores de pH no intervalo de 3 a 8, para não decompor ou dissolver a FE. A sílica (fase reversa) sofre hidrólise da ligação siloxano em pH abaixo de 3, e, em valores de pH acima de 8, os grupos hidroxilas do tampão alcalino reagem com os grupos silanóis promovendo a dissolução da fase. É preciso ficar atento, pois, no preparo da FM, a adição de solvente orgânico altera o pH da solução-tampão.

As soluções-tampão ácidas, pH = pka-1, têm sido empregadas para análises de ácidos fracos, e as básicas, pH = pka+1, para as separações de bases fracas. No mais das vezes, as soluções-tampão têm sido preparadas em concentrações de 25 a 50 mmol L^{-1}. A capacidade de tamponamento e a solubilidade dessas soluções em solventes orgânicos devem ser consideradas. As fases reversas poliméricas são mais estáveis que as monoméricas, devido ao maior recobrimento da superfície da sílica, geralmente 25%, que permitem o emprego de soluções--tampão em ampla faixa de pH.

O uso de soluções-tampão na FM requer cuidado especial, principalmente na separação cromatográfica no modo de eluição por gradiente, pois o aumento da concentração de solvente orgânico na FM diminui a solubilidade dos sais da solução-tampão. Após finalizar a análise, para a remoção do tampão, o sistema cromatográfico deve ser lavado com uma fase lavagem (água + solvente orgânico) com a mesma concentração de solvente orgânico utilizada na FM da análise, mas substituindo a solução-tampão por água.

Cromatografia líquida por par iônico

Os solutos iônicos não são retidos ou apresentam baixa retenção em FE lipofílica, quando eluídos com fase móvel típica de fase reversa (água, acetonitrila ou metanol). A cromatografia líquida por supressão iônica não tem sido aplicada nas separações de ácidos e bases fortes, pois seria necessário o emprego de FM com soluções-tampão em faixa de pH fora da faixa usual (pH 3-8) em fase reversa.

Cromatografia líquida por par iônico, em razão da simplicidade, tem sido empregada para análise desses solutos iônicos. As fases móvel e estacionária são as mesmas utilizadas em fase reversa convencional, com exceção da adição de um reagente iônico lipofílico (grupo alifático) de carga oposta ao soluto à FM.

Este reagente de interação iônica (IIR) deve ser solúvel na FM, manter-se ionizado em ampla faixa de pH, ou seja, ionizado independente do pH da FM, para formar o par iônico (carga neutra) com a espécie iônica (soluto), e lipofílico, para favorecer a sorção em fase reversa.

A separação de solutos aniônicos tem sido realizada com a adição de cátions de bases fortes, tais como os íons tetralquilamônio, em FM tamponada com pH aproximadamente 8, em que a maior parte dos ácidos encontra-se totalmente dissociada em sua forma aniônica. Já a separação de cátions tem sido realizada com a adição de ânions de ácidos fortes, tais como íons alquilsulfonatos, em FM tamponada em pH aproximadamente 4, em que os solutos básicos estão em sua forma iônica.

As fases reversas, octadecil, octil, fenil e cianopropil têm sido as mais utilizadas em cromatografia líquida por par iônico. Na escolha da fase reversa, a estabilidade da coluna em relação ao pH, o diâmetro das partículas e dimensões da coluna têm sido mais importantes que a seletividade da FE.

Dois mecanismos de separação, considerando a lipofilicidade do IIR, têm sido propostos para explicar a retenção de solutos em cromatografia por par iônico.

Para a adição de IIR moderadamente lipofílico à FM, o par iônico neutro é formado na FM por meio da atração eletrostática com o soluto iônico. A retenção em fase reversa ocorre da mesma forma que uma molécula neutra com caráter lipofílico, ou seja, partição do par iônico neutro entre as fases móvel e estacionária. Desta forma, a retenção do soluto iônico é resultante das reações que ocorrem na FM. A retenção do par iônico é dependente da lipofilicidade do IIR.

Já para a adição de IIR fortemente lipofílico à FM ocorre adsorção deste junto à fase estacionária reversa, por meio do equilíbrio dinâmico entre o IIR na FM e na FE. A forte retenção do IIR junto à fase reversa permite análises subsequentes por longo período. Após o processo de adsorção, o IRR é eliminado da FM e injeta-se o soluto iônico no sistema cromatográfico. O par iônico é formado através da atração eletrostática do soluto iônico com a monocamada do IIR adsorvido na superfície da fase reversa. Portanto, a troca iônica é o mecanismo de separação, ou seja, o soluto iônico competirá com o contraíon da FM pela carga oposta do IIR junto à fase estacionária. Esta modalidade da cromatografia líquida tem sido utilizada na análise cátions e ânions inorgânicos.

A cromatografia líquida por par iônico permite a separação de solutos com valores similares de pKa, assim como a de solutos ácidos, básicos, anfóteros e não iônicos.

Na separação de solutos ácidos, básicos, anfóteros e não iônicos, com a adição do IIR à FM, o fator de retenção dos solutos não iônicos não é alterado, já para solutos iônicos, com carga iônica igual ao reagente par iônico, o fator de retenção diminui, e para solutos iônicos, com carga iônica oposta ao reagente par iônico, este fator aumenta.

Tanto o aumento da hidrofobicidade quanto da concentração do IIR aumentam a retenção dos solutos com carga iônica oposta ao reagente par iônico; já o aumento da proporção de solvente orgânico na fase móvel diminui a retenção para todos os solutos, iônicos e não iônicos.

Cromatografia líquida de ultraeficiência acoplada à espectrometria de massas sequencial

A cromatografia de ultraeficiência (UHPLC – *Ultra-high Pressure Liquid Chromatography* ou UHPLC – *Ultra-high Performance Liquid Chromatography*) baseia-se nos mesmos princípios da cromatografia líquida de alta eficiência, com a inovação das colunas cromatográficas com dimensões reduzidas (5-10 cm de comprimento e diâmetros internos 1-2,1 mm) recheadas com fase estacionária com partículas menores que 2 μm. O uso destas partículas associadas às altas velocidades lineares da FM aumenta a resolução e a detectabilidade e diminui o tempo das análises, porém, gera aumento significativo na pressão cromatográfica.

Em razão deste fato, o sistema UHPLC, incluindo as colunas analíticas, foi desenvolvido com tecnologia adequada para operar em altas pressões, acima de 1.000 bar (1.5000 psi). Os volumes internos das conexões, da alça de amostragem e da cela do detector foram diminuídos, assim como as dimensões das bombas. Injetores precisos para pequenos volumes, celas do detector sem dispersão e sistema de controle de dados de alta taxa de aquisição também foram desenvolvidos.

A UHPLC acoplada à espectrometria de massas sequencial (MS-MS) é amplamente empregada na determinação de substâncias presentes em níveis de traços em matrizes complexas, como os fluidos biológicos, pois possibilita aumento na detectabilidade e reduz a interferência espectral de compostos endógenos da matriz biológica.

Dentre as fontes de ionização, o Electrospray (ESI) é a forma de ionização mais empregada no acoplamento UHPLC-MS. O soluto dissolvido na FM ou em um dos seus componentes passa através de um capilar de aço inox, à pressão atmosférica, ao qual é aplicada uma voltagem de 3.000 a 5.000 V. Na saída do capilar são formadas pequenas gotas altamente carregadas (aerossol), que são dessolvatadas ao se deslocar em sentido contrário ao posicionamento de um eletrodo em uma região de pressão atmosférica. A dessolvatação é assistida por um fluxo contínuo de gás seco (comumente N_2) na região do aerossol. À medida que ocorre a dessolvatação, o tamanho das gotas é reduzido até o ponto em que a força de repulsão entre as cargas similares fica maior que as de coesão da fase líquida (tensão superficial). Neste momento ocorre a chamada "explosão coulômbica", que gera gotas com tamanhos equivalentes a 10% do das gotas a partir das quais se originaram. Uma série de explosões passa então a ocorrer, até que são produzidos íons do soluto a partir destas gotas, que são transferidos para o analisador de massas por uma série de dispositivos de focalização.

Os solventes de alto grau de pureza utilizados em fase reversa, como água, acetonitrila e metanol, são compatíveis com a ESI. O aumento da concentração de solvente orgânico na FM favorece a ionização, já o uso de soluções-tampão contendo íons inorgânicos, como fosfato ou acetato de sódio, deve ser evitado, pois estas soluções-tampão causam significante supressão iônica e podem formar íons adutos de sódio ou de potássio e facilmente contaminar a fonte de íons. As soluções-tampão de acetato de amônio, formiato de amônio ou bicarbonato de amônio são compatíveis com o sistema ESI-MS. Entretanto, estas soluções-tampão ainda podem causar supressão iônica; assim, a concentração molar deve ser a mínima requerida para satisfatória resolução cromatográfica. IIRs, como ácido trifluoracético e ácidos carboxílicos fluorados, também podem suprimir a ionização; assim, suas concentrações também devem ser minimizadas.

A espectrometria de massas sequencial (MS-MS), ao invés de utilizar apenas um analisador de massas para separar os íons de mesma razão m/z gerados na fonte de ionização, utiliza dois estágios de espectrometria de massas (MS_1 e MS_2), em que um deles é usado para isolar o íon de interesse e o outro para estabelecer uma relação entre este de interesse isolado e outros íons que foram gerados a partir da sua decomposição induzida. Triplo quadrupolo é o analisador de massas em MS-MS mais popular no momento devido a sua simplicidade, preço mais acessível, boa linearidade em análises quantitativas, facilidade de ser entendido e operado.

O triplo quadrupolo, quando operado no modo de monitoramento seletivo de reações (MRS), aumenta a detectabilidade e seletividade do método UHPLC-MS/MS. Neste tipo de varredura é monitorada a fragmentação de um íon precursor selecionado no triplo quadrupolo por MS_1 aos seus correspondentes íons produtos que atravessam MS_2. Quando se monitora a fragmentação de vários íons precursores simultaneamente, este modo de varredura é denominado "monitoramento de reações múltiplas" (do inglês *multiple-reaction monitoring*) – MRM.

Recentemente, a técnica UPLC-MS/MS tem sido muito utilizada para a determinação (*screening*) de fármacos e drogas ilícitas de abuso (opiáceos, canabinoides, anfetaminas, alucinógenos, benzodiazepínicos, anti-histamínicos, antidepressivos, antipsicóticos, barbitúricos, entre outros), em diferentes amostras biológicas (sangue total, plasma, soro, saliva, urina e cabelo) *ante-mortem* e *post-mortem*.

No desenvolvimento de métodos cromatográficos para análises forenses em amostras biológicas, os parâmetros de validação analítica (seletividade, efeito da matriz, efeito residual, linearidade, exatidão, precisão e limite de quantificação) devem ser avaliados segundo normas descritas na Resolução da Anvisa – Agência Nacional de Vigilância Sanitária RDC n. 27, de 17 de maio de 2012.

Estudo de caso – 1

M.C.M., do sexo masculino, 25 anos, foi preso em flagrante no aeroporto de Guarulhos quando desembarcava de uma aeronave que havia partido do aeroporto Charles de Gaulle, Paris. Na sua bagagem – especificamente no interior de um brinquedo de pelúcia – foram encontrados 1 550 comprimidos coloridos. Por solicitação da autoridade policial, os comprimidos foram encaminhados ao Laboratório do Instituto de Criminalística do Estado de São Paulo, para que fossem realizados os exames de constatação provisória e toxicológico definitivo.

PRÁTICA DE LABORATÓRIO

Análise de 3,4-metilenodioximetanfetamina (MDMA) em comprimidos de *Ecstasy* por HPLC com detector de fluorescência

Introdução

Com intenção recreativa, muitos jovens têm feito – sobretudo ao frequentar festas, dentre as quais se destacam as do tipo *rave* – uso do que comumente se conhece como êxtase, uma droga derivada da anfetamina, precisamente a 3,4 metilenodioximetanfetamina (MDMA). Esta droga possui potencial de gerar dependência, é ilegal e, em geral, comercializada na forma de comprimidos de cores diversas, apresentando com muita frequência desenhos, como de estrela, flor, coelho, entre outros. Um comprimido pode conter concentrações variáveis de MDMA, podendo apresentar ainda a presença de cafeína, efedrina, anfetamina, 3,4-metilenodioxietilanfetamina (MDEA), 3,4-metilenodioxianfetamina (MDA) etc. Também pode ser encontrada na forma de pó ou cápsulas.

A substância apresenta propriedades estimulantes e alucinógenas (mudança da percepção da realidade), interferindo na ação de neurotransmissores do sistema nervoso central e na liberação de serotonina, dopamina e noradrenalina.

Quando há apreensão de substâncias entorpecentes, como o êxtase, de modo a se configurar o crime de tráfico de drogas, a lavratura do auto de prisão em flagrante suscita a elaboração do Laudo de Constatação Provisória, que consigna a natureza e a quantidade da droga. Este laudo é realizado por perito oficial ou, na falta deste, por pessoa idônea (Art. 50 da Lei de Tóxicos, n. 11.343, de 23 de agosto de 2006).

O segundo exame pericial realizado neste tipo de crime corresponde ao químico toxicológico. Faz-se necessário para a elaboração do Laudo Definitivo, que permite a comprovação da materialidade delitiva, de modo a confirmar ou não o resultado do provisório. Neste exame sempre se preserva uma fração da droga para eventual contraprova.

Objetivo

Determinar a concentração de MDMA presente nos comprimidos de *Ecstasy* e observar a variação na composição dos comprimidos de um mesmo grupo e de grupos diferentes.

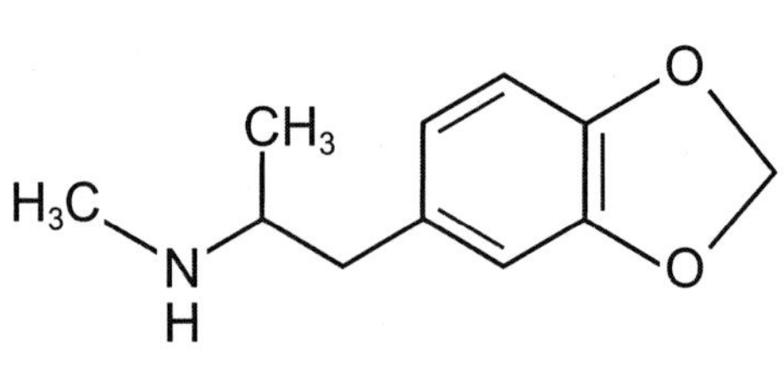

Fonte: Maria Eugênia C. Queiroz.

Figura 3   Estrutura química do 3,4-metilenodioximetanfetamina (MDMA).

Reagentes e soluções padrão

Solução padrão de MDMA, na concentração de 1 mg mL^{-1} em metanol. Solução-tampão de fosfato (25 mmol L^{-1}, pH 3,0) preparada em água ultrapura e acetonitrila (grau cromatográfico).

Condições cromatográficas

- Cromatógrafo a líquido de alta eficiência com detector por fluorescência, com comprimento de onda de excitação (λex) e de emissão (λem) ajustados em 288 e 324 nm, respectivamente;
- Coluna analítica: LiChrospher® 100 (C-18, 125 × 4 mm, com partículas de 5 μm, Merck), mantida a 30°C;
- Fase móvel: mistura de solução-tampão fosfato 25 mmol L^{-1} pH 3,0 e acetonitrila (95:5 v/v), com eluição em modo isocrático e vazão de 1,0 mL/min;
- Alça de amostragem: 20 μL.[1]

Preparo da amostra

Inicialmente, organize as amostras dos comprimidos de *Ecstasy* em grupos, de acordo com suas características físicas (cor, tamanho e formato).

Pese os comprimidos de um mesmo grupo em balança analítica e determine o peso médio de um comprimido. Após este procedimento, macere (almofariz de porcelana) os comprimidos. Da massa obtida, pese uma alíquota de 20 mg e transfira para balão volumétrico de 10 mL, contendo 9 mL de metanol. Agite o balão por 10 min em agitador mecânico. Em seguida, complete o volume do balão com metanol. Desta solução, transfira uma alíquota de 1 mL para um balão volumétrico de 100 mL e complete o volume com água ultrapura. Filtre esta solução em membrana com porosidade de 0,45 μm e injete uma alíquota de 20 mL no cromatógrafo a líquido com detector de fluorescência.

Curva analítica (análise quantitativa)

Prepare as soluções padrão de MDMA diluídas em metanol na faixa de concentração de 0,2 a 20 μg mL^{-1}. Injete, em triplicata, 20 μL de cada solução padrão de MDMA em concentrações conhecidas (de 0,2 a 20 μg/mL). Com a obtenção das respectivas áreas dos picos gerados, construa a curva analítica (área de pico *versus* concentração conhecida).

Precisão interensaios

A precisão de um método analítico descreve a proximidade de medidas individuais de um soluto quando o procedimento é aplicado repetidamente a múltiplas alíquotas de um único volume homogêneo de uma amostra. A precisão deve ser expressa como coeficiente de variação (CV%) das medidas, não se admitindo valores superiores a 15% (quinze por cento), segundo a Equação (2):

$$CV = \text{Desvio padrão} \times 100\ /\ \text{Concentração média experimental} \qquad \text{Equação 2}$$

---

[1] Nestas condições cromatográficas, o MDMA é eluído com tempo de retenção de aproximadamente $t_r = 6$ min.

Para o cálculo da precisão, prepare e analise cinco amostras de comprimidos de mesmo grupo segundo procedimentos descritos nos itens de preparo de amostra e condições cromatográficas. Considere como uma "amostra" uma alíquota retirada do pó obtido pela pulverização de um dado lote de comprimidos. Determine a concentração de MDMA em cada amostra (n = 5) e calcule o coeficiente de variação.[2]

Quesitos

1. Determine as concentrações de MDMA nos comprimidos de *Ecstasy* e discuta a variação na composição dos comprimidos de um mesmo grupo e de grupos diferentes.
2. A cromatografia líquida de alta eficiência com detecção por fluorescência pode ser considerada a técnica analítica de referência para a determinação de metilenodioximetanfetaminas em comprimidos de *Ecstasy*?
3. Quais são os principais adulterantes presentes nos comprimidos comercializados no mercado ilícito como sendo *Ecstasy*?
4. Discuta a precisão interensaios do método para a determinação de MDMA em comprimidos de *Ecstasy* por cromatografia líquida de alta eficiência com detecção por fluorescência.

Relatório de análises

Elabore um relatório científico sobre o experimento a ser entregue e discutido com o professor.

Além da estrutura convencional (introdução, parte experimental, resultados, discussão, conclusão e referências), cada grupo deve apresentar no relatório as respostas aos quesitos aqui apresentados.

Para consulta *on-line*

CDC – Centers for Disease Control and Prevention. Ecstasy overdoses at a New Year's Eve rave – Los Angeles, Califórnia, 2010. *MMWR Morb Mortal Wkly Rep.*, v. 59, n. 22, p. 677-81, 11 jun. 2010. Disponível em: <http://www.ncbi.nlm.nih.gov/pubmed/20535091>. Acesso em: 10 jan. 2014.

FERNANDO, T. et al. Ecstasy and suicide. *J. Forensic Sci.*, v. 57, n. 4, jul. 2012, p. 1137-39 (DOI: 10.1111/j.1556-4029.2012.02107). Disponível em: <http://www.ncbi.nlm.nih.gov/pubmed/22372646>. Acesso em: 10 jan. 2014.

FOËX, B. A.; SUBRAMANIAN, G.; BUTLER, J. M. Ecstasy overdose and memory loss. *Emerg. Med. J.*, v. 27, n. 10, out. 2010, p. 733 (DOI: 10.1136/emj.2008.069229). Disponível em: <http://www.ncbi.nlm.nih.gov/pubmed/20668111>. Acesso em: 10 jan. 2014.

GALICIA, M.; NOGUE, S.; MIRÓ, O. Liquid ecstasy intoxication: clinical features of 505 consecutive emergency department patients. *Emerg. Med. J.*, v. 28, n. 6, jun. 2011, p. 462-66 (DOI: 10.1136/emj.2008.068403). Disponível em: <http://www.ncbi.nlm.nih.gov/pubmed/21602168>. Acesso em: 10 jan. 2014.

XAVIER, C. A. C. X. et al. Êxtase (MDMA): efeitos farmacológicos e tóxicos, mecanismo de ação e abordagem clínica. *Rev. Psiq. Clin.*, v. 35, n. 3, p. 96-103, 2008. Disponível em: <http://www.scielo.br/scielo.php?script=sci_arttext&pid=S0101-60832008000300002&lng=pt&nrm=iso>. Acesso em: 23 fev. 2014.

---

[2] Procedimento analítico adaptado de artigo da *Química Nova*, n. 32, p. 965-69, 2009.

Estudo de caso – 2

F.V.G., sexo masculino, 22 anos, foi encontrado sem vida no interior de sua residência, mais precisamente na cozinha. Esta vítima estava posicionada sobre o piso do referido cômodo, em decúbito lateral direito, com braços e pernas levemente fletidos. No exame perinecroscópico foram constatados rigidez cadavérica, hipóstases na região lateral direita e resquícios de pó branco em ambas as narinas. O corpo não apresentava vestígios de violência ou luta corporal; apenas havia, na cena, uma cadeira tombada ao seu lado. Em exame realizado no local, o perito criminal constatou, sobre uma mesa, a presença de um prato de cor âmbar, no qual havia resíduos de pó branco. Ainda sobre a mesa foram encontrados um cartão magnético, cinco microtubos do tipo Eppendorf e um pequeno tubo confeccionado com uma cédula de R$ 10,00; todos ostentavam resíduos do mesmo tipo de pó. Tais peças foram devidamente lacradas e recolhidas pela equipe pericial para posterior exame. O cadáver foi encaminhado ao Instituto Médico Legal para a realização da necropsia. O médico legista coletou amostras biológicas da vítima, que foram encaminhadas ao laboratório para exame químico toxicológico.

Prática de laboratório

Determinação de benzoilecgonina, cocaína e cocaetileno em amostras de urina e soro por cromatografia líquida de alta eficiência com detecção por arranjo de diodos (HPLC-DAD)

Objetivo

Determinação de drogas de abuso em diferentes amostras biológicas em razão de acidentes fatais resultantes de *overdose*.

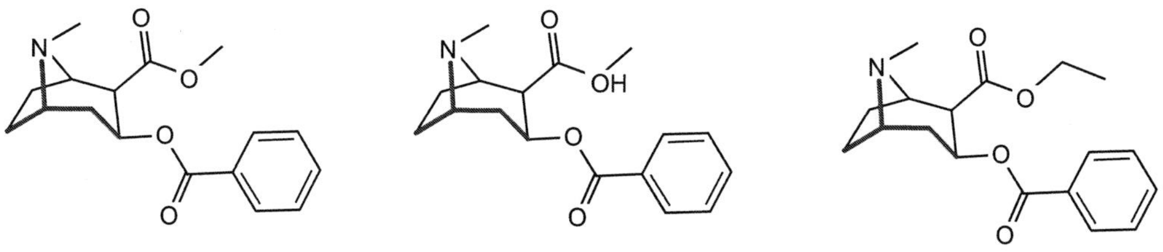

Benzoilecgonina   Cocaína   Cocaetileno

Fonte: PC Editorial

Figura 4   Estrutura química da cocaína, benzoilecgonina, e cocaetileno.

Reagentes, materiais e soluções padrão

– Acetonitrila e metanol (grau cromatográfico), hidróxido de amônio, ácido clorídrico, di-hidrogênio fosfato de potássio, fosfato de potássio anidro, ácido fosfórico, hidróxido de potássio;

- Cartuchos de extração em fase sólida com fase estacionária mista: C8 + trocador de cátions forte;
- Soluções estoque dos padrões cromatográficos de hidrocloreto de cocaína, cocaetileno, hidrato de benzoilecgonina e papavarina (padrão interno) preparadas em metanol na concentração de 50 μg mL^{-1}, a partir da solução padrão de 1 mg mL^{-1}. Armazenar estas soluções padrão a -24°C.

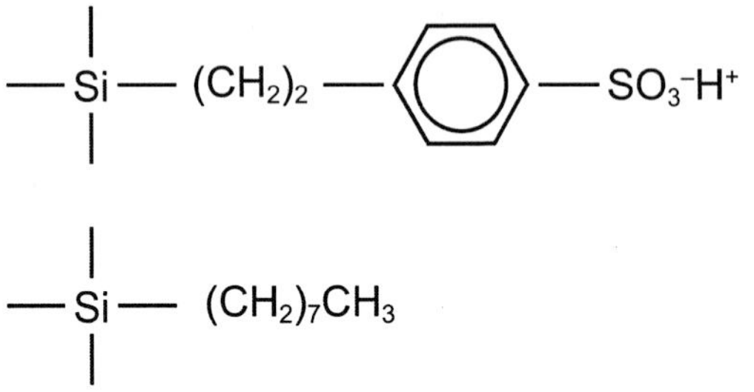

$$-\overset{|}{\underset{|}{Si}}-(CH_2)_2-\langle\bigcirc\rangle-SO_3^-H^+$$

$$-\overset{|}{\underset{|}{Si}}-(CH_2)_7CH_3$$

Fonte: Maria Eugênia C. Queiroz.

Figura 5 Fase estacionária (C8 + trocador de cátions forte) do cartucho de extração em fase sólida.

Amostras biológicas

Armazene as amostras biológicas coletadas (urina e soro) a –24°C. Para evitar potencial degradação enzimática nas amostras de soro, a elas adicione NaF.

Procedimento de extração em fase sólida (SPE)

Adicione 50 L de solução de papaverina (padrão interno) na concentração de 50 mg mL^{-1} às amostras de urina (5,0 mL) ou soro (1,0 mL). Dilua essas amostras para 7,0 mL com solução-tampão fosfato (0,1 mol L^{-1}, pH 6,0). Caso seja necessário, ajuste o pH das amostras entre 4,0 e 6,0 com ácido fosfórico (0,1 mol L^{-1}) ou com hidróxido de potássio (0,1 mol L^{-1}).

Condicione a fase estacionária (sorvente) de SPE com metanol (2,0 mL) e solução-tampão fosfato (0,1 mol L^{-1}, pH 6,0, 2,0 mL) em sistema a vácuo. É importante que o sorvente não seque nesta etapa, para não haver a formação de caminhos preferenciais que comprometam a extração. Percole lentamente a amostra biológica (vazão menor que 2 mL min^{-1}) pelo sorvente; em seguida, lave com água (6,0 mL), ácido clorídrico (0,1 mol L^{-1}, 3,0 mL) e metanol (2 × 3 mL). Elua os solutos com solução de metanol: 10% de hidróxido de amônio (2 mL, 90:10 v/v). Evapore à secura o extrato obtido à temperatura ambiente sob fluxo de N$_2$; dilua em 100 μL de fase móvel e injete uma alíquota de 20 μL no HPLC.

Condições cromatográficas

- Cromatógrafo a líquido de alta eficiência com detector de arranjo de diodos ou ultravioleta no = 230 nm;
- Coluna analítica: Supelcosil ABZ $^+$ Plus C18 (25 cm × 4,6 mm d.i., 5 mm);

- Fase móvel: solução-tampão fosfato (0,04 mol L⁻¹, pH 2,3): acetonitrila 83:17 (v/v);
- Volume da amostra injetada: 20 µL.

Análise qualitativa

Injete (20 µL) cada uma das soluções padrão das drogas de abuso (em metanol) na concentração de 500 ng mL⁻¹, nas condições cromatográficas descritas, para obter os respectivos tempos de retenção (tr) dos solutos. A identificação (análise qualitativa) dos picos das drogas de abuso nos cromatogramas das amostras biológicas será realizada com base nestes tempos de retenção e nos espectros de absorvância na região UV.

Análise quantitativa/preparo das curvas analíticas

Prepare três (3) curvas analíticas (eixo y: área do padrão/área do padrão interno *versus* eixo x: concentração da amostra biológica, ng mL⁻¹), uma para cada droga de abuso, partindo de amostras biológicas (branco de referência) enriquecidas com os solutos em cinco (5) diferentes concentrações da faixa linear de 25 a 2500 ng mL⁻¹. Analise as amostras biológicas enriquecidas com as drogas de abuso em triplicata.

Para o preparo das curvas analíticas, as amostras biológicas enriquecidas com as drogas de abuso serão analisadas (HPLC-UV) após o procedimento de SPE.[3]

Quesitos

1. Identifique e quantifique (ng mL⁻¹) as drogas de abuso nas amostras biológicas fornecidas pelo docente.
2. Explique os mecanismos de interação das drogas de abuso com o sorvente misto de SPE.
3. Explique as etapas do procedimento de extração em fase sólida.
4. Avalie a seletividade do método para a determinação de drogas de abuso em amostras biológicas.

Relatório de análises

Elabore um relatório científico sobre o experimento a ser entregue e discutido com o professor.

Além da estrutura convencional (introdução, parte experimental, resultados, discussão, conclusão e referências), cada grupo deve apresentar no relatório as respostas aos quesitos apresentados anteriormente.

Para consulta *on-line*

MALLMITH, D. M. *Local de crime*. Rio Grande do Sul, ago. 2007. Disponível em: <http://ead.senasp.gov.br/modulos/educacional/material_apoio/LocalCrime_VA.pdf>. Acesso em: 23 fev. 2014.

MARTIN, G. et al. A comparison of motivations for use among users of crack cocaine and cocaine powder in a sample of simultaneous cocaine and alcohol users. *Addict Behav*, v. 39, n. 3, 31 out. 2013,

---

[3] O docente deve selecionar a amostra biológica (urina ou soro), estabelecer as cinco (5) concentrações da curva analítica, segundo a linearidade do método (25 a 2500 ng mL⁻¹), e auxiliar os discentes no preparo das soluções padrão diluídas e amostras biológicas.

p. 699-702 (DOI: 10.1016/j.addbeh.2013.10.029). Disponível em: <http://www.ncbi.nlm.nih.gov/pubmed/24290877>. Acesso em: 23 fev. 2014.

NATEKAR, A. et al. Cocaethylene as a biomarker to predict heavy alcohol exposure among cocaine users. *J. Popul. Ther. Clin. Pharmacol*, v. 19, n. 3, 24 out. 2012, p. e466-72. Disponível em: <file:///C:/Users/VERA/Downloads/FAR012020_e466_e472_Natekar.pdf>. Acesso em: 23 fev. 2014.

PATEL, M. B. et al. Cocaine and alcohol: a potential lethal duo. *Am. J. Med.*, v. 122, n. 1, jan. 2009, p. e5-6 (DOI: 10.1016/j.amjmed.2008.09.017). Disponível em: <http://www.ncbi.nlm.nih.gov/pubmed/19114159>. Acesso em: 23 fev. 2014.

PILGRIM, J. L.; WOODFORD, N.; DRUMMER, O. H. Cocaine in sudden and unexpected death: A review of 49 post-mortem cases. *Forensic Sci. Int.*, v. 227, n. 1-3, 10 abr. 2013, p. 52-9 (DOI 10.1016/j.forsciint.2012.08.037). Disponível em: <http://www.ncbi.nlm.nih.gov/pubmed/22981213>. Acesso em: 23 fev. 2014.

Leitura complementar

Quando a autoridade policial tem ciência da ocorrência de um crime contra pessoa com morte, sua primeira providência deve ser a preservação do local para o exame pericial, de modo que nada se altere até a chegada da equipe (Figura 6). As causas de alteração podem ser acidentais, naturais (p. ex., chuvas) ou intencionais. Caso não ocorra a devida preservação do local, ou seja, se um vestígio, mesmo que simples, for destruído ou alterado, a interpretação pericial pode estar comprometida. Nesta hipótese, gera-se o risco da obtenção de conclusões que não correspondam à realidade, o que pode contribuir para que se inocente um suspeito ou, o que seria ainda pior, que se incrimine um inocente.

Um local de crime, quanto à sua área, pode ser dividido em:

- Imediato – compreende o local em que ocorreu o fato em si, onde está a maior parte dos vestígios relacionados ao eventual crime;
- Mediato – compreende a região adjacente ao local do eventual crime, passível de possuir outros vestígios relacionados ao fato de interesse pericial;
- Relacionado – compreende todo o local sem ligação geográfica direta com o do eventual crime, mas que pode conter algum vestígio relacionado ao fato estudado. Ex.: a arma que teria sido utilizada para a prática de um crime ocorrido em determinada residência foi encontrada às margens de um lago; neste local, ofereceria interesse pericial o instrumento do crime em si, mas também outros vestígios constatados no local relacionado, como pegadas, marcas de pneus de automóveis etc.

Quando da chegada da equipe pericial em um local de crime, o perito deve verificar se o local foi devidamente preservado ou se está prejudicado, ou, ainda, se se encontra inidôneo (alterado); isto será consignado em seu laudo. Quando houver alteração do local, o profissional deve também relatar em seu laudo as consequências desta modificação para sua conclusão, conforme previsto no Decreto-lei n. 8.862 do Código de Processo Penal, art. 169, parágrafo único, de 28 de março de 1994.

O levantamento pericial deve ser realizado de forma minuciosa pelo perito criminal, da periferia para o centro da área de interesse, para que não haja contaminação, mesmo por parte

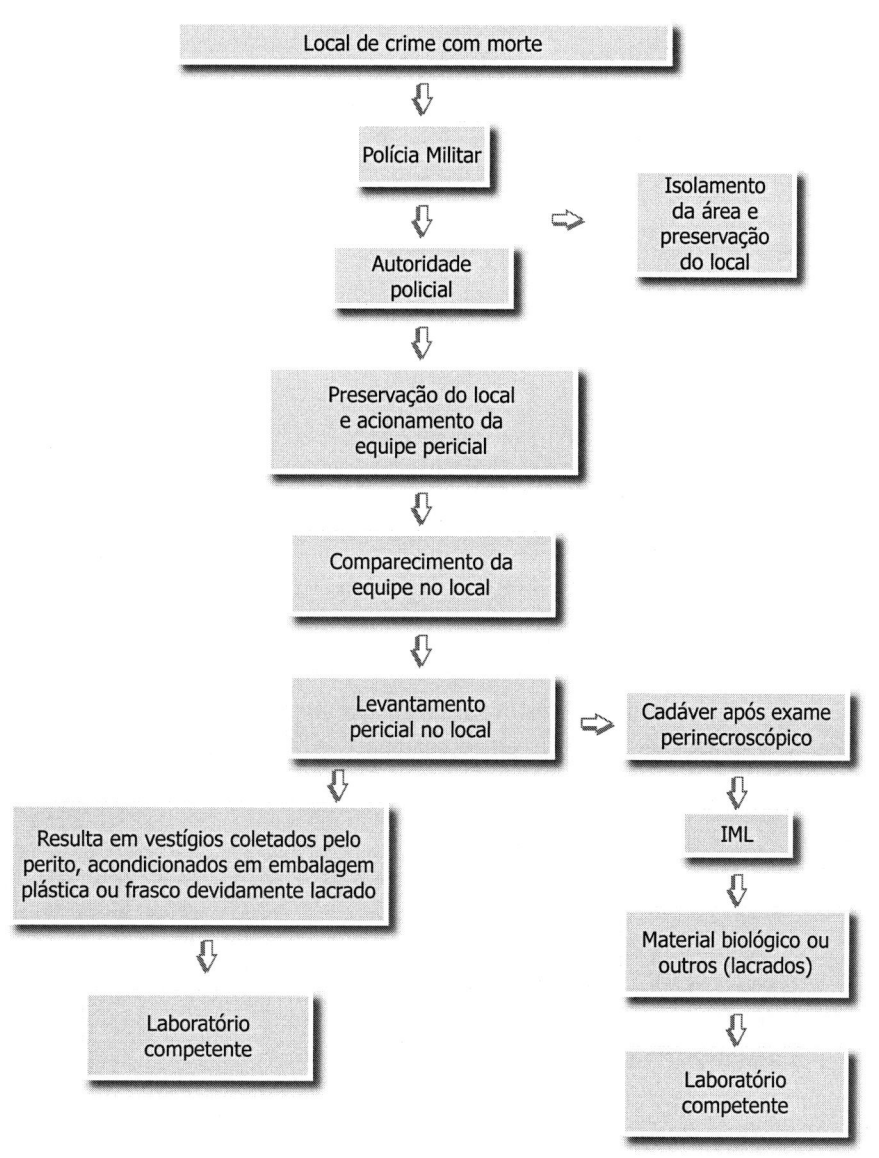

```
                    ┌─────────────────────────┐
                    │ Local de crime com morte│
                    └─────────────────────────┘
                                 ⇩
                       ┌──────────────┐
                       │Polícia Militar│
                       └──────────────┘                ┌──────────────┐
                                 ⇩          ⇨          │  Isolamento  │
                       ┌──────────────┐                │  da área e   │
                       │  Autoridade  │                │  preservação │
                       │   policial   │                │   do local   │
                       └──────────────┘                └──────────────┘
                                 ⇩
                    ┌──────────────────────┐
                    │ Preservação do local │
                    │   e acionamento da   │
                    │    equipe pericial   │
                    └──────────────────────┘
                                 ⇩
                    ┌──────────────────────┐
                    │   Comparecimento da  │
                    │    equipe no local   │
                    └──────────────────────┘
                                 ⇩
                    ┌──────────────────────┐           ┌──────────────┐
                    │     Levantamento     │    ⇨      │ Cadáver após exame │
                    │   pericial no local  │           │ perinecroscópico │
                    └──────────────────────┘           └──────────────┘
                                 ⇩                              ⇩
┌──────────────────────────────────────┐                 ┌──────┐
│ Resulta em vestígios coletados pelo  │                 │ IML  │
│ perito, acondicionados em embalagem  │                 └──────┘
│ plástica ou frasco devidamente lacrado│                    ⇩
└──────────────────────────────────────┘           ┌──────────────────┐
                                 ⇩                 │ Material biológico ou │
                       ┌──────────────┐            │  outros (lacrados)   │
                       │  Laboratório │            └──────────────────┘
                       │  competente  │                        ⇩
                       └──────────────┘            ┌──────────────┐
                                                   │  Laboratório │
                                                   │  competente  │
                                                   └──────────────┘
```

Fonte: Mallmith, 2007, p. 14; Espíndula, 2009, p. 18-55.
Autor: Cristina Márcia Wolf Evangelista. Esquema modificado de figura de autor não identificado.

Figura 6 Sequência dos trabalhos policiais no atendimento de um local de crime com morte.

da equipe. Procede-se à descrição pormenorizada do local – seja um prédio ou uma área aberta – bem como do cadáver (exame perinecroscópico), dos instrumentos de crimes e de outros vestígios de interesse pericial.

Tais vestígios podem ser: estojos e projéteis de armas de fogo, pegadas, impressões digitais, manchas de sangue e outros fluidos corpóreos, cabelos, pelos, fibras, bitucas de cigarros, formas farmacêuticas, restos de alimentos e bebidas, entorpecentes, enfim, tudo o que foi encontrado no local e possa contribuir para a caracterização e elucidação do eventual crime.

Tanto se faz necessária a descrição da peça de exame quanto seu posicionamento em relação ao cadáver. Por exemplo: o posicionamento de um projétil contribui para a determinação da orientação do disparo; as características de uma mancha de sangue podem evidenciar o posicionamento da vítima e do agressor no momento e depois do ataque, o tipo de arma, se houve o deslocamento de pessoas ou objetos na cena do crime etc.

Além do levantamento pericial descritivo, fazem-se o levantamento fotográfico e o desenho esquemático do local.

No final do levantamento do local, os vestígios devem ser coletados de forma criteriosa e adequada, para que seja mantida a cadeia de custódia da prova e sua conservação. Para tanto, é importante a utilização de embalagens plásticas ou frascos apropriados para o acondicionamento dos materiais e peças, os quais devem ser identificados e devidamente lacrados.

Quando o crime for de causa desconhecida ou por envenenamento (homicídio, acidente ou suicídio), os materiais encontrados no local que o perito criminal suspeite poderem ter causado a morte da vítima são coletados e submetidos à análise química-toxicológica para identificação das substâncias químicas presentes. Em paralelo a isto, o médico-legista, ao executar a necropsia, coletará os materiais biológicos da vítima e os encaminhará também para a realização do exame químico-toxicológico, tendo em vista o mesmo objetivo. Cabe salientar que os exames químico-toxicológicos devem fornecer alta precisão e confiabilidade para que seus resultados sejam defensáveis em um tribunal.

Estudo de caso – 3

S.T.N., sexo feminino, 43 anos, registrou um Boletim de Ocorrência de roubo, relatando que teria sido assaltada enquanto dormia no ônibus (trajeto Brasília-Ribeirão Preto). Recordou-se apenas de uma mulher branca, aparentando 35 anos, ter lhe oferecido um suco de laranja em uma garrafa plástica. Relatou ainda que, após ingerir referido suco, sentiu muito sono; e então não conseguiu mais narrar o que transcorreu a partir deste momento. Retoma o relato no instante em que acordou, notando a falta de: aparelho de telefonia móvel, relógio de pulso, um anel de ouro e cerca de R$ 1.700,00 em cédulas que estavam em sua carteira. Logo em seguida, verificou o desaparecimento da mulher que lhe havia oferecido o suco. Por solicitação da autoridade policial, a vítima forneceu amostras de sangue e urina para realização de exames químicos toxicológicos, em uma tentativa de se identificar a provável substância química que havia no suco de laranja por ela ingerido.

Prática de laboratório

Determinação de 1,4-benzodiazepínicos e metabólitos em amostras de plasma, urina e saliva por cromatografia líquida de alta eficiência com detecção espectrofotométrica (HPLC-DAD)

Introdução

O flunitrazepam, 5-(2-fluorofenil)-1-metil-7-nitro-2,3-dihidro-1H-1,4-benzodiazepin-2-ona, fórmula $C_{16}H_{12}FN_3O_3$, pertence ao grupo dos benzodiazepínicos, sendo utilizado como ansiolítico, hipnótico (induz sono), sedativo, anticonvulsivante e relaxante muscular.

Verifica-se que tal medicamento é usado com frequência na prática do crime comumente conhecido como "Boa noite, Cinderela", podendo estar associado ao ácido gama hidroxibutírico (GHB) e Ketamina. A ação costuma decorrer da seguinte maneira: o golpista, em geral bem-vestido e falante, ganha a confiança da vítima e lhe oferece uma bebida que contém dissolvido(s) o(s) fármacos(s), de modo a induzi-la ao sono profundo, ou possivelmente levá-la até o coma ou mesmo à morte. Devido a seus efeitos depressores e na memória recente, esses fármacos são largamente utilizados na ilegalidade para promover estupros e roubos.

Objetivo

Com o objetivo de discutir tópicos importantes da cromatografia líquida de alta eficiência, tais como a eluição por gradiente e análise simultânea de substâncias com estrutura química similar, neste experimento analisaremos flunitrazepam na presença de outros 1,4-benzodiazepínicos e metabólitos em diferentes matrizes biológicas.

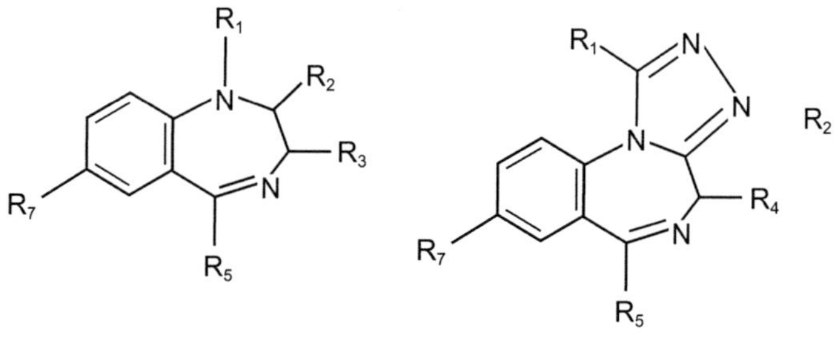

Benzodiazepínicos	Grupo	R_1	R_2	R_3/R_4	R_5	R_7
Bromazepam (BRZ)	I	H	=O	H	2`-Piridil	Br
Clonazepam (CLZ)		H	=O	H	2`-Cl-fenil	NO_2
Diazepam (DZP)		CH_3	=O	H	Fenil	Cl
Flunitrazepam (FNZ)		CH_3	=O	H	2-F-fenil	NO_2
Lorazepam (FNZ)		H	=O	OH	2-Cl-fenil	Cl
Alprozolam (APZ)	II	CH_3		H	Fenil	Cl
a-Hidroxialprozolam (HALZ)		CH_2OH		H	Fenil	Cl
a-Hidroxitriazolam (HTLZ)		CH_2OH		H	2-Cl-fenil	Cl

Fonte: J. Sep. Sci. n. 31, 2008, p. 3704-17.

Figura 7   Estrutura química de benzodiazepínicos e metabólitos do experimento.

Reagentes, materiais e soluções padrão

- Acetonitrila e metanol (grau cromatográfico), acetato de amônio;
- Cartuchos de extração em fase sólida (SPE) com fase estacionária C18 (500 mg/3 mL);
- Soluções estoque dos padrões cromatográficos de 1,4-benzodiazepínicos (BDZs), metabólitos e colchicina (padrão interno, IS) preparados em metanol na concentração de 100 ng mL^{-1}. Armazene estas soluções padrão a 4 °C protegidas da luz e utilize no período de três meses.

Amostras biológicas

Armazene as amostras biológicas coletadas (plasma, urina e saliva) a -24°C. Para evitar potencial degradação enzimática nas amostras de saliva e soro, a elas adicione NaF.

Preparo das amostras

Pré-tratamento da amostra

Antes do procedimento de SPE, adicione 200 μL de acetonitrila às amostras biológicas (50 μL de plasma, 100 μL de urina e 500 μL de urina) e centrifugue por 15 min (3.000 rpm) para a precipitação das proteínas (PPT). Colete o sobrenadante límpido e adicione 2 mL de água.

Extração em fase sólida

Inicialmente, condicione o cartucho SPE com 2 mL de metanol seguido de 2 mL de água em sistema a vácuo. É importante que o sorvente não seque nesta etapa, para não haver a formação de caminhos preferenciais que comprometam a extração. Em seguida, aplique a amostra biológica, após pré-tratamento, no cartucho SPE. Após a limpeza do sorvente com 2 mL de água ultrapura, elua os solutos com (2 × 1 mL) solução de metanol: acetonitrila (1:1 v/v). Colete o extrato e vaporize a secura, sob fluxo de N_2 a 30 °C. Reconstitua o resíduo seco com 200 μL de metanol e injete 20 μL no HPLC-UV ou HPLC-DAD.

Condições cromatográficas

- Cromatógrafo a líquido de alta eficiência com detector de arranjo de diodos ou ultravioleta no $\lambda = 240$ nm;
- Coluna analítica: Kromasil C18 (250 × 4 mm d.i., 5 mm);
- Fase móvel: mistura de metanol, acetonitrila e solução de acetato de amônio (0,05 mol L^{-1}) com eluição por gradiente (Tabela 1);
- Vazão da FM: 1,1 mL min^{-1};
- Volume da amostra injetada: 20 μL.

Tabela 1 Programa do gradiente de eluição.

Tempo	Composição da Fase Móvel (%)		
	CH_3OH	CH_3CN	$0,05$ mol L^{-1} NH_4CH_3COO
0,01	14	32	54
9,00	13	32	55
11,00	11	28	61
12,00	40	28	32

Análise qualitativa

Injete (20 μL) cada uma das soluções padrão dos BSZs e metabólitos (em metanol) na concentração de 100 ng mL^{-1}, nas condições cromatográficas descritas, para obter os respectivos tempos de retenção (tr) dos solutos. A identificação (análise qualitativa) dos picos dos BSZs e metabólitos nos cromatogramas das amostras biológicas será realizada com base nestes tempos de retenção e nos espectros de absorvância na região UV.

Análise quantitativa/preparo das curvas analíticas

Prepare curvas analíticas (eixo y: área do padrão/área do padrão interno *versus* eixo x: concentração da amostra biológica, ng μL^{-1}), uma para cada BZDs e metabólitos, partindo de amostras biológicas (branco de referência) enriquecidas com os solutos em cinco (5) diferentes concentrações da faixa linear de 0,2 – 20 ng uL^{-1}. Analise as amostras biológicas enriquecidas com os BDZs e metabólitos em triplicata.

Para o preparo das curvas analíticas, as amostras biológicas enriquecidas com os BZDs e metabólitos serão analisadas (HPLC-UV) após o procedimento de SPE.[4]

Quesitos

1. Identifique e quantifique (ng μL^{-1}) os BDZs e metabólitos nas amostras biológicas fornecidas pelo docente.
2. Por que foi utilizada eluição por gradiente na separação cromatográfica?
3. Por que foi realizado o preparo da amostra (PPT + SPE) anterior à análise cromatográfica?
4. Avalie a seletividade do método para a determinação de BDZs e metabólitos.

Relatório de análises

Elabore um relatório científico sobre o experimento a ser entregue e discutido com o professor.

Além da estrutura convencional (introdução, parte experimental, resultados, discussão, conclusão e referências), cada grupo deve apresentar no relatório as respostas aos quesitos aqui apresentados.

---

[4] O docente deve selecionar a amostra biológica (urina, soro ou saliva), estabelecer as cinco concentrações da curva analítica, segundo a linearidade do método (0,2 – 20 ng uL^{-1}), e auxiliar os discentes no preparo das soluções padrão diluídas e amostras biológicas.

Para consulta *on-line*

BEYNON, C. M. et al. The involvement of drugs and alcohol in drug-facilitated sexual assault: A systematic review of the evidence. *Trauma Violence Abuse*, v. 9, n. 3, p. 178-88, jul. 2008 (DOI: 10.1177/1524838008320221). Disponível em: <http://www.ncbi.nlm.nih.gov/pubmed/18541699>. Acesso em: 23 fev. 2014.

GUERREIRO, D. F. et al. Club drugs. *Acta Med. Port.*, v. 24, n. 5, p. 739-56, set.-out. 2011.

MANTOVANI, F.; CUPANI, G. Vício em remédio supera abuso de drogas ilícitas. *Folha de S.Paulo*. Saúde. São Paulo, 25 fev. 2010. Disponível em: <http://www1.folha.uol.com.br/fsp/saude/sd2502201001.htm>. Acesso em: 24 fev. 2014.

STEENTOFT, A.; SIMONSEN, K. W.; LINNET, K. The frequency of drugs among Danish drivers before and after the introduction of fixed concentration limits. *Traffic Inj. Prev.*, v. 11, n. 4, p. 329-33, ago. 2010 (DOI: 10.1080/15389581003792783). Disponível em: <http://www.ncbi.nlm.nih.gov/pubmed/20730679>. Acesso em: 23 fev. 2014.

EXERCÍCIOS COMPLEMENTARES

1. Qual a importância da cadeia de custódia de uma peça de exame coletada em um local de crime?
   a) ( ) garantir a idoneidade desta peça, permitindo a validação da mesma.
   b) ( ) fornecer seu valor, pois a vítima de dano terá que ser ressarcida no final do processo.
   c) ( ) possibilitar a execução dos métodos analíticos necessários para se determinar a *causa mortis* da vítima.
   d) ( ) permitir a conservação desta peça de forma adequada e preestabelecida.

2. No plantão da véspera do último Natal, a equipe pericial foi acionada para atender a um local onde ocorrera o suicídio de uma jovem de 16 anos. Neste local, o perito coletou um copo contendo uma pequena quantidade de líquido escuro, encontrado nas proximidades do cadáver. O material recolhido foi devidamente identificado e lacrado. Assinale a alternativa correta:
   a) ( ) o conteúdo do copo consiste em um indício e certamente será prova material no decorrer do processo.
   b) ( ) o conteúdo do copo consiste em um vestígio, que pode se tornar uma evidência após resultado do exame químico toxicológico e o laudo pericial médico.
   c) ( ) o conteúdo do copo consiste em uma evidência, que pode se tornar um indício após o resultado do exame químico toxicológico e o laudo pericial médico.
   d) ( ) o conteúdo do copo consiste em uma evidência e certamente será prova material no decorrer do processo.

3. A equipe pericial foi acionada para comparecer ao prédio do Pronto-Socorro a fim de realizar um levantamento em um local de homicídio. A vítima estava sendo atendida nesta unidade médica, em virtude de lesões sofridas em decorrência de um acidente de trânsito, quando foi atingida por três projéteis de arma de fogo. O homicida teria adentrado esse pronto-socorro pela porta principal e, após ter disparado contra a vítima, teria sido preso por policiais que se encontravam nas imediações. Com base neste relato, responda:

a) ( ) um dos exames de corpo de delito mais utilizados na rotina pericial é a pesquisa de gases que são expelidos do cano da arma e podem estar ainda nas mãos do homicida.
b) ( ) um dos exames de corpo de delito que deve ser realizado neste caso é a pesquisa de resíduos, p. ex. chumbo, que podem estar nas mãos do homicida em decorrência do disparo de arma de fogo.
c) ( ) os resíduos provenientes do disparo de arma de fogo jamais poderão ser encontrados nas mãos da vítima.
d) ( ) o exame de corpo de delito nas mãos do suspeito está prejudicado, uma vez que os gases expelidos da arma de fogo são eliminados rapidamente, não permitindo análise.

REFERÊNCIAS BIBLIOGRÁFICAS

CHASIN, A. A. M. Análises forenses. In: MOREAU, R. L. M.; SIQUEIRA, M. E. P. B. *Toxicologia analítica*. Rio de Janeiro: Guanabara Koogan, 2008.

COLLINS, C. H.; BRAGA, G. L.; BONATO, P. S. *Fundamentos de cromatografia*. Campinas: Unicamp, 2011.

COSTA, J. L. et al. Determinação de 3,4-metilenodioximetanfetamina (MDMA) em comprimidos de *Ecstasy* por cromatografia líquida de alta eficiência com detecção por fluorescência (CLAE-DF). *Química Nova*, v. 32, p. 965-69, 2009.

ESPÍNDULA, A. *Curso de perícias criminais em local de crime*. Programa de Treinamento para Profissionais da Área de Segurança do Cidadão. Curitiba: MJ-Senasp-ABC, 2001 (modificado em 2009). p. 18-55.

FASSINA, V. et al. Avaliação dos resultados obtidos nos exames toxicológicos realizados pelo laboratório de perícias durante o ano de 2005. In: SOUSA, L. R. P. S.; LUCENA, G. M. R. S. *A química forense na detecção de drogas de abuso*. Disponível em: <http://www.cpgls.ucg.br/6mostra/artigos/SAUDE/LUANA%20RAQUEL%20PINHEIRO%20DE%20SOUSA.pdf>. Acesso em: 23 fev. 2014.

FERNÁNDEZ, P. et al. Comparison of two extraction procedures for determination of drugs of abuse in human saliva by high-performance liquid chromatography. *J. Appl. Toxicol.*, v. 28, 2008, p. 998-1003.

FOULON, C. et al. Rapid analysis of benzoylecgonine, cocaine, and cocaethylene in urine, serum, and saliva by isocratic high-performance liquid chromatography with diode-array detection. *Chromatographia*, v. 50, p. 721-27, 1999.

MACHADO, J. P. Dicionário etimológico da língua portuguesa. In: SANTANA, C. M. S.; CARVALHO, L. N. G. *A perícia contábil e sua contribuição na sentença judicial:* um estudo exploratório. Faculdade de Economia, Administração e Contabilidade da Universidade de São Paulo, 1999.

MALDANER, L.; JARDIM, I. C. S. F. O estado da arte da cromatografia líquida de ultraeficiência. *Química Nova*, v. 32, p. 214-22, 2009.

MOHAMMAD, N. U.; VICTORIA, F. S.; IOANNIS, N. P. Validation of SPE-HPLC determination of 1,4-benzodiazepines and metabolites in blood plasma, urine, and saliva. *J. Sep. Sci.*, v. 31, 2008, p. 3704-17.

NIESSEN, W. M. A.; VOYKSNER, R. D. *Current practice in liquid chromatography*: mass spectrometry. Amsterdã: Elsevier Science, 1998.

PASSAGLI, M.; CARVALHO, P. D. S.; RODRIGUES, R. F. Drogas estimulantes do sistema nervoso central. In: PASSAGLI, M. *Toxicologia forense*. Campinas: Millennium, 2008.

PASSAGLI, M.; MARINHO, P. A.; RICOY, C. R. Drogas modificadoras do sistema nervoso central. In: PASSAGLI, M. *Toxicologia forense*. Campinas: Millennium, 2008.

POKLIS, A. Toxicologia analítica e forense. In: KLASSEN, C. D.; WATKINS III, J. B. *Fundamentos em toxicologia de Casarett e Doull*. 2. ed. São Paulo: AMGH, 2012.

POOLE, C. F. *The essence of chromatography*. Amsterdã: Elsevier Helth Sciences, 2002.

RABELLO, E. *Curso de criminalística*. Porto Alegre: Sagra-DC Luzzatto, 1996.

ROMÃO, W. et al. Química forense: perspectivas sobre novos métodos analíticos aplicados à documentoscopia, balística e drogas de abuso. *Química Nova*, v. 34, n. 10, p. 1717-28, 2011.

SNYDER, L. R.; KIRKLAND, J. J.; DOLAN, J. W. *Introduction to modern liquid chromatography*. New Jersey: John Wiley & Sons, 2010.

TOCCHETTO, D.; ESPÍNDULA, A. *Criminalística*: Procedimentos e metodologias. Brasília: Espíndula, 2006.

capítulo **12**

Eletroforese capilar e técnicas de eletromigração em capilares na análise forense

Leandro Augusto Calixto
Anderson Rodrigo Moraes de Oliveira
Thiago Barth

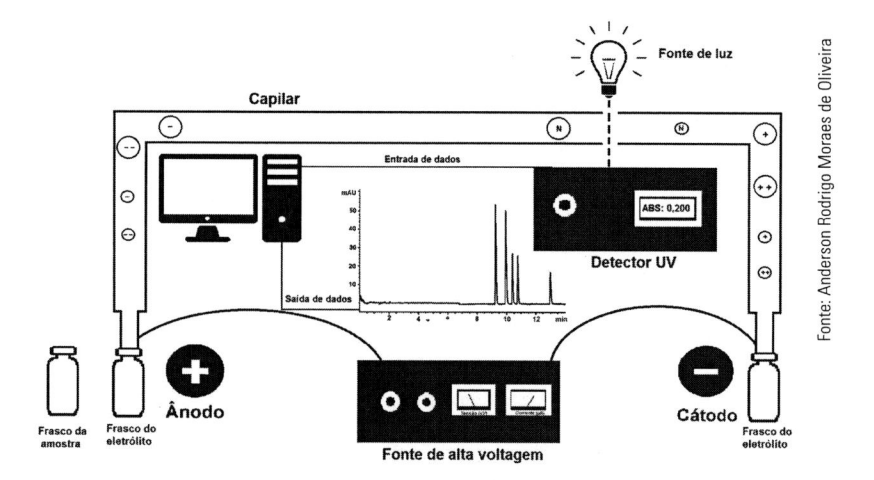

Figura esquemática de um equipamento para eletroforese capilar.

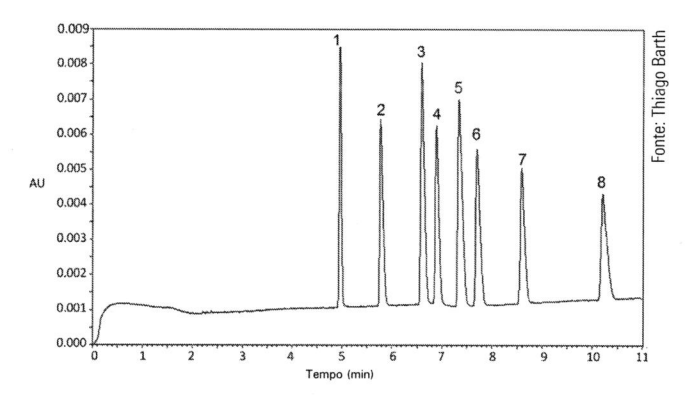

Eletroferograma referente à análise de diversos benzodiazepínicos:
1 – diazepam; 2 – clonazepam; 3 – prazepam; 4 – bromazepam; 5 – lorazepam; 6 – temazepam; 7 – alprazolam; 8 – oxazepam.

Eletroforese capilar é uma técnica de separação de compostos que ocorre no interior de um capilar de sílica fundida. De acordo com a natureza do eletrólito de análise, esta técnica é capaz de separar desde pequenos íons até macromoléculas. Em razão dos seus mecanismos intrínsecos de separação, ela apresenta elevada eficiência na resolução de misturas complexas, sendo, desta forma, uma excelente técnica a ser empregada em análises forenses. Entre as diversas áreas da Química Forense, o emprego da eletroforese capilar se destaca na documentoscopia, balística e análise de drogas de abuso.

Neste capítulo serão abordados os conceitos básicos de eletroforese capilar, assim como os conceitos de outras duas técnicas de eletromigração em capilares: Cromatografia eletrocinética micelar e Eletroforese capilar em meio não aquoso.

Uma breve revisão da literatura será apresentada acerca do emprego da eletroforese capilar em Química Forense. E, para finalizar, roteiros de experimentos relacionados serão discutidos, apresentando-se algumas questões e exercícios que proporcionarão ao leitor a fixação dos conhecimentos acerca desta técnica.

Introdução

Eletroforese, como técnica de separação, foi inicialmente descrita por Tiselius, em 1937, pelo que recebeu o Prêmio Nobel em 1948. Mais tarde, em 1967, Hjerten desenvolveu o primeiro aparelho empregando os conceitos propostos por Tiselius. Porém, somente após os avanços da técnica, realizados por Jorgenson e Lukacs, que passaram a empregar capilares com 75 μm de diâmetro interno, a técnica veio a ter o reconhecimento da área analítica (Van Eeckhaut e Michotte, 2010).

A eletroforese capilar (CE, do inglês *Capillary Electrophoresis*) faz parte de um grupo conhecido como Técnicas de Eletromigração em Capilares. Estas apresentam como semelhança o fato de suas separações ser realizadas em capilares de diâmetros reduzidos (25 – 100 μm) e comprimentos que variam de 20 a 100 cm. Entre elas, podemos destacar: Eletrocromatografia Capilar, Eletroforese Capilar de Peneiramento, Eletroforese Capilar em Gel, Cromatografia Capilar de Afinidade, Cromatografia Eletrocinética, Cromatografia Eletrocinética Micelar, Cromatografia Eletrocinética em Microemulsão, Focalização Isoelétrica Capilar, Isotacoforese Capilar, Eletroforese em Meio Não Aquoso e Eletroforese Capilar. Dependendo das características físico-químicas dos analitos de interesse, pode-se optar por uma ou mais técnicas visando realizar a separação e posterior quantificação.

A CE, por sua vez, é uma técnica destinada à separação de compostos iônicos e/ou ionizáveis. Esta separação ocorre no interior de um capilar de sílica preenchido por um eletrólito, cujo processo acontece com base nas diferenças de mobilidade entre as espécies eletricamente carregadas no interior desse capilar, que atingem o detector em diferentes tempos. O registro gráfico de uma análise por CE é chamado eletroferograma, que relaciona a intensidade de sinal do detector e o tempo de migração.

Instrumentação

Os principais componentes de um sistema usado em CE são: fonte de alta tensão, capilares, cartucho dos capilares, controle de temperatura e sistemas de bombeamento de ar, de detecção, de introdução de amostra e de aquisição de dados. A Figura 1 apresenta um desenho esquemático com alguns componentes de um sistema de CE.

Fonte de alta tensão

Fontes de alta tensão comerciais operam na faixa de 0 – 30 kV. A concentração do eletrólito deve ser ajustada a fim de não se obter altos níveis de corrente elétrica gerada. Para instrumentos com controle de temperatura a ar devem ser evitadas correntes superiores a 100 μA, enquanto controles de temperatura a líquido toleram níveis superiores, por apresentar maior eficiência na dissipação do calor gerado pelo efeito Joule. Altas correntes elétricas levam a análises instáveis e de difícil reprodução. Nos principais equipamentos, é possível operar tanto com tensão constante, corrente constante quanto potência constante. Porém, o modo mais empregado é o que usa tensão aplicada constante (Altria, 1996).

Capilares

Os capilares típicos empregados em CE são de sílica fundida com dimensões em geral na faixa de 25 – 100 μm de diâmetro interno e comprimento de 25 – 100 cm. Estas dimensões devem ser consideradas durante o desenvolvimento do método a fim de aumentar a resistência mecânica dos capilares, visto que a sílica fundida é facilmente quebrável. Os capilares são revestidos por uma camada externa de poli-imida, que lhes confere flexibilidade e resistência mecânica. Para permitir a detecção *on column,* ou seja, detecção realizada diretamente no próprio capilar, uma seção da poli-imida deve ser removida para o preparo de uma janela de detecção, que é alinhada ao detector (Altria, 1996).

Cartuchos

Estes são acessórios destinados à retenção do capilar no sistema eletroforético. Seu desenho busca proteger mecanicamente o capilar, além de alinhar corretamente a janela de detecção do capilar no caminho óptico do detector. Além disso, os cartuchos são desenvolvidos de acordo com o tipo de mecanismo de controle de temperatura. No caso de controles de temperatura a líquido, eles permitem seu preenchimento com líquido refrigerante, enquanto nos sistemas refrigerados a ar, permitem a passagem de fluxo constante de ar em toda sua extensão (Altria, 1996).

Sistema de detecção

A maioria dos detectores usados nos sistemas de CE é de absorvância no UV-Vis com arranjo de diodos. Alguns também oferecem a possibilidade de detecção por fluorescência ou por fluorescência induzida a laser e, ainda, por espectrometria de massas. O formato dos detectores é similar aos empregados em HPLC. Os UV-Vis operam na faixa de 190 a 800 nm (Altria, 1996).

Processo analítico por CE

Durante o processo analítico por CE, o capilar é primeiro preenchido com uma solução-tampão, também chamada eletrólito. Na sequência, a amostra é introduzida pelo amostrador automático na extremidade do capilar oposta ao detector. Então, as duas extremidades do capilar são introduzidas em diferentes reservatórios contendo o eletrodo e o eletrólito. Um dos eletrodos é conectado a um cabo que conduz a tensão aplicada, enquanto o outro, a um cabo terra.

Devido à aplicação de uma diferença de potencial através do capilar, os íons migram ao longo deste em direção ao eletrodo apropriado e passam pelo detector. A migração e a separação das espécies carregadas devem-se a dois mecanismos: mobilidade eletroforética do analito (μ_{ef}) e fluxo eletrosmótico da solução (μ_{eo}) (Altria, 1996).

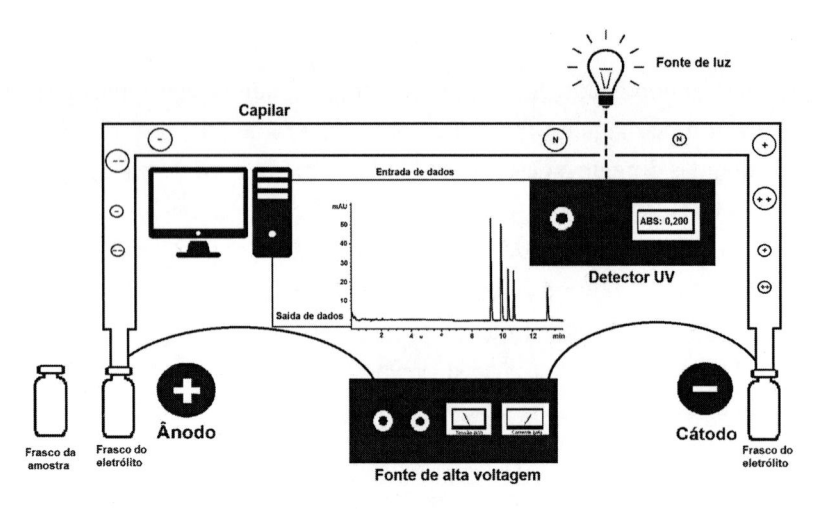

Fonte: Thiago Barth.

Figura 1 Desenho esquemático dos principais componentes do sistema de eletroforese capilar.

Aspectos teóricos da eletroforese capilar

Mobilidade eletroforética do analito (μ_{ef})

Mobilidade eletroforética é o movimento de espécies carregadas no interior do capilar sob a influência de um campo elétrico. Os cátions são atraídos pelo cátodo (eletrodo negativo), e os ânions pelo ânodo (eletrodo positivo). A mobilidade de cada íon depende da sua relação carga/massa, ou seja, do seu tamanho e número de cargas. Assim, um íon pequeno se moverá mais rapidamente do que um maior com o mesmo número de cargas (Figura 1). Abaixo, a Equação (1) da mobilidade eletroforética (μ_{ef}) do analito:

$$\mu_{ef} = \left(\frac{q}{6\pi\eta r}\right) \qquad \text{Equação 1}$$

onde q é o número de cargas, η a viscosidade do meio e r o raio do íon.

A velocidade eletroforética de cada íon é dada pela Equação (2):

$$V_{ef} = \mu_{ef} V \qquad \text{Equação 2}$$

onde V_{ef} é a velocidade eletroforética do íon e V a tensão aplicada (V/cm). Portanto, quanto maior a tensão aplicada, maior será a velocidade de migração do íon no interior do capilar (Altria, 1996).

Fluxo eletrosmótico da solução (μ_{eo})

Este é outro mecanismo responsável pela migração dos analitos. Capilares de sílica fundida usados em CE apresentam grupos silanóis (Si-OH) em sua parede interna. Em pHs aproximadamente superiores a 5, os grupamentos silanóis ácidos da parede interna do capilar de sílica encontram-se desprotonados e aniônicos (Si-O$^-$); uma camada de cátions provenientes da solução de eletrólitos neutraliza parcialmente a carga negativa da sílica. A carga negativa restante é neutralizada pelo excesso de cátions solvatados presentes em uma região localizada na solução próxima à parede. Quando uma tensão é aplicada, os cátions desta camada são atraídos para o cátodo e os ânions para o ânodo, porém, o excesso de cátions transfere o movimento resultante na direção do cátodo. Este movimento cria um fluxo uniforme da solução inteira na direção do cátodo, chamado fluxo eletrosmótico (*Electroosmotic Flow* – EOF) (Figura 2), que impulsiona tanto espécies carregadas (íons) quanto neutras. Uma vantagem apresentada pelo EOF em CE é o formato plano do seu fluxo, que resulta em altos valores de eficiência na separação de analitos.

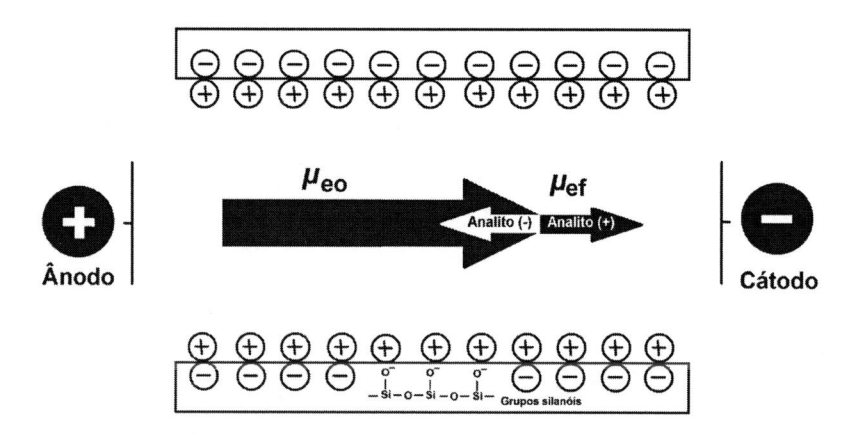

Fonte: Thiago Barth.

Figura 2 Esquema mostrando o fluxo eletrosmótico (Adaptado de Kitagishi, 1996).

A mobilidade eletrosmótica é dada pela Equação (3) e está associada à viscosidade do meio (η), e o potencial zeta (ζ), relacionado à carga da superfície interna do capilar.

$$\mu_{eo} = \left(\frac{\varepsilon\zeta}{\eta}\right) \quad \text{Equação 3}$$

A velocidade eletrosmótica (V_{eo}) é diretamente proporcional à mobilidade eletrosmótica da solução (μ_{eo}). A Equação (4) apresenta a relação entre a velocidade eletrosmótica e a tensão aplicada:

$$V_{eo} = \mu_{eof} V \quad \text{Equação 4}$$

Em pH baixo, o movimento eletrosmótico da solução diminui devido à diminuição da ionização dos grupamentos silanóis na parede do capilar; e em pHs extremamente ácidos, este movimento pode ser nulo; e, assim, a migração dos analitos se dará apenas devido à migração eletroforética do analito (Altria, 1996).

Outras técnicas de eletromigração em capilar importantes à análise forense

Até aqui foram abordadas as características básicas da CE que a destacam como uma técnica analítica que apresenta alta eficiência de separação em comparação à Cromatografia Líquida de Alta Eficiência. Embora apresentando estas vantagens, a CE, a princípio, é destinada à análise de compostos iônicos, ionizáveis e solúveis em água. No intuito de superar estas limitações, foram desenvolvidas a Cromatografia Eletrocinética Micelar (MEKC, do inglês *Micellar Electrokinetic Chromatography*) e a Eletroforese Capilar em Meio Não Aquoso (NACE, do inglês *Nonaqueous Capillary Electrophoresis*).

MEKC

Esta foi desenvolvida por Terabe, Otsuka e Ando (1985), combinando os mecanismos de separação da cromatografia líquida com os movimentos eletroforéticos e eletrosmóticos característicos da CE. Na MEKC é adicionado um tensoativo ao eletrólito, o que permite a separação de compostos neutros na presença de analitos ionizados. Os tensoativos usados são empregados em concentração superior à micelar crítica, permitindo a formação de micelas. Estas atuam como uma fase pseudoestacionária, e a distribuição do analito entre o interior e exterior da micela caracterizam o mecanismo cromatográfico desta técnica. Os tensoativos mais empregados são os aniônicos, em especial dodecil sulfato de sódio (SDS). Quando este é empregado, a micela formada apresenta carga negativa e migra em direção ao eletrodo positivo (ânodo) em virtude do seu movimento eletroforético. O fluxo eletrosmótico, por sua vez, migra em direção ao eletrodo negativo (cátodo). Ao usar eletrólitos com pH na região neutra ou alcalina, o fluxo eletrosmótico é superior ao movimento eletroforético da micela e, assim, a micela negativamente carregada também migra em direção ao cátodo, porém com velocidade retardada.

Quando um analito neutro é introduzido no capilar preenchido com a solução micelar, distribui-se entre o interior e exterior da micela. Ele migra com a mesma velocidade da micela quando nela incorporado e com a velocidade do fluxo eletrosmótico quando em seu exterior. Assim, a velocidade de migração do analito depende do coeficiente de distribuição de solubilização micelar do analito (Altria, 1996).

NACE

A eletroforese capilar em meio não aquoso foi desenvolvida para contornar a dificuldade em se analisar por CE compostos insolúveis ou pouco solúveis em água. Diferente da CE, a NACE emprega eletrólitos compostos por solventes orgânicos, ao invés de água. Além dos analitos insolúveis ou pouco solúveis em água, a NACE também permite a separação de analitos ionizáveis e solúveis em água com diferente seletividade da CE. Isto ocorre porque as diferentes viscosidades e constantes dielétricas dos solventes podem afetar tanto a mobilidade eletroforética quanto o fluxo eletrosmótico. Desta forma, resolução, eficiência e tempos de migração são criticamente afetados pelo tipo de solvente orgânico usado, composição do eletrólito, sua concentração e temperatura. Os solventes mais usados em NACE são acetonitrila e metanol, devido a suas diferentes propriedades físico-químicas: viscosidade, constante dielétrica, polaridade etc. Particularmente misturas de metanol e acetonitrila contendo 25 mmol/L de acetato de amônio e ácido acético 1 mol/L são empregados com sucesso na separação de uma grande variedade de compostos básicos (McEvoy et al., 2008).

Principais metodologias

Química Forense é o ramo das ciências forenses voltado à produção de provas materiais para a justiça, através da análise de substâncias diversas em matrizes, tais como drogas lícitas e ilícitas, venenos, acelerantes e resíduos de incêndio, explosivos, resíduos de disparo de armas de fogo, combustíveis, tintas e fibras. Os materiais disponíveis para análise forense são os mais diversos possíveis, o que aumenta o grau de dificuldade deste tipo de análise. Nessas matrizes, a quantidade de possíveis interferentes presentes no material encaminhado para exame é de grandeza ímpar, bem como a possibilidade de o analito estar presente em nível de traços (Romão, Schwab e Bueno, 2011). Em razão desses desafios técnicos, a escolha de uma técnica analítica deve ser baseada em critérios como aplicabilidade, sensibilidade, seletividade, precisão, exatidão, praticidade e custo da análise. Dentre as opções, a CE apresenta-se como uma técnica complementar à Cromatografia Líquida de Alta Eficiência (HPLC) e à Cromatografia Gasosa (GC), apresentando inúmeras vantagens, como já descrito. O potencial desta técnica para análises forenses foi demonstrado pela primeira vez por Weinberger e Lurie (1991), que a aplicaram para separação de uma ampla faixa de drogas de abuso ilícitas. A literatura descreve inúmeros métodos analíticos desenvolvidos para ser aplicados na área forense. Aqui, apresentaremos exemplos de aplicação da CE nos campos de documentoscopia, balística forense e drogas de abuso.

Documentoscopia

Esta é um campo integrante da criminalística que tem por objetivo a verificação da autenticidade de documentos ou determinação de sua autoria. Distingue-se de outras áreas que também se preocupam com documentos, porque não se satisfaz apenas com a prova da ilegitimidade do documento, mas procura determinar quem foi seu autor e os meios empregados para sua produção. No Brasil, o papel-moeda é sem dúvida o principal exemplo de falsificação (Romão, Schwab e Bueno, 2011).

A habilidade de diferenciação entre tintas é de grande interesse para a área forense, pois permite a avaliação de autenticidade dos documentos duvidosos, cujas tintas utilizadas podem ser consideradas como evidências de um crime. A datação de tintas também tem sido bastante empregada nesta área. Exemplo é a determinação se certa escrita e/ou impressão foi feita posteriormente à data em que o documento foi produzido. A caracterização de tintas utilizadas na impressão e/ou escrita é um dos maiores desafios na documentoscopia, pois a informação obtida na análise do material pode influenciar na investigação de fraudes, falsificação e outros crimes (Cruces-Blanco, Gámiz-Gracia e García-Campaña, 2007). Diante de uma suspeita de documentos fraudulentos, o cientista forense é desafiado a analisá-los visando ao exame científico dos componentes da prova, seja qualquer escrita ou marca, como traços de lápis ou o uso de corretor. As fraudes de documentos pela adição ou alteração de informações em geral têm motivações financeiras; por exemplo, reembolso de seguros e impostos, cheques, contratos etc. (Cantu, 1991).

A demanda por instrumentos modernos deve-se à diversidade de tintas disponíveis no mercado, com diferentes compostos químicos; por exemplo, corantes ácidos e básicos, pigmentos orgânicos e inorgânicos, surfactantes, antioxidantes, resinas, óleos, entre outros. Os componentes mais empregados na manufatura de tintas e suas características estão descritos na Tabela 1. A ampla variedade de compostos utilizados na manufatura das tintas, a possibilidade de contaminação presente na superfície do material na qual foi escrito/impresso, assim como o envelhecimento da tinta fazem que uma técnica de separação seja um requisito na caracterização de tintas (Zlotnick e Smith, 1999; Cruces-Blanco, Gámiz-Gracia e García--Campaña, 2007).

Tabela 1 Principais componentes das tintas (Adaptado de Zlotnick e Smith, 1999).

Componentes	Características
Corantes	Classificados como ácidos, básicos, solventes etc.
Pigmentos	Consistem de finos grânulos, insolúveis no veículo.
Óleos	Podem ser de linhaça, soja ou mineral; ser secantes, não secantes ou uma combinação; dependente do grau de insaturação do óleo.
Solventes	Vários orgânicos ou água; analisados na datação de tintas.
Resinas	Material não cristalino ou de alto peso molecular; podem ser naturais ou sintéticas.
Secantes	Catalisam secagem dos óleos secantes; a maioria são sais inorgânicos.
Plastificantes	Reduzem a fragilidade das tintas; consistem de solventes de baixa volatilidade; fornecem estabilidade ao filme de tinta.
Surfactantes	Alteram a tensão superficial da tinta; consistem tipicamente de sabão ou detergente; fornecem capacidade de molhabilidade à tinta.
Ceras	Aumentam a flexibilidade e diminuem a fragilidade; podem ser hidrocarbonetos, gorduras, como o gel petrolato; fornecem dureza e/ou flexibilidade.

O desenvolvimento de uma única técnica de separação para caracterizar todos os componentes presentes em determinada tinta seria o ideal, porém, nem sempre isto é viável por conta das diferentes características químicas dos compostos presentes, muito mais difícil ainda é o desenvolvimento de um método geral que possa ser aplicado a todos os tipos de tintas. A versatilidade da técnica analítica para analisar compostos com diferentes características químicas é um fator primordial. A CE possui este atributo, pois pode ser aplicada a uma variedade de analitos com diferentes características químicas sem a necessidade de altos investimentos na instrumentação analítica (Zlotnick e Smith, 1999; Cruces-Blanco, Gámiz-Gracia e García--Campaña, 2007).

Além disso, esta técnica requer quantidade mínima de amostra (na faixa de nanogramas, ou até mesmo pictogramas), minimizando, portanto. a destruição do documento a ser analisado. Em geral, a CE apresenta a detecção por arranjo de diodos, sendo possível detectar a maioria dos componentes presentes nas tintas, arquivar os resultados e criar bibliotecas padrão. O crescente aumento de trabalhos descrevendo o uso dessas técnicas pode ser observado na literatura; algumas dessas aplicações são apresentadas na Tabela 2 (Zlotnick e Smith, 1999; Cruces-Blanco, Gámiz-Gracia e García-Campaña, 2007).

Tabela 2 Algumas aplicações de técnicas de eletromigração em capilares na análise de componentes químicos das tintas na área da documentoscopia.

Analito(s)	Matriz	Modo[1]	Eletrólito	Referência
Corantes em tintas pretas de canetas e de marca texto	Papel	CE-UV	Solução-tampão borato 15 mmol/L (pH 8,8)	Tsutsumi e Ohga, 1996
Corantes	Papel (forma seca) Tintas de caneta-tinteiro (forma líquida)	CE-DAD CE-LIF	Solução-tampão borato 100 mmol/L (pH 8,0) contendo 20% de metanol (v/v)	Vogt et al., 1997
NI[2]	Tinta líquida preta de caneta esferográfica	MEKC-DAD	Solução-tampão borato 100 mmol/L (pH 9,5) contendo SDS[4] 25 mmol/L	Zlotnick e Smith, 1998
Corantes	Papel (forma seca) Tintas de caneta-tinteiro (forma líquida)	CE-DAD CE-LIF	Solução-tampão borato 100 mmol/L (pH 8,0) contendo 20% de metanol (v/v)	Rohde, Vogt e Heineman, 1998
Corantes hidrofóbicos de coloração azul caráter básico	Tintas pretas e azuis de canetas ponta fina e arredondada	NACE-LED	Metanol contendo 55 mmol/L de acetato de amônio e 600 mmol/L de ácido acético	Fakhari et al., 2006
Corantes de coloração cristal violeta	NA[3]	CE-UV MEKC-UV	CE: solução-tampão fosfato 60 mmol/L (pH 4,5) MEKC: 30 mM de ácido fosfórico em água: acetonitrila: metanol (80:10:10; v/v/v) contendo SDS[4] 60 mmol/L	Shih et al., 2008
Corantes em tintas de impressoras a jato de tinta	Papel	MEKC-DAD	Solução-tampão borato 40 mmol/L (pH 9,57) contendo SDS[4] 20 mmol/L contendo 10% de acetonitrila (v/v)	Szafarska et al., 2011
Corantes pretos em tintas de impressoras a jato de tinta	Papel	MEKC-DAD	Solução-tampão borato 40 mmol/L (pH 9,5) contendo SDS[4] 20 mmol/L e 10% de acetonitrila (v/v)	Król et al., 2012
Tintas de carimbo (violeta, vermelho, azul e verde)	Papel	MEKC-DAD CE-ESI/MS	MEKC: Solução-tampão borato 40 mmol/L (pH 9,57) contendo SDS[4] 20 mmol/L e 10% de acetonitrila (v/v) CE: acetato de amônio 5 mmol/L contendo ácido acético 0,01 % (v/v) e 25% de acetonitrila (v/v)	Król, Kula e Kóscielniak, 2013

[1] CE: eletroforese capilar
MEKC: cromatografia eletrocinética micelar
NACE: eletroforese capilar em meio não aquoso
DAD: detecção por arranjo de diodos
LIF: fluorescência induzida a laser
LED: diodo emissor de luz
UV: detecção por ultravioleta
ESI: ionização por electrospray
MS: detecção por espectrometria de massas
[2] NI: analitos não identificados
[3] NA: não se aplica
[4] SDS: dodecilsulfato de sódio

Balística forense

Munição é a principal prova material estudada dentro da balística, constituída por: projétil, estojo, carga de projeção e carga de inflamação ou de espoletamento. A carga de inflamação, também chamada mistura iniciadora ou *primer*, é responsável por deflagrar a combustão da pólvora (carga de projeção) contida no estojo e a expulsão do projétil através do cano da arma. A proporção e os elementos presentes na mistura iniciadora variam de acordo com o tipo de espoleta (fogo central ou circular) e da munição. Além dos resíduos deixados pela espoleta, a pólvora também pode ser analisada (Romão, Schwab e Bueno, 2011). No momento em que uma arma de fogo é disparada, grande quantidade de material na fase gasosa ou aerossol sólido é produzida e expelida junto com o projétil. Parte desse material solidifica-se na forma de material particulado pelo choque térmico, formando o que é conhecido como resíduos de tiro ou GSR (*gunshot residues*). Os componentes dos GSR e suas funções estão detalhados na **Tabela 3** (Cruces-Blanco, Gámiz-Gracia e García-Campaña, 2007; Romão, Schwab e Bueno, 2011).

Tabela 3 Principais componentes dos GSR

Componentes		Função
Orgânicos	Nitroglicerina	Propelente
	2,4 – Dinitrotolueno 2,6 – Dinitrotolueno 2,3 – Dinitrotolueno	Inibidor de *flash*
	Dimetil ftalato Dietil ftalato Dibutil ftalato	Plastificante
	Resorcinol Metil centralina Difenilamina Etil centralina	Estabilizante
Inorgânicos	Antimônio Cálcio Magnésio Alumínio	Combustível
	Ferro Níquel Zinco Cobre	Material
	Bário	Agente oxidante
	Chumbo	Explosivo

Fonte: Adaptado de Cruces-Blanco; Gámiz-Gracia; García-Campaña, 2007.

Os elementos chumbo (Pb), antimônio (Sb) e bário (Ba) são os principais marcadores químicos presentes nos resíduos inorgânicos produzidos por disparos de armas de fogo, além de pólvora parcialmente fundida, elementos do cano e do próprio projétil, que se depositam no atirador (especialmente nas mãos, rosto e roupas), em pessoas próximas e mesmo na vítima. Alguns compostos orgânicos são considerados irrelevantes para identificação de GSR orgânicos por possuírem outras fontes, como nitrocelulose, por exemplo, encontrada em *spray* para cabelo e indústrias farmacêuticas, assim como a nitroglicerina e a difenilamina, que também podem ser oriundas de outras fontes. Já os estabilizantes à base de centralina são aplicados unicamente na fabricação de munições. Atualmente, esses compostos têm sido usados como marcadores na análise de GSR orgânicos presentes após a combustão da pólvora, podendo ser encontrados no estojo ou nas mãos do atirador (Romão, Schwab e Bueno, 2011). A presença dos GSR na vítima em geral está restrita a regiões próximas ao orifício de entrada, embora em disparos a curta distância possam se depositar em outras. A detecção desses resíduos pode colocar o suspeito no local de crime. Na balística forense, talvez a prática mais realizada seja a identificação do atirador por meio dos GSR (Romão, Schwab e Bueno, 2011).

Nas análises forenses no campo de balística forense há a necessidade de métodos rápidos, baratos, específicos e que possam ser empregados na análise de GSR orgânicos e inorgânicos, tais como: propelentes (nitroglicerina), estabilizantes (resorcinol e difenilamina), agentes oxidantes (bário), plastificantes (dietil ftalato), combustíveis (antimônio, cálcio magnésio e alumínio) e componentes do projétil (níquel, zinco, cobre e ferro). A CE vem sendo empregada na análise de compostos explosivos e resíduos orgânicos de tiros em diferentes amostras, tais como terra, explosivos etc. (Cruces-Blanco, Gámiz-Gracia e García-Campaña, 2007). O modo de separação mais empregado nesta área é o MEKC, e foi pela primeira vez descrito na análise de GSR orgânicos e constituintes explosivos por Northrop, Martire e MacCrehan (1991), cuja separação empreendia foi rápida e eficiente, permitindo a determinação de 26 GSR orgânicos e constituintes explosivos em menos de 10 minutos.

Maccrehan, Layman e Secl (2003) apresentaram uma técnica de coleta e análise de GSR do cabelo. Um pente de dentes finos foi usado para coletar os resíduos e armazenado em uma pequena bolsa com zíper. Esta bolsa também serviu para extrair do pente os componentes presentes na pólvora. O sucesso da recuperação desses resíduos foi avaliado em supostos atiradores e em vítimas usando-se manequins com perucas de cabelos humanos. Os resíduos foram coletados de quatro armas: um revólver, uma pistola semiautomática, um rifle e uma espingarda. A nitroglicerina foi detectada por CE na maioria das amostras analisadas.

Como já mencionado, a CE é uma técnica versátil que pode ser aplicada para compostos com diferentes características químicas, como no caso do trabalho apresentado por Morales e Vázquez (2004), que desenvolveram um método por CE para analisar simultaneamente GSR orgânicos (nitroglicerina, resorcinol, 2,3-dinitrotolueno, 2,4-dinitrotolueno, 2,6-dinitrotolueno, dimetilftalato, dietilftalato, dibutilftalato, difenilamina, metilcentralina e etilcentralina) e GSR inorgânicos (Sb, Fe, Ba, Ca, Mg, Al, Ni, Zn, Pb e Cu). O método foi baseado na complexação dos metais com diaminociclohexano tetracético e, em seguida, a análise conduzida por MEKC, testado em amostras reais coletadas de armas e das mãos após os tiros.

Em razão da necessidade de técnicas que detectem pequenas quantidades de íons, pesquisadores começaram a empregar a CE na análise de explosivos, incluindo a detecção de resíduos de pólvoras sem fumaça de bombas caseiras e a análise de bombas altamente explosivas. Cascio et al. (2004) desenvolveram uma técnica por MEKC para a determinação de 14 componentes orgânicos presentes na pólvora sem fumaça. Os compostos avaliados foram: nitrocelulose, difenilamina, 3,4-dinitrotolueno, 2,3-dinitrotolueno, 2,4-dinitrotolueno, 2,6-dinitrotolueno, dibutilftalato, 2-nitrodifenilamina, 4-nitrodifenilamina, ácido pícrico, etil centralina, nitroguanidina, nitrotolueno e N-nitrosodifenilamina O tempo de análise para separação desses compostos foi de 11 minutos, e, de acordo com os autores, a MEKC mostrou ser uma alternativa interessante para análises do tipo *screening*. A CE tem-se mostrado importante na análise de resíduos inorgânicos pelo fato de complementar a cromatografia iônica, além de sua importância na análise de compostos como amônio, monometilamina e inúmeros ânions, devido à falta de sensibilidade das técnicas espectroscópicas para a detecção desses compostos, que estão presentes em bombas caseiras (Thormann et al., 2001). Outros exemplos de aplicações nesta área são apresentados na Tabela 4.

Tabela 4 Algumas aplicações de técnicas de eletromigração em capilares na área de balística forense

Analito(s)	Matriz	Modo[1]	Eletrólito	Referência
GSR orgânicos e constituintes de explosivos	GSR[4], pólvora e explosivos	MEKC-DAD	Solução-tampão borato 2,5 mmol/L (pH 8,9) contendo SDS[2] 25 mmol/L	Northrop, Martire e Maccrehan, 1991
Nitroglicerina, dinitrotolueno, difenilamina, metilcentralina e etilcentralina	GSR[4] e pólvora	MEKC-UV	Solução-tampão borato 10 mmol/L (pH 9,1) contendo SDS[2] 25 mmol/L	MacCrehan et al., 1999
Nitrito e nitrato	GSR[4]	CE-UV	Solução-tampão borato 100 mmol/L (pH 9,24)	Tagliaro et al., 2002
GSR orgânicos	Escova de cabelo	MEKC-UV	Solução-tampão borato 100 mmol/L (pH 9,2) contendo SDS[2] 25 mmol/L	MacCrehan, Layman e Secl, 2003
11 GSR orgânicos e 10 inorgânicos	GSR[4]	MEKC-UV	Solução-tampão borato 40 mmol/L (pH 9,2) contendo SDS[2] 16 mmol/L e CDTA[3] 0,5 mmol/L	Morales e Vázquez, 2004
14 componentes orgânicos da pólvora	Pólvora	MEKC-DAD	Solução-tampão tetraborato de sódio 10 mmol/L (pH 9,24) contendo SDS[2] 25 mmol/L	Cascio et al., 2004
Ânions inorgânicos	Pré e pós-resíduos de explosão	CE-UV	Solução-tampão tris 100 mmol/L (pH 8,2) contendo trióxido de cromo 25 mmol/L, cromato de sódio 25 mmol/L, 6% de etanol (v/v)	Sarazin et al., 2010
Ânions inorgânicos	Coquetel molotov	CE-UV[5]	Ácido piromelítico 2,25 mmol/L, hidróxido de sódio 0,75 mmol/L, hidróxido hexametônio 0,75 mmol/L, trietanolamina 1,6 mmol/L (pH 7,7)	Martín-Alberca, Ferrando e García-Ruiz, 2013
Nitrocelulose	Pólvora	CE-LIF	Solução-tampão Formato 1,0 mol/L (pH 2,0)	De La Ossa, Torre e García-Ruiz, 2012

[1] CE: eletroforese capilar
  MEKC: cromatografia eletrocinética micelar
  DAD: detecção por arranjo de diodos
  LIF: fluorescência induzida a laser
  UV: detecção por absorção no ultravioleta
[2] SDS: docedilsulfato de sódio
[3] CDTA: diaminociclohexano tetracético
[4] GSR: gunshot residues (resíduos de tiro)
[5] Detecção indireta por absorção no UV

Drogas de abuso

A Química Forense, na área de drogas de abuso, preocupa-se com detectar, identificar e quantificar os compostos tóxicos e seus metabólitos presentes em fluidos e/ou em tecidos corporais humanos. Com frequência, essas drogas podem ser ingeridas, acidental ou intencionalmente, em quantidades suficientes para causar uma reação adversa ou até mesmo a morte. Em regra, havendo suspeita de intoxicação, faz-se necessário o uso de técnicas analíticas para realizar o *screening* dos compostos tóxicos que possam estar presentes, e, em alguns casos, a presença de drogas de diferentes classes farmacológicas. As mais utilizadas para tal finalidade são: salicilatos, paracetamol, antiepilépticos, antidepressivos, neurolépticos, hipnóticos (benzodiazepínicos, barbitúricos e difenidramina), digoxina e teofilina, assim como várias drogas ilícitas, como: opioides, metadona, dietilamida do ácido lisérgico (LSD), cocaína, canabinoides e anfetaminas (Thormann e Caslavska, 2001).

Matrizes biológicas são consideradas complexas, em razão da presença de inúmeros componentes endógenos; por exemplo, lipídeos, proteínas e carboidratos. Por isso, a quantidade de possíveis interferentes na amostra é de importância ímpar. Em geral, a substância química a ser analisada encontra-se no nível de traços nessas matrizes, configurando-se ainda mais um grande desafio analítico (Poklis, 2001). Sangue, urina e cabelo são usualmente as matrizes mais empregadas na análise forense de drogas de abuso, embora as duas primeiras sejam as mais comuns. A análise de drogas de abuso em cabelos está ganhando importância, porque, além de uma alternativa para avaliar a exposição a diferentes drogas, apresenta estabilidade e praticidade quanto à amostragem e ao armazenamento da amostra, quando comparada a outras matrizes biológicas (Cruces-Blanco e García-Campaña, 2012).

Além das análises dessas drogas em matrizes biológicas, a Química Forense ainda contribui na identificação dos principais componentes que constituem uma amostra de droga, caracterizando-a como ilícita, podendo ainda ser utilizada na identificação de compostos químicos remanescentes do processo de refino ou fabricação, fornecendo perfis químicos e elementos que correlacionam amostras de diferentes apreensões, identificando rotas e origens geográficas de produção, assim contribuindo no combate ao narcotráfico (Romão, Schwab e Bueno, 2011).

Como já mencionado, o potencial da CE neste campo de atuação foi demonstrado pela primeira vez por Weinberger e Lurie, que usaram a MEKC na análise de diferentes drogas ilícitas em misturas sintéticas. De acordo com esses autores, a MEKC apresentou maior eficiência, seletividade, simetria de pico e tempos de análises menores se comparados ao HPLC, sendo adequada para o *screening* de drogas ilícitas. Este e outros exemplos de aplicações em amostras biológicas estão descritos na Tabela 5.

Tabela 5 Algumas aplicações de técnicas de eletromigração em capilares na área de drogas de abuso

Analito(s)	Matriz	Modo[1]	Eletrólito	Referência
Heroína e suas impurezas e adulterantes (fenobarbital e metaqualona) Cocaína e impurezas de natureza básica Outras drogas: opioides, anfetaminas, alucinógenos, barbitúricos, benzodiazepínicos e canabinoides	Misturas sintéticas	MEKC-UV	Solução de fosfato de sódio 8,5 mmol/L e borato de sódio 8,5 mmol/L (pH 8,5) contendo SDS 85 mmol/L e 15% de acetonitrila (v/v)	Weinberger e Lurie, 1991
Anfetamina, metanfetamina, efedrina, cocaína, morfina, codeína, MDA[3], MDMA[3] e os metabólitos benzoilecgonina e 6-monoacetilmorfina	Cabelo	CE-ESI/TOF/MS	Solução de formato de amônio 25 mmol/L (pH 9,5)	Gottardo et al., 2007
Paraquat	Fluido oral, plasma e urina	CE-DAD	Solução-tampão fosfato 40 mmol/L (pH 2,5)	Lanaro et al., 2011
Secobarbital, amobarbital, barbital e fenobarbital	Urina e sangue total	CE-UV	Solução-tampão borato de sódio 40 mmol/L (pH 8,0) contendo 20% de metanol (v/v)	Fan et al., 2012
Cocaína, heroína e seus metabólitos	Cabelo	CE-ESI/TOF/MS	Solução-tampão fosfato de amônio 50 mmol/L (pH 6,5)	Gottardo et al., 2012
4-cloroanfetamina	Saliva	CE-ESI/MS	Solução de acetato de amônio 10 mmol/L (pH 6,9) em acetonitrila:metanol:água (12,5;17,5;70; v/v/v)	Jhang et al., 2012
Opiáceos, anfetaminas e derivados, cocaína e metabólitos e outros (metoprolol, procaína, ketamina e trimipramina)	Urina	CE-ESI/TOF/MS CE-ESI/MS/MS	Solução de ácido fórmico 1 mol/L (pH 1,8)	Kohler, Schappler e Rudaz, 2013
Codeína, morfina, metanfetamina, ketamina, alprazolam, clonazepam, diazepam, flunitrazepam, nitrazepam e oxazepam	Urina	MEKC-UV	Solução-tampão fosfato de sódio 50 mmol/L (pH 2,3) contendo SDS[2] 150 mmol/L e metanol 10% (v/v)	Ho et al., 2013
Efedrina e ketamina	Urina	MEKC-UV	Solução de fosfato 100 mmol/L (pH 5,5)	Xin et al., 2013
Anfetamina, metanfetamina, MDA[3], MDMA[3], MDEA[3], ketamina, cocaína, cocaetileno, lidocaína, morfina, 6-monoacetilmorfina e heroína	Humor vítreo	CE-DAD	Solução tris 20 mmol/L contendo 0,4% trietilamina ((v/v) (pH 2,5 ajustado com ácido fosfórico) e 5% de metanol (v/v)	Costa et al., 2014

[1] CE: eletroforese capilar
  MEKC: cromatografia eletrocinética micelar
  UV: detecção por ultravioleta
  DAD: detecção por arranjo de diodos
  ESI: ionização por electrospray
  TOF: analisador por tempo de voo
  MS: detecção por espectrometria de massas
[2] SDS: docedilsulfato de sódio
[3] MDA: 3,4-metilenodioxianfetamina
  MDMA: 3,4-metilenodioximetanfetamina
  MDEA: 3,4-metilenodioxietilanfetamina

Estudo de caso

Tintas de canetas esferográficas, fabricadas com materiais de diferentes propriedades químicas, apresentam alta viscosidade. Violeta de metila (MV) é o principal corante usado na síntese das tintas azuis de canetas. Este corante é uma mistura de tetrametil-, pentametil- e hexametil--pararosanilina (PR). Hexametil-PR é também conhecido como MV 10B ou cristal violeta (CV); pentametil-PR, como MV 6B; e tetrametil-PR, como MV 2B. As estruturas químicas são apresentadas abaixo:

Composto químico	Abreviatura	Massa molecular	Radical (R1)	Radical (R2)
tetrametil-pararosanilina	MV 2B	344	$N\overset{+}{H}_2$	$N(CH_3)_2$
pentametil-pararosanilina	MV 6B	358	$CH_3-\overset{+}{N}H$	$N(CH_3)_2$
hexametil-pararosanilina (cristal violeta)	MV 10B	372	$CH_3-\overset{+}{N}-CH_3$	$N(CH_3)_2$
Pararosanilina (fucsina básica)	PR	288	$N\overset{+}{H}_2$	NH_2

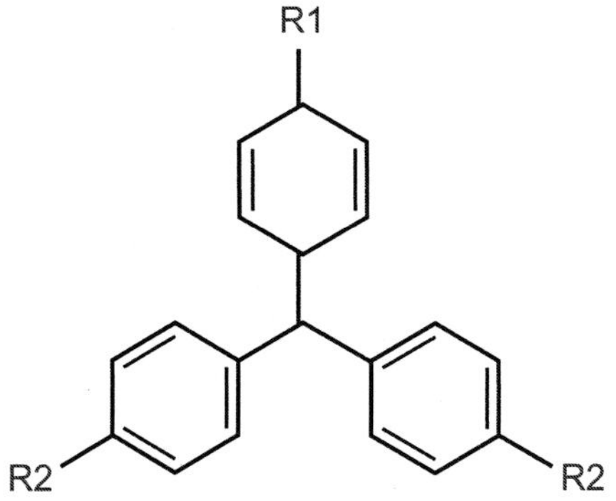

Fonte: Leandro Augusto Calixto.

Figura 3 Estrutura química de diferentes corantes (Adaptado de Shih et al., 2008).

Misturando-se esses MVs é possível a síntese de uma variedade de tintas. O CV é sensível à luz e fotodegrada em diferentes produtos N-desmetilados, incluindo o corante magenta (PR). O desenvolvimento de um método analítico para caracterizar e quantificar diferentes tintas de canetas esferográficas foi desenvolvido por eletroforese capilar. A informação sobre a composição das tintas, além dos respectivos produtos de degradação, pode ser usada na investigação de crimes de falsificação, fraude, entre outros. Na otimização da separação das soluções padrão de MV 10B, MV 6B e MV 2B e PR foram definidas as seguintes condições eletroforéticas:

♦ Eletrólito de análise: solução fosfato 60 mmol/L;
♦ Capilar: 50 μm (diâmetro interno), comprimento total de 80 cm e efetivo de 60 cm;
♦ Tensão aplicada: $+15$ kV

A eficiência da separação depende do eletrólito (tipo de solução-tampão e pH). A mistura de aminas primárias, secundárias e terciárias torna difícil a separação. De acordo com as estruturas químicas das moléculas e condições eletroforéticas acima apresentadas, responda:

a) Avaliando o eletrólito de análise citado nos pHs 4,5; 6,9 e 8,6, conforme observado nos eletroferogramas apresentados na Figura 4, explique a diferença nos tempos de migração dos analitos avaliados.

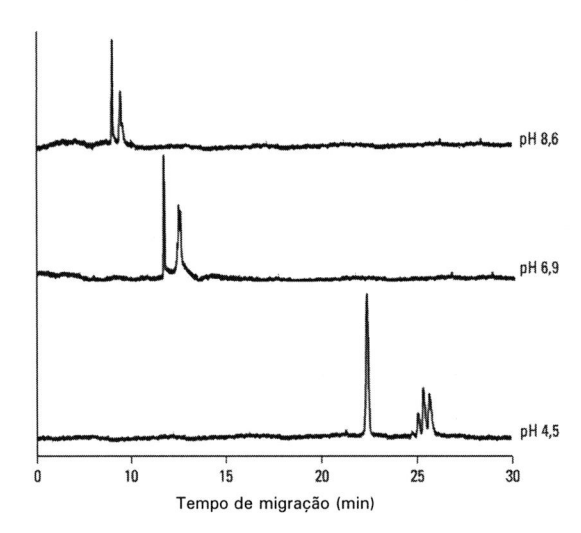

Fonte: Weber Amendola com base em Leandro Augusto Calixto.

Figura 4 Eletroferogramas em diferentes valores de pH referentes à separação dos corantes. (Adaptado de Shih et al., 2008).

b) Descreva a provável ordem de migração dos analitos MV 10B, MV 6B, MV 2B e PR em pH 4,5.

PRÁTICA DE LABORATÓRIO

Prática 1: Documentoscopia

Objetivo

Aplicar a técnica de eletromigração em capilares na análise forense para investigar a procedência de diferentes marcas de cartuchos usados em impressoras a jato de tinta.

Materiais e reagentes

Agitador de tubos tipo *vortex* (1), banho ultrassônico (1), centrífuga de microtubos (1), microtubos tipo Eppendorf (5), micropipeta de 200-1000 μL (1), micropipeta de 2-20 μL (1), tubos tipo Falcon 15 mL (5), régua (1), tesoura (1), membrana de celulose 0,45 μm ou 0,22 μm tipo Millex (5), capilar de sílica fundida não recoberto 75 mm di de diâmetro por 50 cm de comprimento(1), solução de hidróxido de sódio 0,1 mol/L (50 mL), solução de borato de sódio 100 mmol/L pH 9,5 (100 mL); água tipo 1 (100 mL), solução de ácido clorídrico 1 mol/L (10 mL), dimetilsufóxido grau HPLC (25 mL), metanol grau HPLC (10 mL), acetonitrila grau HPLC (100 mL), dodecilsulfato de sódio 100 mmol/L (100 mL).

Procedimento

a) Condições de análise

- Modo: cromatografia eletrocinética micelar (MEKC).
- Eletrólito de análise: solução de borato de sódio 40 mmol/L pH 9,5 contendo 20 mmol/L de dodecil sulfato de sódio (SDS) e 10% de acetonitrila (*v/v*).
- Temperatura do capilar: 25 °C.
- Tensão aplicada: +30 kV (polaridade normal).
- Detecção: UV (220 nm).
- Capilar: 50 cm de comprimento efetivo e 75 μm de diâmetro interno.
- Injeção: Injeção Hidrodinâmica. Aplique uma pressão de 0,7 psi por 6 segundos.

b) Preparo do eletrólito de análise

- Borato de sódio ($Na_2B_4O_7 \cdot 10H_2O$) 100 mmol/L: Pese 3,81 g e diluir com 100 mL de água.
- SDS 100 mmol/L: Pese 2,884 g de SDS e dilua com 100 mL de água.
- Adicione 40 mL de solução de borato de sódio 100 mmol/L, 20 mL de SDS e 10 mL de acetonitrila grau HPLC. Complete o volume com 100 mL com água.
- As soluções devem ser levadas ao banho ultrassônico e, em seguida, filtradas em membrana de celulose 0,45 μm ou 0,22 μm. Após, devem ser estocadas na ausência de luz até o momento do uso.
- O eletrólito de corrida deve ser trocado a cada cinco corridas.

c) Condicionamento do capilar

Condicione nesta sequência: metanol por 5 minutos; ácido clorídrico 1 mol/L por 5 minutos; hidróxido de sódio 0,1 mol/L por 10 minutos; água do tipo 1 por 2 minutos; e, finalmente, o eletrólito de análise por 10 minutos. Entre as injeções, o capilar deve ser condicionado na mesma sequência das soluções, porém por tempo menor (5; 2; 2; 1; e 1,5 minutos, respectivamente).

d) Solução padrão

Selecione um cartucho para ser considerado como padrão e imprima em preto e branco, papel branco, 24 quadrados, cada um na dimensão de 0,9 cm x 1,2 cm. Recorte os quadrados e extraia as tintas com 1,0 mL de dimetilsufóxido em banho ultrassônico por 15 minutos. Centrifugue por 5 minutos a 1300 rpm e retire uma alíquota de 5 μL do sobrenadante. Aguarde o solvente evaporar; em seguida, solubilize o resíduo em 10 μL da solução de injeção (eletrólito de análise: água; 1:1, v/v).

e) Amostragem

Imprima em preto e branco, em papel branco, 50 quadrados, cada um na dimensão de 0,9 cm × 1,2 cm. Imprima utilizando diferentes marcas de cartuchos. Recorte os quadrados.

f) Solução amostra

Realize o mesmo processo de extração conforme já descrito em "solução padrão".

Quesitos

1. Compare os eletroferogramas observando os picos de interesse através dos tempos de migração e o espectro UV-Vis, e defina qual das impressões corresponde à solução padrão.
2. Determine o desvio padrão dos tempos de migração dos analitos após 10 injeções consecutivas da solução padrão. Considere como aceitáveis valores inferiores a 2% para cada pico avaliado.

Relatório de análise

Elabore um relatório científico sobre o experimento a ser entregue e discutido com o professor. Além da estrutura convencional (introdução, parte experimental, resultados e discussão, conclusão e referências), cada grupo deve apresentar no relatório as respostas aos quesitos aqui apresentados.

Quadro 1 Sugestão de marcas de cartuchos a ser testados

Marca	Modelo	
Hewlett-Packard®	Deskjet 2500C Business Inkjet 1200 Deskjet F380 Deskjet 3740 Deskjet 3550	Deskjet 710C Deskjet F4280 Photosmart C4280 PSC 1510
Canon®	Pixma iP1800 Pixma iP1900	Pixma MP210 Pixma iP4500
Brother®	DCP-135C	DCP-350C
Epson®	Stylus D92	
Lexmark®	Lexmark X2530	Lexmark Z615

Prática 2: Balística forense

Objetivo

Construir uma curva de calibração aplicando a técnica de eletromigração em capilares na análise forense para determinação de nitritos e nitratos que possa ser usada no *screening* de resíduos de armas de fogo. Íons nitritos e nitratos são os maiores componentes inorgânicos presentes em resíduos de tiro.

Materiais e reagentes

Agitador de tubos tipo *vortex* (1), banho ultrassônico (1), centrífuga (1), tubos tipo Falcon de 15 mL (12), micropipeta de 200-1000 μL (2), filtros Millex de 0,45 mm ou 0,22 mm (4), capilar de sílica fundida não recoberto 75 mm di de diâmetro por 50 cm de comprimento (1), solução de hidróxido de sódio 0,1 mol/L (50 mL), solução de hidróxido de sódio 1 mol/L (10 mL), solução de borato de sódio 100 mmol/L pH 9,24 (100 mL); água tipo 1 (100 mL), solução de brometo de potássio 5 μg/mL (500 mL), soluções de nitrito e nitrato (conforme a Tabela 6).

Procedimento

a) Condições de análise

- Modo: eletroforese capilar.
- Eletrólito de análise: solução-tampão borato de sódio 100 mmol/L pH 9,24.
- Temperatura do capilar: 25 °C.
- Tensão: –15 kV (polaridade reversa).
- Detecção: UV (214 nm).
- Capilar: 50 cm de comprimento efetivo e 75 μm de diâmetro interno.
- Injeção: Hidrodinâmica. Aplique uma pressão de 0,5 psi por 10 segundos.

b) Preparo do eletrólito de análise

- Borato de sódio ($Na_2B_4O_7 \cdot 10H_2O$) 100 mmol/L: Pesar 3,81 g e diluir com 100 mL de água.
- As soluções devem ser filtradas em membrana de celulose 0,22 μm ou 0,45 μm e, em seguida, levadas ao banho ultrassônico por 5 minutos.
- O eletrólito de análise pode ser armazenado sob 25 °C por até uma semana.

c) Condicionamento do capilar

Novos capilares devem ser condicionados nesta sequência: hidróxido de sódio 1,0 mol/L por 5 minutos; hidróxido de sódio 0,1 mol/L por 5 minutos; água tipo 1 por 5 minutos; e, finalmente, com o eletrólito de análise por 10 minutos; todos empregando uma pressão de 20 psi.

Entre as injeções, o capilar deve ser condicionado nesta sequência: hidróxido de sódio 0,1 mol/L por 1 minuto; água por 1 minuto; e, finalmente, com o eletrólito de corrida por 4 minutos.

Antes das injeções, a extremidade do capilar que contém o cátodo deve ser imersa em água tipo 1 por 10 segundos visando eliminar os íons presentes nas soluções utilizadas no condicionamento.

Brancos de água podem ser utilizados para avaliar se há qualquer fonte de contaminação que contenha os íons nitrato e nitrito.

d) Solução do padrão interno

Prepare soluções estoque de brometo de potássio em água na concentração de 1 mg/mL. Dilua em água até a concentração final de 5 μg/mL. A solução estoque deve ser armazenada a –20 °C.

e) Solução padrão

Prepare soluções estoque de nitrato de sódio e nitrito de sódio em água na concentração 1 mg/mL. As soluções estoque devem ser armazenadas a –20 °C até o momento da análise. Dilua a solução estoque de NO_2^- e NO_3^- utilizando a solução padrão interno (*preparo descrito no item 3. Procedimento subitem d*) nas concentrações indicadas na Tabela 6. Construa uma curva analítica.

f) Amostragem

Colete na parte posterior da cabeça fios de cabelo menos superficiais, cerca de 0,3 cm de distância do couro cabeludo, aproximadamente 200 mg de amostra de, no mínimo, dois voluntários. Em pelo menos uma das amostras de cabelo adicione 10 mg de $NaNO_2$ e 50 mg de $NaNO_3$. Distribua aos grupos definidos em sala de aula amostras que devem ser preparadas pelo professor ou técnico de laboratório, contendo $NaNO_2$ e $NaNO_3$, amostras contendo apenas $NaNO_2$ ou $NaNO_3$ e amostras na ausência desses íons. As amostras devem ser codificadas pelo professor ou técnico de laboratórios que as preparou previamente na ausência dos alunos.

g) Solução amostra

Adicione 10 mL da solução do padrão interno *(preparo descrito no item 3. Procedimento subitem d)* nas amostras de cabelo, agite no agitador tipo *vortex* e, em seguida, centrifugue sob agitação a 14.000 rpm por 5 minutos para remoção de células e materiais particulados. Caso necessário, o sobrenadante deve ser diluído com a solução do padrão interno para se obter concentrações dentro do intervalo da curva de calibração a ser injetadas diretamente. As amostras devem ser armazenadas a -20°C até o momento das análises.

Tabela 6 Curva analítica para análise dos íons nitrito e nitrato

Pontos	NO_2^- (mg/mL)	NO_3^- (mg/mL)
1	0,3	1,8
2	0,6	3,6
3	0,9	5,4
4	1,2	7,2
5	1,5	9,0
6	1,8	10,8

OBS.: Prepare os pontos descritos acima, no mínimo, em duplicata.

Quesitos

1. Determine através da regressão linear a equação da reta pelo método dos mínimos quadrados e o coeficiente de correlação. Deve ser verificada a homocedasticidade dos dados antes de fazer a regressão linear. Se não houver relação linear, proceda à transformação matemática.
2. Realize as análises das amostras somente se a curva analítica apresentar valor de coeficiente de correlação acima de 0,99 e distribuição dos resíduos aleatória (homocedástica).

Relatório de análise

Elabore um relatório científico sobre o experimento a ser entregue e discutido com o professor. Além da estrutura convencional (introdução, parte experimental, resultados e discussão, conclusão e referências), cada grupo deve apresentar no relatório as respostas aos quesitos aqui apresentados.

Prática 3: Drogas de abuso

Objetivo

Aplicar a técnica de eletromigração em capilares na análise forense para determinação de dez drogas de abuso (codeína, morfina, metanfetamina, ketamina; benzodiazepínicos: alprazolam, clonazepam, diazepam, flunitrazepam, nitrazepam e oxazepam) em amostras de urina.

Materiais e reagentes

Agitador de tubos tipo *mixer* (1), agitador de tubos orbital para extração das amostras de urina (1), banho ultrassônico (1), tubos de ensaio cônicos (30), tubos tipo Falcon de 15 mL (6), micropipeta de 200-1000 μL (2), filtros Millex de 0,45 mm ou 0,22 mm (3), capilar de sílica fundida não recoberto 50 mm di de diâmetro interno por 50 cm de comprimento (1), solução de hidróxido de sódio 0,1 mol/L (50 mL), solução-tampão fosfato de sódio 50 mM pH 2,3 (100 mL), solução fosfato de sódio 10 mmol/L pH 5,0 (50 mL), solução de ácido clorídrico 1 mol/L (50 mL), água tipo 1 (100 mL), acetato de etila grau HPLC (100 mL), metanol grau HPLC (10 mL), dodecilsulfato de sódio 150 mmol/L (100 mL).

Procedimento

a) Condições de análise

– Modo: eletroforese capilar (CE).
– Eletrólito de corrida: solução-tampão fosfato de sódio 50 mM (pH 2,3) contendo dodecilsulfato de sódio (SDS) 150 mmol/L + metanol 10% (*v/v*).
– Temperatura do capilar: 25 °C.
– Tensão: –15 kV (polaridade reversa).

- Detecção: UV (200 nm).
- Capilar: 50 cm de comprimento efetivo e 50 μm de diâmetro interno.
- Injeção: Use a técnica de pré-concentração on-line *stacking-sweeping*. Primeiro, preencha o capilar com a solução fosfato de sódio 50 mmol/L pH 2,3 contendo 29% de metanol; em seguida, injete a amostra diluída em solução fosfato de sódio 10 mmol/L pH 5,0 (injeção hidrodinâmica 1 psi por 200 s). Após injetar a amostra, substitua os reservatórios *inlet* e *outlet* para *vials* que contenham a solução-tampão fosfato de sódio 50 mmol/L (pH 2,3) contendo SDS 150 mmol/L+ metanol 10% (v/v).

b) Preparo do eletrólito de análise

- Fosfato de sódio (NaH_2PO_4) 50 mmol/L: Pese 600 mg e dilua com 100 mL de água. Acerte o pH com NaOH ou H_3PO_4 1 mol/L.
- SDS 150 mmol/L: Pese 4,33 g de SDS e dilua em 100 mL do tampão já descrito.

c) Condicionamento do capilar

Condicione na seguinte sequência: metanol por 10 minutos; água tipo 1 por 5 minutos; ácido clorídrico 1 mol/L por 10 minutos; água tipo 1 por 5 minutos; hidróxido de sódio 1 mol/L por 10 minutos; e água tipo 1 por 5 minutos.

d) Solução padrão

Prepare os padrões de codeína, metanfetamina, morfina e codeína em água tipo 1, e todos os benzodiazepínicos em metanol. Após, prepare a curva analítica desses padrões empregando urina de voluntários sadios, que não contenham nenhum dos analitos avaliados, nas concentrações de 25, 50, 100, 200, 500, 1000 e 1500 ng/mL para os seis benzodiazepínicos, metanfetamina e ketamina; e 50, 100, 200, 500, 1000, 2000 e 3000 ng/mL para codeína e morfina. Adicione em todas as diluições a metformina na concentração de 300 ng/mL (padrão interno). Realize este procedimento, no mínimo, em duplicata para cada concentração.

e) Amostragem

Solicite aos voluntários que não façam uso de nenhuma substância contendo os analitos aqui descritos, inclusive do padrão interno (metformina), e colete amostras de urina com volume mínimo de 5 mL. Adicione aleatoriamente um ou mais dos analitos descritos. Utilize as mesmas soluções padrão usadas na construção da curva de calibração, lembrando que as soluções padrão contendo benzodiazepínicos devem ser secas sob ar comprimido antes de ser dissolvidas em urina, e que as concentrações deverão corresponder ao intervalo análogos das respectivas curvas de calibração. Distribua aos grupos definidos em sala de aula essas amostras preparadas na ausência dos alunos.

f) Solução amostra

Transfira 500 μL de urina para um tubo cônico e adicione 500 μL de acetato de etila. Com o auxílio do agitador tipo *vortex*, agite a amostra por 3 minutos e centrifugue a 12000 rpm por

10 minutos. Transfira 450 μL da camada superior orgânico (Fração 1) para outro tubo cônico. Após a primeira extração, alcalinize a urina extraída (fase aquosa) com hidróxido de sódio 1 mol/L para pH 13. Extraia novamente a urina (fase aquosa) com acetato de etila, conforme já descrito (Fração 2). Reúna as frações 1 e 2 (aproximadamente 900 μL), evapore o acetato de etila e solubilize o resíduo empregando 500 μL de solução de fosfato de sódio 10 mmol/L pH 5,0 contendo 300 ng/mL de metformina (padrão interno). Se houver amostra suficiente, realize todo o procedimento em duplicata para cada amostra.

g) Branco de urina

Extraia uma amostra de urina empregando o mesmo procedimento já descrito, porém, sem a adição dos analitos de interesse, e verifique se nos tempos de migração dos analitos existe algum interferente endógeno proveniente da urina. Faça essa extração em duplicata.

Quesitos

1. Compare os eletroferogramas observando os picos de interesse, através da avaliação dos tempos de migração, e determine as concentrações dos analitos em urina empregando a equação da reta obtida pelo método dos mínimos quadrados.
2. Avalie os cromatogramas do branco de urina e confirme a ausência de interferentes endógenos. Qual a importância da análise do branco?
3. Caso haja interferentes endógenos, qual estratégia você adotaria para a realização dos experimentos? Explique.

Relatório de análise

Elabore um relatório científico sobre o experimento a ser entregue e discutido com o professor. Além da estrutura convencional (introdução, parte experimental, resultados e discussão, conclusão e referências), cada grupo deve apresentar no relatório as respostas aos quesitos aqui apresentados.

Exercícios complementares

1. Qual é o princípio de separação em eletroforese capilar (CE)?
2. Como o fluxo eletrosmótico pode ser eliminado?
3. Quais motivos levaram ao desenvolvimento da eletroforese capilar em meio não aquoso (NACE) e cromatografia eletrocinética micelar (MEKC)?
4. De acordo com o eletroferograma e as informações abaixo, explique a ordem de migração dos compostos A, B e C.

A análise de 3 analitos foi realizada por eletroforese capilar empregando um capilar de sílica não recoberto de 30 cm de comprimento e 25 μm de diâmetro interno. A solução-

-tampão de análise empregada foi o fosfato pH 6, 50 mmol.L^{-1}. A tensão e a temperatura de análise foram, respectivamente, +15kV e 25ºC. O eletroferograma abaixo corresponde a uma amostra de uma solução padrão dos analitos diluída em água e posteriormente injetada.

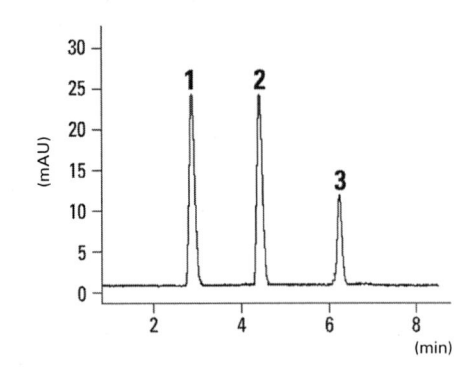

Fonte: Weber Amendola com base em Anderson Rodrigo Moraes de Oliveira.

A
pKa 8,0

B
pKa 4,5

C

Fonte: Anderson Rodrigo Moraes de Oliveira.

REFERÊNCIAS BIBLIOGRÁFICAS

ALTRIA, K. D. Fundamentals of capillary electrophoresis theory. In: _____. *Capillary electrophoresis guidebook:* principles, operation, and applications. Totowa: Humana Press, 1996. Capítulo 1, p. 3-13.

CANTU, A. Analytical methods for detecting fraudulent documents. *Analytical Chemistry*, v. 63, n. 17, p. 847A-854A, 1991.

CASCIO, O. et al. Analysis of organic components of smokeless gunpowders: High-performance liquid chromatography vs. micellar electrokinetic capillary chromatography. *Electrophoresis*, v. 25, p. 1543-47, 2004.

COSTA, J. L. et al. Development of a method for the analysis of drugs of abuse in vitreous humor by capillary electrophoresis with diode array detection (CE–DAD). *Journal of Chromatography B*, v. 945-46, 2014, p. 84-91.

CRUCES-BLANCO, C.; GÁMIZ-GRACIA, L.; GARCÍA-CAMPAÑA, A. M. Applications of capillary electrophoresis in forensic analytical chemistry. *Trends in Analytical Chemistry*, v. 26, n. 3, p. 215-26, 2007.

CRUCES-BLANCO, C.; GARCÍA-CAMPAÑA, A. M. Capillary electrophoresis for the analysis of drugs of abuse in biological specimens of forensic interest. *Trends in Analytical Chemistry*, v. 31, p. 85-95, 2012.

DE LA OSSA, M. A. F.; TORRE, M.; GARCÍA-RUIZ, C. Determination of nitrocellulose by capillary electrophoresis with laser-induced fluorescence detection. *Analytica Chimica Acta*, v. 745, p. 149-55, 2012.

FAKHARI, A. R. et al. Non-aqueous capillary electrophoresis with red light emitting diode absorbance detection for the analysis of basic dyes. *Analytica Chimica Acta*, v. 580, 2006, p. 188-93.

FAN, L. Y. et al. Sensitive determination of barbiturates in biological matrix by capillary electrophoresis using online large-volume sample stacking. *Journal of Forensic Sciences*, v. 57, n. 3, 2012, p. 813-19.

GOTTARDO, R. et al. Broad-spectrum toxicological analysis of hair based on capillary zone electrophoresis – time-of-flight mass spectrometry. *Journal of Chromatography A*, v. 1159, 2007, p. 190-97.

_____. Analysis of drugs of forensic interest with capillary zone electrophoresis/time-of-flight mass spectrometry based on the use of non-volatile buffers. *Electrophoresis*, v. 33, p. 599-606, 2012.

HO, Y. H. et al. Analysis of ten abused drugs in urine by large volume sample stacking–sweeping capillary electrophoresis with an experimental design strategy. *Journal of Chromatography A*, v, 1295, p. 136-41, 2013.

JHANG, C. S. et al. Rapid screening and determination of 4-chloroamphetamine in saliva by paper spray-mass spectrometry and capillary electrophoresis-mass spectrometry. *Electrophoresis*, v. 33, p. 3073-78, 2012.

KITAGISHI, K. Introduction. In: SHINTANI, H; POLONSKÝ, J. (eds.). *Handbook of capillary electrophoresis applications*. Londres: Blackie Academic and Professional, 1996. Cap. 1, p. 1-14.

KOHLER, I.; SCHAPPLER, J.; RUDAZ, S. Highly sensitive capillary electrophoresis-mass spectrometry for rapid screening and accurate quantitation of drugs of abuse in urine. *Analytica Chimica Acta*, v. 780, p. 101-09, 2013.

KRÓL, M. et al. Examination of black inkjet printing inks by capillary electrophoresis. *Talanta*, v. 96, p. 236-42, 2012.

KRÓL, M., KULA, A.; KOŚCIELNIAK, P. Application of MECC-DAD and CZE-MS to examination of color stamp inks for forensic purposes. *Forensic Science International*, v. 233, p. 140-48, 2013.

LANARO, R. et al. Detection of paraquat in oral fluid, plasma, and urine by capillary electrophoresis for diagnosis of acute poisoning. *Journal of Analytical Toxicology*, v. 35, 2011, p. 274-79.

MACCREHAN, W. A. et al. Detecting organic gunpowder residues from handgun use. *SPIE 3576, Investigation and Forensic Science Technologies*, v. 3576, p. 116-24, 1999.

MACCREHAN, W. A.; LAYMAN, M. L.; SECL, J. D. Hair combing to collect organic gunshot residues (OGSR). *Forensic Science International*, v. 135, p. 167-73, 2003.

MARTÍN-ALBERCA, C.; FERRANDO, J. L.; GARCÍA-RUIZ, C. Anionic markers for the forensic identification of Chemical Ignition Molotov Cocktail composition. *Science and Justice*, v. 53, p. 49-54, 2013.

MCEVOY, E. et al. Capillary electrophoresis for pharmaceutical analysis. In: LANDERS, J. P. *Handbook of capillary and microchip electrophoresis and associated microtechniques*. 3. ed. Boca Raton: CRC Press, 2008. Capítulo 4, p. 135-82.

MORALES, E. B.; VÁZQUEZ, A. L. R. Simultaneous determination of inorganic and organic gunshot residues by capillary electrophoresis. *Journal of Chromatography A*, v. 1061, 2004, p. 225-33.

NORTHROP, D. M.; MARTIRE, D. E. M.; MACCREHAN, W. A. Separation and identification of organic gunshot and explosive constituents by micellar electrokinetic capillary electrophoresis. *Analyical Chemistry*, v. 63, p. 1038-42, 1991.

POKLIS, A. Analytic/forensic toxicology. In: KLAASSEN. C. D. (ed.) *Casarett & Doull's toxicology*: The basic science of poisons. McGraw-Hill: Medical Publishing Division, 2001. Cap. 31, p. 951-958.

ROHDE, E.; VOGT, C.; HEINEMAN, W. R. The analysis of fountain pen inks by capillary electrophoresis with ultraviolet/visible absorbance and laser-induced fluorescence detection. *Electrophoresis*, v. 19, p. 31-41, 1998.

ROMÃO, W.; SCHWAB, N. V.; BUENO, M. I. M. S. Química forense: perspectivas sobre novos métodos analíticos aplicados a documentoscopia, balística e drogas de abuso. *Química Nova*, v. 34, n. 10, p. 1717-28, 2011.

SARAZIN, C. et al. Identification and determination of inorganic anions in real extracts from pre- and post--blast residues by capillary electrophoresis. *Journal of Chromatography A*, v. 1217, 2010, p. 6971-78.

SHIH, C. M. et al. Separation of crystal violet dyes and its application to pen ink analysis using CZE and MEKC methods. *Journal of Separation Science*, v. 31, 2008, p. 893-97.

SILVA, J. A. F. da et al. Terminologia para as técnicas analíticas de eletromigração em capilares. *Química Nova*, v. 30, p. 740-44, 2007.

SZAFARSKA, M. et al. Application of capillary electrophoresis to examination of color inkjet printing inks for forensic purposes. *Forensic Science International*, v. 212, p. 78-85, 2011.

TAGLIARO, F. et al. Dermal nitrate: an old marker of firearm discharge revisited with capillary electrophoresis. *Electrophoresis*, v. 23, p. 278-82, 2002.

TERABE, S.; OTSUKA, K.; ANDO, T. Electrokinetic chromatography with micellar solution and open tubular capillary. *Analytical Chemistry*, v. 57, p. 834-41, 1985.

THORMANN, W.; CASLAVSKA, J. Clinical and forensic drug toxicology: analysis of illicit and abused drugs in urine by capillary electrophoresis. In: PETERSEN, J.; MOHAMMAD, A. A. (eds.) *Clinical and forensic application of capillary electrophoresis*. New Jersey: Human Press, 2001. p. 397-422.

THORMANN, W. et al. Advances of capillary electrophoresis in clinical and forensic analysis (1999-2000). *Electrophoresis*, v. 22, p. 4216-43, 2001.

TSUTSUMI, K.; OHGA, K. Capillary zone electrophoresis of water-soluble black pen inks. *Analytical Sciences*, v. 12, p. 997-1000, 1996.

VAN EECKHAUT, A.; MICHOTTE, Y. *Chiral separation by capillary electrophoresis*. Boca Raton: CRC Press, 2010.

VOGT, C. et al. Separation, comparison and identification of fountain pen inks by capillary electrophoresis with UV-visible and fluorescence detection and by proton-induced X-ray emission. *Journal of Chromatography A*, v. 781, 1997, p. 391-405.

WEINBERGER, R.; LURIE, I. S. Micellar electrokinetic capillary chromatography of illicit drug substances. *Analytical Chemistry*, v. 63, p. 823-27, 1991.

XIN, L. et al. Ionic liquid-based dispersive liquid-liquid microextraction coupled with capillary electrophoresis to determine drugs of abuse in urine. *Chinese Journal of Analytical Chemistry*, v. 41, n. 12, 2013, p. 1919-22.

ZLOTNICK, J. A.; SMITH, F. P. Separation of some black rollerball pen inks by capillary electrophoresis: preliminary data. *Forensic Science International*, v. 92, p. 269-80, 1998.

_____. Chromatographic and electrophoretic approaches in ink analysis. *Journal of Chromatography B*, v. 733, 1999, p. 265-72.

capítulo 13

Cromatografia em fase gasosa

Fabrício Souza Pelição
Mariana Dadalto Peres
Marcela Nogueira Rabelo Alves
Bruno Spinosa De Martinis

Cromatógrafo em fase gasosa.

Coluna capilar instalada no forno do cromatógrafo em fase gasosa.

A evolução das ciências forenses introduziu muitas técnicas analíticas, ferramentas de extrema importância na resolução de casos da esfera forense – criminal. A introdução e o desenvolvimento da cromatografia em fase gasosa é uma dessas ferramentas, que tem proporcionado o aumento da credibilidade dos resultados analíticos apresentando grande poder de separação, alta sensibilidade e seletividade. Esta é uma técnica analítica utilizada na separação e identificação de compostos orgânicos voláteis e semivoláteis presentes em determinada matriz. Materiais como fluidos biológicos e tecidos, resíduos de incêndios, tintas de automóveis e fibras são os mais comumente encontrados e analisados como evidências em uma investigação forense e quase sempre se apresentam com elevado grau de complexidade, tanto pela quantidade de componentes inerentes da amostra quanto pela diversidade de analitos interferentes que podem estar presentes. Situações como intoxicações multidrogas, degradação e formação de analitos por processos de decomposição e putrefação de amostras biológicas são situações em geral encontradas na área forense *post-mortem*, aumentando ainda mais a complexidade das amostras e a necessidade de técnicas cada vez mais sensíveis e seletivas.

Introdução

Cromatografia em fase gasosa (GC, do inglês *Gas Chromatography*) faz parte de uma série de técnicas cromatográficas, entre as quais podemos destacar cromatografia em fase líquida de alto desempenho (HPLC, do inglês *High Performance Liquid Chromatography*) e cromatografia de troca iônica (IEC, do inglês *Ion Exchange Chromatography*). Cada modalidade de técnica cromatográfica tem sua área de aplicação de acordo com o tipo de amostra, os analitos de interesse, o tipo de coluna utilizada para a separação dos analitos e o sistema de detecção.

A GC foi apresentada pela primeira vez pela química alemã Erika Cremer em 1944, e a primeira aplicação desta técnica foi realizada pelos britânicos Martin e James em 1952, quando relataram a análise de ácidos orgânicos e aminas. Neste trabalho, as pequenas partículas de material de suporte, utilizado para a separação dos analitos, foram revestidas com um líquido não volátil e colocadas em um tubo de vidro aquecido. Os analitos introduzidos no tubo e impulsionados com auxílio de um fluxo de gás comprimido apareceram em zonas bem separadas. Esta técnica foi reconhecida por profissionais da área petroquímica como um método simples e rápido de análise de misturas complexas de hidrocarbonetos encontrados no petróleo.

Nela, os analitos de determinada amostra são volatilizados e separados em decorrência da sua partição entre uma fase móvel gasosa e outra estacionária, que pode ser líquida ou sólida. Este processo de partição e consequente separação dos compostos de uma mistura ocorre dentro de um tubo de comprimento e diâmetro variáveis, também conhecido como coluna de separação ou cromatográfica. Após a injeção dos analitos na coluna cromatográfica, a eluição ou deslocamento dos componentes de determinada amostra, desde a entrada da coluna até o sistema de detecção, ocorre por meio de um gás inerte, conhecido como "gás de arraste". As moléculas que têm maior afinidade com a fase estacionária gastam mais tempo naquela fase e, por consequência, mais tempo para chegar ao detector. Na chegada ao detector, instalado ao final da coluna, a presença de determinada substância gera um sinal proporcional à sua quantidade. Cada analito que elui da coluna cromatográfica apresenta um tempo de retenção característico para as condições de análise estabelecidas, definido como intervalo de tempo entre o injetor e o pico máximo de resposta no detector.

Principais metodologias

Na análise cromatográfica, o analista foca dois objetivos principais: fazer com que o sinal de cada analito apareça como um único pico estreito e que não haja sobreposição ou coeluição de outros analitos, e com que estes picos, representando cada analito, sejam uniformes e mais estreitos possível. Estas condições podem ser satisfeitas por meio de escolhas adequadas de fase estacionária da coluna e otimização das condições experimentais; por exemplo, programação de temperatura, fluxo de gás de arraste, modo de injeção, comprimento e diâmetro da coluna etc.

A Figura 1 apresenta o diagrama esquemático de um sistema de cromatografia em fase gasosa indicando seus principais componentes.

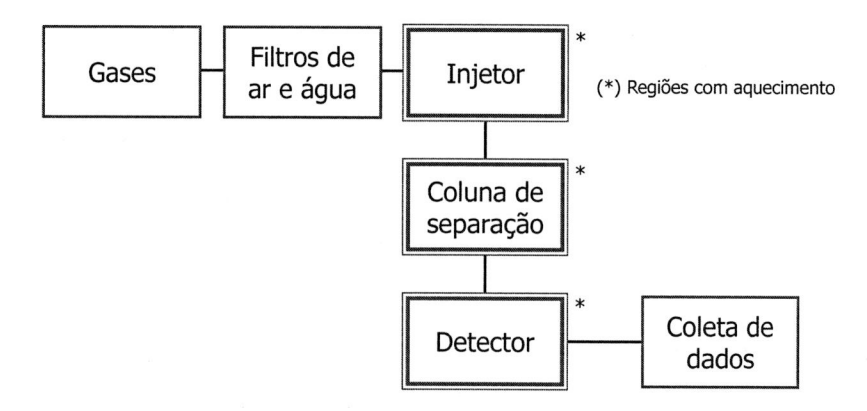

Fonte: Fabrício Souza Pelição, Mariana Dadalto Peres, Marcela Nogueira Rabelo Alves e Bruno Spinosa De Martinis.

Figura 1 Principais componentes instrumentais de um cromatógrafo em fase gasosa.

Gás de arraste

Na escolha deste gás para esta técnica, o grau de pureza é um fator importante a ser considerado. Um gás com alta pureza, livre de oxigênio, água e hidrocarbonetos é o desejado. Além disso, também deve-se considerar o tipo de detector utilizado e o custo do gás. Em geral, quando se utiliza um detector de ionização por chama (FID – Flame Ionization Detection), apresentado mais adiante, o gás hidrogênio é o que melhor atende às necessidades, porém, por ser um combustível, pode resultar em explosão no caso de ocorrer um vazamento no interior do forno onde está localizada a coluna de separação; portanto, sua substituição pelo nitrogênio é recomendada. Já quando se utiliza um espectrômetro de massas como detector, faz-se necessário um gás de maior pureza e mais apropriado, como o hélio.

Para a obtenção de um gás com maior pureza, a utilização de filtros para remoção de água, oxigênio e hidrocarbonetos, colocados após a saída dos cilindros de gás e antes da entrada no cromatógrafo, é recomendada.

Introdução da amostra

A forma mais utilizada para a introdução da amostra no cromatógrafo é através de seringa, utilizando-se um injetor do tipo *Split/Splitless*, ou seja, com ou sem divisão da amostra.

O injetor *Split/Splitless* compreende um compartimento – aquecido de forma independente do forno da coluna cromatográfica – no qual a amostra é injetada através de um septo com a seringa.

A amostra injetada é vaporizada rapidamente para formar uma mistura contendo o gás de arraste, os vapores de solvente da amostra e os analitos vaporizados. Uma porção desta mistura de vapor vai para a coluna de separação, enquanto o maior volume é descartado através da saída da válvula de divisão de fluxo. Os valores da quantidade das amostras, a ser analisadas e descartadas, são predeterminados pelo analista e ajustados utilizando-se a válvula de divisão. Por exemplo, em uma proporção 50:1, a parte injetada entra na coluna enquanto a outra (50) é descartada.

A injeção da amostra pode ser manual ou através de um amostrador automático. A quantidade de amostra injetada é crítica para um bom processo cromatográfico, pois quantidades muito grandes podem sobrecarregar a coluna de separação e/ou o detector, dando origem a picos largos, o que dificulta a integração e a quantificação dos analitos e, também, a contaminação do detector. Já se forem muito pequenas, podem não resultar a sensibilidade necessária, dificultando a detecção dos analitos. Na área forense, um exemplo da aplicação destes dois modos de injeção de amostras no cromatógrafo pode ser observado quanto à natureza da análise de uma droga ilícita apreendida para a constatação da sua identidade pela análise de tetra-hidrocanabinol (THC) em vegetal suspeito de ser maconha. O extrato desta amostra, além de apresentar o THC em concentração muito alta, apresenta também outros componentes da planta, e, neste caso, para evitar a contaminação do cromatógrafo (injetor e detector) e a sobrecarga na coluna capilar, a injeção no modo *Split* com a divisão da amostra é a mais recomendada. Porém, na análise do mesmo analito (THC) em uma amostra biológica (sangue ou urina), há a necessidade de detecção de níveis de concentração bem baixos, sendo possível e necessária a utilização da injeção no modo *Splitless* sem a divisão do fluxo, que é direcionado para a coluna e, em consequência, da quantidade de amostra introduzida na coluna.

A injeção da amostra em uma banda estreita é fator importante e desejável para a obtenção de sucesso na separação e quantificação cromatográfica. Bandas largas dão origem a picos com bases largas, em especial para analitos que são eluídos da coluna no início da análise. Uma importante situação indesejável que pode acontecer quando se utiliza o injetor *Split/Splitless* é a divisão do fluxo não linear ou não reprodutível, ocorrendo discriminação de amostra e, por consequência, diferenças nas quantificações. Para a introdução de uma amostra no cromatógrafo, esta pode estar no estado líquido ou gasoso. No caso de amostras líquidas a injeção é feita através de uma microsseringa (1-10 μL); as gasosas são injetadas com seringas do tipo *gas-tight* com volume maior (100-250 μL); as sólidas precisam ser solubilizadas em solventes adequados para que sejam analisadas.

Outras formas de introdução da amostra no cromatógrafo

Dessorção térmica

Esta técnica refere-se à utilização de calor para remover compostos orgânicos voláteis que foram aprisionados em determinado adsorvente. Após aprisionados em um compartimento contendo material adsorvente, este é aquecido progressivamente e os compostos voláteis são, então, dessorvidos e transferidos, por meio de uma linha de transferência aquecida, para a entrada do cromatógrafo.

Purge and trap

Nesta, uma amostra no estado líquido é colocada num recipiente através do qual um gás inerte é passado (por exemplo, N_2). Os compostos orgânicos mais voláteis são "expurgados" da amostra e aprisionados em um adsorvente (por exemplo, Tenax). Então, por inversão do fluxo de gás e aplicação de calor, os compostos orgânicos voláteis são transferidos diretamente para o cromatógrafo.

Headspace

Esta técnica para a amostragem em cromatografia em fase gasosa diz respeito à análise da fase-vapor de uma amostra. Substâncias voláteis presentes em determinada amostra se difundem para a fase-vapor após sua incubação sob temperaturas e tempos preestabelecidos. As principais vantagens da *headspace* são a análise direta dos compostos mais voláteis que a matriz, a possibilidade de eliminação do efeito da matriz e a pré-concentração dos analitos, além daquela relacionada à não contaminação do cromatógrafo com componentes não voláteis ou pouco voláteis presentes na amostra. Esta é a técnica mais utilizada nas análises forenses de etanol e outros compostos voláteis em amostras biológicas.

Forno da coluna de separação

A coluna cromatográfica fica alojada em um forno, cuja temperatura é controlada com precisão, o que resulta em uma separação de analitos reprodutível pela coluna. O forno da coluna deve ser capaz de fornecer a temperatura desejada dentro de ±0,1 °C; isolado termicamente de outras partes do cromatógrafo; e, tipicamente, proporcionar a gama de temperaturas desejada, desde a ambiente no laboratório até 400 °C. Ele pode funcionar de dois modos: isotermicamente ou através de um gradiente de temperatura ou temperatura programada. A escolha e ajuste de um destes dois modos de operação resultará em melhora no processo de separação dos analitos, interferindo diretamente na resolução dos picos e no tempo de análise. Na análise de misturas complexas com grande número de analitos, a separação cromatográfica empregando programação de temperatura é a mais empregada.

Colunas de separação

Na cromatografia em fase gasosa empregando colunas de separação capilar, atualmente as mais utilizadas, quatro parâmetros importantes na seleção da coluna devem ser considerados:

- Fase estacionária
- Diâmetro interno da coluna
- Comprimento da coluna
- Espessura do filme da fase estacionária

Cada um destes parâmetros pode ter impacto significativo sobre a capacidade de separação dos compostos de interesse.

Na coluna cromatográfica capilar, a separação pode ser realizada em uma fase estacionária sólida ou líquida. Na primeira (cromatografia gás-sólido), a fase estacionária é composta por uma camada fina (menor que 10 μm) de partículas sólidas que são aderidas na parede do tubo capilar. Elas podem ser materiais inorgânicos, tais como óxidos de alumínio, sílica gel, peneira molecular, entre outros, ou polímeros orgânicos, como estireno. A separação ocorre quando os analitos passam por um processo dinâmico de adsorção-dessorção gás-sólido na fase estacionária. Como as partículas são porosas, processos seletivos de exclusão por tamanho e formato também ocorrem. Neste caso, a única função do gás de arraste é carregar até o detector as moléculas dos analitos que não são adsorvidas. Em geral, estas colunas são utilizadas para a separação de compostos com baixo peso molecular; por exemplo, hidrocarbonetos, gases e solventes com baixo ponto de ebulição. Quando a separação ocorre em uma fase líquida (cromatografia gás-líquido), a fase estacionária é composta de polímeros com ponto de ebulição alto, por exemplo, siloxanos e polietilenoglicois. A separação ocorre através da partição das moléculas dos analitos entre a fase móvel (gás) e a estacionária. Moléculas que têm maior afinidade com a fase estacionária permanecem por mais tempo imobilizadas na coluna de separação e chegarão ao detector em maior tempo. O processo de imobilização e liberação para a fase móvel ocorre muitas vezes durante a análise, sendo que a separação dos analitos depende da natureza química da fase estacionária e do ponto de ebulição dos analitos.

Escolha da fase estacionária

Dentre os quatro parâmetros descritos, o mais importante para a separação dos analitos é a escolha da fase estacionária. As mais comumente utilizadas são baseadas em polisiloxano. De acordo com a afirmativa de que "semelhante dissolve semelhante", para a separação de compostos apolares uma fase estacionária apolar, que é 100% polidimetilsiloxano, é a mais apropriada. Neste caso, a interação entre os analitos apolares e a fase apolar da coluna se dá por forças de Van Der Walls. Para a separação de compostos polares utilizam-se fases estacionárias polares; por exemplo, polietileno glicóis, e o tipo de interação que ocorre nestas fases são de dipolo π-π e/ou interações ácido/base. Existem várias outras fases estacionárias com diferentes polaridades, diferentes estabilidades quando submetidas a temperaturas altas. Por isso, a escolha da fase mais apropriada depende dos compostos a ser analisados.

Detectores

Vários detectores estão disponíveis comercialmente para utilização na cromatografia em fase gasosa. Sua função é responder rapidamente a um composto após ser introduzido no injetor, carregado pela fase móvel e eluído da coluna de separação.

O detector ideal para cromatografia em fase gasosa precisa apresentar algumas características, como ótima sensibilidade, estabilidade, linearidade e seletividade. Obviamente nenhum detector apresenta todas as características desejáveis, mas, individualmente, algumas vantagens podem ser destacadas em cada detector.

Detectores podem ser classificados em universal, seletivo e específico, ou seja, alguns respondem a quase todos os analitos, enquanto outros apenas a alguns analitos com grupos funcionais específicos, átomos ou configurações estruturais.

Entre os comercialmente disponíveis para a cromatografia em fase gasosa, encontram-se: detector de condutividade térmica (TCD – Thermal Conductivity Detector), de ionização por chama (FID – Flame Ionization Detector), de captura de elétrons (ECD – Electron Capture Detector), de Nitrogênio-Fósforo (NPD – Nitrogen Phosphorns Detector) e de massas, ou espectrômetro de massas (MS – Mass Spectrometer). Neste capítulo estão detalhados apenas os três mais utilizados na área forense: de ionização por chama, de nitrogênio-fósforo (também conhecido como termiônico) e espectrômetro de massas.

Detector de ionização por chama é o mais amplamente utilizado, uma vez que responde a quase todas as classes de compostos. Muitas vezes, é reconhecido como um detector universal.

FID tem uma excelente faixa de linearidade e pouca ou nenhuma resposta às impurezas do gás de arraste, tal como CO_2 e água. O gás de arraste típico para GC-FID é o Nitrogênio. O FID (Figura 2) é constituído por uma chama de hidrogênio e ar localizada logo acima do final da coluna de separação. Como os compostos orgânicos que eluem da coluna passam pela chama, assim se ionizam. As espécies carregadas são recolhidas por um eletrodo que gera um aumento na corrente elétrica, que é proporcional à quantidade de carbono presente na chama. A corrente elétrica resultante é então amplificada e registrada como um gráfico de tempo em função da resposta, conhecido como cromatograma (Figura 3). A aplicação do FID é mais dedicada às análises de compostos orgânicos em geral; na área forense é o mais utilizado para as análises de etanol e outros voláteis em amostras biológicas, detritos de incêndio, entre outras.

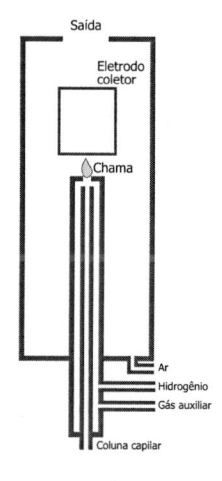

Fonte: Fabrício Souza Pelição, Mariana Dadalto Peres, Marcela Nogueira Rabelo Alves e Bruno Spinosa De Martinis.

Figura 2 Representação esquemática do detector de ionização por chama (FID).

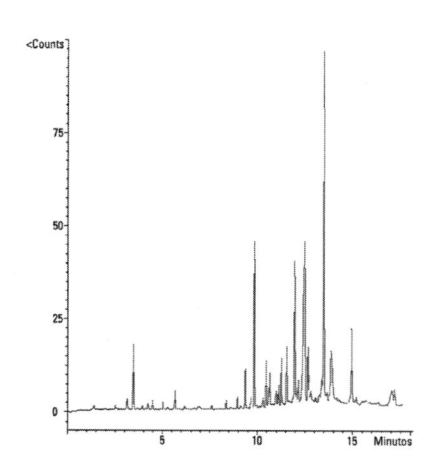

Fonte: Weber Amendola com base em Fabrício Souza Pelição, Mariana Dadalto Peres, Marcela Nogueira Rabelo Alves e Bruno Spinosa De Martinis.

Figura 3 Resultado típico (cromatograma) de uma análise por cromatografia em fase gasosa de uma mistura de drogas ilícitas.

O Detector de nitrogênio-fósforo (NPD), também conhecido como detector termiônico específico (TSD – Thermionic Specific Detector) (Figura 4) é do tipo seletivo. Seu funcionamento é muito parecido com o do de ionização por chama. A principal diferença é a presença de uma pérola de metal alcalino, geralmente rubídio, que é aquecida por uma bobina, pela qual passa o gás de arraste misturado com hidrogênio. A esfera aquecida emite elétrons que são coletados no ânodo, gerando uma corrente constante que resulta na linha de base do cromatograma. Quando, no efluente da coluna, há a presença de algum analito contendo elementos como nitrogênio e/ou fósforo, estes são queimados e absorvidos na superfície da pérola. Estes elementos aumentam a emissão de elétrons e, por consequência, a corrente gerada é determinada. A utilização de GC-NPD encontra aplicação nas análises de algumas drogas, como cocaína, anfetaminas e alguns pesticidas que contêm nitrogênio e fósforo em suas estruturas químicas.

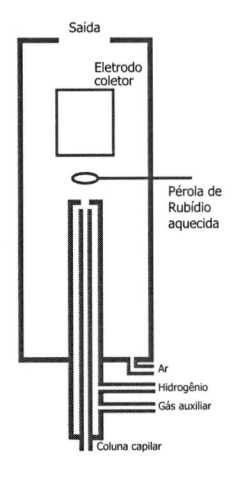

Fonte: Fabrício Souza Pelição, Mariana Dadalto Peres, Marcela Nogueira Rabelo Alves e Bruno Spinosa De Martinis.

Figura 4 Representação esquemática do detector de nitrogênio-fósforo (NPD).

Muito provavelmente o detector mais importante para a cromatografia em fase gasosa, considerado o "padrão ouro" na área forense, é o espectrômetro de massas (em MS). Além de fornecer informação quantitativa sobre determinado analito presente em uma amostra, ele ainda tem capacidade de identificar o composto desconhecido pela sua estrutura química. Isto é feito através da obtenção do espectro de massas do analito e sua comparação com uma biblioteca de espectros presente em uma base de dados do equipamento, ou através da geração de um espectro de massa a partir de um padrão conhecido do composto alvo da suspeita. No espectrômetro de massas, o detector é mantido sob vácuo, e o efluente da coluna cromatográfica é bombardeado com elétrons. Os analitos absorvem energia, que provoca sua ionização e fragmentação de forma característica. Os íons resultantes são focados e acelerados para dentro de um filtro de massas que permite que esses fragmentos de massas crescentes entrem no detector. O filtro de massas faz uma varredura em uma faixa de massas predeterminada (normalmente até 700 u.m.a.) várias vezes por segundo. A abundância de cada massa em determinado tempo de varredura gera o espectro de massas.

Estudo de caso – 1

M.P.C., do sexo feminino, 30 anos, chegou ao trabalho bastante agitada. Durante a manhã, agrediu fisicamente um de seus colegas de trabalho, e a autoridade policial foi chamada. Ela alegou que estava alterada devido ao uso de diazepam prescrito por seu médico. M.P.C. foi encaminhada ao Departamento Médico Legal para exame de lesões e toxicológico; negou-se a fornecer amostra de sangue, mas cedeu amostra de urina. O exame toxicológico na urina concluiu que ela havia consumido álcool, diazepam, maconha e cocaína.

Prática de laboratório – 1

Quantificação de etanol em fluido oral e ar alveolar

Álcool é a droga mais utilizada no Brasil, com grandes implicações na saúde pública, principalmente no que diz respeito aos acidentes de trânsito. A constatação da alcoolemia é feita por meio do etilômetro (bafômetro) ou análise cromatográfica em sangue. Embora o sangue seja a matriz preferencial para a avaliação da exposição ao álcool, diversos trabalhos têm discutido a aplicação de amostras de fluido oral para esta determinação. A utilização dessas amostras apresenta como vantagem a possibilidade de uma coleta assistida e não invasiva, mesmo em condições de campo.

Objetivo

Realizar a quantificação de etanol por cromatografia em fase gasosa/*headspace* em amostras de fluido oral e identificar o consumo de álcool por meio de etilômetro.

Aparelhagem

- Cromatógrafo gasoso acoplado a detector de ionização de chama (GC/FID);
- Pipetas automáticas de volumes ajustáveis (10 – 100 mL e 0,1 – 1 mL);
- Balança analítica;
- Cronômetro digital;
- Etilômetro digital.

Reagentes e vidraria

- Padrão interno (isobutanol);
- Meça 300 μL de isobutanol;
- Adicione 1g de cloreto de sódio;
- Complete até 1 litro com água deionizada;
- Armazene a solução por no máximo 30 dias;
- Solução de padrão de calibradores;
- Solução estoque de 100 dg/L – Adicione 0,628 mL de etanol em 50 mL de água deionizada;
- Calibrador 1,0 dg/L – Adicione 0,1 mL da solução estoque e complete com 10 mL de água deionizada;

- Calibrador 2,0 dg/L – Adicione 0,2 mL da solução estoque e complete com 10 mL de água deionizada;
- Calibrador 5,0 dg/L – Adicione 0,5 mL da solução estoque e complete com 10 mL de água deionizada;
- Calibrador 8,0 dg/L – Adicione 0,8 mL da solução estoque e complete com 10 mL de água deionizada;
- Calibrador 10,0 dg/L – Adicione 1,0 mL da solução estoque e complete com 10 mL de água deionizada;
- Calibrador 20,0 dg/L – Adicione 2,0 mL da solução estoque e complete com 10 mL de água deionizada;
- Cloreto de sódio (NaCl);
- Isobutanol;
- Etanol;
- Béqueres de 5 mL ou 10 mL;
- Balões volumétricos de 10 e 50 mL;
- Água deionizada;
- Coletor universal;
- Frascos de *headspace* de 20 mL com tampa de rosca;
- Lata de cerveja com álcool;
- Lata de cerveja sem álcool;
- Luvas de látex.

Procedimento

- Escolha dois alunos maiores de 18 anos para tomar uma lata de cerveja cada;
- Faça a leitura do etilômetro digital em ambos (tempo 0');
- Um aluno deve tomar uma lata de cerveja com álcool, e o outro, sem;
- Todo o volume da lata de cerveja deve ser ingerido em no máximo 5 minutos;
- Colete amostras de fluido oral utilizando Salivette® (dispositivo que coleta fluido oral através da mastigação de um cilindro de algodão e posterior centrifugação) e a leitura do etilômetro nos tempos 15, 30 e 60 min (a ser contados a partir do início da ingestão);
- Para construir a curva de calibração, adicione nos frascos de *headspace* 500 μL de padrão interno (isobutanol) e 100 μL do calibrador 1,0 dg/L (ponto 1); 2,0 dg/L (ponto 2); 5,0 dg/L (ponto 3); 8,0 dg/L (ponto 4); 10 dg/L (ponto 5) e 20 dg/L (ponto 6) em tubos separados e identificados;
- Adicione 100 μL de cada amostra de fluido oral e 500 μL de padrão interno (isobutanol) em frascos de *headspace* previamente identificados.

Condições cromatográficas

- Modo de injeção: *split* (razão 1:10);
- Volume de injeção: 400 μL;
- Temperatura do injetor: 250 °C;

- Fluxo da coluna: 1,0 mL/min – modo fluxo constante;
- Rampa: temperatura inicial de 50 °C mantida por 2 minutos, com aquecimento de 20 °C/minuto até 200 °C;
- Tempo total de corrida: 9,5 min;
- Temperatura do injetor: 250 °C;
- Temperatura do detector: 300 °C;

Condições de incubação da amostra

- Tempo de incubação: 10 min;
- Temperatura de incubação: 90 °C.

Quesitos

1. Construa a curva de calibração do etanol no fluido oral.
2. Dadas as áreas obtidas nos cromatogramas, calcule as concentrações de etanol nas amostras de fluido oral.
3. Construa uma curva de concentração do etanol no fluido oral e no ar alveolar nos diferentes tempos.
4. Compare e discuta as concentrações e o perfil das curvas obtidas nas duas amostras.

Relatório de análises

Elabore um relatório científico sobre o experimento a ser entregue e discutido com o professor.

Além da estrutura convencional (introdução, parte experimental, resultados, discussão, conclusão e referências), cada grupo deve apresentar no relatório as respostas aos quesitos aqui apresentados.

Exercício complementar

1. Por que o fluido oral pode ser uma amostra alternativa ao sangue? Quais as vantagens?

PRÁTICA DE LABORATÓRIO – 2

Análise qualitativa de ácido 11-nor-delta9-tetraidrocanabinol carboxílico por cromatografia em fase gasosa acoplada ao espectrômetro de massas

Objetivo

Aprender a técnica de confirmação de ácido 11-nor-delta9-tetraidrocanabinol carboxílico (THC-COOH) na urina por extração líquido-líquido (LLE) e cromatografia em fase gasosa acoplada ao espectrômetro de massas (GC/MS).

Aparelhagem

- Cromatógrafo em fase gasosa acoplado ao espectrômetro de massas (GC/MS);
- Pipetas automáticas de volumes ajustáveis (10-100 mL e 1-5 mL);
- Centrífuga de bancada;
- Banho seco;
- Homogeneizador orbital de tubos;
- Balança analítica;
- Agitador de tubos tipo *vortex*;
- Sonicador com ajuste de temperatura;
- Cilindro de nitrogênio.

Reagentes e vidraria

- Hidróxido de potássio (KOH) 10 M;
- Pese 56 g de KOH em água destilada, qsp 100 mL;
- Ácido acético glacial;
- N-hexano;
- Ácido fosfórico 50 mM;
- Meça 3,4 mL de ácido fosfórico em água destilada, qsp 1000 mL;
- Sulfato de sódio (Na_2SO_4);
- Acetato de etila;
- Padrão interno: solução de THC-COOH D3 1 µg/mL;
- Agente derivatizante: Bistrimethylsilyl trifluoroacetamide (BSTFA)[1] (com 1% de TMCS);
- Béqueres de 5 mL ou 10 mL;
- Tubos de centrífuga de 15 mL;
- Pipeta graduada de 5 mL ou 10 mL;
- Pipeta Pasteur de vidro;
- Balões volumétricos de 100 e 1.000 mL;
- Água deionizada;
- Luvas de látex.

Procedimento

- Identifique apropriadamente os tubos de ensaio e pipete 5 mL de urina de cada amostra;
- A realização de uma amostra branca, na qual uma urina livre de THC-COOH é utilizada, é altamente recomendável;
- Acrescente 75 µL solução de THC-COOH D3 em cada tubo, amostra e "branco";
- Adicione 0,3 mL de KOH 10 M nos tubos;
- Coloque os tubos em banho de ultrassom a 56 °C por 15 min. Caso não possua sonicador, coloque em banho-maria a 56 °C;
- Deixe esfriar em temperatura ambiente;

---

[1] O agente derivatizante Bistrimethylsilyl trifluoroacetamide (BSTFA), um produto inflamável, é extremamente destrutivo para os tecidos das membranas mucosas, trato respiratório superior, olhos e pele. O uso de equipamentos de proteção individual, como óculos de proteção, jaleco e luvas, é indispensável. Seu armazenamento deve ser feito em recipiente hermeticamente fechado, em freezer.

- Adicione 3 mL de ácido fosfórico 50 mM;
- Adicione 0,4 mL de ácido acético glacial;
- Verifique se o pH está entre 4-5. Caso necessário, ajuste-o;
- Adicione 5 mL de n-hexano;
- Agite por 15 minutos no homogeneizador orbital;
- Centrifugue a 2.000 rpm por 10 minutos;
- Após a centrifugação, leve o frasco para a capela química e recolha a fase orgânica (superior) com o auxílio da pipeta Pasteur;
- Adicione cerca 0,5 g de sulfato de sódio em um béquer de 10 mL e transfira a fase orgânica para este béquer;
- Verifique se a fase orgânica se encontra livre de água; caso afirmativo, transfira a fase orgânica para outro béquer devidamente identificado;
- Concentre a amostra reduzindo seu volume até a secura sob fluxo de nitrogênio dentro de capela de exaustão;
- Após a evaporação total da amostra, ressuspenda o extrato com aproximadamente 300 µL de n-hexano;
- Transfira o resíduo para um frasco de 2 mL e seque totalmente, novamente sob fluxo de nitrogênio;
- Adicione ao frasco 25 mL de BSTFA e 25 mL de acetato de etila.

ATENÇÃO: Caso no frasco haja presença de água, mesmo em pequena quantidade, não adicione o derivatizante e faça nova extração.

Feche o frasco e o coloque em banho seco a 90 °C por 20 min.

Espere esfriar e injete 1 mL no GC/MS de acordo com as condições cromatográficas abaixo especificadas.

Condições cromatográficas

- Modo de injeção: *splitless*;
- Temperatura do injetor: 270 °C;
- Fluxo de hélio: 1.0 mL/min – fluxo constante;
- Rampa: temperatura inicial de 140 °C mantida por 1 min; suba a 15 °C/min até 280 °C; esta temperatura final é mantida por 10 min;
- Temperatura da linha de transferência: 250 °C.

Condições do espectrômetro de massas

- Temperatura do *tra*p: 180 °C;
- *Full scan*: 70 -500 m/z.

Avaliação dos resultados

Delta 9-Tetraidrocanabinol (Delta 9-THC) é o principal componente com efeitos psicoativos da *cannabis*. Em nosso organismo, ele é convertido em 11-hidroxi-delta9-tetraidrocanabinol (11-OH-THC) e, posteriormente, oxidado a 11-nor-delta9-tetraidrocanabinol carboxílico (THC-COOH), o principal metabólito urinário do Delta 9-THC e marcador de uso da *cannabis* na urina (Figura 5).

Fonte: Fabrício Souza Pelição, Mariana Dadalto Peres, Marcela Nogueira Rabelo Alves e Bruno Spinosa De Martinis.

Figura 5 Biotransformação do delta 9-THC (Adaptado de: Suzuki e Watanabe, 2002).

O 11-OH-THC sofre derivatização com o BSTFA, formando o THC-COOH-bis-*O*-TMS pela adição de dois grupamentos trimetilsilil, e apresenta um espectro de massas de acordo com o apresentado na Figura 6. O THC-COOH D3 é utilizado como padrão interno no procedimento de extração.

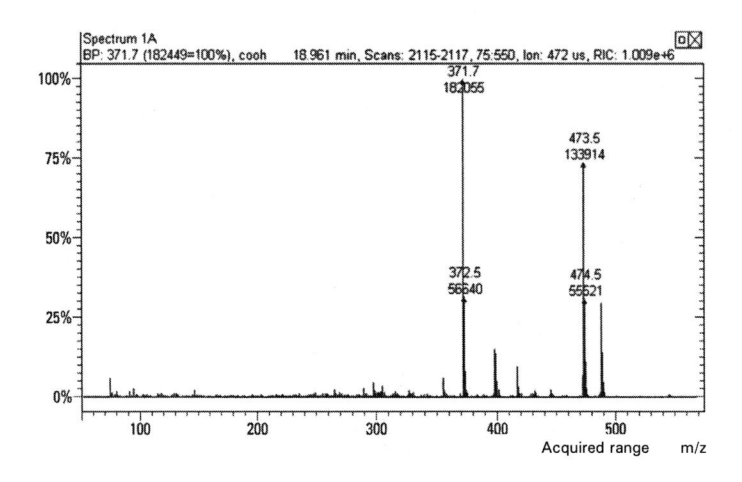

Fonte: Weber Amendola com base em Fabrício Souza Pelição, Mariana Dadalto Peres, Marcela Nogueira Rabelo Alves e Bruno Spinosa De Martinis.

Figura 6 Espectro de massas do THC-COOH.

A Tabela 1 mostra os íons de quantificação e identificação do THC-COOH e do THC-COOH D3.

Tabela 1 Íons de quantificação e identificação do THC-COOH e do THC-COOH D3

Analito	Íon de quantificação (m/z)	Íons de identificação (m/z)
THC-COOH D3	374	477
THC-COOH	371	474, 488

Quesito

1. O *Substance Abuse and mental Health Services Administration* (Samsha), agência governamental que objetiva reduzir o impacto causado pelo abuso de drogas nos Estados Unidos, recomenda um *cut-off* de 50 ng/mL para testes de triagem (p. ex. testes imunocromatográficos) e de 15 ng/mL para ensaios de confirmação (p. ex. GC/MS). Que procedimento descrito na técnica acima garante ao analista que o método está atendendo ao proposto pelo Samsha em termos de sensibilidade?

Relatório de análises

Elabore um relatório científico sobre o experimento a ser entregue e discutido com o professor.

Além da estrutura convencional (introdução, parte experimental, resultados, discussão, conclusão e referências), cada grupo deve apresentar no relatório as respostas aos quesitos aqui apresentados.

Exercícios complementares

1. Qual a finalidade da adição de uma base forte (KOH 10M)[2] e posterior incubação da amostra à temperatura de 56 °C conforme descrito no procedimento de extração do THC-COOH?
2. Com o achado de THC-COOH em amostras de urina, é possível afirmar que o periciado estava sob o efeito de *cannabis* no momento da coleta? E no caso de a amostra analisada ser o sangue?

ESTUDO DE CASO – 2

J. L. T., sexo masculino, 30 anos, deixou o banheiro do local de trabalho bastante agitado, chegando a agredir fisicamente seu chefe imediato após uma discussão. Devido à agressão, a autoridade policial foi chamada. J. L. T. foi encaminhado ao Departamento Médico Legal para exame de lesões e toxicológico. Foi realizado um teste de triagem para a investigação de drogas, que indicou a presença de cocaína na amostra de sangue coletada do agressor. Apesar de ter negado o uso da droga, em uma busca no banheiro da empresa utilizado pelo funcionário minutos antes da agressão não foram encontrados restos de cocaína, mas, sim uma nota de R$ 50,00 enrolada em forma de canudo, próximo ao lavatório.

---

[2] A preparação da solução de KOH 10M exige cuidado por se tratar de uma reação exotérmica. Para tanto, é preciso prepará-la em banho de gelo e ajustar o volume final após a solução estar em temperatura ambiente.

Prática de Laboratório – 3

Identificação de cocaína em notas de papel-moeda

A contaminação do papel-moeda pode ocorrer pelo contato direto entre a droga e a nota (transferência primária) ou pelo contato com superfícies contendo traços de cocaína (transferência secundária). Exemplo de contaminação primária é a utilização das notas por usuários de drogas para cheirar cocaína. Uma fonte importante de contaminação secundária são as máquinas de contagem de dinheiro em bancos, que podem transferir pequenas quantidades de droga de uma para outras notas.

Alguns mecanismos foram propostos para explicar a retenção das substâncias nas notas. Por exemplo, a tinta do papel fornece uma superfície grudenta na qual as substâncias podem aderir. Outra explicação é a aderência da cocaína entre as fibras do papel.

Objetivo

Determinar a presença de cocaína em notas de dinheiro por GC-MS.

Aparelhagem

- Cromatógrafo em fase gasosa acoplado ao espectrômetro de massas (CG-MS);
- Pipetas automáticas de volumes ajustáveis (10-100 mL e 1-5 mL);
- Centrífuga de tubos;
- Mesa agitadora horizontal ou homogeneizador orbital de tubos;
- Agitador de tubos tipo *vortex*;
- Balança analítica;
- Peagâmetro digital;
- Evaporador de amostras.

Reagentes e vidraria

- Tampão carbonato pH 9,0;
- Pese 30 g de bicarbonato de sódio qsp 0,5 L de água destilada;
- Ajuste o pH para 9,0 utilizando carbonato de sódio anidro;
- Solução de éter de petróleo: álcool isopropílico (4:1);
- Meça 20 mL de éter de petróleo em proveta de 25 mL;
- Meça 5 mL de álcool isopropílico em proveta de 10 mL;
- Misture os solventes e acondicione em frasco devidamente limpo e identificado;
- Acetato de etila;
- Éter de petróleo;
- Álcool isopropílico;
- Bicarbonato de sódio;
- Carbonato de sódio anidro;

- Padrão interno: solução de cocaína D3 (COC D3) 10 mg/mL;
- Tubos de centrífuga de 10 mL;
- Balão volumétrico de 500 mL;
- Água deionizada;
- 5 notas de 2 reais;
- Luvas de látex.

Procedimento

- Peça aos alunos 5 notas de 2 reais;
- Enrole as notas e as coloque, separadamente, em tubos de vidro;
- Adicione 10 mL de água;
- Agite vigorosamente por 20 segundos em agitador de tubos tipo vortex;
- Agite por 10 minutos na mesa horizontal;
- Retire uma alíquota de 1,0 mL de água e transfira para outro tubo;
- Acrescente 1 mL de tampão carbonato pH 9,0;
- Adicione 4 mL da solução de éter de petróleo: álcool isopropílico (4:1);
- Acrescente 30 μL de cocaína D3 10 mg/mL;
- Agite por 10 minutos na mesa horizontal;
- Centrifugue a 2.500 rpm por 5 minutos;
- Após a centrifugação, leve o frasco para a capela química e recolha 3,0 mL da fase orgânica;
- Evapore a fase orgânica sob fluxo de nitrogênio;
- Após a evaporação total da amostra, ressuspenda com 40 μL de acetato de etila;
- Transfira para um frasco de 2 mL;
- Injete 1 mL no CG/MS de acordo com as condições cromatográficas abaixo especificadas.

Condições cromatográficas

- Modo de injeção: *splitless*;
- Temperatura do injetor: 280 °C;
- Fluxo de Hélio: 1,0 mL/min – modo fluxo constante;
- Rampa: temperatura inicial de 80 °C, com aquecimento de 20 °C/minuto até 250 °C;
- Temperatura da linha de transferência: 250 °C.

Condições do espectrômetro de massas

- Temperatura do *trap*: 180 °C;
- *Full scan*: 70 -500 m/z.

Avaliação dos resultados

A cocaína (COC) pode ser identificada pelos íons 82, 182, 303. O padrão interno (cocaína deuterada) será identificado pela presença dos íons 85 e 185.

Quesitos

1. Qual foi o método de extração utilizado no experimento?
2. Considerando os resultados encontrados, pode-se afirmar qual a fonte de contaminação das notas?

Relatório de análises

Elabore um relatório científico sobre o experimento a ser entregue e discutido com o professor.

Além da estrutura convencional (introdução, parte experimental, resultados, discussão, conclusão e referências), cada grupo deve apresentar no relatório as respostas aos quesitos aqui apresentados.

Exercício complementar

1. Se não for possível identificar o padrão interno (COC D3) no cromatograma da amostra, este resultado é válido?

PRÁTICA DE LABORATÓRIO – 4

Análise qualitativa de cocaína, cocaetileno e benzoilecgonina por cromatografia em fase gasosa acoplada ao espectrômetro de massas

Objetivo

Aprender a técnica de confirmação de cocaína, cocaetileno e benzoilecgonina na urina por extração líquido-líquido (ELL) e cromatografia em fase gasosa acoplada ao espectrômetro de massas (GC/MS).

Aparelhagem

- Cromatógrafo gasoso acoplado a espectrômetro de massas (GC/MS);
- Pipetas automáticas de volumes ajustáveis (10-100 mL e 1-5 mL);
- Centrífuga de bancada;
- Banho seco;
- Homogeneizador orbital de tubos;
- Balança analítica;
- Agitador de tubos tipo *vortex*;
- Cilindro de nitrogênio.

Reagentes e vidraria

- Tampão fosfato pH 7,0;
- Pese 11,876 g de Na_2HPO_4 em água destilada, qsp 1000 mL (A);

- Pese 9,078 g de KH_2PO_4 em água destilada, qsp 1000 mL (B);
- Misture 600 mL de (A) com 400 mL de (B) e acondicione em frasco devidamente limpo e identificado;
- Solução de Clorofórmio: Etanol (4:1);
- Meça 40 mL de clorofórmio em proveta de 50 mL;
- Meça 10 mL de etanol em proveta de 10 mL;
- Misture os solventes e acondicione em frasco devidamente limpo e identificado;
- Cloreto de sódio (NaCl);
- Sulfato de sódio (Na_2SO_4);
- Acetato de etila;
- Clorofórmio;
- Etanol;
- Padrão interno: solução de cocaína D3 (COC D3) 10 mg/mL;
- Agente derivatizante: BSTFA (com 1% de TMCS);
- Béqueres de 5 mL ou 10 mL;
- Tubos de centrífuga de 10 mL;
- Pipeta graduada de 5 mL;
- Pipeta pasteur de vidro;
- 2 balões volumétricos de 1.000 mL;
- Água deionizada;
- Luvas de látex.

Procedimento

- Identifique apropriadamente os tubos e pipete 2 mL de urina de cada amostra nos respectivos tubos;
- A realização de uma amostra branca, na qual uma urina livre de cocaína e seus metabólitos é utilizada, é altamente recomendável;
- Acrescente 30 μL de cocaína D3 10 mg/mL em cada tubo, inclusive no branco;
- Adicione 0,6 g de cloreto de sódio em todos os tubos;
- Agite vigorosamente por 20 segundos em agitador de tubos tipo *vortex*;
- Adicione 1,5 mL de tampão fosfato pH 7,0;
- Acrescente 4 mL da solução de clorofórmio: etanol (4:1);
- Agite por 30 min em homogeneizador orbital de tubos;
- Centrifugue a 2.000 rpm por 10 min;
- Após a centrifugação, leve o frasco para a capela química e recolha a fase orgânica (inferior) com o auxílio da pipeta pasteur;
- Adicione cerca de 0,5 g de sulfato de sódio em um béquer de 5 a 10 mL e transfira a fase orgânica para este béquer;
- Verifique se a fase orgânica se encontra livre de água; caso afirmativo, transfira a fase orgânica para outro béquer devidamente identificado;
- Concentre a amostra reduzindo seu volume até a secura sob fluxo de nitrogênio dentro de capela química;

- Após a evaporação total da amostra, ressuspenda com aproximadamente 300 μL de clorofórmio: etanol (4:1);
- Transfira o resíduo para um *vial* de 2 mL e seque totalmente, novamente sob fluxo de nitrogênio;
- Adicione ao *vial* 25 mL de BSTFA e 25 mL de acetato de etila.

ATENÇÃO: Caso haja presença de água no *vial*, mesmo em pequena quantidade, não adicione o derivatizante, e faça nova extração.

Feche o *vial* e coloque-o em banho seco a 90 °C por 20 min.

Espere esfriar e injete 1 mL no GC/MS de acordo com as condições cromatográficas abaixo especificadas.

Condições cromatográficas

- Modo de injeção: *splitless*;
- Temperatura do injetor: 270 °C;
- Fluxo de hélio: 1.0 mL/min – fluxo constante;
- Rampa: temperatura inicial de 140 °C mantida por 1 min, suba a 15 °C/min até 280 °C; esta temperatura final é mantida por 10 min;
- Temperatura da linha de transferência: 250 °C.

Condições do espectrômetro de massas

- Temperatura do *trap*: 180 °C;
- *Full scan*: 70 – 450 m/z.

Avaliação dos resultados

A cocaína (COC) não sofre derivatização e apresenta um espectro de massas de acordo com o apresentado na Figura 7. O espectro de massas da COC D3 está mostrado na Figura 8.

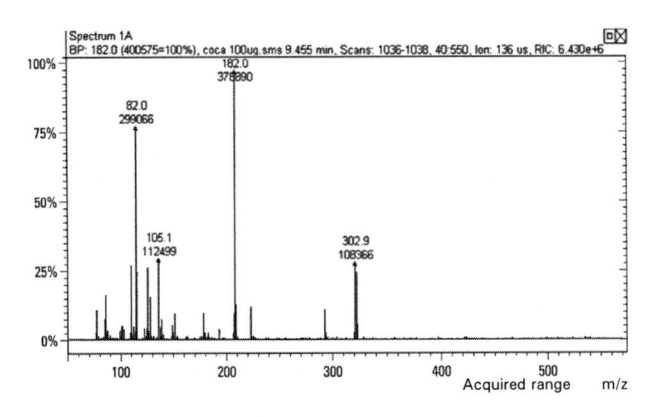

Fonte: Weber Amendola com base em Fabrício Souza Pelição, Mariana Dadalto Peres, Marcela Nogueira Rabelo Alves e Bruno Spinosa De Martinis.

Figura 7 Espectro de massas da cocaína.

Fonte: Weber Amendola com base em Fabrício Souza Pelição, Mariana Dadalto Peres, Marcela Nogueira Rabelo Alves e Bruno Spinosa De Martinis.

Figura 8 Espectro de massas da cocaína D3.

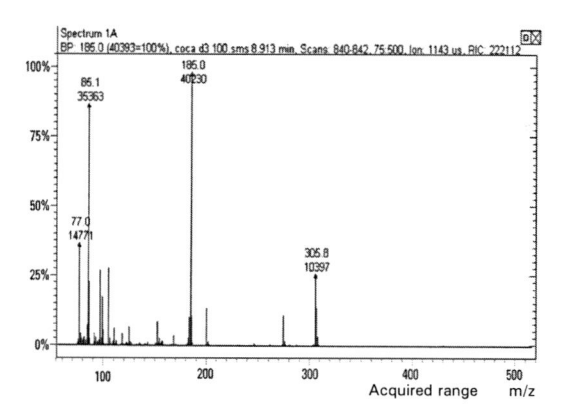

O cocaetileno (CE) também não sofre derivatização e apresenta espectro de massas conforme a Figura 9. Por outro lado, a benzoilecgonina (BEG) sofre derivatização; seu espectro de massas é mostrado na Figura 10.

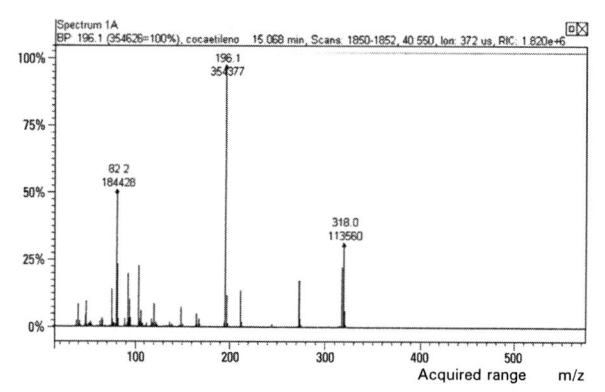

Fonte: Weber Amendola com base em Fabrício Souza Pelição, Mariana Dadalto Peres, Marcela Nogueira Rabelo Alves e Bruno Spinosa De Martinis.

Figura 9 Espectro de massas do cocaetileno.

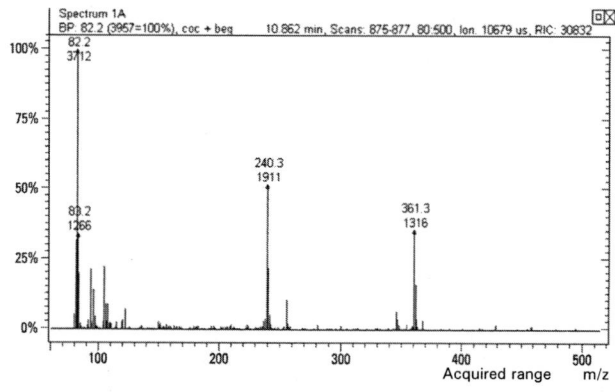

Fonte: Weber Amendola com base em Fabrício Souza Pelição, Mariana Dadalto Peres, Marcela Nogueira Rabelo Alves e Bruno Spinosa De Martinis.

Figura 10 Espectro de massas da benzoilecgonina.

A Tabela 2 mostra os íons de quantificação e identificação de cada analito.

Tabela 2 Íons de quantificação e identificação de cada analito

Analito	Íon de quantificação (m/z)	Íons de identificação (m/z)
COC D3	185	85
COC	182	82, 303
CE	196	82, 318
BEG	240	82, 361

Quesito

1. Considere os resultados expostos na tabela abaixo e responda quais dessas amostras apresentam resultado positivo para uso de cocaína. Justifique.

Amostra	Teste de triagem (imunoensaio)	Confirmação por CG/MS			
		COC D3	COC	CE	BEG
A	POS	NEG	NEG	NEG	NEG
B	POS	POS	NEG	NEG	POS
C	POS	POS	POS	POS	POS

Exercícios complementares

1. Qual a importância do uso do padrão interno neste tipo de análise (análise qualitativa)?
2. Qual a finalidade do cloreto de sódio adicionado ao tubo de extração?

REFERÊNCIAS BIBLIOGRÁFICAS

CARLIN, M. G.; DEAN, J. R. *Forensic applications of gas chromatography*. Boca Raton: CRC Press, 2013. p. 153.

CARTER, J. F.; SLEEMAN, R.; PARRY, J. The distribution of controlled drugs on banknotes via counting machines. *Forensic Science International,* n. 132, p. 106-12, 2003.

CHASIN, A. A. M.; LIMA, I. V. Detecção de cocaína, cocaetileno e benzoilecgonina em urina por cromatografia em camada delgada de alta eficiência e cromatografia a gás acoplada à espectrometria de massa. *Revista Brasileira de Toxicologia*, v. 11, n. 2, p. 7-12, 1998.

FELTRACO, L. L.; ANTUNES, M. V.; LINDEN, R. Determinação de etanol e voláteis relacionados em sangue e fluido oral por microextração em fase sólida em headspace associada à cromatografia gasosa com detector de ionização em chama. *Química Nova*, v. 32, p. 2401-06, 2009.

HOUCK, M. M.; SIEGEL, J. A. *Fundamentals of forensic science*. Reino Unido: Academic Press, 2011. p. 133-39.

JICKELLS, S.; NEGRUSZ, A. (eds). *Clarke's analytical forensic toxicology*. Reino Unido: Pharmaceutical Press, 2008, p. 469-511.

MOREAU, R. L. M.; SIQUEIRA, M. E. P. B. *Toxicologia analítica*. Rio de Janeiro: Guanabara Koogan, 2008. p. 318.

OGA, S.; CAMARGO, M. M. A.; BATISTUZZO, J. A. O. *Fundamentos de toxicologia*. 3. ed. São Paulo: Atheneu, 2008, p. 677.

PERES, M. D. et al. Cocaine and MDMA in Brazilian banknotes. In: *8º International Congress of Pharmaceutical Sciences.* Ribeirão Preto, 2011.

SAMSHA – The Substance Abuse and Mental Health Services. Disponível em: <http://www.workplace.samhsa.gov/DrugTesting/pdf/2010GuidelinesAnalytesCutoffs.ppd/>. Acesso em: 14 maio 2014.

SKOOG, D. A. et al. *Fundamentos de química analítica*. São Paulo: Cengage Learning, 2009. p. 899-920.

SMITH F. P. (ed.) *Handbook of forensic drug analysis.* Amsterdã: Elsevier Academic Press, 2005.

SUZUKI, O.; WATANABE, K. *Drugs and poisons in humans*: a handbook of practical analysis. Hamamatsu: Springer, 2002.

XUA, Y. et al. Field-amplified sample stacking capillary electrophoresis with electrochemiluminescence applied to the determination of illicit drugs on banknotes. *Journal of Chromatography A*, n. 1115, 2006, p. 260-66.

capítulo **14**

Técnica de extração emergente utilizando ponteiras DPX em amostra alternativa para a análise de canabinoides por GC-MS

Marcela Nogueira Rabelo Alves
Bruno Spinosa De Martinis

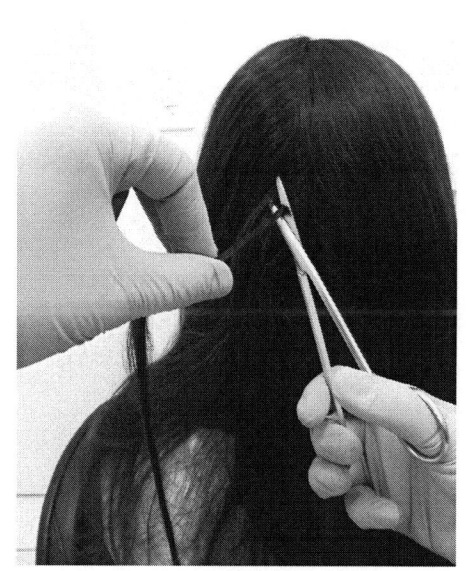

Coleta da amostra de cabelo.　　　　　　　Ponteiras DPX.

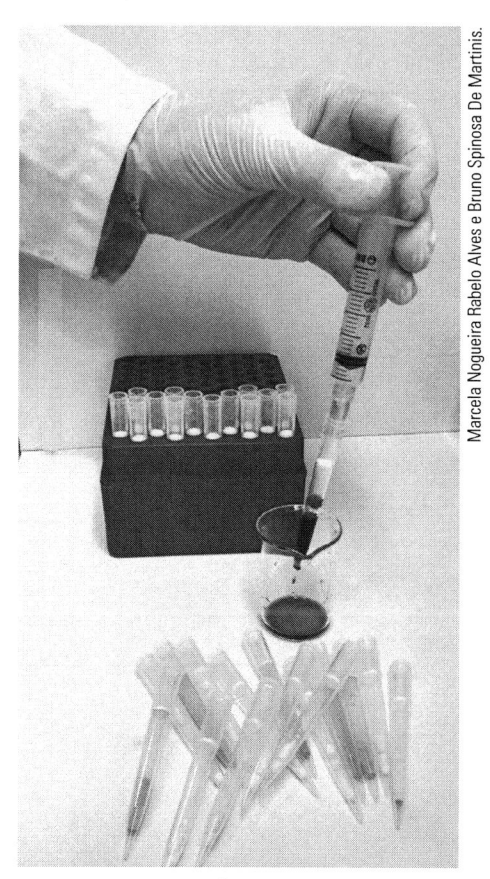

Apesar do grande avanço no desenvolvimento da instrumentação analítica nas últimas décadas, o preparo de amostra ainda é considerado um gargalo para alguns tipos de matrizes biológicas. Pensando nisto, propomos um dispositivo miniaturizado para extração em fase sólida que possibilita o *clean up* utilizando menor quantidade de solvente e de amostra.

Neste capítulo, abordaremos o uso desta técnica na detecção de canabinoides em amostras de cabelo utilizando cromatografia em fase gasosa acoplada à espectrometria de massas.

Introdução

As técnicas de extração mais utilizadas para análise de drogas de abuso em amostras biológicas são extração líquido-líquido (LLE) e extração em fase sólida (SPE). Esses métodos consomem grande quantidade de solvente orgânico, que pode causar problemas ambientais e de saúde, requerem um tempo maior de preparo por parte do analista (Kumazawa et al., 2007). A nova tendência em química analítica é desenvolver métodos que propiciem simplificação e miniaturização do preparo da amostra e uso mínimo de solventes e volume de amostra (Chaves et al., 2009).

A extração utilizando ponteiras descartáveis (*Disposable Pipette Extraction* – DPX) é um novo dispositivo de extração em fase sólida que permite rápida extração dos analitos de uma solução aquosa, com uso mínimo de solventes (Figura 1). Esta técnica miniaturizada de SPE consiste de uma fase sólida extratora dentro de uma ponteira. Ao aspirar a solução da amostra, esta se mistura com a fase sólida presente na ponteira, propiciando maior homogeneização e superfície de contato com a fase. As vantagens que as ponteiras DPX apresentam, comparadas aos convencionais cartuchos de SPE, são: possibilidade de não realizar o condicionamento das ponteiras, tendo, como consequência, tempo de extração menor, além de utilizar quantidades menores de solventes no processo de lavagem e eluição da amostra (Lambert, 2009).

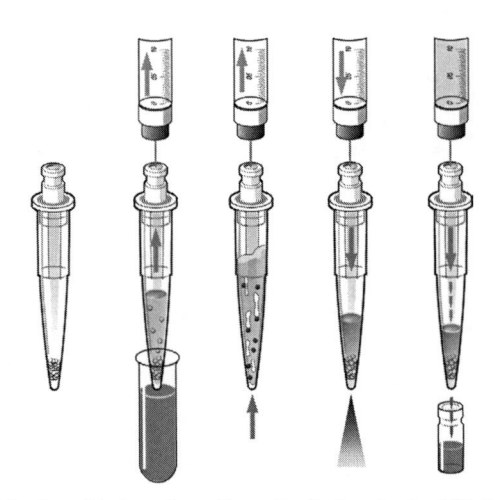

Fonte: Weber Amendola baseado em *Disposable pipette extraction DPX*: step by step.
Disponível em: <http://www.gerstel.com/en/dpx-scheme.htm>. Acesso em: 30 jun. 2015..)

Figura 1 Esquema da ponteira DPX.

Anfetamina e metanfetamina foram determinadas em amostras de sangue total (Hasegawa et al., 2007) e urina (Kumazawa et al., 2007) utilizando esta forma de extração. Brewer e colaboradores. (2008) determinaram alguns canabinoides e seus metabólitos em amostras de sangue total usando a DPX e cromatografia em fase gasosa acoplada à espectrometria de massas. Foster e colaboradores. (2008, 2013) analisaram benzodiazepínicos e opioides em amostras de urina e sangue, e barbitúricos e carboxi-thc em amostras de urina, utilizando a forma automatizada de extração com as ponteiras.

O cabelo é utilizado como matriz biológica para avaliar a exposição a substâncias desde as décadas de 1960-70, em que análises de metais tóxicos, como arsênio, chumbo ou mercúrio, eram realizadas utilizando a espectroscopia de absorção atômica. Naquela época, os métodos analíticos não apresentavam sensibilidade suficiente para detecção de substâncias orgânicas como as drogas de abuso (Kintz et al., 2013). Em 1979, Baumgartner e colaboradores. publicaram o primeiro trabalho sobre detecção de opioides em amostras de cabelo de usuários de heroína utilizando radioimunoensaio.

Nos últimos anos, a utilização do cabelo como matriz biológica para análise de drogas de abuso tornou-se bastante popular, com potencial aplicação na Toxicologia Clínica e Ocupacional e, principalmente, na Química Forense.

O resultado da análise em cabelo pode mostrar um retrato cumulativo e retrospectivo de exposição prolongada às drogas (Musshoff e Madea, 2007; Joseph Jr. et al., 1999), já que esses testes podem ser realizados até mesmo séculos após o crescimento do cabelo, em razão de sua natureza sólida e grande durabilidade (Pragst e Balikova, 2006). Cocaína e um de seus metabólitos, por exemplo, foram encontrados em cabelo de múmias chilenas, datadas de 2000 a.C. a 1500 a.C. (Musshoff, Rosendahl e Madea, 2009).

Os mecanismos precisos envolvidos na incorporação de drogas ao cabelo ainda não estão esclarecidos. O modelo mais aceito assume que as drogas e seus metabólitos penetram no cabelo por difusão passiva, através dos capilares sanguíneos, para as células em crescimento na base do folículo capilar (Balikovà, 2005). À medida que as células se alongam e envelhecem, morrem e coalescem, formando a fibra capilar com a droga incorporada na matriz (Cone, 1996). Os outros possíveis mecanismos são: difusão do suor (glândulas sudoríparas) ou da secreção sebácea para o cabelo, além da contaminação ambiental externa (Balikovà, 2005).

O cabelo cresce numa taxa média de 0,35 mm/dia, ou entre 1 e 1,5 cm/mês, dependendo da região anatômica, raça, sexo e idade da pessoa. Na população em geral, o cabelo cresce 1 cm/mês, o que significa que se está a 3 cm do couro cabeludo, teria se formado aproximadamente 3 meses antes (Musshoff e Madea, 2007). Isto indica que a janela de detecção dos analitos é limitada pelo comprimento do cabelo.

As vantagens práticas que levam à escolha do cabelo como matriz biológica, comparadas às matrizes convencionais, como sangue e urina, são: facilidade na coleta, transporte e armazenamento, estabilidade da matriz, ampla janela de detecção (semanas, meses, anos), não violação da privacidade do indivíduo e o fato de que a amostra não pode ser facilmente adulterada (Toledo et al., 2003; Vogliardi et al., 2015; Wada et al., 2010).

Em alguns países da Europa e nos Estados Unidos, testes em cabelo são usados no monitoramento do uso de drogas (programas de reabilitação de uso de drogas, ambiente de trabalho e recuperação do direito de dirigir), assim como em investigações criminais (mortes relacionadas ao uso de drogas, crimes de estupro e custódia de crianças) (Balikovà, 2005; Cooper, Kronstrand e Kintz, 2011; Montagna et al., 2000).

De acordo com o Relatório Mundial sobre Drogas, publicado pelas Nações Unidas, a *cannabis* é a principal droga ilícita consumida no mundo (Unodc, 2013). Ela tem sido utilizada há mais de 4.000 anos, em razão de seus efeitos eufóricos, e possui como principal componente psicoativo o Δ^9-tetrahidrocanabinol (Δ^9-THC), seguido pelo canabidiol (CBD) e o canabinol (CBN). Em humanos, o Δ^9-THC é metabolizado em dois principais metabólitos: 11-nor-9--carboxi-Δ^9-tetrahidrocanabinol (COOH-THC) e 11-hidróxi-9-Δ^9-tetrahidrocanabinol (OH--THC). No cabelo, os principais analitos detectados são o Δ^9-THC (maior proporção) e seu metabólito, COOH-THC (pequenas concentrações). Isto se deve à baixa incorporação deste metabólito na matriz capilar, devido a fatores como lipofilicidade, afinidade pela melanina e permeabilidade da membrana celular (Staub, 1999).

PRINCIPAIS METODOLOGIAS

Cabelo é uma matriz biológica complexa, o que requer específico preparo de amostra, visando reduzir a quantidade de compostos interferentes na corrida cromatográfica. As principais metodologias empregadas na análise de canabinoides consistem de uma primeira fase de lavagem, ou descontaminação do cabelo, seguida do processo de digestão, *clean up* da amostra e análise cromatográfica.

Como o ambiente é uma via de contaminação externa do cabelo, é importante diferenciar a exposição sistêmica, em que o indivíduo usa a droga, da ambiental (exposição passiva), em que a superfície do cabelo está exposta a pó, poeira e fumaça (principalmente para alguns grupos de drogas, como a *cannabis* e o *crack*). Com o intuito de minimizar interpretações errôneas dos resultados, três passos importantes podem ser utilizados: descontaminação das amostras de cabelo através de lavagens sucessivas anterior à análise; detecção de metabólitos relevantes e uso de valores de *cut-off* (Tsanaclis e Wicks, 2008).

Os principais reagentes utilizados no processo de descontaminação do cabelo são: detergentes/xampus; surfactantes, como o dodecil sulfato de sódio 0,1%; tampão fosfato e/ou solventes orgânicos, como acetona, metanol, etanol, éter etílico, diclorometano, pentano ou hexano, que são utilizados em diferentes volumes e tempo de exposição (Kintz et al., 2013). A escolha dos reagentes fica a critério de cada laboratório. Entretanto, a Sociedade de Testes em Cabelo (Society of Hair Testing – SOHT) recomenda a utilização de uma solução à base de água e um solvente orgânico no processo de descontaminação (Cooper, Konstrand e Kintz, 2011).

A detecção dos níveis de metabólitos pode auxiliar na confirmação do uso de drogas nos testes em cabelo. A SOHT recomenda a utilização de valores de *cut off* para algumas drogas, o que permite determinar se o teste é positivo ou negativo. Entretanto, pode ocorrer a não detecção de metabólitos para alguns tipos de drogas, em razão do baixo limite de detecção dos métodos analíticos, o que representa uma dificuldade na interpretação dos resultados em amostras de cabelo. Isto ocorre principalmente na análise de canabinoides, em que o principal metabólito, o carboxi-THC, é incorporado em concentrações relativamente pequenas comparada à droga mãe (Tsanaclis e Wicks, 2008).

Cut off consiste em um valor estabelecido ou recomendado que define se o resultado de um teste é positivo ou negativo; há dois tipos: *cut off* de *screening* e *cut off* de confirmação. A SOHT recomenda o primeiro, de 0,2 ng/MG, para os canabinoides, enquanto o segundo é de 0,05 ng/mg para o THC e 0,0002 ng/mg para o carboxi-THC (Cooper, Kronstrand e Kintz, 2011).

O preparo da amostra consiste no isolamento e na pré-concentração de determinado analito presente em uma matriz biológica. Após o processo de lavagem, o cabelo pode passar por diferentes tipos de procedimentos de extração (digestão seguida de *clean up*): incubação em uma solução básica ou solvente orgânico seguida de extração líquido-líquido; ou extração em fase sólida/microextração em fase sólida; ou digestão enzimática seguida dos mesmos processos de extração mencionados.

O procedimento de digestão mais utilizado na literatura é a adição de uma solução básica, principalmente hidróxido de sódio ou de potássio, em diferentes molaridades. A solução básica adicionada ao cabelo é aquecida em diferentes temperaturas, o que possibilita a completa dissolução da fibra capilar. Este procedimento só pode ser realizado para analitos que são estáveis a condições alcalinas, como os canabinoides e as anfetaminas (Cirimele et al., 1996; Moore et al., 2001; Musshoff et al., 2002; Wilkins et al., 1995; Uhl e Sachs, 2004; Vogliardi et al., 2015).

O solvente orgânico mais utilizado para extração de canabinoides em cabelo é o metanol, porque penetra na fibra capilar, fazendo-a inchar e liberar os analitos atráves do processo de difusão. Em geral, a extração com metanol acompanha a utilização de um banho ultrassom, que promove forte degradação da estrutura do cabelo. Como o metanol é um solvente orgânico, dissolve compostos neutros e lipofílicos (Pragst e Balikova, 2006). Kauert e Rohrich (1996) utilizaram a extração metanólica ultrassônica para determinação de THC, cocaína e opioides em amostras de cabelo.

Na digestão enzimática, enzimas como pronase, β-glicuronidase/arilsulfatase e proteinase K podem ser utilizadas, já que possibilitam a hidrólise das proteínas do cabelo através da redução das ligações de dissulfeto (Míguez-Framil et al., 2007, 2010; Baptista et al., 2002).

O *clean up*, realizado após o processo de digestão, pode ser feito através de uma extração líquido-líquido ou em fase sólida. Na primeira, os principais solventes orgânicos utilizados são: hexano, acetato de etila, clorofórmio, isopropanol ou suas misturas. Na segunda, utilizam-se os cartuchos que contêm uma fase extratora apolar, polar ou as duas fases (fase mista). A escolha do cartucho depende da polaridade da substância a ser pesquisada. Aqui, utilizaremos as ponteiras de extração descartáveis com fase extratora apolar (fase reversa).

Após o preparo da amostra, o extrato deve ser submetido à análise cromatográfica para que as substâncias sejam detectadas e devidamente identificadas. Muitas técnicas utilizadas para análise de cabelo já foram descritas na literatura, como: cromatografia em fase gasosa acoplada à espectrometria de massas (GC-MS), cromatografia em fase líquida com ionização química à pressão atmosférica acoplada à espectrometria de massas (LC-APCI-MS), cromatografia em fase líquida com ionização por electrospray acoplada à espectrometria de massas (LC-MS) ou tandem espectrometria de massas (LC-MS-MS) e cromatografia em fase líquida com detector de fluorescência (LC-FL). Porém, os métodos mais empregados são a GC-MS e a LC-MS ou LC-MS-MS. A GC-MS permite a identificação dos analitos e seus metabólitos em concentrações muito pequenas, o que garante a confiabilidade e sensibilidade do método (Merola et al., 2010; Cordero e Paterson, 2007; Skopp et al., 2007; Musshoff et al., 2006; Gentili, Cornetta e Macchia, 2004; Romolo et al., 2003; Toledo et al., 2003; Skender et al., 2002;

Romano, Barbera e Lombardo, 2001; Joseph Jr. et al., 1999; Smith e Kidwell, 1996; Kintz et al., 1995; Cone et al., 1991).

ESTUDO DE CASO

Um juiz determinou que um pai e seu filho de 3 anos fossem submetidos à análise de drogas de abuso em cabelo, de acordo com uma ação de custódia de crianças impetrada pelo pai. Os pais haviam se separado há um ano, e a criança ficou morando com a mãe. O pai vem tentando conseguir a custódia do filho desde então, pois suspeita que a mãe esteja fazendo uso regular de drogas de abuso. Quando o filho nasceu, foi realizado um teste rápido de *screening* na urina do recém-nascido para drogas de abuso, que apresentou resultado positivo para canabinoides. O pai afirmou ter usado *cannabis* (maconha), junto com a mãe, por três anos, mas que parou o uso há um ano e meio. Uma amostra de 12 cm do cabelo do pai foi coletada e apresentou resultado negativo, corroborando sua história de que havia cessado o uso da maconha. Entretanto, na amostra de cabelo coletada do filho, foram encontrados canabinoides e cocaína. Como o pai havia suspeitado, a mãe continuava fazendo uso de maconha e outras drogas. Um mês após o resultado da primeira análise, foi solicitado outro teste de cabelo para a criança (segmento de 1 cm de comprimento); o resultado foi novamente positivo para ambas as drogas. Isto sugeria que a criança continuava exposta, passiva ou ativamente, a estas substâncias.

Com base nos seus conhecimentos sobre métodos analíticos de detecção de drogas de abuso e seus metabólitos, responda:

a) Qual a janela de detecção dos testes de *screening* em urina?
b) No momento do nascimento do bebê, quais outras amostras biológicas poderiam ter sido requisitadas para avaliação da exposição crônica do recém-nascido ao uso de drogas?
c) Pode-se afirmar, utilizando o resultado da análise do cabelo, que o pai da criança está há um ano e meio sem consumir a *cannabis*? Por quê?
d) Pode-se inferir que a criança está consumindo ativamente as drogas presentes no resultado da análise do cabelo?
e) Qual a importância do uso do cabelo como matriz biológica na toxicologia forense?
f) Além deste caso, em quais tipos de situações os testes em cabelo podem ser requisitados?

PRÁTICA DE LABORATÓRIO

Detecção de canabinoides em amostras de cabelo utilizando extração em fase sólida com ponteiras descartáveis de extração (DPX), fase reversa (RP) e cromatografia em fase gasosa acoplada à espectrometria de massas (GC-MS)

Objetivo

Determinar os principais canabinoides, Δ^9-tetrahidrocanabinol (Δ^9-THC) e canabidiol (CBD), em amostras de cabelo utilizando a cromatografia em fase gasosa acoplada à espectrometria de massas. Aprender a técnica de preparo da amostra (cabelo) utilizando as ponteiras descartáveis de extração (DPX) e a cromatografia em fase gasosa acoplada à espectrometria de massas.

Aparelhagem

- Balança analítica;
- Bloco de aquecimento (*Dry block*);
- Centrífuga;
- Concentrador de amostras;
- Cromatógrafo gasoso acoplado ao espectrômetro de massas.

Reagentes e vidraria

- Luvas de látex
- Tesoura
- Papel-filtro
- Ponteiras DPX
- Seringa de 5 mL
- Sonicador
- Solução de NaOH 1 M
- Água deionizada
- Acetato de etila
- Acetona
- Acetonitrila (ACN)
- Diclorometano
- Metanol
- Agente derivatizante: N-Metil-N-trimetilsilil trifluoroacetamida (MSTFA)
- 1 Balão volumétrico de 250mL
- Micropipetas de 10; 20; 50; 100, 500 mL e 5 mL
- 3 Tubos de centrífuga de 15mL

Procedimento

1. A coleta da amostra de cabelo deve ser realizada na região posterior da cabeça (vértex posterior), próximo à nuca, onde o crescimento do cabelo é mais homogêneo. A coleta deve ser feita próxima ao couro cabeludo com uma tesoura sem ponta, para evitar acidentes;
2. No ato da coleta, use luvas de látex e limpe a tesoura com acetona entre uma coleta e outra, para prevenir contaminação das amostras;
3. Após a coleta, o cabelo deve ser descontaminado utilizando-se 1 mL de diclorometano. O solvente deve ser descartado, e 1 mL de metanol ser adicionado. Em seguida, descarte o solvente e seque por 15 min em um concentrador de amostras utilizando gás nitrogênio.

4. A amostra deve ser cortada em pequenos segmentos (1-2 cm), utilizando-se papel-filtro e tesoura sem ponta (Figura 2);

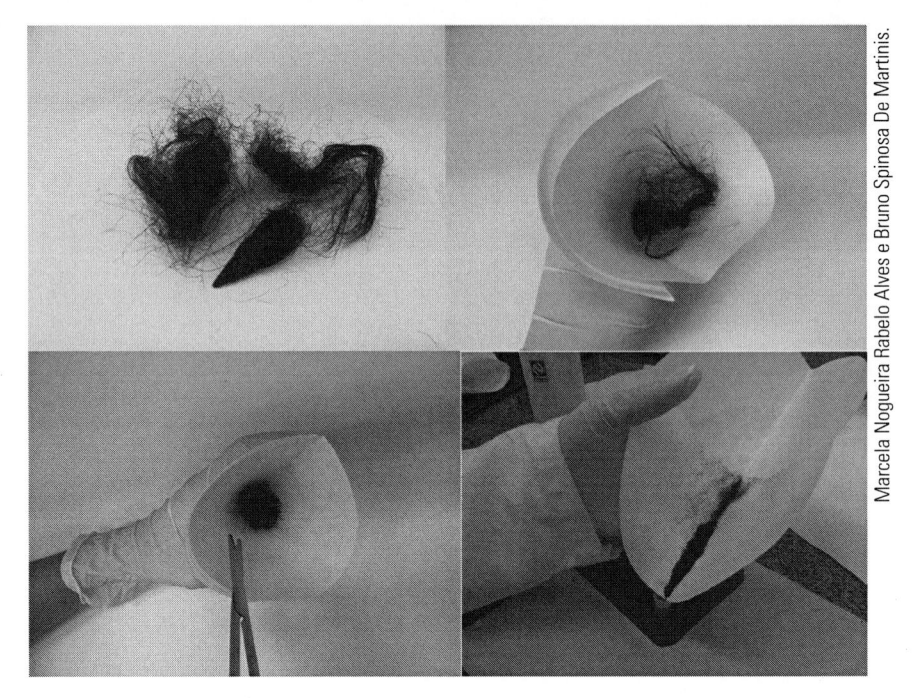

Figura 2 Preparo do cabelo.

5. Pese 20 mg de cabelo em uma balança analítica;
6. Coloque em um tubo de ensaio e adicione 0,5 mL de solução NaOH 1 M. A solução de NaOH 1 M deve ter sido preparada adicionando-se 10 g de NaOH a 250 mL de água deionizada em um balão volumétrico. Em seguida, aqueça em bloco de aquecimento (*dry block*) por 15 minutos a 90 °C (hidrólise básica);
7. Espere atingir temperatura ambiente e adicione 0,15 mL HCl 10N + 0,5 mL tampão fosfato 0,1M pH 9 + 0,5 mL ACN;
8. Agite em vórtex por 30 s e centrifugue por 5 min a 2.500 rpm;
9. Faça o condicionamento da ponteira DPX RP com 0,5 mL acetona por 10 s. Para isto, deve-se conectar uma seringa de 5 mL na ponteira e aspirar a acetona mais uma quantidade de ar, para que ocorra total contato do solvente com a resina. O procedimento de aspirar o solvente mais uma quantidade de ar deve ser realizado em todos os passos de utilização da ponteira;
10. Aspire a parte sobrenadante da amostra e a mantenha em contato com a resina por 30 s. Em seguida, descarte a amostra e lave a ponteira com 0,9 mL de água/ACN (9:1) por 10 s;
11. Elua os analitos com 1,8 mL de diclorometano por 30 s em um tubo de vidro;
12. Leve ao concentrador de amostras e seque todo o conteúdo do tubo;

13. Adicione 50 μL de acetato de etila ao tubo seco e agite em vórtex por 10 s. Pipete 40 μL e coloque no *insert* (Figura 3), que será inserido no frasco, junto com 20 μL de derivatizante MSTFA.

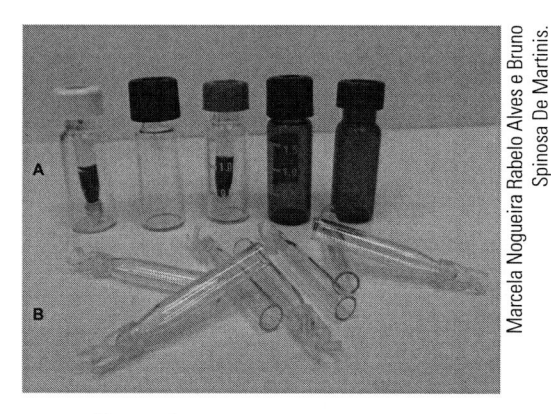

Figura 3 (A) Frascos. (B) *Inserts*.

14. Coloque o frasco no dry block a 70 °C por 20 minutos, para que ocorra o processo de derivatização;
15. Injete 1 μL no cromatógrafo gasoso acoplado ao espectrômetro de massas.*

*****Condições da análise cromatográfica**:
- Cromatógrafo Agilent 7890 A/MS Agilent 5975 C (coluna HP 5 MS):

Temperatura do injetor	270 °C
Fluxo do gás de arraste	1 mL/min
Temperatura do forno	90 °C 200 °C a 25 °C/min 300 °C a 30 °C/min por 2 min
Temperatura do Quadrupolo	150 °C
Temperatura da fonte	230 °C

Quesitos

1. Qual a importância de cortar o cabelo em segmentos bem pequenos? Além da segmentação com a tesoura, qual outra forma de reduzir o comprimento do cabelo?
2. Se o cabelo estiver úmido no momento da coleta, pode ser armazenado?
3. Qual a importância do processo de descontaminação do cabelo?
4. Além da solução de NaOH 1 M, quais outras soluções ou solventes podem ser utilizados para extração de canabinoides em cabelo?
5. Por que é necessário utilizar um agente derivatizante neste método?

Relatório de análises

Elabore um relatório científico sobre o experimento a ser entregue e discutido com o professor.

Além da estrutura convencional (introdução, parte experimental, resultados, discussão, conclusão e referências), cada grupo deve apresentar no relatório as respostas aos quesitos aqui apresentados.

Exercícios complementares

1. Qual a importância dos testes em cabelo na toxicologia clínica, ocupacional e forense?
2. Quais os possíveis mecanismos de incorporação de drogas no cabelo?
3. Quais as principais vantagens da utilização do cabelo como matriz biológica?
4. Qual a principal limitação do cabelo como amostra biológica?
5. Quais os principais procedimentos para extração de canabinoides em cabelo?
6. Quais as principais técnicas cromatográficas de detecção dos canabinoides em cabelo?
7. Uma adolescente grávida deu entrada em um hospital público, em São Paulo, para realização de uma cesariana de urgência. A família solicitou o SAMU, pois a garota estava com fortes contrações. Um dos paramédicos informou ao plantonista que sentiu um forte odor de maconha dentro da casa da jovem. Ela vivia com o namorado, o cunhado e a sogra. Os médicos solicitaram um teste de *screening* na urina para verificar uso de drogas ilícitas, entre elas a *cannabis*. O teste apresentou resultado negativo para cocaína, *cannabis* e anfetaminas. Com o intuito de avaliar a exposição *in utero* do bebê a drogas ilícitas, assim como a exposição crônica da mãe, o médico solicitou a análise de mecônio do bebê e uma análise do cabelo da mãe.
   a) Qual a janela de detecção dos testes de *screening* em urina?
   b) Qual a janela de detecção em amostras de mecônio para drogas como cocaína e *cannabis*?
   c) Qual a janela de detecção em amostras de cabelo para drogas como cocaína e *cannabis*?
   d) Qual a importância da utilização da matriz capilar como amostra biológica neste caso?
   e) Considerando que a análise do cabelo da parturiente apresentou resultado positivo para *cannabis*, por que a urina também não apresentou este resultado?
   f) Considerando que a análise de mecônio apresentou resultado negativo e a análise do cabelo da mãe positivo, o que isto significa?

Referências bibliográficas

BALIKOVÀ, M. Hair analysis for drugs of abuse. Plausability of interpretation. *Biomed Pap Med Fac Univ Palacky Olomouc Czech Repub*, v. 149, n. 2, p. 199-207, 2005.

BAPTISTA, M. J. et al. Hair analysis for delta(9)-THC, delta(9)-THC-COOH, CBN and CBD, by GC/MS-EI. Comparison with GC/MS-NCI for delta(9)-THC-COOH. *Forensic Sci Int,* v. 128 (1-2), p. 66-78, 2002.

BAUMGARTNER, A. M. et al. Radioimmunoassay of hair for determining opiate-abuse histories. *J Nucl Med*, v. 20, 1979, p. 748-52.

BREWER, W. E. et al. Automated extraction, derivatization and GC/MS determination of tetrahydrocannabinol and metabolites in whole blood using Disposable Pipette Extraction. *Application Note of Gerstel*, 2008.

CHAVES, A. R.; CHIERICATO Jr., G.; QUEIROZ, M. E. C. Solid-phase microextraction using poly(pyrrole) filme and liquid chromatography with UV detection for analysis of antidepressants in plasma samples. *J Chromatogr B*, v. 877, p. 587-93, 2009.

CIRIMELE, V. et al. Testing human hair for cannabis. III. Rapid screening procedure for the simultaneous identification of ag-tetrahydrocannabinol, cannabinol, and cannabidiol. *J Anal Toxicol*, v. 20, jan./fev., 1996.

CONE, E. J. Mechanisms of drug incorporation into hair. *Ther Drug Monitoring*, v. 18, n. 4, p. 438-43, 1996.

CONE, E. J.; et al. Testing human hair for drugs of abuse. II. Identification of unique cocaine metabolites in hair of drug abusers and evaluation of decontamination procedures. *J Anal Toxicol*, v. 15, n. 5, set./out., p. 250-5, 1991.

COOPER, G. A. A.; KRONSTRAND, R.; KINTZ, P. Society of hair testing guidelines for drug testing in hair. *Forensic Sci Int*, v. 218, p. 20-4, 2011.

CORDERO, R.; PATERSON, S. Simultaneous quantification of opiates, amphetamines, cocaine and metabolites and diazepam and metabolite in a single hair sample using GC-MS. *J Chromatogr B*, v. 850, 2007, p. 423-31.

FOSTER, F. et al. Analysis of drugs and metabolites in blood and urine using automated disposable pipette extraction. *Application Note of Gerstel*, n. 11, 2008.

FOSTER, F. et al. *Determination of barbiturates and 11-Nor-9-carboxy- 9 -THC in urine using automated disposable pipette extraction (DPX) and LC/MS/MS*. Application note 1, Gerstel, 2013.

GENTILI, S.; CORNETTA, M.; MACCHIA, T. Rapid screening procedure based on headspace solid-phase microextraction and gas chromatography-mass spectrometry for the detection of many recreational drugs in hair. *J Chromatogr B*, v. 801, p. 289-96, 2004.

HASEGAWA, C. et al. Pipette tip solid-phase extraction and gas chromatography – mass spectrometry for the determination of methamphetamine and amphetamine in human whole blood. *Anal Bioanal Chem*, v. 389, p. 563-70, 2007.

HENDERSON, G. L. Mechanisms of drug incorporation into hair. *Forensic Sci Int*, v. 63, p. 19-29, 1993.

HENDERSON, G. L. et al. Incorporation of isotopically labeled cocaine into human hair: race as a factor. *J Anal Toxicol*, v. 22, 1998, p. 156-65.

JOSEPH Jr., R. E. et al. Drug testing with alternative matrices II. Mechanisms of cocaine and codeine deposition in hair. *J Anal Toxicol*, v. 23, out. 1999.

KAUERT, G.; ROHRICH, J. Concentrations of delta 9-tetrahydrocannabinol, cocaine and 6-monoacetylmorphine in hair of drug abusers. *Int J Legal Med*, v. 108, n. 6, p. 294-9, 1996.

KINTZ, P. et al. Testing human hair and urine for anhydroecgonine methyl ester, a pyrolysis product of cocaine. *J Anal Toxicol*, v. 19, out. 1995.

_____. Alternative specimens. In: NEGRUSZ, A.; COOPER, G. *Clarke´s analytical forensic toxicology*. 2. ed. Londres: Pharmaceutical Press, 2013. Capítulo 6, p. 154-87.

KRONSTRAND, R. et al. Codeine concentration in hair after oral administration is dependente on melanin content. *Clin Chem*, v. 45, p. 1485-94, 1999.

KUMAZAWA, T. et al. Simultaneous determination of methamphetamine and amphetamine in human urine using pipette tip solid-phase extraction and gas chromatography-mass spectrometry. *J Pharmac and Biomed Analysis*, v. 44, 2007, p. 602-07.

LAMBERT, S. Disposable pipette tip extraction – leaner, greener sample preparation. *Chromatography*, jun. 2009.

MEROLA, G. et al. Determination of different recreational drugs in hair by HS-SPME and GC/MS. *Anal Bioanal Chem*, v. 397, p. 2987-95, 2010.

MÍGUEZ-FRAMIL, M. et al. Improvements on enzymatic hydrolysis of human hair for illicit drug determination by gas chromatography/mass spectrometry. *Anal Chem*, v. 79, n. 22, p. 8564-70, 2007.

_____. Matrix solid-phase dispersion on column clean-up/pre-concentration as a novel approach for fast isolation of abuse drugs from human hair. *J Chromatogr A*, v. 1217, n. 41, 2010, p. 6342-49.

MONTAGNA, M. et al. Simultaneous hair testing for opiates, cocaine, and metabolites by GC-MS: A survey of applicants for driving licenses with a history of drug use. *Forensic Sci Int*, v. 107, p. 157-67, 2000.

MOORE, C.; GUZALDO, F.; DONAHUE, T. The determination of 11-nor-delta9-tetrahydrocannabinol-9--carboxylic acid (THC-COOH) in hair using negative ion gas chromatography-mass spectrometry and high-volume injection. *J Anal Toxicol*, v. 25, n. 7, p. 555-8, out., 2001.

MUSSHOFF, F. et al. Fully automated determination of cannabinoids in hair samples using headspace solid--phase microextraction and gas chromatography-mass spectrometry. *J Anal Toxicol*, v. 26, p. 554-560, 2002.

_____. Results of hair analyses for drugs of abuse and comparison with self-reports and urine tests. *Forensic Sci Int*, v. 156, p. 118-23, 2006.

MUSSHOFF, F.; MADEA, B. Analytical pitfalls in hair testing. *Anal Bioanal Chem*, v. 388, p. 1475-94, 2007.

MUSSHOFF, F.; ROSENDAHL, W.; MADEA, B. Determination of nicotine in hair samples of pre-Columbian mummies. *Forensic Sci Int*, v. 185, p. 84-88, 2009.

PRAGST, F.; BALIKOVA, M. A. State of the art in hair analysis for detection of drug and alcohol abuse. *Clin Chim Acta*, v. 370, p. 17-49, 2006.

ROMANO, G.; BARBERA, N.; LOMBARDO, I. Hair testing for drugs of abuse: evaluation of external cocaine contamination and risk of false positive. *Forensic Sci Int*, v. 123, p. 119-29, 2001.

ROMOLO, F. S. et al. Optimized conditions for simultaneous determination of opiates, cocaine and benzoylecgonine in hair samples by GC-MS. *Forensic Sci Int*, v. 138, p. 17-26, 2003.

SKENDER, L. et al. Quantitative determination of amphetamines, cocaine and opiates in human hair by gas chromatography/mass spectrometry. *Forensic Sci Int*, v. 125, p. 120-26, 2002.

SKOPP, G. et al. Deposition of cannabinoids in hair after long-term use of cannabis. *Forensic Sci Int*, v. 170, p. 46-50, 2007.

SMITH, F. P.; KIDWELL, D. A. Cocaine in hair, saliva, skin, swabs and urine of cocaine users children. *Forensic Sci Int*, v. 83, p. 179-89, 1996.

STAUB, C. Chromatographic procedures for determination of cannabinoids in biological samples, with special attention to blood and alternative matrices like hair, saliva, sweat and meconium. *J Chromatogr B*, v. 733, p. 119-26, 1999.

TOLEDO, F. C. P. et al. Determination of cocaine, benzoylecgonine and cocaethylene in human hair by solid-phase microextraction and gas chromatography-mass spectrometry. *J Chromatogr B*, v. 798, 2003, p. 361-65.

TSANACLIS, L.; WICKS, J. F. C. Differentiation between drug use and environmental contamination when testing for drugs in hair. *Forensic Sci Int*, v. 176, p. 19-22, 2008.

UHL, M.; SACHS, H. Cannabinoids in hair: strategy to prove marijuana/hashish consumption. *Forensic Sci Int*, v. 29, p. 143-7, out. 2004.

UNITED NATIONS OFFICE ON DRUGS AND CRIME (UNODC). World Drug Report. Viena, Áustria, 2013. Disponível em: <http://www.unodc.org/unodc/secured/wdr/wdr2013/World_Drug_Report_2013.pdf>. Acesso em: 17 maio 2014.

VOGLIARDI, S. et al. Sample preparation methods for determination of drugs of abuse in hair samples: A review. *Anal Chim Acta*, v. 857, p. 1-27, 2015.

WADA, M. et al. Analytical methods for abused drugs in hair and their applications. *Anal Bioanal Chem*, v. 397, p. 1039-67, 2010.

WILKINS, D. et al. Quantitative analysis of THC, 11-OH-THC, and THCCOOH in human hair by negative ion chemical ionization mass spectrometry. *J Anal Toxicol*, v. 19, n. 6, out. 1995, p. 483-91.

capítulo **15**

Voltametria

Maiara Oliveira Salles
Thiago Regis Longo Cesar da Paixão

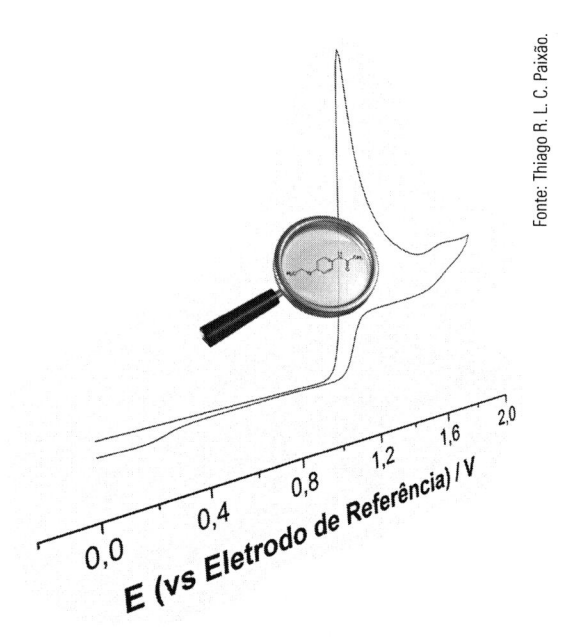

Uso da voltametria para detecção de compostos de interesse forense:
Detecção de fenacetina em amostras de drogas de abuso apreendidas.

As técnicas voltamétricas vêm se tornando muito atrativas para a análise de soluções diluídas, quantitativa e qualitativamente, com o intuito de solucionar problemas forenses e caracterizar processos eletroquímicos na superfície de eletrodos. De 2003 a 2013, são encontrados 28 trabalhos publicados na literatura com as palavras-chave *forensic* e *voltammetry* no banco de dados do Web of Science®, mostrando assim quanto esta técnica ainda pode ser promissora para solucionar problemas relacionados à área forense. Tendo isto em mente, este capítulo pretende ilustrar o princípio e a aplicação da técnica de voltametria para fins didáticos, além da aplicação voltada à área forense.

Introdução

Nas técnicas voltamétricas, podemos aplicar um potencial dependente do tempo a uma célula eletroquímica e medir a corrente resultante desses diferentes valores do potencial aplicado durante o experimento. Denominamos este gráfico de corrente medida em função do potencial aplicado voltamograma (por isto essas técnicas eletroquímicas recebem o nome genérico de Voltametria); é o equivalente eletroquímico de um espectro para as técnicas espectroscópicas, fornece informações quantitativas e qualitativas sobre as espécies envolvidas na reação de oxidação ou redução que ocorre na superfície de determinado eletrodo/material (Maloy, 1983). Uma grande variedade de métodos voltamétricos foi desenvolvida nos últimos anos. Basicamente, eles diferem pela maneira como a forma do potencial é aplicado entre os eletrodos, o tipo de eletrodo usado e as condições da solução nas quais esses experimentos são realizados (quiescente ou hidrodinâmica). Desta forma, características analíticas, como por exemplo, limite de detecção, variam dependendo da técnica voltamétrica escolhida.

Como já citado, essas técnicas vêm se tornando muito atrativas para a análise de soluções diluídas, quantitativa e qualitativamente, visando à solução de problemas forenses e caracterização de processos eletroquímicos na superfície de eletrodos. Dos trabalhos publicados na literatura no banco de dados do Web of Science® são encontrados artigos voltados desde a quantificação de cocaína em amostras de apreensão (Abedul et al., 1991; De Oliveira et al., 2013) até a discriminação de diferentes tipos de armas de fogo (Salles, Bertotti e Paixão, 2012), utilizando a técnica de voltametria cíclica. Aqui, pretende-se ilustrar o princípio e a aplicação desta técnica para fins didáticos e no campo da Química Forense.

Princípio da técnica

Potenciostato é o principal instrumento utilizado para realizar medidas, cuja função é aplicar um potencial elétrico à célula eletroquímica e medir a corrente resultante dos processos eletroquímicos que ocorrem na superfície do eletrodo de trabalho. Este instrumento aplica o potencial desejado entre os eletrodos de trabalho e de referência; os eletrodos de referência mais comumente usados são os de Ag/AgCl saturado e o de calomelano saturado. Vale lembrar que o eletrodo padrão de hidrogênio é utilizado como referência na tabela de potenciais padrão de redução, e, por convenção, apresenta potencial igual a 0,0 V. O eletrodo de trabalho é aquele no qual o processo eletroquímico de interesse ocorre. O potencial aplicado entre esses dois eletrodos na voltametria cíclica apresenta um sinal de excitação linear com o tempo, triangular, limitado entre dois valores de potencial: potencial inicial da varredura e o potencial final onde o sentido da varredura é alterado. A Figura 1 mostra o sinal de excitação do potencial utilizado na voltametria cíclica. A velocidade com que essa varredura de potencial é feita depende da inclinação do gráfico, $\Delta E/\Delta tempo$. No caso da Figura 1, a velocidade de varredura é 50 mV s^{-1}. Adicionalmente, varreduras consecutivas também podem ser realizadas, como ilustrado pela linha pontilhada na Figura 1; o número de ciclos consecutivos depende da necessidade e do experimento realizado. Vale destacar que o potencial final também pode ser diferente do inicial, dependente exclusivamente das características do experimento executado.

Fonte: Thiago R. L. C. Paixão.

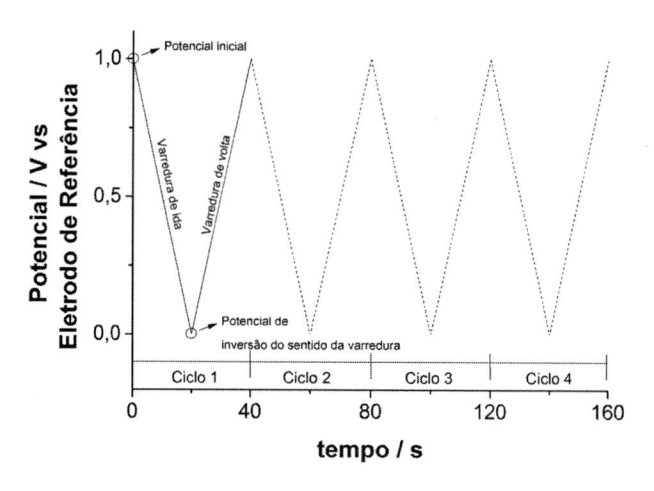

Figura 1 Sinal típico de excitação do potencial utilizado na técnica de voltametria cíclica.[1]

A corrente requerida para sustentar a eletrólise que ocorre na superfície do eletrodo de trabalho é fornecida pelo eletrodo auxiliar. Na superfície do eletrodo auxiliar a reação complementar ao processo que ocorre na superfície do eletrodo de trabalho acontece (p. ex., caso ocorra um processo de redução na superfície do eletrodo de trabalho, um processo de oxidação ocorrerá na superfície do auxiliar). Este tipo de arranjo de três eletrodos previne que a corrente resultante da eletrólise passe pelo eletrodo de referência. Caso este processo acontecesse, não seria possível que o potencial do eletrodo de referência ficasse constante, condição esta necessária para que este atue como um eletrodo de referência. Na grande maioria dos experimentos o eletrodo auxiliar utilizado é de material inerte, por exemplo, platina.

Um importante aspecto teórico para entender as técnicas voltamétricas relaciona-se ao potencial aplicado ao eletrodo de trabalho. O controle deste potencial aplicado governará a concentração e a(s) espécie(s) na superfície do eletrodo de trabalho. Considerando um eletrodo em equilíbrio com a solução na qual está imerso, ele exibirá um potencial que não varia com o tempo, relacionado com uma propriedade termodinâmica da solução onde este eletrodo se encontra. Desta forma, e assumindo que uma solução contenha a espécie oxidada, por exemplo, $Fe(CN)_6^{3-}$, e sua respectiva forma reduzida, $Fe(CN)_6^{4-}$, o potencial elétrico medido na ausência de corrente apreciável no sistema será dado pela equação de Nernst, Equação 2:

$$Fe(CN)_{6(aq)}^{3-} + e^- \rightleftharpoons Fe(CN)_{6(aq)}^{4-} \qquad \text{Equação 1}$$

$$E = E^{0\prime} - \frac{RT}{nF} \ln\left(\frac{[Fe(CN)_6^{4-}]_{x=0}}{[Fe(CN)_6^{3-}]_{x=0}}\right) \qquad \text{Equação 2}$$

---

[1] São características do eletrodo de referência: a) potencial de meia célula conhecido e fixo; b) resposta constante; c) insensível à composição da solução em estudo e mudanças de temperatura; d) obedece à equação de Nernst; e) reversível.

onde, E = potencial medido na condição experimental (ou aplicado ao sistema);[2] $E^{0\prime}$ = potencial formal do par reversível medido contra um eletrodo de referência, ou E^0, no caso de se utilizar o potencial padrão tabelado (medido contra o eletrodo padrão de hidrogênio); n = número de elétrons; R = constante dos gases ideais; T = temperatura; F = constante de Faraday; $[\text{Fe(CN)}_6^{4-}]_{x=0}$ = concentração da espécie química ferrocianeto, mol L^{-1}; $[\text{Fe(CN)}_6^{3-}]_{x=0}$ = concentração da espécie química ferricianeto, mol L^{-1}. A designação subscrita $x = 0$ indica a concentração das espécies próximas da superfície do eletrodo de trabalho.

Com isto, vamos assumir uma solução contendo uma concentração inicial de 1×10^{-3} mol L^{-1} Fe(CN)$_6^{3-}$, 1×10^{-3} mol L^{-1} Fe(CN)$_6^{4-}$ e os seguintes eletrodos mergulhados na solução: eletrodo de trabalho de Pt, eletrodo padrão de hidrogênio, como eletrodo de referência, e um eletrodo auxiliar de Pt. Nesta solução, o potencial elétrico na ausência de corrente apreciada seria medido entre o eletrodo de referência e o de trabalho, dado por:

$$E = E^{0\prime} - \frac{RT}{nF} \ln \left(\frac{[\text{Fe(CN)}_6^{4-}]_{x=0}}{[\text{Fe(CN)}_6^{3-}]_{x=0}} \right) \qquad \text{Equação 3}$$

$$E = E^{0\prime} - \frac{RT}{nF} \ln \left(\frac{1 \times 10^{-3}}{1 \times 10^{-3}} \right) \qquad \text{Equação 4}$$

$E = E^{0\prime} = +0,356$ V vs Eletrodo Padrão de Hidrogênio (EPH) (valor tabelado) Equação 5[3]

Uma vez que na técnica abordada neste capítulo forçamos determinada reação química acontecer na superfície do eletrodo de trabalho à custa de energia elétrica fornecida ao sistema (eletrólise forçada), é preciso entender o que acontece ao aplicarmos um valor de potencial entre os eletrodos de trabalho e referência. Para ilustrar este conceito, vamos utilizar uma representação interessante chamada Diagrama de Escada (do inglês *Ladder Diagram*) (Runo e Peters, 1993; Vale, Fernandez Pereira e Alcalde, 1993; Pereira et al., 2007). Se um potencial elétrico de 0,6 V for aplicado ao sistema, e considerarmos a reação, descrita na Equação 1, como rápida e reversível, podemos assumir que a equação de Nernst é válida para descrever o sistema. Assim, a razão entre [Fe(CN)$_6^{4-}$] e [Fe(CN)$_6^{3-}$] pode ser calculada utilizando-se a Equação (2) e considerando 298 K (25°C) como a temperatura do sistema:

$$0{,}6 = 0{,}356 - \frac{RT}{nF} \ln \left(\frac{[\text{Fe(CN)}_6^{4-}]_{x=0}}{[\text{Fe(CN)}_6^{3-}]_{x=0}} \right) \qquad \text{Equação 6}$$

$$(0{,}6 - 0{,}356) = \frac{RT}{nF} \ln \left(\frac{[\text{Fe(CN)}_6^{3-}]_{x=0}}{[\text{Fe(CN)}_6^{4-}]_{x=0}} \right) \qquad \text{Equação 7}$$

$$(0{,}6 - 0{,}356) = \frac{8{,}3145 \times 298}{1 \times 96485} \ln \left(\frac{[\text{Fe(CN)}_6^{3-}]_{x=0}}{[\text{Fe(CN)}_6^{4-}]_{x=0}} \right) \qquad \text{Equação 8}$$

$$e^{\left(\frac{(0{,}6-0{,}356)}{\frac{8{,}3145 \times 298}{1 \times 96485}} \right)} = \left(\frac{[\text{Fe(CN)}_6^{3-}]_{x=0}}{[\text{Fe(CN)}_6^{4-}]_{x=0}} \right) \cong 9{,}5 \qquad \text{Equação 9}$$

---

[2] No caso de se trabalhar com uma célula eletrolítica, ao invés de galvânica (ou pilha), um potencial externo será aplicado no sistema, forçando a eletrólise de uma espécie na superfície do eletrodo de trabalho.

[3] Os valores de potencial padrão de redução para diferentes pares redox podem ser encontrados em *Handbooks* de Química e livros-texto de Eletroquímica.

Logo, temos que, neste potencial aplicado: $[Fe(CN)_6^{4-}]_{x=0} \lll [Fe(CN)_6^{3-}]_{x=0}$. Sendo assim, predominantemente neste potencial haverá mais ferricianeto na superfície do eletrodo do que ferrocianeto. Caso um potencial menor que +0,356 V seja aplicado ao sistema, o inverso deve acontecer, $[Fe(CN)_6^{4-}]_{x=0} \ggg [Fe(CN)_6^{3-}]_{x=0}$. Com isto, a representação do Diagrama de Escada pode ser ilustrada pela Figura 2.

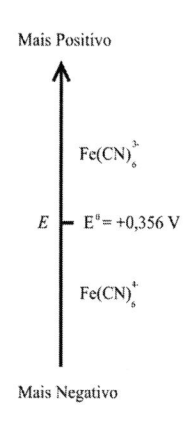

Fonte: Thiago R. L. C. Paixão.

Figura 2 Diagrama de Escada para o par redox $Fe(CN)_6^{3-} / Fe(CN)_6^{4-}$.

Retornando ao exemplo (1×10^{-3} mol L^{-1} $Fe(CN)_6^{3-}$, 1×10^{-3} mol L^{-1} $Fe(CN)_6^{4-}$), e se alterarmos o potencial para 0,6 V, parte do ferrocianeto será oxidado para ferricianeto, segundo a reação descrita na Equação 1, gerando um fluxo de elétrons (corrente elétrica) de maneira que a razão entre $[Fe(CN)_6^{4-}]$ e $[Fe(CN)_6^{3-}]$ seja obedecida pelo cálculos já mostrados, $\left(\frac{[Fe(CN)_6^{3-}]_{x=0}}{[Fe(CN)_6^{4-}]_{x=0}} \right) \cong 9,5$. Vale destacar que esta corrente elétrica originada é denominada "corrente faradaica" (oriunda de um processo eletroquímico ocorrido na superfície do eletrodo). Caso um potencial menor que +0,356 V fosse aplicado, teríamos a redução do ferricianeto para ferrocianeto, e, por consequência, uma corrente elétrica fluindo no sentido contrário. Por convenção, denominamos correntes elétricas positivas para processos de oxidação e negativas para processos de redução (Mcnaught e Wilkinson, 1997).[4]

Como resultado da alteração das concentrações das espécies oxidadas e reduzidas na superfície do eletrodo de trabalho devido ao potencial aplicado, passa a existir uma diferença de concentração das espécies reduzida e oxidada entre a superfície do eletrodo e o seio da solução. Este gradiente de concentração gerará o movimento das espécies químicas de uma região da solução para outra, do local onde a espécie está mais concentrada para o de menor concentração. O mecanismo que controla esta transferência de massa chama-se difusão. O gradiente de concentração gerado para o experimento ilustrado está simulado na Figura 3.

---

[4] Corrente capacitiva é definida como a corrente elétrica proveniente da formação da dupla camada elétrica criada na superfície do eletrodo.

Fonte: Thiago R. L. C. Paixão.

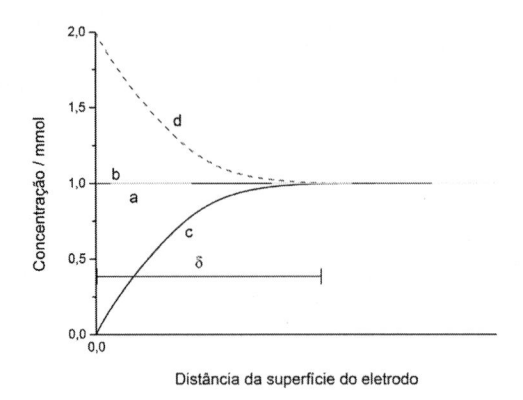

Figura 3 Perfil de concentração sem (*a* e *b*) e com aplicação de um potencial de 0,6 V (*c* e *d*) para uma solução contendo 1×10^{-3} mol L^{-1} K$_3$Fe(CN)$_6$ e 1×10^{-3} mol L^{-1} K$_4$Fe(CN)$_6$ em eletrólito suporte 1 mol L^{-1} KNO$_3$. δ = espessura da camada de difusão.

* Você pode visualizar esta imagem em cores no final do livro.

O eixo vertical na Figura 3 representa a concentração, e o horizontal, a distância da superfície do eletrodo. A linha vermelha indica o perfil de concentração da espécie reduzida, e a preta, o perfil de concentração da espécie oxidada. A Figura 3, (*a* e *b*) mostra que as concentrações da espécie reduzida e oxidada estão distribuídas homogeneamente no seio da solução e na superfície antes que o eletrodo de trabalho seja polarizado a 0,60 V, como no exemplo antes trabalhado. Uma vez que o eletrodo de trabalho é polarizado utilizando um potenciostato, a concentração do par redox passa a ser governada pela equação de Nernst, como já mostrado.

O perfil da Figura 3 (*c* e *d*) representa uma situação na qual o potencial aplicado ao eletrodo de trabalho é de 0,6 V. Com isto, e para atender à condição de contorno imposta pela equação de Nernst $\left(\left(\frac{[\text{Fe(CN)}_6^{3-}]_{x=0}}{[\text{Fe(CN)}_6^{4-}]_{x=0}} \right) \cong 9,5 \right)$ na superfície do eletrodo, a oxidação de Fe(CN)$_6^{4-}$ para Fe(CN)$_6^{3-}$ acontecerá. Caso a aplicação do potencial seja mantida com o tempo, uma oxidação de Fe(CN)$_6^{4-}$ para Fe(CN)$_6^{3-}$ é necessária para manter a razão entre Fe(CN)$_6^{4-}$ e Fe(CN)$_6^{3-}$ constante na superfície do eletrodo, já que a espécie Fe(CN)$_6^{3-}$ difunde para o seio da solução. Outros aspectos devem ser considerados em relação ao perfil de concentração: 1) Há distâncias maiores que δ, a concentração da espécie se mantém constante e homogênea. Uma vez que, a espessura da camada de difusão é muito menor comparada ao volume de solução (da ordem de micrômetros), a concentração no seio da solução não será alterada pela eletrólise que está acontecendo na superfície do eletrodo. Vale ainda ressaltar que a eletrólise ocorre em um curto intervalo de tempo e, caso seja efetuada uma eletrólise exaustiva (horas ou dias), a concentração no seio da solução será alterada; 2) a remoção de Fe(CN)$_6^{4-}$ criará um gradiente de concentração do seio da solução para superfície do eletrodo, assim como a produção de Fe(CN)$_6^{3-}$ criará um gradiente de concentração da superfície do eletrodo para o seio da solução. Além disso, caso a eletrólise se mantenha por tempo maior que o utilizado no experimento da Figura 3, ocorrerá um aumento da espessura da camada de difusão (Bard e Faulkner, 2001).

Entendido como o potencial aplicado ao sistema pode controlar a concentração das espécies na superfície do eletrodo e os mecanismos de transporte de massa do seio da solução para a superfície do eletrodo e no sentido contrário, passaremos ao entendimento do que acontece na superfície do eletrodo ao se alterar o potencial em função do tempo, como mostrado na Figura 1. Um registro típico dos valores de corrente é mostrado na Figura 4, utilizando um eletrodo de trabalho de platina imerso em uma solução contendo 1 mmol L^{-1} K$_3$Fe(CN)$_6$ como espécie eletroativa em solução aquosa de 1 mol L^{-1} de KNO$_3$ como eletrólito suporte. O potencial de excitação usado para obter o voltamograma está mostrado na mesma figura. O potencial é alterado no sentido negativo (0,8 V até –0,1 V), varredura de ida. Quando o potencial elétrico do eletrodo atingir um valor suficientemente negativo para reduzir o Fe(CN)$_6^{3-}$, como discutido, usando o diagrama de Ladder e a equação de Nernst, uma corrente negativa, como indicado no início da região acinzentada na figura, surgirá em razão do processo representado pela reação química descrita na Equação 1 que está ocorrendo na superfície do eletrodo.

A partir de 0,45 V no sentido de potenciais mais negativos, o potencial aplicado ao eletrodo é suficiente para reduzir as espécies de Fe(CN)$_6^{3-}$. Desta forma, para valores de potencial menores que 0,45 V, a corrente elétrica medida torna-se cada vez mais negativa (região cinza, Figura 4), até que a concentração de Fe(CN)$_6^{3-}$ na superfície do eletrodo diminua atingindo valores próximos de zero, causando o pico representado em 0,30 V (Veja o perfil de concentração na Figura 5B). Neste mesmo momento, a concentração de Fe(CN)$_6^{4-}$ passa a ser igual à inicial de Fe(CN)$_6^{3-}$ na superfície do eletrodo (Figura 5C). Aplicando potenciais mais negativos que 0,3 V, a corrente começa a cair, pois, agora, as espécies de Fe(CN)$_6^{3-}$ precisam chegar por difusão até a superfície do eletrodo, fazendo que a partir deste potencial a corrente de redução seja dependente do transporte do material eletroativo[5] até a superfície do eletrodo. Vale destacar que, neste momento, o potencial continua suficiente para reduzir o Fe(CN)$_6^{3-}$, e, com isto, a corrente continua sendo resultado do processo de redução das espécies de Fe(CN)$_6^{3-}$ que chegam por difusão do seio da solução até a superfície do eletrodo. Este processo de redução ocorrerá até que o potencial seja invertido (varredura de volta –0,1 até 0,8 V) e se torne suficientemente oxidante para oxidar o Fe(CN)$_6^{4-}$ gerado na superfície do eletrodo a partir da redução do Fe(CN)$_6^{3-}$, Equação (10):

$$Fe(CN)_{6(aq)}^{4-} \rightleftharpoons Fe(CN)_{6(aq)}^{3-} + e^- \qquad \text{Equação 10}$$

Quando o potencial do eletrodo atinge o valor próximo de 0,20 V, uma corrente no sentido de valores de corrente positivos aparece e, concomitantemente, a concentração de Fe(CN)$_6^{4-}$ na superfície do eletrodo começa a diminuir, e de Fe(CN)$_6^{3-}$ aumentar (Veja a Figura 5B e 5C). O restante do comportamento do gráfico de corrente por tempo tem a mesma justificativa dada para o trecho da varredura de ida, mas considerando agora a oxidação do Fe(CN)$_6^{4-}$. O ciclo de potencial é encerrado quando o potencial retorna para 0,8 V.

---

[5] Espécie química que sofre um processo de oxidação ou redução na superfície do eletrodo.

Fonte: Thiago R. L. C. Paixão.

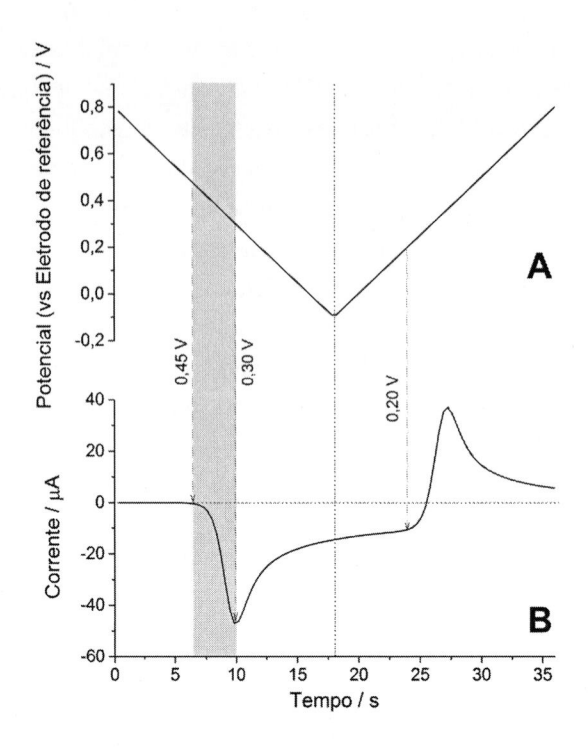

Figura 4 Potencial aplicado à célula eletroquímica em função do tempo (A).
Corrente medida em função do tempo e do potencial aplicado (B)
para uma solução contendo 1 mmol L^{-1} K$_3$Fe(CN)$_6$ em 1 mol L^{-1} de KNO$_3$.
Velocidade de varredura = 50 mV s^{-1}.
Eletrodos: platina (eletrodo de trabalho, r = 3 mm),
EPH (eletrodo de referência), platina (eletrodo auxiliar).
Disponível em:
<http://www.bio-logic.info/potentiostat-electrochemistry-ec-lab/software/ec-lab-software/>.
Acesso em 1º jul. 2015.

Fonte: Thiago R. L. C. Paixão.

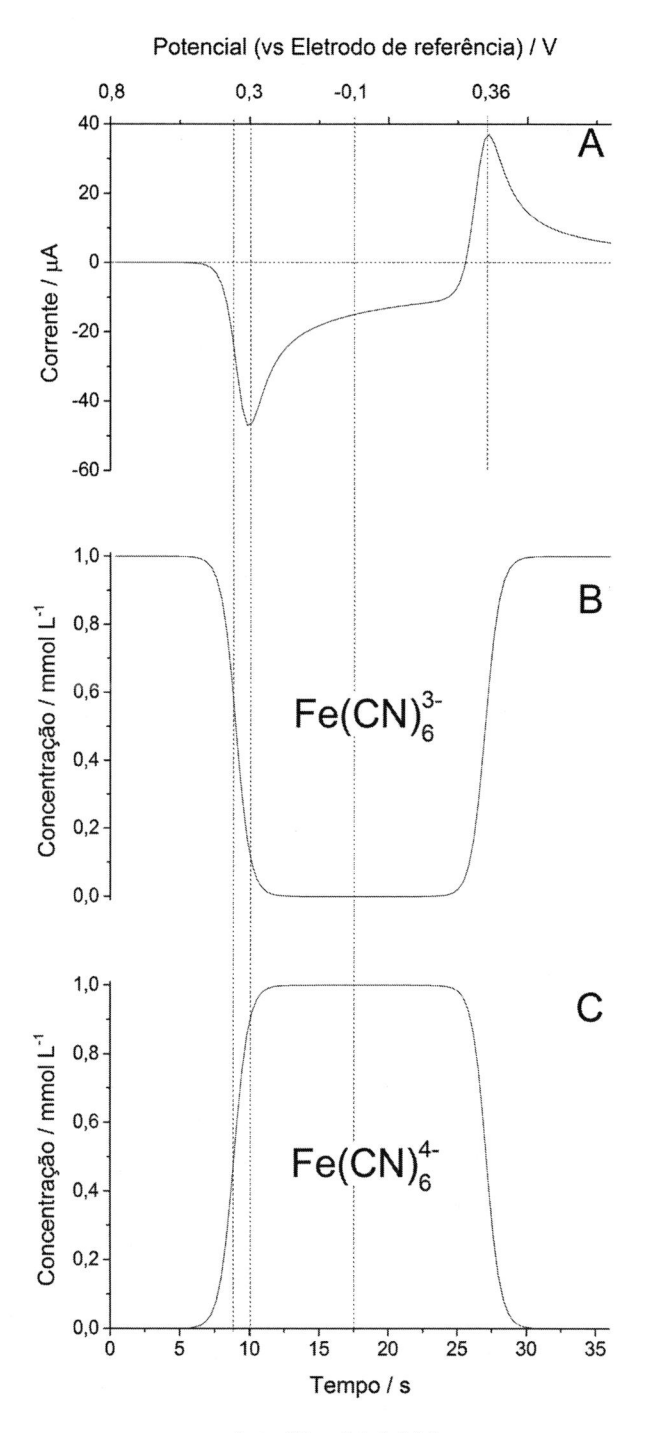

Figura 5 Corrente medida em função do tempo (A) para uma solução contendo 1 mmol L^{-1} de K$_3$Fe(CN)$_6$ em 1 mol L^{-1} de KNO$_3$. Perfil de concentração das espécies reduzidas (B) e oxidadas (C) próximo da superfície do eletrodo em função do tempo.
Velocidade de varredura = 50 mV s^{-1}. Eletrodos: platina (eletrodo de trabalho, r = 3 mm), EPH (eletrodo de referência), platina (eletrodo auxiliar).
Disponível em: <http://www.bio-logic.info/potentiostat-electrochemistry-ec-lab/software/ec-lab-software/>. Acesso em 1º jul. 2015.

É usual que os gráficos, chamados voltamogramas, sejam mostrados utilizando esta técnica eletroquímica a partir dos valores de corrente medidos em função do potencial aplicado. Assim sendo, os valores de corrente, antes mostrados nas Figuras 4 e 5, são agora exibidos em função do potencial, Figura 6. O voltamograma registrado em uma solução na ausência da espécie eletroativa também é reportado, Figura 6a, mostrando que os valores de corrente são baixos comparados com o voltamograma obtido na presença da espécie eletroativa. Sendo essa corrente resultado da corrente capacitiva que flui no sistema.

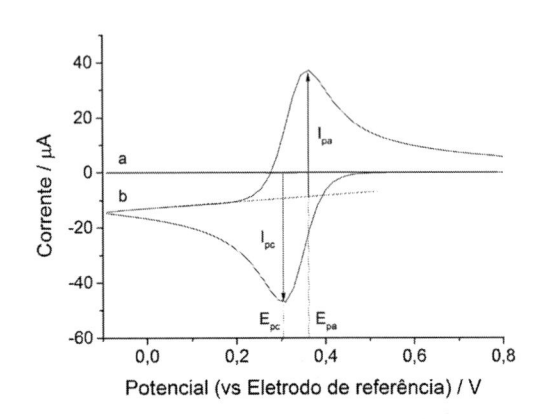

Fonte: Thiago R. L. C. Paixão.

Figura 6 Voltamogramas cíclicos registrados em solução em 1 mol L^{-1} de KNO$_3$ na ausência (a) e na presença (b) de 1 mmol L^{-1} de K$_3$Fe(CN)$_6$. Velocidade de varredura = 50 mV s^{-1}. Eletrodos: platina (eletrodo de trabalho, r = 3 mm), EPH (eletrodo de referência), platina (eletrodo auxiliar).

As correntes de pico do processo de redução (I_{pc}) e de pico do processo de oxidação (I_{pa}) e os potenciais de pico do processo de redução (E_{pc}) e de pico do processo de oxidação (E_{pa}) são parâmetros importantes da técnica de voltametria que podem ser extraídos dos vitamogramas cíclicos (Figura 6). Vale a pena destacar que um método de estrapolação da linha base, como mostrado na Figura 6, deve ser utilizado para medir o valor de corrente de pico com exatidão.

Um par redox, por exemplo, Fe(CN)$_6^{3-}$/ Fe(CN)$_6^{4-}$, no qual ambas as espécies eletroativas trocam elétrons rapidamente com a superfície do eletrodo de trabalho, é denominado par redox reversível. O potencial formal para um par reversível ($E^{0\prime}$) é a média dos valores de E_{pc} e E_{pa}, Equação (11):

$$E^{0\prime} = \frac{E_{pa}+E_{pc}}{2}$$ Equação 11

Adicionalmente, a separação entre os potenciais de pico para um par reversível é definida pela Equação (12). O número de elétrons (n) também pode ser estimado a partir desta mesma equação.

$$\Delta E_p = E_{pa} - E_{pc} \cong \frac{0{,}059}{n}$$ Equação 12

Processos eletroquímicos que apresentam uma transferência eletrônica lenta, denominados irreversíveis, resultam em valores de $\Delta E_p > \frac{0,059}{n}$. Como pode ser observado na Figura 6, a separação entre os potenciais de pico dos processos de redução e oxidação é de aproximadamente 59 mV, o que é concordante com um processo reversível que apresenta um valor de $n = 1$.

A corrente de pico para um processo reversível, controlado por difusão, é descrita pela equação de Randles-Sevcik (13):

$$I_p = (2,69 \times 10^5) n^{\frac{3}{2}} A D^{\frac{1}{2}} C v^{\frac{1}{2}} \quad \text{a } 25\,°C \qquad \text{Equação 13}$$

Onde, I_p é a corrente de pico, em Ampères; A a área do eletrodo, em cm^2; C a concentração em $mol\ cm^{-3}$; e v a velocidade de varredura do experimento voltamétrico realizado em $V\ s^{-1}$.

A partir da Equação (13) é possível observar uma relação linear entre I_p e a raiz da velocidade de varredura, sendo que um gráfico desses dois parâmetros deve resultar em uma reta passando pela origem com coeficiente angular dado por $(2,69 \times 10^5) n^{\frac{3}{2}} A D^{\frac{1}{2}} C$. Este experimento é muito utilizado para verificar se o processo eletroquímico é controlado por difusão, já que somente processos eletroquímicos controlados por este mecanismo de transporte de massa apresentam este comportamento. E, mais, com o valor do coeficiente angular é possível estimar o coeficiente de difusão da espécie eletroativa de posse dos valores de n, A e C. A relação linear entre concentração e corrente de pico também é muito utilizada em Química Analítica visando à quantificação de espécies de interesse, como será mostrado no experimento a seguir.

Outra característica de processos reversíveis é a razão entre as correntes de pico do processo de oxidação e redução igual a unidade, $\frac{I_{pa}}{I_{pc}} = 1$. Vale ressaltar que processos irreversíveis não apresentam as características antes mencionadas, e a equação desses processos eletródicos pode ser encontrada na literatura (Nicholson e Shain, 1964; 1965; Nicholson, 1965).

PRÁTICA DE LABORATÓRIO PARA UM CASO REAL

Determinação de fenacetina em amostras de cocaína

Objetivo

Aplicar alguns conceitos aqui descritos a respeito da técnica de voltametria cíclica e utilizá-la na análise de fenacetina em amostras de cocaína, lançando mão tanto do método de curva analítica quanto de adição de padrão.

Justificativa

Fenacetina, cuja estrutura é mostrada na Figura 7A, é um analgésico e antitérmico que foi muito utilizado por quase cem anos, até ter sido comprovada sua relação com a aparecimento de câncer renal. No corpo humano, a fenacetina é metabolizada a paracetamol (Figura 7B); no entanto, esta conversão pode também ser obtida eletroquimicamente, passando pelo intermediário N-acetil-p-benzoquinona imina (NAPQI – Figura 7C) (Bussy et al., 2013). Apesar de a fenacetina não ser mais comercializada em fármacos, atualmente tem sido encontrada como adulterante em amostras de cocaína; isto, porque ambas as moléculas têm efeitos analgésicos. A adição de moléculas com ações farmacológicas similares às drogas de abuso tem se tornado uma prática muito comum entre os traficantes, já que com isto há um aumento dos lucros sem comprometer muito a ação esperada da droga, conseguindo assim enganar os usuários. No entanto, a adição desses adulterantes pode aumentar a toxicidade do produto final, já que pode ocorrer um efeito sinérgico entre a droga e os adulterantes adicionados (Barat et al., 1996). A análise desses adulterantes pode ser de grande valia para encontrar similaridades entre as amostras e determinar onde a droga foi produzida, auxiliando assim no combate ao tráfico de drogas.

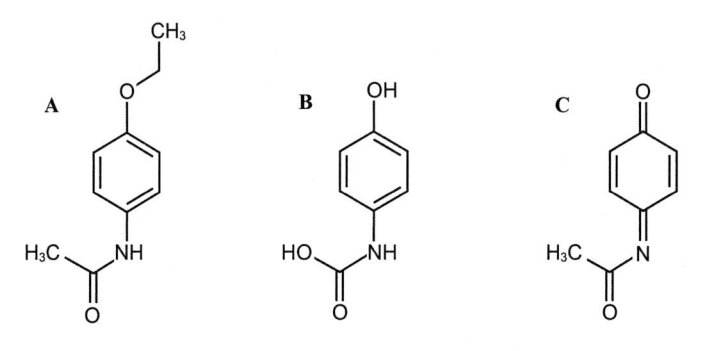

Fonte: Thiago R. L. C. Paixão.

Figura 7 Estruturas moleculares dos compostos: Fenacetina (A), Paracetamol (B) e (C) N-acetil-p-benzoquinona imina (NAPQI).

Aparelhagem

- Balança analítica;
- Agitador;
- Barra magnética;
- Eletrodo de trabalho: carbono vítreo;
- Eletrodo de referência: Ag/AgCl$_{(KCl\ sat.)}$;
- Eletrodo auxiliar: platina;
- Potenciostato.

Reagentes e vidraria

- 15 béqueres de 10 mL
- 7 balões volumétricos de 10 mL
- 1 pipeta graduada de 5 mL
- 1 micropipeta de 1000 µL
- Luvas de látex
- Alumina

- Tapete para polimento
- Água desionizada
- Etanol
- Ácido perclórico
- Ferricianeto de potássio
- Cloreto de potássio
- Fenacetina
- Amostras de cocaína de apreensão

Procedimento[6]

1. Pese em balança analítica a quantidade necessária de cloreto de potássio para fazer uma solução 0,1 mmol L^{-1} em 10 mL.
2. Pese em balança analítica a quantidade necessária de ferricianeto de potássio para fazer uma solução 10 mmol L^{-1} e dissolver a massa pesada na solução feita em **1**.
3. Faça o polimento da superfície do eletrodo de carbono vítreo utilizando uma suspensão de alumina (0,3 mm) e lave com água destilada sucessivas vezes a superfície do eletrodo, para que este fique completamente limpo.
4. Registre um voltamograma na solução preparada em **2** à velocidade de 50 mV s^{-1} entre 0,6 e –0,2 V.
5. Prepare 10 mL de soluções de fenacetina nas concentrações: 1; 2; 5; 10; 20 e 25 mmol L^{-1}, utilizando como solvente uma solução 1 H_2O : 1 etanol 0,1 mol L^{-1} $HClO_4$.
6. Faça o polimento da superfície do eletrodo de carbono vítreo utilizando uma suspensão de alumina (0,3 mm) e lave com água destilada sucessivas vezes a superfície do eletrodo, para que este fique completamente limpo.
7. Registre cinco voltamogramas seguidos na solução de fenacetina 20 mmol L^{-1} à velocidade de 50 mV s^{-1}, entre 0 e 1,8 V.
8. Faça o polimento da superfície do eletrodo de carbono vítreo utilizando uma suspensão de alumina (0,3 mm) e lave com água destilada sucessivas vezes a superfície do eletrodo, para que este fique completamente limpo.
10. Registre três voltamogramas em cada uma das soluções de fenacetina nas concentrações de 1; 2; 5; 10 e 20 mmol L^{-1} e no eletrólito à velocidade de 50 mV s^{-1}, entre 0 e 1,8 V, sempre agitando a solução entre cada medida realizada. Espera-se obter um gráfico similar ao da Figura 8.

---

[6] Todos os voltamogramas devem ser registrados com um sistema de três eletrodos: o de trabalho, um eletrodo de carbono vítreo; o de referência, um eletrodo de Ag/AgCl$_{(KCL\,sat.)}$; e um fio de platina como eletrodo auxiliar.

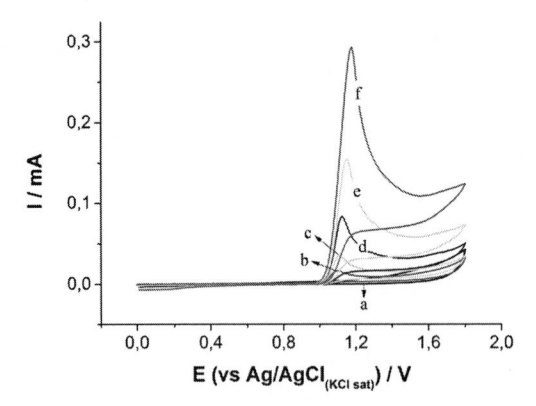

Fonte: Thiago R. L. C. Paixão.

Figura 8 Voltamogramas cíclicos obtidos com eletrodo de carbono vítreo em **1** H_2O: 1 etanol 0,1 mol L^{-1} $HClO_4$ na ausência (a) e presença de fenacetina a uma concentração final de 1 (b), 2 (c), 5 (d), 10 (e) e 20 (f) mmol L^{-1}. V = 50 mV s^{-1}.

* Você pode visualizar esta imagem em cores no final do livro.

11. Calcule a média e o desvio padrão dos valores de corrente de pico obtidos em cada uma das concentrações e com o eletrólito. Construa uma curva analítica com os valores calculados. A Figura 9 mostra a curva analítica obtida a partir dos voltamogramas mostrados na Figura 8.

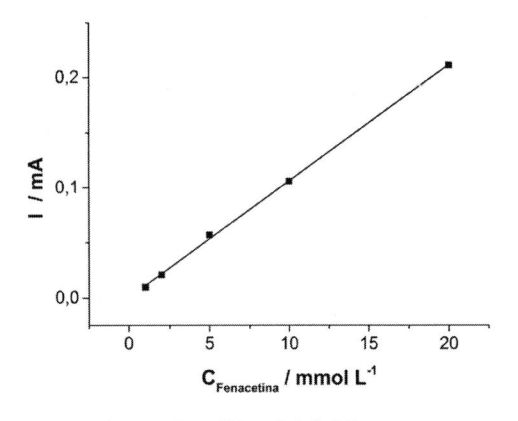

Fonte: Thiago R. L. C. Paixão.

Figura 9 Curva analítica obtida a partir da corrente de pico dos voltamogramas mostrados na Figura 8. Equação da reta: I / mA = $8,3 \times 10^{-7} + 1,0 \times 10^{-5}$ [Fenacetina] / mmol L^{-1}; $R^2 = 0,999$.

12. Faça o polimento da superfície do eletrodo de carbono vítreo utilizando uma suspensão de alumina (0,3 mm) e lave com água destilada sucessivas vezes a superfície do eletrodo, para que este fique completamente limpo.
13. Com a solução de fenacetina de 25 mmol L^{-1}, registre voltamogramas nas velocidades de 20, 50, 100 e 200 mV s^{-1} na janela de potencial entre 0,0 e 1,8 V, sempre agitando a solução entre os voltamogramas. O gráfico obtido deve ser similar ao da Figura 10.

Fonte: Thiago R. L. C. Paixão.

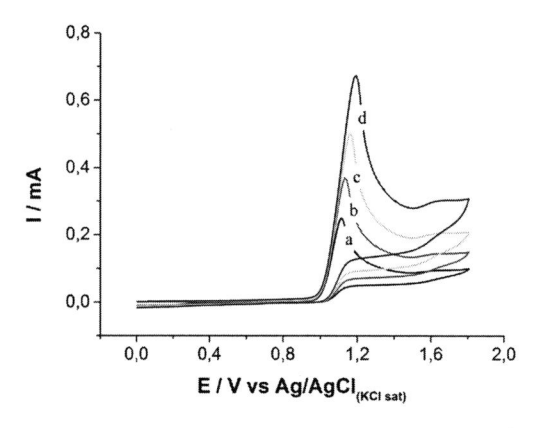

Figura 10 Voltamogramas cíclicos obtidos com eletrodo de carbono vítreo em 1 H_2O: 1 etanol 0,1 mol L^{-1} $HClO_4$ na presença de fenacetina 25 mmol L^{-1} a uma velocidade de varredura de 20 (a), 50 (b), 100 (c) e 200 (d) mV s^{-1}.

* Você pode visualizar esta imagem em cores no final do livro.

14. Construa um gráfico de corrente de pico *versus* raiz quadrada da velocidade de varredura a partir dos dados obtidos em **13**.

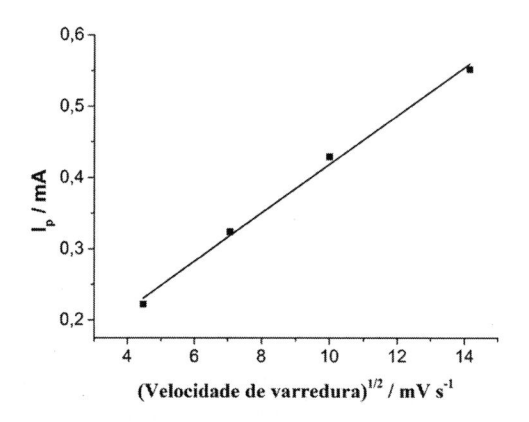

Fonte: Thiago R. L. C. Paixão.

Figura 11 Corrente de pico *versus* raiz da velocidade de varredura obtidos a partir dos dados da Figura 10.

15. Pese em balança analítica cerca de 20 mg de cada uma das amostras de cocaína.[7]
16. Dissolva a massa de cocaína pesada em 5 mL do eletrólito (1 H_2O: 1 etanol 0,1 mol L^{-1} $HClO_4$). Cada amostra deve ser dissolvida em um béquer diferente.
17. Faça o polimento da superfície do eletrodo de carbono vítreo utilizando uma suspensão de alumina (0,3 mm) e lave com água destilada sucessivas vezes a superfície do eletrodo, para que este fique completamente limpo.

---

[7] Não se esqueça de usar luvas quando estiver manipulando as amostras.

18. Registre três voltamogramas com cada uma das amostras a uma velocidade de 50 mV s^{-1}, entre 0 e 1,8 V, sempre agitando a solução entre cada medida.
19. Faça o polimento da superfície do eletrodo de carbono vítreo utilizando uma suspensão de alumina (0,3 mm) e lave com água destilada sucessivas vezes a superfície do eletrodo, para que este fique completamente limpo.
20. A uma das amostras, após o registro dos voltamogramas, adicione quatro alíquotas de 250 μL da solução de fenacetina 20 mmol L^{-1}, mantendo os mesmos parâmetros da voltametria cíclica do item anterior. A cada adição de uma alíquota, registre três voltamogramas, não se esquecendo de agitar a solução entre as medidas. A Figura 12 mostra o exemplo do perfil dos voltamogramas que pode ser obtido.

Fonte: Thiago R. L. C. Paixão.

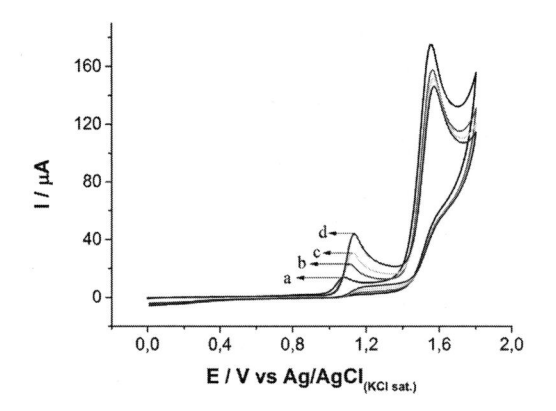

Figura 12 Voltamogramas cíclicos obtidos com eletrodo de carbono vítreo em 1 H$_2$O: 1 etanol 0,1 mol L^{-1} HClO$_4$ na presença de cocaína (a), com adições sucessivas de fenacetina a uma concentração final de 1 (b), 1,9 (c) e 3,6 (d) mmol L^{-1}. V = 50 mV s^{-1}.

* Você pode visualizar esta imagem em cores no final do livro.

21. Calcule a média e o desvio padrão dos valores de corrente obtidos com a amostra e com as adições de padrão. Construa uma curva de adição de padrão com os valores calculados. A Figura 13 mostra a curva de calibração obtida a partir dos voltamogramas mostrados na Figura 12.

Fonte: Thiago R. L. C. Paixão.

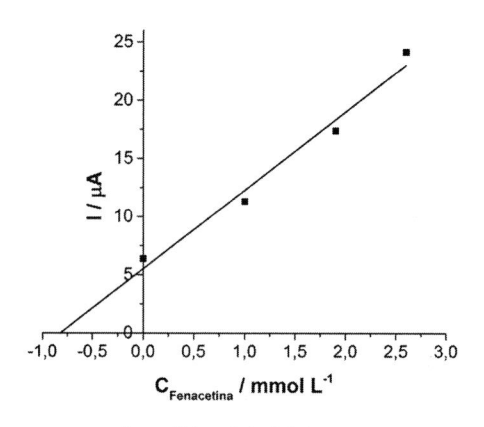

Figura 13 Curva de adição de padrão obtida a partir da corrente de pico dos voltamogramas mostrados na Figura 12. Equação da reta: I / μA = 5,5 × 10^{-6} + 6,8 × 10^{-6} [Fenacetina] / mmol L^{-1}; R^2 = 0,989.

Quesitos

1. Calcule o raio do eletrodo de carbono vítreo.
2. Qual a necessidade do polimento (lustração) da superfície do eletrodo?
3. Calcule a concentração de fenacetina presente na amostra, tanto pela curva de calibração construída com os padrões aquosos de fenacetina quanto pela de adição de padrão.

Exercícios complementares

1. A partir do gráfico de corrente de pico *versus* raiz da velocidade de varredura obtido em 14, o que é possível concluir sobre a etapa limitante do processo de oxidação da fenacetina?
2. Ao registrar cinco voltamogramas seguidos em uma solução de fenacetina, o que foi observado? Cite um experimento que comprove sua conclusão.
3. Os voltamogramas obtidos nas amostras apresentam mais de um pico? Explique. Qual pico de corrente refere-se à oxidação da cocaína? Por quê?
4. Comparando os voltamogramas obtidos em diferentes amostras, é possível, a partir da comparação entre eles, determinar qual das amostras contém mais fenacetina? Justifique.
5. Compare as curvas de calibração obtidas com os padrões de fenacetina e diretamente na amostra por adição de padrão. Que conclusões podem ser tiradas desta comparação? Baseando-se nessas duas curvas, é possível afirmar que a determinação de cocaína poderia ser feita utilizando a curva analítica construída com os padrões aquosos? Justifique.

Relatório de análises

Elabore um relatório científico sobre o experimento a ser entregue e discutido com o professor.

Além da estrutura convencional (introdução, parte experimental, resultados, discussão, conclusão e referências), cada grupo deve apresentar no relatório as respostas aos quesitos aqui apresentados.

Referências bibliográficas

ABEDUL, M. T. F. et al. Voltammetric determination of cocaine in confiscated samples. *Electroanalysis*, v. 3, n. 4-5, p. 409-12, maio-jun. 1991.

BARAT, S. A.; KARDOS, S. A.; ABDELRAHMAN, M. S. Development and validation of a high-performance liquid chromatography method for the determination of cocaine, its metabolites and lidocaine. *Journal of Applied Toxicology*, v. 16, n. 3, maio-jun. 1996, p. 215-19.

BARD, A. J.; FAULKNER, L. R. *Electrochemical methods*: fundamentals and applications. 2. ed. Nova York: Wiley, 2001.

BUSSY, U. et al. In situ NMR spectroelectrochemistry for the structure elucidation of unstable intermediate metabolites. *Analytical and Bioanalytical Chemistry*, v. 405, n. 17, p. 5817-24, jul. 2013.

DE OLIVEIRA, L. S. et al. Voltammetric determination of cocaine in confiscated samples using a carbon paste electrode modified with different UO2(X-MeOsalen)(H2O) center dot H_2O complexes. *Sensors*, v. 13, n. 6, p. 7668-79, jun. 2013.

MALOY, J. T. Factors affecting the shape of current-potential curves. *Journal of Chemical Education*, v. 60, n. 4, p. 285-89, 1983.

MCNAUGHT, A. D.; WILKINSON, A. *IUPAC. Compendium of chemical terminology*, 2. ed. (the "Gold Book"). Oxford: Blackwell Scientific Publications, 1997.

NICHOLSON, R. S.; SHAIN, I. Theory of stationary electrode polarography – single scan + cyclic methods applied to reversible irreversible + kinetic systems. *Analytical Chemistry*, v. 36, n. 4, p. 706-5, 1964.

NICHOLSON, R. S. Theory and application of cyclic voltammetry for measurement of electrode reaction kinetics. *Analytical Chemistry*, v. 37, n. 11, p. 1351-5, 1965.

NICHOLSON, R. S.; SHAIN, I. Experimental verification of an ECE mechanism for reduction of p-nitrosophenol using stationary electrode polarography. *Analytical Chemistry*, v. 37, n. 2, p. 190-5, 1965.

PEREIRA, C. F. et al. Predominance diagrams, a useful tool for the correlation of the precipitation-solubility equilibrium with other ionic equilibria. *Journal of Chemical Education*, v. 84, n. 3, mar. 2007, p. 520-25.

RUNO, J. R.; PETERS, D. G. Climbing a potential ladder to understanding concepts in electrochemistry. *Journal of Chemical Education*, v. 70, n. 9, set. 1993, p. 708-13.

SALLES, M. O.; BERTOTTI, M.; PAIXÃO, T. Use of a gold microelectrode for discrimination of gunshot residues. *Sensors and Actuators B-Chemical*, v. 166, p. 848-52, maio 2012.

VALE, J.; FERNANDEZ PEREIRA, C.; ALCALDE, M. General treatment of aqueous ionic equilibria using predominance diagrams. *Journal of Chemical Education*, v. 70, n. 10, out. 1993, p. 790-95.

capítulo **16**

Análise de Δ^9-tetraidrocanabinol utilizando técnicas voltamétricas

Marco Antonio Balbino,
Herbert Júnior Dias,
Marcelo Firmino de Oliveira

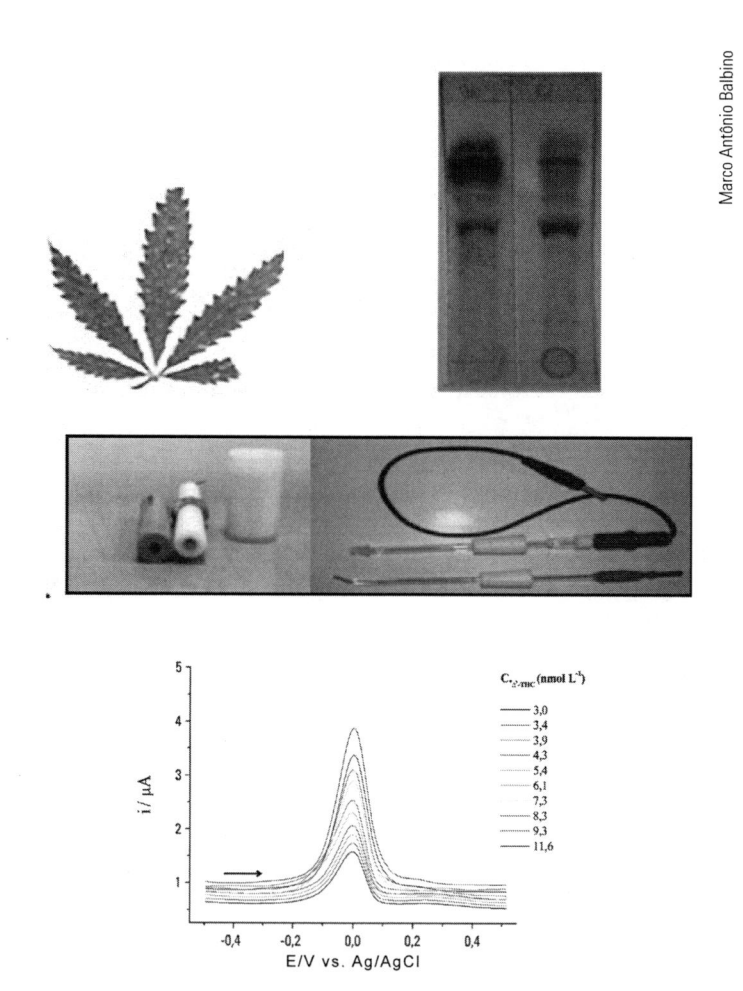

Esquema simplificado para análise voltamétrica de Δ^9-THC:
a amostra apreendida de maconha é submetida aos exames colorimétricos
e cromatografia em camada delgada. Após a etapa de separação, dos canabinoides,
a solução de Δ^9-THC é investigada utilizando a voltametria,
com sistema de eletrodos convencionais.
A corrente de pico anódica representa a detecção do analito.

Neste capítulo será abordada a utilização de técnica eletroquímica (modalidades voltamétricas) como uma nova proposta em análises forenses, especialmente para detecção de drogas de abuso, utilizando um potenciostato de bancada e arranjo eletródico de 3 eletrodos, sendo: de trabalho de carbono vítreo, de referência (Ag/AgCl, KCl$_{(sat.)}$) e auxiliar (espiral de platina) na análise da substância psicoativa encontrada na maconha, o Δ^9-tetraidrocanabinol, ou Δ^9-THC. Antes de ser submetida ao estudo eletroquímico, foram utilizadas duas técnicas clássicas, mas categorizadas no rol de análises de droga de abuso (teste colorimétrico e cromatografia em camada delgada). Também serão apresentados alguns estudos já reportados em literatura para análise desta substância de interesse forense.

Introdução

O termo "droga" caracteriza toda substância capaz de modificar a função dos organismos vivos, resultando em mudanças fisiológicas ou de comportamento. Quando o termo droga ilícita é empregado, refere-se às substâncias que estão sob controle internacional ou proscritas segundo a legislação vigente de cada país. Dentre elas está a maconha, classificada como droga perturbadora devido aos seus efeitos no sistema nervoso central – SNC (Unodc, 2013).

A maconha, nome dado ao vegetal da família *Cannabaceae,* do gênero *Cannabis,* espécie *sativa L.*, foi apontada como a droga ilícita mais consumida no mundo e a terceira droga mais consumida, atrás de drogas lícitas como o álcool e tabaco. Atualmente, repercute como uma rica e controversa fonte de debate entre a sociedade. A maconha, além de ser utilizada para fins recreacionais, também é usada na fabricação de fibras que são empregadas nas indústrias de papéis, alimentos e tecidos (Schier et al., 2011, Unodc, 2013).

Apesar de esta discussão estar em destaque atualmente, o uso da maconha para fins terapêuticos tem sido defendido por diversos cientistas internacionais há muitos anos. É o caso do cientista americano Lester Grinspoon, professor emérito do departamento de psiquiatria da Escola Médica de Harvard (Estados Unidos), que em 1969 desmistificou os malefícios da planta publicando um trabalho em uma das revistas científicas mais renomadas da época. Segundo ele, novas aplicações deverão surgir quando forem testadas algumas diversidades de formulações dosando os diversos compostos que compõem a mistura complexa do extrato do vegetal (Grinspoon, 1969).

No Brasil, há histórias divergentes quanto à sua chegada, mas sabe-se que sua propagação ocorreu graças às indicações terapêuticas e medicinais, pois era recomendada para mais de 100 doenças, por exemplo, enxaquecas, tensão pré-menstrual, asma, fadigas etc., chegando à façanha de ser um dos três medicamentos de maior prescrição ao longo do século XIX (Carlini, 2006).

A proibição da maconha iniciou-se nos Estados Unidos, tendo seu plantio proibido a partir de 1937 (Soubhia, 1999). O Decreto-lei n. 891, do Governo Federal brasileiro, tornou proibido o cultivo, a colheita e a exploração da maconha em todo o território nacional (Saad, 2011).

De acordo com a literatura, foram encontradas 489 substâncias diferentes na *Cannabis Sativa L.* Dentre estas, 70 pertencem à uma classe de compostos terpenofenólicos, com 21 átomos de carbono denominados canabinoides. A nomenclatura IUPAC do Δ^9-THC é 6,6,9-trimetil-3-pentil-6H-dibenzo[b,d]piran-1-ol (Figura 1), substância majoritariamente psicoativa da planta, que teve sua estrutura elucidada em 1964 por Gaoni e Mechoulam (Gaoni e Mechoulam, 1964). Trata-se de um éter cíclico, fundido a um anel aromático que tem a função orgânica fenol, no qual está presente uma cadeia alquila e a um ciclo de seis membros insaturado, ao qual está ligada uma hidroxila alcoólica; também possui dois centros estereogênicos em sua estrutura, e, portanto, quatro enantiômeros podem ser possivelmente encontrados.

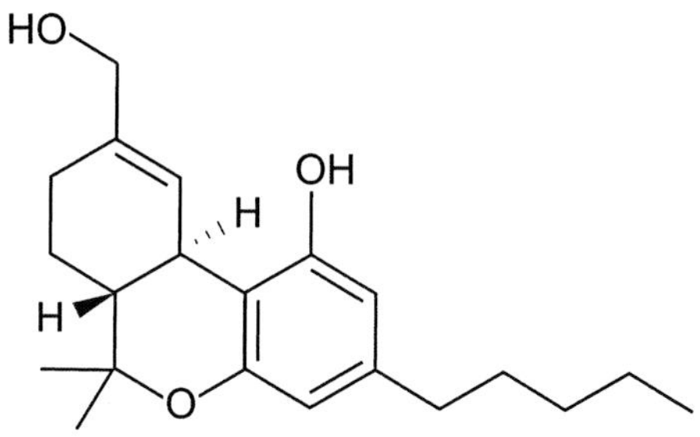

Fonte: Marco Antonio Balbino.
Figura 1 Estrutura química do Δ^9-THC.

A concentração do Δ^9-THC varia em diferentes partes da planta; suas folhas podem conter de 0,5 a 2%, na relação massa/massa (% m/m), e nos botões florais, de 3 a 12%, por exemplo. A maconha, quando fumada, pode ser absorvida pelo organismo em até 20%. Seus efeitos (psicológicos e fisiológicos) podem se iniciar após alguns segundos depois da absorção e seus efeitos psicoativos podem durar por 3 horas, variando de acordo com o organismo. Os canabinoides são distribuídos pelo organismo de forma muito rápida, atingindo inicialmente cérebro, pulmões, fígado, rins e ovários (Nocerino, Amato e Izzo, 2000).

Prejuízos cognitivos, psicomotores, alucinações, ansiedade, entre outros sintomas, podem ser adquiridos durante uma intoxicação provocada pela droga, apesar de serem imprecisos os dados de tempo de duração destes prejuízos motores durante o período de abstinência. Entretanto, sabe-se que esta perda de senso cognitivo, dependendo da idade em que se inicia o consumo, influencia na gravidade do efeito neurotóxico da droga (Crippa, 2005; Vandrey e Haney, 2009). Estudos recentes empregando tomografia por emissão de pósitrons demonstraram que ocorre uma diminuição da quantidade de receptores canabinoides em regiões corticais do cérebro proporcional ao tempo de consumo de *cannabis*. Observou-se também que, após quatro semanas de abstinência, os níveis de receptores canabinoides são similares aos do grupo controle (Hirvonen et al., 2012). Muitos destes efeitos podem estar ligados à lenta eliminação da principal substância psicoativa da maconha, o Δ^9-THC (Bergamaschi, 2013).

Um dos métodos mais utilizados atualmente, que podem auxiliar na identificação de diversos canabinoides, são as técnicas eletroquímicas, em especial a voltametria. Esta pode ser definida como qualquer método analítico que depende da medida de corrente (i) em função do potencial (E) aplicado. Heyrovsky e Kuceras foram os pioneiros na utilização de métodos eletroquímicos de análise, em 1922, utilizando a técnica de polarografia (Aleixo, 2014). Com o avanço tecnológico, o potenciostato foi aperfeiçoado e, assim, novas modalidades voltamétricas surgiram. A escolha destas varia de acordo com os sinais de excitação. Temos, entre as mais utilizadas, a voltametria cíclica (VC), voltametria de varredura linear (VVL), voltametria de onda quadrada (VOQ) e voltametria de pulso diferencial (VPD).

Atualmente, há uma gama de materiais que podem ser aplicados como eletrodos para determinação de variadas substâncias, denominados sensores. Sensores eletroquímicos baseiam-

-se em reações de transferência de carga (processos faradaicos) ou em fenômenos de migração de carga (não faradaicos). Sensores eletroquímicos têm sido empregados em diversos setores, entre eles: industrial, farmacêutico e ambiental (Stradiotto, Yamanaka e Zanoni, 2003). Esses sensores são subdivididos em: potenciométricos, condutométricos, amperométricos e voltamétricos. Estes últimos têm apresentado resultados satisfatórios em análises qualitativas e quantitativas, caracterização e no estudo do mecanismo de oxidação e redução, e têm como característica o monitoramento dos níveis de corrente em função do potencial (Baizer, 1972).

Este capítulo visa demonstrar algumas metodologias utilizadas e amplamente empregadas como métodos de identificação de Δ^9-THC em diversas matrizes biológicas. Também serão apresentados alguns métodos voltamétricos, uma alternativa de fácil aplicação, que demonstrou, em estudos recentemente publicados em revistas científicas, ótimos resultados para diversos canabinoides que são encontrados nas diversas espécies de *Cannabis* (Balbino, 2014).

Principais metodologias

Análise de Δ^9-THC por algumas técnicas instrumentais

As técnicas de cromatografia líquida de alta eficiência (CLAE) e gasosa (CG) são comumente utilizadas para determinação dessas substâncias e demais canabinoides. A cromatografia gasosa acoplada ao espectrômetro de massas (CG-EM) tornou-se uma excelente técnica quanto à sua sensibilidade, cujos limites de quantificação (LQ) estiveram na faixa de 5 a 20 ng mL^{-1} para as espécies estudadas, além de fornecer informações acerca da elucidação da estrutura e assinatura químicas (esta última responsável pela informação das características da droga e outras relevantes; por exemplo, do solo onde a *Cannabis sativa* foi plantada), identificação e microdosagem de amostras de maconha apreendidas (Elsohly, 2007; United Nations, 2009). Estas técnicas são consagradas em análises forenses devido à sua robustez e boa sensibilidade, e por poderem identificar simultaneamente qualitativa e quantitativamente diferentes substâncias em uma mesma amostra suspeita (Ambach, 2014). Porém, têm elevado custo operacional, necessidade de sucessivas etapas de tratamento; e ainda não foram desenvolvidos equipamentos que possibilitem sua aplicação em trabalhos de campo (Kostic, Pejic e Skundric 2008).

Exame colorimétrico adotado para constatação de canabinoides

Pela praticidade, baixo custo e rapidez no procedimento de análise, o teste colorimétrico – que consiste na adição de reagentes específicos para determinadas drogas, cujo resultado pode ser visualizado mediante mudança de cor ou precipitação – é amplamente utilizado pelas forças policiais de vários países. Os testes colorimétricos indicados para o teste presuntivo de canabinoides são: o de Duquenois-Levine e o Fast Blue B salt (sal duplo de cloreto de o-Dianisidina bis (diazotizato) de zinco, $C_{14}H_{12}C_{12}N_4O_2 \cdot ZnCl_2$), reagente este que será abordado com mais detalhe ainda neste capítulo. Este reagente pode ser utilizado como revelador para análise por cromatografia em camada delgada (CCD), técnica cromatográfica de baixo custo e bem utilizada, principalmente em laboratórios de perícia que carecem de instrumentação. A reação proposta para os canabinoides com o Fast Blue B salt envolve uma reação de acoplamento, levando à criação de cromóforos com os ingredientes ativos da substância de interesse forense (Bell, 2006; Bordim, 2012).

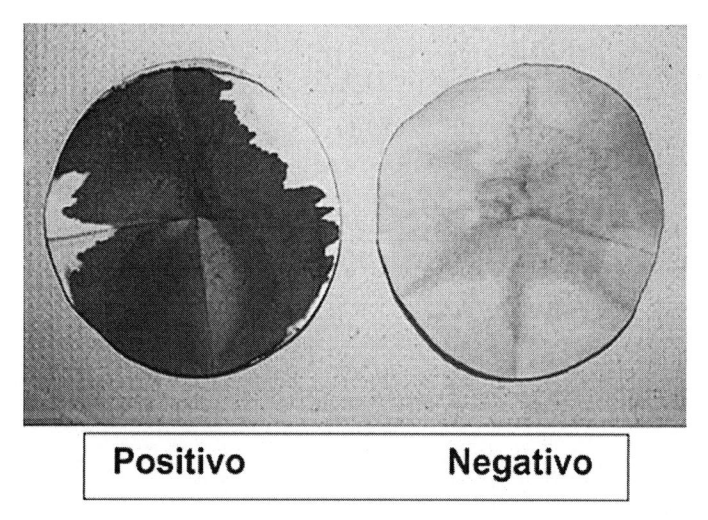

Fonte: Marco Antonio Balbino e Jesus Antonio Velho.

Figura 2 Exame de constatação para canabinoides.
À esquerda, reação entre a amostra suspeita (diluída em meio orgânico) e o Fast Blue B salt. À direita, demonstração de resultado negativo para canabinoides.

* Você pode visualizar esta imagem em cores no final do livro.

Em razão da sua instabilidade após a preparação, recomenda-se que a solução aquosa, do reagente colorimétrico Fast Blue B salt, seja preparada de modo qualitativo imediatamente antes da sua aplicação.

Após análise por CCD e seguida revelação por Fast Blue B salt, os três canabinoides, Δ9-THC, CBD e CBN, apresentam cores com tons avermelhados, alaranjados e violáceos, respectivamente (Bell, 2006; United Nations, 2009). A Figura 4 ilustra a análise de canabinoides extraídos de diferentes solventes orgânicos, tais como benzina de petróleo, n-hexano, tolueno e clorofórmio, utilizando técnica CCD seguida de revelação colorimétrica por Fast Blue B salt. A fase móvel utilizada foi a mistura de solventes, tais como ciclohexano, éter disopropílico e dietilamina, nas proporções 54:40:8 (v/v), e a fase estacionária constituída cromatoplaca de sílica. Cabe lembrar que tal procedimento é descrito no Manual de Métodos Recomendados para Análise de Narcóticos, da Organização das Nações Unidas (ONU), e o estudo comparativo com amostras padrão da droga a ser analisada deve ser realizado (Kovar, 1989).

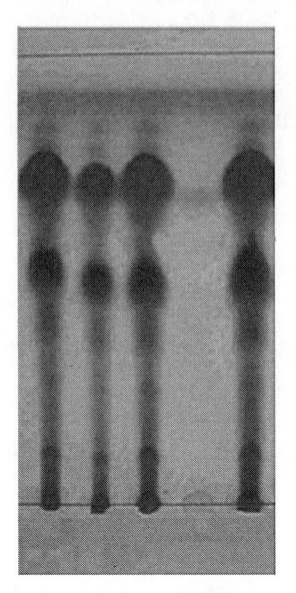

Fonte: Marco Antonio Balbino.

Figura 3 Análise de Δ9-THC utilizando a técnica CCD.

Um grande problema das análises clássicas é a falta de robustez científica. Para a análise de canabinoides, alguns trabalhos reportaram que tais exames podem dar resultados falso--positivos. Kelly (2008) listou várias folhagens de plantas cultivadas nas quais se obteve coloração idêntica para os canabinoides utilizando os testes colorimétricos recomendados para esta droga. Bordim et al. (2012) realizaram um estudo comparativo entre os reagentes colorimétricos Fast Blue B salt e Duquenois-Levine utilizando folhagens cultivadas em solo brasileiro, que apresentaram aspectos morfológicos idênticos aos da *Cannabis sativa*. Mesmo o teste colorimétrico utilizando Fast Blue B salt apresentando maior seletividade do que o reagente de Duquenois-Levine, ambos apresentaram resultados falso-positivos. As análises instrumentais, em grande parte dos laboratórios de análises forenses das polícias de vários estados brasileiros, ainda não se fazem presente. Infelizmente, até meados de 2014 já haviam sido registrados casos em que os materiais utilizados para estas análises clássicas estiveram em falta, impossibilitando a realização do laudo. Como consequência, em um desses casos a juíza responsável determinou o relaxamento da prisão do suspeito, que havia sido preso em flagrante em posse da droga (Balbino, 2014).

Análise de Δ^9-THC utilizando técnicas eletroquímicas

As técnicas eletroquímicas têm despertado interesse de pesquisadores de diversas áreas, pois uma das suas vantagens é a rapidez em todas as etapas da análise. Pensando nesta vantagem e motivados pelo anseio de otimizar a realidade enfrentada por alguns laboratórios de perícia forense, nos quais a limitação de equipamentos e reagentes faz parte deste cenário, além da possibilidade de se desenvolver metodologias que tragam praticidade em sua execução, bem como a portabilidade em ser realizada no local de apreensão as drogas, alguns pesquisadores têm utilizado técnicas eletroquímicas no desenvolvimento de metodologias para detecção de diversas drogas; dentre elas, cocaína e maconha. Na literatura, a primeira droga a ser investigada por técnicas eletroquímica foi a cocaína, em 1991. Abedul e colaboradores. (1991) realizaram um estudo utilizando eletrodo de trabalho de pasta de grafite, acoplado a um sistema de injeção em fluxo com detecção amperométrica. A faixa de concentração estudada foi entre $2,0 \times 10^{-7}$ e $1,0 \times 10^{-5}$ mol L^{-1}, atingindo valores de limite de detecção (LD) entre $2,0 \times 10^{-7}$ mol L^{-1}. Ao longo dos anos, diferentes arranjos eletródicos foram testados ante a molécula da cocaína. Algumas metodologias conseguiram detectar traços desta droga na presença de adulterantes graças à maior seletividade do eletrodo de trabalho quimicamente modificado. O Laboratório de Química Analítica e Química Forense, situado no Departamento de Química da Faculdade de Filosofia, Ciências e Letras de Ribeirão Preto (FFCLRP), na cidade de Ribeirão Preto-SP, desenvolveu eletrodos de trabalho de platina, carbono vítreo e pasta de carbono quimicamente modificados com filmes constituídos de bases Schiff (Oliveira et al., 2013a) e hexacianoferrato de cobalto (Oiye et al., 2009).

No primeiro trabalho reportado em literatura para análise de Δ^9-THC, Goodwin, Banks e Compton, (2006) propuseram um ensaio eletroquímico utilizando um eletrodo de trabalho de grafite pirolítico modificado por deposição de camada de pasta de carbono, cujo objetivo era desenvolver um sensor para detectar a presença de Δ^9-THC em saliva, em concentrações na ordem de 10^{-6} mol L^{-1}. Os voltamogramas obtidos para referido eletrodo, na ausência de Δ^9-THC, indicaram um sistema reversível para a formação da espécie quinonaimina, sendo obtidos valores de potenciais de pico anódico (E_{pa}) e catódico (E_{pc}) em $-0,1$V e $-0,2$V, respectivamente, utilizando eletrodo de referência de calomelano saturado (ECS). Ao adicionar a solução padrão de Δ^9-THC a referido sistema, parte da espécie quinonaimina é consumida, tendo sido observadas diminuições diretamente proporcionais nos valores de correntes de pico catódicas (i_{pc}) e anódicas (i_{pa}), sendo tais sinais transientes utilizados para quantificação indireta de Δ^9-THC. Em 2012, Balbino e colaboradores (Balbino et al., 2012) investigaram a análise direta de Δ^9-THC oriundas de solução padrão e amostras de haxixe e maconha, apreendidas pela polícia, utilizando eletrodo de trabalho de carbono vítreo, sem modificação, e voltametria de varredura linear (VVL). A análise voltamétrica de Δ^9-THC (padrão e amostra apreendida) foi realizada utilizando eletrólito de suporte tetrafluoroborato de tetrabutilamônio (TBATFB) 0,1 mol L^{-1} meio misto N-N-dimetilformamida (DMF) e água, na proporção 9:1 (v/v), respectivamente, e arranjo eletródico constituído de eletrodo de trabalho de disco de carbono vítreo. Inicialmente, foi proposta a investigação da solução eletrólito de suporte para verificação de possível eletroatividade resultante do aparecimento de i_{pa} e i_{pc}. Os parâmetros otimizados para este estudo foram: potencial de varredura aplicado $-1,2$ V vs. Ag / AgCl na fase de pré--concentração e velocidade de varredura de 100 mV s^{-1}; faixa de potencial de varredura entre $-1,0$ a $0,9$ V vs. Ag/AgCl; tempo de pré-concentração 30 segundos. De acordo com a Figura 5, o voltamograma registrado para esta análise não indicou presença de espécie eletroativa, comportamento este esperado para soluções eletrólito de suporte.

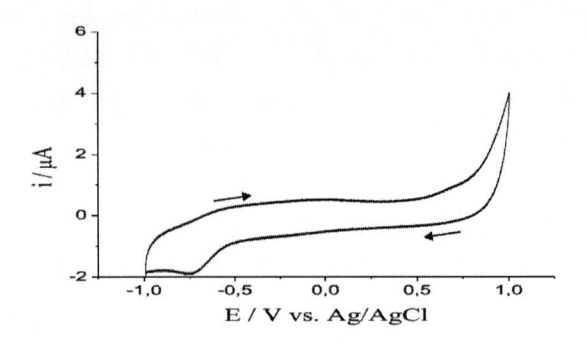

Fonte: Weber Amendola com base em Marco Antonio Balbino.

Figura 4 Voltamograma cíclico referente ao eletrólito de suporte (TBATFB) 0,1 mol L^{-1} (Balbino et al., 2012).

A etapa de pré-concentração, resultante da acumulação eletrostática (apenas pela atração de cargas) na superfície do eletrodo, pode favorecer um sinal de corrente maior do que o que seria obtido a partir da difusão das espécies vindas do seio da solução, tornando assim a metodologia mais sensível. Após esta etapa, 30 s, observou-se um pico de corrente anódica próximo de 0,0 V *vs.* Ag/AgCl, conforme ilustrado na Figura 6.

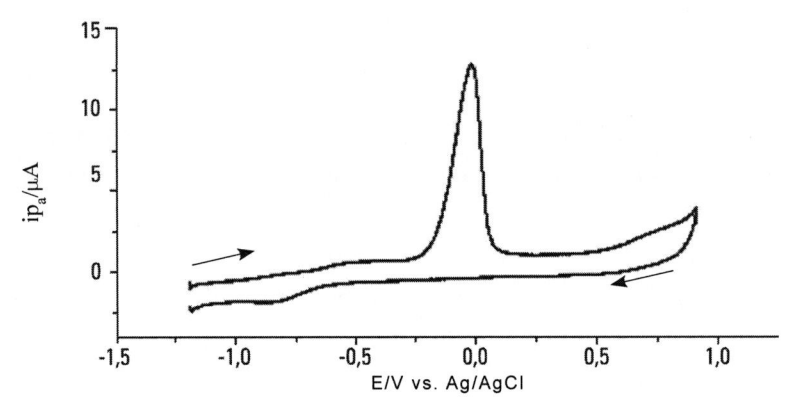

Fonte: Weber Amendola com base em Marco Antonio Balbino.

Figura 5 Voltamograma cíclico referente à adição de 55 μL de padrão Δ^9-THC 1,3 × 10^{-6} mol L^{-1}, utilizando eletrólito de suporte (TBATFB) em meio misto (DMF e água, na proporção 9:1 v/v). Eletrodo de trabalho de carbono vítreo e velocidade de varredura: 100 mV s-1. Tempo de pré-concentração: 30 s.

Ao verificar o aparecimento de i$_{pa}$ após adição de certo volume da solução padrão, optou--se por utilizar a modalidade VVL e verificar a dependência linear de detecção da amostra. Esta foi conduzida no intervalo de 7,0 × 10^{-9} mol L^{-1} a 3,6 × 10^{-8} mol L^{-1}, com uma correlação linear coeficiente de 0,999. Com tal recurso, o LD atingiu valores em 1,0 × 10^{-9} mol L^{-1}.

A Figura 7 ilustra voltamogramas de sucessivas adições do padrão do analito, em que se observa proporcionalmente o aumento de i_{pa} à medida que a concentração de Δ9-THC é elevada. Observou-se aparecimento de pico definido a partir da adição de 35 μL de Δ^9-THC padrão.

$$i_{pa} = -1,24 \; \mu A + 1,08 \times 10^9 \; \mu A \times mol \; L^{-1} \; (\Delta^9\text{-THC})$$

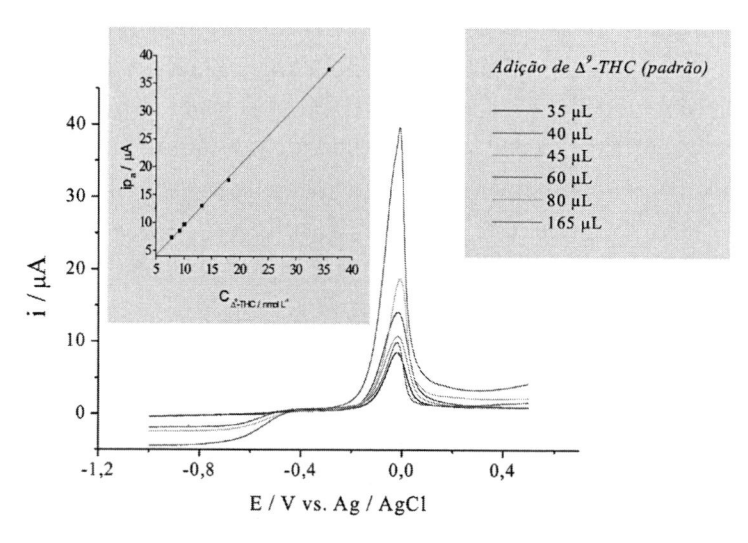

Fonte: Weber Amendola com base em Marco Antonio Balbino.

Figura 6 Voltamograma linear referente a sucessivas adições de padrão Δ^9-THC 1,27 $\times$ 10^{-6} mol L^{-1}, utilizando eletrólito de suporte (TBATFB) em meio misto (DMF e água, na proporção 9:1 v/v). Eletrodo de trabalho de carbono vítreo e velocidade de varredura: 100 mV s^{-1}. Curva analítica da i_{pa} vs. concentração (nmol L^{-1} de Δ^9-THC) (Balbino et al., 2012).

* Você pode visualizar esta imagem em cores no final do livro.

O registro da i_{pa} é decorrente do processo de eletro-oxidação do grupo fenólico presente na molécula de Δ^9-THC em um processo eletroquímico envolvendo um elétron, conforme a Figura 8.

Fonte: Weber Amendola com base em Marco Antonio Balbino.

Figura 7 Processo de oxidação eletroquímica proposto para Δ^9-THC na análise eletroquímica (Balbino et al., 2012).

Em 2013, Novak, Mlakar e Komorsky-Lovric desenvolveram uma metodologia para detecção de canabinoides utilizando eletrodo de grafite com micropartículas impregnadas em parafina. As modalidades voltamétricas utilizadas foram voltametria de pulso diferencial (VPD) e de onda quadrada (VOQ). São consideradas técnicas pulsadas e têm como vantagem possuir maior sensibilidade diante das modalidades cíclica e linear; a aplicação do potencial destas técnicas otimiza a corrente faradaica. Utilizando a modalidade VOQ, eletrólito de suporte

0,1 mol L^{-1} de KMNO$_3$ em pH 7, constataram que a resposta para os canabinoides Δ^9-THC, CBD e CBN era atribuída à eletro-oxidação do grupo fenólico destas moléculas a radical fenóxi. Esta metodologia tem como vantagem a análise de amostras de maconha impuras, seja para análises forenses, seja em controle de qualidade de alguns alimentos que utilizam a *Cannabis* (legalmente) em sua composição.

Em 2014, um estudo comparativo entre dois eletrodos de trabalho convencionais (platina e carbono vítreo) foi realizado a fim de comparar a sensibilidade destes ante a molécula de Δ^9-THC utilizando a modalidade voltamétrica VOQ. A solução eletrólito de suporte TBAT-FB em meio orgânico DMF (reportada na literatura em estudos anteriores) foi novamente utilizada. A etapa de pré-concentração foi otimizada aplicando-se um potencial de –0,5 V. Verificou-se o registro de i$_{pa}$ em 0,01 V *vs.* Ag/AgCl, KCl(sat). Os parâmetros instrumentais foram otimizados com a aplicação de um potencial de amplitude em 100 mV, frequência de 12 Hz; e a faixa de potencial estudada ficou entre –0,3 a 0,3 V *vs.* Ag/AgCl, KCl$_{(sat)}$. Os valores limite de detecção e quantificação, quando o eletrodo de disco de carbono vítreo foi utilizado, obtiveram uma dependência linear na faixa de concentração entre 1,0 × 10^{-9} mol L^{-1} a 2,2 × 10^{-8} mol L^{-1}, com um coeficiente de correlação linear em 0,999 e limite de detecção de 6,2 × 10^{-10} mol L^{-1}, ou seja, abaixo dos valores apresentados quando a modalidade VVL foi aplicada.

Estudos de repetibilidade e reprodutibilidade foram realizados e avaliados considerando-se seis medidas, sendo a precisão intraensaio calculada e medida pelo período de um dia; e o estudo da precisão interensaio realizado em seis dias, pelo período de uma semana. Os resultados foram expressos pelo desvio padrão relativo (DPR), cujos valores estiveram entre 96,0 e 100,5%, respectivamente. Os resultados obtidos pela análise voltamétrica foram comparados com a análise por HPLC (descrita na categoria B para análise de drogas de abuso); ambas apresentaram similaridade na determinação da concentração de Δ^9-THC de amostras de maconha apreendidas pela polícia.

ESTUDO DE CASO

Uma pesquisa realizada no departamento de química da Universisade de São Paulo, Campus Ribeirão Preto-SP, em conjunto com o Laboratório de Toxicologia Forense do Instituto de Criminalística – Núcleo de Perícias Criminalísticas de Ribeirão Preto –, propôs um protocolo de análise para detecção de Δ^9-THC apreendida pela polícia, realizando-se três exames distintos, entre eles, o colorimétrico e CCD, recomendados em análises de drogas de abuso, além da técnica VPD. Inicialmente, a amostra suspeita (maconha) foi examinada pela CCD, seguida de revelação com teste colorimétrico Fast Blue B salt. Uma alíquota da amostra padrão foi adicionada à cromatoplaca para que os valores do fator de retenção (*rf*) fossem comparados. A adição de 10 μL da solução padrão Δ^9-THC 1,3 × 10^{-3} mol L^{-1} em uma raia previamente estabelecida à cromatoplaca e o mesmo volume do extrato (diluído em solvente orgânico) da amostra suspeita de conter canabinoides foram adicionados em demais áreas delimitadas da cromatoplaca. Utilizando uma cromatoplaca de sílica nas dimensões 10 × 5 cm, recém-ativada por aquecimento, e a fase móvel utilizada foi a mistura de solventes composta por metanol e água, nas proporções 80:20 (v/v), anotou-se um tempo de eluição completo de 20 minutos. Após a secagem da cromatoplaca, utilizou-se um borrifador contendo solução de Fast Blue B salt $5,3 \times 10^{-3}$ mol L^{-1}. Imediatamente após a aplicação do reagente colorimétrico, notou-se a coloração de tons avermelhados para os canabinoides, conforme ilustrado na Figura 9. No aspecto visual da cromatoplaca fica evidente que a amostra suspeita apresentou manchas avermelhadas na mesma região do *rf* obtido da solução padrão de Δ^9-THC. Utilizando a equação *rf* = Ds/Dm, onde Ds é a distância percorrida pelo soluto, e Dm a distância percorrida pelo solvente, o valor calculado para o *rf* do Δ^9-THC (para amostra padrão e suspeita) é equivalente a 0,5.

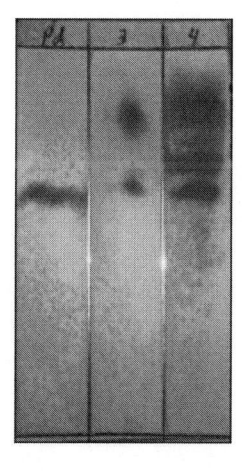

Fonte: Marco Antonio Balbino.

Figura 8 Análise de Δ^9-THC utilizando técnica CCD (Balbino, 2014).

Após estas técnicas clássicas apresentarem resultado positivo para a presença de substância proscrita, seria necessário mais um exame (no mínimo, de classe B) para que um eventual laudo definitivo pudesse ser confeccionado, atestando a presença da substância ilícita. Neste estudo, considerou-se a técnica voltamétrica como sendo de categoria B na análise de drogas de abuso. Ao iniciar o exame eletroquímico, examinou-se o eletrólito de suporte TBATFB 0,1 mol L^{-1} em meio orgânico (DMF), na faixa de concentração entre $1,0 \times 10^{-9}$ e $1,0 \times 10^{-3}$ mol L^{-1}. Eletrodo de disco de carbono vítreo foi utilizado como de trabalho. Os voltamogramas apresentados na Figura 10 não registraram picos que comprovassem a presença de espécie eletroativa na solução, na faixa de potencial entre –0,4 a 1,2 V *vs.* Ag/AgCl, $KCl_{(sat)}$. A amplitude do potencial de pulso foi ajustada em 100 mV, tempo de duração de pulso em 50 m s^{-1} e velocidade de varredura em 10 mv s^{-1}.

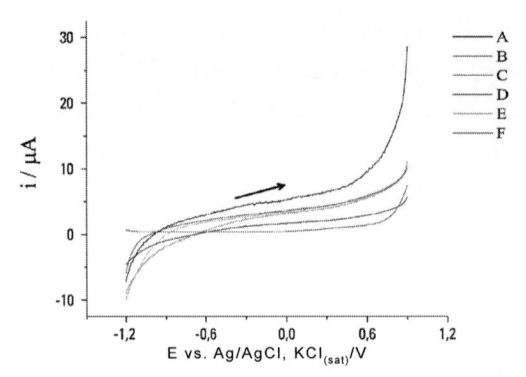

Fonte: Weber Amendola com base em Marco Antonio Balbino.

Figura 9 Voltamogramas de pulso diferencial referente a: A) eletrólito de suporte (TBATFB) 0,1 mol L^{-1} em meio misto (DMF e água, na proporção 9 : 1 v/v), com reagente colorimétrico Fast blue B salt nas concentrações; B) $1,0 \times 10^{-9}$ mol L^{-1}; C) $1,0 \times 10^{-7}$ mol L^{-1}; D) $1,0 \times 10^{-5}$ mol L^{-1}; E) $1,0 \times 10^{-4}$ mol L^{-1}; F) $1,0 \times 10^{-3}$ mol L^{-1}. Eletrodo de trabalho de disco de carbono vítreo (Balbino, 2014).

* Você pode visualizar esta imagem em cores no final do livro.

Visto que a presença do reagente colorimétrico na solução de eletrólito de suporte não interferiu na análise eletroquímica, a solução padrão de Δ^9-THC derivatizada com Fast Blue B salt foi submetida a exame por VPD, utilizando os mesmos parâmetros instrumentais propostos para análise voltamétrica da solução eletrólito de suporte com Fast Blue B salt. De acordo com a Figura 11, o aparecimento de pico, definido em 0,0 V vs Ag/AgCl, KCl$_{(sat)}$ em uma faixa de potencial entre –0,5 e 0,5 V vs Ag/AgCl, KCl$_{(sat)}$, surgiu após a adição de 3 nmol L^{-1} (15 μL da solução). Escolhendo uma faixa de concentração a ser investigada (entre $1,0 \times 10^{-9}$ e $1,2 \times 10^{-8}$ mol L^{-1}), constatou-se a linearidade do aumento de i$_{pa}$ à medida que a concentração do analito foi aumentada à célula eletroquímica (Figura 12). Os valores obtidos de r e DP foram 0,999 e 0,206, respectivamente. Sua correspondente equação foi:

$$i_{pa} = 0{,}32\ \mu A + 0{,}22 \times 10^9\ \mu A\ /\text{mol L}^{-1}\ (\Delta^9\text{-THC})$$

LD em $2,7 \times 10^{-9}$ mol L^{-1} e LQ em $9,1 \times 10^{-9}$ mol L^{-1} usando a relação 3DP/b e 10DP/b respectivamente, onde b é a sensibilidade amperométrica da curva.

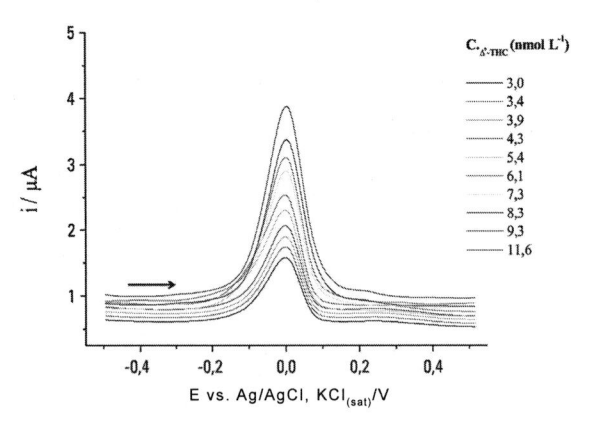

Fonte: Weber Amendola com base em Marco Antonio Balbino.

Figura 10 Voltamogramas de pulso diferencial da solução padrão Δ^9-THC $1,1 \times 10^{-6}$ mol L^{-1} derivatizada com reagente colorimétrico Fast Blue B salt.

* Você pode visualizar esta imagem em cores no final do livro.

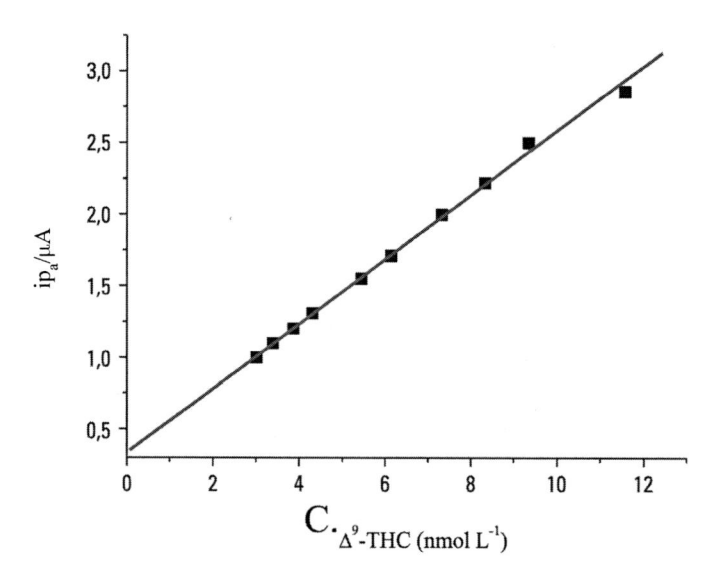

Fonte: Weber Amendola com base em Marco Antonio Balbino.

Figura 11 Relação da i_{pa} (μA) em função da concentração de padrão Δ^9-THC derivatizada com Fast Blue B.

O Δ^9-THC obtido da amostra apreendida deu-se mediante separação por CCD. Ao todo, foram três cromatoplacas (considerando as medidas disponíveis no mercado, 20 × 20 cm). Após a etapa cromatográfica, a região de interesse foi raspada, solubilizada e filtrada em papel-filtro e condicionada em DMF sob constante agitação. O tempo aproximado de toda esta etapa experimental (pesagem da droga, extração em solvente orgânico, condicionamento das cromatoplacas e fase móvel, tempo de eluição e revelação das cromatoplacas, raspagem da região, na qual foi encontrada a molécula de Δ^9-THC, filtração para separação da substância com a sílica da cromatoplaca) foi de aproximadamente 2 horas. Considerando a preparação de uma solução 1,0 × 10^{-6} mol L^{-1}, em 10 mL de DMF, são necessários 3,14 μg de Δ^9-THC (derivatizada ou não), sendo necessária, ainda, a extração de aproximadamente 100 mg de extrato de maconha apreendida, utilizando uma cromatoplaca comercial dividida ao meio, 10 mL de eluentes constituintes da fase móvel. A análise voltamétrica da solução de Δ^9-THC obtida da amostra de maconha apreendida, revelada com Fast Blue B salt, foi investigada por VPD, conforme apresentado na Figura 13. Nesta modalidade, o potencial de pico anódico (E_{pa}) foi observado em 0,0V vs Ag / AgCl, KCl$_{(Sat)}$ após a adição de 18 μL da solução recém-filtrada, obedecendo à proporcionalidade do aumento da i$_{pa}$ com a concentração do analito, como ocorreu na amostra padrão. As análises foram realizadas em triplicata, utilizando o processo de sucessivas adições do analito à cela eletroquímica.

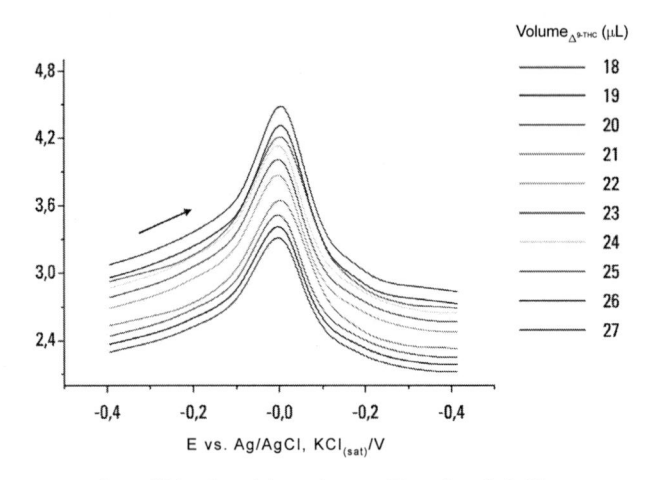

Fonte: Weber Amendola com base em Marco Antonio Balbino.

Figura 12 Voltamogramas de pulso diferencial da solução de Δ^9-THC/Fast Blue B salt obtidos de amostra de maconha apreendida pela polícia (Balbino, 2014).

* Você pode visualizar esta imagem em cores no final do livro.

Utilizando a curva analítica obtida da análise voltamétrica da solução padrão, foi possível verificar que a concentração de Δ^9-THC presente na solução da amostra suspeita, para um limite de confiança de 95%, não foi significantemente diferente, ou seja, o cálculo da concentração da droga analisada apresentou valores semelhantes nos diferentes volumes adicionados da solução dentro da célula eletroquímica, com um desvio padrão de 0,02 μmol L^{-1}. A concentração média do analito, com base nos resultados voltamétricos, indicou um valor de $1,09 \times 10^{-6}$ mol L^{-1}.

PRÁTICA DE LABORATÓRIO

Análise voltamétrica de Δ^9-THC em amostras apreendidas pela polícia

Objetivo

Utilizar a técnica de voltametria de pulso diferencial com etapa de pré-concentração em potencial controlado para a detecção de Δ^9-THC em amostras de maconha apreendidas.

Reagentes e vidraria

- 1 cela eletroquímica convencional com tampa e borbulhador;
- 1 sistema de 3 eletrodos: auxiliar (Platina), referência (Ag/AgCl, KCl$_{(Sat.)}$);
- Potenciostato;
- Solução de N-N-dimetilformamida (DMF) contendo eletrólito de suporte tetrafluoroborato de tetrabutilamônio (TBATFB) 0,1 mol L^{-1} previamente desoxigenada mediante fluxo de gás inerte;
- Solução padrão de Δ^9-THC em DMF, previamente desoxigenada;
- Micropipeta de 10 μL e respectivas ponteiras;

- Pisseta com água desionizada;
- Frasco para descarte das soluções utilizadas;
- Luvas de látex;
- 1 pera de borracha;
- Soluções de amostras de Δ^9-THC (preparadas a partir da separação por CCD) obtidas de extrato da maconha apreendida pela polícia.

Procedimento

1. Adicione à cela eletroquímica 5,0 mL da solução de eletrólito de suporte e obtenha o voltamograma cíclico para esta solução, no intervalo de –0,5 V a 0,6 V vs. Ag/AgCl, $KCl_{(Sat.)}$, em velocidade de 100 mV/s, tempo de pré-concentração de 30 s e potencial aplicado de –0,5 V. Caso verifique a ausência de correntes de pico (anódica e/ou catódica), altere a modalidade eletroquímica para VPD, com o mesmo tempo e potencial na etapa de pré-concentração, amplitude do potencial de pulso ajustada em 100 mV, tempo de duração de pulso em 50 m s^{-1} e velocidade de varredura em 10 mv s^{-1}.
2. Adicione à solução anterior 10 μL da solução padrão de Δ^9-THC e obtenha o voltamograma de pulso diferencial. Repita este procedimento até o volume adicionado atingir 100 μL.
3. Para a análise voltamétrica da amostra apreendida, repita o procedimento descrito no item 1 e, em seguida, adicione 10 μL da solução de Δ^9-THC do extrato de maconha, fazendo sucessivas adições até o volume de 400 μL.

Quesitos

1. Indique as reações químicas envolvidas na etapa eletroquímica.
2. Construa a curva analítica da solução padrão de Δ^9-THC e apresente sua respectiva equação.
3. Determine a concentração da solução de Δ^9-THC do extrato de maconha utilizando os dados da curva analítica.

Relatório de análises

O relatório deve apresentar a estrutura convencional proposta pelo professor, evidenciando os resultados solicitados pelos quesitos.

Exercícios complementares

1. Quais as vantagens da utilização de técnicas pulsadas em voltametria em relação às modalidades cíclicas e linear na análise de Δ^9-THC?
2. Na ausência do eletrodo de trabalho de carbono vítreo, quais eletrodos de trabalho poderiam ser utilizados?

REFERÊNCIAS BIBLIOGRÁFICAS

ABEDUL, M. T. F. et al. Voltammetric determination of cocaine in confiscated samples. *Electroanalysis*, n. 3, p. 409-412, 1991.

ALEIXO, L. M. Voltametria: Conceitos e técnicas. *Chemkeys*. Disponível em: <http://chemkeys.com/br/2003/03/25/voltametria-conceitos-e-tecnicas/>. Acesso em: 1º dez. 2014.

AMBACH, L. et al. Simultaneous quantification of delta-9-THC, THC-acid A, CBN and CBD in seized drugs using HPLC-DAD. *For. Sci. Int.*, n. 243, p. 107-11, 2014.

BAIZER, M. *Organic electrochemistry*. 2. ed., Nova York: Marcel Decker, 1972. p. 464-65.

BALBINO, M. A. *Estudo do comportamento eletroquímico do Δ9-tetraidrocanabinol derivatizado com Fast Blue B*. 145 f. Tese (Doutorado em Ciências). Departamento de Química. Universidade de São Paulo, Ribeirão Preto, 2014.

BALBINO, M. A. et al. A comparative study between two different conventional working electrodes for detection of Δ^9-Tetrahydrocannabinol using square-wave voltammetry: a new sensitive method for forensic analysis. *J. Braz. Chem. Soc.*, n. 25 (3), 2014, p. 589-96.

BALBINO, M. A., et al. Voltammetric determination of Δ^9-THC in glassy carbon electrode: an important contribution to forensic electroanalysis. *For. Sci. Int.*, n. 221, p. 29-32, 2012.

BELL, S. *Forensic chemistry*. New Jersey: Prentice Hall, 2006. p. 281-318.

BERGAMASCHI, M. M. et al. Impact of prolonged cannabinoid excretion in chronic daily cannabis smokers' blood on per se drugged driving law. *Clin.Chem.*, n. 59, p. 519-26, 2013.

BORDIM, D. C. et al. Análise forense: Pesquisa de drogas vegetais interferentes de testes colorimétricos para identificação dos canabinoides da maconha (*Cannabis Sativa L.*). *Química Nova*, n. 35 (10), p. 2040-43, 2012.

BRASIL. Lei nº 11.343, de 23 de agosto de 2006. Sistema Nacional de Políticas Públicas sobre Drogas – Sisnad. Disponível em: <http://www.planalto.gov.br/ccivil_03/_ato2004-2006/2006/lei/l11343.htm>. Acesso em: 1º jul. 2015.

BRUNI, A. T.; VELHO, J. A.; OLIVEIRA, M. F. *Fundamentos de química forense*. Campinas: Millennium, 2012.

CARLINI, E. A. A história da maconha no Brasil. *J. Bras. Psiquiatr.* 55, n. 4, 2006, p. 314-17.

CHINAKA, S. et al. Analysis of cannabinoids by HPLC using a post-collumm reactions with Fast Blue B salt. *Japn. J. Sci. Tech. Identif.*, n. 5 (1), 2000, p. 17-22.

CRIPPA, J. A. et al. Efeitos cerebrais da maconha: resultados dos estudos de neuroimagem. *Rev Bras. Psiquiatr.*, n. 27, p. 70-78, 2005.

DROGAS ilícitas. Disponível em: <http://www.unodc.org/unodc/en/illicit-drugs/definitions/>. Acesso em: 9 ago. 2014.

ELSOHLY, M. A. *Marijuana and the cannabinoids*. Totowa: Humana Press, 2007. p. 1-119.

GAONI, Y.; MECHOULAM, R. Isolation structure and partial synthesis of a constituent of hashish. *J. Am. Chem. Soc.*, n. 86, 1964, p. 1646-47.

GOODWIN, A.; BANKS, C. E.; COMPTON, R. G. Graphite micropowder modified with 4-amino-2, 6-diphenylphenol supported on basal plane pyrolytic graphite electrodes: micro sensing platforms for the indirect electrochemical detection of Δ^9-Tetrahydrocannabinol in saliva. *Electroanalysis*, n. 18, p. 1063-67, 2006.

GRINSPOON, L. Marijuana. *Sci. Am.*, n. 221 (6), p. 17-25, 1969.

HIRVONEN, J. et al. Reversible and regionally selective downregulation of brain cannabinoid CB1 receptors in chronic daily cannabis smokers. *Mol. Psich*, n. 17, p. 642-49, 2012.

KELLY, J. False positive equal false justice. Disponível em: <http://www.cacj.org/documents/sf_crime_lab/studies_misc_materials/falsepositives.pdf>. Acesso em: 3 dez. 2014.

KOSTIC, M.; PEJIC, B.; SKUNDRIC, P. Quality of chemically modified hemp fibers. *Bioresour. Technol.*, v. 99, p. 94-9, 2008.

KOVAR, K. A.; LAUDSZUM, M. *Chemistry and reaction mechanisms of rapid tests for drugs of abuse and precursors chemicals (Scientific and technical notes).* Tübingen: United Nations, 1989. p. 1-19.

NOCERINO, E.; AMATO, M.; IZZO, A. A. Cannabis and cannabinoid receptors. *Fitoterapia*, n. 71, p. S6-S12, 2000.

NOVAK, I.; MLAKAR, M; KOMORSKY-LOVRIC, S. Voltammetry of immobilized particles of cannabinoids. *Electroanal*, n. 25 (12), p. 2631-36, dez. 2013.

OIYE, E. N. et al. Voltammetric determination of cocaine in confiscated samples using a cobalt hexacyanoferrate film-modified electrode. *For. Sci. Int.*, n. 192, p. 94-97, 2009.

OLIVEIRA, L. S. et al. Voltammetric analysis of cocaine using cplatinum and glassy carbon electrodes chemically modified with Uranyl Schiff base films. *Microchem. J.*, n. 110, p. 374-78, 2013a.

_____. Voltammetric determination of cocaine in confiscated samples using a carbon paste electrode modified with different [UO2(X-MeOsalen)(H2O)]•H_2O complexes. *Sensors*, n. 13, p. 7668-79, 2013b.

SAAD, L. G. O discurso da medicina na proibição da maconha: preocupações acerca da composição racial na formação de uma república exemplar. *Simpósio Nacional de História*, 26, 2011. Disponível em: <http://www.snh2011.anpuh.org/resources/anais/14/1307677474_ARQUIVO_textoanpuhok.pdf>. Acesso em: 6 dez. 2014.

SCHIER, A. R. M. et al. Cannabidiol, a Cannabis sativa constituent, as an anxiolytic drug. Rio de Janeiro: *Rev. Bras. Psiquiatr.*, v. 34, Sup. 1, p. S104-17, jun. 2011.

SOUBHIA, P. C. Período de detecção de canabinoides urinários por imunoflorescência polarizada em população usuária de *Cannabis*. 92 f. Dissertação (Mestrado em Toxicologia e Análises Toxicológicas). Faculdade de Ciências Farmacêuticas, Universidade de São Paulo, 1999.

STRADIOTTO, N. R.; YAMANAKA, H.; ZANONI, M. V. B. Electrochemical sensors: a powerful tool in analytical chemistry. *J. Bras. Chem. Soc.*, n. 14 (2), 2003, p. 159-73.

UNITED NATIONS. *Office on drugs and crime*. Recommended methods for the identification and analysis of cannabis and cannabis products. Viena: United Nations, 2009.

UNITED NATIONS OFFICE ON DRUGS AND CRIME (Unodc). *World Drug Report* 2013. Disponível em: <https://www.unodc.org/unodc/secured/wdr/wdr2013/World_Drug_Report_2013.pdf>. Acesso em: 5 dez. 2014.

VANDREY, R.; HANEY, M. Pharmacotherapy for cannabis dependence: how close are we? *CNS Drugs*, n. 23, p. 543-53, 2009.

VELHO, J. A.; GEISER, G. C.; ESPÍNDULA, A. *Ciências forenses*: uma introdução às principais áreas da criminalística moderna. Campinas: Millennium, 2011.

WORLD Drug Report 2013. Disponível em: <http://www.unodc.org/documents/lpobrazil//Topics_drugs/WDR/2013/PTReferencias_BRA_Portugues.pdf>. Acesso em: 5 dez. 2014.

capítulo 17

Microscopia eletroquímica de varredura

Maiara Oliveira Salles
Thiago Regis Longo Cesar da Paixão
Mauro Bertotti

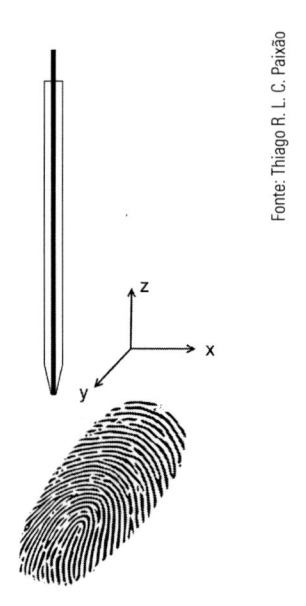

Uso da Microscopia Eletroquímica de Varredura em aplicações forense:
obtenção da imagem de uma impressão digital.

Microscopia Eletroquímica de Varredura (SECM, do inglês *Scanning Electrochemical Microscopy*) é uma técnica relativamente recente, que começou a ser utilizada no final dos anos 1980. Desde então, seus fundamentos teóricos amadureceram para permitir seu uso generalizado em Química, Biologia, Ciência dos materiais e, mais recentemente, com finalidade forense. Neste sistema, sinais eletroquímicos são adquiridos a partir do monitoramento da corrente elétrica utilizando um microeletrodo posicionado sobre uma região contendo o substrato de interesse. A interpretação do sinal obtido pode ser codificada, gerando imagens de superfície e da reatividade química do substrato.

Introdução

Microscopia Eletroquímica de Varredura (SECM) é uma técnica relativamente recente, que começou a ser utilizada no final dos anos 1980 (Bard et al., 1989; Kwak e Bard, 1989). Seu princípio é a obtenção de informações topográficas e de reatividade química de um substrato de interesse a partir do monitoramento de reações eletroquímicas. Para tanto, registra-se a corrente com um microeletrodo polarizado em um potencial adequado à distância de alguns micrômetros do substrato a ser estudado. O microeletrodo pode estar em movimento (obtenção de imagens) ou estático. A gama de substratos que podem ser estudados é muito grande, incluindo líquidos (óleo e mercúrio), materiais de menor dureza (polímeros e materiais biológicos) e superfícies sólidas (metais e vidros).

A Figura 1 mostra um esquema da instrumentação utilizada em experimentos com a Microscopia Eletroquímica de Varredura, que pode ser dividida em quatro principais componentes: i) potenciostato, que aplicará um potencial adequado e medirá a corrente que flui no circuito; ii) computador, para a aquisição dos dados; iii) célula eletroquímica; iv) sistema de posicionamento, que permite movimentar o microeletrodo em três direções (x, y e z).

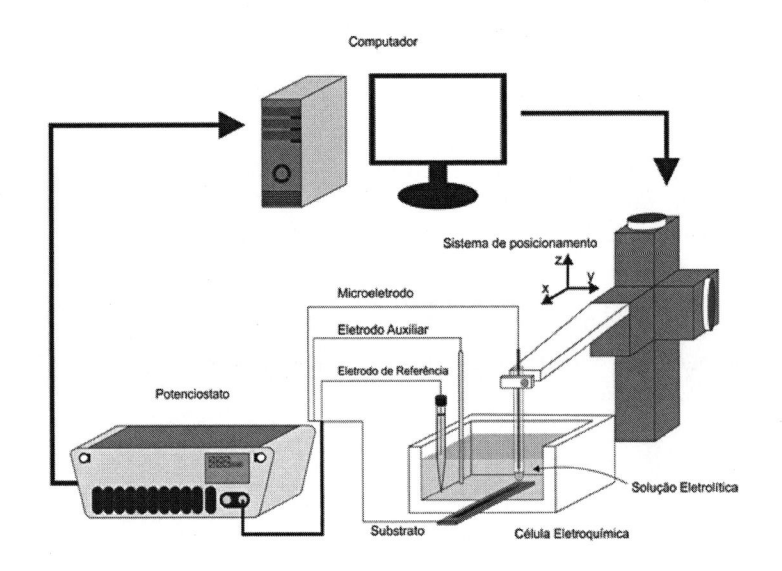

Fonte: Thiago R. L. C. Paixão.

Figura 1 Esquema mostrando a instrumentação utilizada em um experimento de Microscopia Eletroquímica de Varredura.

Assim como explicado no Capítulo 15, para um experimento eletroquímico é necessária a utilização de um eletrodo de trabalho, em cuja superfície ocorrerá uma reação eletroquímica de interesse (no caso do microscópio eletroquímico, um microeletrodo); um eletrodo de referência e um eletrodo auxiliar. Além deste conjunto básico de três eletrodos, na técnica aqui tratada deve também estar presente o substrato, que é posicionado na parte inferior da célula eletroquímica. O sistema de posicionamento é então utilizado para aproximar o microeletrodo

(eletrodo de trabalho) da superfície do substrato (direção z), fazendo-se necessário também movimentá-lo no plano do substrato (direções x e y). Além do conjunto de eletrodos e substrato, a célula eletroquímica também deve conter um eletrólito suporte e uma espécie que seja eletroativa. Como mostrado a seguir, o monitoramento dos processos redox desta espécie resultará na interpretação da topografia e reatividade química do substrato estudado, sendo muitas vezes esta espécie chamada sonda redox nos artigos científicos e livros-texto. Neste capítulo, sempre que uma reação redox for mostrada, será utilizada uma reação de redução, ou seja, uma espécie O sendo reduzida a R, conforme mostra a Equação (1).

$$O + ne^- \rightleftharpoons R \qquad \text{Equação 1}$$

Diversos modos de operação podem ser utilizados na Microscopia Eletroquímica de Varredura, mas apenas dois serão aqui discutidos. O mais utilizado é denominado *feedback*, no qual monitora-se a corrente do microeletrodo próximo a um substrato isolante (conhecido como *feedback* negativo, mas melhor definido como difusão restrita) ou próximo a um substrato condutor (*feedback* positivo). O segundo, designado gerador/coletor, funciona de maneira similar a um eletrodo disco-anel rotatório, em que se gera uma espécie no disco e esta é coletada no anel. No caso da microscopia eletroquímica, a espécie pode ser gerada e coletada tanto no substrato quanto no microeletrodo.

Microeletrodos

Segundo a definição da IUPAC, microeletrodos são eletrodos para os quais as dimensões da camada de difusão, δ, são comparáveis ou maiores que as do próprio eletrodo em determinadas condições experimentais (Stulik et al., 2000). Com uma camada de difusão maior que a própria dimensão do microeletrodo (que em geral costuma ter de décimos de micrômetros até submicrômetros), o transporte de massa das espécies em solução até a superfície do eletrodo ocorre de forma radial, conforme mostra a Figura 2. Como resultado, o transporte de massa para a superfície do microeletrodo é muito mais eficiente, quando comparado com o mesmo processo em um macroeletrodo. Neste caso, a difusão ocorre preponderantemente de forma perpendicular à superfície eletródica, como pode ser visto na Figura 2. A implicação direta desta diferença entre os modelos de transporte de massa nos dois tipos de eletrodos pode ser observada nos registros voltamétricos.

Voltamograma é um gráfico de corrente medida em função do potencial aplicado ao eletrodo de trabalho. Tanto com o macroeletrodo quanto com o microeletrodo, é possível observar (Figura 2) que no início do voltamograma a corrente registrada não varia, mas passa a aumentar à medida que se atinge valor de potencial adequado para que o processo de transferência eletrônica ocorra. Entretanto, nota-se uma diferença importante a partir de certo valor de potencial: para o macroeletrodo, a taxa de reposição do material eletroativo consumido pelo processo redox não é suficiente para manter a corrente, pois o transporte de massa não é efetivo. Como consequência, observa-se um decaimento da corrente a partir de determinado potencial. Tal efeito não é observado quando o experimento é repetido com um microeletrodo, pois a reposição da espécie do seio da solução até a superfície do eletrodo ocorre de maneira mais eficiente em razão da difusão radial. Desta forma, a queda da corrente observada com o macroeletrodo devido à depleção de material eletroativo na superfície do eletrodo não é mais notada e a corrente se mantém constante, atingindo-se um regime de estado estacionário.

Essa corrente constante obtida em experimentos eletroquímicos realizados com um microeletrodo de disco denomina-se corrente limite (I_L), e é proporcional ao número de elétrons envolvidos na reação (n), à constante de Faraday (F), ao coeficiente de difusão da espécie eletroativa (D), à concentração da espécie em solução (C) e ao raio do microeletrodo (**r**), como mostra a Equação (2). Como na maioria dos experimentos realizados com a SECM utiliza-se um microeletrodo de disco, outras geometrias, como banda, anel e semiesfera, não serão aqui discutidas, mas as equações que correlacionam a corrente com propriedades do eletrodo e da solução podem ser encontradas na literatura (Bard e Mirkin, 2001).

$$I_L = 4\,n\,F\,D\,C\,\mathbf{r} \qquad \text{Equação 2}$$

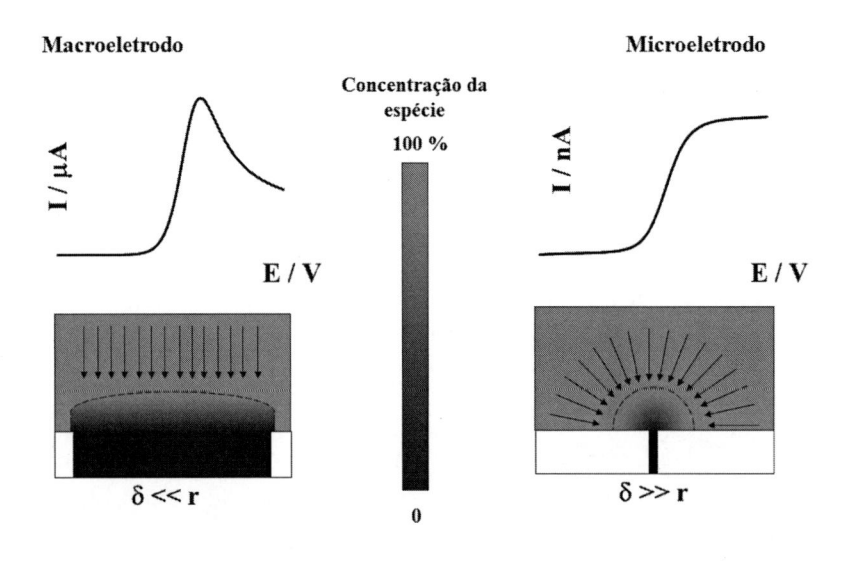

Fonte: Thiago R. L. C. Paixão.

Figura 2 Diferenças no perfil voltamétrico entre macro e microeletrodo e a representação esquemática do processo de transporte de massa até a superfície do eletrodo. A linha pontilhada representa a camada de difusão e **r** é o raio do eletrodo.

Em regra, ao se realizar um experimento eletroquímico em potencial constante, como no caso da Microscopia Eletroquímica de Varredura, deve-se selecionar um valor no qual a maior corrente é observada, o que resultará em medidas mais sensíveis. Além disso, ao se trabalhar com microeletrodos, são atingidas situações de estado estacionário, de tal forma que pequenas variações no potencial aplicado à célula eletroquímica não resultam em distorções apreciáveis nos valores de corrente. O trabalho com microeletrodos traz outras vantagens importantes para experimentos com a Microscopia Eletroquímica de Varredura: 1) ao se aplicar um potencial ao microeletrodo, o estado estacionário é atingido em frações de segundos, mesmo se a solução estiver em movimento (Stulik et al., 2000). Em consequência, quando o microeletrodo é utilizado em SECM para a aquisição de uma imagem, por exemplo, são necessários apenas milissegundos de espera entre uma medida e outra para que a corrente se estabilize; 2) as baixas correntes registradas em microeletrodos, que variam de pA a nA, resultam em valores desprezíveis da queda ôhmica (produto $I \times R$); 3) para a obtenção de imagens da superfície, o parâmetro determinante para melhorar a resolução da técnica é o tamanho do eletrodo de trabalho, razão pela qual o uso de microeletrodos se faz necessário.

Existem diversos procedimentos para a fabricação de microeletrodos (Paixão e Bertotti, 2009), e em todos empregam-se microfibras do material desejado (ouro, platina, cobre etc.) como material condutor. Contudo, para a utilização em SECM, a microfibra deve estar inserida e selada dentro de um capilar de vidro ou borossilicato, e, para tanto, são utilizados puxadores de pipetas. Nesses equipamentos, os capilares são afinados aplicando-se sucessivos programas de aquecimento/resfriamento em processos nos quais se obtêm microeletrodos com superfícies de vidro cujo diâmetro é bastante reduzido. Mais informações sobre procedimentos de fabricação de microeletrodos podem ser encontradas na literatura (Katemann et al., 2004).

PRINCIPAIS METODOLOGIAS

Modo *feedback*

Este é o modo de operação do microscópio eletroquímico mais utilizado. Para nele trabalhar, deve-se utilizar o sistema mostrado na Figura 1 e, na solução contida na célula eletroquímica, devem estar presentes o eletrólito e uma espécie eletroativa. Para os fins deste capítulo, esta espécie será designada O e reduzida à forma R, conforme descrito na Equação (1).

Quando o microeletrodo está posicionado longe do substrato a corrente registrada é igual à limite, e depende somente da espécie eletroativa presente no meio, não sendo afetada pelo substrato. No entanto, quando o microeletrodo é aproximado da superfície do substrato, dois diferentes efeitos podem ser observados, dependendo da natureza do substrato: é registrada pelo microeletrodo uma corrente **maior** ou **menor** do que aquela obtida quando o microeletrodo estava no seio da solução. O aumento da corrente durante o processo de aproximação ocorre quando o substrato é um condutor, pois, conforme a espécie R é formada na superfície do microeletrodo, esta se difunde para a superfície do substrato, onde ocorre a regeneração da espécie O. Com isto, tem-se um aumento localizado da concentração de O próximo à superfície do microeletrodo, o que gera aumento na corrente. A redução da espécie O na superfície do microeletrodo e sua regeneração na superfície do substrato ocorre repetidas vezes em um ciclo de retroalimentação, justificando o uso do termo *feedback* positivo.

Feedback negativo (ou difusão restrita), ou seja, diminuição da corrente à medida que o microeletrodo se aproxima do substrato, pode ocorrer de duas formas: quando o substrato for isolante ou quando o processo eletroquímico for irreversível. No primeiro caso, não ocorre o fenômeno de regeneração da espécie eletroativa, e a partir de certa distância o transporte de material fica dificultado por impedimento difusional (proximidade entre o microeletrodo e a superfície do substrato). Situação similar é observada no segundo caso, pois o produto formado R não é eletroquimicamente reconvertido a O na superfície do substrato. A Figura 3 sumariza de maneira pictórica os processos descritos anteriormente:

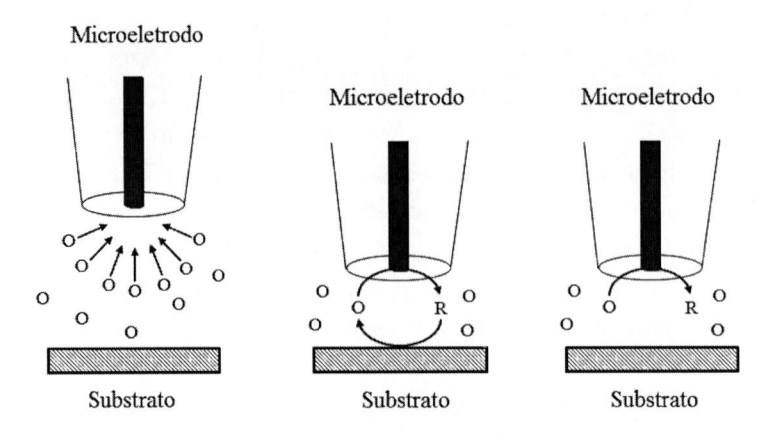

Fonte: Thiago R. L. C. Paixão.

Figura 3 Imagem representativa do comportamento da espécie eletroativa em solução quando o microeletrodo encontra-se (A) longe do substrato; (B) próximo a um substrato condutor (*feedback* positivo); e (C) próximo a um substrato isolante (*feedback* negativo ou difusão restrita).

Um dos procedimentos mais importantes ao se trabalhar com microscopia eletroquímica é o registro da denominada curva de aproximação, que consiste no monitoramento da corrente do microeletrodo conforme este é controladamente aproximado à superfície do substrato (direção z, Figura 1). A curva de aproximação fornece informações sobre a condutividade do substrato, e, após procedimento de normalização dos eixos, é possível determinar a distância entre o microeletrodo e a superfície do substrato. A normalização é realizada dividindo-se a corrente registrada pelo microeletrodo (i) pela corrente limite de estado estacionário a uma distância infinita do substrato (I_L), portanto $I_t = I/I_L$. A distância percorrida pelo microeletrodo na direção z (d) é normalizada pelo raio do microeletrodo (**r**), utilizando-se a expressão $L = d/\mathbf{r}$. Esta normalização é importante para que as curvas de aproximação sejam independentes da concentração do mediador/sonda redox, do coeficiente de difusão da espécie utilizada e também do raio do microeletrodo.

A Figura 4 mostra curvas de aproximação teóricas tanto para um substrato isolante (A) como um condutor (B). Conforme já discutido, o comportamento da corrente durante a aproximação do microeletrodo à superfície do substrato é bastante distinto, observando-se aumento na corrente normalizada com o substrato condutor e diminuição da corrente para o substrato isolante.

Além da natureza do substrato, o perfil da curva de aproximação também depende de um fator denominado *RG*, que corresponde à relação entre o raio do capilar ($\mathbf{r}_{capilar}$ = raio da parte isolante (μm)) ao redor da microfibra, e o raio da microfibra ($\mathbf{r}_{microeletrodo}$ = raio do microfibra (μm)), conforme mostra a Equação (3).

$$RG = \frac{r_{capilar}}{r_{microeletrodo}} \qquad \text{Equação 3}$$

Fonte: Thiago R. L. C. Paixão.

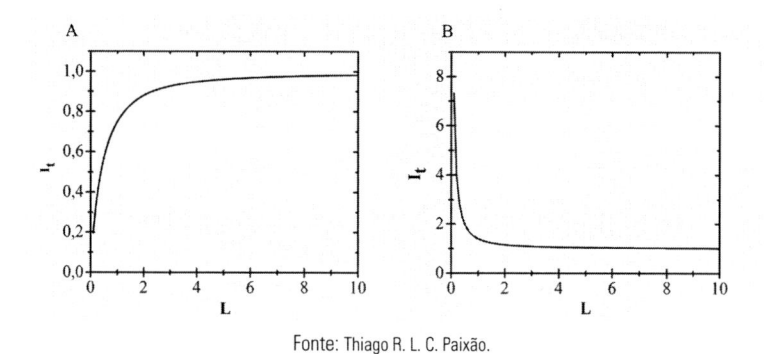

Figura 4 Curvas de aproximação teóricas obtidas em substrato isolante (A) e condutor (B) para microeletrodos com $RG = 1,51$.

A Figura 5 apresenta curvas de aproximação para substrato isolante e condutor obtidas com microeletrodos com valores de RG diferentes. Como pode ser visto, as curvas de aproximação para *feedback* negativo ou difusão restrita são amplamente influenciadas pelo RG do microeletrodo, pois, quanto maior este mais dificultada se torna a chegada de material à superfície pelo bloqueio causado pela superfície de vidro (Bard e Mirkin, 2001). O mesmo efeito não é observado para curvas de aproximação em situação de *feedback* positivo, pois o aumento de corrente não é dependente da chegada de mais material à superfície e sim do efeito de retroalimentação.

Em geral, trabalha-se com microeletrodos fabricados com RGs de 5 a 20, já que nesta faixa há um bom compromisso entre a manipulação do microeletrodo e melhor resolução das imagens obtidas no eixo z, devido à curva de aproximação apresentar uma significativa variação nos valores de corrente para pequenas alterações no valor de L (veja a Figura 5, valores de RG entre 5 e 20). Microeletrodos com essas características são fabricados polindo-se a ponta do capilar de forma controlada. A determinação do valor de RG de um microeletrodo pode ser feita comparando-se a curva de aproximação registrada experimentalmente com curvas teóricas (simuladas matematicamente). Como as curvas de aproximação são normalizadas, independem das condições experimentais em que foram obtidas, viabilizando a comparação entre curva experimental e teórica.

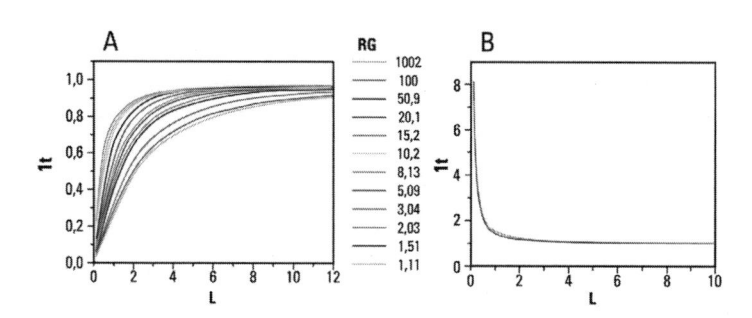

Fonte: Weber Amendola com base em Thiago R. L. C. Paixão.

Figura 5 Curvas de aproximação teóricas obtidas em substrato isolante (A) e condutor (B) para microeletrodos com diferentes valores de RG.

* Você pode visualizar estas imagens em cores no final do livro.

Modo gerador/coletor

Como já explicado, o modo gerador/coletor baseia-se no princípio de que a espécie eletroativa monitorada é gerada durante o experimento, em processo que pode ocorrer tanto no microeletrodo quanto no substrato. No primeiro caso, temos uma aplicação do tipo Microeletrodo-Gerador/Substrato-Coletor (*TG/SC, Tip-Generation/Substrate-Collection*). Dada a grande diferença de área entre o microeletrodo e o substrato, todo o material produzido no microeletrodo é coletado no substrato – assumindo-se que a espécie gerada seja estável e que a separação não seja muito grande para permitir perdas por difusão lateral –, de tal forma que o fator de coleta será igual a 1. Experimentos deste tipo são úteis no estudo de processos químicos acoplados a reações eletródicas, já que o fator de coleta[1] depende da distância entre microeletrodo e substrato e da cinética da reação química.

O segundo caso corresponde ao modo Substrato-Gerador/Microeletrodo-Coletor (*SG/TC, Substrate-Generation/Tip-Collection*), no qual o fator de coleta será sempre menor do que 1 devido à perda de material gerado para o seio da solução. Neste tipo de experimento, dados sobre o perfil de concentração da espécie gerada sobre o substrato podem ser obtidos, indicando zonas reativas. É possível ainda obter informações sobre cinética e mecanismos de reação, assim como determinar valores de coeficiente de difusão da sonda eletroquímica/redox (Csoka e Nagy, 2004).

A Figura 6 mostra o perfil de corrente observado nos dois casos descritos. Quando a espécie está sendo gerada pelo microeletrodo e consumida pelo substrato, obtém-se um fator de coleta próximo de 1, enquanto, no caso contrário, o fator de coleta é menor do que a unidade devido à perda do material gerado para o seio da solução.

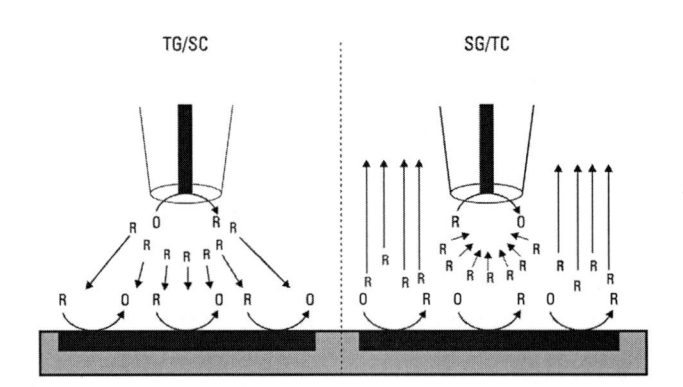

Fonte: Weber Amendola com base em Thiago R. L. C. Paixão.

Figura 6 Perfil de corrente registrado pelo microeletrodo durante sua aproximação a um substrato quando a espécie eletroativa está sendo gerada pelo microeletrodo e consumida pelo substrato (TG/SC), ou quando a espécie eletroativa está sendo gerada pelo substrato e consumida pelo microeletrodo (SG/TC).

---

[1] Fator de coleta é definido como a razão entre os módulos dos valores de corrente no eletrodo coletor e no gerador.

Obtenção de imagens

Após a aproximação do microeletrodo ao substrato, realizada tanto quando se deseja usar o modo *feedback* quanto o gerador/coletor, uma imagem da superfície pode ser obtida movimentando-se o microeletrodo no plano do substrato em x e y e mantendo-se a altura em z constante. Nesta situação, é possível obter informações sobre a reatividade de determinada região do substrato estudado e sua topografia. Deve-se ressaltar que, após a obtenção da curva de aproximação, o microeletrodo deve ser movimentado na posição z alguns micrômetros para cima visando evitar sua quebra por colisão com a superfície, assumindo que esta apresente morfologia irregular. A Figura 7 mostra as variações de corrente durante a passagem do microeletrodo por um substrato condutor e um isolante. Como era de se esperar, em uma região isolante a corrente registrada pelo microeletrodo diminui quando este está mais próximo (região 1) do substrato. Contudo, quando microeletrodo e substrato condutor estão muito próximos, ocorre um aumento na corrente devido ao efeito da retroalimentação já explicado (região 2).

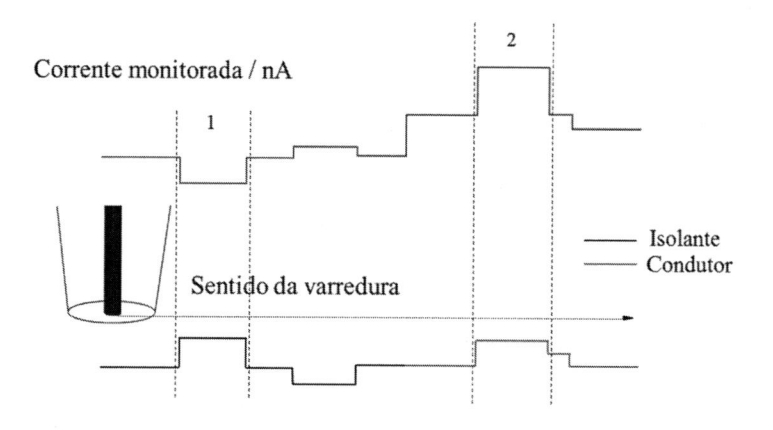

Fonte: Thiago R. L. C. Paixão.

Figura 7 Perfil de corrente registrado com um microeletrodo quando este é movimentado próximo a um substrato com regiões condutora e isolante.

A Figura 8 mostra a variação da corrente registrada por um microeletrodo durante sua movimentação sobre o substrato contendo uma membrana, por onde a espécie eletroativa consegue difundir, e um poro, por onde a espécie pode passar sem restrições. Como pode ser visto, a corrente que flui no microeletrodo é diferente, já que o transporte através de um poro é muito mais fácil e rápido.

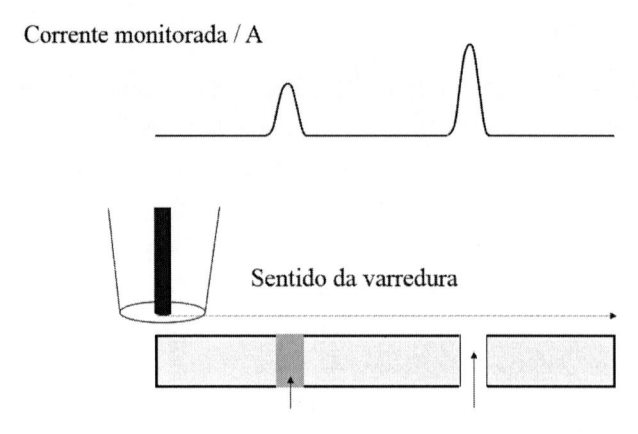

Fonte: Weber Amendola com base em Thiago R. L. C. Paixão.

Figura 8   Perfil de corrente registrado com um microeletrodo quando este é movimentado próximo a um substrato contendo uma membrana e um poro/orifício.

PRÁTICA DE LABORATÓRIO

Obtenção de imagens de impressão digital utilizando Microscópio Eletroquímico de Varredura

Objetivo

Neste experimento, pretende-se utilizar a técnica de Microscopia Eletroquímica de Varredura para obtenção de imagens de impressão digital.

Justificativa

A ponta do nosso dedo apresenta um padrão único e distinto. Esta impressão digital é uma forma importante de evidência física para a identificação de indivíduos com finalidade forense. Ela é um desenho da topografia das elevações da pele na ponta dos dedos, formada sobre uma superfície quando essa região toca determinada superfície. Essas impressões digitais são normalmente invisíveis à luz do dia e a olho nu, e produzidas apenas quando transpiramos e possuímos algum outro tipo de secreção natural na superfície da pele (que pode variar de suor natural até ricos depósitos de gordura ou oleosidade liberada pela pele). Raramente são claras o suficiente para ser fotografadas diretamente, sendo necessária a utilização de técnicas descritas na literatura para melhor visualização. A polícia científica usa procedimentos físicos (pó eletrostático para adsorver na superfície da impressão digital, deposição de metais e materiais particulados), químicos (vapor de iodo, nitrato de prata, ninidrina e seus análogos, utilizados quando a impressão digital apresenta vestígios de sangue) e ópticos (técnicas de fluorescência, infravermelho e UV/Vis), assim como a combinação desses métodos (Cast, 2012). A técnica física que emprega pó eletrostático é muito simples, sendo usada uma mistura de óxido de ferro, resina e negro de fumo. Trata-se de método ainda muito utilizado nos dias de hoje, contudo, como depende de um pincel para espalhar o pó, a impressão digital pode ser danificada.[2]

---

[2] Para encontrar um procedimento para detecção de impressão digital em papel utilizando vapor de iodo. Disponível em: <www.youtube.com/watch?v=35zi77viXas>. Acesso em: 8 out. 2015.

A deposição de um metal sobre a impressão digital consiste em procedimento amplamente empregado para facilitar a detecção de impressões digitais em vidro e plásticos, que são superfícies não rugosas e com elevada capacidade de reter impressões digitais latentes de um suspeito (Champod et al., 2004). Na literatura, diferentes métodos de deposição de metais são reportados (Theys et al., 1968).

A ideia do experimento proposto a seguir é combinar o método de deposição de filmes finos de alumínio dopado com ZnO e a técnica aqui estudada para visualizar uma impressão digital.[3]

Aparelhagem

- Vácuo Magnetron Sputtering para deposição do metal
- Microscópio eletroquímico de varredura
- Microeletrodo de platina com diâmetro de 25 μm e $RG = 5$
- Pseudoeletrodo de referência de Ag
- Eletrodo auxiliar de Pt
- Ultrassom

Reagentes e vidraria

- Ferroceno metanol, FcMeOH
- Nitrato de potássio, KNO_3
- Água desionizada
- Acetona
- Etanol
- Alumina 1 μm
- Feltro para polimento da superfície do microeletrodo
- Pedaço de vidro (15 mm × 15 mm)
- Pedaço de politereftalato de etileno (PET) (15 mm × 15 mm)
- Dessecador
- Alvo para sputerring de ZnO + 2 % (m/m) de Al_2O_3 (com pureza de 99,99%) de 50 mm de diâmetro
- Argônio (99,9995%)
- Feltro para polimento da superfície do microeletrodo de platina

Procedimento

1. Lave os pedaços de vidro e de PET sequencialmente em ultrassom por 10 minutos em cada solvente, na sequência: acetona, etanol e água desionizada.
2. Após a lavagem, deixe o material secando ao ar, em temperatura ambiente.
3. Lave a mão da pessoa que irá depositar a impressão digital no material com água e sabão.

---

[3] Adaptado de Zhang et al., 2012.

4. Em seguida, pressione o polegar sobre uma região do corpo com alta oleosidade; por exemplo, a testa.
5. Após, pressione o polegar sobre o pedaço de vidro e de plástico sem pressionar muito forte.
6. Deixe os materiais com a impressão digital em um dessecador por aproximadamente 1 hora.
7. Faça a deposição de um filme fino, da ordem de 250 nm, sobre os materiais onde a impressão digital foi depositada. Condições:
    i) Antes da deposição, pressurize a câmara de trabalho com pressões menores que 2×10^{-4} Pa;
    ii) Ajuste a pressão de argônio para 0,4 Pa;
    iii) Distância do alvo ao substrato igual a 100 mm;
    iv) Potência aplicada: 150 W;
    v) Taxa de deposição: 10 nm min^{-1};
    vi) Tempo de deposição: 25 minutos;
8. Coloque a amostra de vidro com a impressão digital e o depósito metálico na célula eletroquímica do SECM e posicione os eletrodos de pseudorreferência e auxiliar na célula eletroquímica.
9. Adicione uma solução contendo FcMeOH 2×10^{-3} mol L^{-1} preparada em KNO$_3$ 0,1 mol L^{-1} à célula eletroquímica.
10. Faça o polimento da superfície do microeletrodo com alumina e lave sucessivamente com acetona, etanol e água desionizada.
11. Posicione o microeletrodo no suporte apropriado do microscópio eletroquímico e movimente o posicionador mecânico na posição *z* até a superfície do microeletrodo atingir a solução contendo a sonda eletroquímica (FcMeOH).
12. Registre um voltamograma cíclico para avaliar o comportamento redox da espécie eletroativa. Normalmente, o potencial de meia onda aparecerá em valores mais positivos do que 0,2 V *vs.* Ag.
13. Verificado o comportamento eletroquímico da sonda utilizada, polarize o microeletrodo a 0,3 V *vs.* Ag e deixe o substrato em circuito aberto.
14. Obtenha uma curva de aproximação utilizando velocidade da ordem de 2 μm s^{-1}.
15. Após a obtenção da curva de aproximação, posicione o microeletrodo a 10 μm do substrato.
16. Posicionado o microeletrodo, obtenha uma imagem de uma região de 4 mm $\times$ 1,5 mm à velocidade de 320 μm s^{-1}.

Condições experimentais: potencial do microeletrodo 0,3 V *vs.* Ag. Normalmente, a imagem demora por volta de 50 minutos. A Figura 9 ilustra as imagens obtidas com um microscópio ótico e com o microscópio eletroquímico de varredura.

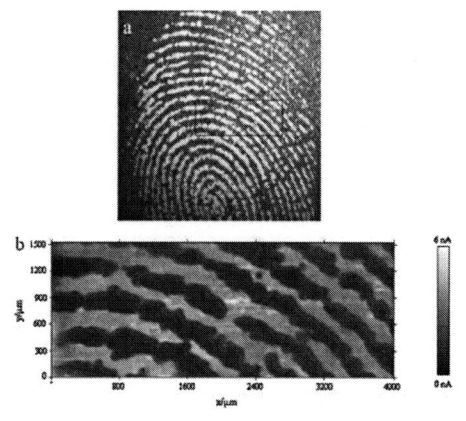

Fonte: Reimpressão de Zhang et al., 2012, com permissão da Elsevier.

Figura 9 Imagens (a) ótica e (b) de uma região de 4 mm × 1,5 mm de amostra com a impressão digital utilizando velocidade de 320 $\mu m\ s^{-1}$. A imagem obtida com a SECM corresponde ao retângulo marcado na imagem em (a). Condições experimentais: microeletrodo de Pt com d = 25 μm, solução de FcMeOH 2×10^{-3} mol L^{-1} preparada em KNO_3 0,1 mol L^{-1}, microeletrodo polarizado em 0,3 V vs. Ag e distância entre o microeletrodo e a sonda de 10 μm. Tempo do experimento = 50 minutos.

Quesitos

1. Qual reação acontece na superfície do microeletrodo e na superfície condutora do substrato?
2. Calcule o raio do microeletrodo a partir do voltamograma registrado.

Exercício complementar

1. Explique a imagem obtida e preencha o esquema abaixo indicando as reações que ocorrem, ou não, nas superfícies do microeletrodo, depósito de ZnO/Al e na impressão digital:

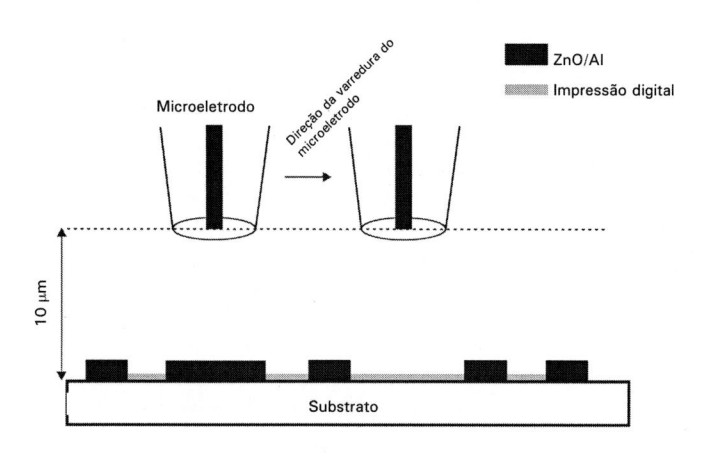

Fonte: Weber Amendola com base em Thiago R. L. C. Paixão.

Esquema para preencher.

Relatório do experimento

Elabore um relatório científico sobre o experimento a ser entregue e discutido com o professor.

Além da estrutura convencional (introdução, parte experimental, resultados, discussão, conclusão e referências), cada grupo deve apresentar no relatório as respostas aos quesitos aqui apresentados.

REFERÊNCIAS BIBLIOGRÁFICAS

BARD, A. J. et al. Scanning electrochemical microscopy – Introduction and principles. *Analytical Chemistry*, v. 61, n. 2, p. 132-38, 1989.

BARD, A. J.; MIRKIN, M. V. *Scanning electrochemical microscopy*. Nova York: Marcel Dekker, 2001.

CAST. Gov. UK: *Guidance fingerprint source book.* Chapter 3 – Fingerprint Source Book: Finger mark development techniques withinscope of ISO 17025, 2012. Disponível em: <https://www.gov.uk/government/publications/fingerprint-source-book>. Acesso em: 2 jun. 2015.

CHAMPOD, C. et al. *Fingerprints and other ridge skin impressions*. Boca Raton, Flórida: CRC Press, 2004.

CSOKA, B.; NAGY, G. Determination of diffusion coefficient in gel and in aqueous solutions using scanning electrochemical microscopy. *Journal of Biochemical and Biophysical Methods*, v. 61, n. 1-2, out. 2004, p. 57-67.

KATEMANN, B. B.; SCHULTE, A.; SCHUHMANN, W. Constant-distance mode scanning electrochemical microscopy. Part II: High-resolution SECM imaging employing Pt nanoelectrodes as miniaturized scanning probes. *Electroanalysis*, v. 16, n. 1-2, p. 60-65, jan. 2004.

KWAK, J.; BARD, A. J. Scanning electrochemical microscopy – Theory of the feedback mode. *Analytical Chemistry*, v. 61, n. 11, p. 1221-27, jun. 1989.

PAIXÃO, T. R. L. C.; BERTOTTI, M. Métodos para fabricação de microeletrodos visando à detecção em microambientes. *Química Nova*, v. 32, n. 5, p. 1306-14, 2009.

STULIK, K. et al. Microelectrodes. Definitions, characterization, and applications (Technical Report). *Pure and Applied Chemistry*, v. 72, n. 8, p. 1483-92, ago. 2000.

THEYS, P. et al. New technique for bringing out latent fingerprints on paper: vacuum metallisation. *International Criminal Police Review*, v. 217, p. 106, 1968.

ZHANG, M. et al. SECM imaging of latent fingerprints developed by deposition of Al-doped ZnO thin film. *Electrochimica Acta*, v. 78, p. 412-16, 1º set. 2012.

capítulo **18**

Exame metalográfico

Jesus Antonio Velho
Marco Antonio Balbino
Vidal Vieira Marques

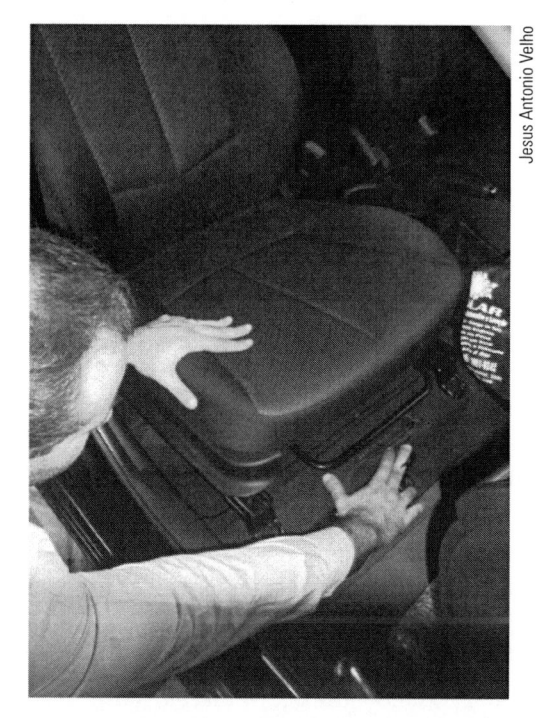

Perito realizando inspeção preliminar na numeração de chassi de um veículo que será submetido a exame metalográfico.

Determinada chapa metálica tem os átomos espaçados uniformemente em sua rede cristalina. Após o processo de gravação dos caracteres, por punção, há afundamento da superfície gravada, sendo possível a visualização dos dígitos em baixo-relevo, que criam uma região mais densa na chapa metálica. Isto significa que os átomos constituintes da rede cristalina ficarão mais compactados na região em que foi realizada a gravação. Em casos de remoção dos caracteres por meio abrasivo, é possível tentar sua revelação pelo exame metalográfico.

Este exame é, na verdade, um processo de corrosão controlada. Nele, a solução química utilizada age de forma diferente nas regiões atingidas pela gravação. A deposição/precipitação diferenciada de produtos químicos na superfície metálica que tenha sido adulterada pode revelar, de forma momentânea, a presença dos caracteres iniciais suprimidos. Tal procedimento é realizado rotineiramente nos institutos de criminalística para revelação de caracteres suprimidos em numeração de armas de fogo e veículos automotores.

Introdução

Furto e roubo de veículos representam uma das modalidades de crime de grande ocorrência no Brasil. Os danos causados por estes criminosos vão muito além dos prejuízos financeiros aos proprietários de veículos, custos de transporte e carga e dos seguros também são influenciados por essas ocorrências, além das suas vítimas. O destino desses veículos varia muito, e são usados para:

- Cometer outros crimes

É comum meliantes utilizarem carros furtados/roubados para praticar os mais diversos tipos de crimes, como assaltos, sequestros, homicídios etc.

- Desmanche ilegal e subsequente comercialização de peças

Os desmanches ilegais de peças usadas são destinos certos de grande parte dos veículos que são levados das ruas da cidade. Esta é uma "indústria" que cresce cada vez mais e alimenta a criminalidade.

- Remarcação dos sinais de identificação (placas, numeração de chassi, de motor etc.) do veículo para sua utilização como clones.

Tipo de fraude que consiste em utilizar os dados identificadores de um veículo em outro semelhante, furtado ou roubado. Assim, o veículo clonado representa uma "cópia do original". Esta "cópia" pode ser parcial ou completa.

A individualização de um veículo

Veículos têm peças identificadoras, cujas codificações as individualizam e fornecem subsídios para a identificação dos veículos. Dentre estas, destaca-se o chassi/monobloco, o "esqueleto de sustentação" do veículo, que contém o principal número de identificação dos veículos: VIN (*Vehicle Identification Number*), ou NIV (Número de identificação veicular). O processo de gravação dos caracteres que compõem o NIV no chassi são, em algumas das montadoras, produzidos por compactação da região metálica do chassi (punção). Veja a Figura 1. Há outros métodos de gravação utilizados pela indústria automobilística, como gravação a laser e mecânica com agulhas.

Fonte: Jesus Antonio Velho.

Figura 1 Numeração de Chassi de um veículo. Observa-se a marcação em baixo-relevo. Além do número de identificação de chassi, os veículos têm números identificadores de motor, caixa de câmbio, caixa de direção, entre outros.[1]

A individualização de uma arma de fogo

Assim como ocorre nos veículos, as armas de fogo também passam por um processo de gravação na estrutura metálica. O elemento mais importante na identificação individual dessas armas é seu número de série. A obrigatoriedade da gravação do "número de série impresso na armação, no cano e na culatra, quando móvel" está prevista no inciso IV, do art 5º, da Portaria n. 07 – D LOG, de 28 de abril de 2006. É comum, nos institutos de criminalística, a demanda para identificação do número de série em armas apreendidas com a numeração raspada, conforme ilustrado nas Figuras 2 a 4.

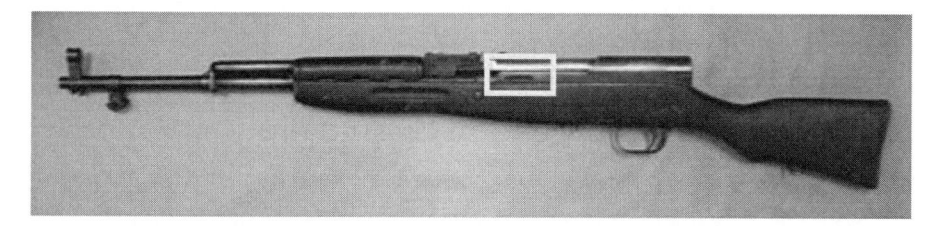

Fonte: Vidal Vieira Marques.

Figura 2 Fuzil de fabricação russa com a numeração de série raspada.

---

[1] **O que significam os caracteres de numeração do chassi?** A numeração de chassi deve conter 17 caracteres, cuja sequência deve obedecer à Resolução Contran n. 659/85, de 25 de outubro de 1985, que adotou a norma técnica NBR 6066, da ABNT (Associação Brasileira de Normas Técnicas), ou seja:
Os três primeiros dígitos representam dados da montadora. O 1º indica a região geográfica em que o veículo foi fabricado (p. ex.: 1 ou 4 – EUA; 9 – Brasil, Colômbia, Paraguai e Uruguai; W – Alemanha etc.) O 2º informa o país onde o veículo foi fabricado. Para veículos fabricados no Brasil: "A", "B", "C", "D", "E", "3", "4" e "9" podem ser encontrados. O 3º identifica a montadora do veículo; p. ex.: "F", para veículos fabricados pela Ford; "G" General Motors; "D" Fiat; "W" Volkswagen; "M" Mercedes-Benz. Para saber mais sobre o significado dos demais dígitos, visite o site do Departamento Nacional de Trânsito, disponível em: <www.denatran.gov.br> Acesso em: 15 out. 2015.

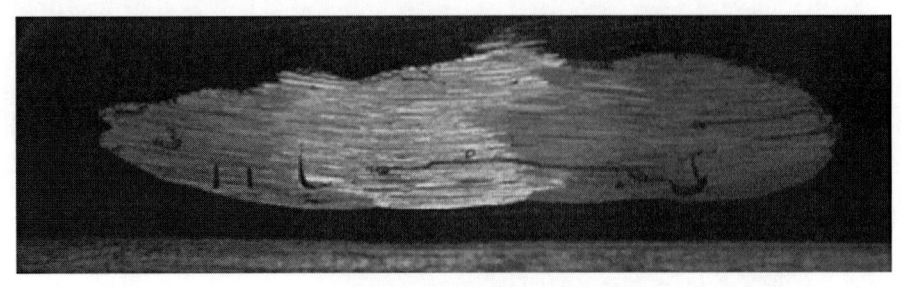

Fonte: Vidal Vieira Marques.

Figura 3 Fotografia do local da numeração do Fuzil raspado após a limpeza.

Fonte: Vidal Vieira Marques.

Figura 4 Numeração revelada após o exame metalográfico.

Neste caso, foi possível a identificação do número de série original da arma realizando um ataque químico na referida superfície metálica utilizando agentes reveladores apropriados, conforme será discutido na próxima seção.

PRINCIPAIS METODOLOGIAS

Há vários métodos de ataque químico, com diferentes formulações disponíveis para revelação de caracteres adulterados em numeração de peças metálicas de armas e veículos. Antes de apresentar os diferentes reativos, descreveremos o comportamento da estrutura do metal durante sua deformação por gravação e os fundamentos do exame.

Deformação dos metais durante a gravação de caracteres por punção

Uma chapa metálica devidamente polida possui os átomos espaçados uniformemente em sua rede cristalina. Após o processo de gravação dos caracteres, há afundamento da superfície onde foi gravada, sendo possível a visualização dos dígitos em baixo-relevo, criando-se uma região mais densa. Isto significa que os átomos constituintes da rede cristalina ficarão mais compactados na região em que foi realizada a gravação. Ocorre uma deformação permanente, atingindo determinada profundidade. O alcance desta alteração na rede cristalina depende do material, da intensidade da força aplicada durante o processo de gravação, entre outros fatores. Por exemplo, no caso do zinco, esta zona de alteração da rede cristalina pode alcançar uma profundidade 20 vezes maior que a do caractere produzido por punção. Na prática, esta zona de maior compactação apresenta a informação do caractere gravado, o que representa uma área de grande interesse da química forense.

Portanto, mesmo que a região onde os caracteres alfanuméricos estão impressos seja esmerilhada até que os vestígios visíveis dos caracteres puncionados desapareçam, permanecerá na região subjacente dos primitivos caracteres uma faixa do metal com alteração de estrutura cristalina que, mediante reação com um agente químico apropriado, se torna visível em função da diferença de reatividade desta região com a área vizinha do metal (que não sofreu compactação). No entanto, se a ação de lixamento for intensa a ponto de remover toda a área do metal que sofreu compactação, a revelação por meio do exame metalográfico não terá sucesso.

Exame metalográfico

Este método químico dispõe de reagentes específicos de acordo com a estrutura metálica a ser estudada. É considerado um método simples, pois é aplicado sobre chapa metálica onde os caracteres de identificação foram adulterados ou suprimidos. O ataque químico pode ser caracterizado como um processo de corrosão controlado pelas heterogeneidades da superfície. Em geral, tais reagentes são constituídos de ácidos (importantes no processo de corrosão), solventes orgânicos, essenciais na diminuição da ionização e agentes oxidantes.

Ao entrar em contato com a superfície metálica a ser analisada, os reagentes atacam toda a superfície metálica, mas com afinidade diferente na parte que sofreu compactação para gravação do dígito e na lisa. Na presença de luz na superfície analisada, os caracteres suprimidos podem ser revelados mediante a diferença na deposição/precipitação de produtos químicos na superfície metálica que tenha sido adulterada, mostrando imediatamente a presença dos caracteres suprimidos. Por isso é imprescindível o uso de máquinas fotográficas para registro visual dos vestígios. Atualmente, devido à localização diferenciada do posicionamento da numeração de chassi, recomenda-se a utilização de máquinas fotográficas portáteis e de alta resolução, facilmente encontradas no mercado.

Procedimento técnico

Antes de iniciá-lo, é importante lembrar a utilização dos equipamentos de proteção individual (EPIs), visto que os reativos são compostos de ácidos, bases e outras substâncias químicas corrosivas.

O tratamento inicial da superfície metálica consiste na etapa de remoção de tinta e outras substâncias que possam interferir na análise, como poeira, graxa e óleos (caso estejam presentes), utilizando-se para esta finalidade solventes orgânicos adequados para remoção, por exemplo, tíner ou acetona.

A seguir, recomenda-se polir a superfície a ser analisada. Deve-se verificar o material a ser analisado para a escolha correta das lixas, sendo adequado utilizar as mais finas, se possível. A superfície deve estar com aparência lisa, uniforme e brilhante, e seu aquecimento é indicado. No entanto, na maioria dos veículos atuais, é comum a presença de componentes inflamáveis nas proximidades da superfície metálica onde se encontram os caracteres de identificação veicular (tubulação de combustível e fluido de freio, peças plásticas, tecidos, entre outros), o que pode impedir a realização desta etapa.

A escolha dos reativos deve ser feita de acordo com a liga metálica a ser analisada. Após a escolha, deve-se aplicar o reativo no local a ser analisado com auxílio de um bastão de vidro com algodão ou haste flexível de algodão. Este deve ser aplicado na horizontal; a direção a ser aplicada deve ser obedecida a fim de otimizar uma aplicação uniforme, que deve ser feita lenta e continuadamente. Dependendo do reativo escolhido e da superfície metálica, será necessária uma segunda aplicação após determinado intervalo de tempo (cerca de dez minutos). Ao verificar mudanças na coloração dos reativos e aparecimento dos caracteres, deve-se anotar e registrar utilizando máquinas fotográficas. Em algumas situações, será necessária a remoção de óxidos que se formam durante a reação. Neste caso, recomenda-se a limpeza com algodão limpo umedecido em água destilada ou lixa d'água bem fina. Tais operações podem ser repetidas caso não haja sucesso esperado nas primeiras tentativas. Após anotação dos caracteres, recomenda-se lavar a superfície para remoção do reativo e aplicar graxa ou vaselina, cuja função é proteger provisoriamente a área analisada do contato direto com o ar atmosférico (corrosão).

Escolha dos reativos

O número de reativos químicos conhecidos para o exame metalográfico é extenso. A escolha dependerá do tipo de metal ou liga questionada. A seguir serão descritos alguns dos principais reveladores químicos utilizados em exames metalográficos de acordo com a estrutura metálica em questão.

Alumínio e suas ligas

Entre os reativos indicados para ligas de alumínio podemos destacar:

Reagente de Keller (solução branda)

2 mL de ácido fluorídrico (HF); 3 mL de ácido clorídrico (HCl); 5 mL de ácido nítrico (HNO_3); 190 mL de água destilada.

Reagente de Tucker (solução agressiva)

15 mL de ácido fluorídrico (HF); 45 mL de ácido clorídrico (HCl); 15 mL de ácido nítrico (HNO_3); 75 mL de água destilada.

Reagente de Hume Rothery (tempo estimado de 45 a 60 minutos)

500 g de cloreto cúprico ($CuCl_2$); 5 mL de ácido clorídrico (HCl); 1.000 mL de água destilada.

Aço carbono e titânio

Esses materiais são amplamente utilizados na fabricação de armas de fogo e veículos automotores. A seguir, serão listados alguns reagentes indicados de acordo com a condição da superfície metálica a ser testada:

Reagente de Hatcher (brando)

55 mL de ácido clorídrico (HCl) concentrado (37%); 4 g de cloreto cuproso (CuCl); 11 g de cloreto cúprico (CuCl2); 31 mL de água destilada.

A solução considerada "agressiva" do reagente de Hatcher é indicada para superfícies metálicas com alto teor de ferrugem, principalmente para armas de fogo velhas ou em mau estado de conservação. A preparação deste reagente consiste na mistura de:

120 mL de ácido clorídrico (HCl) concentrado (37%); 90 g de cloreto cúprico ($CuCl_2$); 100 mL de água destilada.

Aço inoxidável

O aço inoxidável, em geral constituído de liga de ferro e níquel, está presente em alguns materiais. Os reativos indicados para esta liga são:

Reagente de Bessemann & Haemers (solução branda)

120 mL de ácido clorídrico (HCl) concentrado (37%), 130 g de cloreto férrico ($FeCl_3$); 80 g de cloreto cúprico ($CuCl_2$) e 1.000 mL de etanol anidro.

Reagente de Bessemann & Haemers (solução agressiva)

120 mL de ácido clorídrico (HCl) concentrado (37%), 8 g de cloreto férrico ($FeCl_3$); 6 g de cloreto cúprico ($CuCl_2$) e 100 mL de etanol anidro.

ESTUDO DE CASO

Foi requisitada no Setor de Perícias Criminais a identificação de um veículo roubado, de cor branca, que teve suas numerações de identificação do chassi e motor suprimidas por abrasão do suporte, conforme ilustrado nas Figuras 5 a 7.

Fonte: Vidal Vieira Marques.

Figura 5 Veículo encaminhado para exames.

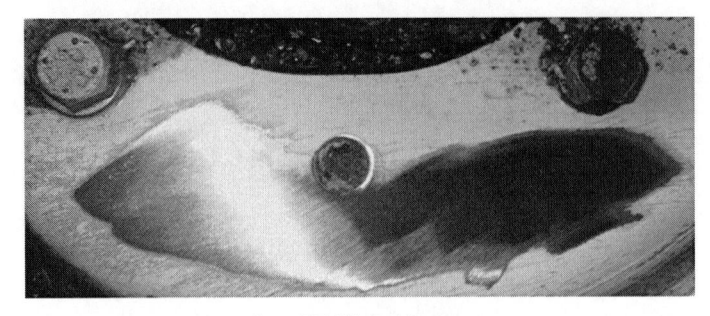

Fonte: Vidal Vieira Marques.

Figura 6 Área com adulteração na numeração do chassi.

Após a limpeza inicial da área destinada à marcação do chassi e aplicação do reagente Bessemann & Haemers, foi possível vislumbrar toda a numeração, conforme ilustra a Figura 7 (com os três últimos caracteres cortados por questões de confidencialidade).

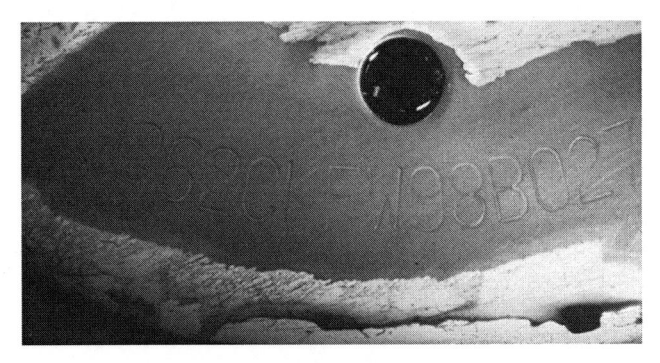

Fonte: Vidal Vieira Marques.

Figura 7 Numeração de chassi revelada após o exame.

O próximo caso refere-se a uma atividade didática. Em uma das aulas práticas realizadas na disciplina de Química Forense Experimental do Curso de Química Forense da USP de Ribeirão Preto, uma placa metálica foi lixada (veja a Figura 8) até que os caracteres deixassem de ser visíveis.

Fonte: Jesus Antonio Velho.

Figura 8 Placa metálica com os caracteres de identificação suprimidos por lixamento.

Em seguida, as placas foram distribuídas aos alunos, que aplicaram sobre a superfície o reagente Besseman & Haemers. A Figura 9 ilustra a etapa de aplicação do reativo sobre a superfície metálica.

Fonte: Jesus Antonio Velho.

Figura 9   Reativo de Bessemann & Haemers aplicado à superfície metálica.

O aparecimento dos caracteres de identificação revelados pode ser visualizado na Figura 10.

Fonte: Jesus Antonio Velho.

Figura 10   Revelação dos caracteres suprimidos após a etapa de aplicação do reativo.

PRÁTICA DE LABORATÓRIO

Exame metalográfico

Objetivos

Aprender a sintetizar o reagente de Bessmann-Haemers e a utilizar reações redox para revelação colorimétrica de gravações em superfícies metálicas de interesse pericial.

Reagentes e equipamentos

- $CuCl_2$
- $FeCl_3$
- Etanol

- HCl
- Becker 100mL
- Swabs
- Removedor pastoso de tinta
- Lixa fina para metais
- Pincel tamanho pequeno
- Máquina fotográfica digital

Procedimento

1. Cada grupo receberá uma peça metálica para exames, que simulará a região pertinente à numeração de chassi de um veículo automotivo.
2. Utilize sempre o par de luvas neste experimento.
3. Cada grupo deve preparar sua solução estoque do reagente de Bessmann Haemers em um béquer de 100 mL:
    - 1,5 g de $CuCl_2$
    - 2 g de $FeCl_3$
    - 25 ml de etanol
    - 30 ml de HCl
4. Após a preparação da solução estoque, trabalhe sempre na capela de exaustão.
5. Remova possíveis depósitos de tinta da superfície metálica com o auxílio do removedor pastoso e do pincel.
6. Em caso de sobras de tinta na superfície metálica, lixe-a levemente até a remoção completa da tinta.
7. Com o auxílio dos swabs, aplique a solução do revelador na superfície do metal até a obtenção da revelação dos vestígios. Cuidado para nunca deixar secar a solução na superfície metálica.
8. Após o surgimento dos primeiros vestígios revelados, fotografe-os com o auxílio da máquina digital.

Quesitos

1. Indique as possíveis reações químicas envolvidas neste experimento.
2. Apresente, por meio de fotografia, qual a numeração revelada no experimento.

Relatório de análises

Elabore um relatório científico sobre o experimento a ser entregue e discutido com o professor.

Além da estrutura convencional (introdução, parte experimental, resultados, discussão, conclusão e referências), cada grupo deve apresentar no relatório as respostas aos quesitos aqui apresentados.

EXERCÍCIOS COMPLEMENTARES

1. Considerando os fundamentos básicos do exame metalográfico, justifique a assertiva abaixo: "O conhecimento prévio da composição química da chapa metálica na qual será realizado o exame metalográfico é imprescindível, sob pena de comprometer o resultado do exame."

2. O trecho "... a empresa XYZ[2] tem sempre condição de identificar o chassi original de um veículo, mesmo que este tenha sido totalmente lixado (apagado da chapa)..." apresenta uma informação verdadeira? Justifique a sua resposta.

REFERÊNCIAS BIBLIOGRÁFICAS

BRUNI, A. T.; VELHO, J. A.; OLIVEIRA, M. F. *Fundamentos de química forense*. Campinas: Millennium, 2012.

CECERE, A. V. Estudo de melhorias para a identificação veicular no país. 98 f. Dissertação (Mestrado Profissional em Engenharia Automotiva). Universidade de São Paulo, São Paulo, 2010.

CORTES, E. S. Identificação de veículos furtados e roubados. 66 f. Monografia (Especialização em Gestão de Segurança Pública). Universidade Federal do Mato Grosso, Cuiabá, 2003.

MULLER, C. R. T. A importância da gestão da informação na solução de crimes: perícias de fraudes em sequências identificadoras de veículos automotores. Série *Saberes e Práticas* – I, 2009, p. 22-29.

OLIVEIRA, M. F. Química forense: a utilização da química na pesquisa de vestígios de crime. *Química Nova na Escola*, n. 24, p. 17-19, 2006.

QUINTELA, V. M.; LIONELLO FILHO, O. L. *Guia QL 2004*: Identificação de veículos. Campinas: Millenium, 2004.

ULI, N.; KUPUSWAMY, R.; AMRAN, M. F. C. A survey of some metallographic etching reagents for restoration of obliterated engraved marks on aluminum–silicon alloy surfaces. *Forensic Science International*, n. 208, p. 67-73, 2011.

VELHO, J. A.; GEISER, G. C.; ESPÍNDULA, A. *Ciências forenses*: uma introdução às principais áreas da criminalística moderna. Campinas: Millennium, 2011.

ZARZUELA, J. L. Química legal. In: TOCHETTO, D. et al. *Tratado de perícias criminalísticas*. Porto Alegre: Sagra-DC Luzzatto, 1995.

---

2. Nome fictício.

capítulo **19**

Investigação de possíveis interferentes no teste do bafômetro

Marco Antonio Balbino
Maraine Catarina Tadini
Laura Siqueira de Oliveira
Erica Naomi Oiye
Maria Fernanda Muzetti Ribeiro
Izabel Cristina Eleotério
Marcelo Firmino de Oliveira

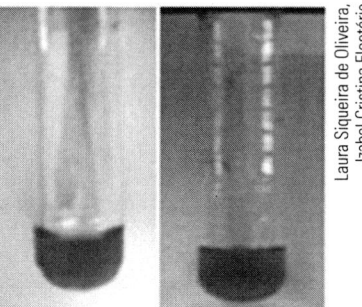

Detecção do etanol presente no ar alveolar – método colorimétrico utilizado em bafômetros descartáveis (coloração original alaranjada à esquerda e verde à direita, indicando resultado positivo para etanol).

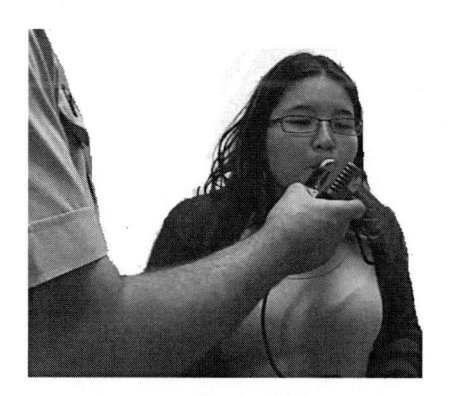

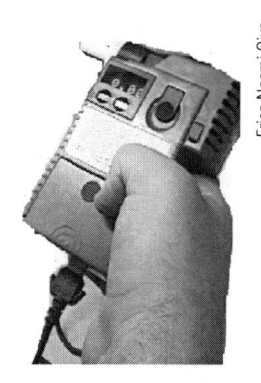

Sistema adotado pela Polícia Rodoviária na fiscalização de trânsito utilizando o etilômetro certificado pelo INMETRO.

Neste capítulo, será estudado o uso do etilômetro convencional (teste colorimétrico), que utiliza uma solução de dicromato de potássio em meio ácido de cor vermelho-alaranjada que, em contato com o etanol, reage, tornando a solução verde.

Será abordado o etilômetro utilizado em operações preventivas de fiscalização (bafômetro), um sistema composto por um sensor eletroquímico no qual o ar alveolar passa por uma célula eletroquímica e é oxidado, gerando um fluxo de elétrons que é proporcional à concentração de etanol, permitindo aferir quantitativamente a concentração de etanol presente no ar alveolar.

Também serão propostos alguns estudos relatando a tentativa de burlar o bafômetro e sua eficácia perante a legislação.

Introdução

O etanol presente nas bebidas alcoólicas é considerado uma substância psicoativa, ou seja, age no sistema nervoso central alterando o psiquismo. Apesar de o uso dessas bebidas ser aceito em diversas culturas, as consequências ocasionadas pelo ato de beber e dirigir são consideradas, por muitos países, um problema de saúde pública, podendo gerar elevados custos sociais e prejuízo socioeconômico, principalmente para os acidentados e seus familiares (Duailibi et al., 2007).

Estudos indicam que as infrações mais comuns cometidas por condutores sob os efeitos da ingestão de bebidas alcoólicas são: circular na direção contrária da via, desrespeitar a sinalização de trânsito, ultrapassar em locais proibidos, trafegar em velocidades inadequadas, dentre outros (Gonçalvez, 2013).

Em um estudo realizado pela Abramet – Associação Brasileira de Medicina de Tráfego, 30% dos acidentes de trânsito são gerados pelo uso de bebidas alcoólicas, e, segundo o Ministério da Saúde, metade das mortes está relacionada ao uso de álcool pelo condutor do veículo (Polícia Rodoviária Federal, 2013).

A fim de compreender o preocupante cenário da prática de dirigir alcoolizado no Brasil e as questões legais relacionadas ao uso do etilômetro em operações preventivas de fiscalização, usualmente conhecido como "teste do bafômetro", deve-se observar um histórico da legislação até as leis atualmente vigentes a respeito deste tema.

Assim como as leis, o etilômetro também sofreu modificações ao longo do tempo a fim de a elas se ajustar. Os primeiros etilômetros, ou bafômetros, foram desenvolvidos baseados em um processo simples de mudança de coloração, também descartáveis.

Seguindo a necessidade de uma quantificação mais exata do álcool ingerido, esses equipamentos se tornaram mais sofisticados e precisos, baseando-se, por exemplo, em processos eletroquímicos e de semicondutores. Com essa melhora, passou a ser possível a detecção de 0,01 mg de etanol por litro de ar alveolar exalado (Braathen, 1997).

Junto com a melhora dos métodos de detecção e quantificação, a procura por meios alternativos para se esquivar da sensibilidade dos equipamentos tornou-se bastante popular. Com a ajuda das redes sociais e da internet, é possível encontrar várias sugestões de como realizar este tipo façanha.[1] As alternativas incluem ingestão de bebidas gaseificadas e grandes quantidades de gelo, temperos culinários, vinagre, balas, doces, uso de chicletes e até mesmo de medicamentos. No caso deste último, é possível encontrar instruções detalhadas para sua utilização.

Junto à insistente busca para diminuir ou eliminar a presença do álcool no teste do bafômetro, encontram-se também especulações sobre suas possíveis falhas tais como, a ingestão de doces com licor e o uso de enxaguante bucal. Por possuírem certo teor alcoólico, representariam possíveis interferentes para a aplicação da legislação (Gonçalves, 2013).

Além da utilização do bafômetro, em alguns casos se faz necessário o exame da dosagem alcoólica presente no sangue. Este tipo de medida é feita nos laboratórios do Instituto Médico

---

[1] Foram encontrados cerca de 20.000 resultados.

Legal através de técnicas, principalmente cromatográficas, e, em geral, seus resultados são utilizados em processos judiciais. Em caso de acidentes com morte, este tipo de exame é o indicado, podendo ser também realizado em outros tipos de amostras biológicas, como o humor vítreo e o conteúdo estomacal (Bruni, Velho e Oliveira, 2012).

Diante de tantas informações, e, pode-se dizer "mitos", faz-se necessária a discussão e estudo sobre os fatos de forma a conscientizar melhor a população.

PRINCIPAIS METODOLOGIAS

A Lei Seca no Brasil

Em 23 de setembro de 1997, a Lei n. 9.503 instituiu o Código de Trânsito Brasileiro (CTB). Passados pouco menos de 11 anos após esta instituição, e considerando os diversos estudos associados com a prática de dirigir sob efeito do etanol nos acidentes de trânsito no Brasil e em várias regiões do mundo, em 19 de junho de 2008 foi instituída a Lei n. 11.705, que ficou conhecida como "Lei Seca", ou tolerância zero (Brasil, 1997, 2008).

A Lei Seca brasileira alterou a Lei n. 9.503, de 23 de setembro de 1997, e a Lei n. 9.294, de 15 de julho de 1996, que dispõe sobre as restrições ao uso e à propaganda de produtos fumígeros, bebidas alcoólicas, medicamentos, (...) para inibir o consumo de bebida alcoólica por condutor de veículo automotor, e dá outras providências. A partir da Lei Seca, a embriaguez ao volante passa a ser considerada tanto pela esfera administrativa quanto pela penal (Brasil, 1996).

Inicialmente, para aferir a concentração de etanol presente no ar alveolar dos indivíduos, as operações preventivas de fiscalização utilizam o equipamento denominado etilômetro, popularmente chamado bafômetro. Porém, quando a Lei Seca passou a vigorar, havia algumas dúvidas a respeito da sua constitucionalidade. Enquanto alguns defendiam o argumento de que esta lei feriria o princípio *nemo tenetur se detegere* – "ninguém é obrigado a produzir prova contra si mesmo" –, outros a consideravam constitucional, citando, como um de seus argumentos, que a lei protegeria o direito à vida e à segurança. E, mais algumas pesquisas sugeriam uma expressiva queda no número de acidentes de trânsito após a aplicação da referida lei. Um estudo da Abramet, em 2009, indicou que o número de internações hospitalares, um ano após a aplicação da Lei Seca, diminuiu 28,3% (Soares, 2011).

Posteriormente, seguiram-se algumas alterações na Lei Seca pela Lei n. 12.760, promulgada em dezembro de 2012, que alterou os artigos 165, 262, 276, 277 e 306 do Código de Trânsito Brasileiro. Em janeiro de 2013, passou a vigorar a Resolução 432 do Conselho Nacional de Trânsito (Contran),[2] que

> dispõe sobre os procedimentos a serem adotados pelas autoridades de trânsito e seus agentes na fiscalização do consumo de álcool ou de outra substância psicoativa que determine dependência, para aplicação do disposto nos arts. 165, 276, 277 e 306 da Lei n. 9.503 (...).

---

[2] Disponível em: <http://www.denatran.gov.br/download/Resolucoes/%28resolu%C3%A7%C3%A3o%20432.2013c%29.pdf>. Acesso em: 3 jul. 2015.

A Figura 1 é um esquema simplificado das mudanças geradas pela Lei Seca a partir da Lei n. 12.760/12 e da Resolução n. 432 do Contran.

Atualmente, a concentração mínima tolerada na medida do etilômetro é de 0,05mg/L de ar alveolar (levando-se em consideração o erro do equipamento). O motorista com valor superior a esta concentração receberá penalidades administrativas previstas no artigo 165 do CTB. Se a medida obtida no etilômetro for maior ou igual a 0,34mg/mL de ar alveolar (levando-se em consideração o erro do equipamento), o indivíduo será autuado sob o mandamento do artigo 165 do CTB, e também responderá penalmente pela violação do artigo 306 do CTB (Duailibi et al., 2007; Polícia Rodoviária Federal, 2013, Brasil, 2012).

Concentração de álcool igual ou superior a 0,14 mg/L
R$ 957,70

Multa

Concentração de álcool igual ou superior a 0,05 mg/L
R$ 1.915,40

Concentração de álcool igual ou superior a 0,34 mg/l

Crime

Concentração de álcool igual ou superior a 0,34 mg/l

Teste de alcoolemia, exame clínico, perícia, outros meios de prova em direito admitidos

Provas

Teste de alcoolemia, exame clínico, perícia, vídeo, prova testemunhal ou outros meios de prova em direito admitidos

Sanções administrativas

Recusa

• Sem sinais de embriaguez: sanções administrativas
• Com sinais de embriaguez: crime

Lei 11.705/08

Lei 12.760/12
+ Resolução 432 CONTRAN

Fonte: PC Editorial sobre foto de Valentyn Volkov/Shutterstock. Baseado em: Polícia Rodoviária Federal. Disponível em: <www.dprf.gov.br/extranet/portalst/leiseca2012.pdf>. Acesso em: 8 set. 2014. Adaptado por Mariane Catarina Tadini e Maria Fernanda Muzetti Ribeiro.ww

Figura 1 Esquema simplificado das principais alterações na Lei n. 11.705/08, pela Lei n. 12.760/12 e Resolução n. 432 do Contran (adaptado de Polícia Rodoviária Federal, 2014).

Segundo dados da Polícia Rodoviária Federal (PRF), após o primeiro mês de vigência da nova Lei Seca, o número de multas e outras penalizações aumentou 74%, devido à expansão da fiscalização, e uma diminuição do número de recusas em realizar o teste de bafômetro. Mas, parte da população ainda resiste a se submeter ao teste do bafômetro ou utiliza ferramentas para tentar burlar este equipamento.

Detecção de etanol no ar alveolar exalado

Na literatura são descritos principalmente três tipos de etilômetro, que se baseiam em princípios diferentes para detectar a quantidade de álcool no ar alveolar exalado: a) Bafômetros descartáveis (colorimétricos); b) Detector eletroquímico (células eletroquímicas); c) Semicondutores (modelo Taguchi).

Independente do princípio de funcionamento de cada dispositivo, todos se baseiam no princípio de que o álcool contido no sangue está em equilíbrio com o álcool contido no ar dos pulmões. Basicamente, estes são divididos em: *bocal*, ou seja, um tubo por onde o indivíduo assopra, e uma *câmara de amostra*, o caminho que o ar percorre. O restante dos componentes dos dispositivos varia de acordo com o tipo de detecção adotado, que serão abordados a seguir.

Princípios de detecção

a) Bafômetros descartáveis (colorimétricos)

Este dispositivo é constituído por um tubo contendo uma mistura sólida de dicromato de potássio ($K_2Cr_2O_7$), uma substância vermelho-alaranjada, e sílica em meio ácido. Seu princípio de funcionamento é baseado em uma reação de oxidorredução de acordo com a seguinte reação química:

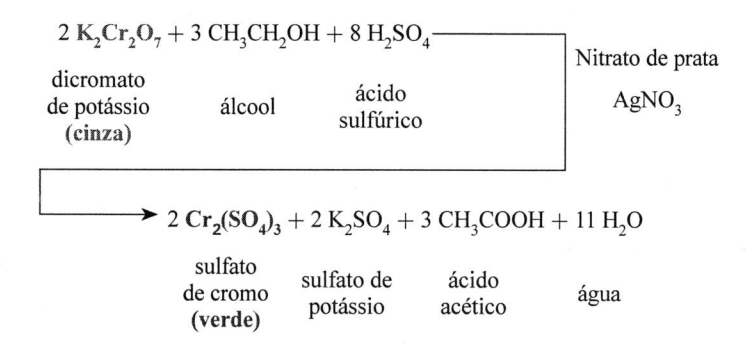

$$2\ K_2Cr_2O_7 + 3\ CH_3CH_2OH + 8\ H_2SO_4 \xrightarrow{AgNO_3} 2\ Cr_2(SO_4)_3 + 2\ K_2SO_4 + 3\ CH_3COOH + 11\ H_2O$$

- dicromato de potássio (cinza)
- álcool
- ácido sulfúrico
- Nitrato de prata $AgNO_3$
- sulfato de cromo (verde)
- sulfato de potássio
- ácido acético
- água

Nesta reação, o ácido sulfúrico remove o álcool do ar, proporcionando a condição de acidez do meio reacional; o álcool, por sua vez, reage com o dicromato de potássio para produzir sulfato de cromo, sulfato de potássio, ácido acético e água. O nitrato de prata atua como catalisador, ou seja, diminui a energia de ativação, aumentando a velocidade da reação.

No decorrer da reação, o íon dicromato (cor vermelho-alaranjada) muda de cor para verde, proveniente do íon cromo quando este reage com o álcool. A mudança de cor está diretamente relacionada ao nível de álcool no ar exalado.

b) Detector eletroquímico (células eletroquímicas)

A célula eletroquímica para detecção de álcool consiste basicamente de uma camada porosa, quimicamente inerte, disposta entre duas finas camadas de platina, conectadas a um dispositivo elétrico para passagem de corrente, totalmente submersa em uma solução eletrolítica ácida. O dispositivo é montado de modo a permitir a passagem de ar exalado pela placa porosa, conforme esquematizado na Figura 2.

O etanol presente no ar exalado é eletroquimicamente oxidado, produzindo um fluxo de elétrons (corrente elétrica). Quanto maior a quantidade de etanol, maior será o fluxo, gerando uma resposta elétrica quantitativa.

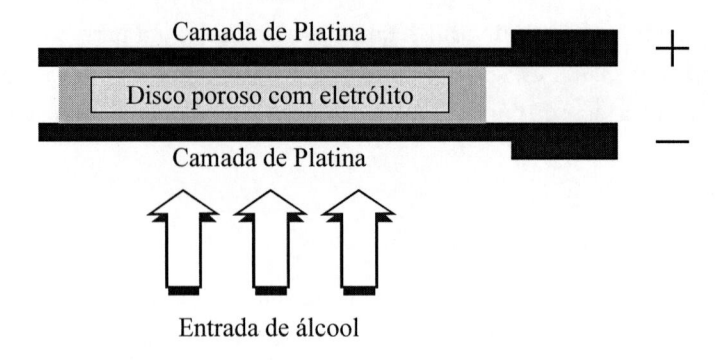

```
                    Camada de Platina
              ┌─────────────────────────┐
              │ Disco poroso com eletrólito │      +
              └─────────────────────────┘
                    Camada de Platina              −
                       ⇧  ⇧  ⇧
                     Entrada de álcool
```

Fonte: Braathen, 1997. Adaptada por Maria Fernanda Muzetti Ribeiro.

Figura 2 Ilustração da célula eletroquímica utilizada em etilômetros.

No eletrodo negativo (ânodo) ocorre a oxidação (catalisada pela platina):

$$CH_3CH_2OH_{(g)} \rightarrow CH_3CHO_{(g)} + 2H^+_{(aq)} + 2\ e^-$$

No eletrodo positivo (cátodo) ocorre a redução do oxigênio (contido no ar):

$$\tfrac{1}{2}\ O_{2(g)} + 2H^+_{(aq)} + 2e^- \rightarrow H_2O_{(l)}$$

A equação completa da pilha é:

$$CH_3CH_2OH_{(g)} + \tfrac{1}{2}\ O_{2(g)} \rightarrow CH_3CHO_{(g)} + H_2O_{(l)}$$

O teor de etanol detectado é proporcional à corrente elétrica produzida pelo dispositivo.

c) Semicondutores (Modelo Taguchi)

Este tipo de dispositivo possui um sensor semicondutor e seletivo para o etanol. O princípio do seu funcionamento baseia-se na aplicação de uma reduzida voltagem para produzir uma pequena corrente de fundo quando um óxido metálico (geralmente óxido de estanho) é aquecido em uma faixa de temperatura de 300 a 400°C.

Quando o etanol entra em contato com a superfície do sensor, este é adsorvido e imediatamente oxidado. Esta oxidação é verificada pela alteração da resistividade e da corrente, sendo medida como voltagem, que, por sua vez, é proporcional à concentração de etanol no sangue. A Figura 3 ilustra o dispositivo citado. (Braathen, 1997).

Fonte: Braathen, 1997. Adaptada por Maria Fernanda Muzetti Ribeiro.

Figura 3 Imagem ilustrativa do dispositivo para detecção de etanol presente no ar alveolar exalado pelo método de semicondutores.

Detecção de etanol em amostras biológicas

Tratando-se da dosagem alcoólica através de exames de sangue, faz-se necessária a locomoção do averiguado até um posto do IML local para a realização da análise.

O comportamento do álcool etílico no corpo humano pode ser discriminado em várias etapas, incluindo absorção no trato intestinal, metabolização através do sistema enzimático no fígado, distribuição para vários tecidos e sua excreção, quando não metabolizado, assim como dos seus metabólitos. O conhecimento de cada etapa faz-se necessário ao toxicologista ou perito forense, a fim de que possa relatar e correlacionar, adequadamente, a concentração do etanol em uma amostra biológica com a dose de álcool ingerida e o período de tempo após o consumo, assim como averiguar a própria degradação alcoólica da amostra de acordo com a evolução do tempo.

Para a coleta de amostras sanguíneas, o local da introdução da agulha no antebraço deve ser limpo com produtos que não contenham etanol em sua formulação, ou, se usados, deve-se permitir a secagem por alguns segundos antes da coleta. O sangue deve ser armazenado, preferencialmente, em frascos plásticos contendo fluoreto de sódio como conservante e inibidor do crescimento microbiano, diminuindo assim a formação de etanol pela degradação da glicose presente no sangue. Para as amostras de urina e humor vítreo pode-se dispor de frascos plásticos sem aditivos ou conservantes.

Após a coleta, todas as amostras devem ser identificadas e armazenadas sob refrigeração até que as análises sejam realizadas. Ainda, após as análises, as amostras restantes devem ser preservadas por um período mínimo de seis meses, visando à realização de futuras considerações.

O correto acondicionamento é muito importante para se precaver do possível aumento ou diminuição na concentração do etanol das amostras biológicas. Esta concentração pode diminuir pelo processo de evaporação. Quando o frasco de coleta é muito grande para a quantidade de amostra, o espaço vazio possibilita a evaporação do etanol, e, quando aberto, este escapa para a atmosfera. A concentração também pode aumentar, e esta é a maior preocupação em termos forenses. A ação microbiana pode transformar a glicose ou até mesmo os ácidos graxos e aminoácidos presentes na amostra em etanol, dificultando a determinação do teor real que foi ingerido, principalmente em casos *post-mortem* (Bruni, Velho e Oliveira, 2012; Tagliaro et al., 1992).

Princípios de detecção

a) Via úmida

Os primeiros métodos para análise do etanol em fluidos biológicos e tecido eram realizados por via úmida. Valendo-se de sua volatilidade, o etanol é facilmente separado de sua matriz biológica, através da destilação ou microdifusão, e detectado pela reação de oxidação – redução com reagentes coloridos. Ou seja, eram métodos meramente qualitativos, e não específicos, podendo ter como interferentes substâncias como aldeídos e cetonas, que também podem ser oxidados gerando a coloração (Bruni, Velho e Oliveira, 2012; Tagliaro et al., 1992).

b) Via úmida – Espectrofotometria de absorção na região do UV-Vis

Na toxicologia clínica, um dos métodos baseia-se na detecção de NADH pelo uso da espectrofotometria de absorção na região do UV-Vis. Na presença do cofator NAD, o etanol é convertido a acetaldeído, e o NADH, também formado, é medido pela técnica no comprimento de onda de 340 nm. O método, inicialmente desenvolvido para amostras de soro, pode ser aplicado em amostras de sangue total e urina (Bruni, Velho e Oliveira, 2012; Tagliaro et al., 1992).

c) Técnicas cromatográficas

Em toxicologia forense, o método mais utilizado para as análises de etanol em fluidos e tecidos biológicos é a cromatografia em fase gasosa, em razão de sua sensibilidade e precisão para este tipo de quantificação – concentrações abaixo de 0,01 g dL^{-1} –, além de sua boa seletividade, que possibilita a distinção entre álcool e outras substâncias, como aldeídos e cetonas.

O preparo das amostras, para a análise com esta técnica, pode ser feito pelo uso de vários métodos, dependendo de seu estado físico; por exemplo, por injeção direta para amostras no estado líquido, e por *headspace*, para amostras no estado gasoso ou na fase de vapor.

Na injeção direta, a amostra deve ser diluída, 1:1, com uma solução de padrão interno, podendo ser, no caso, 1-propanol, 2-butanona ou 1-butanol. A injeção deve ser em pequenos volumes, de 0,5 μL, e a seringa ser lavada logo após cada injeção, diminuindo assim a quantidade de amostra biológica a ser inserida no sistema cromatográfico, evitando qualquer deterioração da coluna sem perda de sensibilidade.

Já a injeção por *headspace*, por si só, previne qualquer tipo de contaminação da coluna e do injetor por parte da amostra biológica, pois o etanol é separado de sua matriz pela sua diferença de volatilidade. A técnica baseia-se na lei dos gases, que diz: quando um líquido volátil em uma solução diluída é colocado em um frasco fechado, em determinada temperatura, a concentração do composto volátil na fase de vapor é proporcional à do líquido volátil na solução. Assim, pelo uso desta técnica, e de um procedimento de calibração com concentrações diferentes e conhecidas de etanol, torna-se possível sua quantificação na amostra (Bruni, Velho e Oliveira, 2012; Tagliaro et al., 1992).

Outra técnica que pode ser utilizada é a cromatografia líquida de alta eficiência (CLAE) com uma coluna de fase reversa e um detector amperométrico. Apesar de esta técnica se mostrar pouco seletiva e sensível para análises de etanol em amostras de sangue, ao se acoplar um reator com enzimas imobilizadas, em geral álcool desidrogenase (AO), ao final da coluna cromatográfica e antes do detector amperométrico, a sensibilidade e seletividade do método aumentam significativamente, justificando sua utilização. As enzimas imobilizadas funcionam como catalisadores da reação:

$$CH_3CH_2OH_{(aq)} + O_{2\,(g)} \rightleftarrows CH_3CHO_{(aq)} + H_2O_{2(aq)}$$

A formação estequiométrica do peróxido de hidrogênio pode ser então detectada pela sua oxidação química utilizando-se um eletrodo de platina (Tagliaro et al., 1991; 1992).

Detecção de etanol em cadáveres

Outro tipo de análise de etanol é aquela realizada em cadáveres. Atualmente, são encontrados vários procedimentos analíticos na literatura envolvendo a análise de sangue e outras fontes biológicas, como o humor vítreo e conteúdo estomacal, mas a principal técnica aplicada ainda é a cromatografia gasosa.

Infelizmente, relacionar a dosagem alcoólica obtida em cadáveres com a real dosagem antes do óbito não se apresenta de forma simples. Por isso, para fins de melhor interpretação dos resultados, e evitar eventuais ocorrências de falso positivo, recomenda-se que a análise seja realizada em pelo menos dois diferentes tipos de amostras; por exemplo, sangue e humor vítreo (Bruni, Velho e Oliveira, 2012; Tagliaro et al., 1992).

ESTUDO DE CASO

De acordo com a Lei n. 11.705/08, o Supremo Tribunal Judiciário brasileiro decretou como obrigatório o uso do teste do bafômetro ou do exame de sangue pela polícia em motoristas suspeitos de embriaguez ao volante, para fins do processo criminal que possa ser instaurado. Ou seja, o motorista deve, agora, comprovar a ingestão ou não de álcool por um dos métodos citados (Brasil, 2008).

Sob a vigência da Lei Seca, quando de sua última alteração, de 2012, ainda no primeiro mês, em relação ao ano anterior, o número de testes de bafômetro realizados pela Polícia Rodoviária Federal no país aumentou em 156%, resultado da expansão da fiscalização e da diminuição do número de recusas. Neste contexto, alguns condutores têm buscado formas de "enganar" o teste do bafômetro, para não sofrer as sanções penais impostas pela lei ao condutor que ingeriu álcool.

O uso da internet como ferramenta de busca de informações é constante na atualidade. Ao acessar sites de busca, como o Google, em setembro de 2014, com as palavras chave "como burlar o bafômetro" foi possível encontrar 17.400 resultados, além de 849 vídeos, 120 destes sobre o uso de medicamentos, incluindo casos e explicações sobre a utilização. Especulações sobre o uso de enxaguante bucal para a não detecção de álcool ingerido aparecem num total de 4.410 resultados.

Outras alternativas incluem ingestão de refrigerante de cola com grande quantidade de gelo (9.150 links de acesso), uso de vinagre (941 resultados) e consumo de bombom recheado de licor, como interferentes para a leitura do bafômetro em casos de consumo de álcool.

Diante de tantas informações, evidencia-se a necessidade de discutir cientificamente esses fatos e permitir que opiniões próprias sejam formadas. Deve-se ter em vista que os mitos que surgem na internet não levam em consideração o fundamento químico de tais reações envolvidas e a prática ilegal de dirigir embriagado.

Transpondo este contexto, uma das empresas farmacêuticas responsáveis pela comercialização do pidolato de piridoxina (comercialmente denominado Metadoxil), em meados de 2013, lançou uma nota informativa a respeito do uso deste fármaco para fins não terapêuticos. O tema permite ainda uma discussão sobre a comercialização deste remédio, tarja vermelha, que exige receita médica no momento da venda, e os perigos da automedicação.

Na investigação desses "mitos", alunos do curso de Pós-graduação em Química da Universidade de São Paulo, em parceria com a Polícia Rodoviária do Estado de São Paulo, utilizaram dois etilômetros calibrados e certificados pelo Instituto Nacional de Metrologia, Qualidade e Tecnologia (Inmetro).

Dois voluntários aceitaram realizar a ingestão do pidolato de piridoxina, sob supervisão médica, 30 minutos antes da ingestão de bebidas alcoólicas. Os participantes eram do sexo feminino e masculino, respectivamente; o voluntário tinha massa corporal de 76 kg, e a voluntária, 54 kg.

Os resultados indicaram que o medicamento não diminuiu significativamente a concentração de álcool registrada no etilômetro, mesmo após uma segunda medida após 40 minutos. Fatores que devem ser levados em consideração são: a diferença do metabolismo em organismos do sexo masculino e feminino, a ancestralidade dos voluntários e o fato de os dados não serem expressivos para poder inferir a respeito da ação deste medicamento na tentativa de burlar o teste do bafômetro.

PRÁTICA DE LABORATÓRIO

Investigação da influência de substâncias interferentes na análise do ar exalado dos pulmões através do etilômetro

Objetivo

Constatar a ação dos interferentes no teste do bafômetro utilizando metodologias clássica (método colorimétrico) e atual adotadas na fiscalização de trânsito. Aplicar os conceitos de Bioquímica, Eletroquímica, Química Analítica e Forense.

Aparelhagem

- Etilômetro calibrado e certificado pelo Inmetro (conforme a Resolução n. 432 do Contran);
- Balança semianalítica;
- Câmera fotográfica;
- EPI's.

Reagentes e vidraria

- Dicromato de potássio ($K_2Cr_2O_7$), P.A.;
- H_2SO_4 concentrado, P.A.;
- Água deionizada;
- Béquer de 100 mL;
- Provetas de 10,00 mL; 25,00 mL e 100,00 mL;
- Tubos de ensaio;
- Canudos de plástico descartáveis (grandes);
- Rolhas com orifício para passagem do canudo;
- Analitos: amostras de enxaguante bucal com álcool, aguardente, cerveja, vinho ou similar e bombom de licor;
- Refrigerante de cola com pedras de gelo e vinagre.

Procedimento

1. Em um béquer de 100 mL, adicione 80,00 mL de água deionizada, 20,00 mL de H_2SO_4 e 2,00 g de $K_2Cr_2O_7$. Com o auxílio de um bastão de vidro, homogeneize a solução.
2. Coloque cerca de 6,0 mL da solução recém-preparada nos tubos de ensaio. Encaixe no recipiente as respectivas rolhas com os canudos.
3. Anote as características dos voluntários (peso, altura, sexo). **Todos os voluntários devem ser maiores de 18 anos.**[3]
4. Os voluntários devem ajustar o etilômetro com o auxílio de um responsável e utilizá-lo antes de ingerir as bebidas e/ou interferentes (branco). Faça as as respectivas anotações.
5. Anote o que os voluntários consumiram (enxaguante bucal com álcool, aguardente, cerveja, vinho ou similar, bombom de licor) e a porcentagem de etanol presente.
6. Anote quais voluntários que se propuseram a utilizar os possíveis interferentes (refrigerante de cola com gelo e gargarejo com vinagre). Estes devem ingerir a bebida alcoólica ou comer o bombom de licor e realizar o teste do etilômetro; e, após, ingerir o possível interferente. Faça as anotações.[4]
7. Após a ingestão das bebidas e/ou interferentes, os voluntários devem ser novamente submetidos a outra medida com o etilômetro e o teste colorimétrico (assoprar no ca-

---

[3] De acordo com o Estatuto da Criança e do Adolescente, Lei n. 8.069/90, de 13 de julho de 1990, artigo 243, a ingestão da bebida alcoólica por menores de 18 anos é proibida.
[4] Outras substâncias podem ser investigadas; por exemplo, ingestão de café forte.

nudo – que deve estar em contato com a solução – por 20 a 30 segundos). Anote as possíveis mudanças de cor na solução.[5]

8. Refaça os testes a cada 5 minutos e anote as mudanças de cor na solução e os valores obtidos pelo etilômetro. Cesse a coleta de leitura após a etapa de 30 minutos. Anote os resultados.

Quesitos

1. Confronte os resultados obtidos na análise do ar exalado pelos pulmões pelo etilômetro nas condições: *sem* e *com* os possíveis interferentes.
2. A utilização de refrigerante de cola com gelo e/ou vinagre são suficientes para diminuir a sensibilidade do etilômetro ao se registrar a quantidade de etanol presente no ar exalado pelos pulmões?
3. O método clássico pode ser utilizado em análise quantitativa?
4. A quantidade de etanol registrada em 0,04 mg L^{-1} utilizando etilômetro certificado pode resultar eventual penalidades?
5. Quais as possíveis fontes de erros inerentes ao teste do etilômetro?
6. Proponha uma metodologia alternativa que corrobore o resultado obtido em um bafômetro.
7. É possível aferir um desvio de incerteza acerca da leitura realizada pelos equipamentos?

Relatório de análises

Elabore um relatório científico sobre o experimento a ser entregue e discutido com o professor.

Além da estrutura convencional (introdução, parte experimental, resultados, discussão, conclusão e referências), cada grupo deve apresentar no relatório as respostas aos quesitos aqui apresentados.

Neste relatório devem constar as reações químicas envolvidas e os devidos cálculos estequiométricos obtidos nos diferentes dois sistemas utilizados.

EXERCÍCIOS COMPLEMENTARES

1. Indique brevemente os efeitos do mecanismo de ação primário do etanol no sistema nervoso central relacionando os principais neurotransmissores.
2. Em que se baseia o teste colorimétrico utilizado em bafômetros descartáveis? Descreva-o.
3. Quais são os possíveis meios de alteração da concentração de álcool em amostras de sangue? Qual é a forma adequada de armazenamento dessas amostras?
4. Ilustre as reações bioquímicas envolvidas na metabolização do álcool pela enzima álcool desidrogenase.

---

[5] Nesta etapa, os voluntários devem apenas expirar o ar pelo canudo, a fim de evitar acidentes. Deve-se ressaltar que o canudo não precisa estar necessariamente imerso em solução, mas há um aumento da velocidade da reação quando o ar exalado entra em contato diretamente com a solução.

5. A ingestão de remédios estimulantes após o consumo de álcool é uma prática comumente realizada. Quais efeitos esses remédios têm, na prática, sobre um condutor sob efeito alcoólico?

REFERÊNCIAS BIBLIOGRÁFICAS

BRAATHEN, P. C. Hálito culpado: princípio químico do bafômetro. *Química Nova na Escola*, v. 5, p. 3-5, 1997.

BRASIL. Lei n. 9.294, de 15 de julho de 1996. Dispõe sobre as restrições ao uso e à propaganda de produtos fumígeros, bebidas alcoólicas, medicamentos, terapias e defensivos agrícolas, nos termos do § 4º do art. 220 da Constituição Federal. Disponível em: <http://www.planalto.gov.br/CCIVIL_03/Leis/L9294.htm>. Acesso em: 3 jul. 2015.

_____. Lei n. 9.503, de 23 de setembro de 1997. Institui o Código de Trânsito Brasileiro. Disponível em: <http://www.planalto.gov.br/ccivil_03/LEIS/L9503.htm>. Acesso em: 3 jul. 2015.

_____. Lei n. 11.705, de 19 de junho de 2008. Altera a Lei nº 9.503, de 23 de setembro de 1997, que 'institui o Código de Trânsito Brasileiro', e a Lei nº 9.294, de 15 de julho de 1996, que dispõe sobre as restrições ao uso e à propaganda de produtos fumígeros, bebidas alcoólicas, medicamentos, terapias e defensivos agrícolas, nos termos do § 4º do art. 220 da Constituição Federal, para inibir o consumo de bebida alcoólica por condutor de veículo automotor, e dá outras providências. Disponível em: <http://www.planalto.gov.br/ccivil_03/_ato2007-2010/2008/lei/l11705.htm>. Acesso em: 3 jul. 2015.

_____. Lei n. 12.760, de 20 de dezembro de 2012. Altera a Lei nº 9.503, de 23 de setembro de 1997, que institui o Código de Trânsito Brasileiro. Disponível em: <http://www.planalto.gov.br/ccivil_03/_Ato2011-2014/2012/Lei/L12760.htm>. Acesso em: 3 jul. 2015.

_____. *Estatuto da criança e do adolescente*. 7. ed. Brasília: Câmara, 2010.

BRUNI, A.; VELHO, J. A.; OLIVEIRA, M. F. *Fundamentos de química forense:* Uma análise prática da química que soluciona crimes. Campinas: Millennium, 2012.

DUAILIBI, S. et al. Prevalência do beber e dirigir em Diadema, estado de São Paulo. *Rev. Saúde Publ.*, v. 41, n. 6, p. 1058-61, 2007.

GONÇALVES, A. B. O. Bafômetro e a embriaguez no volante: análise constitucional e aspectos penais. *Rev. SJRS*, v. 20, n. 36, p. 13-38, 2013.

POLÍCIA RODOVIÁRIA FEDERAL. Informações sobre a nova lei seca. Disponível em: <https://www.dprf.gov.br/extranet/portalst/leiseca2012.pdf>. Acesso em: 8 set. 2014.

SOARES, G. L.; Silva, P. M. A "Lei Seca" – 11.705/2008 – e seus reflexos na educação, saúde e qualidade de vida da população na comarca de Brusque-SC. *Rev. Unifebe*, v. 9, p. 18-29, 2011.

TAGLIARO, F. et al. Chromatographic methods for blood alcohol determination. *J. Chromatogr B*, v. 580, 1992, p. 161-90.

_____. Direct injection high-performance liquid chromatographic method with electrochemical detection for the determination of ethanol and methanol in plasma using an alcohol oxidase reactor. *J. Chromatogr.*, v. 566, p. 333-39, 1991.

capítulo 20

Espectrometria de massas moderna aplicada em ciências forenses

Luiz Alberto Beraldo de Moraes
Tânia Petta

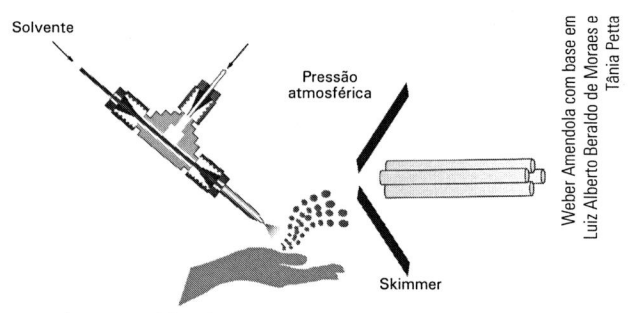

Ionização ambiente para avaliar autenticidade de notas.

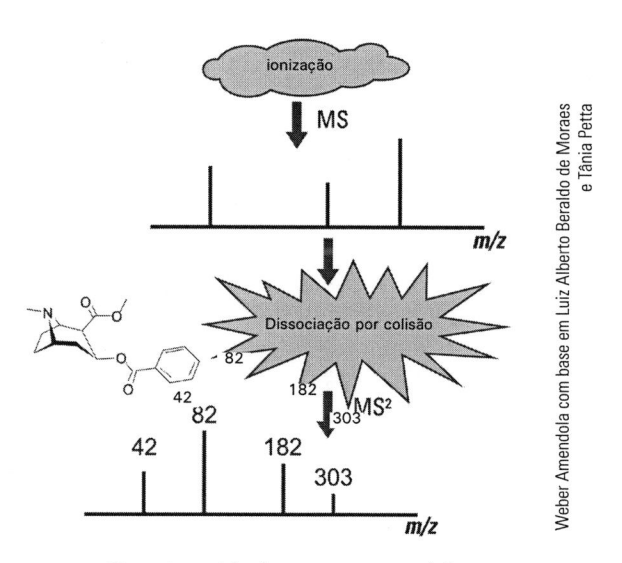

Espectrometria de massas sequencial.

Varias técnicas analíticas aplicadas em ciências forenses estão bem estabelecidas, e rotineiramente aceitas como prova nos tribunais. A Espectrometria de Massas (MS, do inglês, *Mass Spectrometry*) é uma das mais poderosas ferramentas analíticas, presente nos diversos campos da ciência em razão da sua alta capacidade de identificar e quantificar uma grande gama de compostos. A MS baseia-se na discriminação de diferentes íons na fase gasosa. A possibilidade de acoplamento da MS a técnicas de separação cromatográficas (GC, LC, CE) tornou esta técnica como primeira escolha, devido a sua sensibilidade, precisão e rapidez. Avanços recentes em instrumentação ampliaram ainda mais as possibilidades analíticas da MS, sendo possível a análise de misturas complexas, como tecidos biológicos, digitais, alimentos, sem a necessidade de preparo da amostra. A evolução da ciência forense está diretamente relacionada à capacidade analítica de instrumentos cada vez mais sofisticados para discernir e analisar volumes cada vez menores de amostras. Neste sentido, a MS contribui de forma significativa para a evolução da ciência forense.

Introdução

A ciência forense emprega uma grande variedade de técnicas analíticas, já bem estabelecidas e rotineiramente aceitas como provas nos tribunais. Exemplos mais rotineiros incluem a reação em cadeia da polimerase e polimorfismo de fragmentos de restrição para os testes paternidade; na balística, fluorescência de raios-X e eletroforese; técnicas de espectrometria no infravermelho, espectrometria Raman e cromatografia em fase gasosa (CG) ou cromatografia líquida (LC) acoplada à espectrometria de massas (MS) ou DESI-MS e imunoensaios para a detecção e quantificação de drogas de abuso e seus metabólitos em fluidos biológicos.

Embora todas as técnicas frequentemente empregadas estejam bem consolidadas, métodos alternativos para a resolução de novos problemas estão em constante desenvolvimento (Brettell, Butler e Almirall, 2007). Neste contexto, a MS vem tendo evolução fantástica nestas últimas duas décadas, transformando-se numa ferramenta indispensável no desenvolvimento de metodologias analíticas aplicadas nas mais diferentes áreas em ciências, incluindo as análises forenses.

De um modo simplificado, Espectrometria de Massas pode ser definida com uma técnica instrumental que permite a determinação da massa molecular de íons na fase gasosa com base na razão massa sobre carga (*m/z*) destes íons. Esta técnica também possibilita a determinação da composição elementar e de algumas informações estruturais do analito. Vale a pena frisar que a MS não analisa átomos neutros ou moléculas neutras, e sim espécies iônicas, como cátions e ânions. Desta forma, antes de discriminar os íons é necessário gerá-los utilizando um sistema de ionização ou fonte de íons.

O pioneiro na criação da Espectrometria de Massas foi o professor Joseph John Thomson,[1] da Universidade de Cambridge. Em 1897, seus estudos teóricos e experimentais sobre a condutividade elétrica de gases o levaram à descoberta do elétron. Na primeira década do século XX, Thomson construiu o primeiro espectrômetro de massas (denominado parábola espectrográfica), no qual os íons gerados por descargas elétricas eram separados por diferentes trajetórias parabólicas quando submetidos a um campo eletromagnético e detectados por uma chapa fotográfica.

Posteriormente, em 1919, Francis William Aston,[2] colaborador de Thomson, projetou um novo espectrógrafo de massas com o campo magnético posicionado ao lado do campo elétrico e um sistema de colimação dos íons. Este novo "espectrômetro de massas" aumentou o poder de resolução dos íons, o que possibilitou a comprovação da existência dos isótopos do neônio e de outros elementos não radiativos.

Nesse mesmo período, o Professor A. J. Dempster[3] (Universidade de Chicago) também desenvolveu um espectrômetro de massas com aumento de resolução empregando um analisador magnético, e a primeira fonte de ionização por elétrons (EI, do inglês *electron ionization*), que ioniza moléculas volatilizadas com um feixe de elétrons, ainda amplamente usada em espectrômetros de massas modernos.

---

[1] Joseph John Thomson (1856-1940) recebeu o Prêmio Nobel de Física de 1906 pela descoberta dos elétrons.
[2] Francis William Aston (1877-1945) recebeu o Prêmio Nobel de Química de 1922 pelo êxito obtido na descoberta de isótopos.
[3] Arthur Jeffrey Dempster (1886-1950) desenvolveu o primeiro espectrômetro de massas de duplo foco.

Thomson, Aston e Dempster fundaram os alicerces teóricos e de instrumentação da MS, possibilitando o desenvolvimento e consolidação da técnica nos diferentes campos das ciências.

Até 1970, apenas analitos com baixa pressão de vapor eram passíveis de ser analisados pela espectrometria de massas, pois a fonte de EI só produz íons a partir de moléculas neutras que estejam na fase gasosa. Moléculas não voláteis e termicamente instáveis não são passíveis de ionização por EI. No entanto, a EI continua a desempenhar papel muito importante, principalmente no acoplamento da Cromatografia Gasosa com a Espectrometria de Massas (GC-MS).

Após 1970, houve uma mudança de conceito a respeito dos processos envolvidos na formação de íons apenas na fase gasosa. O desenvolvimento das técnicas de ionização por dessorção/ionização (D/I) expandiu os horizontes de aplicação da Espectrometria de Massas, possibilitando a geração de íons em fase gasosa a partir de uma amostra em fase condensada. A primeira técnica empregando D/I viável e amplamente aceita foi o bombardeamento por átomos rápido (FAB, do inglês *Fast Atom/Ion Bombardment*). Contudo, nos anos 1980, foram desenvolvidas as técnicas de ionização por *electrospray* (ESI, do inglês *Electrospray Ionization*) e dessorção/ionização a laser auxiliada por matriz (MALDI, do inglês *Matrix-assisted Laser Desorption/ionization*). Estas são as principais responsáveis pela grande diversidade analítica da Espectrometria de Massas aplicada nas ciências biológicas. ESI e MALDI tornaram possível a formação de íons de compostos termicamente lábeis e não voláteis em quantidade da ordem de femtomols.

Concomitantemente ao desenvolvimento dessas novas fontes de ionização, que agora permitem a ionização de biomoléculas, polímeros, macromoléculas e complexos inorgânicos, os analisadores de massas também tiveram uma evolução instrumental bastante acentuada, melhorando seu desempenho no que diz respeito à velocidade de aquisição, precisão, exatidão e resolução. Os analisadores de massas têm passado por inúmeras modificações nestas últimas décadas, principalmente devido à necessidade de acoplamento com as novas fontes de ESI e MALDI.

A partir de 2004, a Espectrometria de Massas sentiu outra revolução de conceito quanto ao processo de ionização, com o desenvolvimento das técnicas de ionização em condições ambientes. Ionização ambiente envolve a geração externa de íons pelo processo de dessorção/ionização em diferentes tipos de superfícies. Além disso, a maioria das técnicas de ionização ambiente não é evasiva na amostragem, sendo, portanto, ideal para a análise de superfície sólida e mapeamento da distribuição de analitos (*imaging*). Dentre as vantagens das técnicas de ionização ambiente podemos citar: menores tempos de análise e a possibilidade de análise de uma ampla gama de espécimes em seu estado nativo (*in situ*) sem a necessidade de preparo da amostra. Porém, sua grande desvantagem é a presença da supressão iônica, com frequência observada, que afeta negativa ou positivamente a quantidade de íons formados na fase gasosa.

Desta forma, a Espectrometria de Massas, nos seus diferentes modos de execução, é considerada a técnica de primeira escolha para o desenvolvimento de metodologias analíticas para as mais variadas classes de compostos. Agora, podemos afirmar que não existe uma molécula no universo que a espectrometria não possa analisar.

Principais metodologias

Ao longo das últimas duas décadas, a Espectrometria de Massas tornou-se uma das técnicas centrais no desenvolvimento de métodos analíticos nas diferentes áreas das ciências. Esta evolução se deu principalmente por possibilitar a análise de (macro) moléculas biológicas e compostos não voláteis.

Um espectrômetro de massas é constituído por quatro partes principais: sistema de introdução de amostra, fonte de íons, analisador de massas e detector. Uma vez que o analisador de massas e o detector (e algumas das fontes de íons) requerem baixa pressão para a operação do instrumento, o espectrômetro de massas necessita de um sistema de bombeamento para a produção de alto vácuo da ordem de 10^{-5} a 10^{-8} mbar. Os *softwares* controlados por computadores também são indispensáveis para o processo de aquisição dos espectros e pesquisas em bancos de dados. Muitas das atuais técnicas de análise seriam impossíveis de ser executadas sem os computadores; talvez, o exemplo mais flagrante seja a imagem química.

A Figura 1 apresenta os principais constituintes de um espectrômetro de massas; da esquerda para a direita: *(1)* sistema de introdução da amostra, *(2)* fonte de ionização das moléculas, *(3)* analisador de massas, *(4)* detector. Os espectrômetros de massas podem adquirir diferentes tipos de configurações, combinando os sistemas de introdução de amostras com as fontes de ionização, ou, ainda, associando mais de um analisador de massas e o detector. Independente da configuração, todo espectrômetro de massas funciona da mesma maneira. As moléculas são introduzidas no equipamento, onde são convertidas em íons na fonte de ionização; após, os íons são atraídos eletrostaticamente para o analisador de massas, onde são separados de acordo com sua razão *m/z*. Por fim, o detector converte a energia dos íons em sinais elétricos, que são transmitidos para o computador.

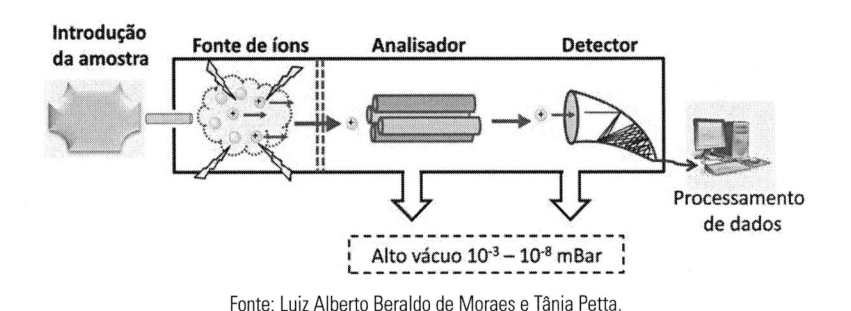

Fonte: Luiz Alberto Beraldo de Moraes e Tânia Petta.

Figura 1 Representação esquemática de um espectrômetro de massas.

Um componente extremamente importante, mas que não será discutido de maneira aprofundada neste capítulo, são os sistemas de introdução de amostras. O sistema de introdução de amostras foi durante muito tempo o principal desafio instrumental para os espectrometristas de massas, em razão da grande diferença de pressão de uma amostra à pressão atmosférica (1,01 bar) ser introduzida em um equipamento que opera em alto vácuo ($\sim 10^{-4}$ mbar). As principais formas de introdução das amostras no espectrômetro de massas são: inserção direta via uma sonda; infusão direta via bomba de infusão; e o acoplamento com sistemas de separação (LC, GC, CE, TLC). As características da fonte de ionização restringem o sistema de introdução de amostras que pode ser utilizado no espectrômetro de massas. Por exemplo, a fonte de ionização por elétrons (EI) que ioniza moléculas na fase gasosa é compatível apenas com o sistema de GC, membranas (MIMS) ou inserção direta via sonda. Por outro lado, as fontes de ionização à pressão atmosférica ESI, APCI (do inglês *Atmospheric Pressure Chemical Ionization*) e APPI (do inglês *Atmospheric Pressure Photo Ionization*) são compatíveis com os sistemas LC, CE e infusão direta via bomba de infusão.

Principais técnicas de ionização

Métodos de ionização referem-se aos mecanismos envolvidos no processo de ionização. Fonte de ionização é o dispositivo mecânico que propicia a ionização de uma molécula neutra. A ionização de uma molécula pode ocorrer por diversos e diferentes mecanismos, levando à formação de cátions (íons positivos) ou ânions (íons negativos). Os principais mecanismos envolvidos na produção de cátions são: ejeção de elétrons, protonação, cationização ou transferência de carga; e, para a produção de ânions, captura de elétrons e desprotonação.

Ionização por elétrons (EI)

Como já descrito, a EI foi a primeira fonte de ionização desenvolvida na espectrometria de massas, no início do século XX, por Dempster (Bleakney, 1930). Até os dias atuais, a EI desempenha papel importante na análise de rotina de pequenas moléculas. Atualmente, há bancos de dados com mais de 200 mil espectros de massas de compostos por EI, utilizados diariamente por milhares de pesquisadores no mundo todo. Essas bibliotecas de espectros de massas facilitam a identificação de compostos em misturas complexas.

A técnica de ionização por elétrons é simples. O processo de ionização é o resultado direto da interação de um feixe de elétrons de alta energia com os elétrons das moléculas de interesse, produzindo um pouco de fragmentação. Os espectros de massas obtidos para a maioria dos compostos orgânicos, que constituem as principais bibliotecas de espectros, são obtidos a 70 eV, cujo valor para a energia dos elétrons propicia maior sensibilidade (aumento do número de íons produzidos) e corrente iônica mais constante, mesmo com pequenas variações na energia dos elétrons.

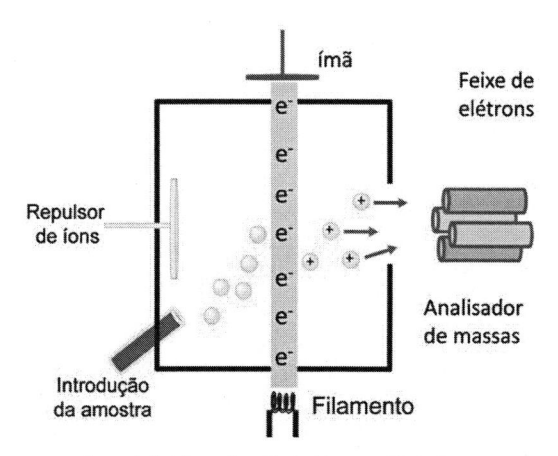

Fonte: Luiz Alberto Beraldo de Moraes e Tânia Petta.

Figura 2 Representação esquemática da fonte de ionização por elétrons (EI).

O processo de ionização é unimolecular; uma em cada 10^3-10^5 moléculas que entram na fonte de EI são ionizadas. Os íons formados são rapidamente expulsos da fonte de ionização pelo eletrodo de repulsão. Os íons moleculares são formados com excesso de energia interna e se fragmentam total ou parcialmente. O processo de ionização por elétrons pode ser representado da seguinte maneira para uma molécula M.

Fonte: Luiz Alberto Beraldo de Moraes e Tânia Petta.

Figura 3 Representação esquemática do processo de ionização por elétrons.

A ionização por EI envolve a injeção de um elétron da molécula M formando um cátion radical $M^{\bullet+}$. Quando os elétrons (e^-) da fonte de ionização se aproximarem de um dos elétrons que estão orbitando em uma molécula (M), estes irão se repelir. Com isso, o elétron da molécula será ejetado, gerando um íon molecular carregado positivamente ($M^{\bullet+}$). Os íons formados podem se fragmentar espontaneamente devido ao excesso de energia interna adquirida durante o processo de ionização. Este processo espontâneo de fragmentação gera um espectro com diferentes íons que ajudam a caracterizar a molécula inicial. Por exemplo, a Figura 4 apresenta um espectro de EI-MS para a molécula da cocaína ($C_{17}H_{21}NO_4$). O íon de m/z 303 corresponde ao íon molecular $M^{\bullet+}$. Na grande maioria dos casos, o íon $M^{\bullet+}$ é formado com um excesso de energia e se fragmenta espontaneamente, formando os íons fragmentos de m/z 182 e 82 (íon base), que são utilizados como impressão digital para a identificação da cocaína por EI.

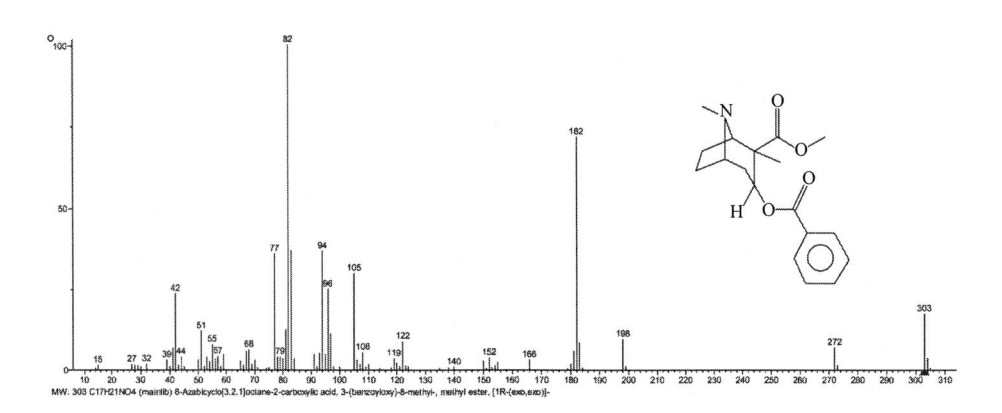

Fonte: Weber Amendola com base em Luiz Alberto Beraldo de Moraes e Tânia Petta.

Figura 4 Espectro da cocaína a 70 eV obtido da biblioteca NIST (National Institute of Standards and Technology).

Ionização por íons secundários/ bombardeamento de átomos acelerados SIMS/FAB

Espectrometria de Massas de íons secundários SIMS (do inglês *Secondary Ion Mass Spectrometry*) é uma técnica utilizada para analisar a composição de superfícies sólidas e películas finas. Em SIMS, os íons do analito (denominados íons secundários) presentes na superfície a ser analisada são criados pelo bombardeamento de um feixe contínuo de íons primários com energia cinética de algumas dezenas de kiloelétronsvolts (keV). Existe um grande número de diferentes fontes de feixes de íons primários, que devem ser selecionados em função do tipo de aplicação. Em fonte de íons de metais líquidos (LMIG, do inglês *Liquid Metal Ion Guns*), Ga^+ e In^+ são os íons primários tipicamente produzidos. Essas fontes não produzem alto rendimento de íons secundários, mas estes podem ser focalizados em um estreito diâmetro, o que é desejável em imagem química. Feixes de íons primários, tais como SF_5^+, Bi_n^+, Au_n^+ e C_{60}^+, produzem maior rendimento de íons secundários em comparação com os feixes de íons primários monoatômicos, especialmente em altas faixas de massas. Isto é relativamente importante na análise de amostras biológicas. Além disso, o dano causado à superfície da amostra é menor. Em geral, o rendimento na formação de íons secundários é proporcional ao aumento da massa atômica do íon primário, o que leva a maior sensibilidade e menor tempo de análise.

A técnica de ionização por átomos/íons acelerados FAB (do inglês *Fast Atom/Ion Bombardment*) está intimamente relacionada com a SIMS. Na FAB, uma amostra de um líquido é bombardeada com um feixe contínuo de átomos energéticos (normalmente átomos de Ar ou Xe com energia cinética de ~10 keV), em vez de íons. Na verdade, existe uma variação da técnica FAB, denominada SIMS líquida (LSIMS), na qual a amostra líquida é bombardeada com íons energéticos, normalmente íons de Cs^+. Em princípio, não existe diferença no mecanismo de pulverização se as partículas são íons primários ou átomos acelerados. A fonte de ionização por FAB é do tipo ionização branda, e necessita do uso de uma sonda de inserção direta para a introdução da amostra líquida e gera espectros com pouca fragmentação. A fim de manter a amostra no estado líquido dentro da fonte de ionização em alto vácuo, em geral a amostra é dissolvida em uma matriz, um solvente viscoso, com baixa pressão de vapor e ponto de congelamento, tais como glicerol ou álcool nitrobenzílico. O feixe de átomos rápido ou íons incide sobre a solução da matriz/amostra, vaporizando a mistura, levando o analito para a fase gasosa. O analito pode ser carregado ou adquirir carga através de reações íon-molécula, formando espécies protonadas ou cationizadas $[M+H]^+$ ou $[M+Na]^+$. Uma vez formados, esses íons são extraídos eletrostaticamente da fonte para os analisadores de massas. Uma grande desvantagem da FAB é o intenso ruído químico provocado pela ionização da matriz na região de baixa faixa de massas.

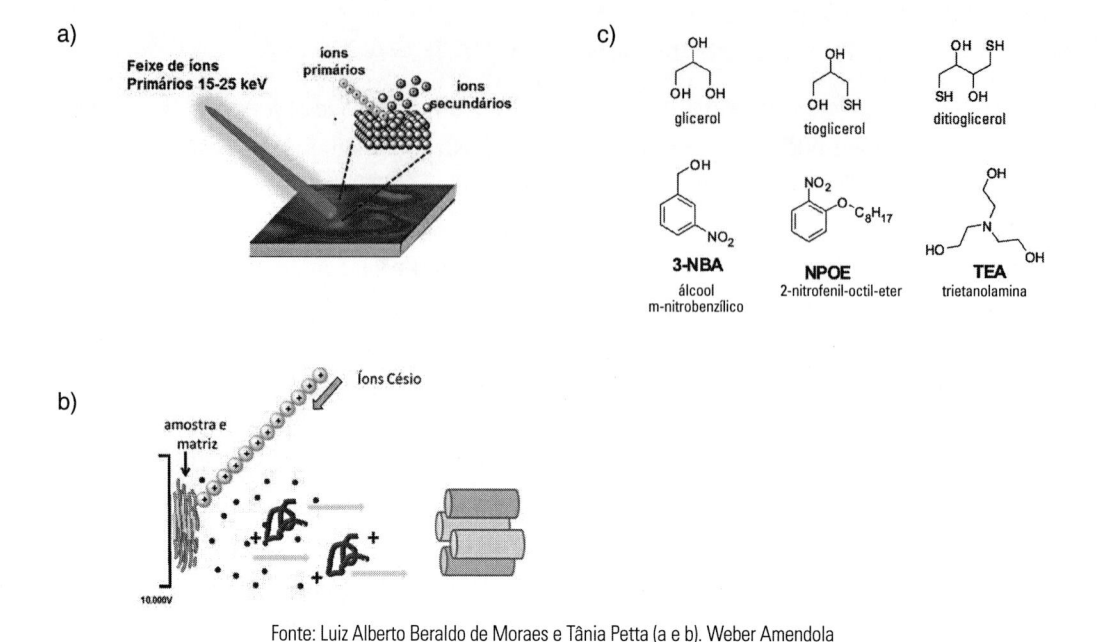

Fonte: Luiz Alberto Beraldo de Moraes e Tânia Petta (a e b). Weber Amendola com base em Luiz Alberto Beraldo de Moraes e Tânia Petta (c).

Figura 5 Representação esquemática da fonte de (a) SIMS, (b) FAB e (c) principais matrizes.

* Você pode visualizar estas imagens em cores no final do livro.

MALDI

A fonte de ionização por MALDI, desenvolvida por Karas, Hillenkamp e colaboradores no final de 1980, permite a análise de compostos de alta massa molecular, com alta sensibilidade, assim como a ionização e transferência de uma amostra a partir de uma fase condensada para a fase gasosa de uma forma similar à FAB. A principal diferença entre MALDI e FAB é que, enquanto esta última utiliza um feixe contínuo de átomos ou íons incidindo sobre uma matriz líquida, a primeira utiliza uma matriz sólida, e a ionização é produzida pela incidência de um laser pulsado. A fonte de MALDI também é uma técnica de ionização branda, na qual os íons são formados com baixa energia interna, e pouca ou nenhuma fragmentação é observada no espectro de massas (Karas, Bahr e Hillenkamp, 1989).

A matriz é a peça-chave do método de MALDI. A principal característica dessas matrizes é a alta capacidade de absorver os raios UV do laser. Nesta análise, o analito é dissolvido na matriz (relação de 1:100 ou 1:500 analito/amostra), que, depois de seca, cristaliza em conjunto com a amostra. O feixe de laser pulsado incide sobre a matriz/amostra promovendo a evaporação da matriz e a dessorção e ionização do analito. As moléculas da matriz são ressonantemente excitadas pela absorção da energia do laser, induzindo a vaporização da amostra. As matrizes comumente empregadas são compostos aromáticos de baixa massa molecular, como os derivados do ácido cinâmico (Figura 6.b). As moléculas ionizadas produzidas na fonte são então dirigidas pelas lentes eletrostáticas para o analisador de massas. O analisador de tempo de voo (TOF, do inglês *Time-of-Flight*) é o mais utilizado em combinação com a fonte de MALDI.

MALDI pode operar em ambos os modos, positivo e negativo, gerando principalmente íons monocarregados; no entanto, íons com múltiplas cargas são comuns, especialmente para proteínas de alta massa. Dímeros (M–$\overset{+}{H}$–M) também podem ser observados nos espectros. A mudança da matriz ou modificações no sistema de preparo da amostra alteram significativamente as intensidades relativas dos íons entre os componentes de diferentes misturas.

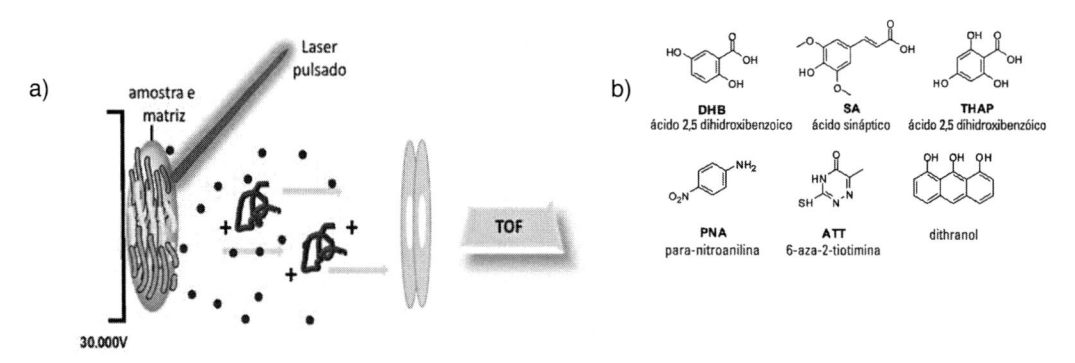

Fonte: Luiz Alberto Beraldo de Moraes e Tânia Petta (a). Weber Amendola com base em Luiz Alberto Beraldo de Moraes e Tânia Petta (b).

Figura 6   a) Representação esquemática de uma fonte de MALDI; b) principais matrizes utilizadas.

ESI

A fonte de ionização por eletrospray (ESI) foi introduzida pela primeira vez por Dole e colaboradores em 1968 (Dole et al., 1968) e acoplada ao espectrômetro de massas em 1984 por Yamashita e Fenn (Yamashita e Fenn, 1984). Sem sombra de dúvida, o desenvolvimento da ESI-MS foi um marco sem precedentes na espectrometria de massas, por mudar o conceito sobre o processo de transferência de íons para a fase gasosa. ESI é um método utilizado para a produção de moléculas ionizadas na fase gasosa a partir de uma solução em fase condensada. Uma solução acidificada ou basificada da amostra (ou "neutra" de um sal) é submetida a um spray eletrolítico sob pressão atmosférica. Um fino "spray" (aerossol) se forma na presença de um elevado potencial eléctrico (1-4 kV) de modo a formar um cone de Taylor, que é enriquecido com íons positivos ou negativos. Um spray de gotículas carregadas é ejetado do cone de Taylor pelo campo elétrico. O contraíon é oxidado ou reduzido, e formam-se gotas com excesso de carga (positiva ou negativa). O solvente evapora e o volume das gotas é reduzido, o que provoca um aumento na repulsão entre os íons de mesma carga (Kerbale e Tang, 1993). Como resultado, formam-se gotas contendo apenas um íon (modelo CRM – *Charged Residue Model*) (Watkins, Jardine e Zhou, 1991), ou os íons evaporam (são "ejetados") das gotas para fase gasosa (modelo IEM –*Ion Evaporation Model*) (Covey, Huang e Henion, 1991). ESI tem sido utilizada em conjunto com todos os analisadores de massa.

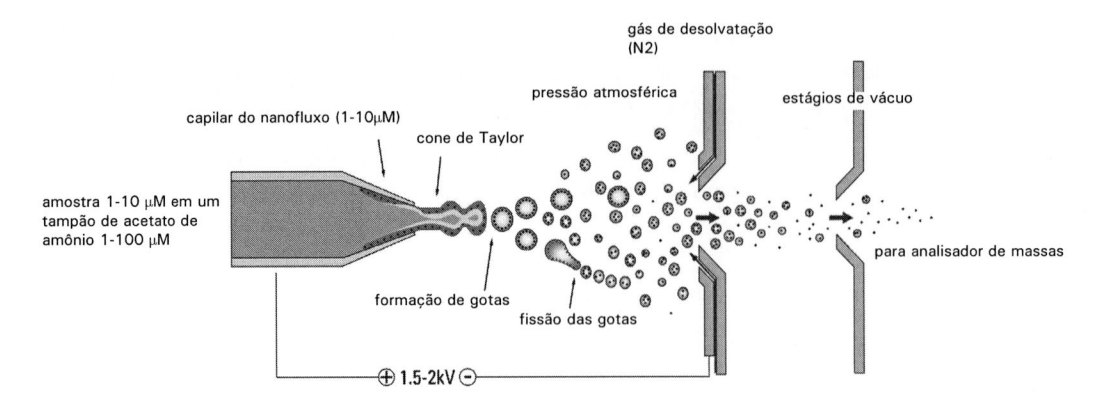

Fonte: Weber Amendola com base em Luiz Alberto Beraldo de Moraes e Tânia Petta.

Figura 7 Representação esquemática da fonte de ESI e o processo de formação de íons.

A preparação da amostra para a ESI requer apenas sua dissolução a uma concentração adequada em uma mistura de água e solvente orgânico, em geral metanol, isopropanol ou acetonitrila. Uma pequena porcentagem, 0,1% (ou 10 mMol), de ácido fórmico ou acético é com frequência adicionada para auxiliar a protonação das moléculas do analito em modo de ionização positivo. Para a ionização em modo negativo, uma solução de amônia ou amina volátil pode ser adicionada para auxiliar a desprotonação das moléculas do analito. A ESI-MS apresenta alta sensibilidade, atingindo níveis de detecção em femtomol ou attomol para muitos peptídeos. No entanto, esta sensibilidade é uma função da característica físico-química da amostra (acidez e basicidade), das velocidades de fluxo da fase móvel, da temperatura de dessolvatação e do potencial do cone extrator.

A fonte de ESI apresenta uma característica intrínseca; além da produção de íons monocarregados, é capaz de produzir íons multicarregados a partir de moléculas de alta massa molecular, como proteínas e polímeros. Esta é uma característica importante, pois o espectrômetro de massas mede a razão *m/z*; assim, é possível observar a ionização de moléculas com alta massa molecular empregando espectrômetros de massas com analisadores quadrupolares.

Ionização ambiente

Antes do desenvolvimento das técnicas de ionização à pressão atmosférica na década de 1980, a transferência de uma amostra à pressão atmosférica para o exterior do espectrômetro de massa operando a 10^{-6} mbar era a principal limitação de aplicação da Espectrometria de Massas no desenvolvimento de métodos bioanalíticos. A consolidação das técnicas de ionização à pressão atmosférica, como ESI, APPI e APCI, e o entendimento dos processos de dessorção e ionização possibilitaram o desenvolvimento de novas formas mais fáceis de produzir íons na técnica aqui explorada. Estas novas técnicas, denominadas ionização ambiente (Alberici et al., 2010; Harris, Nyadony e Fernandez, 2008), propiciaram uma simplicidade surpreendente na aplicação de Espectrometria de Massas, elevando-a para um novo nível de aplicação. Ionização, dessorção e transferência dos íons para a fase gasosa, requeridas pelas análises de MS, ocorrem em condições de atmosfera ambiente com pouco ou nenhum preparo de amostras. A DESI (do inglês *Desorption electrospray ionizations*) (Takáts et al., 2004) e a DART (do inglês *Direct Analysis in Real Time*) (Cody, Laramée e Durst, 2005) são as técnicas precursoras e protagonistas desta segunda revolução da MS. Depois delas, outras técnicas foram e veem sendo introduzidas na literatura com uma velocidade impressionante.

DESI

A dessorção por ESI foi introduzida por Takáts e colaboradores (2004). A ideia de usar o eletrospray para a dessorção de analitos em superfícies sólidas é tão inteligente quanto simples. A técnica DESI é aplicada na análise de biomoléculas tão bem quanto no estudo de moléculas relativamente pequenas (Harris, Nyadony e Fernandez, 2008). Este método pode ser utilizado sem nenhum preparo prévio da amostra, entretanto, exige uma otimização experimental bastante complexa de algumas variáveis, como composição do solvente, ângulo de incidência e distâncias da dessorção. Na análise por DESI, os íons produzidos por uma fonte de *electrospray* são direcionados para uma superfície que contém a amostra. Por consequência, as gotículas do solvente carregado dessorvem o analito da superfície e promovem a ionização da amostra (Figura 8). A principal vantagem da técnica DESI é a capacidade de analisar qualquer tipo de superfície, por exemplo, vidro, ágar, tecido animal ou vegetal, papel ou uma placa de TLC (do inglês, *Thin Layer Chromatography*) (Ifa et al., 2008). Muitas vezes, o tempo de análise pode ser muito curto, na ordem de segundos. Isto significa que as análises rápidas podem ser realizadas *in situ*, sem a necessidade de preparo de amostras. Existem inúmeras aplicações da DESI, incluindo a análise forense (Eberlin et al., 2010), imagem química (Eberlin et al., 2013), metabolômica (Miura, Fujimura e Wariishi, 2012), fármacos (Williams e Scrivens, 2005), proteínas (Liu et al., 2012) e estudos de oxidação (Lu et al., 2012) e transformação redox (Benassi et al., 2009), entre outros.

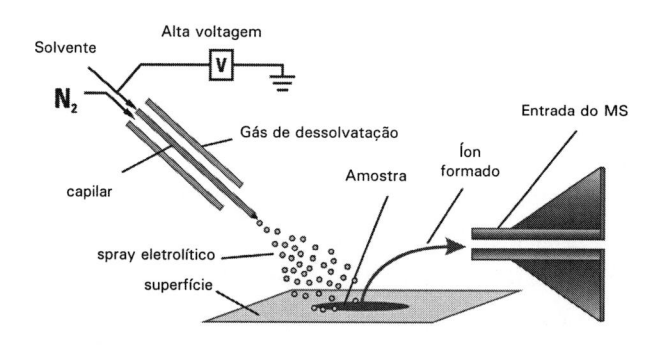

Fonte: Weber Amendola com base em Luiz Alberto Beraldo de Moraes e Tânia Petta.

Figura 8 Representação esquemática da fonte de DESI.

DART

A análise direta em tempo real (DART, do inglês *Direct Analysis in Real Time*) foi introduzida por Cody e colaboradores em 2005 (Cody, Laramée e Durst, 2005). A DART também pode ser aplicada *in situ*, sem a necessidade de preparo de amostras. Diferente da DESI, que possibilita a análise de proteínas, a DART é limitada à análise de íons na região de ~1.000 Da. Esta técnica vem sendo empregada nas mais diversificadas áreas, como análise forense (Laramée et al., 2007), farmacêutica (Fernandez et al., 2006), alimentícia (Haefliger e Jeckelman, 2007), biológica (Yu et al., 2009), química (Cody, 2009), entre outras (Wells et al., 2008). O termo *real time* deve-se ao fato de que a DART poder ser aplicada a amostras no seu estado físico sólido, líquido ou gasoso. Alguns dos mecanismos de formação de íons em DART ainda não foram completamente entendidos. O mais aceito envolve a utilização de espécies de átomos de hélio no estado excitado, como os metaestáveis (2^3S), com uma energia de 19,8 eV. Na fonte de DART, o gás hélio ou o nitrogênio entra numa câmara de descarga, que é iniciada pela aplicação de alta tensão de alguns kilovolts (1 a 5 kV) entre os eletrodos na câmara, e um plasma é formado contendo espécies carregadas e excitadas. Depois de sair da fonte, o fluxo pode ser dirigido para uma amostra e os íons dessorvidos são atraídos eletrostaticamente para o espectrômetro de massa. As aplicações do DART são, mais ou menos, as mesmas realizadas para DESI (Williams et al., 2006).

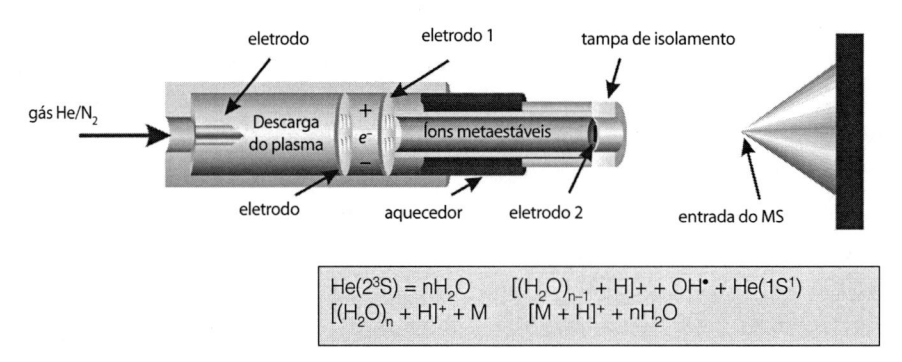

$$He(2^3S) = nH_2O \qquad [(H_2O)_{n-1} + H]^+ + OH^\bullet + He(1S^1)$$
$$[(H_2O)_n + H]^+ + M \qquad [M + H]^+ + nH_2O$$

Fonte: Weber Amendola com base em Luiz Alberto Beraldo de Moraes e Tânia Petta.

Figura 9 Representação esquemática de uma fonte de DART e o mecanismo para a formação dos íons.

Analisadores de massas

Estes separam ou selecionam íons num determinado intervalo de *m/z*. A característica de todos os analisadores de massas é a medição da razão da massa sobre a carga, e não simplesmente a massa de um íon. A principal diferença entre os analisadores são os princípios físicos utilizados em cada um para discriminar as razões *m/z*, o que leva a espectros de massas com magnitudes de resolução e exatidão distintas, característicos do analisador de massas utilizado.

Os primeiros analisadores de massas foram desenvolvidos por volta de 1910 e utilizavam campos magnéticos, ou combinações em série de campos magnético e elétrico (espectrômetro de massas de duplo foco), para separar os íons em função de seus raios de curvatura quando estes atravessavam o campo magnético. A configuração dos analisadores de massas modernos foi alterada drasticamente nestas últimas duas décadas, propiciando alta precisão, alta sensibilidade, ampla faixa de massas, alta velocidade de aquisição e capacidade de fornecer informação estrutural. Em função da grande evolução nas técnicas de ionização, os analisadores de massas também evoluíram para atender às necessidades de discriminação de íons de alta massa molecular para muitas aplicações biológicas obtidas com as fontes de ESI e MALDI.

O desenvolvimento das fontes de ESI e MALDI, nas quais a ionização ocorre em baixas energias sem a formação de fragmentos, criou a necessidade de obtenção de informações estruturais desses íons intactos, dando origem à Espectrometria de Massas Sequencial (MS/MS, ou *Tandem mass spectrometry*) ou de Estágios Múltiplos. Na Espectrometria de Massas Sequencial, o íon de interesse é selecionado e submetido ao processo de fragmentação por dissociações induzidas por colisões (CID, do inglês *Collision Induced Dissociation*). Também existem outras formas de fragmentação, tais com a ECD (do inglês *Electron Capture Dissociation*), ETD (do inglês *Electron Transfer Dissociation*) e IRMPD (do inglês *Infrared Multiphoton Dissociation*), nas quais os íons precursores são irradiados com fótons de infravermelho. No entanto, as fragmentações empregando CID são as mais comumente empregadas na grande maioria dos espectrômetros de massas.

Nesta seção, vamos discutir algumas características específicas dos analisadores de massas mais empregados, como o tempo de voo (TOF), o setor magnético/elétrico (EB), quadrupolo (Q), quadrupolo íon trap (QIT), Orbitrap e analisadores de ressonância ciclotrônica de íons por transformada de Fourier (FT-ICR).

Porém, antes, temos que discutir algumas características que estão relacionadas com o desempenho desses analisadores, como poder de resolução, precisão e faixa de massas.

♦ *Precisão de massas*: a diferença entre massa medida e massa teórica. Pode ser expressa em termos absolutos ou relativos, pela Equação (1):

$$\text{Erro(ppm)} = \frac{\text{massa experimental} - \text{massa teórica}}{\text{massa teórica}} \times 10^6 \qquad \text{Equação 1}$$

♦ *Poder de resolução*: a capacidade de um analisador de massas em separar dois sinais distintos no espectro de massas com pequena diferença na razão *m/z*. Pode ser calculado de duas maneiras. A primeira é simplesmente o calculado de R = m/Δm; na segunda, o Δm é determinado pela largura do pico a meia altura (FWHM, do inglês *full width at half maximum*),

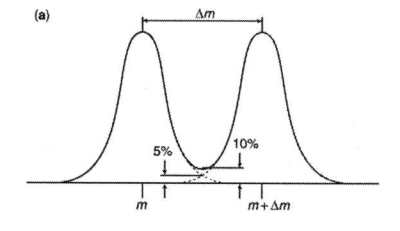

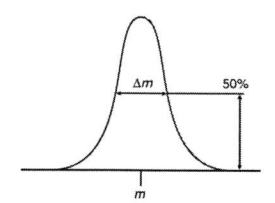

Analisadores por tempo de voo (TOF)

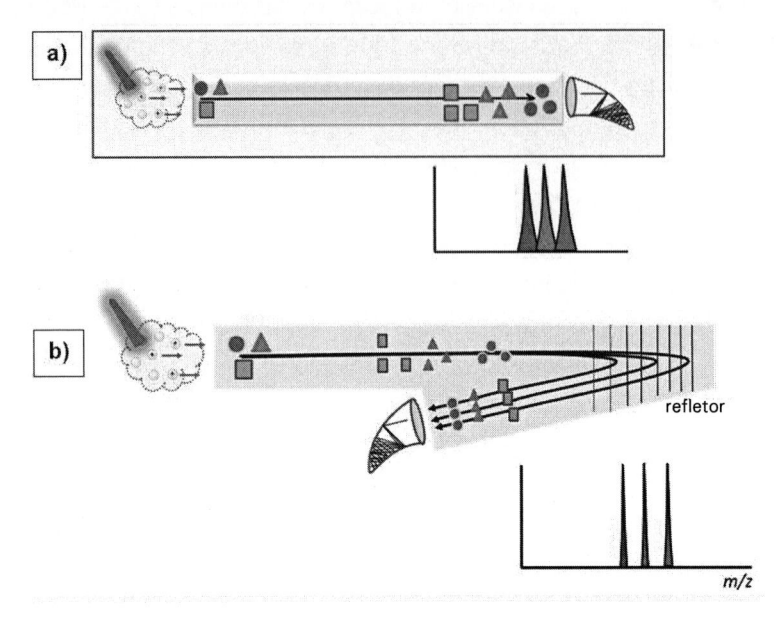

Fonte: Luiz Alberto Beraldo de Moraes e Tânia Petta.

Figura 10 Representação esquemática de um analisador de (a) TOF linear e (b) modo refletor.

*Você pode visualizar estas imagens em cores no final do livro.

O analisador de tempo de voo (TOF) é um dos dispositivos mais simples de análise de massas, comumente combinado com ionização por MALDI. Seu princípio de funcionamento foi publicado pela primeira vez por Stephens, em 1946, mas só foi comercializado depois de 1955, por Wiley e McLaren, usando o analisador TOF linear. Atualmente, o analisador TOF pode ser comercializado individualmente (TOF linear *reflectron*) ou na forma híbrida, como Q-TOF, QIT-TOF ou TOF-TOF.

As análises de TOF baseiam-se num conjunto de aceleração de íons gerados na fonte, que atingirão o detector com a mesma quantidade de energia. Uma vez que os íons possuem a mesma energia, mas massas diferentes, estes alcançarão o detector em momentos diferentes. Íons menores alcançam o detector primeiro devido à sua maior velocidade, e os maiores levam mais tempo. Por isso o analisador é chamado tempo de voo, porque determina a *m/z* em função do tempo de chegada dos íons no detector.

$$t_{TOF} = \frac{L}{v} = L\sqrt{\frac{m}{2qU_a}} \propto \sqrt{m/z},$$ **Equação 2**

A Equação (2) descreve a relação tempo de voo *x* massa, onde, L é o comprimento da região de voo, v a velocidade do íon depois da aceleração, m a massa do íon, q a carga do íon, U_a a diferença de potencial elétrico de aceleração e z o estado de carga do íon. Não é necessário conhecer com precisão os potenciais exatos nem as distâncias do espectrômetro. A conversão da relação tempo/massa é feita utilizando uma calibração externa com íons de massas conhecidas. Teoricamente, os analisadores TOF não têm limite superior ou inferior de medida de massas.

O poder de resolução do analisador TOF linear é limitado pela velocidade de propagação inicial dos íons. No entanto, há dispositivos eficientes para compensar esta distribuição de velocidade. Os mais eficientes são o refletores de íons eletrostático e o *delayed extraction*. O refletor foi introduzido por Mamyrin e colaboradores em 1973. O analisador TOF linear tem um limitado poder de resolução, mas, combinado com o refletor, que serve para reduzir a distribuição de energia cinética dos íons que atingem o detector, tem-se como resultado que a utilização do refletor aumenta o poder de resolução do TOF. A maioria dos espectrômetros de massas comerciais com analisadores de TOF pode operar nos dois modos de aquisição, linear e refletor. O poder de resolução do TOF refletor é de mais de 35 mil para insulina bovina (5734 Da), enquanto para o TOF linear é de 3 mil. Este último é mais utilizado na análise de altas faixas de massas, como proteínas.

Em geral, um analisador de TOF é muito mais sensível do que os analisadores de setor ou quadrupolo, no modo de varredura de *full scan*. Analisadores TOF exigem detectores muito rápidos para fornecer alta resolução. O detector mais eficiente para ser acoplado com o TOF é o MCP (do inglês *Microchannel Plate*). A capacidade de quantificação do TOF é limitada pelo detector e/ou pela fonte de íons. O TOF é, em geral, o analisador de massas mais rápido em uso.

Setor magnético/elétrostático (EB)

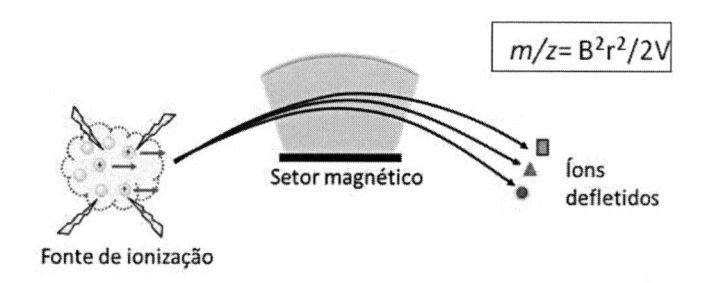

$$m/z = B^2 r^2 / 2V$$

Fonte: Luiz Alberto Beraldo de Moraes e Tânia Petta.

Figura 11 Representação esquemática do analisador de setor magnético.

* Você pode visualizar esta imagem em cores no final do livro.

Nos espectrômetros de massas com analisadores de setor, os íons gerados na fonte são acelerados com velocidade elevada. Os íons passam através de um setor magnético, no qual o campo magnético é aplicado perpendicularmente à direção do feixe de íons. O campo magnético não mudará a velocidade dos íons, mas os forçará a descrever um movimento circular com um raio que é dependente da intensidade do campo magnético aplicado, da relação massa/carga e da velocidade dos íons. Apenas íons com *m/z* específicos serão capazes de alcançar o detector. Uma limitação típica dos analisadores de setor magnético é sua resolução relativamente baixa. Para melhorar a resolução, os instrumentos de setor magnético operam em combinação com um setor eletrostático adicional.

O analisador de massas magnético de duplo foco apresenta duas partes distintas, os setores magnético e eletrostático. O primeiro é utilizado para separar os íons de acordo com sua razão m/z, enquanto a função do segundo é corrigir a distribuição de energia cinética. O setor eletrostático atua como um filtro de energia cinética, permitindo que apenas os íons com mesma energia cinética passem através do campo. Os instrumentos com dois setores são denominados analisadores de massas de duplo foco apresentam um poder de resolução de massas na ordem de 100 mil.

Quadrupolo (Q)

Os analisadores de massas quadrupolares (Q) foram inicialmente descritos por Paul e Steinwegen em 1953. São constituídos de quatro hastes paralelas com uma tensão de corrente contínua (DC), sobreposta a um potencial de radiofrequência (RF). As hastes opostas são conectadas eletricamente em pares. Em dado momento, os dois pares terão potenciais com a mesma ordem de grandeza, mas de sinais opostos. Os íons que são formados na fonte são acelerados com um potencial de 5 a 20 V. Os íons que apresentarem uma trajetória estável no campo elétrico quadrupolar resultante alcançarão o detector. Íons que não apresentarem uma trajetória estável irão colidir com as hastes e nunca atingirão o detector. A trajetória estável de um íon dentro do campo quadrupolar é descrita pela equação de Mathieu (Figura 12).

A RF é variada para que íons de diferentes razões m/z obtenham uma trajetória estável ao longo do quadrupolo. O espectro de massas é adquirido pela varredura da razão dos potenciais de DC e RF, monitorando-se a abundância dos íons detectados. A Figura 12 ilustra a trajetória de íons com diferentes valores de m/z que entram no quadrupolo com campos DC e RF fixos. Neste caso, o quadruplo funciona com um filtro de massas, deixando passar somente os íons de m/z específico que atingirão o detector.

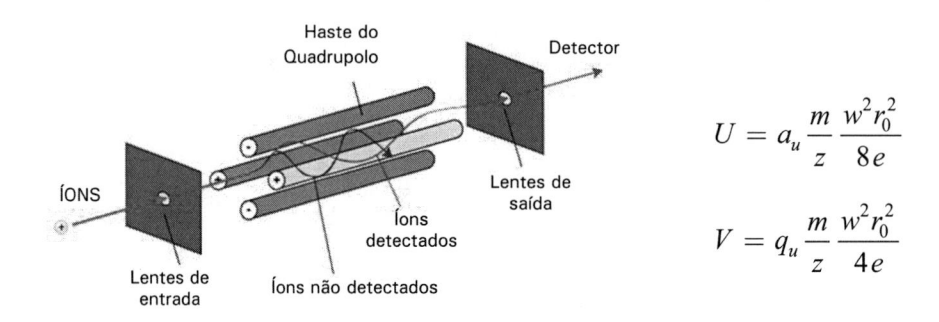

$$U = a_u \frac{m}{z} \frac{w^2 r_0^2}{8e}$$

$$V = q_u \frac{m}{z} \frac{w^2 r_0^2}{4e}$$

Fonte: Luiz Alberto Beraldo de Moraes e Tânia Petta.

Figura 12 Representação esquemática de um analisador quadrupolar e equação de Mathieu.

Analisadores de massas quadrupolar são bastante empregados na construção de espectrômetros de massas devido a sua simplicidade instrumental, sensibilidade, baixo custo, tolerância a pressões relativamente altas ($\sim 5 \times 10^{-4}$ mbar) e capacidade de acoplamento com outros analisadores em linha, como os multiquadrupolos (QqQ) e os Q-TOF. No entanto, apresentam baixo poder de resolução e de precisão de massa. Os Q tipicamente operam na faixa de m/z de 25-2000 Da com resolução unitária de massas.

Armadinha de íons (QIT, do inglês *Quadrupolo Íon Trap*)

O analisador de massa íon trap (QIT) foi desenvolvido no mesmo período e pelos mesmos pesquisadores que desenvolveram os analisadores quadrupolares. A física por trás de ambos é muito semelhante, mas sua geometria é diferente. Recentemente, surgiu uma nova variante desse analisador, o íon trap linear (LIT), construído por um quadrupolo, mais possui eletrodos adicionais nas extremidades que permitem o aprisionamento de íons na direção axial. Sua principal vantagem é a possibilidade de executar experimentos de espectrometria de massa sequencial sem a necessidade de ter vários analisadores em sequência.

Os analisadores de massa íon trap 3D são constituídos por quadrupolos cilíndricos que utilizam um campo RF oscilante para armazenar íons num poço de potencial. O espectro de massas é adquirido ejetando esses íons do poço de potencial, pelo aumento da sua órbita, indo para o detector. Os QIT operam normalmente com uma pressão normal de 1×10^{-3} mbar de gás hélio. Este gás nos QIT ajuda na retenção dos íons, atua como resfriador de íons devido à alta concentração de íons de mesma carga dentro do *traps* e também pode ser usado para induzir a fragmentação de um íon específico quando operando no modo MS^n. O número máximo de íons no QIT é limitado a cerca de 10^5; concentrações acima deste valor afetam seriamente o desempenho devido ao efeito *space-charge*. Em razão da limitada faixa dinâmica, os QIT não são indicados para experimentos de quantificação.

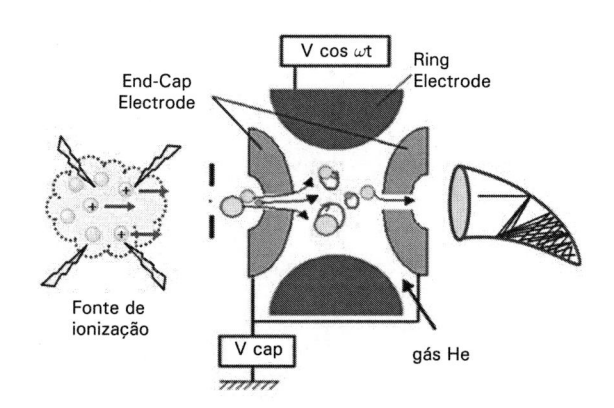

Fonte: Luiz Alberto Beraldo de Moraes e Tânia Petta.

Figura 13 Representação esquemática de um analisador QIT.

* Você pode visualizar esta imagem em cores no final do livro.

Orbitraps

Orbitrap é o analisador de massas mais recentemente desenvolvido, por Makarov, em 1999. Ele consiste de dois eletrodos coaxiais simétricos, uma superfície externa cilíndrica e um eletrodo interno orientado na forma de um eixo. O Orbitrap, em si, é um dispositivo compacto com diâmetro e comprimento inferiores a 10 cm. Um potencial elétrico constante é aplicado entre os dois eletrodos (não há campo magnético ou potencial elétrico oscilante envolvido). As superfícies opostas dos eletrodos não são paralelas. Desta forma, o campo elétrico entre as duas superfícies varia em função da posição ao longo do eixo z, e o eixo longitudinal dos dois eletrodos coaxiais é mínimo no ponto de maior distância entre as superfícies dos eletrodos, ou seja, no centro do orbitrap. Valores de m/z são medidos ao longo do eixo do campo elétrico a partir da frequência de oscilações harmônicas dos íons orbitalmente aprisionados. A frequência destas oscilações harmônicas é independente da velocidade dos íons e é inversamente proporcional à raiz quadrada da relação m/z. Esta configuração fornece um substancial ganho no poder de resolução e precisão de massas. O poder de resolução típico para os espectrômetros de massas comerciais é de aproximadamente 130.000 (FWHM) para m/z 400 Da. Lembrando que o poder de resolução de massas é dependente de m/z e diminui em função $\sqrt{m/z}$.

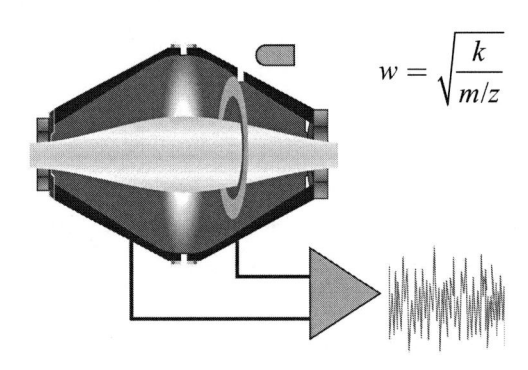

$$w = \sqrt{\frac{k}{m/z}}$$

Fonte: Weber Amendola com base em Luiz Alberto Beraldo de Moraes e Tânia Petta.

Figura 14 Representação esquemática do analisador Orbitrap.

A faixa de massa depende das definições das tensões aplicadas. A faixa de m/z dos Orbitrap comerciais é de 50-4000 Da. O número máximo de íons dentro do traps é superior a 10^6, sem efeitos de *space-charge* que afetem seriamente seu desempenho, com uma faixa dinâmica de cerca de ~5.000, mantendo boa precisão de massas.

Ressonância ciclotrônica de íons por transformada de Fourier (FT-ICR)

O analisador de ressonância ciclotrônica de íons (ICR, do inglês *ion cyclotron resonance*) foi introduzido pela primeira vez por Comisarow e Marshall, em 1974. O ICR é considerado, até o momento, o sistema mais complexo dos analisadores de massas. Ele determina a razão m/z de íons a partir da frequência ciclotrônica destes na presença de um forte campo magnético espacialmente uniforme. Essa frequência é inversamente proporcional à razão m/z. O sinal do ICR é detectável apenas se os íons apresentarem um movimento sincronizado (em fase). Com o intuito de obter essa sincronia, aplica-se um campo elétrico (RF) espacialmente uniforme com a mesma frequência da ressonância ciclotrônica, tornando o movimento dos íons detectável. Íons com massa m e carga q movendo-se em um campo magnético espacialmente uniforme de força $\vec{B}$, direcionados perpendicularmente ao sentido do movimento dos íons, podem descrever um movimento circular com uma frequência ciclotrônica f_c:

$$f_c = \frac{qB}{2\pi \cdot m} \propto \frac{1}{m/z}.$$

O método para a detecção de íons no instrumento FTICR é diferente da maioria dos outros espectrômetros de massas. O espectro em domínio de frequência é obtido pela transformada de Fourier em um sinal de ICR digitalizado no domínio de tempo. Em seguida, após uma conversão matemática, este é transformado em domínio de massas ou espectro de massas (Marshall et al., 2007). A faixa de m/z é limitada pela intensidade do campo magnético do eletroímã e a energia cinética dos íons aprisionados. Para um instrumento comercial de 9,4 T, o intervalo típico de m/z é entre ~30 e ~10.000.

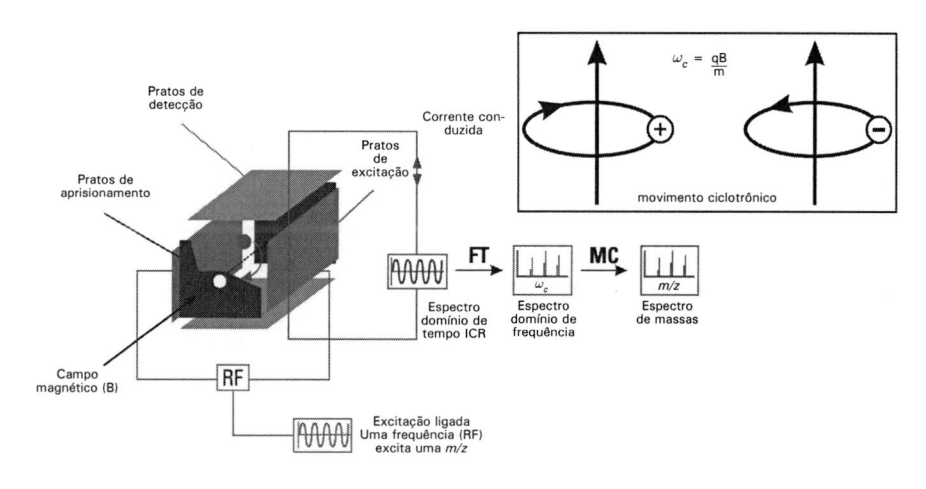

Fonte: Weber Amendola com base em Luiz Alberto Beraldo de Moraes e Tânia Petta.

Figura 15 Representação esquemática de uma fonte de FT-ICR.

O controle do número de íons dentro da cela de ICR é essencial para obtenção de valores ótimos de resolução, exatidão e relação sinal-ruído. Um valor ótimo usualmente é menor que 10^7. O efeito *space-charge* altera o movimento dos íons dentro da cela de ICR e diminui o poder de resolução. O ICR propicia duas grandes vantagens, alta resolução e capacidade de executar experimentos de colisão múltipla (MS^n). Sem dúvida alguma o analisador ICR apresenta um poder de resolução sem precedentes, na ordem de 8×10^6 (FWHM) para ubiquitina bovina (massa monoisotópico 8.569,6 Da). O padrão isotópico para esta proteína é resolvido pelo ICR. A calibração de massa para analisadores FTICR com supercondutores é muito estável, permanecendo por vários dias. Analisadores de ICR com campo de 14,5 T propiciam uma exatidão de massa de 0,1 ppm, com poder de resolução de 300.000.

Espectrometria de massas sequencial

O desenvolvimento da espectrometria de massa sequencial (MS/MS) fez-se necessário em razão da necessidade de obtenção de informações estruturais de íons produzidos de forma intacta em algumas fontes de ionização, como ESI e MALDI. Assim, esta é uma técnica para a obtenção de informação estrutural de um íon, utilizando vários estágios de seleção, fragmentação e separação de massas.

Espectrometria de massas de estágios múltiplos (MS/MS ou MS^n) pode ser entendida como o processo de seleção de um íon de interesse em um analisador de massas (MS), posterior fragmentação deste íon precursor por CID e análise dos fragmentos formados em outros estágios de massas (MS^2). Este procedimento pode ser repetido n vezes, desde que se possa obter informações significativas ou que o sinal do íon fragmento seja detectável.

A espectrometria de massas sequencial pode ser realizada com sucesso ou não, dependendo das combinações de analisadores de massas empregados. Uma grande variedade de analisadores de massas pode ser combinada para determinada aplicação, no entanto, alguns fatores, como sensibilidade, seletividade e velocidade e custo e disponibilidade devem ser avaliados na escolha do equipamento.

Como apresentado na seção anterior, os analisadores do tipo traps (QIT, Orbitraps e ICR) são os mais eficientes para os estudos de fragmentação, podendo atingir até MS^{10}. Os espectrômetros de massas híbridos Q-TOF produzem experimentos de MS^2 e também são empregados com bastante sucesso na espectrometria de massas sequencial, em especial pelas características intrínsecas do analisador TOF. Porém, o equipamento mais versátil para a realização de uma gama de diferentes experimentos em espectrometria de massas sequencial é o equipamento multiquadrupolar.

Triploquadruplo

Apesar do baixo poder de resolução dos analisadores quadrupolares, os espectrômetros de massas multiquadrupolares ($Q_1q_2Q_3$) apresentam a melhor sensibilidade analítica na quantificação de diferentes analitos em matrizes biológicas, alimentos, agroindústria, farmacêutica etc. (Nazare et al., 2005). Os equipamentos multiquadrupolares, $Q_1q_2Q_3$, são os mais versáteis utilizados no desenvolvimento de experimentos de espectrometria de massas sequencial. Valendo-se de dois analisadores quadrupolares em linha (Q_1 e Q_3), podem operar variando-se os valores de RF/DC interligados por q_2 que, necessariamente não precisa ser um quadrupolo. O símbolo q_2 serve para diferenciá-lo dos demais quadrupolos. Desta forma, q_2 funciona apenas como uma câmera de colisão. Nestes equipamentos, a câmera de colisão (q_2) propicia a fragmentação dos íons selecionados no primeiro quadrupolo (Q_1), através da colisão com um gás inerte (geralmente argônio ou nitrogênio), com energia controlada. Esta colisão usualmente produz fragmentos que são analisados no quadrupolo (Q_3). Este processo é identificado como dissociação induzida por colisão CID, e fornece informações estruturais valiosas do íon selecionado. Este experimento é denominado íons produtos (Figura 16).

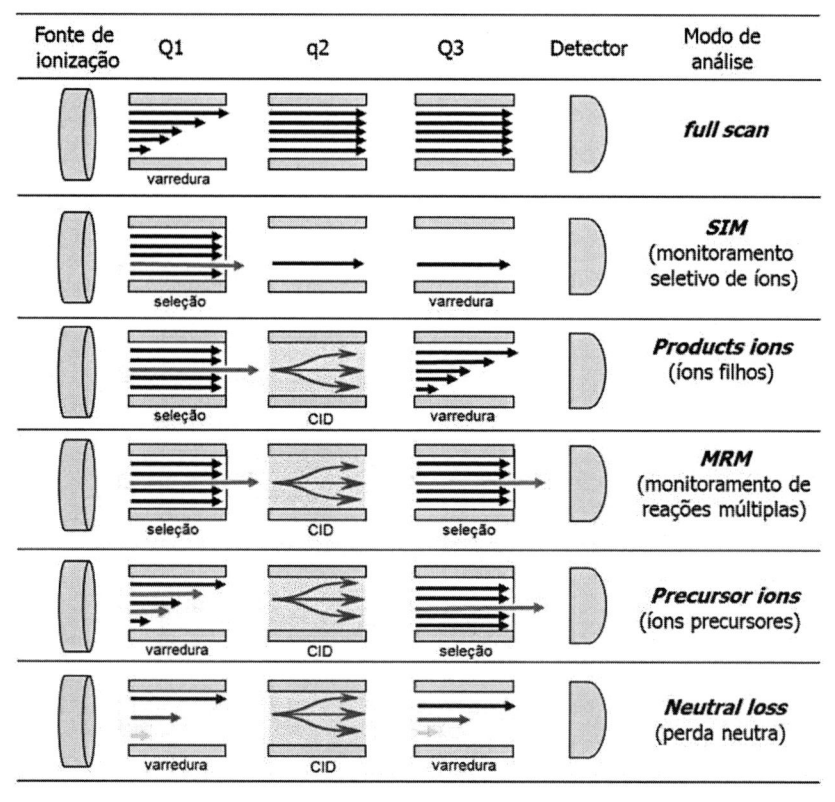

Fonte: Luiz Alberto Beraldo de Moraes e Tânia Petta.

Figura 16 Variações possíveis nos modos de análise para os espectrômetros triploquadrupolos.

A Figura 16 apresenta outras variações possíveis nos modos de análise para os espectrômetros de massas multiquadrupolares. Nos experimentos em que os quadrupolos Q_1 e Q_3 funcionam como filtros de íons de *m/z* específicos, é observado um ganho extraordinário em seletividade e sensibilidade do método analítico. Neste experimento, o mais empregado para o desenvolvimento de métodos quantitativos, denominado Monitoramento de Reação Selecionada (SRM, do inglês *Selected Reaction Monitoring*), um íon de interesse é selecionado em Q_1 (o íon precursor). Em seguida, este íon é fragmentado na cela de colisão (q_2) e, por fim, um determinado íon fragmento é discriminado em Q_3. SRM não é restrita apenas a uma única transição. Quando múltiplas transições são monitoradas, o termo SRM muda para Monitoramento de Reações Múltiplas (*MRM*, do inglês *Multiple Reaction Monitoring*) (Massaroti et al., 2005).

Outro experimento comumente utilizado é o monitoramento de íon precursor. Neste caso, a faixa dinâmica de aquisição de íons no Q_1 é variada, q_2 atua como cela de colisão e um íon específico é discriminado em Q_3. Apenas os íons que passarem em Q_1 e produzirem o íon produto selecionado em Q_3 serão detectados. Estes experimentos possibilitam a identificação de compostos da mesma classe química que apresente um íon diagnóstico em comum.

Experimentos envolvendo perda neutra apresentam excelente seletividade e são empregados na identificação de perdas de moléculas conhecidas. Neste modo de análise, Q_1 e Q_3 varrem simultaneamente, com uma diferença de massas igual à perda da molécula neutra que se deseja identificar, por exemplo, $\Delta m=18$ u para a H_2O. Neste modo de varredura o equipamento detecta apenas os íons das moléculas que geram as perdas neutras previamente selecionadas.

Os experimentos de íon precursor e perda neutra só podem ser realizados em espectrômetro de massas multiquadrupolares. Os experimentos de MRM são realizados em analisadores do tipo armadilha de íons, porém com uma menor eficiência.

A Tabela 1 traz um comparativo entre as principais características da cada um dos analisadores de massas apresentados neste capítulo.

Tabela 1 Comparação geral dos principais analisadores de massas

	Quadrupolo (Q)	Íon trap (IT)	Tempo de voo linear (TOF)	Tempo de voo reflectron (TOF)	Setor magnético (B)	Ressonância ciclotrônica de íons com transformada de Fourier (FT-ICR)	Orbitrap
Princípio de separação	Estabilidade na trajetória	Estabilidade na trajetória	Tempo de voo	Tempo de voo	Energia cinética e momento magnético	Frequência ressonância	Frequência ressonância
Limite de massas (Da)	2.000 – 4.000	4.000	> 1.000.000	10.000	10.000	10.000	6.000
Resolução (m/z 1.000)	< 4.000	4.000	8.000	50.000	50.000	> 200.000	>100.000
Exatidão (ppm)	100	100	200	10	< 5	< 0,1	< 5
Velocidade de varredura(s)	~ 1	~ 1	~ 10^{-3}	~ 10^{-3}	~ 1	~ 1	~ 1
Espectrometria de massas sequencial	MS^2 (QqQ)	MS^n	MS	MS^2	MS^2	MS^n	MS^n

Estudo de caso

Dentro das técnicas de espectrometria de massas aqui descritas, os métodos de ionização ambiente, principalmente EASI, DESI, DART e MALDI, vêm sendo altamente explorados para a solução de problemas no campo da química forense. Isto porque estas técnicas possibilitam análises rápidas, com mínimo ou nenhum preparo de amostra, podendo ser realizadas *in situ* sem a destruição do material de evidência, diferente das técnicas convencionais de espectrometria de massas.

Neste contexto, Salami e colaboradores desenvolveram uma metodologia rápida e eficiente para análise simultânea de cinco estimulantes anfetamínicos sintéticos (EAS) diretamente de amostras de urina, utilizando a fonte de ionização ambiente ASAP (do inglês, *Atmosferic-Pressure Solids Analysis Probe*). Nesta fonte de ionização, um jato de gás aquecido dessorve o analito, que é posteriormente ionizado por uma descarga corona.

Os EAS representam uma classe de drogas ilícitas amplamente consumidas por atletas com o intuito de melhorar o desempenho em treinos e competições esportivas. No entanto, a Agência Mundial Antidoping (Wada) estabelece limites para as concentrações permitidas de EAS em sangue e urina, e quando os níveis encontrados são maiores do que os permitidos, o atleta é punido ou desclassificado da competição (Wada, 2015). O uso destes compostos tem sido cada vez mais frequente, o que impulsiona a busca por métodos analíticos rápidos, sensíveis e precisos para a identificação do consumo dessas drogas por atletas. Os principais métodos empregados para análise biológica dos EAS são a cromatografia líquida de alta eficiência acoplada à espectrometria de massas (HPLC-MS) e a cromatografia gasosa acoplada à espectrometria de massas (GC-MS). Apesar da eficiência, as análises exigem, muitas vezes, etapas de *clean-up* e preparo de amostras.

Em contrapartida, os métodos de ionização ambiente possibilitam análises diretas a partir da matriz de interesse, originando assim uma resposta instantânea a respeito da composição química da mesma (Stojanovska et al., 2014).

Neste trabalho, a equipe utiliza o modo de varredura Monitoramento de Reações Múltiplas (MRM) para detectar seletivamente as EAS anfetamina, metanfetamina, efedrina, sibutramina e fenfluramina na urina. Transições múltiplas "íon precursor > íon produto" foram predefinidas para cada analito. Desta forma, o ruído químico é minimizado, pois os demais íons presentes na matriz não são detectados, ocorrendo um ganho pronunciado em seletividade e sensibilidade analítica. Com o MRM, as EAS foram identificadas sem interferência dos demais componentes da urina.

Em relação à probe ASAP, a temperatura da fonte é um parâmetro crucial a ser otimizado. Doue e colaboradores (2014) demonstraram que a identificação dos íons dessorvidos na sonda é altamente dependente da temperatura submetida, que deve ser adequada para dessorver os compostos do capilar sem degradá-los termicamente. No experimento, um tubo capilar de vidro é mergulhado diretamente na amostra de urina. Em seguida, o excesso de urina é removido com papel, e o capilar, inserido na sonda Asap. A sonda é então acoplada ao espectrômetro de massas para a análise de ASAP-MS/MS das EAS presentes na urina.

Depois de padronizada, a metodologia de ASAP-MS/MS foi eficientemente aplicada na análise de uma amostra de urina de um voluntário usuário de sibutramina, uma EAS usada para o tratamento de perda de peso. No experimento, não foi observado efeito de *carry over* ou supressão iônica por efeito de matriz.

O trabalho desenvolvido revela o potencial da ASAP-MS/MS para a detecção de estimulantes anfetamínicos em amostras de urina, de forma simples e rápida, na análise do controle de *doping* e toxicologia forense.

As técnicas recentes de ionização ambiente também podem auxiliar uma área desafiadora da criminalística: a documentoscopia (Romão et al., 2011). Atualmente, tem-se conhecimento de vários tipos de documentos passíveis de falsificação, como RG, ingressos de eventos, passaportes, carteiras de habilitação, de trabalho, documentos de veículos, entre outros. Testes de autenticidade dos documentos em geral envolvem a análise por microscópio, um método muitas vezes impreciso. Por isso, a caracterização química de amostras obtidas destes documentos é necessária. Tintas diferentes apresentam composição química distintas; portanto, testes que envolvem a determinação da composição química do material podem eficientemente revelar um material forjado.

Com o apoio da Polícia Federal e do Instituto de Criminalística da Polícia Civil do Estado de São Paulo, Lalli e colaboradores (2010) desenvolveram um método eficiente e robusto para a determinação de falsificação de documentos escritos à mão, empregando a EASI-MS, que, aplicada diretamente na superfície de papel, permite determinar o perfil de corantes característicos de diferentes tintas ali aplicadas. Os espectros são adquiridos diretamente da superfície dos materiais de evidência, sem nenhum preparo de amostra, mantendo ao máximo a integridade material.

Neste trabalho, os autores verificaram que é possível diferenciar traços feitos com a mesma tinta em épocas distintas. E, mais, identificar quais partes da escrita são antigas e quais foram acrescentadas posteriormente, permitindo localizar os pontos de cruzamento entre os traços e revelar qual está por cima. Assim, foram identificados marcadores químicos de tintas empregadas em falsificação de documentos datados de diferentes períodos. Os autores demonstraram ainda que a formação de produtos específicos da degradação das tintas devido ao envelhecimento pode ser indicativo da idade do corante.

Além de detectar documentos adulterados à mão, a aplicação da EASI-MS também é conhecida na análise da veracidade de documentos impressos. A técnica foi eficientemente utilizada na verificação da autenticidade de documentos de veículos brasileiros (Romão et al., 2012). A análise do perfil químico obtido diretamente da superfície de cada documento revelou íons diagnósticos característicos de diferentes tintas de impressão utilizadas no processo de falsificação. Comparando os espectros de massas obtidos por EASI-MS dos documentos autênticos e falsificados, um único íon de *m/z* 249 é detectado apenas no material forjado. A EASI-MS/MS do íon de *m/z* 249 foi consistente com o composto ácido 4-octil-oxi-benzoico. Este é um ácido utilizado como estabilizante minoritário adicionado dentre os demais componentes da tinta em documentos falsificados.

Em cédulas de dinheiro, o método também é poderoso para diferenciar notas falsas. Eberlin e colaboradores (2010) aplicaram as técnicas DESI e EASI para verificar a autenticidade de cédulas de real brasileiro, dólar americano e euro. Além utilizar o perfil químico dos compostos obtidos das tintas de impressão, ionizados diretamente da superfície das notas autênticas e falsas para diferenciá-las, a metodologia também foi capaz de distinguir documentos falsificados por diferentes processos, como aqueles que empregaram impressoras *inkjet*, *phaser* e *laserjet*. Portanto, a técnica pode, além de identificar de forma simples e rápida uma cédula falsa, fornecer informações a respeito do processo de falsificação e auxiliar os peritos a rastrear os locais de origem da produção das cédulas.

Estes métodos rápidos e não destrutivos para caracterização de tintas no nível molecular, diretamente da superfície de documentos suspeitos, representam uma ferramenta poderosa para análise forense de falsificação de assinaturas e documentos. No entanto, estas novas tecnologias ainda são pouco difundidas. Com a ampliação das suas aplicações, espera-se que sejam desenvolvidos espectrômetros menores e cada vez mais versáteis, e que a técnica seja implementada pelos órgãos públicos de investigação forense.

Prática de Laboratório

Análise da cafeína em urina humana empregando a cromatografia líquida de alta eficiência acoplada à espectrometria de massas sequencial (HPLC-MS/MS)

Objetivo

Desenvolver um método analítico para a análise de cafeína em urina empregando a HPLC-MS/MS, utilizando o modo de varredura Monitoramento de Reação Selecionada (SRM).

Aparelhagem

- Sistema de HPLC equipado com uma bomba binária acoplada a um Espectrômetro de Massas contendo uma fonte de ionização por *electrospray* (ESI) e um analisador de massas do tipo triplo-quadrupolo;
- Coluna HPLC C8 X-Terra (Waters) de dimensões 50 mm × 2,1 mm, 3,5 μm;
- Balança analítica;
- Sistema de *speed vac* para secagem de amostra.

Reagentes e vidraria[4]

- Padrão de cafeína;
- Amostras de urina humana: 1) urina isenta de cafeína: deve ser obtida de voluntário que não ingeriu alimento ou medicamento contendo cafeína. Esta amostra será utilizada no preparo da curva analítica; 2) urina contendo cafeína: deve ser obtida de voluntários que ingeriram café ou energético de 3 a 6 horas antes da coleta;
- Cartuchos de extração em fase sólida (SPE, do inglês *Solid Phase Extraction*), contendo recheio do tipo fase reversa C18 (500 mg);
- Água deionizada;
- Metanol, acetonitrila, ácido fórmico e acetato de amônio;
- Micropipetas;

---

[4] Os solventes utilizados devem ser de grau cromatográfico e os reagentes de grau analítico. Utilizar luvas durante o experimento.

- Vials;
- Luvas nitrílicas.

Procedimento

1. Desenvolva o método de SRM para a cafeína no espectrômetro de massas. Nesta etapa, uma solução de 500 ng mL^{-1} de cafeína dissolvida em metanol é infundida no espectrômetro de massas utilizando como fase móvel uma mistura de água/ácido fórmico 0,1% (v/v) e um fluxo de 20 μL.min^{-1}. Durante a infusão, a energia do cone deve ser otimizada para a molécula da cafeína protonada, ou seja, deve ser selecionada a energia em que o íon oriundo da cafeína seja mais intenso. O espectro deve ser adquirido no modo de ionização positivo. Em seguida, deve-se adquirir o espectro de CID da cafeína protonada em diferentes energias de colisão. Seleciona-se o íon produto mais intenso e a melhor energia de colisão para a dissociação deste íon em maior abundância. A Figura 17 apresenta o espectro de ESI-MS(+) da cafeína e os espectros de CID, adquiridos em diferentes energias de colisão.

Fonte: Luiz Alberto Beraldo de Moraes e Tânia Petta.

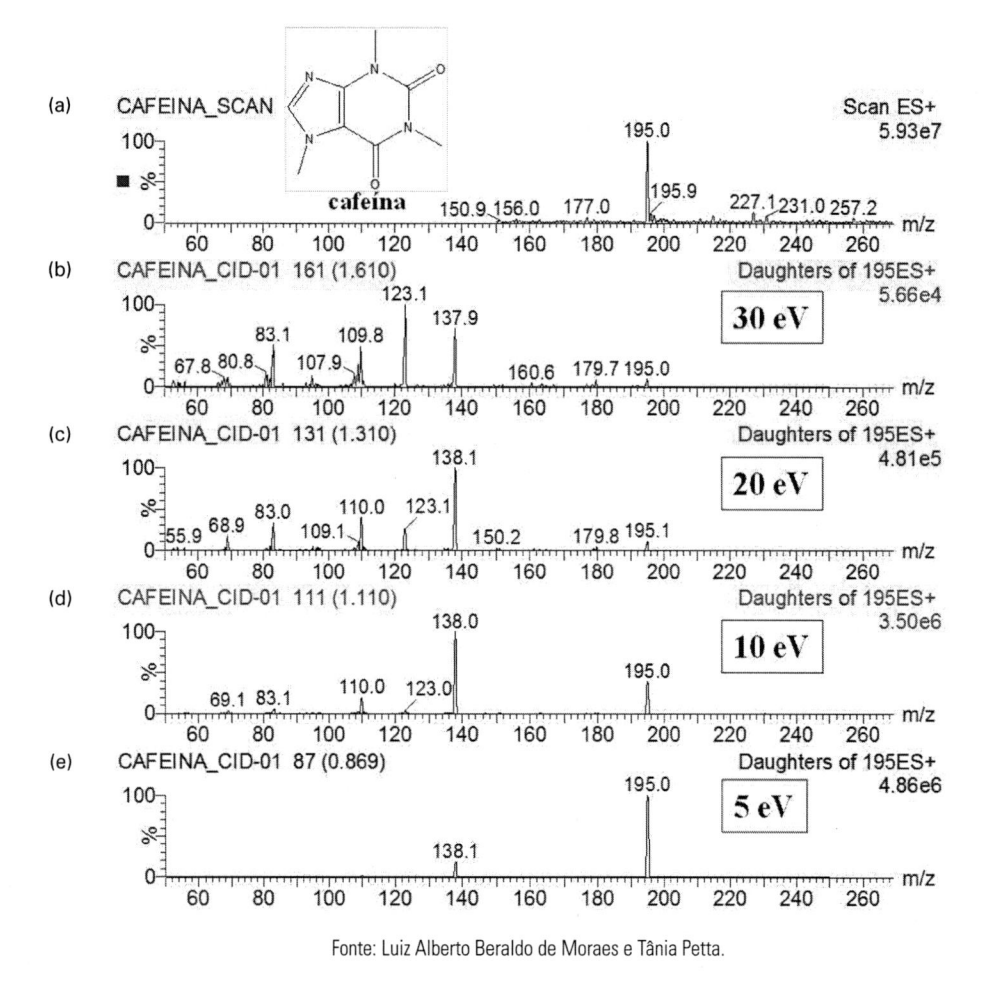

Figura 17 a) Espectro de ESI-MS(+) da cafeína. Espectros de íons produto da cafeína em diferentes energias de colisão: e) 5 eV, d) 10 eV, c) 20 eV e b) 30 eV.

As condições ótimas são incorporadas ao método SRM para a análise da cafeína. O método cromatográfico utilizado para a análise das amostras é apresentado na Tabela 2. A coluna utilizada é uma X-Terra C8 (50 mm × 2,1 mm, 3,5 μm).

Tabela 2 Gradiente cromatográfico utilizado para a análise de cafeína por HPLC-MS/MS

Tempo (min)	Fase A (%)	Fase B (%)	Fluxo (mL·min⁻¹)
0	80	20	0,3
5,00	20	80	0,3
10,0	0	100	0,3

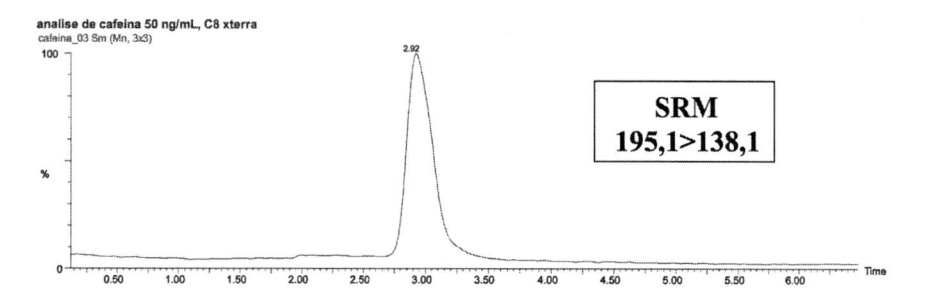

Fonte: Weber Amendola com base em Luiz Alberto Beraldo de Moraes e Tânia Petta.

Figura 18 Cromatograma de HPLC-MS/MS da cafeína obtido no modo SRM. Energia de cone 60V e de colisão 20 eV.

A Figura 18 apresenta o cromatograma de HPLC-MS/MS adquirido no modo SRM para a transição 195,1 > 138,1 definida para a cafeína.

2. Amostras de urina contendo cafeína: um voluntário deve ingerir café (uma xícara) ou energético (1 copo), no intervalo de 3 a 6 horas antes da coleta. A urina coletada deve ser mantida a –20°C.
3. Curva analítica para quantificação da cafeína: prepare uma solução estoque de cafeína, em urina, contendo 1.000 ng. mL^{-1} de cafeína, e, a partir desta, prepare os demais pontos da curva analítica. A curva deve conter 5 pontos, e as concentrações devem estar na faixa de 5 a 300 ng. mL^{-1}. O volume final de cada ponto da curva deve ser de 500 mL em urina. Cada ponto deve ser preparado em triplicata.
4. Extraia a amostra de urina dos voluntários (500 μL) e os pontos da curva analítica empregando a SPE. Nesta etapa, acidifique 500 μL de urina com 50 μL de HCl 1M. Condicione os cartuchos SPE C18 com 3 mL de metanol e 3 mL de H$_2$O. Adicione todo o volume de urina no cartucho. Após a eluição da urina, utilize uma solução básica de metanol/acetonitrila/acetato de amônio (79,9 : 20 : 0,1, v/v/v), pH 7,5 para extrair a cafeína retida no cartucho. O solvente deve ser evaporado em *speed vac* ou utilizando-se um fluxo de nitrogênio, e o extrato bruto resultante ressuspendido em 200 μL de metanol e transferido para os vials de injeção imediatamente antes da análise no espectrômetro de massas.

5. Para analisar as amostras, a coluna cromatográfica deve ser condicionada com a fase móvel inicial (cerca de 10 minutos). Injete 3 μL dos pontos da curva analítica em ordem crescente de concentração. Injete o mesmo volume da amostra de urina a ser analisada em triplicata. Lembre-se de que os pontos da curva estão em triplicata.
6. Calcule as áreas dos picos de cafeína, construa uma curva de calibração e quantifique as amostras utilizando a curva de calibração.

Quesitos

– Determine as condições de SRM para análise de cafeína.
– Construa a curva de calibração para a quantificação da cafeína.
– Determine a concentração de cafeína encontrada nas amostras.

Relatório de análises

Elabore um relatório científico sobre o experimento, que deve ser estruturado em: introdução, parte experimental, resultados, discussão, conclusão e referências bibliográficas.

EXERCÍCIO COMPLEMENTAR

1. A metilenodioximetanfetamina, mais conhecida com *ecstasy*, é uma droga ilícita proibida no Brasil. Supondo que você dispõe em seu laboratório de um espectrômetro de massas com fonte ESI e analisador de massas triplo-quadrupolo, proponha um delineamento experimental para desenvolver uma metodologia de identificação do *ecstasy* em urina empregando o modo de varredura SRM. Abaixo, o espectro de íons do produto gerado via CID da molécula de *ecstasy* protonada.

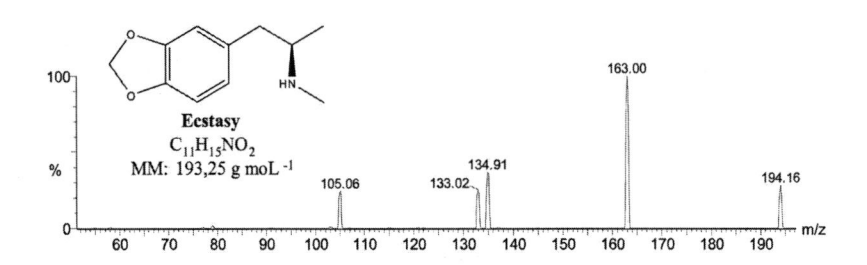

Fonte: Weber Amendola com base em Luiz Alberto Beraldo de Moraes e Tânia Petta.

REFERÊNCIAS BIBLIOGRÁFICAS

ALBERICI, R. M. et al. Ambient mass spectrometry: bringing MS into the "real world". *Analytical and Bioanalytical Chemistry*, v. 398, p. 265-294, 2010.

BENASSI, M. et al. Redox transformations in desorption *electrospray* ionization. *International Journal of Mass Spectrometry*, v. 280, 2009, p. 235-40.

BLEAKNEY, W. The ionization of hydrogen by single electron impact. *Physical Review*, v. 35, p. 1180-86, 1930.

BRETTELL, T. A.; BUTLER, J. M.; ALMIRALL, J. R. *Analitical Chemistry*, v. 79, p. 4365-84, 2007.

CODY, R. B. Observation of molecular ions and analysis of nonpolar compounds with the direct analysis in real time ion source. *Analytical Chemistry*, v. 81, p. 1101-06, 2009.

CODY, R. B.; LARAMÉE, J. A.; DURST, H. D. Versatile new ion source for the analysis of materials in open air under ambient conditions. *Analytical Chemistry*, v. 77, p. 2297-2303, 2005.

COMISAROW, M. B.; MARSHALL, A. G. Fourier transform ion cyclotron resonance spectroscopy. *Chemical Physics Letters*, v. 25, n. 2, p. 282-283, 1974.

COVEY, T. R.; HUANG, E. C.; HENION, J. D. Structural characterization of protein tryptic peptides via liquid chromatography/mass spectrometry and collision-induced dissociation of their doubly charged molecular ions. *Analytical Chemistry*, v. 63, p. 1193-1200, 1991.

DOLE, M. et al. Gas phase macroions. *Macromolecules*, v. 1, p. 96-97, 1968.

DOUE, M. et al. High throughput identification and quantification of anabolic steroid esters by atmospheric solids analysis probe mass spectrometry for efficient screening of drug preparations. *Analytical Chemistry*, v. 86, p. 5649-55, 2014.

EBERLIN, L. S. et al. Ambient mass spectrometry for the intraoperative molecular diagnosis of human brain tumors. *PNAS*, v. 110, p. 1611-16, 2013.

_____. Instantaneous chemical profiles of banknotes by ambient mass spectrometry. *Analyst*, v. 135, p. 2533-39, 2010.

FERNANDEZ, F. M. et al. Characterization of solid counterfeit drug samples by desorption *electrospray* ionization and direct-analysis-in-real-time coupled to time-of-flight mass spectrometry. *ChemMedChem*, v. 1, p. 702-05, 2006.

HAEFLIGER, O. P.; JECKELMAN, N. Direct mass spectrometric analysis of flavors and fragrances in real applications using DART. *Rapid Communication in Mass Spectrometry*, v. 21, p. 1361-66, 2007.

HARRIS, G. A.; NYADONY, L.; FERNANDEZ, F. M. Recent developments in ambient ionization techniques for analytical mass spectrometry. *Analyst*, v. 133, p. 1297-1301, 2008.

IFA, D. R. et al. Latent fingerprint chemical imaging by mass spectrometry. *Science*, v. 321, p. 805, 2008.

KARAS, M.; BAHR, U.; HILLENKAMP, F. UV Laser desorption/ionization mass spectrometry of proteins in the 100,000 Dalton Range. *International Journal of Mass Spectrometry Ion Process*, v. 92, 1989, p. 231-42.

KERBALE, P.; TANG, L. From ions in solution to ions in the gas phase. *Analytical Chemistry*, v. 65, p. 972-86, 1993.

KIM, S. Y. et al. Method development for simultaneous determination of amphetamines type stimulants and cannabinoids in urine using GC-MS. *Microchemical Journal*, v. 110, 2013, p. 326-33.

LALLI, P. M. et al. Fingerprinting and aging of ink by easy ambient sonic-spray ionization mass spectrometry. *Analyst*, v. 135, p. 745-50, 2010.

LARAMÉE, J. A. et al. Forensic applications of DART (Direct Analysis in Real Time) mass spectrometry. *Forensic analysis on the cutting edge*. Hoboken: John Wiley and Sons, 2007. p. 175-95.

LI, X. et al. Rapid screening of drugs of abuse in human urine by high-performance liquid chromatography coupled with high-resolution and high mass accuracy hybrid linear ion trap-Orbitrap mass spectrometry. *Journal of Chromatography A*, v. 1302, 2013, p. 95-104.

LIU, Y. et al. Signal and charge enhancement for protein analysis by liquid chromatography-mass spectrometry with desorption *electrospray* ionization. *International Journal of Mass Spectrometry*, v. 325-327, 2012, p. 161-66.

LU, M. et al. Investigation of some biologically relevant redox reactions using electrochemical mass spectrometry interfaced by desorption *electrospray* ionization. *Analytical and Bioanalytical Chemistry*, v. 403, p. 355-65, 2012.

MAKAROV, A. A. U.S. Patent 5886346, 1999.

MAMYRIN, B. A. et al. The massreflect ron, a new non-magnetic time-of-flight mass spectrometer with high resolution. *Soviet Journal of Experimental and Theoretical Physics*, v. 64, 1973, p. 82-89.

MARSHALL, A. G. et al. Fourier transform ion cyclotron resonance: state of the art. *European Journal of Mass Spectrometry*, v. 13, 2007, p. 57-59.

MASSAROTI, P. et al. Development and validation of a selective and robust LC-MS/MS method for quantifying amlodipine in human plasma. *Analytical and Bioanalytical Chemistry*, v. 382, p. 1049-54, 2005.

MIURA, D.; FUJIMURA, Y.; WARIISHI, H. In situ metabolomic mass spectrometry imaging: recent advances and difficulties. *Journal of Proteomics*, v. 75, 2012, p. 5052-60.

NAZARE, P. et al. Validated method for determination of bromopride in human plasma by liquid chromatography–*electrospray* tandem mass spectrometry: application to the bioequivalence study. *Journal of Mass Spectrometry*, v. 40, 2005, p. 1197- 2202.

PAUL, W.; STEINWEDEL, H. S. Ein neues Massenspektrometer ohne Magnetfeld. *Z. Naturforsch*, v. 8, p. 448-50, 1953.

ROMÃO, W. Novas aplicações da espectrometria de massas em química forense. Tese (Doutorado). Instituto de Química, Universidade Estadual de Campinas. Campinas, 2010.

ROMÃO, W. et al. Analyzing Brazilian vehicle documents for authenticity by easy ambient sonic-spray ionization mass spectrometry. *Journal of Forensic Science*, v. 57, 2012, p. 539-43.

_____. Química forense: perspectivas sobre novos métodos analíticos aplicados à documentoscopia, balística e drogas de abuso. *Química Nova*, v. 34, p. 1717-28, 2011.

ROSSI, S. S.; BOTRÈ, F. Prevalence of illicit drug use among the Italian athlete population with special attention on drugs of abuse: A 10-year review. *Journal of Sport Sciences*, v. 29, 2011, p. 471-76.

SALAMI, F. H. et al. Direct analysis of amphetamine stimulants in whole urine sample using atmospheric solids analysis probe tandem mass spectrometry (Material não publicado).

STOJANOVSKA, N. et al. Analysis of amphetamine-type substances and piperazine analogues using desorption *electrospray* ionization mass spectrometry. *Rapid Communications in Mass Spectrometry*, v. 28, p. 731-40, 2014.

TAKÁTS, Z. et al. Mass spectrometry sampling under ambient conditions with desorption *electrospray* ionization. *Science*, v. 306, p. 471-73, 2004.

WADA – World Anti-doping agency: the world anti-doping code. Disponível em: <www.wada-ama.org>. Acesso em: fev. 2015.

WATKINS, P. J. F.; JARDINE, I.; ZHOU, J. X. G. Mass spectrometry software for biochemical analysis in *electrospray* and fast atom bombardment modes. *Biochemical Society Transactions*, v. 19, p. 957-60, 1991.

WELLS, J. M. et al. Implementation of DART and DESI ionization on a fieldable mass spectrometer. *Journal of the American Society for Mass Spectrometry*, v. 19, 2008, p. 1419-23.

WILEY, W. C.; MCLAREN, I. H. Time-of-flight mass spectrometer with improved resolution. *Rev. Sci. Instrum.*, v. 26, p. 1150–1157, 1955.

WILLIAMS, J. P. et al. The use of recently described ionization techniques for the rapid analysis of some common drugs and samples of biological origin. *Rapid Communication Mass Spectrometry*, v. 20, p. 1447-56, 2006.

WILLIAMS, J. P.; SCRIVENS, J. H. Rapid accurate mass desorption *electrospray* ionization tandem mass spectrometry of pharmaceutical samples. *Rapid Communication in Mass Spectrometry*, v. 19, p. 3643-50, 2005.

YAMASHITA, M.; FENN, J. B. *Electrospray* ion source. Another variation on the free-jet theme. *The Journal of Physical Chemistry*, v. 88, 1984, p. 4451-4459.

YU, S. et al. Bioanalysis without sample cleanup or chromatography: the evaluation and initial implementation of direct analysis in real time ionization mass spectrometry for the quantification of drugs in biological matrixes. *Analytical Chemistry*, v. 81, p. 193-99, 2009.

capítulo 21

Análise de interferentes vegetais nos métodos colorimétricos e cromatográficos para análise qualitativa de maconha

Matheus Manoel Teles de Menezes
Thiago Alves Lopes Silva
Haienny Araújo da Silva
Alex Soares Castro

Tecoma stans, também conhecido como Ipê-mirim.

Neste capítulo, investigaremos de que forma as folhas de espécies vegetais presentes na área urbana, por exemplo, *Tecoma stans*, podem gerar resposta positiva para os testes colorimétricos de Fast Blue B (FB) e Duquenóis-Levine (DL), bem como realizar a Cromatografia em Camada Delgada Analítica (CCDA) para o extrato de *Cannabis sativa L.* (maconha) e o extrato das folhas das espécies que apresentaram resultado falso positivo para ao menos um dos testes colorimétricos, a fim de comparar o fator de retenção dos mesmos.

Introdução

A Lei antidrogas (Lei n. 11.343, de 23 de agosto de 2006) não prevê a necessidade de determinação do teor de substâncias prescritas, já que isto não interferirá na pena aplicada ao infrator, e no seu artigo 50 dispõe:

> para efeito de lavratura do auto de prisão em flagrante e estabelecimento da materialidade do delito, é suficiente o laudo de constatação da natureza e quantidade da droga, firmado por perito oficial ou, na falta deste, por pessoa idônea. (Brasil, 2006).

Neste contexto, vale ressaltar que alguns estudos (Kelly, 2008; Balbino et al., 2012) relatam a existência de resultados falso positivos para os testes colorimétricos de identificação da maconha, que podem levar a uma falsa justiça. Tal fato evidencia a pouca seletividade desses testes e a necessidade de serem realizados em associação com outros métodos analíticos, a fim de produzir resultados precisos e mais confiáveis (Menezes, 2010).

Os testes químicos mais utilizados para a triagem preliminar da *Cannabis sativa L.* são Fast Blue B e Duquenóis-Levine. A reação do primeiro é atribuída à natureza fenólica da molécula de canabinoides, e o resultado positivo é caracterizado pelo aparecimento de uma coloração vermelho-púrpura, enquanto a reação do segundo é atribuída ao canabidiol, ao Δ^9-THC e aos ácidos destes compostos, sendo o resultado positivo caracterizado pelo aparecimento de um anel azul-violáceo (Kovar e Laudszun, 1989).

Para esses testes em países como os Estados Unidos há descrição de uma incidência de resultados falso positivos para folhas de alguns vegetais que apresentaram coloração idêntica à maconha (Balbino et al., 2012). Sendo assim, acreditava-se que, devido à abundância de compostos fenólicos na matriz química de inúmeras plantas, estas poderiam gerar resultados falso positivos para os testes de Fast Blue B e Duquenóis-Levine; no entanto, após a secagem do material foliar até o alcance da umidade crítica seria possível a eliminação destes resultados.

Classificação farmacológica da maconha

Os psicotrópicos encontram-se reunidos em três grandes grupos: (i) *Psicoléticos* (ou tranquilizantes); (ii) *Psicanaléticos* (ou estimulantes); e (iii) *Psicodisléticos* (ou psicodélicos). A maconha enquadra-se no primeiro grupo, no qual estão as drogas que diminuem o tono psíquico, seja diminuindo a vigília, estreitando a faixa de poder intelectual ou deprimindo as tensões emocionais. De forma geral, são drogas opressoras do sistema nervoso central (Seibel, 2010). Apesar dos efeitos tóxicos, a maconha, por um bom tempo, foi utilizada em alguns lugares com a finalidade de se obter algumas de suas propriedades terapêuticas; porém, esta prática vem caindo em desuso, devido à existência de medicamentos alternativos e eficazes que não causam efeitos colaterais, como a dependência. A maconha possui atividade anticonvulsivante e relaxante muscular em pacientes com epilepsia ou esclerose múltipla, diminuição da pressão intraocular no glaucoma, funciona como antiemético em pacientes com câncer submetidos à quimioterapia e estimula o apetite em pacientes com AIDS (Síndrome da Imunodeficiência Adquirida) (Drummer e Odell, 2001).

A elucidação de subtipos de receptores canabinoides, bem como o desenvolvimento de agonistas ou antagonistas seletivos para estes receptores, poderão auxiliar na aplicação terapêutica desses compostos para algumas enfermidades (Drummer e Odell, 2001). Existe um medicamento contendo o Δ^9-THC sintético (Dronabinol), denominado comercialmente Marinol®, que foi aprovado pelo FDA (Food and Drug Administration) e é utilizado em alguns países para o tratamento de certas condições patológicas; por exemplo, a anorexia progressiva em pacientes com AIDS. Porém, atualmente seu uso é proscrito no território brasileiro por suspeitas de causar ginecomastia (Allen, Wallace e Royce, 2007).

Identificação botânica da maconha

A *Cannabis sativa* L., também conhecida como cânhamo indiano, é uma planta da família das *Cannabaceae*, originada da Ásia e cultivada principalmente em climas tropicais e temperados. Por ser uma planta que apresenta polimorfismo de suas características externas, não há ainda um consenso sobre a sua sistematização, podendo ser classificada segundo suas variedades ou espécies (*C. sativa, C. ruderalis, C. indica*) e composição química ou quimiotipos (tipo fibra ou tipo droga) (Oga, Camargo e Batistuzzo, 2008).

É uma planta herbácea, dioica, anual, com aspecto arbustivo, podendo atingir até seis metros de altura. Possui caules fibrosos, eretos, ocos, finos, com estrias longitudinais e tricomas, além de raiz axial. As folhas são simples, palmatissectas, longo-pecioladas, levemente ásperas, com segmentos linear-lanceolares e serrados nas bordas, contendo números ímpares (de 3 a 11) (Passagli et al., 2008).

Suas flores não são vistosas, mas têm características morfológicas distintas da masculina para a feminina. Predominam inflorescências ou formações florais, que produzem uma resina com alto teor de Δ^9-THC, que protege a planta da desidratação. Os frutos, ou aquênios (contêm uma semente), são marrom-esverdeados e ovoides (4,0 × 3,0 mm), às vezes confundidos com as sementes, podendo estar ou não com os cálices persistentes. As plantas masculinas têm porte mais elevado, ramos mais finos e folhas mais longas que as femininas (Souza et al., 2006).

PRINCIPAIS METODOLOGIAS

Testes colorimétricos de identificação da maconha

Os testes químicos mais utilizados para a triagem da *Cannabis sativa* L. são Fast Blue B (FB) e Duquenóis-Levine (DL). A reação do primeiro é atribuída à natureza fenólica da molécula de canabinoides, sendo que o mecanismo reacional ocorre quando o extrato etéreo dos produtos de maconha reage com o Fast Blue B e forma um produto de coloração vermelho-púrpura, que é solúvel na fase orgânica (Wexler, 2005; Kovar e Laudszun, 1989).

O mecanismo reacional do teste de Duquenóis-Levine é atribuído ao canabidiol, ao Δ^9-THC e aos ácidos destes compostos, sendo o resultado positivo caracterizado pelo aparecimento de um anel azul-violáceo (Kovar e Laudszun, 1989).

Cromatografia em Camada Delgada (CCD)

Cromatografia é um processo físico de separação no qual os componentes a ser separados distribuem-se em duas fases: estacionária e móvel. A primeira pode ser um sólido ou um líquido, com grande área superficial, disposto sobre um suporte sólido. A segunda, que pode ser gasosa, líquida ou, ainda, um fluido supercrítico, passa sobre a primeira, arrastando consigo os diversos componentes da amostra (Collins, Braga e Bonato, 2006).

Na cromatografia em camada delgada (CCD), a fase estacionária é uma camada fina de um sólido granulado, sendo os mais utilizados: sílica, alumina, celulose e poliamida, que se deposita sobre um suporte inerte (Peres, 2002). Já a fase móvel é composta por um solvente ou uma mistura de solventes, devendo ser esta a escolhida, levando-se em consideração as afinidades químicas do analito entre as fases móvel e estacionária (Menezes, 2010).

Para a realização do processo de separação na CCD (Figura 1), inicialmente aplica-se a solução a ser separada em um ponto próximo ao extremo inferior da placa (a); em seguida, a solução é colocada em um recipiente fechado contendo a fase móvel (b), de modo que somente sua base fique submersa. A seguir ocorre o deslocamento da fase móvel e a separação dos componentes da amostra (c, d, e) (Peres, 2002).

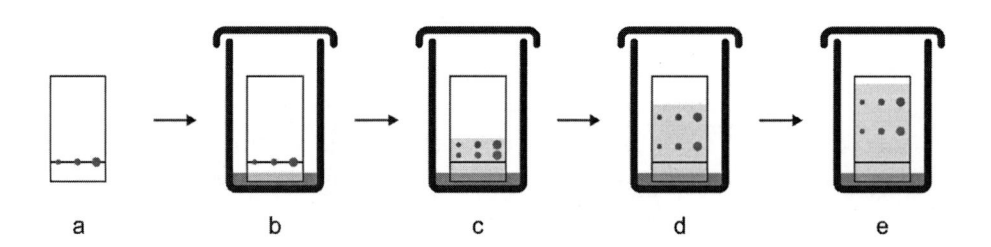

Fonte: Weber Amendola com base em Menezes, M. M. T. (2010).

Figura 1   Ilustração do processo de separação na cromatografia em camada delgada.

O principal parâmetro analisado na CCD é o fator de retenção (Rf), que evidencia a razão entre as distâncias percorridas pelo soluto e pela fase móvel. Tal relação estabelecida para o cálculo do Rf pode auxiliar na localização aproximada da possível fração do composto de interesse (Menezes, 2010).

Espécies vegetais submetidas aos testes colorimétricos de identificação da maconha e de Cromatografia em Camada Delgada Analítica (CCDA)

A escolha das plantas que serão estudadas neste capítulo pode ser vista no levantamento bibliográfico apresentado na Tabela 1, na qual constam compostos fenólicos nas folhas ou em plantas do mesmo gênero, uma vez que a reação de Fast Blue B está associada à natureza fenólica da molécula de Δ^9-THC.

Tabela 1   Nomes da família, científico e popular, e estudos que evidenciam a presença de compostos fenólicos nas folhas das plantas submetidas aos testes colorimétricos de Fast Blue B e Duquenóis-Levine e à CCDA

Família/Espécie	Nome popular	Estudos que evidenciam a presença de compostos fenólicos nas folhas
ANACARDIACEAE *Mangifera indica* L.	Manga	Barreto et al. (2008) Canuto (2009)
ASTERACEAE *Artemisia absinthium* L.	Losna	Canadanovic-Brunet et al. (2005) Aberham et al. (2010)
BIGNONIACEAE *Tecoma stans (L.) Juss. Ex Kunth*	Ipê-mirim	Binutu e Lajubutu (1994) Ugbabel et al. (2010)
FEBACEAE *Inga laurina (Sw.) Willd*	Ingá-branco	Venkateswara Rao et al. (2011)
LAURACEAE *Cinnamomum zeylanicum Blume*	Canela	Lima et al. (2005) Andrade et al. (2012)
SALICACEAE *Salix sp.*	Salgueiro-chorão	Fernandes et al. (2009)

Estudo de caso

Vamos agora submeter três espécies vegetais aos testes colorimétricos de identificação da maconha e de CCDA: *Mangifera indica* (mangueira), *Artemisia absinthium* (Losna) e *Salix sp* (Salgueiro-chorão).

As amostras das folhas destas três plantas atingiram massa constante após 24 horas de secagem em estufa a 100 °C, visando padronizar o tempo, e logo a seguir, as repetições dos testes colorimétricos de Fast Blue B e Duquenóis-Levine e CCDA.

Teste de Fast Blue B

Mangifera indica (Mangueira)

Esta é uma árvore frutífera da família Anacardiaceae que possui folhas ricas em compostos fenólicos, sendo o de maior predominância e com atividade farmacológica a mangiferina (Canuto, 2009; Araújo, 2012).

Observa-se na Figura 2 que o extrato etanólico das folhas *in natura* da mangueira apresenta coloração vermelho-púrpura ao reagir com o Fast Blue B, evidenciando resultado falso positivo para o teste em estudo.

Fonte: Elaborada pelos autores (Thiago Alves Lopes Silva, Haienny Araújo da Silva e Matheus Manoel Teles de Menezes).

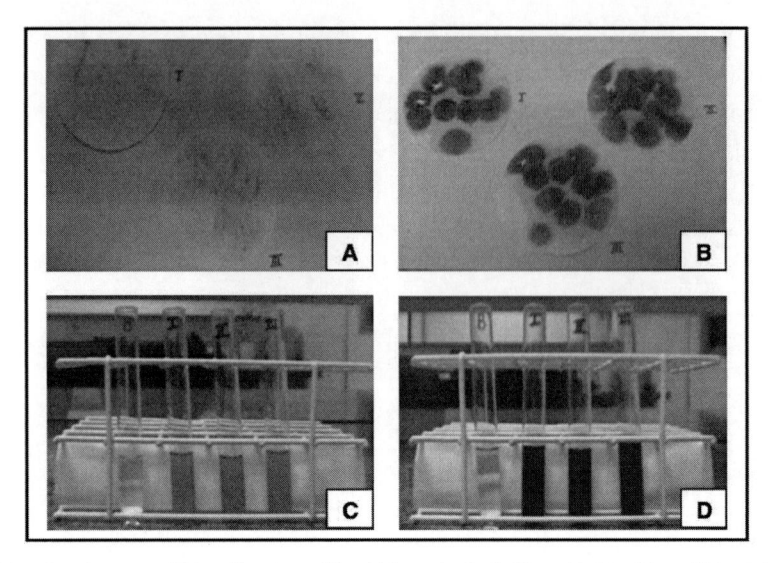

Figura 2 Teste de Fast Blue B realizado com folhas *in natura* de mangueira (*Mangifera indica*).
A- Papel-filtro após a maceração das folhas e evaporação do solvente;
B- Papel-filtro após adição da solução de Fast Blue B 0,25% indicando resultado positivo;
C- Tubos de ensaio com extrato etanólico das folhas; **D-** Tubos de ensaio com extrato etanólico das folhas após adição da solução de Fast Blue B 0,25% indicando resultado positivo.

* Você pode visualizar estas imagens em cores no final do livro.

Após a secagem do material foliar por 12, 24 e 36 horas, observou-se uma coloração em tons de vermelho-alaranjado, podendo assim considerar o teste como negativo ou até mesmo inconclusivo (Figuras 3, 4 e 5).

Fonte: Elaborada pelos autores (Thiago Alves Lopes Silva, Haienny Araújo da Silva e Matheus Manoel Teles de Menezes).

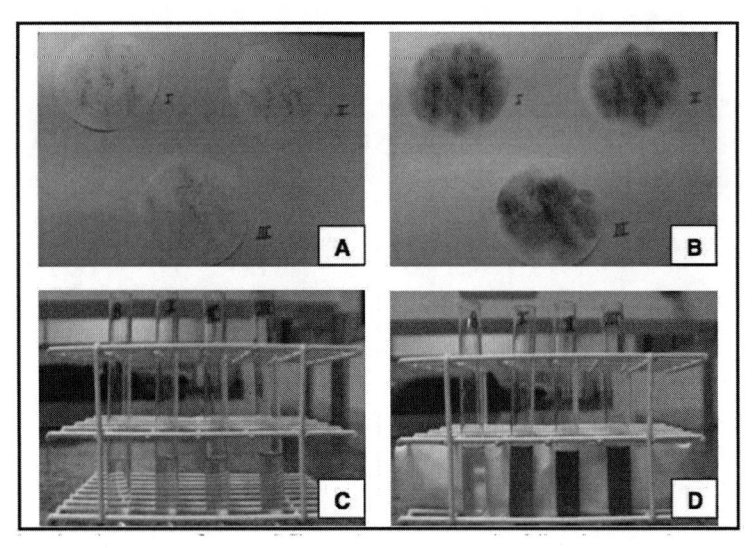

Figura 3 Teste de Fast Blue B realizado com folhas de mangueira (*Mangifera indica*) após 12 h de secagem a 100 °C. **A-** Papel-filtro após a maceração das folhas e evaporação do solvente;
B- Papel-filtro após adição da solução de Fast Blue B 0,25% indicando resultado negativo;
C- Tubos de ensaio com extrato etanólico das folhas; **D-** Tubos de ensaio com extrato etanólico das folhas após adição da solução de Fast Blue B 0,25% indicando resultado negativo.

* Você pode visualizar estas imagens em cores no final do livro.

Fonte: Elaborada pelos autores (Thiago Alves Lopes Silva, Haienny Araújo da Silva e Matheus Manoel Teles de Menezes).

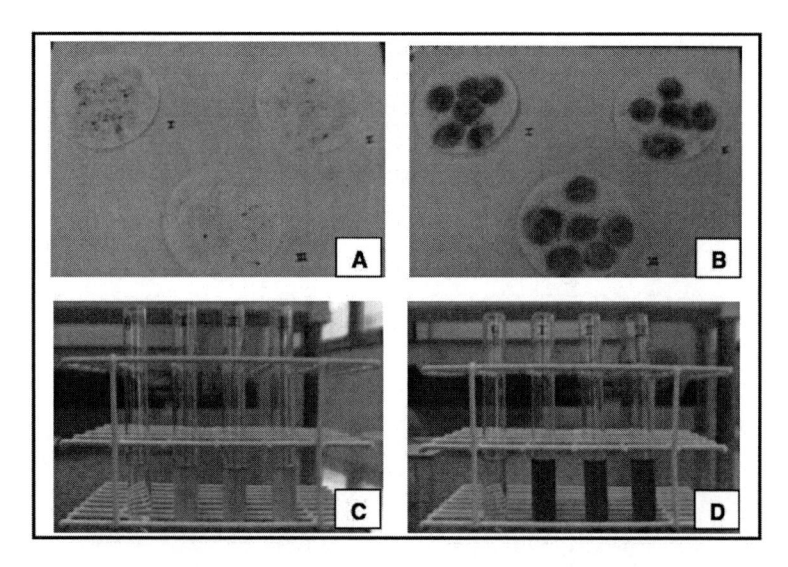

Figura 4 Teste de Fast Blue B realizado com folhas de mangueira (*Mangifera indica*) após 24 h de secagem a 100 °C. **A**- Papel-filtro após a maceração das folhas e evaporação do solvente; **B**- Papel-filtro após adição da solução de Fast Blue B 0,25% indicando resultado negativo; **C**- Tubos de ensaio com extrato etanólico das folhas; **D**- Tubos de ensaio com extrato etanólico das folhas após adição da solução de Fast Blue B 0,25% indicando resultado negativo.

* Você pode visualizar estas imagens em cores no final do livro.

Fonte: Elaborada pelos autores (Thiago Alves Lopes Silva, Haienny Araújo da Silva e Matheus Manoel Teles de Menezes).

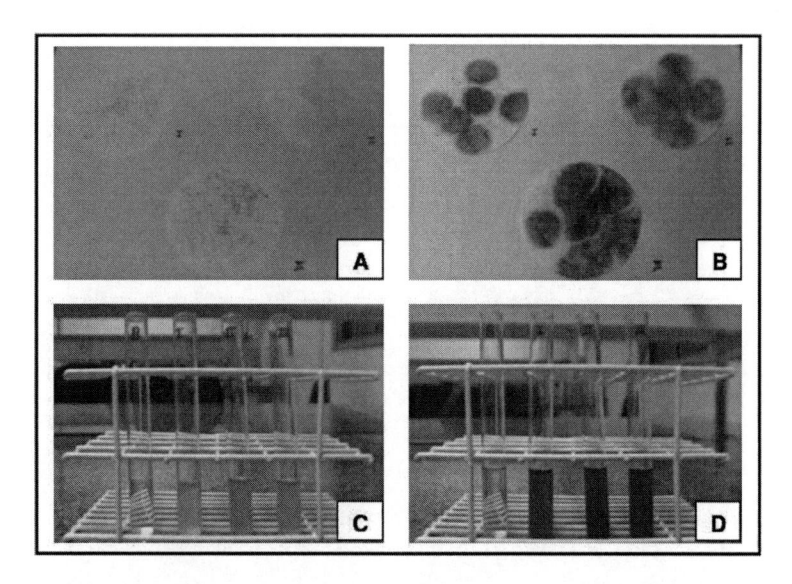

Figura 5 Teste de Fast Blue B realizado com folhas de mangueira (*Mangifera indica*) após 36 h de secagem a 100 °C. **A**- Papel-filtro após a maceração das folhas e evaporação do solvente; **B**- Papel-filtro após adição da solução de Fast Blue B 0,25% indicando resultado negativo; **C**- Tubos de ensaio com extrato etanólico das folhas; **D**- Tubos de ensaio com extrato etanólico das folhas após adição da solução de Fast Blue B 0,25% indicando resultado negativo.

* Você pode visualizar estas imagens em cores no final do livro.

Artemisia absinthium (Losna)

Esta é uma erva medicinal utilizada como antitérmico, antisséptico, anti-helmíntico, tônico, diurético e para o tratamento de dores no estômago (Kordali et al., 2005).

O extrato das folhas de losna não apresentou reação cromática com o Fast Blue B em nenhum dos períodos amostrados, indicando resultado negativo (Figuras 6, 7, 8 e 9).

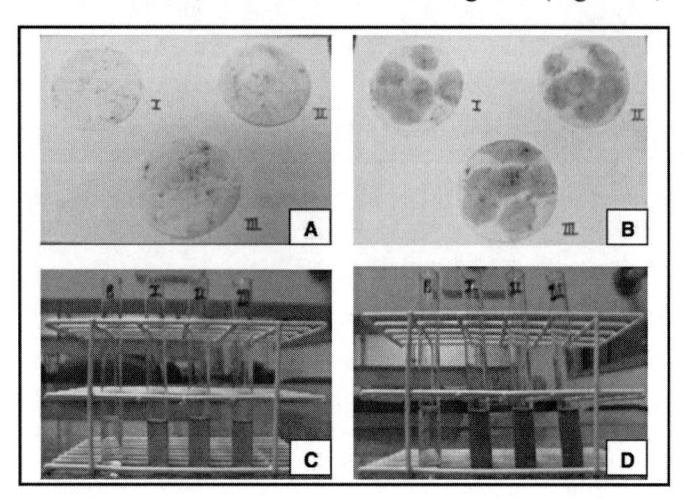

Fonte: Elaborada pelos autores (Thiago Alves Lopes Silva, Haienny Araújo da Silva e Matheus Manoel Teles de Menezes).

Figura 6 Teste de Fast Blue B realizado com folhas *in natura* de losna (*Artemisia absinthium*). **A**- Papel-filtro após a maceração das folhas e evaporação do solvente; **B**- Papel-filtro após adição da solução de Fast Blue B 0,25% indicando resultado negativo; **C**- Tubos de ensaio com extrato etanólico das folhas; **D**- Tubos de ensaio com extrato etanólico das folhas após adição da solução de Fast Blue B 0,25% indicando resultado negativo.

* Você pode visualizar estas imagens em cores no final do livro.

Fonte: Elaborada pelos autores (Thiago Alves Lopes Silva, Haienny Araújo da Silva e Matheus Manoel Teles de Menezes).

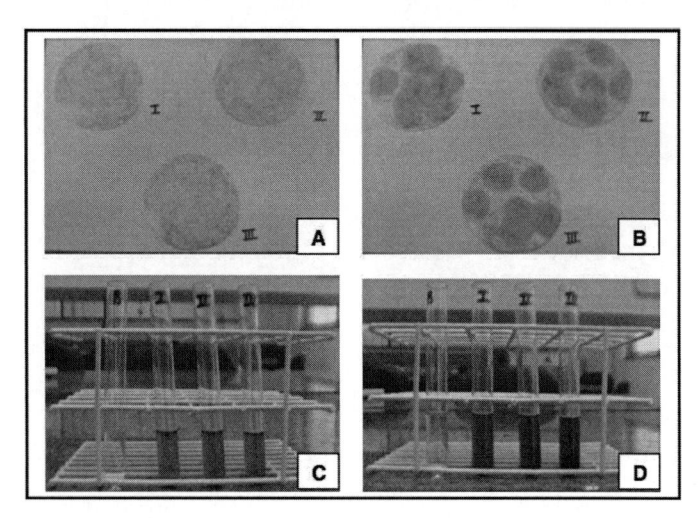

Figura 7 Teste de Fast Blue B realizado com folhas de losna (*Artemisia absinthium*) após 12 h de secagem a 100 °C. **A**- Papel-filtro após a maceração das folhas e evaporação do solvente;
B- Papel-filtro após adição da solução de Fast Blue B 0,25% indicando resultado negativo;
C- Tubos de ensaio com extrato etanólico das folhas; **D**- Tubos de ensaio com extrato etanólico das folhas após adição da solução de Fast Blue B 0,25% indicando resultado negativo.

* Você pode visualizar estas imagens em cores no final do livro.

Fonte: Elaborada pelos autores (Thiago Alves Lopes Silva, Haienny Araújo da Silva e Matheus Manoel Teles de Menezes).

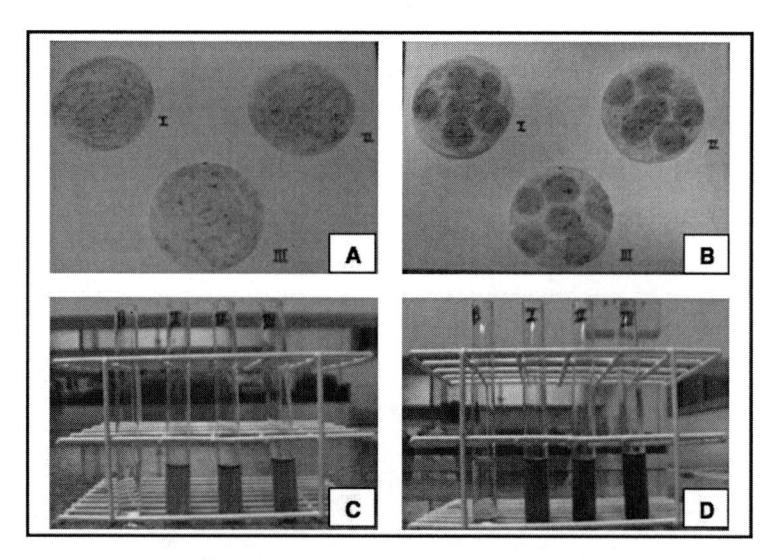

Figura 8   Teste de Fast Blue B realizado com folhas de losna (*Artemisia absinthium*) após 24 h de secagem a 100°C. **A**- Papel-filtro após a maceração das folhas e evaporação do solvente; **B**- Papel-filtro após adição da solução de Fast Blue B 0,25% indicando resultado negativo; **C**- Tubos de ensaio com extrato etanólico das folhas; **D**- Tubos de ensaio com extrato etanólico das folhas após adição da solução de Fast Blue B 0,25% indicando resultado negativo.

* Você pode visualizar estas imagens em cores no final do livro.

Fonte: Elaborada pelos autores (Thiago Alves Lopes Silva, Haienny Araújo da Silva e Matheus Manoel Teles de Menezes).

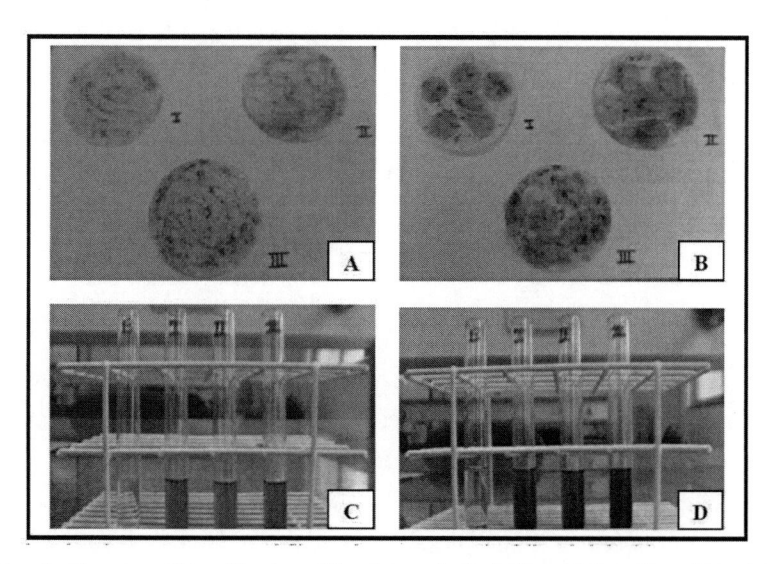

Figura 9   Teste de Fast Blue B realizado com folhas *in natura* de losna (*Artemisia absinthium*) após 36 h de secagem a 100 º C. **A**- Papel-filtro após a maceração das folhas e evaporação do solvente; **B**- Papel-filtro após adição da solução de Fast Blue B 0,25% indicando resultado negativo; **C**- Tubos de ensaio com extrato etanólico das folhas; D- Tubos de ensaio com extrato etanólico das folhas após adição da solução de Fast Blue B 0,25% indicando resultado negativo.

* Você pode visualizar estas imagens em cores no final do livro.

Salix sp. (Salgueiro-chorão)

O gênero *Salix sp.* está incluído na família Salicaceae, conhecida pela presença de salicatos (glicosídeos fenólicos). Em alguns estudos químicos desta família indica-se a presença de substâncias com propriedades analgésicas, antiinflamatória e antioxidante (Fernandes et al., 2009).

O extrato etanólico das folhas de *Salix sp. in natura* respondeu como falso positivo ao teste de FB (Figura 10).

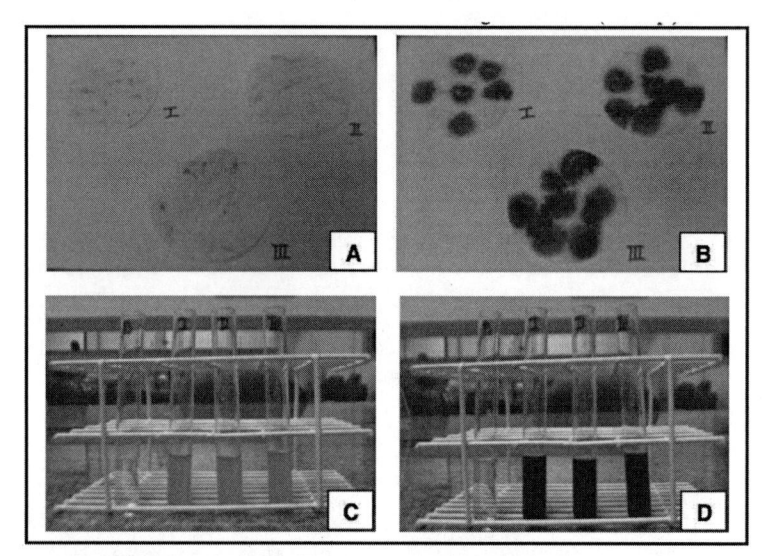

Fonte: Elaborada pelos autores (Thiago Alves Lopes Silva, Haienny Araújo da Silva e Matheus Manoel Teles de Menezes).

Figura 10 Teste de Fast Blue B realizado com folhas *in natura* de salgueiro-chorão (*Salix* sp.).
A- Papel-filtro após a maceração das folhas e evaporação do solvente;
B- Papel-filtro após adição da solução de Fast Blue B 0,25% indicando resultado positivo;
C- Tubos de ensaio com extrato etanólico das folhas; D- Tubos de ensaio com extrato etanólico das folhas após adição da solução de Fast Blue B 0,25% indicando resultado positivo.

* Você pode visualizar estas imagens em cores no final do livro.

Depois da secagem das folhas por 12, 24 e 36 horas é notável (Figuras 11, 12 e 13) a permanência do resultado falso positivo; no entanto, percebe-se uma diferença na coloração do teste de FB realizado em papel-filtro quando comparado ao realizado nos tubos de ensaio. Tal diferença possivelmente ocorre porque a substância que reagiu com o sal de Fast Blue B encontrava-se mais diluída nos tubos de ensaio, pela presença de solvente de ensaio, do que no papel-filtro após sua evaporação.

Fonte: Elaborada pelos autores (Thiago Alves Lopes Silva, Haienny Araújo da Silva e Matheus Manoel Teles de Menezes).

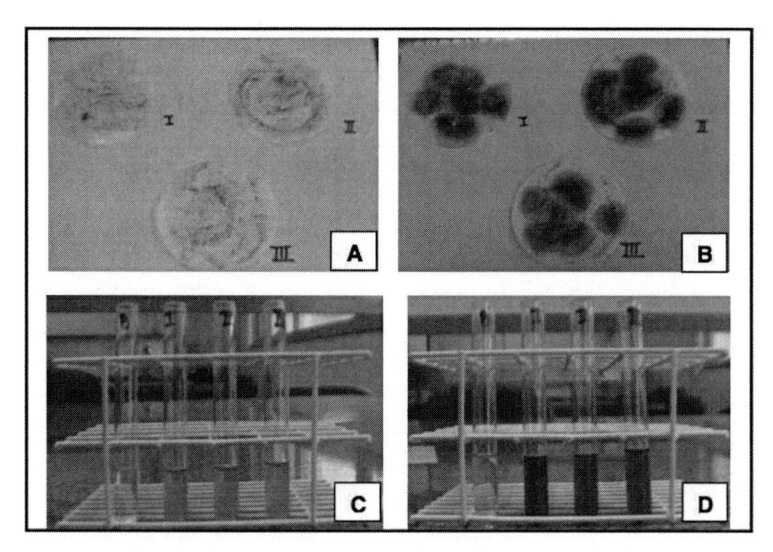

Figura 11 Teste de Fast Blue B realizado com folhas *in natura* de salgueiro-chorão (*Salix* sp.) após secagem de 12 h a 100 °C. **A-** Papel-filtro após a maceração das folhas e evaporação do solvente; **B-** Papel-filtro após adição da solução de Fast Blue B 0,25% indicando resultado positivo; **C-** Tubos de ensaio com extrato etanólico das folhas; **D-** Tubos de ensaio com extrato etanólico das folhas após adição da solução de Fast Blue B 0,25% indicando resultado positivo.

* Você pode visualizar estas imagens em cores no final do livro.

Fonte: Elaborada pelos autores (Thiago Alves Lopes Silva, Haienny Araújo da Silva e Matheus Manoel Teles de Menezes).

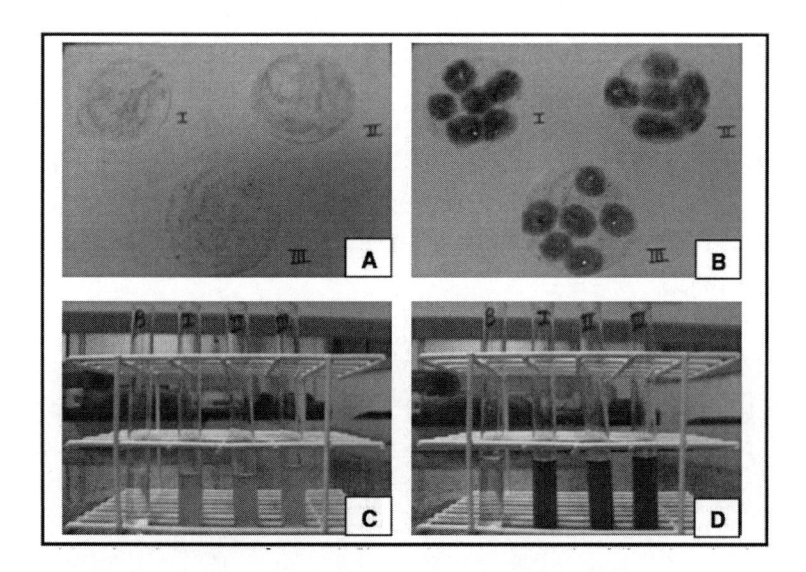

Figura 12 Teste de Fast Blue B realizado com folhas *in natura* de salgueiro-chorão (*Salix* sp.) após secagem de 24 h a 100 °C. **A-** Papel-filtro após a maceração das folhas e evaporação do solvente; **B-** Papel-filtro após adição da solução de Fast Blue B 0,25% indicando resultado positivo; **C-** Tubos de ensaio com extrato etanólico das folhas; **D-** Tubos de ensaio com extrato etanólico das folhas após adição da solução de Fast Blue B 0,25% indicando resultado positivo.

* Você pode visualizar estas imagens em cores no final do livro.

Fonte: Elaborada pelos autores (Thiago Alves Lopes Silva, Haienny Araújo da Silva e Matheus Manoel Teles de Menezes).

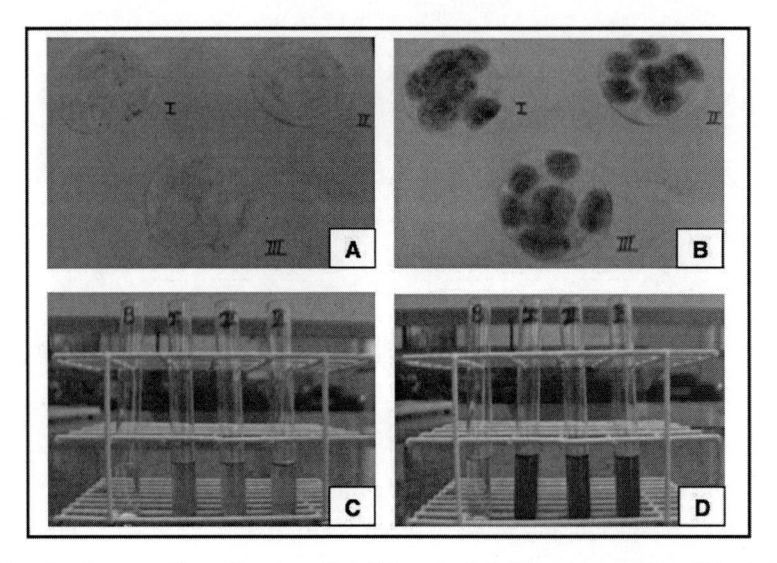

Figura 13 Teste de Fast Blue B realizado com folhas *in natura* de salgueiro-chorão (*Salix* sp.) após secagem de 36 h a 100 °C. **A**- Papel-filtro após a maceração das folhas e evaporação do solvente; **B**- Papel-filtro após adição da solução de Fast Blue B 0,25% indicando resultado positivo; **C**- Tubos de ensaio com extrato etanólico das folhas; **D**- Tubos de ensaio com extrato etanólico das folhas após adição da solução de Fast Blue B 0,25% indicando resultado positivo.

* Você pode visualizar estas imagens em cores no final do livro.

Teste de Duquenóis-Levine

Mangifera indica (Mangueira)

As folhas de mangueira, depois de submetidas à extração com solução de vanilina 2% e adição de ácido clorídrico P.A., não apresentaram resposta positiva ao teste de Duquenóis-Levine (DL), visto que não ocorreu a formação de um anel azul-violáceo característico para *Cannabis sativa* L. (Figura 14, 15, 16 e 17).

Fonte: Elaborada pelos autores (Thiago Alves Lopes Silva, Haienny Araújo da Silva e Matheus Manoel Teles de Menezes).

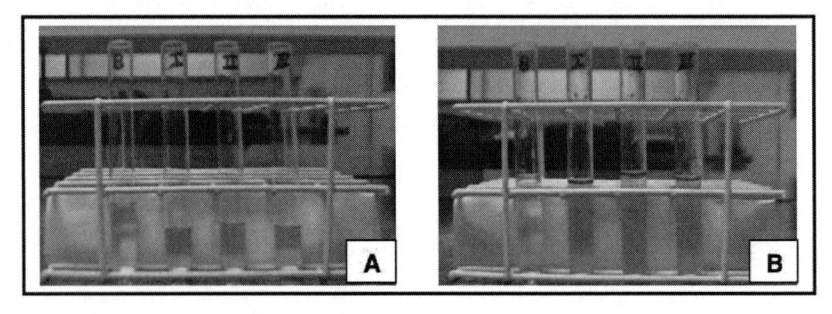

Figura 14 Teste de Duquenóis-Levine realizado com folhas *in natura* de mangueira (*Mangifera indica*). **A**- Tubos de ensaio com solução de vanilina 2% após extração; **B**- Tubos de ensaio após adição de ácido clorídrico P.A. indicando resultado negativo.

* Você pode visualizar estas imagens em cores no final do livro.

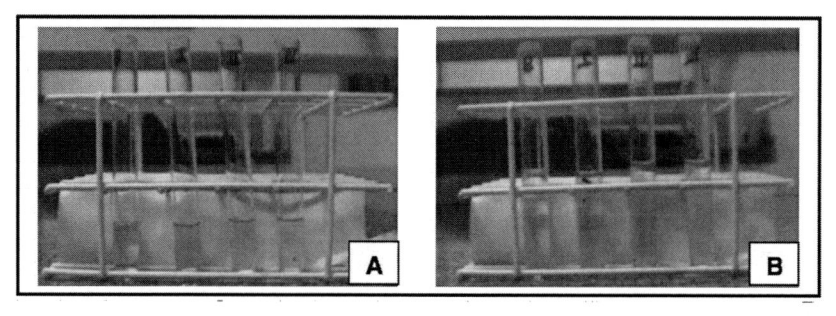

Fonte: Elaborada pelos autores (Thiago Alves Lopes Silva, Haienny Araújo da Silva e Matheus Manoel Teles de Menezes).

Figura 15 Teste de Duquenóis-Levine realizado com folhas de mangueira (*Mangifera indica*) após 12 h de secagem a 100 °C. **A**- Tubos de ensaio com solução de vanilina 2% após extração; **B**- Tubos de ensaio após adição de ácido clorídrico P.A. indicando resultado negativo.

* Você pode visualizar estas imagens em cores no final do livro.

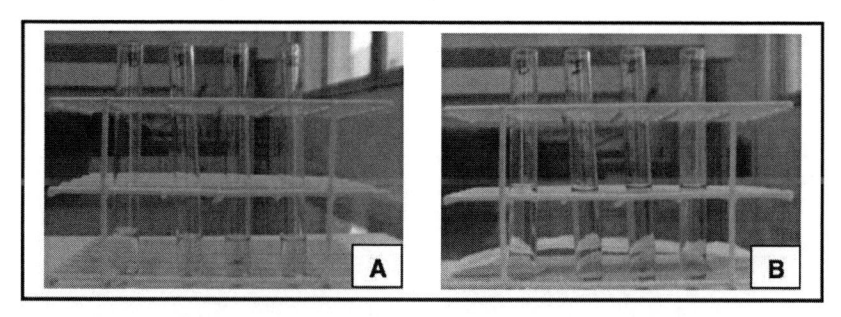

Fonte: Elaborada pelos autores (Thiago Alves Lopes Silva, Haienny Araújo da Silva e Matheus Manoel Teles de Menezes).

Figura 16 Teste de Duquenóis-Levine realizado com folhas de mangueira (*Mangifera indica*) após 24 h de secagem a 100 °C. **A**- Tubos de ensaio com solução de vanilina 2% após extração; **B**- Tubos de ensaio após adição de ácido clorídrico P.A. indicando resultado negativo.

* Você pode visualizar estas imagens em cores no final do livro.

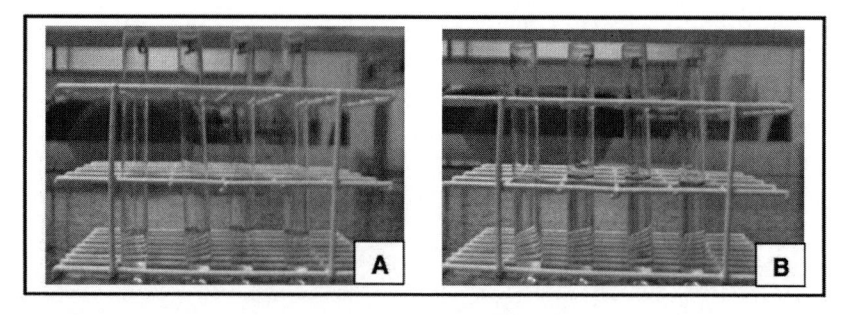

Fonte: Elaborada pelos autores (Thiago Alves Lopes Silva, Haienny Araújo da Silva e Matheus Manoel Teles de Menezes).

Figura 17 Teste de Duquenóis-Levine realizado com folhas de mangueira (*Mangifera indica*) após 36 h de secagem a 100 °C. **A**- Tubos de ensaio com solução de vanilina 2% após extração; **B**- Tubos de ensaio após adição de ácido clorídrico P.A. indicando resultado negativo.

* Você pode visualizar estas imagens em cores no final do livro.

Artemisia absinthium (Losna)

As folhas de losna *in natura* apresentaram reação cromática azul no teste de DL (Figura 18), o que se caracteriza como resultado negativo.

Fonte: Elaborada pelos autores (Thiago Alves Lopes Silva, Haienny Araújo da Silva e Matheus Manoel Teles de Menezes).

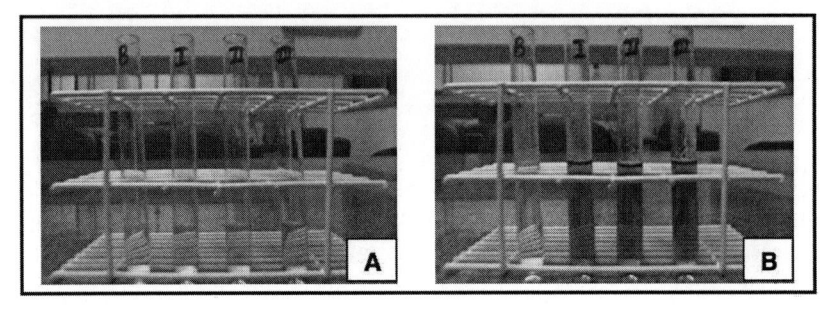

Figura 18 Teste de Duquenóis-Levine realizado com folhas *in natura* de losna (*Artemisia absinthium*).
A- Tubos de ensaio com solução de vanilina 2% após extração;
B- Tubos de ensaio após adição de ácido clorídrico P.A. indicando resultado negativo.

* Você pode visualizar estas imagens em cores no final do livro.

Após a secagem das folhas por 12, 24 e 36 horas o resultado permaneceu negativo; no entanto, nota-se o desaparecimento da coloração azul descrita para a folha *in natura* (Figura 19, 20 e 21).

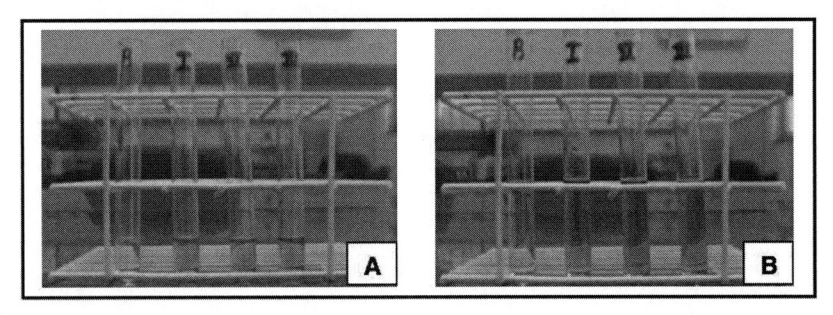

Fonte: Elaborada pelos autores (Thiago Alves Lopes Silva, Haienny Araújo da Silva e Matheus Manoel Teles de Menezes).

Figura 19 Teste de Duquenóis-Levine realizado com folhas *in natura* de losna (*Artemisia absinthium*) após 12 h de secagem a 100 °C. **A**- Tubos de ensaio com solução de vanilina 2% após extração;
B- Tubos de ensaio após adição de ácido clorídrico P.A. indicando resultado negativo.

* Você pode visualizar estas imagens em cores no final do livro.

Fonte: Elaborada pelos autores (Thiago Alves Lopes Silva, Haienny Araújo da Silva e Matheus Manoel Teles de Menezes).

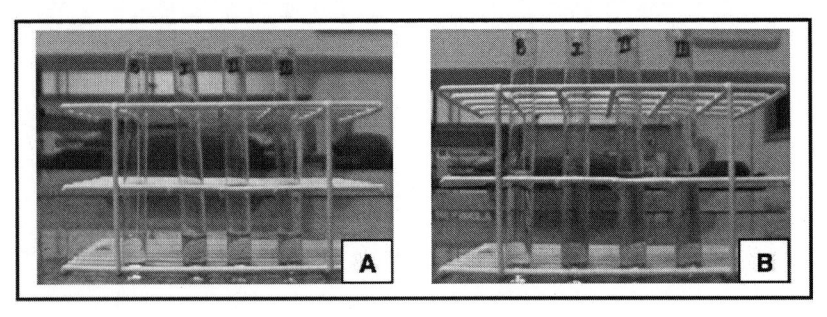

Figura 20 Teste de Duquenóis-Levine realizado com folhas *in natura* de losna (*Artemisia absinthium*) após 24 h de secagem a 100 °C. **A**- Tubos de ensaio com solução de vanilina 2% após extração;
B- Tubos de ensaio após adição de ácido clorídrico P.A. indicando resultado negativo.

* Você pode visualizar estas imagens em cores no final do livro.

Fonte: Elaborada pelos autores (Thiago Alves Lopes Silva, Haienny Araújo da Silva e Matheus Manoel Teles de Menezes).

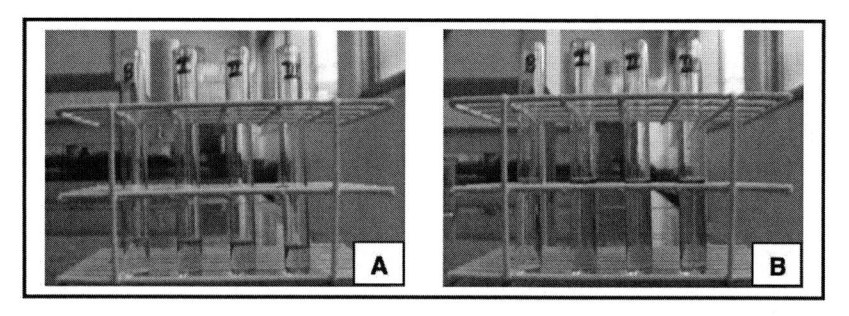

Figura 21 Teste de Duquenóis-Levine realizado com folhas *in natura* de losna (*Artemisia absinthium L.*) após 36 h de secagem a 100 °C. **A-** Tubos de ensaio com solução de vanilina 2% após extração; **B-** Tubos de ensaio após adição de ácido clorídrico P.A. indicando resultado negativo.

* Você pode visualizar estas imagens em cores no final do livro.

Salix sp. (Salgueiro-chorão)

No teste de DL, as folhas *in natura* de *Salix sp.* produziram a formação de coloração laranja com um anel na tonalidade violácea; no entanto, houve dificuldade na observação do anel azul-violáceo, podendo-se, assim, considerar o resultado inconclusivo (Figura 22). Segundo estudos (Bordin et al., 2012), a tonalidade dos extratos pode dificultar a visualização do anel azul-violáceo, e, portanto, influenciar na interpretação dos resultados do teste de DL.

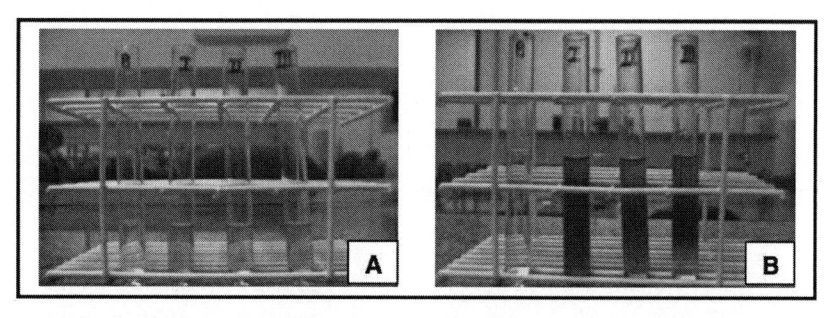

Fonte: Elaborada pelos autores (Thiago Alves Lopes Silva, Haienny Araújo da Silva e Matheus Manoel Teles de Menezes).

Figura 22 Teste de Duquenóis-Levine realizado com folhas *in natura* de salgueiro-chorão (*Salix* sp.). **A-** Tubos de ensaio com solução de vanilina 2% após extração; **B-** Tubos de ensaio após adição de ácido clorídrico P.A. indicando resultado inconclusivo.

* Você pode visualizar estas imagens em cores no final do livro.

Após a secagem por 12, 24 e 36 horas observa-se claramente a formação do anel azul-violáceo indicativo para resultado positivo (Figuras 23, 24 e 25).

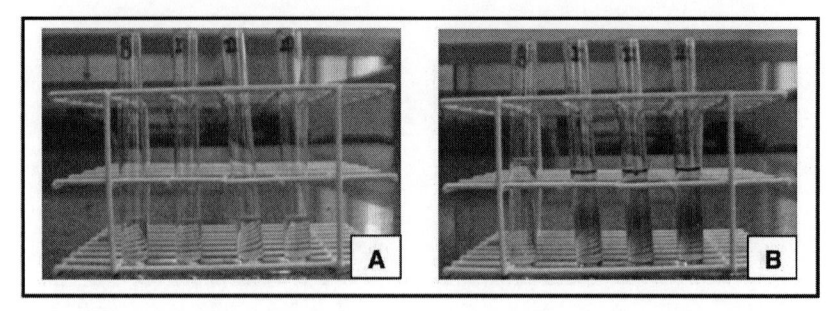

Fonte: Elaborada pelos autores (Thiago Alves Lopes Silva, Haienny Araújo da Silva e Matheus Manoel Teles de Menezes).

Figura 23 Teste de Duquenóis-Levine realizado com folhas *in natura* de salgueiro-chorão (*Salix* sp.) após 12 h de secagem a 100 °C. **A**- Tubos de ensaio com solução de vanilina 2% após extração; **B**- Tubos de ensaio após adição de ácido clorídrico P.A. indicando resultado positivo.

* Você pode visualizar estas imagens em cores no final do livro.

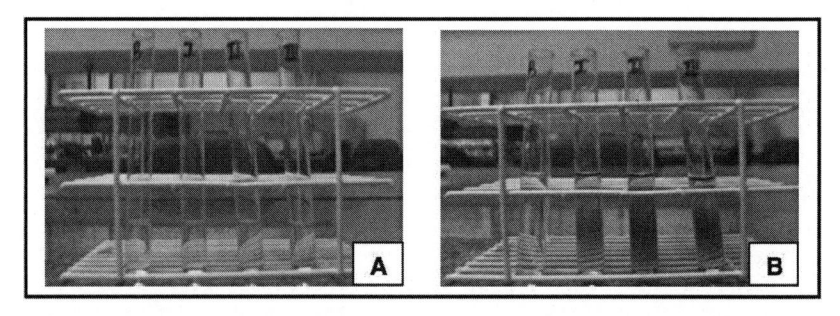

Fonte: Elaborada pelos autores (Thiago Alves Lopes Silva, Haienny Araújo da Silva e Matheus Manoel Teles de Menezes).

Figura 24 Teste de Duquenóis-Levine realizado com folhas *in natura* de salgueiro chorão (*Salix* sp.) após 24 h de secagem a 100 °C. **A**- Tubos de ensaio com solução de vanilina 2% após extração; **B**- Tubos de ensaio após adição de ácido clorídrico P.A. indicando resultado positivo.

* Você pode visualizar estas imagens em cores no final do livro.

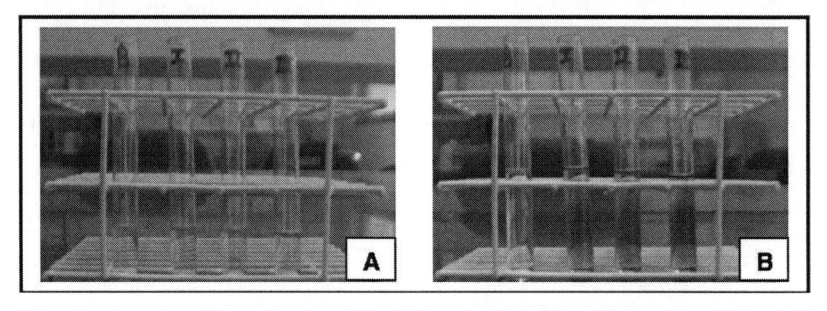

Fonte: Elaborada pelos autores (Thiago Alves Lopes Silva, Haienny Araújo da Silva e Matheus Manoel Teles de Menezes).

Figura 25 Teste de Duquenóis-Levine realizado com folhas *in natura* de salgueiro-chorão (*Salix* sp.) após 36 h de secagem a 100 °C. **A**- Tubos de ensaio com solução de vanilina 2% após extração; **B**- Tubos de ensaio após adição de ácido clorídrico P.A. indicando resultado positivo.

* Você pode visualizar estas imagens em cores no final do livro.

Cromatografia em Camada Delgada Analítica (CCDA)

O teste de CCDA permitiu a eliminação dos resultados falso positivos identificados nos testes colorimétricos de FB e/ou DL em todas as fases móveis utilizadas. Este teste foi aplicado apenas para os vegetais que apresentaram o falso positivo: *Mangifera indica* (Mangueira) e *Salix sp.* (Salgueiro-chorão).

Mangifera indica (Mangueira)

Como base na análise da Figura 26, percebe-se que o extrato etanólico das folhas de mangueira contidos nas raias R1 e R2 não apresentaram perfil cromatográfico condizente como o observado para o extrato de *Cannabis sativa* L. na raia R3.

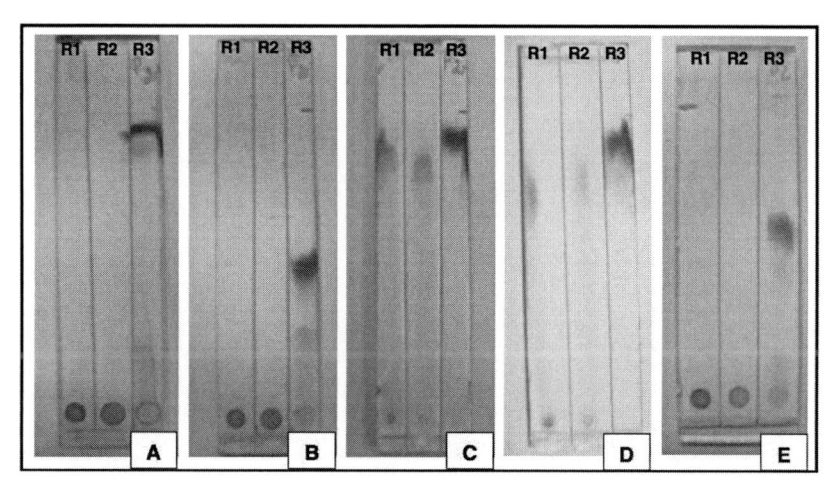

Fonte: Elaborada pelos autores (Thiago Alves Lopes Silva, Haienny Araújo da Silva e Matheus Manoel Teles de Menezes).

Figura 26 CCDA com extrato das folhas *in natura* de mangueira (*Mangifera indica*) (R1), extrato das folhas após 36 h de secagem a 100 °C (R2) e extrato de *Cannabis sativa* L. (R3).
A- Placa de CCDA em sílica gel 60 (fase móvel – éter de petróleo/éter etílico 90/10 (%v/v));
B- Placa de CCDA em sílica gel 60 (fase móvel – hexano/éter etílico 80/20 (% v/v));
C- Placa de CCDA em sílica gel 60 (fase móvel – metanol 100%);
D- Placa de CCDA em sílica gel 60 (fase móvel – metanol/acetona 70/30 (%v/v));
E- Placa de CCDA em sílica (fase móvel – tolueno/clorofórmio 70/30 (%v/v)).

* Você pode visualizar estas imagens em cores no final do livro.

Na Tabela 2, nota-se que o Rf da *Cannabis sativa* L. foi diferente dos calculados para os extratos da mangueira em todas as fases móveis, caracterizando assim a eliminação do resultado falso positivo descrito no teste de FB para a espécie em questão.

Tabela 2 Fator de retenção (Rf) em diferentes fases móveis para o extrato de *Cannabis sativa* L. (I) e o extrato etanólico das folhas de *Mangifera indica in natura* (II) após 36 h de secagem a 100 °C (III)

Fase móvel	Fator de retenção		
Experimento	I*	II	III
Éter de petróleo/éter etílico – 90/10 (% v/v)	0,84	0	0
Hexano/Éter etílico – 80/20 (% v/v)	0,54	0	0
Metanol – 100 %	0,91	0,85	0,85
Metanol/Acetona 70/30 (% v/v)	0,90	0,85	0,85
Tolueno/Clorofórmio 70/30 (%v/v)	0,60	0	0

* Fator de retenção médio para o extrato de *Cannabis sativa L.*

Salix sp. (Salgueiro-chorão)

Na Figura 27 observa-se que os extratos do salgueiro-chorão contidos nas raias R1 e R2 não apresentaram similaridade com o extrato da maconha presente na raia R3, pois, de acordo com a Tabela 3, têm Rf diferentes. Desta forma, pode-se afirmar que o resultado falso positivo descrito nos testes de FB e DL para folhas do salgueiro-chorão em estado *in natura* e após secagem foi eliminado.

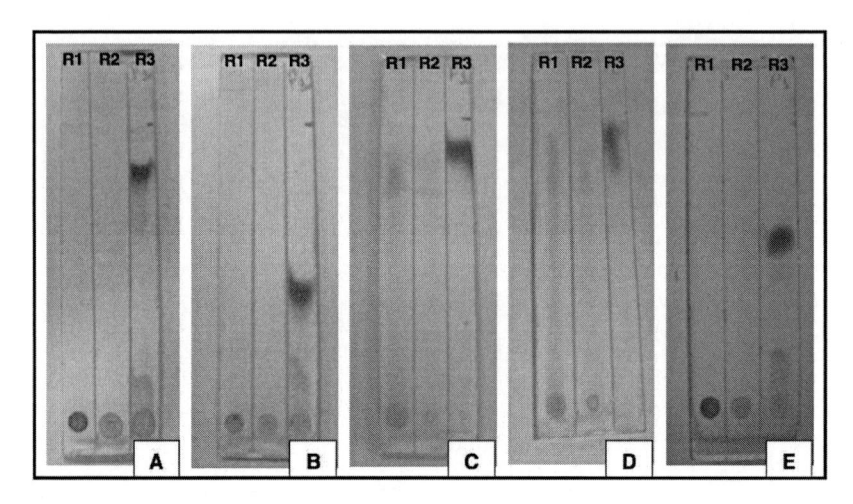

Fonte: Elaborada pelos autores (Thiago Alves Lopes Silva, Haienny Araújo da Silva e Matheus Manoel Teles de Menezes).

Figura 27 CCDA com extrato das folhas *in natura* de salgueiro-chorão (*Salix* sp.) (R1), extrato das folhas de salgueiro chorão (*Salix* sp.) após 36 h de secagem a 100 °C (R2), e extrato de *Cannabis sativa L.* (R3).
A- Placa de CCDA em sílica gel 60 (fase móvel – éter de petróleo/éter etílico 90/10 (%v/v));
B- Placa de CCDA em sílica gel 60 (fase móvel – hexano/éter etílico 80/20 (%v/v));
C- Placa de CCDA em sílica gel 60 (fase móvel – metanol 100%);
D- Placa de CCDA em sílica gel 60 (fase móvel – metanol/acetona 70/30 (%v/v));
E- Placa de CCDA em sílica (fase móvel – tolueno/clorofórmio 70/30 (%v/v)).

* Você pode visualizar estas imagens em cores no final do livro.

Tabela 3 Fator de retenção em diferentes fases móveis para o extrato de *Cannabis sativa L.* (I) e extrato etanólico das folhas *in natura* de *Salix* sp. (II) e após 36 h de secagem a 100°C (III)

Fase móvel	Fator de retenção		
Experimento	I*	II	III
Éter de petróleo/éter etílico – 90/10 (% v/v)	0,84	0	0
Hexano/Éter etílico – 80/20 (% v/v)	0,54	0	0
Metanol – 100 %	0,91	0,79	0,79
Metanol/Acetona 70/30 (% v/v)	0,90	0,81	0,81
Tolueno/Clorofórmio 70/30 (%v/v)	0,60	0	0

* Fator de retenção médio para o extrato de *Cannabis sativa L.*

Prática de laboratório

Submissão das espécies ipê-mirim, canela e ingá aos testes colorimétricos de identificação da maconha e de CCDA

Objetivo

Verificar as respostas dos testes colorimétricos das espécies *Tecoma stans* (Ipê-mirim), *Cinnamomum zeylanicum* (Canela), *Inga laurina* (Ingá) e *Canabis sativa L*. E, quando for obtido falso positivo, realizar a CCDA em diferentes fases móveis, comparando o fator de retenção (Rf) do extrato de *Canabis sativa L.* e do extrato das folhas *in natura* e após atingir massa constante das plantas.

Aparelhagem

- Balança semianalítica
- Estufa.
- Embalagens plásticas

Reagentes e vidraria

- Tubos de ensaio
- Papel-filtro
- Almofariz
- Balão volumétrico de 100 mL
- Béquer de 10 mL
- Suporte de vidro
- Amostras dos vegetais
- Sal de Fast Blue B (cloreto de di-o-anisidina tetrazolio)
- Água deionizada
- Álcool Etílico 95%
- Vanilina P.A
- Ácido clorídrico P.A.
- Ácido sulfúrico P.A.
- Sílica gel 60
- Éter de petróleo P.A.
- Éter etílico P.A.
- Hexano P.A.
- Metanol P.A.
- Acetona P.A.
- Tolueno P.A.
- Clorofórmio P.A.

Procedimento

Testes colorimétricos

Para realização dos testes colorimétricos de Fast Blue B (FB) e Duquenóis-Levine (DL), as amostras de folhas devem ser coletadas, acondicionadas em embalagens plásticas e, imediatamente em seguida, levadas ao laboratório.

Após a realização dos testes colorimétricos com as folhas *in natura*, coloque cerca de 15,00 g do material foliar em estufa à temperatura de 100º C e proceda às análises colorimétricas em intervalos de 12 em 12 horas até a amostra atingir massa constante.

Teste de Fast Blue B

Preparação da solução de Fast Blue B

Prepare a solução de Fast Blue B 0,25% (no momento da análise) pela dissolução de 0,025 g do sal de Fast Blue B (cloreto de di-o-anisidina tetrazolio) em 10 mL de água deionizada.

Procedimento analítico

O teste de Fast Blue B deve ser realizado em triplicata e com utilização do branco de reagentes.

1. Execute a análise colorimétrica em questão em tubos de ensaio sem a evaporação do solvente e em papel-filtro qualitativo após sua evaporação. Para realização em tubos de ensaio, prepare o extrato das folhas das plantas em estudo macerando-as em um almofariz 100 mg com álcool etílico 95%.
2. Verta 2 mL do extrato etanólico nos tubos e adicione de 6 a 8 gotas da solução de Fast Blue B B.
3. Observe a coloração adquirida.
4. A realização do teste em papel-filtro qualitativo deve ocorrer por meio da maceração de 100 mg das folhas das plantas em estudo com álcool etílico 95%.
5. Após a evaporação do solvente, adicione de 6 a 8 gotas da solução de Fast Blue B 0,25%.
6. Observe a coloração adquirida.

Teste de Duquenóis-Levine

Preparação da solução de vanilina etanoica 2%

1. Dissolva 1,0 g de vanilina P.A. em álcool etílico 95% P.A.
2. Transfira a solução para um balão volumétrico de 100 mL.
3. Adicione 2 mL de ácido sulfúrico P.A.
4. Complete o volume com álcool etílico 95% P.A.

Procedimento analítico

O teste de Duquenóis-Levine deve ser realizado em triplicata, utilizando branco de reagentes que não tenha tido contato com nenhuma das folhas em análise. Para realização do teste:

1. Coloque 100 mg das folhas em um béquer e submeta à extração com 2 mL da solução etanólica de vanilina 2%.
2. Verta a solução num tubo de ensaio.
3. Adicione lentamente, pelas paredes do tubo de ensaio, 2 mL de ácido clorídrico concentrado P.A.
4. Observe a coloração adquirida.

Para as amostras que derem falso positivo, realize o próximo procedimento:

Análise CCDA

Preparação das placas cromatográficas

Pode-se prepará-las manualmente, em suporte de vidro (10 × 3 cm), utilizando como fase estacionária sílica gel 60 com espessura de 1 mm.

Fase móvel

As fases móveis utilizadas para separação dos componentes dos extratos de *Cannabis sativa L.* e das folhas das plantas investigadas são:

- Éter de petróleo/éter etílico – 90/10 (%v/v),
- Hexano/éter etílico – 80/20 (% v/v),
- Metanol – 100 %,
- Metanol/acetona – 70/30 (% v/v) e
- Tolueno/clorofórmio – 70/30 (%v/v).

Procedimento analítico

1. Antes da utilização das placas de CCDA, deve-se colocá-las na estufa durante 40 minutos e temperatura de 105-110 °C para ocorrer a ativação do material adsorvente.
2. Divida a placa em três raias, com largura de 1 cm, nas quais será aplicado o extrato de *Cannabis sativa L.*, o *in natura* e o obtido após a amostra atingir massa constante.
3. Coloque as placas de CCDA em béqueres fechados contendo a fase móvel, para que seja realizada a separação dos componentes das amostras.
4. Após a evaporação do solvente, revele as placas com a solução recém-preparada de Fast Blue B 0,25%, e, por fim, calcule o Rf (fator de retenção) dos extratos analisados por meio da equação:

$$\mathbf{Rf = dA/dB} \qquad \text{Equação 1}$$

onde: dA é o valor da distância percorrida pelo soluto; dB o valor da distância percorrida pelo solvente.

Relatório de análises

Elabore um relatório científico (contendo introdução, parte experimental, resultados, discussão, conclusão e referências) sobre o experimento a ser entregue e discutido com o professor.

Exercícios complementares

1. Quais das espécies analisadas – *Tecoma stans* (Ipê-mirim), *Cinnamomum zeylanicum* (Canela), *Inga laurina* (Ingá) – deu (deram) falso positivo(s)?
2. O teste Fast Blue B B, quando comparado ao Duquenóis-Levine, apresenta maior ou menor seletividade?
3. Por que após a secagem do material foliar observa-se a eliminação do resultado falso positivo no teste de FB realizado para *Mangifera indica* e *Inga laurina*?
4. Qual o produto formado da reação de Fast Blue B com Δ^9-THC?
5. Dê a equação que representa a reação do Duquenois-Levine.
6. Diante dos resultados obtidos nos testes colorimétricos, qual a importância da associação de diferentes métodos analíticos, como o teste de CDDA, para eliminação de resultados falso positivos na identificação qualitativa de maconha?

Referências bibliográficas

ABERHAM, A. et al. Analysis of sesquiterpene lactones, lignans, and flavonoids in wormwood (Artemisia absinthium L.) using high-performance liquid chromatography (HPLC)-mass spectrometry, reversed phase HPLC, and HPLC-solid phase extraction nuclear magnetic resonance. *Journal of Agricultural and Food Chemistry*, v. 58, n. 20, out. 2010, p. 10817-23.

ALLEN, R. C.; WALLACE, A. M.; ROYCE, M. Marinol-induced gynecomastia: A case report. *The American Journal of Medicine*, v. 120, n. 10, out. 2007, p. 1.

ANDRADE, M. A. et al. Óleos essenciais de Cymbopogon nardus, Cinnamomum zeylanicume Zingiber officinale: Composição, atividades antioxidante e antibacteriana. *Revista Ciência Agronômica*, v. 43, n. 2, p. 399-408, abr.-jun. 2012.

ARAÚJO, B. M. *Bioatividade do extrato da folha da mangueira (*Mangifera indica*, variedade ubá) e da manguiferina em camundongos apoE -/-*. 2012. 83 f. Tese (Doutorado em Bioquímica Agrícola) – Departamento de Bioquímica e Biologia Molecular, UFV. Viçosa.

BALBINO, M. A. et al. Investigação de falsos positivos na identificação preliminar de D9THC utilizando o reagente Fast Blue B B. In: Encontro Nacional de Química Forense, 3., 2012, Ribeirão Preto. *Anais do 3º Encontro Nacional de Química Forense*. Ribeirão Preto, 2012.

BARRETO, J. C. et al. Characterization and quantitation of polyphenolic compounds in Bark, Kernel, Leaves, and Peel of Mango (*Mangifera indica* L.). *Journal Agricultural and Food Chemistry*, v. 56, n. 14, jul. 2008, p. 5599-610.

BINUTU, O. A.; LAJUBUTU, B. A. Antimicrobial potentials of some plant species of the bignoniaceae family. *African Journal of Medicine and Medical Sciences*, v. 23, n. 3, set. 1994, p. 269-73.

BORDIN, D. C. et al. Análise forense: pesquisa de drogas vegetais interferentes nos testes colorimétricos para identificação dos canabinoides da maconha (*Cannabis sativa* L.). *Química Nova*, v. 35, n. 10, p. 2040-43, 2012.

BRASIL. Lei n. 11.343, de 23 de agosto de 2006. Institui o Sistema Nacional de Políticas Públicas sobre Drogas – Sisnad; prescreve medidas para prevenção do uso indevido, atenção e reinserção social de usuários e dependentes de drogas; estabelece normas para repressão à produção não autorizada e ao tráfico ilícito de drogas; define crimes e dá outras providências. Disponível em: <http://www.planalto.gov.br/ccivil_03/_ato2004-2006/2006/lei/l11343.htm>. Acesso em: 15 fev. 2014.

CANADANOVIC-BRUNET, J. M. et al. Free-radical scavenging activity of wormwood (*Artemisia absinthium* L.) extracts. *Journal of the Science of Food and Agriculture*, v. 85, n. 2, jan. 2005, p. 265-2.

CANUTO, K. M. *Propriedades químicas e farmacológicas de mangiferina*: um composto bioativo de manga (*Mangifera indica L.*). Petrolina: Embrapa Semi-Árido, 2009.

COLLINS, H. C.; BRAGA, G. L.; BONATO, P. S. *Fundamentos de cromatografia*. Campinas: Unicamp, 2006.

DRUMMER, O. H.; ODELL, M. *The forensic pharmacology of drugs of abuse*. Londres: Hodder Arnold, 2001.

FERNANDES, C. C. et al. Salicilatos isolados de folhas e talos de *Salix martiana Leyb*. (*Salicaceae*). *Química Nova*, v. 32, n. 4, p. 983-86, 2009.

KELLY, J. *False positive equals false justice*. Washington, D.C.: The Marijuana Policy Project, 2008. Disponível em: <http://www.cacj.org/documents/sf_crime_lab/studies_misc_materials/falsepositives.pdf>. Acesso em: 22 fev. 2014.

KORDALI, S. et al. Determination of the chemical composition and antioxidant activity of the essential oil of *Artemisia dracunculus* and of the antifungal and antibacterial activities of *Turkish Artemisia absinthium*, *A. dracunculus*, *Artemisia santonicum* and *Artemisia spicigera* essential oils. *Journal of Agricultural and Food Chemistry*, v. 53, n. 24, nov. 2005, p. 9452-58.

KOVAR, K. A.; LAUDSZUN, M. Chemistry and reaction mechanisms of rapid tests for drugs of abuse and precursors chemicals. *Scientific and Technical Notes*: Unodc, 1989. Disponível em: <http://www.unodc.org/pdf/scientific/SCITEC6.pdf>. Acesso em: 20 out. 2013.

LANARO, R. *Determinação de paraquat e glifosato em amostras de* Cannabis sativa *encaminhadas para exame pericial*. 2008. 191 f. Dissertação (Mestrado em Toxicologia e Análises Toxicológicas) – Faculdade de Ciências Farmacêuticas, USP, São Paulo.

LIMA, M. P. et al. Constituintes voláteis das folhas e dos galhos de *Cinnamomum zeylanicum Blume* (*Lauraceae*). *Acta Amazônica*, v. 35, n. 3, p. 363-66, jul.-dez. 2005.

LUCHIARI, E. E.; SILVA, J. G. *Comentários à Nova Lei sobre Drogas:* Lei 11.343/06. Campinas: Millennium, 2007.

MENEZES, M. M. T. *Desenvolvimento de sensores piezelétricos para análises forenses de Δ9-THC e cocaína*. 2010. 187 f. Dissertação (Mestrado em Química) – Instituto de Química, USP, São Paulo.

OGA, S.; CAMARGO, M. M. A; BATISTUZZO, J. A. O. *Fundamentos de toxicologia*. 3. ed. São Paulo: Atheneu, 2008. p. 435-45.

PASSAGLI, M. et al. *Toxicologia forense*. Campinas: Millennium, 2008. p. 127-69.

PERES, T. B. Noções básicas de cromatografia. *Biológico*, v. 64, n. 2, p. 227-29, jul.-dez. 2002.

SEIBEL, S. D. *Dependência de drogas*. 2. ed. São Paulo: Atheneu, 2010. p. 233-45.

SOUZA, D. Z. et al. Roteiro ilustrado para a identificação morfológica da *Cannabis sativa L*. *Revista Perícia Federal*, n. 24, p. 16-22, maio-ago. 2006.

UGBABEL, G. E. et al. Preliminary phytochemical and antimicrobial analyses of the leaves of nigerian bignoniaceae juss. *Global Research Journals*, v. 1, n. 1, ago. 2010, p. 1-5.

VENKATESWARA RAO, B. et al. Synthesis and antioxidant activity of galloltyrosine, derivatives from young leaves of *Inga laurina*. *International Journal of Pharma and Bio Sciences*, v. 2, n. 4, out.-dez. 2011, p. 39-44.

WEXLER, P. *Encyclopedia of toxicology*. 2. ed. Amsterdã: Elsevier, 2005. p. 354-62.

DISPONÍVEL ON-LINE: Lei Antidrogas. Disponível em: <http://www2.senado.leg.br/bdsf/bitstream/handle/id/154489/Lei%20Antidrogas.pdf?sequence=2>. Acessado em: 4 out. 2015.

capítulo **22**

Aplicações de sensores piezelétricos em análises forenses

Matheus Manoel Teles de Menezes

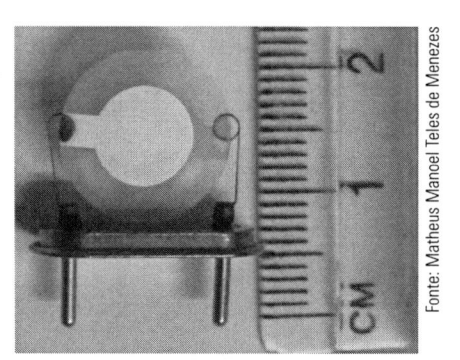

Imagem de um cristal de
quartzo piezelétrico não polido.
No detalhe, a régua ilustra suas dimensões.

Cristal de quartzo (SiO_2), em sua forma natural.

Análises em fase gasosa, no campo das ciências forenses, principalmente envolvendo drogas de abuso, são de elevada importância. Os sensores piezelétricos encabeçam uma classe de sensores químicos que vem apresentando crescente utilização em análises em fase gasosa de interesse forense. Tais sensores consistem, de forma geral, na utilização de eletrodos sólidos (que podem empregar, entre outros, ouro, cobre ou platina), depositados sobre cristais de quartzo como suporte mecânico.

Considerando-se as propriedades piezelétricas dos cristais de quartzo, ou seja, as deformações orientadas de sua estrutura quando um campo elétrico lhes é aplicado, torna-se possível obter uma oscilação mecânica ressonante destes cristais quando a perturbação elétrica também possui características oscilatórias (p. ex., corrente alternada), com amplitude e frequências extremamente constantes.

De forma experimental, observou-se que a variação de massa, Δm, produzida por deposição ou remoção de substâncias químicas na superfície dos eletrodos acoplados aos cristais de quartzo, produzia uma variação na frequência fundamental destes dispositivos, ΔF, sendo a relação linear entre Δm e ΔF utilizada na determinação de diversas espécies químicas, tanto em meio líquido quanto gasoso, constituindo-se em promissores sensores para gases.

Introdução

Um breve histórico

De acordo com Cady (1946), o primeiro cientista a mencionar possíveis fenômenos que atualmente denominamos piezelétricos foi Coulomb, que acreditava que quando aplicada uma tensão (pressão) sobre a superfície de alguns materiais um campo elétrico seria gerado. Logo, em meados de 1820, Becquerel realizou uma série de experimentos com cristais de quartzo e observou a hipótese já suspeitada por Coulomb.

Com o passar dos anos, diversos cientistas estudaram e tentaram desvendar os fenômenos piezelétricos, mas somente em 1880 essas propriedades puderam ser estudadas e comprovadas pelos irmãos Pierre Curie e Jacques Curie, sendo-lhes dado o mérito dos primeiros estudos comprobatórios sobre o fenômeno da piezeletricidade.

Os irmãos Curie notaram que, quando superfícies planas de certos cristais eram submetidas à pressão, geravam cargas elétricas proporcionais à pressão aplicada.

Em 1881 o fenômeno oposto foi verificado, ou seja, a aplicação de um campo elétrico alternado sobre a superfície laminar de alguns cristais geravam neles distorções físicas (vibrações), e o coeficiente piezelétrico destes cristais era igual, tanto para o efeito direto quanto para o inverso. Este último já havia sido suposto pelo físico e matemático francês Gabriel Lippman.

Após alguns anos de estudo, foi mostrado que nem todos os materiais podiam apresentar fenômenos piezelétricos, pois estes acontecem somente em sólidos iônicos cristalinos com ausência de centro de inversão em sua estrutura cristalográfica. De maneira bem simplificada, podemos entender o fenômeno no nível molecular da seguinte forma: imaginemos uma molécula constituinte de um sólido cristalino qualquer, apresentando três dipolos elétricos de igual grandeza, separados ao máximo no espaço (ângulo máximo entre si de 120°) quando em equilíbrio. Por simetria, o momento dipolar da molécula será zero. Entretanto, uma resultante aparecerá se ela eventualmente for comprimida ou esticada ao longo de uma direção paralela ou perpendicular a um dos três vértices, causando, assim, uma distorção, o que produzirá um alongamento (ou contração) do cristal paralelo à direção do campo. Os trabalhos de Cady trouxeram os primeiros tratamentos matemáticos deste fenômeno.

Sendo o efeito piezelétrico altamente dependente da assimetria molecular, apenas materiais que possuem ausência do centro de simetria podem apresentar tal efeito. Assim, através de estudos cristalográficos, tornou-se possível prever a existência de tal fenômeno. Desta forma, dos 32 grupos de pontos tridimensionais, apenas 21 classes não apresentam centro de simetria. Porém, uma destas últimas é altamente simétrica em outros aspectos, restando apenas 20 possíveis classes piezelétricas. Além do quartzo, outros materiais conhecidos que apresentam esta propriedade são: sal de Rochelle (tartarato de sódio e potássio), di-hidrogenofostato de potássio, di-hidrogenofosfato de amônio e turmalina (silicato complexo de boro e alumínio, com magnésio, ferro ou metais alcalinos).

Os usos e aplicações da piezeletricidade não ficaram restritos somente ao meio científico. Com o início da Primeira Guerra Mundial, em 1914, cientistas como Hankel, Lippman, Cady, Nicolson e Langevin realizaram pesquisas mais aprofundadas, principalmente relacionadas a instrumentos que também poderiam ser utilizados para fins bélicos.

Langevin trabalhou com lâminas de quartzo como emissores e receptores sólidos de ondas sonoras de alta frequência em meios aquosos, desenvolvendo, assim, o primeiro sonar, tornando-se um valioso instrumento de busca e localização de objetos submersos e exploração do fundo dos oceanos.

Nas dependências da Bell Telephone Laboratories, Nicolson construiu diversos aparelhos, podendo-se destacar fonocaptores, microfones e alto-falantes; para tanto, fez uso de tartarato de sódio e potássio como reguladores de frequência.

Os primeiros registros de aplicações em análises químicas datam de 1964, quando King utilizou o sensor piezelétrico modificado com fases estacionárias, já utilizadas em estudos cromatográficos, para a detecção e quantificação de substâncias em fase gasosa. Neste estudo, King determinou o limite teórico de detecção, utilizando a equação de Sauerbrey, na ordem de 10^{-9} gramas. Atualmente, estudos mais cuidadosos, valendo-se da microbalança de cristal de quartzo (ou, como usaremos no texto, sensor piezelétrico), chegam a estimar o limite teórico de detecção na ordem de 10^{-12} gramas.

Assim, com o passar dos anos, os cristais piezelétricos foram se constituindo, como sensores, numa valiosa ferramenta analítica. Entre as aplicações mais comuns, pode-se citar: sensores para umidade e medidas de temperatura, detecção de aerossóis e particulados suspensos, medidas de espessuras de filmes metálicos depositados por diferentes métodos, fenômenos de sorção, monitoramento de pressões gasosas, estudos de quimiossorção, estudos em fenômenos corrosivos, incluindo sua cinética, detecções de poluentes ambientais gasosos de forma geral e de hidrocarbonetos, compostos polares, água e enxofre, sendo estas últimas relatadas como as primeiras aplicações em química analítica.

Principais metodologias

Fundamentação da microbalança de cristal de quartzo

A massa total do corpo vibratório (cristal de quartzo) tem influência direta sobre as frequências ressonantes de um sistema vibracional mecânico. Sendo assim, quando há adição ou retirada de matéria do corpo oscilante, a massa total sofre variação. Como consequência direta, haverá, então, uma mudança na frequência oscilatória ressonante, sendo este fenômeno a base fundamental das microbalanças de cristal de quartzo (Quartz Crystal Microbalance – QCM).

As variações de massa que ocorrem na superfície do cristal piezelétrico quimicamente modificado podem ser classificadas como fenômenos de sorção, pois podem provocar adsorção e absorção, ou uma combinação de ambos.

Portanto, para que um sistema vibracional seja utilizado na determinação da variação de massa deve, necessariamente, obedecer a alguns critérios, a saber:

i) O sistema ressonante deve ser facilmente excitado, principalmente por meios elétricos;

ii) O sistema deve possuir frequências ressonantes bem definidas;

iii) Alterações ambientais (flutuações de temperatura ou pressão, campo magnético etc.) não devem causar distúrbios significativos, quando comparados aos efeitos causados pela variação de massa;

iv) Acoplamento de um frequencímetro ao sistema sem causar perturbações relevantes;

v) A relação sinal/ruído deve ser favorável, de tal forma que os ruídos não podem ser confundidos ou interferir significativamente no sinal analítico;

vi) Ter uma correspondência matemática que relacione de forma satisfatória a troca de massa ocorrida e a variação na frequência ressonante.

Osciladores de alta frequência feitos com lâminas de cristal de quartzo apresentam todas essas exigências, desde que tenham sido confeccionados seguindo as orientações cristalográficas específicas. São pequenos em termos físicos e muito estáveis quimicamente, vibrando de maneira independente da temperatura numa faixa ampla. Com os eletrodos colocados diretamente sobre as superfícies dos cristais e ligados a um circuito elétrico adequado (amplificador e realimentação), pode-se construir osciladores com suas frequências de ressonâncias máximas medidas eletronicamente.

Para que o oscilador vibre, a fonte de alimentação deve ser de corrente alternada. Assim, quando a voltagem tem determinado sentido, o cristal distende-se, retornando à posição original quando a tensão se torna zero. Quando a voltagem assume sentido inverso, ele distende para o lado oposto. Como os átomos dos cristais têm uma frequência natural de vibração, se esta for a mesma da frequência natural do cristal, este entra em ressonância, ou seja, a amplitude da vibração mecânica alcançará um máximo e o cristal oscilará com a máxima intensidade.

Com o progresso nos estudos da cristalografia e das propriedades piezelétricas apresentadas pelo quartzo, observou-se que suas propriedades vibratórias poderiam ser alteradas dependendo do ângulo do seu corte laminar. Pesquisadores descobriram que a frequência ressonante poderia se tornar independente da temperatura caso as lamelas fossem retiradas sob certa angulação. O termo "corte" é usado para designar a direção da normal em relação à face maior. Portanto, um corte X tem sua direção normal (espessura) paralela ao eixo x, assim como um corte Y tem direção normal paralela ao eixo y, e assim por diante.

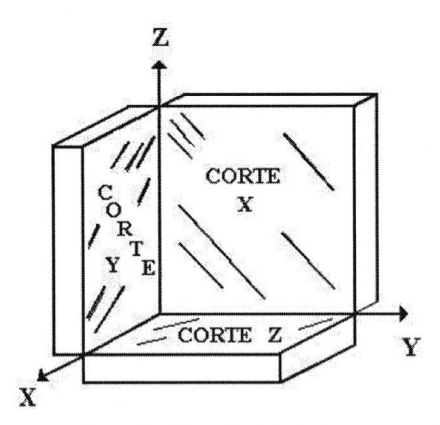

Fonte: José Fernando de Andrade.

Figura 1 Representação de cortes laminares simples em cristais.

Atualmente, a maioria dos cristais utilizados como sensores é desenvolvida de forma artificial, com excelentes purezas.

Uma lâmina de cristal pode apresentar vários modos de vibração, sendo três os mais frequentes e conhecidos: longitudinal (extensional), lateral (transversal e flexural) e torsional.

O modo de vibração mais sensível do quartzo é o transversal de espessura (*Thickness-Shear Mode* – TSM), de alta frequência, sendo, portanto, o utilizado em trabalhos analíticos que utilizam a microbalança de cristal de quartzo. Nele, as partículas movem-se em uma direção paralela à frente de onda ou em direção perpendicular à do seu corte Y (espessura).

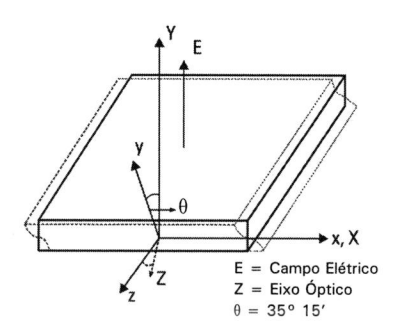

Fonte: Weber Amendola com base em José Fernando de Andrade.

Figura 2 Modo de vibração transversal de espessura de alta frequência (*Thickness-Shear Mode*).

Quando se deseja que uma lâmina de quartzo oscile apenas no modo transversal de espessura, o ângulo de corte, em relação aos seus eixos cristalográficos, deve ter um valor específico. Para o modo de vibração em questão (TSM), são empregados os cortes AT e BT.

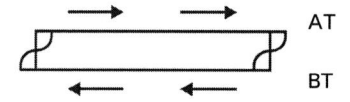

Fonte: Weber Amendola com base em Jorge Ricardo Moreira Castro.

Figura 3 Modo de vibração transversal com os cortes AT e BT.

Por fim, o modo de vibração transversal pode ser entendido pela reorganização dos dipolos do material piezelétrico devido ao campo elétrico gerado pela corrente alternada.

Relação quantitativa entre frequência e massa: a equação de Sauerbrey

A variação na frequência devida à variação de massa total no sistema oscilante (este aqui entendido como o cristal piezelétrico) é o fenômeno fundamental que rege a microbalança de cristal de quartzo. Sabe-se, experimentalmente, que, quanto maior for o valor da massa total do sistema, menor será o valor da frequência de vibração ressonante. Entretanto, até 1959 não existia nenhuma relação matemática que respondesse de forma satisfatória aos dados experimentais obtidos. Foi então que surgiram publicações com propostas de equações relacionando massa e frequência. Alguns cientistas as propuseram em seus trabalhos, como Lostis (1959), Stockbridge (1966), entre outros. Mas, a mais difundida e prontamente aceita (nas condições de trabalho em meios gasosos) foi a de Sauerbrey (1959). Todos os trabalhos então publicados reportavam cristais de quartzo alfa e corte AT, no modo de vibração transversal de espessura (TSM), como mostra a Equação (1):

$$\Delta F = -\frac{2,3 \cdot 10^6 F_0^2 \Delta M}{A}$$

Equação 1

onde: ΔF = variação de frequência devido à massa depositada no cristal (Hz); F_0 = frequência ressonante da lâmina cristalina de quartzo (MHz); ΔM = massa total depositada nas faces do cristal (g); A = área ativa do eletrodo (face), (cm^2).

Desta forma, a equação de Sauerbrey relaciona a variação de frequência ressonante apresentada pelo cristal piezelétrico com a variação de massa adsorvida no modificador químico, que se encontra no eletrodo, por uma relação matemática linear, ao usar cristais com corte AT.

É evidente que a variação de massa vai depender de alguns fatores, como tamanho da área ativa do eletrodo (apenas a área de um eletrodo), afinidade química entre o filme modificador e o analito de estudo, vazão do gás de arraste, concentração da espécie química de interesse e a quantidade de sítios ativos disponíveis para que ocorra o processo de sorção, entre outros. Alguns estudos ainda reportam que a sensibilidade da análise é diretamente afetada pela espessura do filme depositado no eletrodo.

A geração de vapores de drogas

Os vapores dos analitos são comumente gerados com o auxílio de um forno, alimentado por uma serpentina geradora de calor, acoplado ao sistema analítico. As amostras são colocadas dentro de um tubo de vidro temperado, e este, por sua vez, colocado no interior do forno com monitoramento de temperatura. A maioria dos trabalhos encontrados na literatura utiliza o Método da Difusão para que as amostras em estado gasoso sejam geradas e, em consequência, possam ser carregadas pelo gás de arraste. No entanto, outras técnicas também podem ser empregadas, variando o tipo de informação que se almeja.

O tubo de vidro que contém a amostra em geral apresenta duas aberturas: uma de entrada do gás de arraste e outra de saída do gás, levando consigo amostras de drogas no estado de vapor.

A vazão do fluxo do gás de arraste, que pode ser nitrogênio, argônio, ar sintético, dentre outros, precisa ser monitorada; mais adiante será dado um exemplo deste tipo de otimização.

É interessante, ainda, conhecer as propriedades térmicas dos componentes a ser avaliados no estudo em relação à temperatura de trabalho determinada. Tal conhecimento prévio pode evitar a ocorrência de fenômenos indesejados, como termólise (decomposição térmica) ou isomerização.

A aplicação dos modificadores químicos (*coatings*)

A aplicação deste modificador sobre o eletrodo metálico presente no cristal precisa ser da forma mais reprodutível possível e muito cautelosa, pois o método de aplicação do modificador no cristal afeta de forma direta e significativa a sensibilidade, a estabilidade e o tempo de vida do detector.

Várias técnicas são empregadas pelos pesquisadores, como: eletrodeposição, imersão, deposição a vácuo, "pintura" com pequeno pincel ou hastes de algodão, pulverização, "*spin coating*" e a técnica do espalhamento da "gota".

Assim, o que pode ser feito, quando possível, é um estudo de qual tipo de deposição de filme apresenta os melhores resultados para o estudo a ser desenvolvido, assim otimizando este parâmetro.

Os mecanismos de sorção entre o analito de interesse e o modificador químico afetam a reversibilidade do sistema. É desejável um sistema com total reversibilidade, ou seja, que se regenera ao final de cada análise, ocorrendo a dessorção completa de todas as moléculas das espécies químicas analisadas. Entretanto, nem sempre este tipo de sistema reversível é conseguido, o que não invalida o método.

Aplicações da microbalança de cristal de quartzo nas ciências forenses

Neste contexto, merece atenção especial a aplicação dos sensores piezelétricos nas análises de cocaína na última década. A detecção de substâncias entorpecentes em locais de tráfico dá-se de maneira muito eficiente dispondo-se de cães farejadores, atualmente o meio mais rápido e confiante de detecção de drogas deste tipo. Entretanto, isto apresenta algumas limitações, como a propensão a alarmes falsos por parte dos cães quando existe no local a presença de odores estranhos de interesse não pericial. O uso de cães farejadores também requer uma etapa para o seu treinamento, bem como cuidados e tratamento permanentes. Em decorrência de tais fatores, o uso de cães farejadores no Brasil não se encontra disponível para grande parte do contingente policial que executa operações de combate ao tráfico de drogas, como as DISEs (Delegacias de Investigações sobre Entorpecentes), entre outras.

Desta forma, dispositivos portáteis à base de sensores piezelétricos constituem fontes promissoras para a aplicação em investigações policiais, já que ensejam a possibilidade de detecção de entorpecentes em fase gasosa com base na sua pressão de vapor, não apresentando problemas de interferentes, oferecendo maior praticidade e menor custo operacional e possibilitando a detecção de drogas sintéticas inodoras ao olfato canino, como o LSD, por exemplo.

O THC (D9-tetraidrocanabinol) é um dos princípios ativos da família de canabinóis encontrada na maconha. Quando do uso da droga, este produz sensação de euforia; no curto prazo ocorrem prejuízo da memória e perda do raciocínio; os usuários também podem apresentar confusão mental e ansiedade. O uso contínuo pode ser associado a desordens comportamentais. O pico máximo após o consumo da droga é atingido por volta de 20-30 minutos e pode perdurar de 90 até 120 minutos. Altos níveis de metabólitos urinários podem ser detectados após exposição à droga, permanecendo por 3-10 dias. O principal metabólito excretado na urina é o ácido 11-nom-9-tetraidrocanabinol (9-THC-COOH).

As diferentes formas de cromatografias (em camada delgada (TLC), líquida de alta eficiência (HPLC), em coluna – clássica) são indispensáveis nos estudos envolvendo o isolamento e a purificação de substâncias. A literatura já apresenta enorme gama de trabalhos envolvendo as diferentes formas de cromatografias no isolamento do princípio ativo da *Cannabis sativa* L. e de seus metabólitos em fluidos biológicos de usuários, evidenciando ser o uso do HPLC predominante na maioria dos trabalhos citados.

Estudos envolvendo a microbalança de cristal de quartzo (QCM) já são bem conhecidos no universo da Química, principalmente na Química Analítica. Muitos estudos envolvendo a detecção de aerossóis e particulados suspensos, umidade, gases e poluentes gasosos, e muitos outros, já são relatados por um número razoável de trabalhos; no entanto, no tocante à utilização da QCM para detecção de drogas em fase gasosa muito pouco se encontra, destacando-se os trabalhos no quais o cristal piezelétrico com modificador químico é utilizado como um sensor para a detecção de cocaína e também como um sensor transdérmico para a detecção de drogas de abuso de uma forma geral.

Por fim, a aplicação da QCM em estudos analíticos envolvendo amostras de interesse forense ainda é ínfima, sendo reportados números bem limitados de artigos na literatura, assim sugerindo uma ampla área a ser explorada no campo da Química Forense.

ESTUDO DE CASOS

Quando pensamos em análises químicas envolvendo a área forense logo nos vêm à mente crimes contra a pessoa, ou seja, homicídios. No entanto, há uma vasta área de aplicação da Química na elucidação de casos de interesse judicial; por exemplo, crimes contra o patrimônio histórico/cultural, público ou privado, ou até mesmo contra o meio ambiente, que requerem meios de estudo seguros.

Desta forma, trataremos de dois estudos de casos reportados na literatura; um deles envolvendo análises de amônia em fase gasosa, e outro sobre vapores de canabinoides extraídos da folha da maconha.

Análise de vapores de amônia no ar

Este estudo de caso foi descrito por Castro (2005), relatando a captação e a quantificação de vapores de amônia utilizando um sensor piezelétrico. Para tanto, foi investigada uma vasta gama de substâncias, de forma pura e suas misturas, a fim de se determinar aquela que apresentava os resultados mais satisfatórios como filmes modificadores e, posteriormente, foram otimizados parâmetros experimentais importantes, como massa do filme depositado sobre o eletrodo e a vazão de amônia.

Amônia, cuja fórmula química representativa é NH_3, é uma substância muito presente na sociedade moderna, possuindo inúmeras aplicações na indústria, como gás refrigerante, fonte de nitrogênio na fabricação de fertilizantes agrícolas e ainda, em pequenas quantidades, nas fumaças expelidas por substâncias derivadas do tabaco (p. ex., cigarro). No entanto, se inalada por períodos prolongados, oferece riscos à saúde humana. Portanto, o desenvolvimento de métodos para a determinação de amônia torna-se importante, principalmente em se tratando de ambientes fechados. Sendo assim, os sensores piezelétricos para a detecção de amônia denotam sistemas de fácil operação, baratos e de rápida análise.

No trabalho de Castro foram usados cristais de quartzo, disponíveis comercialmente, com frequência fundamental de 10 MHz, corte tipo AT, montados em um suporte de cerâmica modelo HC-6/U (Universal Sensors). Todos os cristais tinham seu eletrodo formado por uma fina deposição de ouro perfazendo as duas faces. A lâmina de quartzo possuía dimensões diagonais que variavam de 10 mm a 16 mm, todas em formato circular, com espessura de 0,15 mm. Os filmes de ouro tinham espessura de 3.000 a 10.000 Å e diâmetros que variavam de 6 a 8 mm. A Figura 4 ilustra o esquema detalhado do cristal piezelétrico.

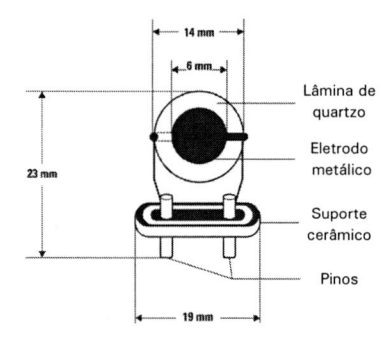

Fonte: Weber Amendola com base em Castro (2005). Reprodução autorizada.

Figura 4 Gravura com os detalhes de um cristal piezelétrico apresentando uma lâmina de quartzo com diâmetro de 14 mm.

Após o cristal piezelétrico ter sido recoberto por um modificador químico desejado, foi colocado dentro de uma cápsula de vidro (célula), ficando suas duas faces expostas aos vapores (drogas) e ligado a um oscilador transistorizado OT-13 (International Crystal Mfg. .Co®. Oklahoma City, Oklahoma), que o mantém vibrando com frequência constante (não sendo mais a fundamental, pois nele foi acrescida a massa do modificador químico). O oscilador foi alimentado por uma fonte reguladora de voltagem (Heathkit®, modelo IP-2728) ajustada para aplicar 9 volts dc. A frequência de saída do oscilador e, por consequência, do cristal, foi monitorada por um frequencímetro digital FC 2015 Goldstar®.

A configuração física da célula de vidro, na qual se encontra o cristal piezelétrico, influencia bastante a sensibilidade da análise. Tal fato justifica-se porque o fluxo afluente de gás é dividido em duas partes iguais, atingindo de forma direta e simultânea ambas as faces do eletrodo do cristal, com os modificadores químicos, melhorando assim, de maneira significativa, o contato entre a droga e o modificador.

A Figura 5 ilustra com detalhes o sistema descrito acima.

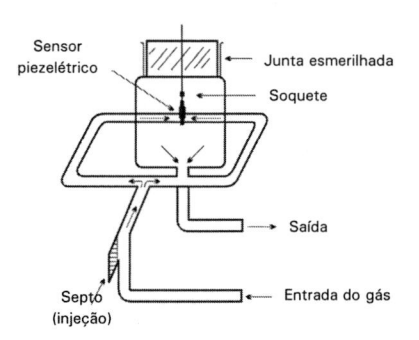

Fonte: Weber Amendola com base em Castro (2005). Reprodução autorizada.

Figura 5 Ilustração da célula detectora mostrando o sensor piezelétrico de perfil, com a entrada de gás de arraste de analito direcionada para as faces do cristal piezelétrico no qual estão os eletrodos modificados com os filmes.

Após a montagem de todo o aparato físico do sistema experimental utilizado, procedeu-se aos estudos a respeito dos filmes de modificadores químicos depositados sobre o eletrodo de ouro presente no cristal pelo método do espalhamento da gota. Foram mais de 100 possibilidades, incluindo substâncias distintas e suas misturas em diferentes proporções, concluindo-se que o filme mais promissor, em concordância com as condições experimentais ajustadas, seria aquele constituído por uma mistura na proporção 2 : 1 (v/v), formado pela solução comercial de (i) ácido glicólico (70% m/m) em água, adicionada a THEED® – tetrakis(hidroxietil)etilenodiamina – na proporção de (3 : 4 v/v), com solução saturada de (ii) ácido tânico em acetona.

Após, foram realizados estudos para o levantamento de informações a respeito dos efeitos ocasionados pela vazão de trabalho da massa de filme depositada sobre o eletrodo, mostrando-se interferir diretamente na sensibilidade da análise, no tempo de saturação do filme de modificador químico e na temperatura de trabalho, dentre outros. (Para obter mais informações, recomenda-se a leitura da dissertação completa de Castro (2005)).

No tocante ao efeito ocasionado pela vazão de trabalho, seu aumento ocasionou um aumento contínuo somente da variação de frequência, fator que nem sempre é observado, pois, em geral, acompanhando o aumento da vazão está a variação de frequência, porém, até um valor limite, passando por um máximo e decrescendo.

A Figura 6 mostra a resposta da variação de frequência, em Hz, com a elevação da vazão, em mL/min, para valores médios de três medidas, num tempo de interação filme/analito igual a 3 minutos, a concentração de amônia no gás de arraste na ordem de 6 partes por milhão (ppm) e temperatura em 25 °C, mostrando que o valor de vazão ideal está em torno de 100 mL/min.

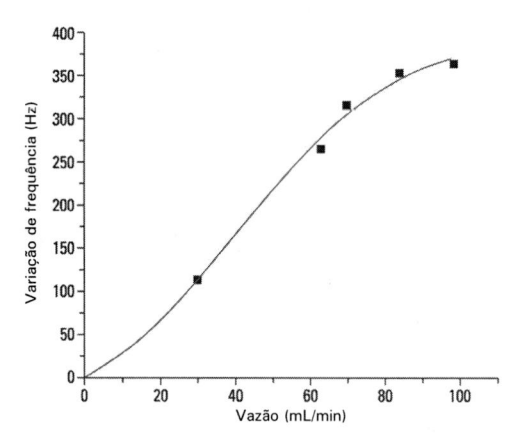

Fonte: Weber Amendola com base em Castro (2005). Reprodução autorizada.

Figura 6   Efeito da variação de frequência (Hz) *versus* vazão (mL/min).

Também foram realizados estudos acerca da massa do filme depositado sobre os eletrodos do cristal piezelétrico e como a variação da massa afetaria a sensibilidade da análise.

Para o levantamento dos dados experimentais foi mantido em 3 minutos o tempo de exposição do filme modificador à amônia, concentração desta última em 6 ppm, temperatura em 25 °C, sendo a vazão calibrada em 80 mL/min.

Inicialmente, nota-se que o aumento da espessura do filme captor presente no eletrodo proporciona elevação do sinal analítico e, por consequência, da sensibilidade da análise, apresentando um valor limite em torno de 130 μg de filme. O aumento desta sensibilidade pode ser explicado pelo aumento do número de possíveis sítios ativos conforme a espessura do filme é aumentada. No entanto, para valores acima de 130 μg, ocorre um decréscimo nos valores de variação de frequência (e de sensibilidade), conforme ilustrado na Figura 7, podendo ser explicado pelo provável impedimento físico/especial ou mesmo de orientação dos mesmos sítios ativos.

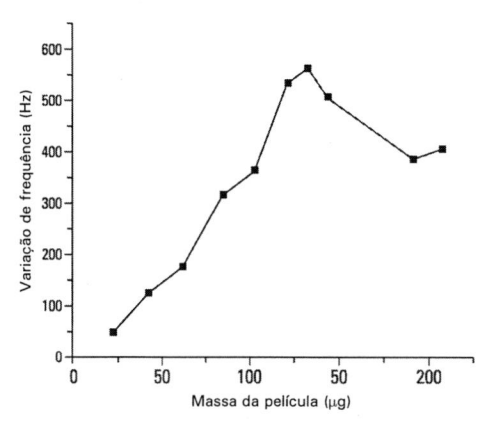

Fonte: Weber Amendola com base em Castro (2005). Reprodução autorizada.

Figura 7 Estudo da sensibilidade relacionando variação de frequência, em Hz, *versus* massa da película de filme modificador, em μg, para valores médios de três medidas.

Castro (2005) também realizou estudos sobre o tempo de exposição da amônia ao filme de modificador químico. O aumento do tempo de exposição do analito com o modificador tende a aumentar a sensibilidade da análise. No entanto, nota-se uma estabilização em tempos muito prolongados, variando muito pouco tal sensibilidade. Este fato pode ser entendido como a saturação dos sítios ativos, não sendo mais possíveis os fenômenos de sorção.

Assim, para este estudo, foram mantidos os parâmetros de temperatura, concentração de amônia no gás de arraste e vazão, depositando uma massa de 133 μg de filme captor sobre o eletrodo.

Nota-se que nos minutos iniciais há um aumento acentuado nos valores de variação de frequência, que diminuem com a variação do tempo, sugerindo, assim, o tempo de saturação dos sítios ativos presentes na película de modificador químico próximo de 20 minutos para este estudo. As variações de frequência acima deste tempo não são significativas para a sensibilidade da análise.

Após, foram realizados estudos a respeito da temperatura e trabalho, pois o desempenho do sensor piezelétrico costuma ser afetado diretamente pela temperatura. Assim, foram realizados estudos no intervalo de temperatura de 15-45 °C e a variação de frequência observada para quatro tempos de exposição distintos, a saber: 30, 60, 120 e 180 segundos.

Observou-se que não houve nenhuma alteração nas análises realizadas pelo sensor piezelétrico para o intervalo de temperatura de 20-35 °C. No entanto, acima de 35 °C constatou-se a diminuição da resposta do sensor, o que pode estar relacionado à volatilização de algum componente da mistura formadora do filme modificador, afetando significativamente os mecanismos de sorção/dessorção presentes no sensor. Imediatamente após, foi estabelecida a temperatura de 25 °C para a realização do estudo.

Por fim, com todos os parâmetros otimizados, foram construídas quatro curvas analíticas para a amônia, para diferentes tempos de exposição desta última com o modificador químico. Entretanto, para este estudo, o fluxo da vazão foi mantido em 55 mL/min, fora do valor ideal estabelecido, devido às limitações do aparato experimental.

Os tempos de exposição da amônia com o modificador químico foram de 30, 1, 2 e 3 minutos e todas as respostas obtiveram excelente linearidade.

Como conclusão, o sensor para amônia desenvolvido neste trabalho apresentou excelente desempenho, mostrando sinal de frequência linear no intervalo de concentração estudado de 2-11 ppm NH_3, ou seja, 1,4 a 7,7 mg NH_3 m^{-3}, e elevada sensibilidade, 13,5 a 42 Hz/ppm. Por apresentar baixos valores de desvios para os intervalos de confiança, possui boa repetibilidade. O sensor não apresentou mecanismo de reversibilidade entre a amônia e o filme de modificador; no entanto, este fato pode ser compensado pela rapidez nas análises e pelo baixo custo do sensor. Quando realizado estudo de interferentes, apenas o gás NO_2 mostrou-se potencialmente interferente; portanto, tal procedimento deve ser executado em linha sem a sua presença.

Análise de vapores de cocaína e canabinoides

Neste segundo estudo de caso, realizado por Menezes (2010) e publicado em sua dissertação de mestrado, vapores de cocaína e de canabinoides, extraídos diretamente das folhas de maconha, foram analisados em fase gasosa envolvendo a microbalança de cristal de quartzo.

Drogas de abuso estão entre os itens mais apreendidos pelas forças policiais. Deste universo, no Brasil, maconha e cocaína encabeçam a lista. Desta forma, análises periciais envolvendo tais substâncias acabam por se tornar rotineiras, podendo envolver diversas técnicas analíticas. Entre as mais empregadas podemos citar: Cromatografia em Fase Gasosa acoplada à Espectrometria de Massas (GC-MS), Cromatografia Líquida de Alta Eficiência (HPLC) e Análises Espectroscópicas de Infravermelho com Transformada de Fourier (FTIR).

No entanto, o custo do equipamento e manutenção para as técnicas elencadas é alto, e, mais, na maior parte dos casos exige um profissional com conhecimentos específicos para operar e interpretar os dados obtidos. As análises por microbalança de cristal de quartzo (QCM) estão na contramão deste viés, pois, além de apresentar baixíssimo custo de equipamento e operabilidade, trazem a possibilidade de executá-las em questão de minutos, ou até mesmo segundos, nos casos em que os parâmetros operacionais já estejam estabelecidos.

Como já ressaltado, no universo das drogas de abuso a maconha figura como uma das mais apreendidas no Brasil, ao lado da cocaína e do crack. Tais substâncias são confiscadas cotidianamente em território nacional pelas forças policiais. Desta forma, a importância da sua análise torna-se justificada, e recursos e métodos que envolvam estas análises se tornaram fundamentais.

Para as análises de cocaína e canabinoides foram utilizados cristais piezelétricos com as mesmas descrições daqueles apresentados no primeiro estudo de caso, e o arranjo experimental também é consonante àquele mostrado para análise de vapores de amônia. Portanto, aqui nos abstemos de descrevê-los.

Como temperatura de trabalho, Menezes (2010) otimizou como temperatura ótima 30°C, e a vazão do fluxo de gás nitrogênio, utilizado por ser inerte, como 100 mL/min. Para o recobrimento dos eletrodos com filme de modificador químico foi empregado o método do espalhamento da gota. Após, todos os experimentos descritos neste estudo de caso foram submetidos às mesmas condições de trabalho supracitadas.

Todo o estudo piezelétrico teve como objetivo saber se haveria ou não algum fenômeno físico ou químico quando os analitos (vapores de cocaína ou canabinoides) estudados entrassem em contato com os modificadores químicos de interesse.

Os principais interesses no estudo piezelétrico, para este trabalho, são:

i) Analisar se haverá ou não mudança na massa total do sistema em estudo;
ii) Verificar se há reversibilidade ou não na interação analito-soluto mudando-se o fluxo gasoso.

O estudo desenvolvido por Menezes (2010), considerando os propósitos citados aqui tratado, mostrou-se pioneiro na literatura, não sendo reportado desde então.

A maconha (*Cannabis sativa linnaeus*) foi classificada botanicamente pela primeira vez em 1753, pelo biólogo Carl Von Linné. Apesar de seus registros milenares, atualmente seu uso encontra-se sob controle legal internacional. Tanto a maconha quanto as demais drogas de abuso (cocaína, crack etc.) têm seu uso proibido em território nacional, conforme a Lei n. 11.343/06, intitulada Lei antidrogas.

Entre os mais de 400 compostos presentes na planta da maconha, 60 destes são considerados canabinóis; o Δ9-tetraidrocanabinol (também conhecido como Δ9-THC), junto com o canabinol e o canabidiol, são os mais importantes, encontrados naturalmente sob a forma de ácidos. No entanto, o Δ9-THC merece destaque por ser o maior responsável pelo efeito psicoativo da droga, atuando no sistema nervoso central (SNC), ocasionando efeito depressor e/ou perturbador em seres humanos e outros mamíferos.

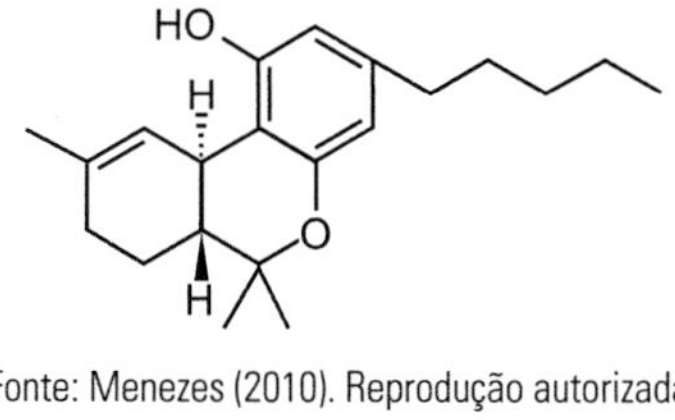

Fonte: Menezes (2010). Reprodução autorizada.

Figura 8.a Fórmula Molecular da Plana do Δ9-THC [Δ9 – tetraidrocanabinol] ($C_{21}H_{30}O_2$).

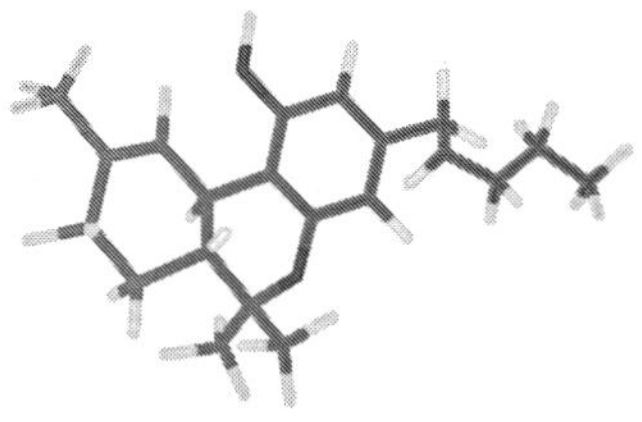

Fonte: Weber Amendola com base em Menezes (2010). Reprodução autorizada.

Figura 8.b Fórmula Estrutural Espacial do Δ9-THC. A região cinza-escuro designa carbono; a vermelha, oxigênio; e a cinza-claro, hidrogênio.

* Você pode visualizar esta imagem em cores no final do livro.

Plantas femininas são aquelas que apresentam maior teor de Δ9-THC, principalmente quando não geminadas pelas masculinas, pois não possuirão sementes, assim concentrando o teor de Δ9-THC nas inflorescências e folhas superiores; em contrapartida, a raiz e os frutos detêm as menores concentrações deste canabinoide.

No entanto, a concentração desta substância presente na maconha pode variar dependendo das condições ambientais utilizadas no cultivo da planta (fertilidade do solo, clima, temperatura, época da colheita, luminosidade, nutrientes, água etc.), mostrando teor de Δ9-THC variando de 0,5% a mais de 40%. Outros fatores também podem alterar a composição de Δ9-THC no vegetal, como o estado de armazenamento, tempo de maturação da planta e formas de preparação e secagem de partes do vegetal.

Nos estudos envolvendo canabinoides, um extrato foi preparado por extração com hexano e, posteriormente, o solvente evaporado num rota-evaporador e colocado em um tubo de ensaio, que, por sua vez, foi colocado aberto dentro do tubo de vidro e inserido no forno gerador de vapor.

Como modificadores químicos para os canabinoides foram utilizados Fast Blue B salt, Fast Blue B salt recoberto com Náfion e, por fim, Triton X-100®. Depois de todo o aparato experimental ser montado e as condições de otimização conhecidas, procedeu-se às análises para os canabinoides. Os resultados encontrados são descritos abaixo, separadamente, para efeito de organização.

Uma das razões de se levar em conta o uso do Fast Blue B salt é que este já é utilizado em procedimentos oficiais em testes colorimétricos para a identificação de canabinoides.

Maconha

Coating de Fast Blue B Salt

A Figura 9 mostra a variação da frequência, em MHz, *versus* o tempo, em segundos, para o extrato de maconha estudado com o modificador químico Fast Blue B Salt.

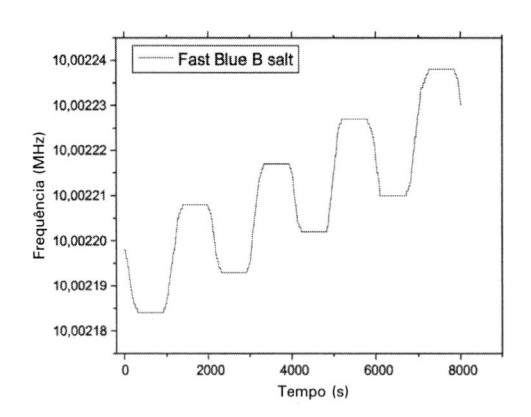

Fonte: Weber Amendola com base em Menezes (2010). Reprodução autorizada.

Figura 9 Gráfico da variação da frequência (MHz) *versus* tempo (s) para o extrato de maconha, utilizando-se Fast Blue B Salt como modificador químico.

Este sistema apresentado não possui uma total reversibilidade, havendo consecutivas perdas de massa, como mostra o aumento gradual da frequência em cada análise.

No entanto, a variação da frequência (ΔF) para cada análise isolada mantém-se igual, o que nos leva a crer que os fenômenos de sorção/dessorção seguem um mesmo padrão para uma triplicata de experimentos. Isto define que o sensor pode ser utilizado, pelo menos, por uma triplicata de experimentos de forma segura e que fornecerá as mesmas variações de massa.

Neste contexto, nota-se também que, em cada análise, foi atingido o tempo de saturação do cristal, mostrado como um patamar no gráfico da Figura 10. No entanto, conforme o gás de arraste puro é passado, o fenômeno de dessorção ocorre entre os canabinoides e o Fast Blue B salt, ocorrendo também outros fenômenos de perda de massa, como possível perda de parte do modificador químico presente no eletrodo de ouro, conforme se pode notar pela elevação dos patamares consecutivos com o passar do tempo das análises.

Coating de Fast Blue B Salt + Náfion

Para o presente estudo, primeiro formou-se o filme com o Fast Blue B Salt e, após, por cima deste, o filme de Náfion foi formado.

A Figura 10 mostra o gráfico da variação de frequência (MHz) *versus* o tempo (s) para o extrato de maconha diante do modificador químico Fast Blue B Salt + Náfion.

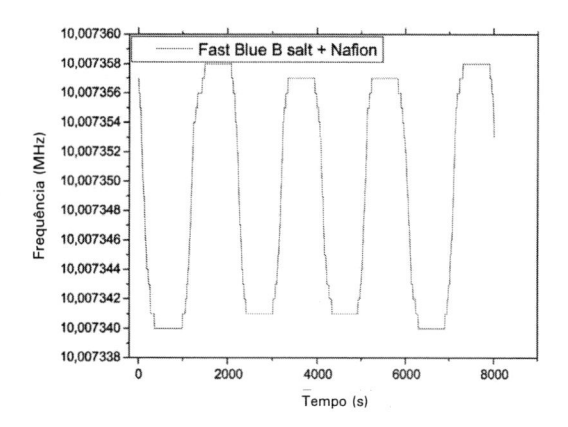

Fonte: Weber Amendola com base em Menezes (2010). Reprodução autorizada.

Figura 10 Gráfico da variação de frequência (MHz) *versus* tempo (s) para o extrato de maconha, utilizando-se Fast Blue B Salt recoberto com Náfion, como modificador químico.

O sistema apresenta total reversibilidade para, no mínimo, uma triplicata de experimentos sequenciais no mesmo cristal, assim caracterizando um sistema ideal para estudo, pois isto prolonga o tempo de vida do sensor (levando-se em conta que não há degradação do modificador químico por outros meios, como luz e calor).

Como o sistema apresentou os melhores resultados nos estudos piezelétricos para o extrato de maconha, realizou-se uma otimização de sinal, a fim de que se pudesse estudar a redução do tempo de análise sem que a confiabilidade se perdesse.

A Figura 11 mostra o gráfico com os sinais analíticos obtidos para tempos distintos no mesmo sistema.

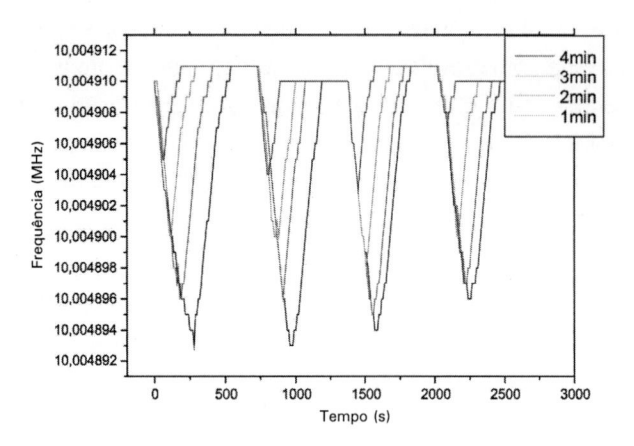

Fonte: Weber Amendola com base em Menezes (2010). Reprodução autorizada.

Figura 11 Gráfico da variação de frequência (MHZ) *versus* tempo (s) para o extrato de maconha, utilizando-se Fast Blue B Salt recoberto com Náfion como modificador químico.

* Você pode visualizar esta imagem em cores no final do livro.

Um sinal analítico pôde ser observado para todos os tempos estudados. Para menores tempos, houve uma redução na sensibilidade do sinal, no entanto, este se apresentou estável e reprodutível durante as variações temporais.

E, mais, análises consecutivas podem ser realizadas num tempo de 1 minuto cada, com razoável grau de repetitividade, tornando este sensor ideal para análises rápidas e de rotina.

Coating de Triton X-100®

A Figura 12 mostra a variação da frequência (MHz) para o extrato de maconha diante do modificador químico Triton X-100®:

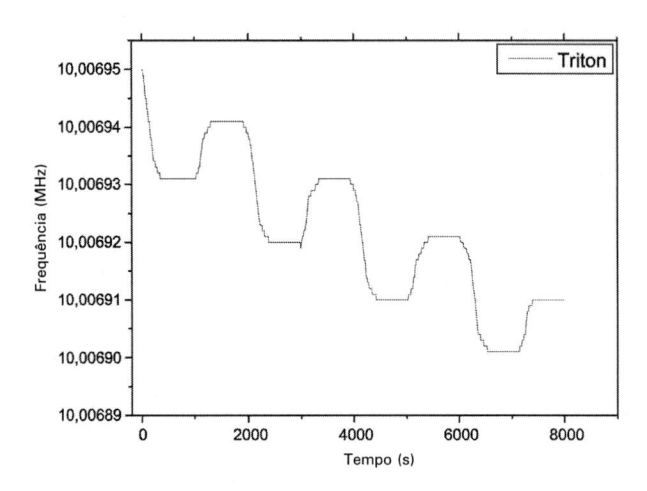

Fonte: Weber Amendola com base em Menezes (2010). Reprodução autorizada.

Figura 12 Gráfico da variação de frequência (MHz) *versus* tempo (s) para o extrato de maconha utilizando-se Triton X-100® como modificador químico.

O comportamento que se observa agora é o inverso do que se obteve quando a superfície do eletrodo de ouro era recoberta com o ligante de Fast Blue B Salt. Os valores dos patamares de frequência decresceram com o passar do tempo. Todavia, não foi descartada a reversibilidade do conjunto analítico, mostrando-se como um processo semirreversível.

No entanto, o tempo de vida útil operacional será consideravelmente menor, uma vez que os sítios ativos são cada vez mais ocupados, a cada análise, e não ocorre o processo de dessorção total. Entretanto, ainda apresenta o mesmo patamar de variação de frequência (ΔF) para uma triplicata de experimentos, mostrando que a variação de massa se mantém constante.

Por fim, com relação aos estudos piezelétricos desenvolvidos para os vapores de canabinoides, o modificador químico que apresentou os melhores resultados foi o formado pelo filme de Fast Blue B Salt com uma camada de Náfion. O sistema mostrou-se totalmente reversível para o extrato de maconha. No entanto, não se pode descartar os demais modificadores químicos utilizados nos estudos com extrato de maconha, já que todos apresentaram reprodutibilidade dos dados para uma triplicata sequencial de experimentos, mesmo estes apresentando variações na massa total do sistema estudado.

Os estudos para os vapores de cocaína comportaram-se de forma semelhante aos descritos para os vapores contendo canabinoides.

A cocaína, também denominada benzoilmetilecgonina, é o principal alcaloide tropânico presente nas folhas de duas espécies do arbusto: *Erytroxylum*: *Erytroxylum trujjilo* e *Erytroxylum coca*. A primeira é cultivada legalmente e destina-se principalmente à indústria farmacêutica, enquanto a segunda constitui-se da principal matéria-prima para a produção ilegal de cocaína.

Fonte: Menezes (2010). Reprodução autorizada.

Figura 13.a Fórmula Molecular Plana da Cocaína ($C_{17}H_{21}NO_4$).

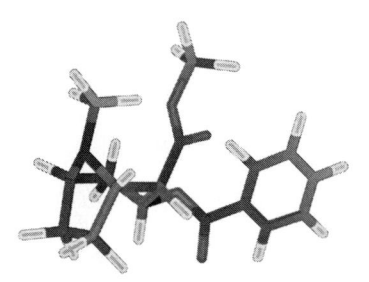

Fonte: Weber Amendola com base em Menezes (2010). Reprodução autorizada.

Figura 13.b Fórmula estrutural espacial da cocaína
(ácido metil éster 3-benzoiloxi-8-metil-8-azabiciclo [3.2.1] octano-4-carboxílico).
A região cinza-escuro designa carbono; a vermelha, oxigênio; a azul, nitrogênio; e a cinza-claro, hidrogênio.

* Você pode visualizar esta imagem em cores no final do livro.

Os efeitos da cocaína são conhecidos pelo homem há tempos. Na região dos Andes, populações indígenas mascavam a folha, que proporcionava efeito de dormência na região bucal, utilizada também para dores de dente e na face, e para entorpecer em momentos de escassez de alimentos. Os efeitos causados pela cocaína também já foram relatados por Sigmund Freud, que chegou a receitar quantidades da droga em tratamentos para depressão.

A cocaína é comumente encontrada sob a forma de um pó branco (cloridrato de cocaína) obtido pelo tratamento da pasta base de cocaína com ácido clorídrico (alcançado basicamente nos processos de purificação da droga). Os usuários contumazes comumente autoadministram o cloridrato de cocaína na forma de aspiração nasal, por via oral ou mesmo intravenosa, sendo a primeira mais utilizada.

O crack é uma forma de variação da cocaína (base livre), preparado pelo aquecimento de uma solução de cloridrato de cocaína com uma base, em geral hidróxido de sódio ou bicarbonatos, por serem mais baratos e facilmente encontrados. Após o aquecimento, obtém-se um produto oleoso que é, então, resfriado em banho de gelo até a precipitação de cristais irregulares de base livre, vulgarmente denominados "pedras".

A cocaína comercializada de forma ilegal quase nunca é pura, apresentando inúmeras substâncias que vão desde adulterantes químicos e anestésicos (p. ex., benzocaína, tetracaína e procaína), estimulantes (p. ex., a cafeína e efedrina), diluentes (p. ex., glicose, sacarose e amido), até substâncias extremamente tóxicas, como estricnina e ácido bórico.

Assim, para os estudos piezelétricos relacionados à cocaína, houve variação dos filmes de modificadores químicos empregados: THEED®, Amina 220 e Triton X-100®. E, ainda, se deram em duas vertentes: cocaína pura e impura (vendida ilegalmente e apreendida por forças policiais).

De forma análoga ao ocorrido para os vapores de canabinoides, os estudos para a cocaína serão relatados de forma separada, buscando uma melhor organização com a finalidade de facilitar o entendimento.

Cocaína pura

Coating de THEED®

Inicialmente, utilizou-se o modificador químico THEED®. A Figura 14 mostra os resultados para um triplicata de experimentos sequenciais, num mesmo cristal, utilizando-se este modificador.

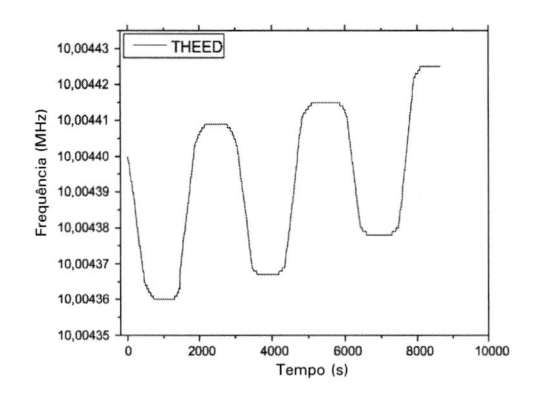

Fonte: Weber Amendola com base em Menezes (2010). Reprodução autorizada.

Figura 14 Gráfico da variação de frequência (MHz) *versus* tempo (s) para a cocaína pura utilizando-se THEED® como modificador químico.

Observa-se um aumento gradual e constante nas frequências obtidas, tanto para a condição "saturada" (patamares inferiores) relativos à interação de moléculas de cocaína e o filme de THEED® quanto para a condição inversa. Tal situação aponta para perda de massa total, de forma gradual, em cada análise decorrente, apresentando semirreversibilidade para uma triplicata de experimentos.

E, mais, como os valores da variação de frequência para cada perda de massa total é constante, a análise por esta metodologia não se tornou comprometida.

Coating de Amina-220®

Outra espécie de modificador utilizada para a análise de cocaína foi a Amina-220®, e os resultados obtidos para este modificador apresentam-se semelhantes aos obtidos com o THEED®; logo, tanto este último quanto a Amina-220® não apresentaram modificações diretas que pudessem ser conclusivas apenas através da análise de variação de frequência, ou seja, pela verificação de perda ou ganho de massa total do sistema.

No entanto, vale ainda frisar que, com a Amina-220®, também ocorre variação gradual e constante de massa a cada medida, não sendo este fato excludente para que o método de análise seja válido.

Coating de Triton X-100®

Ainda para a cocaína foi estudado o *coating* formado por Triton X-100®, o mesmo modificador químico estudado para os vapores de canabinoides.

Neste caso, para cocaína purificada, tem-se o inverso do que ocorre para o THEED® e para a Amina-220®. Nota-se que há uma diminuição gradual e constante nos valores de frequência para os patamares sucessivos de medidas. Ou seja, a massa total do sistema está aumentando ao final de cada análise subsequente, podendo este fato ser explicado por:

i) uma sorção na qual somente a passagem de gás nitrogênio não se faz capaz de dessorver a droga do seu captor; ou

ii) a formação de uma ligação química efetiva entre droga e modificador químico.

Na Figura 15 encontram-se os resultados experimentais para uma triplicata de experimentos sequenciais feitos com este modificador químico para cocaína.

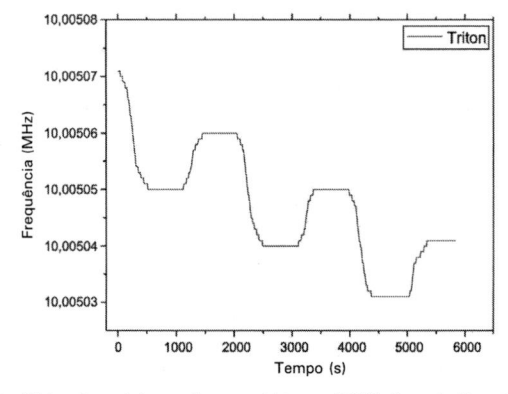

Fonte: Weber Amendola com base em Menezes (2010). Reprodução autorizada.

Figura 15 Gráfico da variação da frequência (MHz) *versus* tempo (s) para a cocaína purificada utilizando-se Triton X-100® como modificador químico.

Cocaína impura

Nos trabalhos referentes à cocaína impura (ou seja, comercializada ilegalmente), foram estudados os mesmos modificadores químicos utilizados para a cocaína em sua forma purificada.

Coating de THEED®

O *coating* formado por THEED® também foi estudado para a cocaína impura. Esta não apresentou diferenças significativas quando comparada com o estudo da sua forma purificada, como mostra a Figura 16:

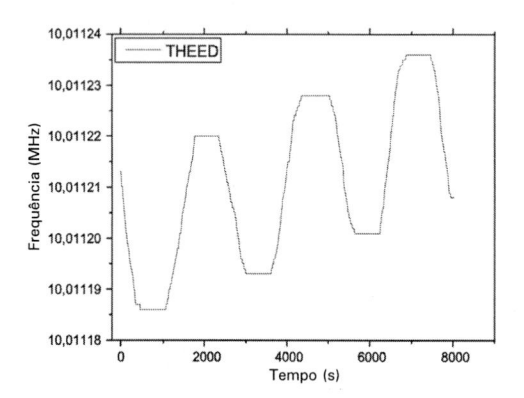

Fonte: Weber Amendola com base em Menezes (2010). Reprodução autorizada.

Figura 16 Gráfico da variação de frequência (MHz) *versus* tempo (s) para cocaína impura utilizando-se THEED® como modificador químico.

Ao analisar a atuação do THEED® ante os dois casos – cocaína pura e na sua forma impura –, pode ser notado de forma clara que a frequência decai de forma mais lenta quando se estuda a cocaína na sua forma pura. Tal fato pode ser explicado considerando que os sítios que seriam ativos para a cocaína acabam sendo "ocupados" por interferentes presentes na droga impura, ocorrendo, desta forma, uma variação de massa de forma mais rápida.

Coating de Amina-220®

De forma análoga aos resultados obtidos pelo THEED®, a Amina-220®, diante da cocaína impura, não apresenta resultados significativos quando comparada com estudos realizados com a cocaína purificada. Tal fato também ocorreu quando comparados os resultados dos mesmos modificadores químicos para cocaína pura.

E, mais, o modificador químico em questão apresenta uma resposta analítica muito próxima daquela apresentada pelo THEED® para o mesmo analito.

Coating de Triton X-100®

De forma análoga à pura, os dados obtidos para a cocaína na forma impura com o Triton X-100® apresentou uma situação inversa da mostrada pelos modificadores THEED® e Amina-220®, conforme ilustra a Figura 17.

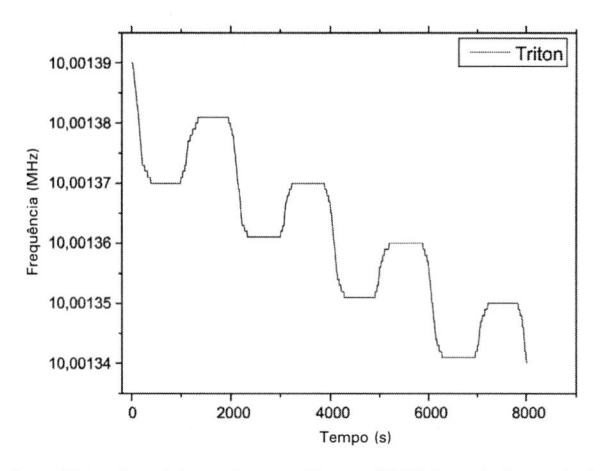

Fonte: Weber Amendola com base em Menezes (2010). Reprodução autorizada.

Figura 17 Gráfico da variação de frequência (MHz) *versus* tempo (s) para a cocaína impura utilizando-se como modificador químico o Triton X-100®.

Contudo, mesmo havendo uma variação da frequência para os patamares "saturados", esta é constante e gradual após cada análise realizada; portanto, não comprometendo a potencialidade do método.

Para a cocaína não foi encontrado um modificador químico que respondesse de forma totalmente reversível. No entanto, assim como para o extrato de maconha, analogamente, todos os filmes de modificadores estudados mostraram reprodutibilidade dos dados experimentais em pelo menos uma triplicata de experimentos sequenciais.

Assim, para os estudos piezelétricos apresentados, o fato de não haver um modificador que responda de forma totalmente reversível não exclui a validade da análise, já que outros parâmetros podem ser considerados, tais como variação de massa (Δm), obtida pela variação de frequência (ΔF), calculada por meio da equação de Sauerbrey.

Adicionalmente, o dispositivo contendo o cristal de quartzo com o sistema de eletrodos em suas duas faces (sem os modificadores químicos estudados neste trabalho) pode ser prontamente encontrado no comércio a preços módicos (menos de US$ 1,00 a unidade), podendo ser, inclusive, empregado como sensor descartável. A modificação química descrita neste trabalho, feita pelo método de espalhamento de gota, requer baixa quantidade de modificador químico, viabilizando a produção em larga escala do referido dispositivo.

Por fim, podemos concluir que são inúmeras as aplicações das análises piezelétricas, podendo-se obter diversos parâmetros, dependendo do interesse da análise e da acurácia do experimentador. A versatilidade da técnica, associada ao baixo custo e à rapidez nas análises, a torna especialmente atraente.

PRÁTICA DE LABORATÓRIO

Detecção de cafeína, teobromina e lidocaína utilizando sensores piezelétricos

Objetivo

Colocar em prática análises por sensores piezelétricos e buscar otimizar os tempos para uma triplicata de experimentos. Objetiva-se também a integração dos conhecimentos básicos de Química na análise de possíveis zonas em moléculas que podem denotar algum tipo de interação intermolecular entre os analitos de interesse e o modificador químico empregado.

Aparelhagem

Para o desenvolvimento deste experimento faz-se necessária a utilização de um arranjo experimental que tenha, basicamente:

- Cristal piezelétrico;
- Frequencímetro para registrar as variações de frequência decorrentes das de massa apresentadas pelo cristal piezelétrico;
- Forno ou região de temperatura controlável para a volatilização das amostras de interesse;
- Uma gama de substâncias que possam ser utilizadas como modificadores químicos;
- Gás de arraste inerte, preferencialmente puro;
- Oscilador;
- Fonte reguladora de voltagem;
- Balança analítica.

Reagentes e vidraria

- Padrões de cafeína, teobromina e lidocaína;
- Tubos de permeação;
- Substâncias que possam atuar como modificadores químicos.

Procedimento

1. A primeira etapa consiste em analisar as moléculas dos analitos a serem empregados no experimento, que, neste caso, consistem em: cafeína, teobromina e lidocaína. Nesta etapa, analise cuidadosamente a estrutura das três substâncias empregadas no estudo:

Cafeína   Teobromina   Lidocaína

Fonte: Menezes (2010). Reprodução autorizada.

2. Com base na análise das estruturas, pesquise e proponha um modificador químico adequado que poderia interagir com os analitos.[1]
3. De posse do cristal piezelétrico, certifique-se de que se encontra limpo. Em caso negativo, limpe-o com o auxílio de um solvente adequado, com o máximo de cuidado para não danificá-lo.
4. Com o cristal piezelétrico limpo, coloque uma gota do modificador químico de sua escolha sobre o centro da superfície metálica formadora dos eletrodos, e, com o auxílio de uma espátula macia ou mesmo de uma haste flexível com pontas de algodão, espalhe toda a gota sobre esta superfície (método do espalhamento da gota). Tenha cuidado para não contaminar a região do quartzo com o modificador químico; caso isto ocorra, lave e seque bem o cristal, recomeçando este procedimento.
5. Conecte o cristal na célula de vidro (ou em qualquer célula na qual se procederá à análise), certificando-se de que as superfícies nas quais estão presentes os filmes de modificadores químicos estejam direcionadas para as saídas de gases.
6. Insira o padrão de sua preferência (p. ex., cafeína) num tubo de permeação e o posicione no forno (serpentina) de modo a produzir os vapores. Faça isto com o forno ou a serpentina ainda desligados, assim evitando acidentes e queimaduras.
7. Ligue o forno e o gás de arraste, preferencialmente puro e inerte. Antes de liberar o gás para o sistema, controle-o de forma que fique numa vazão de 100 mL/min.
8. Inicie o experimento liberando o gás de arraste sem o analito de estudo, para que entre em contato com o cristal piezelétrico. Espere o sistema estabilizar numa frequência (de base), lida no frequencímetro, e a anote.
9. Com a frequência de base estabilizada e anotada, ligue o fluxo de gás, que passará pelo tubo de permeação presente no forno e arrastará consigo moléculas de cafeína (se usada), que entrarão em contato com o filme de modificador químico presente no cristal. Durante este processo, anote se há variações de frequência. Verifique se há aumento ou decréscimo nos valores de frequência lidos.
10. Neste ponto, você pode, a sua escolha ou sob orientação do professor: a) proceder à análise até que um patamar de saturação seja estabelecido: ou b) estabelecer a leitura da variação de frequência por tempo determinado.
11. Completado a etapa 10, interrompa o fluxo de gás no qual estão presentes as moléculas de analito e passe sobre o cristal apenas o gás puro. Anote se ocorrem variações nos valores de resposta.
12. Agora, prossiga com os estudos para aqueles analitos que mostraram decréscimo nos valores de frequência na etapa 9. Desta forma, varie a temperatura de trabalho e determine qual o sensor apresentará com maior sensibilidade.
13. Terminada a etapa 12, varie a massa de filme do modificador químico depositado sobre o cristal. De forma bem simples, você pode pesar o cristal antes de formar o filme de modificador químico e após sua formação. Determine qual seria o melhor valor para a massa de filme colocada no tocante à sensibilidade da análise.

---

[1] O modificador químico não precisa necessariamente interagir com os três analitos.

14. A vazão deve ser determinada. Desta forma, proceda de modo a variar a vazão para valores inferiores a 100 mL/min, anotando todos os resultados obtidos. Não se esqueça de manter os parâmetros já otimizados anteriormente.
15. Determine o tempo de saturação para o analito em estudo. Para tanto, deixe o fluxo de gás onde estão presentes as moléculas da substância de interesse do estudo e anote os valores de frequência até que voltem a se estabilizar.[2]
16. Construa curvas de calibração variando a concentração de analito no gás de arraste e também o tempo de contato deste com a superfície do filme formado pelo modificador químico.
17. Repita todo o processo para os demais analitos com o mesmo modificador químico.

Quesitos

Calcule o desvio padrão (SD) e o coeficiente de correlação (r) a partir das curvas de calibração da etapa 16 e determine os limites de detecção e quantificação.

Relatório de análises

Elabore um relatório científico sobre o experimento a ser entregue e discutido com o professor.

Além da estrutura convencional (introdução, parte experimental, resultados, discussão, conclusão e referências), cada grupo deve inserir em seu relatório a justificativa da escolha do modificador químico empregado e também discorrer sobre as variações de frequência ocorridas entre a cafeína (se usada) e teobromina em relação à lidocaína.

EXERCÍCIOS COMPLEMENTARES

1. Explique o motivo de a técnica receber o nome "Microlança de Cristal de Quartzo".
2. Qual é o tipo de relação entre as variações de frequência (ΔF) e de massa (Δm) dadas pela equação de Sauerbrey?
3. Se, ao iniciar o fluxo do gás de arraste contendo as moléculas de analito, não for notado nenhum tipo de variação na frequência ressonante do cristal, o que pode estar ocorrendo?
4. Explique o que pode estar ocorrendo, em termos moleculares, se, ao iniciar o fluxo do gás de arraste contendo as moléculas de analito, for notado:
   a) Um decréscimo nos valores de frequência ressonante do cristal;
   b) Um aumento nos valores de frequência ressonante do cristal.
5. O que é sensor químico?
6. O que você espera encontrar em relação às respostas referentes às variações de frequência (ΔF) para as moléculas de cafeína, teobromina e lidocaína?

REFERÊNCIAS BIBLIOGRÁFICAS

ANDRADE, J. F. *Sobre a utilização de detectores de cristais piezelétricos para poluentes no ar*. 1997. Tese (Livre-Docência em Química Analítica). Universidade de São Paulo. Departamento de Química da Faculdade de Filosofia, Ciências e Letras. Ribeirão Preto-SP.

---

[2] Não realize esta etapa se já tiver realizado na etapa 10, de acordo com o ilustrado em 10.a.

ANDRADE, J. F. et al. Aplicações analíticas dos cristais piezelétricos. *Química Nova*, n. 14, v. 4, p. 272, 1991.

BECQUEREL, A. C. *Bull. Soc. Philomath*, n. 7, p. 149, 1820.

CADY, W. G. *Piezoelectricity*. Nova York: McGraw-Hill, 1946.

CARPENTER, T. E.; BREMCHLEY, D. L. A piezoelectric cascade impactor for aerosol monitoring. *American Industrial Hygiene Association Journal,* n. 33, 1972, p. 503-10.

CASTRO, J. R. M. *Estudo sobre a determinação de benzeno e amônia no ar, utilizando sensor piezelétrico de quartzo*. 2005. Dissertação (Mestrado em Química). Universidade de São Paulo. Departamento de Química da Faculdade de Filosofia, Ciências e Letras. Ribeirão Preto-SP.

CASTRO, J. R. M. et al. Determinação de amônia no ar utilizando um sensor piezelétrico de quartzo. *Ecl. Quím.*, n. 36, v. 2, p. 21, 2011.

CHABRE, A. *Application of oscillating quartz crystal to measure the mass of suspended particule matter*. Paper apresentado no American Chemical Society National Meeting, em abril de 1974. Texas: Dallas.

CHUAN, R. L. An instrument for the direct measurement of particulate mass. *Journal of Aerosol Science*, n. 1, 1970, p. 111.

CURIE, J.; CURIE, P. *Bull. Soc. Min.* n. 3, p. 90. 1880.

FARIA, R. C. *Desenvolvimento de instrumentação em microbalança de cristal de quartzo para aplicações em eletroanalítica e biossensores*. 2000. Tese (Doutorado). Universidade Federal de São Carlos. Centro de Ciências Exatas e de Tecnologia do Departamento de Química. São Carlos-SP.

FISCHER, W. F.; KING Jr., W. H. A new method for measuring the oxidation stability of elastomers. *Anal. Chem.*, n. 39, p. 1.265, 1967.

FLETCHER, D. A. *J. Controled*. Relatório n. 124, 2007, p. 88.

DALEY, P. S.; LUNDGREN, D. A. The performance of piezoelectric crystal sensors used to determine aerosol mass concentrations. *American Industrial Hygiene Association Journal*, n. 36, 1975, p. 518.

GJESSING, D. T.; HOLM, C.; LANES, T. Electron. *Letter,* n. 3, p. 156, 1967.

GUILBAULT, G. G. The use of mercury(II) bromide as coating in a piezoelectric crystal detector. *Anal. Chim. Acta*, n. 39, p. 260, 1967.

HALAMEK, J. et al. Highly sensitive detection of cocaine using a piezoelectric immunosensor. *Biosens. Bioelectron.*, n. 17, p. 1.045, 2002.

_____. Piezoelectric affinity sensors for cocaine and cholinesterase inhibitors. *Talanta*, n. 65, p. 337, 2005.

HAMMOND, D. L.; ADAMO, C. A.; SCHMIDT, P. A linear, quartz-crystal-sensing element. *ISA Trans.*, n. 4, p. 349, 1965.

HEISING, R. A. *Quartz crystal for electrical circuits*. Nova York: D. Van Nostrand,1946.

HUNT, W. D.; STUBBS, D., D.; LEE, S. Rapid detection of bacterial spores using a quartz crystal microbalance (QCM) immunoassay. *IEEE Sens. J.*, n. 5, 2005, p. 335.

KING Jr., W. H. Piezoelectric sorption detector. *Anal. Chem.*, n. 36, p. 1.735, 1964.

_____. *U.S. Patent* 3.164.004, 1965.

LEE, C. W.; FUNG, Y. S.; FUNG, K. W. A piezoelectric crystal detector for water in gases. *Anal. Chim. Acta*, n. 135, p. 277, 1982.

LEINZ, V.; AMARAL, S. E. *Geologia geral*. São Paulo: Cia. Editora Nacional, 1978, p. 397.

LITTLER, R. L. *U.S. Patent* 3.253.219, 29 maio 1966.

LIPPMAN, G. *An. Chim. Phys.*, série 5, n. 24, p. 145, 1881.

LOSTIS, M. P. *J. Phys. Radium*, n. 20, 1959, p. 25.

LU, C.; CZANDERNA, A. W. (eds.). Applications of piezoelectric quartz crystal microbalances. *Methods and phenomena*: their applications in science and technology (series). Amsterdã: Elsevier, 1984. v. 7.

MAARSEN, F. W.; SMIT, M. C.; MATZE, J. The Raman and infra-red spectra of some compounds (iH7C3O)2PXO. *Recueil*, n. 76, p. 713, 1957.

MASON, W. P. *Piezoelectric crystals and their applications to ultrasonics*. Nova York: D. Van Nostrand, 1950.

MENEZES, M. M. T. *Desenvolvimento de sensores piezelétricos para análises forenses de Δ9-THC e cocaína*. 2010. Dissertação (Mestrado em Química). Universidade de São Paulo. Departamento de Química da Faculdade de Filosofia, Ciências e Letras. Ribeirão Preto-SP.

NICOLSON, A. M. *Proc. A.I.E.E.*, n. 38, p. 1.315, 1919.

OBERG, P.; LOGENSJO, J. Crystal film thickness monitor. *Sci. Instr.*, n. 30, p. 1.053, 1959.

OLIN, J. G.; SERN, G. J.; CHRISTENSEN, D. L. Piezoelectric-electrostatic aerosol mass concentration monitor. *Am. Ind. Hyg. Assoc. J.*, n. 32, 1971, p. 209.

O'NEILL, C. E.; YATES, D. J. C. The effect of the support on the infrared spectra of carbon monoxide adsorbed on nickel. *J. Phys. Chem.*, n. 65, 1961, p. 901.

PACY, D. J. Quartz piezoelectric. *Vacuum*, n. 9, p. 261, 1959.

SAUERBREY, G. Verwendung von schwingquarzen zur wägung dünner schichten und zur mikrowägung. *Z. Phys*, n. 155, p. 206, 1959.

_____. Messung von Plattenschwingungen sehr kleiner Amplitude durch Lichtstrommodulation. *Phys*, n. 178, p. 457, 1964.

SCHULZ, W. W.; KING Jr., W. H. A universal mass detector for liquid chromatograph. *J. Chromatogr. Sci.*, n. 11, 1973, p. 343.

SLUTSKY, L. J.; WADE, W. H. Adsorption of gases on quartz single crystals. *J. Chem. Phys.*, n. 36, 1962, p. 2688.

STACHOWIAK, J. C. et al. Piezoelectric control of needle-free transdermal drug delivery. *J. Controled Rel.*, n. 124, v. 1, 2007, p. 88.

STOCKBRIDGE, C. D. Resonance frequency versus mass added to quartz crystal. In: BEHRNDT, K. H. (ed.). *Vacuum microbalance techniques*. Nova York: Plenum, 1966, v. 5, p. 193.

TAHARA, S.; KOBAYASHI, J.; CKA, S. *Anal. Chem. Symp. Ser.* (Chem. Sens.), n. 17, p. 405, 1983.

VARELA, H.; MALTA, M.; TORRESI, R. M. Técnicas in-situ de baixo custo em eletroquímica: a microbalança a cristal de quartzo. *Química Nova*, n. 23, v. 5, p. 664, 2000.

WADE, W. H.; ALLEN, R. C. Kinects of chemisorption of oxygen in aluminum. *J. Colloid Interface Sci.*, n. 27, 1968, p. 722.

WARNER, A.W. Micro weighing with the quartz crystal oscillator-theory and design. In: WOLSKY, S. P.; ZDANUK, E. J. (eds.). *Ultra micro weight determination in controlled environments*. Nova York: Wiley, 1969. p. 137.

Exercícios complementares

RESOLUÇÃO

Capítulo 1

1. a) Montar a matriz de planejamento. Neste caso, emprestamos a matriz já montada como exemplo na Tabela 4.

Ensaio	Fatores			Efeitos de segunda ordem			Efeitos de terceira ordem	Efeito Médio
	A	B	C	AB	AC	BC	ABC	I
1	−	−	−	+	+	+	−	+
2	+	−	−	−	−	+	+	+
3	−	+	−	−	+	−	+	+
4	+	+	−	+	−	−	−	+
5	−	−	+	+	−	−	+	+
6	+	−	+	−	+	−	−	+
7	−	+	+	−	−	+	−	+
8	+	+	+	+	+	+	+	+

b) Montar a matriz de coeficiente de contraste incluindo a unidade. A primeira coluna é inteira positiva, correspondendo ao efeito médio. Em seguida temos os valores em dois níveis para o fator A, na ordem padrão, seguidos dos valores para o fator B e C (terceira e quarta colunas). As interações de segunda ordem estão nas colunas 5(AB), 6(AC) e 7(BC), enquanto a coluna 8 contempla os valores para a interação de terceira ordem (ABC).

$$\begin{bmatrix} +1 & -1 & -1 & -1 & +1 & +1 & +1 & -1 \\ +1 & +1 & -1 & -1 & -1 & -1 & +1 & +1 \\ +1 & -1 & +1 & -1 & -1 & +1 & -1 & +1 \\ +1 & +1 & +1 & -1 & +1 & -1 & -1 & -1 \\ +1 & -1 & -1 & +1 & +1 & -1 & -1 & +1 \\ +1 & +1 & -1 & +1 & -1 & +1 & -1 & -1 \\ +1 & -1 & +1 & +1 & -1 & -1 & +1 & -1 \\ +1 & +1 & +1 & +1 & +1 & +1 & +1 & +1 \end{bmatrix}$$

c) Transpor a matriz e multiplicar pelo vetor de resposta **y**. Como resultado teremos o vetor **Z**.

$$\begin{bmatrix} +1 & +1 & +1 & +1 & +1 & +1 & +1 & +1 \\ -1 & +1 & -1 & +1 & -1 & +1 & -1 & +1 \\ -1 & -1 & +1 & +1 & -1 & -1 & +1 & +1 \\ -1 & -1 & -1 & -1 & +1 & +1 & +1 & +1 \\ +1 & -1 & -1 & +1 & +1 & -1 & -1 & +1 \\ +1 & -1 & +1 & -1 & -1 & +1 & -1 & +1 \\ +1 & +1 & -1 & -1 & -1 & -1 & +1 & +1 \\ -1 & +1 & +1 & -1 & +1 & -1 & -1 & +1 \end{bmatrix} * \begin{bmatrix} \bar{y}_1 \\ \bar{y}_2 \\ \bar{y}_3 \\ \bar{y}_4 \\ \bar{y}_5 \\ \bar{y}_6 \\ \bar{y}_7 \\ \bar{y}_8 \end{bmatrix} = \begin{bmatrix} Z_1 \\ Z_2 \\ Z_3 \\ Z_4 \\ Z_5 \\ Z_6 \\ Z_7 \\ Z_8 \end{bmatrix}$$

d) De acordo com a norma genérica (Barros Neto, Scarminio e Bruns, 1995), teremos nos efeitos totais um divisor de 8 (igual a 2^k) para a média (M) e um divisor para os fatores igual 4 (2^{k-1}). Assim, temos o seguinte resultado:

$$\text{Efeitos totais} = \begin{bmatrix} M \\ A \\ B \\ C \\ AB \\ AB \\ BC \\ ABC \end{bmatrix} = \begin{bmatrix} Z_1/8 \\ Z_2/4 \\ Z_3/4 \\ Z_4/4 \\ Z_5/4 \\ Z_6/4 \\ Z_7/4 \\ Z_8/4 \end{bmatrix}$$

2. Primeiramente, deve-se construir um planejamento completo do tipo 2^3.

Ensaio	A	B	C
1	−	−	−
2	+	−	−
3	−	+	−
4	+	+	−
5	−	−	+
6	+	−	+
7	−	+	+
8	+	+	+

Os dados referentes aos cantos com pontos preenchidos estão separados abaixo:

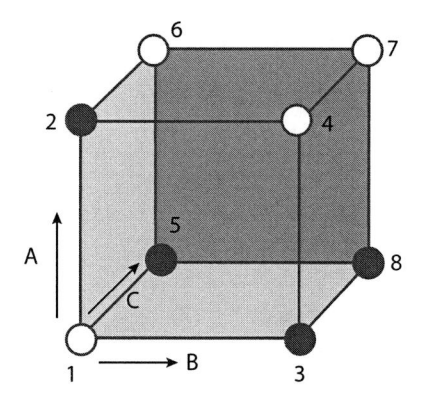

Dados em relação aos pontos preenchidos do cubo			
Ensaio	A	B	C
2	+	−	−
3	−	+	−
5	−	−	+
8	+	+	+

Efeitos: Como a coluna C corresponde ao produto A*B, temos que o efeito nesse caso é igual àquele esperado para um planejamento fatorial completo 2^2. Assim, o cálculo dos efeitos totais deve seguir a equação 13 do texto.

$$Efeitos\,totais = \begin{bmatrix} M \\ A \\ B \\ AB \end{bmatrix} = \begin{bmatrix} Z_1/4 \\ Z_2/2 \\ Z_3/2 \\ Z_4/2 \end{bmatrix} \qquad \text{Equação 14}$$

Já para os pontos não preenchidos, temos uma situação similar. Porém, nesse caso, C será igual a −A*B.

Dados em relação aos pontos não preenchidos do cubo			
Ensaio	A	B	C
1	−	−	−
4	+	+	−
6	+	−	+
7	−	+	+

3. Para facilitar nosso trabalho, vamos escolher para os quatro primeiros fatores a ordem padrão e, para o quinto fator, o resultado do produto de sinais dos fatores anteriores. Assim, teremos:

Ensaio	A	B	C	D	E
1	−	−	−	−	+
2	+	−	−	−	−
3	−	+	−	−	−
4	+	+	−	−	+
5	−	−	+	−	−
6	+	−	+	−	+
7	−	+	+	−	+
8	+	+	+	−	−
9	−	−	−	+	−
10	+	−	−	+	+
11	−	+	−	+	+
12	+	+	−	+	−
13	−	−	+	+	+
14	+	−	+	+	−
15	−	+	+	+	−
16	+	+	+	+	+
17	−	−	−	−	+
18	+	−	−	−	−
19	−	+	−	−	−
20	+	+	−	−	+
21	−	−	+	−	−
22	+	−	+	−	+
23	−	+	+	−	+
24	+	+	+	−	−
25	−	−	−	+	+
26	+	−	−	+	+
27	−	+	−	+	+
28	+	+	−	+	+
29	−	−	+	+	+
30	+	−	+	+	+
31	−	+	+	+	+
32	+	+	+	+	+

Uma meia fração de um fatorial 2^5 será um fatorial 2^{5-1}, no qual teremos 16 ensaios. Assim, selecionando ensaios aleatoriamente, porém mantendo a ordem padrão, teremos:

Ensaio	A	B	C	D	E
3	−	+	−	−	−
6	+	−	+	−	+
9	−	−	−	+	−
12	+	+	−	+	−
13	−	−	+	+	+
14	+	−	+	+	−
15	−	+	+	+	−
18	+	−	−	−	−
19	−	+	−	−	−
22	+	−	+	−	+
23	−	+	+	−	+
26	+	−	−	+	+
27	−	+	−	+	+
28	+	+	−	+	+
29	−	−	+	+	+
30	+	−	+	+	+
31	−	+	+	+	+

Podemos escrever a primeira relação geradora, ou seja: **E = ABCD**

Se multiplicarmos os dois lados por **E**, temos: **EE = ABCDE**

Lembrando que **EE = I**, podemos reescrever: **I = ABCDE**, sendo esta a relação geradora para uma meia fração de um planejamento 2^5, com resolução; neste caso, os efeitos principais serão confundidos com as interações de quarta ordem.

Ainda temos as seguintes confusões que podem ser observadas:
a) Dos efeitos principais com interações de quarta ordem.

$$A = BCDE$$
$$B = ACDE$$
$$C = ABDE$$
$$D = ABCE$$

b) Interações de segunda ordem com aqueles de terceira ordem:

$$AB = CDE$$
$$AC = BDE$$
$$AD = BCE$$
$$AE = BCD$$
$$BC = ADE$$
$$BD = ACE$$
$$BE = ACD$$
$$CD = ABE$$
$$CE = ABD$$
$$DE = ABC$$

Capítulo 2

1. O tiocianato de cobalto em solução aquosa apresenta-se coordenado por quatro moléculas de água. A complexação com duas moléculas de cocaína, mediante interação do cobalto com os grupamentos amina delas, produz a extração de duas moléculas de água do complexo original (desidratação), produzindo a coloração azul escura.

2. Não é observada mudança de coloração da solução contendo o extrato de cigarro, quando adicionada uma alíquota do reagente no Fast Blue B, ao passo que a solução contendo o extrato de maconha produz uma forte coloração avermelhada, característica de resultado positivo para canabinóis.

Capítulo 3

1. A substância deve ter baixa granulometria, deve ser estável quimicamente, não deve reagir com a peça a ser examinada e deve apresentar bom contraste de cores. Ex.: Para a revelação de impressões digitais em superfícies escuras, recomenda-se a utilização de carbonato de chumbo, que é branco, enquanto que, para análise de impressões digitais em superfícies claras, utiliza-se negro de fumo ou pó de ferro.

2. O revelador químico deve reagir com pelo menos um dos componentes químicos da impressão digital (água, gordura, sais minerais etc) e produzir uma mudança de coloração. A coloração produzida deve possuir um bom contraste com a coloração original da peça de exames.

3. Quanto ao procedimento da coleta de impressões digitais, todo cuidado deve ser observado para evitar-se a contaminação da peça de exames pelas impressões digitais do próprio analista. Neste contexto, a utilização de luvas descartáveis de laboratório possibilita o manuseio das referidas peças sem o risco de contaminação da prova.

4. A impressão digital da amostra analisada deve possuir pelo menos 12 pontos característicos coincidentes e em mesma posição que a impressão digital padrão de determinada pessoa investigada.

Capítulo 4

1. Inicialmente o ácido 3-nitroftálico reage com a hidrazina para formar o produto intermediário 3-nitroftalhidrazida, juntamente com 2 moléculas de água:

ácido 3-nitroftálico + hidrazina → → 3-nitroftalhidrazida + 2 H$_2$O

Em meio aquoso, o hidrosulfito de sódio (ditionito de sódio) se decompõe em hidrogeno sulfito e hidrogeno sulfato de sódio:

$$Na_2S_2O_4 + H_2O + O_2 \longrightarrow NaHSO_4 + NaHSO_3$$

Em seguida, por um mecanismo de redução, o intermediário 3-nitroftalhidrazida reage com o hidrogenosulfito de sódio em água para formar a 3-aminoftalhidrazida (luminol):

3-nitroftalhidrazida + 2 NaHSO$_3$ →(H$_2$O) → + 2 HO$^\ominus$ →(H$_2$O) → 3-aminoftalhidrazida (luminol) + 2 NaHSO$_4$

2. Um agente oxidante é uma espécie suscetível de capturar um ou vários elétrons, contrariamente a um agente redutor, que é uma espécie capaz de ceder um ou mais elétrons. O peróxido de hidrogênio é instável e, na presença de luz, se decompõe rapidamente em água e oxigênio, agindo como um poderoso oxidante pela doação de oxigênio.

3. Na reação do luminol qualquer metal de transição (ferro, cobalto, níquel, zinco, paládio, platina, ródio, rutênio etc.) pode ser usado como catalisador da reação. De maneira genérica, o catalisador é uma espécie química que permite aumentar a velocidade de uma reação pela diminuição de sua *energia de ativação* (*energia mínima para que a reação ocorra*). Idealmente, o catalisador não é consumido durante a reação e pode ser totalmente recuperado ao seu final.

4. A quimiluminescência é a produção de luz a partir de uma reação química, não acompanhada pela emissão de calor. Algumas aplicações da quimiluminescência são: na análise e no controle de qualidade na indústria farmacêutica; nos laboratórios de análises clínicas os hormônios, drogas e microorganismos podem ser identificados por testes colorimétricos, usando anticorpos ligados a um marcador luminescente; é usada em oftalmologia para verificação de irregularidade na superfície da córnea, na detecção de óxido nítrico no hálito de pacientes com asma; na coloração de alimentos e em dentifrícios indicadores de placa bacteriana; na detecção de foto-atividade da água através de sua concentração de H_2O_2; como método de detecção em análises por HPLC (*cromatografia líquida da alta eficiência*).

5. – O teste de Adler-Ascarelli é um teste presuntivo de grande sensibilidade que utiliza uma mistura de benzidina (4,4'-diaminobifenil), ácido acético e peróxido de hidrogênio. Para reduzir a possibilidade de resultados falso-positivos o teste é realizado em duas etapas, em que a reação de oxidação da benzidina em meio ácido resulta na formação de um intermediário de coloração azul e, após alguns minutos, de um produto final de coloração marrom.
   – O reagente de Kastle-Meyer é constituído por uma mistura de fenolftaleína, hidróxido de sódio, zinco metálico em pó e água destilada. Na reação entre o pó de zinco e o hidróxido de sódio forma-se hidrogênio, que garante a forma incolor da fenolftaleína. Se a amostra contiver sangue, esta terá necessariamente hemoglobina, que possui a característica de decompor o peróxido de hidrogênio em água e oxigênio. Então, este oxigênio provocará a mudança de cor da fenolftaleína, evidenciando que a amostra pode conter sangue.
   – Recentemente, a empresa brasileira Alfa-Rio Química Ltda. lançou no mercado o Alfa-Luminox, um derivado do luminol que é mais barato que o produto importado, não é tóxico, apresenta uma luminescência três vezes maior e, portanto, é muito mais sensível.
   – O luminol, em associação com o 9,10-bisfenilantraceno, produz uma luz fria durante cerca de 30 minutos e está sendo utilizado na produção de um sinalizador quimiluminescente, que pode ser usado em acidentes aéreos para promover uma rápida localização de sobreviventes ou vítimas.

Capítulo 5

1. Fazer o relatório reportando o método de análise observado no posto de polícia científica local.

Capítulo 6

1. Rotação, vibração e transições eletrônicas. Para $\lambda < 250$ nm: quebra de ligação química.

2. Este procedimento refere-se à medida de P_0, isto é, à potência do feixe radiante transmitido na ausência de espécies absorventes na cela de medida. Este parâmetro é necessário para a medida correta da absorbância.

3. O espalhamento de radiação é evitado removendo-se sólidos em suspensão ou, alternativamente, pela derivação matemática dos espectros de absorção (2ª derivada). O efeito de reflexão é compensado medindo-se P_0 e P_T com a mesma cubeta ou com cubetas idênticas.

4. $T = 0,51$ (ou 51%); $e = 7300$ L mol^{-1} cm^{-1}; $C = 1,54 \times 1^{-5}$ mol L^{-1}.

5. As soluções devem ser diluídas para evitar interações intermoleculares; a acidez do meio deve ser ajustada para evitar desvios químicos, e o feixe de radiação incidente deve ser monocromático. Se o procedimento envolver derivação química, deve-se controlar as condições reacionais (pH, temperatura, solvente, tempo de reação etc.) para assegurar a conversão completa do analito na espécie a ser medida.

Capítulo 7

1. A técnica da pastilha em KBr é destrutiva na medida em que não é preservada a estrutura física da amostra. Isso é particularmente importante para a análise feita, uma vez que os fragmentos de pintura automotiva são compostos por diversas camadas de espessura entre 15 e 30 micrômetros e a de pigmento não é a mais espessa. O espectro é, portanto, a somatória das contribuições de todas essas camadas.
A técnica de ATR não exige preparação da amostra no caso estudado, entretanto, apresenta como limitação a penetração da radiação infravermelha na amostra que é de poucos micrômetros. Comumente a camada de verniz aplicada sobre a camada pigmentada tem espessura maior do que a penetração da radiação, fazendo com que essa metodologia apenas permita a caracterização do verniz e não do pigmento.

2. Usando a pastilha de KBr obtém-se um espectro que é a média ponderada da contribuição de cada componente da camada pictórica. No espectro de ATR do lado pintado, espera-se majoritariamente observar as bandas do verniz protetor, ao passo que no espectro feito do lado fosco espera-se o domínio das bandas da camada de preparação da superfície metálica para aplicação da tinta. Os três espectros não devem ser, portanto, iguais, o que aponta para a necessidade de um planejamento cuidadoso da análise a fim de evitar interpretações equivocadas.

3. Depende de qual informação pretende-se obter com a análise. De qualquer forma, deve-se sempre comparar resultados obtidos usando a mesma técnica e a mesma metodologia. Ou seja, em um exame de confronto de tintas, deve-se empregar a mesma metodologia tanto para o vestígio quanto para a amostra de referência. Ainda, valem os comentários feitos na resposta da primeira questão: a pastilha de KBr privilegia a observação do espectro de todos os componentes, ao passo que o ATR privilegia os componentes mais superficiais.

4. No caso da pastilha de KBr a mistura deve ter a maior homogeneidade possível a fim de evitar que as bandas tenham aspecto de derivada primeira, o que ocorre devido a porções na amostra com diferentes índices de refração. No caso da técnica de ATR, o contato óptico entre a amostra e o cristal deve ser o mais eficiente possível, pela mesma razão exposta acima para a pastilha de KBr.

Capítulo 8

1. Mesmo com algumas limitações em termos de resolução e sensibilidade, os equipamentos Raman portáteis permitem a identificação de substâncias ilícitas, explosivos ou outras classes de substâncias de modo não destrutivo e não invasivo em segundos, não sendo sujeitos aos falsos positivos dos testes presuntivos colorimétricos. Esses instrumentos têm um custo relativamente pequeno, baixa manutenção, são de fácil operacionalidade e apresentam a alta seletividade química da espectroscopia Raman e a praticidade de utilização dos testes presuntivos colorimétricos.

2. Na espectroscopia Raman água não é um interferente porque é um péssimo espalhador de luz, mas na espectroscopia de absorção no infravermelho ocorre alta absorção de radiação, muitas vezes inviabilizando a análise. Outra diferença é que não é necessário qualquer tipo de manipulação ou preparação da amostra para obtenção de espectros Raman, que geralmente são registrados a partir de 100 cm^{-1}, uma região acessível apenas em equipamentos FTIR configurados para acesso na região do infravermelho distante. Ainda, a análise por espectroscopia Raman é feita de modo não destrutivo e o vestígio pode ser preservado do modo como coletado, o que geralmente não é possível na espectroscopia de absorção no IR.

3. Porque o que se registra em um espectro Raman é a diferença entre a energia da radiação incidente e a da espalhada. Quando se aumenta ou diminui a energia da radiação incidente, ocorre proporcionalmente o mesmo com a espalhada, de modo que a diferença é sempre constante. Daí a razão do uso das expressões *Deslocamento Raman* ou *Raman shift* em alguns espectros.

4. Os equipamentos usados em espectroscopia Raman são dispersivos e, portanto, não são FT, ou seja, não são interferométricos. Até pouco tempo atrás, equipamentos FT-Raman eram a única opção para obtenção de espectros usando excitação em 1064 nm (infravermelho próximo). Considerando que esse comprimento de onda não é favorável ao espalhamento Raman devido à dependência com n^4 apresentada pela radiação espalhada, a principal vantagem decorre do fato de que essa radiação tem energia pequena demais para produzir fluorescência ou fosforescência.

Capítulo 9

1. Sim.
2. Menores limites de detecção (rotina em PPB), número menor de interferentes.
3. Secagem, pirólise, atomização, limpeza e resfriamento.
4. Espectrais (absorção de fundo) e não espectrais, porém dependentes das condições instrumentais.

Capítulo 10

1. As amostras 1, 2, 3 e 5 apresentaram resultado positivo para a presença de cocaína, sendo que na amostra 5 ocorre também a detecção de lidocaína. A amostra 6 apresentou resultado positivo para lidocaína. A amostra 4 não apresentou resultado positivo para cocaína ou lidocaína.

2. É possível observar que, após a etapa de reação, ainda ocorre a detecção do ácido e do álcool na alíquota analisada, indicando que o rendimento da reação foi menor que 100%. Adicionalmente, observa-se a presença de uma mancha com um fator de retenção diferente daqueles observados para os materiais de partida, indicando que ocorreu a formação de um terceiro componente químico no meio reacional. Para uma reação envolvendo um ácido carboxílico e um álcool, espera-se a formação de um ester correspondente e água. No caso:

$$RCOOH + R'OH \rightleftharpoons RCOOR' + H_2O$$

Capítulo 11

1. Resposta: a
2. Resposta: b
3. Resposta: b

Capítulo 12

1. Quando submetidos a um campo elétrico os íons em solução são atraídos ou repelidos pelo eletrodo de acordo com suas cargas. Os cátions são atraídos pelo cátodo (eletrodo negativo) e os ânions pelo ânodo (eletrodo positivo). A velocidade com que ocorre a repulsão ou atração depende do tamanho e da carga do íon. Assim, um íon pequeno se moverá mais rapidamente do que um íon maior com o mesmo número de cargas, por exemplo.

2. O fluxo eletrosmótico pode ser eliminado pela redução das cargas no interior do capilar através do recobrimento dos grupos silanóis por meio de tratamento químico da sua superfície e também pelo controle do pH da solução tampão a valores inferiores a 5, o que impede a ionização dos grupos silanóis.

3. A Nace foi desenvolvida para contornar a dificuldade em se analisar por CE compostos insolúveis ou pouco solúveis em água e a Mekc foi desenvolvida para permitir a separação de compostos neutros (sem carga) na presença de analitos ionizados.

4. Como o pH da solução tampão de análise empregada é igual a 6, os analitos se encontraram na seguinte forma:
   A) ionizado positivamente (pKa 8,0);
   B) ionizado negativamente (pka 4,5);
   C) neutro (não ionizado).
   Como a polaridade empregada foi a normal (+25 KV), o polo positivo (anodo) é o *inlet* (injeção da amostra) e o polo negativo (catodo) é o *outlet* (detector). Dessa forma, levando-se em conta somente o fluxo eletroforético, o analito A será atraído pelo polo negativo, o analito B será atraído pelo polo positivo e o analito C, por ser neutro, não será atraído por nenhum dos polos. Como o pH da solução de tampão de análise é 6, existe a presença de fluxo eletrosmótico que "arrastará", com a mesma intensidade, todos os analitos para o polo positivo sendo, portanto, a ordem de detecção designada pelo fluxo eletroforético.
   1. Analito A (carregado positivamente);
   2. Analito C (neutro);
   3. Analito B (carregado negativamente).

Capítulo 13

PRÁTICA DE LABORATÓRIO – 1

1. O etanol é uma molécula pequena e lipossolúvel que é distribuída facilmente do sangue até as glândulas salivares. Ao atingir o equilíbrio, as concentrações de etanol tendem a ser similares no sangue e no fluido oral.
   A principal vantagem é a coleta não invasiva de fluido oral e a possibilidade de coleta no local.

PRÁTICA DE LABORATÓRIO – 2

1. Para responder essa questão é preciso recordar os processos de toxicocinética da *cannabis*, principalmente no que diz respeito à biotransformação do Δ^9-THC. Apesar das etapas de biotransformação sofridas pelo Δ^9-THC (reações de fase I) conferirem certa polaridade ao THC-COOH (principal produto de biotransformação do Δ^9-THC), este ainda apresenta pronunciada lipofilicidade. Para a eliminação urinária do THC-COOH, é necessário que ocorra uma reação de conjugação, no caso, uma conjugação glicurônica (reação de fase II). O conjugado glicurônico formado tem caráter ácido e a adição do KOH aliada à aplicação de calor promove uma hidrólise básica do THC-COOH glicuronado. Apenas após essa etapa é que o THC-COOH estará livre e poderá ser extraído e detectado pela técnica proposta nesta prática.

2. Análises toxicológicas realizadas em amostras de urina não podem ser correlacionadas com efeitos. O achado de drogas e/ou metabólitos em amostras de urina servem para comprovar o uso recente de determinada substância. Amostras de sangue ou plasma são as mais indicadas para estabelecer correlações entre concentrações e efeitos. No entanto, o fato de pesquisar apenas o THC-COOH não permite afirmar que o indivíduo com resultado positivo estava sob o efeito de *cannabis*, mesmo analisando amostras de sangue. Isso ocorre, pois o THC-COOH é um metabólito inativo do Δ^9-THC, ou seja, não tem relação com efeitos. O ideal é a pesquisa do Δ^9-THC em amostras de sangue ou plasma.

PRÁTICA DE LABORATÓRIO – 3

1. O padrão interno é fundamental em uma análise quantitativa e qualitativa. Não se pode considerar um resultado se, após a adição do padrão interno, este não for identificado.

PRÁTICA DE LABORATÓRIO – 4

1. Neste caso, o padrão interno (COC D3) serve como controle de eficiência do procedimento de extração e como parâmetro para checar a sensibilidade do equipamento de GC/MS. Uma vez que o padrão interno é adicionado à amostra na concentração recomendada pelo Substance Abuse and Mental Health Services Administration – Samsha como valor de corte de positividade (*cut off*), a sua não detecção indica falha em algum procedimento anterior.

2. Aumentar a recuperação do procedimento de extração por aumentar a força iônica da água e facilitar a passagem do fármaco para a fase orgânica. Essa técnica é chamada de *salting-out*.

Capítulo 14

1. A análise em cabelo permite avaliar o consumo passado de drogas de abuso, dependendo do comprimento do cabelo. Com isso, é possível traçar um histórico de uso da substância para corroborar com o relato do indivíduo.

2. Os mecanismos precisos envolvidos na incorporação de drogas no cabelo ainda não estão esclarecidos. O modelo mais aceito assume que as drogas e seus metabólitos penetram no cabelo por difusão passiva, através dos capilares sanguíneos, para as células em crescimento na base do folículo capilar. À medida que as células se alongam e envelhecem, elas morrem e coalescem, formando a fibra capilar com a droga incorporada na matriz. Os outros possíveis mecanismos são difusão do suor (glândulas sudoríparas) ou da secreção sebácea para o cabelo, além da contaminação ambiental externa.

3. As principais vantagens que levam à escolha do cabelo como matriz biológica, comparada às matrizes convencionais como sangue e urina, vão desde facilidade na coleta, no transporte e no armazenamento, estabilidade da matriz, ampla janela de detecção (semanas, meses, anos) e a não violação da privacidade do indivíduo.

4. A limitação consiste no comprimento do cabelo.

5. Os principais procedimentos de extração são: incubação em uma solução ácida, básica ou solvente orgânico, seguida de extração líquido-líquido ou extração em fase sólida; ou digestão enzimática seguida dos mesmos processos de extração mencionados acima.

6. As técnicas mais utilizadas são a cromatografia em fase gasosa acoplada à espectrometria de massas ou a cromatografia em fase líquida acoplada à espectrometria de massas.

7. a) A janela de detecção dos testes de *screening* em urina varia de 2 a 5 dias, dependendo da droga utilizada, da via de administração e do tempo de uso.
   b) O mecônio começa a ser formado a partir da 12ª semana de gestação. Portanto, o mecônio pode ser utilizado para avaliar a exposição *in* útero a partir do 3º mês de gestação.
   c) O cabelo pode ser utilizado para avaliar exposição a longo prazo, sendo que o único fator limitante é o comprimento do cabelo. Logo, se o indivíduo tiver 15 cm de cabelo, poderá ser avaliado o seu consumo dos últimos 15 meses.
   d) O cabelo permite avaliar uma exposição retrospectiva e crônica do consumo de drogas feita por um indivíduo.

e) Porque a urina fornece um resultado de uma exposição recente, de no máximo cinco dias após o consumo. Isso indica que a mãe não fez uso da droga nos dias que antecederam o parto.
f) Podemos traçar duas hipóteses:
   1ª) a análise do cabelo foi feita em um segmento anterior a seis meses, que é a janela de detecção do mecônio; ou
   2ª) a análise do cabelo apresentou resultado positivo devido a contaminação externa. A mãe provavelmente não usava maconha, mas as pessoas que moravam com ela sim. A fumaça da droga se depositou no cabelo da mulher, e isso fez com que o resultado fosse positivo. Para excluir essa hipótese, é necessário avaliar os solventes de lavagem do cabelo e comparar com os dados recomendados na literatura.

Capítulo 15

1. Como o modelo de regressão que se ajusta aos dados do gráfico de corrente de pico *versus* a raiz da velocidade de varredura é uma regressão linear, é possível afirmar que a etapa limitante do processo do eletroquímico é o transporte de massa difusional da fenacetina até a superfície do eletrodo.

2. Aumento do valor da corrente de pico com o aumento do número de ciclos. Um experimento para comprovar a adsorção do material seria remover o eletrodo dessa solução onde esses cinco voltamogramas foram realizados e lavar o eletrodo para remover o excesso de solução adsorvido nas paredes e na superfície do eletrodo. Após isso, colocar o eletrodo de trabalho, assim como os demais eletrodos, em uma solução contendo somente o eletrólito suporte e verificar o aparecimento do pico de oxidação da fenacetina, comprovando assim, a adsorção do material na superfície do eletrodo.

3. O aparecimento de mais de um pico nos voltamogramas indica a presença de diferentes moléculas nas amostras. O pico de corrente em 1,5 V é referente à cocaína, já que o sinal da oxidação da fenacetina ocorre entre 1,1 e 1,2 V.

4. Não, a composição da matriz da amostra pode ocasionar interferência no sinal analítico da fenacetina. Dessa forma, a melhor maneira para determinar a concentração real na amostra é utilizar o método de adição de padrão.

5. A curva analítica sem adição de padrão apresenta como intercepto a origem do gráfico de corrente de pico *versus* concentração. Já a curva obtida por adição de padrão apresenta um intercepto diferente de zero em $y = 0$. Além disso, as curvas apresentam coeficientes angulares diferentes, o que evidencia uma interferência de matriz. Essa constatação de valores diferentes entre o coeficiente angular das curvas obtidas utilizando padrões aquosos e na presença da amostra indica que a concentração da fenacetina não pode ser determinada utilizando a curva analítica com os padrões aquosos.

Capítulo 16

1. As técnicas pulsadas podem proporcionar uma maior sensibilidade. Consequentemente, tais técnicas podem ser úteis em análises onde a concentração do analito é baixa. Outra vantagem é a diminuição do tempo de análise voltamétrica, além da baixa incidência do bloqueio da superfície do eletrodo e maior eficiência da discriminação da corrente capacitiva.
2. Segundo a literatura, o eletrodo de trabalho de disco de platina apresentou valores de LD e LQ do que o eletrodo de trabalho de disco de carbono. No entanto, ao considerar que as técnicas voltamétricas são eficazes na detecção de outras drogas de abuso, este eletrodo de trabalho pode ser uma alternativa. Eletrodos de pasta de carbono com modificação química também têm apresentado resultados satisfatórios na detecção de Δ^9-THC.

Capítulo 17

1.

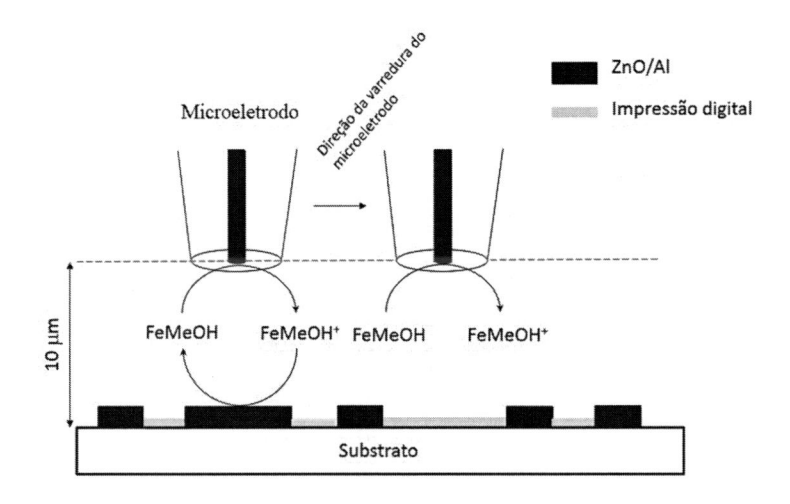

Fonte: Weber Amendola com base em Thiago R. L. C. Paixão.

Capítulo 18

1. Essa assertiva é verdadeira, pois a composição química das chapas metálicas pode variar e, consequentemente, os reagentes a serem utilizados. Em vários veículos automotores e armas de fogo, as ligas metálicas são constituídas de aço carbono, por exemplo. Neste caso, poderia ser utilizado o reagente de Hatcher. No entanto, se o material for o aço inoxidável, o reagente de Besseman & Haemers é o mais indicado.

2. Tal afirmação pode ser verdadeira, desde que o grau de raspagem da chapa metálica (onde continham os caracteres de identificação) esteja acima da estrutura cristalina. Caso este limite de raspagem tenha atingido a estrutura cristalina, a revelação destes caracteres pode ser prejudicada.

Capítulo 19

1. Resumidamente, o mecanismo de ação primário do etanol gera um aumento dos efeitos inibitórios do Gaba e causa a diminuição dos efeitos de excitação do glutamato. Também há efeitos de reforço que estão provavelmente relacionados com uma maior atividade na via mesolímbica do neurotransmissor dopamina.

2. O teste se baseia na reação de óxido-redução do dicromato de potássio para a formação do sulfato de potássio, e com isso na mudança de coloração de vermelho-alaranjado para verde. De acordo com a reação, o álcool presente no ar exalado reage com o dicromato de potássio, em meio ácido e com o nitrato de prata como catalisador, produzindo o sulfato de cromo, sulfato de potássio, ácido acético e água.
Reação:

$$K_2Cr_2O_7 + 3\ CH_3CH_2OH + 8\ H_2SO_4 \rightleftarrows 2\ Cr_2(SO_4)_3 + 2\ K_2SO_4 + 3\ CH_3COOH + 11\ H_2O$$

3. A concentração de álcool pode diminuir através da evaporação, em que o frasco de coleta é muito grande para a quantidade de amostra. O álcool presente evapora, e quando o frasco é aberto, este escapa para a atmosfera. A concentração de álcool também pode aumentar pela ação microbiana, através da transformação da glicose, ácidos graxos e aminoácidos, presentes na amostra, em etanol.
As amostras devem ser armazenadas em frascos plásticos corretamente identificados, do tamanho apropriado e contendo fluoreto de sódio (inibidor da ação microbiana). Seguida a coleta estas devem ser armazenadas sob refrigeração até suas análises.

4. Simplificadamente, a reação envolvida no metabolismo primário do álcool desidrogenase está ilustrada a seguir:

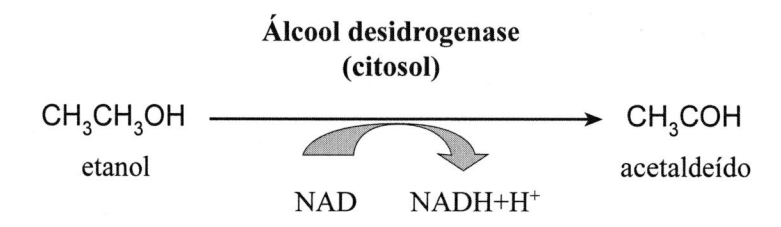

$$CH_3CH_2OH \xrightarrow[\text{NAD} \quad \text{NADH+H}^+]{\substack{\textbf{Álcool desidrogenase} \\ \textbf{(citosol)}}} CH_3COH$$

etanol → acetaldeído

5. Aqui cabe lembrar ao aluno que os efeitos do álcool se dividem em duas etapas: estimulante e depressora. Nestes, tem-se a falta de coordenação motora, descontrole e sono, que incentivam o uso de estimulantes.

As misturas de substâncias a serem ingeridas merecem atenção pela ação conjunta que podem oferecer às atividades cardíacas, por exemplo.

Nos últimos anos é comum ter relatos de jovens que misturam remédios com bebidas para alterar os sentidos. A mistura de quaisquer substâncias ingeridas merece atenção devido à ação conjunta resultante da combinação, o que neste caso pode levar à morte por parada cardíaca.

Capítulo 20

1. No SRM os quadrupolos Q1 e Q3 funcionam como filtros de íons de m/z específicos. Um íon de interesse é selecionado em Q1 (o íon precursor). Em seguida, este íon é fragmentado na cela de colisão (q2) e, por fim, um determinado íon fragmento é discriminado em Q3. Neste modo de varredura do triplo-quadrupolo, uma transição é monitora. No modo MRM, é possível monitorar mais transições em uma única injeção. O método é desenvolvido em duas etapas principais. Primeiro, seleciona-se a transição que será monitorada, ou seja, um íon precursor e um íon produto específico. De acordo com o espectro de íons produto apresentado no modo ESI (+), a transição selecionada para o ecstasy é a de m/z 194,1>163,0. Em seguida, deve-se otimizar o potencial do cone e a energia de colisão para esta transição, para garantir que uma maior quantidade de íons seja detectada, aumentando assim a sensibilidade do método. Nesta etapa, uma solução de ecstasy é infundida no espectrômetro de massas. A solução pode ser preparada em metanol/água/ácido fórmico (69,9:30:0,1) para que a molécula seja ionizada. Durante a infusão, varia-se primeiramente a energia de cone. A melhor energia é aquela em que observa-se uma maior intensidade do íon precursor, ou seja, a energia em que um maior número de íons é transferido para dentro do espectrômetro de massas. Em seguida, o composto é submetido à dissociação por CID, variando a energia de colisão. A melhor energia é aquela em que o íon produto selecionado é gerado com maior intensidade no processo CID. Outros parâmetros do espectrômetro de massas também podem ser ajustados, como temperatura e fluxo de gases, voltagem da agulha do ESI etc. Uma vez otimizados estes parâmetros principais, o método de SRM está composto. É comum utilizar mais de uma transição para o mesmo composto. Por exemplo, para o ecstasy a transição 194,1>134,9 poderia ser usada como uma transição de confirmação, para uma maior seletividade do método analítico.

Capítulo 21

1. O teste de Fast Blue B deu falso positivo para canela e Ingá e falso para o Ipê.
   O teste de Duquenóis-Levine apresenta resultado falso para todas as espécies.

2. Menor, visto que seis espécies vegetais (*Mangifera indica*, *Inga laurina*, *Hymenaea courbaril*, *Cinnamomum zeylanicum*, *Salix* sp. e *Cecropia* sp.) apresentaram resultado falso-positivo para ele, enquanto apenas *Salix* sp. respondeu positivamente ao teste de DL.

3. Tal fato possivelmente ocorreu pela volatilização e/ou decomposição dos compostos que reagiam com o FB.

4.

5.

Química forense experimental

6. Com bases nos resultados obtidos, pode-se afirmar que a identificação da *Cannabis sativa L.* requer a associação de métodos analíticos mais precisos, com intuito de eliminar resultados falso positivos e logo erros judiciais. Dessa forma o teste de CDDA permitiu eliminar todos os resultados falso positivos para os extratos da planta em estudo, visto que o fator de retenção deles apresentou valores diferentes quando comparados ao extrato de *Cannabis sativa L.* mostrando-se, assim, mais seletivo para substâncias análogas aos canabinoides do que os testes colorimétricos.

Capítulo 22

1. O princípio da técnica é baseado nas propriedades piezelétricas existentes no quartzo. Com a aplicação de uma corrente alternada apropriada, o cristal de quartzo vibra numa frequência ressonante específica muito constante, característica de sua forma e massa. No entanto, havendo diminutas alterações de massa no sistema piezelétrico, haverá alteração na frequência e, consequentemente, uma variação de frequência (ΔF) mensurável, que pode ser relacionada linearmente com a variação de massa (Δm) depositada no sistema pela equação de Sauerbrey.

2. Quanto maior a variação na frequência, maior será a variação ocorrida na massa total do sistema. Dentre muitas equações existentes, a equação de Sauerbrey é a mais apropriada para sistemas gasosos, mostrando que há uma relação linear entre variação na frequência (ΔF) e a variação na massa (Δm).

3. Provavelmente não estará ocorrendo nenhum fenômeno de sorção entre o analito e o filme de modificador químico.

4. a) Quanto maior a massa depositada sobre a microbalança de cristal de quartzo, menores serão os valores de frequência ressonante observados. Logo, haverá aumento na massa do sistema (provavelmente algum processo de sorção entre as moléculas do analito e o filme de modificador químico).
    b) Quanto menor a massa depositada sobre a microbalança de cristal de quartzo, maiores serão os valores de frequência ressonante observados. Logo, haverá diminuição na massa do sistema (provavelmente algum processo de dessorção entre as moléculas do analito e o filme de modificador químico), ou ainda nenhum processo de sorção ocorre entre o analito e o modificador químico, sendo este apenas retirado da superfície do eletrodo presente no cristal através do fluxo de gás.

5. São dispositivos analíticos capazes de monitorar espécies químicas de forma específica, podendo sua aplicação ser em processos contínuos, apresentando mecanismos reversíveis, semirreversíveis ou irreversíveis.

6. Por apresentarem estruturas muito semelhantes, as moléculas de cafeína e teobromina provavelmente apresentarão valores referentes a variações de frequência (ΔF) muito semelhantes (podendo até mesmo não apresentar ΔF). No entanto, a lidocaína por mostrar-se estruturalmente distinta, provavelmente mostrará valores para ΔF diferentes daqueles mostrados pela cafeína e pela teobromina.

Resultado de teste rápido para identificação de THC: coloração vermelho-escura.

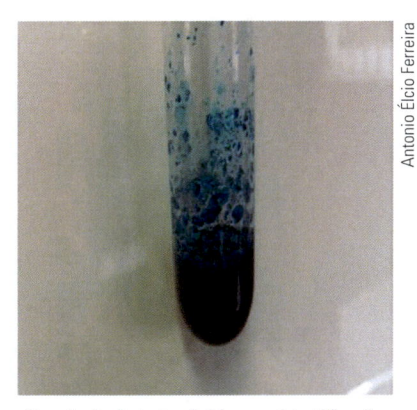

Resultado de teste rápido para identificação de cocaína em tubo de ensaio. Observa-se o precipitado de coloração azul-escura aderido à parede do tubo.

Página 27

Amostra típica de maconha apreendida pela polícia.

Página 30

Amostras típicas de LSD apreendidas pela polícia.

Página 32

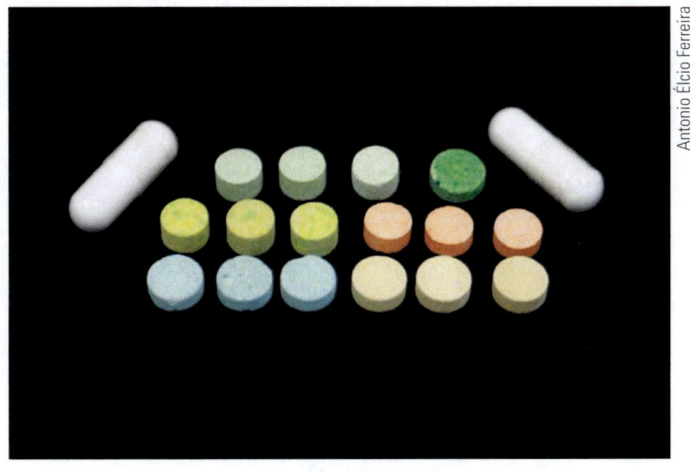

Amostras típicas de metanfetaminas apreendidas pela polícia.

Página 33

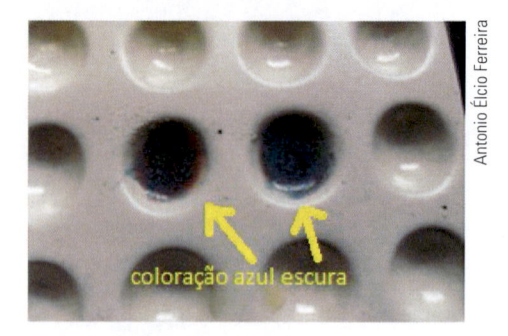

As imagens mostram o depósito do material a ser analisado sobre as placas
e o resultado da coloração após a aplicação dos reagentes colorimétricos.

Página 35

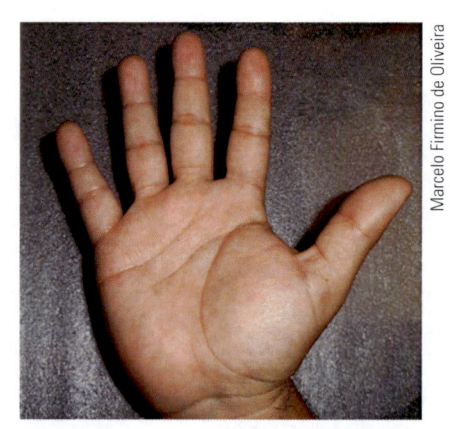

Ao entrar em contato com outras superfícies, a mão
humana transfere suas sujidades
para esta superfície,
criando uma impressão fiel e individual.

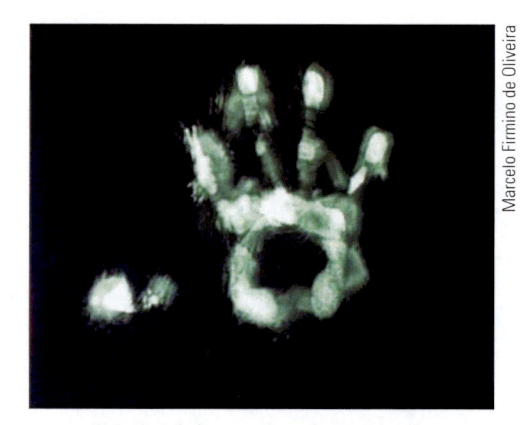

Este tipo de impressão pode ser coletado
por diferentes métodos físicos e químicos
e utilizado para fins de identificação forense.

Página 39

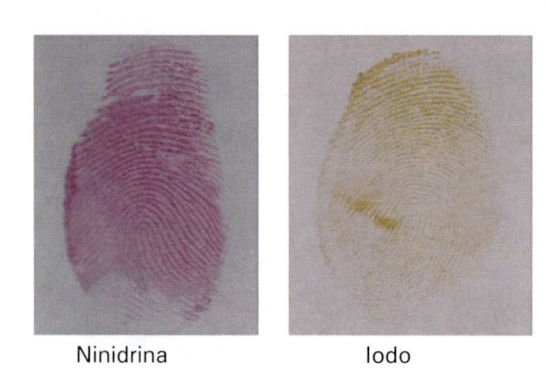

Ninidrina — Iodo — Cianoacrilato

Diferentes tipos de reveladores químicos utilizados na pesquisa de impressões digitais.

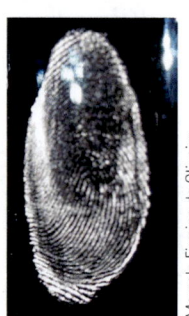

Página 45

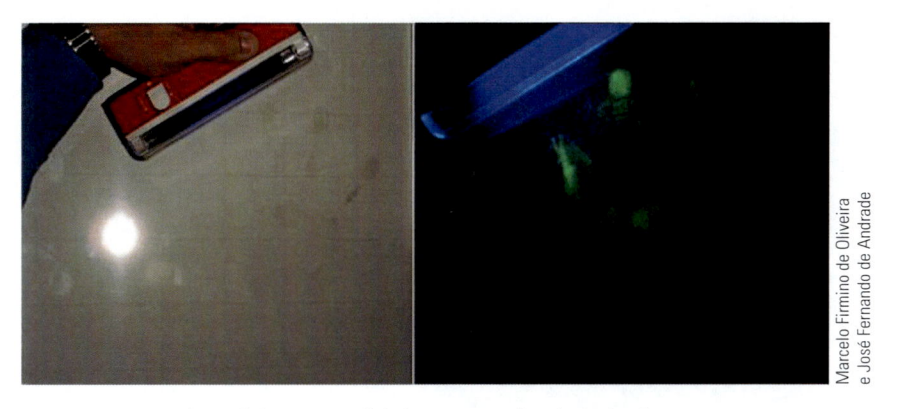

Revelação de impressões digitais com o uso de substâncias fluorescentes.

Página 45

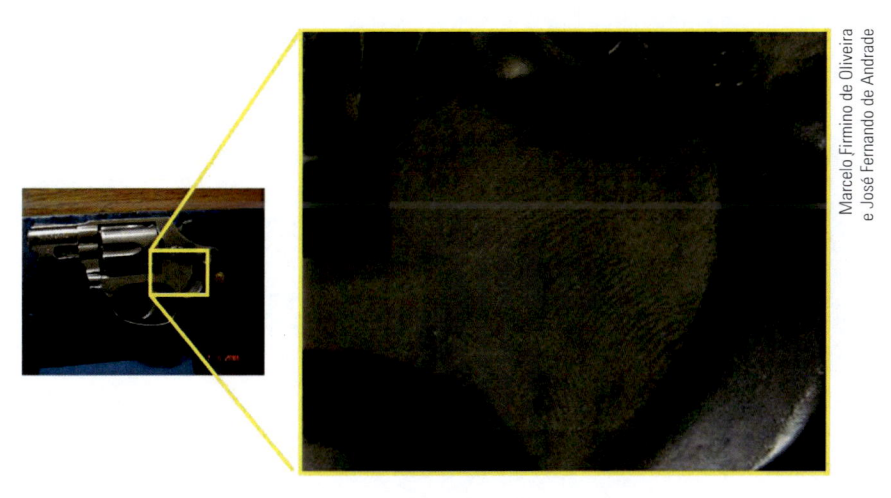

Arma periciada. Visão aproximada da impressão digital, revelada mediante aplicação de pó de negro de fumo.

Página 46

Solução de luminol recentemente preparada para uso.

Detecção de vestígios de sangue através do uso de luminol.

Página 51

Resultado positivo para chumbo (manchas rosa) utilizando
o teste de rodizonato de sódio.

Página 66

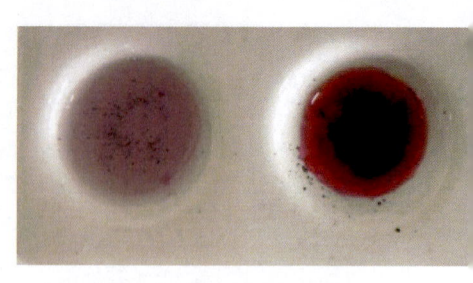

Reação negativa (à esquerda) e positiva (à direita)
para nitritos utilizando o reagente de Griess.

Página 67

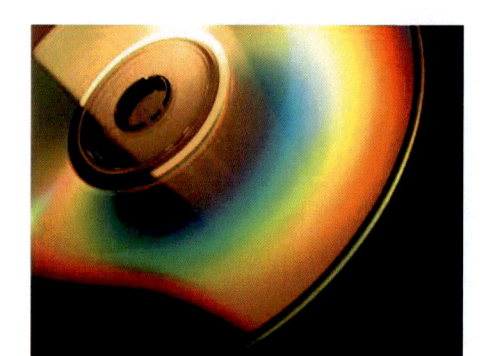

Difração da luz solar na superfície de um CD,
que se assemelha a uma rede de difração
usada em espectrofotometria.

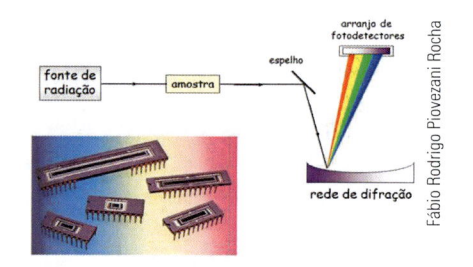

Representação esquemática de um
espectrofotômetro multicanal.
A fotografia refere-se a arranjos lineares de
fotodetectores com até 1.024 elementos sensíveis.

Página 79

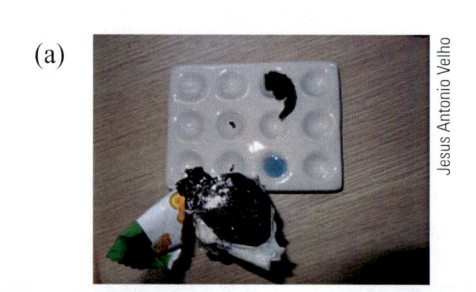

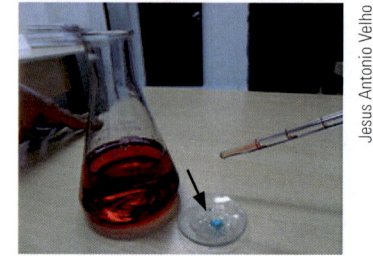

Identificação positiva de cocaína em material apreendido. (a) Cocaína dentro de um suposto complemento alimentar de ameixa.
(b) Material suspeito antes da adição de tiocianato de cobalto. (c) Após adição do reagente, confirmação com surgimento da coloração azul.

Página 85

Fenômeno	Faixa de energia	Técnica
Redistribuição da nuvem eletrônica (transições eletrônicas)	1,65 a 6,2 eV (λ de 200 a 700 nm (a partir do ultravioleta médio); ν de $3,8 \times 10^{14}$ a $1,5 \times 10^{15}$ Hz)	Espectroscopia de absorção ou de emissão eletrônica
Vibração dos átomos (transições vibracionais)	0,049 a 0,25 eV (λ de 5 a 25 μm (infravermelho médio); ν de $1,2 \times 10^{13}$ a $6,0 \times 10^{13}$ Hz)	Espectroscopia vibracional
Rotação molecular (transições rotacionais)	1,24 μeV a 1,24 meV (λ de 1 mm a 1 m; ν de 300 MHz a 300 GHz)	Espectroscopia rotacional

Fonte: Weber Amendola com base em Dalva Lúcia Araújo de Faria.

Radiação eletromagnética com diferentes energias provoca efeitos distintos sobre a matéria, que dão origem às diferentes técnicas espectroscópicas.

Página 91

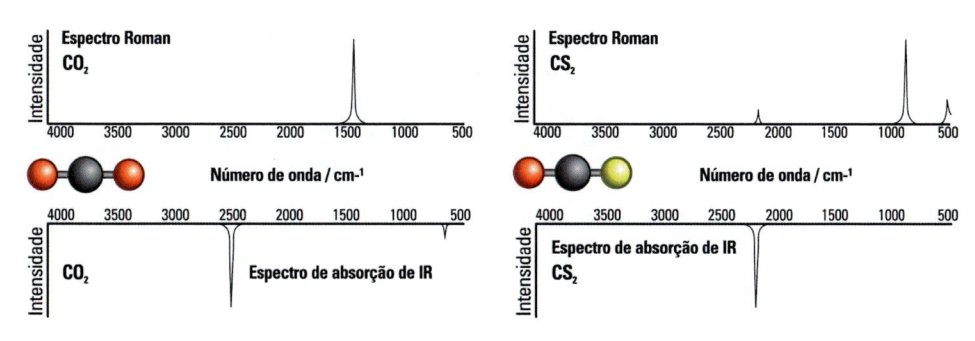

Fonte: Weber Amendola com base em Dalva Lúcia Araújo de Faria.

Espectros vibracionais calculados (Raman e no infravermelho) da molécula de CO_2 e de COS. A presença do centro de inversão na molécula de CO_2 faz que as vibrações ativas no IR não o sejam no espectro Raman; na molécula de COS todos os modos são ativos, tanto no espectro Raman quanto no de absorção no IR, apesar de as intensidades não serem as mesmas.

Página 94

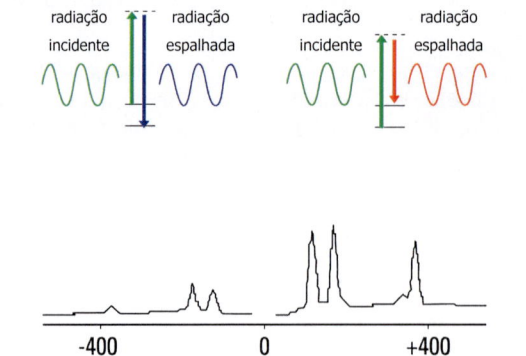

Fonte: Weber Amendola com base em Dalva Lúcia Araújo de Faria.

Regiões Stokes (à direita) e anti-Stokes (à esquerda) de um espectro Raman.
Em geral, a região de interesse é apenas a Stokes.

Página 120

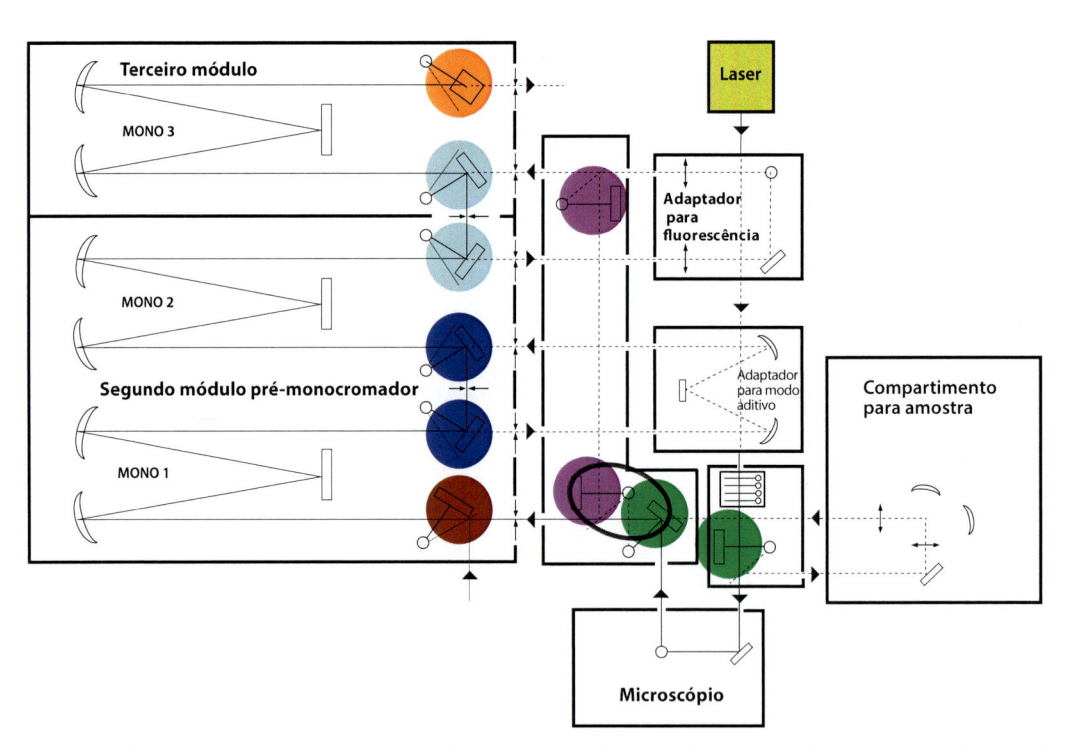

Fonte: ©HORIBA, Jobin Yvon SAS. Disponível em: <http://www.horiba.com/fileadmin/uploads/Scientific/Documents/Raman/T64000.pdf>.
Acesso em: 6 jul. 2015.

Esquema de equipamento Raman dispersivo (T64000, Jobin Yvon Horiba).

Página 121

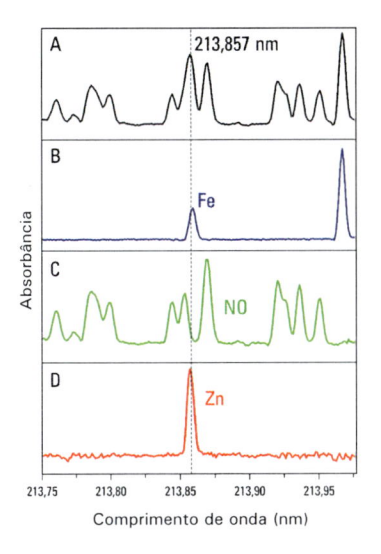

Fonte: Weber Amendola com base em Flávio Venâncio Nakadi.

Espectros obtidos por HR CS AAS com atomização em chama de: (A) mistura de zinco (0,1 mg L^{-1}), ferro (500 mg L^{-1}) e ácido nítrico 5% v v^{-1}; (B) solução de ferro (500 mg L^{-1}); (C) solução de ácido nítrico 5% v v^{-1}; e (D) espectro de zinco depois da correção de mínimos quadrados em 213,857 nm.

Página 148

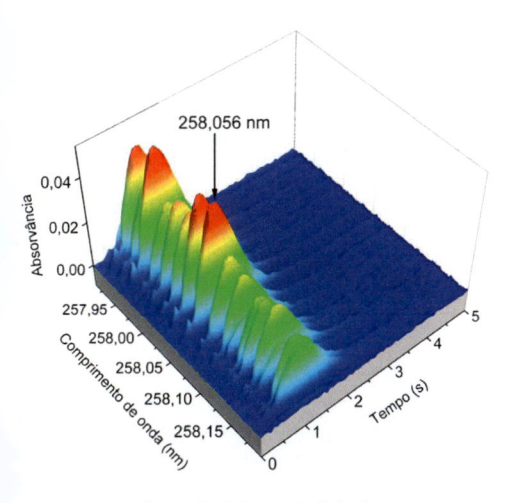

Fonte: Flávio Venâncio Nakadi.

Espectro da molécula CS de uma solução de tioureia (0,20 mg de enxofre) na região espectral de 258,056 nm.

Página 149

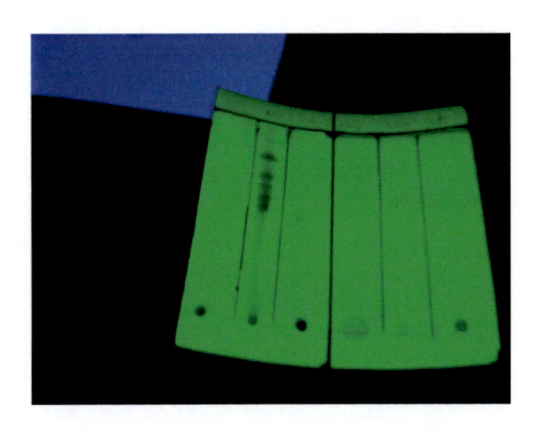

Na segunda raia, da esquerda para a direita, tem-se um perfil típico de cromatograma obtido para solução de extrato de amostra de maconha.

Página 162

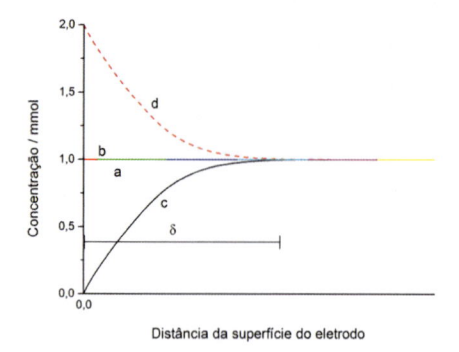

Fonte: Thiago R. L. C. Paixão.

Perfil de concentração sem (*a* e *b*) e com aplicação de um potencial de 0,6 V (*c* e *d*) para uma solução contendo 1×10^{-3} mol L^{-1} K$_3$Fe(CN)$_6$ e 1×10^{-3} mol L^{-1} K$_4$Fe(CN)$_6$ em eletrólito suporte 1 mol L^{-1} KNO$_3$. δ = espessura da camada de difusão.

Página 266

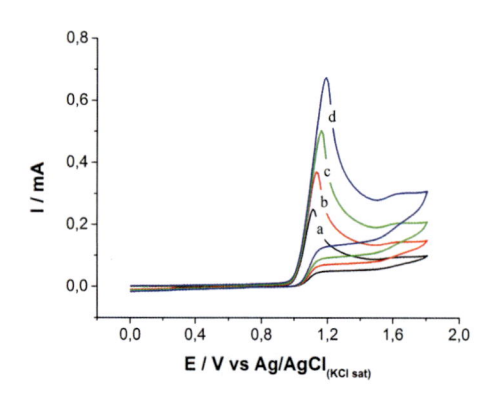

Fonte: Thiago R. L. C. Paixão.

Voltamogramas cíclicos obtidos com eletrodo de carbono vítreo em 1 H$_2$O: 1 etanol 0,1 mol L^{-1} HClO$_4$ na ausência (a) e presença de fenacetina a uma concentração final de 1 (b), 2 (c), 5 (d), 10 (e) e 20 (f) mmol L^{-1}. V = 50 mV s^{-1}.

Página 274

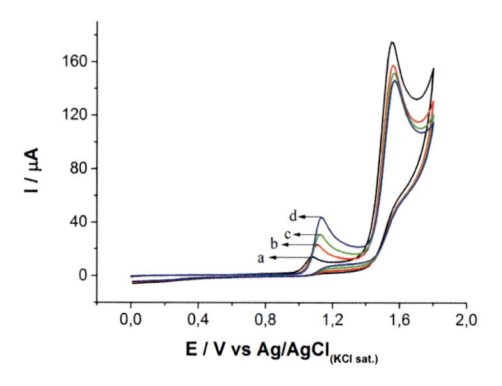

Fonte: Thiago R. L. C. Paixão.

Voltamogramas cíclicos obtidos com eletrodo de carbono vítreo em 1 H$_2$O: 1 etanol 0,1 mol L^{-1} HClO$_4$ na presença de fenacetina 25 mmol L^{-1} a uma velocidade de varredura de 20 (a), 50 (b), 100 (c) e 200 (d) mV s^{-1}.

Página 275

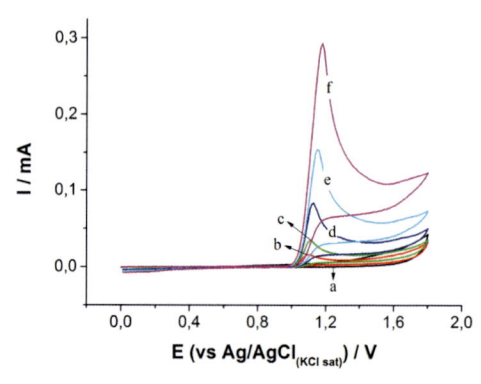

Fonte: Thiago R. L. C. Paixão.

Voltamogramas cíclicos obtidos com eletrodo de carbono vítreo em 1 H$_2$O: 1 etanol 0,1 mol L^{-1} HClO$_4$ na presença de cocaína (a), com adições sucessivas de fenacetina a uma concentração final de 1 (b), 1,9 (c) e 3,6 (d) mmol L^{-1}. V = 50 mV s^{-1}.

Página 276

Positivo **Negativo**

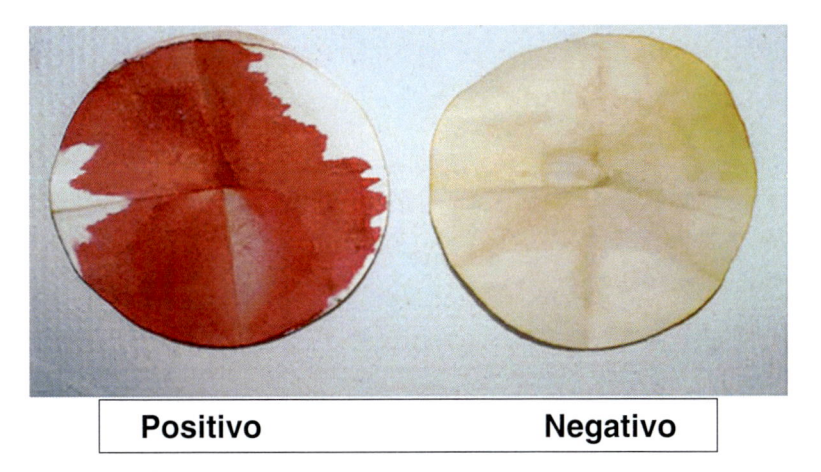

Fonte: Marco Antonio Balbino e Jesus Antonio Velho.

Exame de constatação para canabinoides. À esquerda, reação entre a amostra suspeita (diluída em meio orgânico) e o Fast Blue B salt. À direita, demonstração de resultado negativo para canabinoides.

Página 285

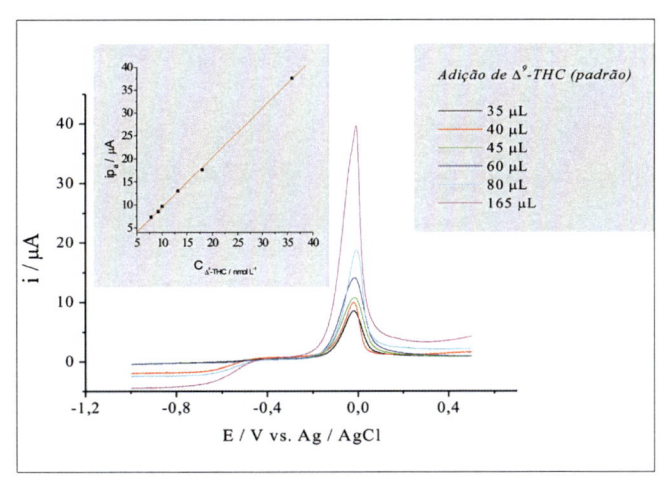

Fonte: Weber Amendola com base em Marco Antonio Balbino.

Voltamograma linear referente a sucessivas adições de padrão Δ^9-THC $1,27 \times 10^{-6}$ mol L^{-1}, utilizando eletrólito de suporte (TBATFB) em meio misto (DMF e água, na proporção 9:1 v/v). Eletrodo de trabalho de carbono vítreo e velocidade de varredura: 100 mV s^{-1}. Curva analítica da i_{pa} vs. concentração (nmol L^{-1} de Δ^9-THC) (Balbino et al., 2012).

Página 289

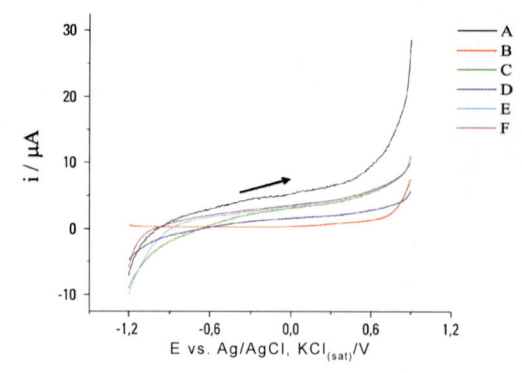

Fonte: Weber Amendola com base em Marco Antonio Balbino.

Voltamogramas de pulso diferencial referente a: A) eletrólito de suporte (TBATFB) 0,1 mol L^{-1} em meio misto (DMF e água, na proporção 9 : 1 v/v), com reagente colorimétrico Fast blue B salt nas concentrações; B) $1,0 \times 10^{-9}$ mol L^{-1}; C) $1,0 \times 10^{-7}$ mol L^{-1}; D) $1,0 \times 10^{-5}$ mol L^{-1}; E) $1,0 \times 10^{-4}$ mol L^{-1}; F) $1,0 \times 10^{-3}$ mol L^{-1}. Eletrodo de trabalho de disco de carbono vítreo (Balbino, 2014).

Página 292

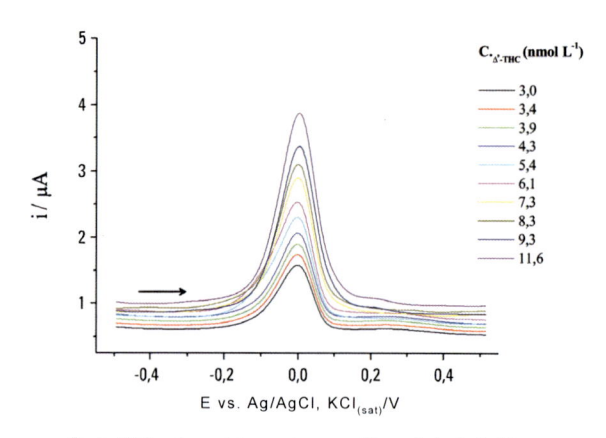

Fonte: Weber Amendola com base em Marco Antonio Balbino.

Voltamogramas de pulso diferencial da solução padrão Δ^9-THC $1,1 \times 10^{-6}$ mol L^{-1} derivatizada com reagente colorimétrico Fast Blue B salt.

Página 292

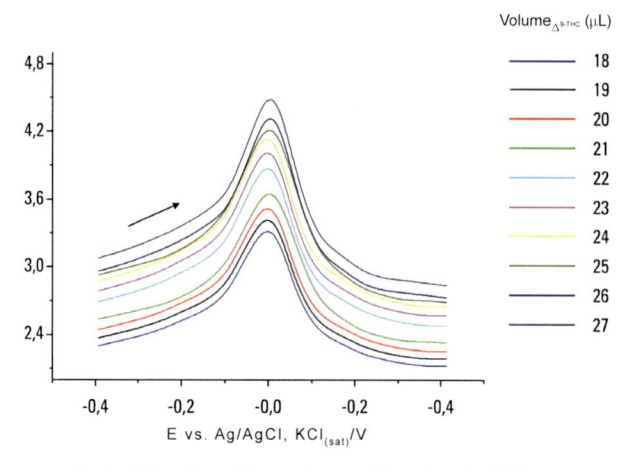

Fonte: Weber Amendola com base em Marco Antonio Balbino.

Voltamogramas de pulso diferencial da solução de Δ^9-THC/Fast Blue B salt obtidos de amostra de maconha apreendida pela polícia (Balbino, 2014).

Página 294

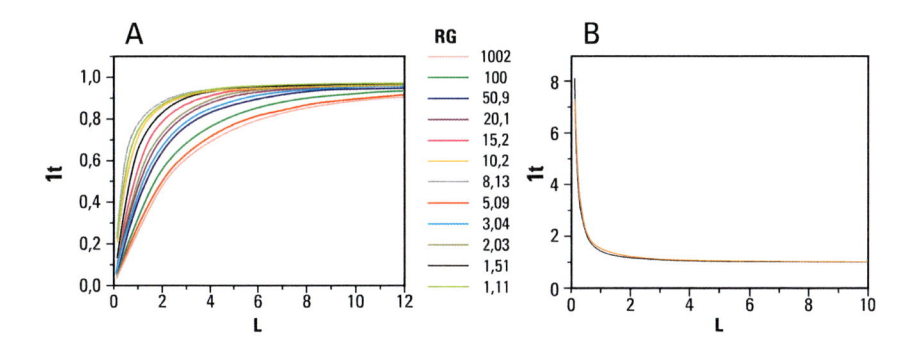

Fonte: Weber Amendola com base em Thiago R. L. C. Paixão.

Curvas de aproximação teóricas obtidas em substrato isolante (A) e condutor (B) para microeletrodos com diferentes valores de RG.

Página 305

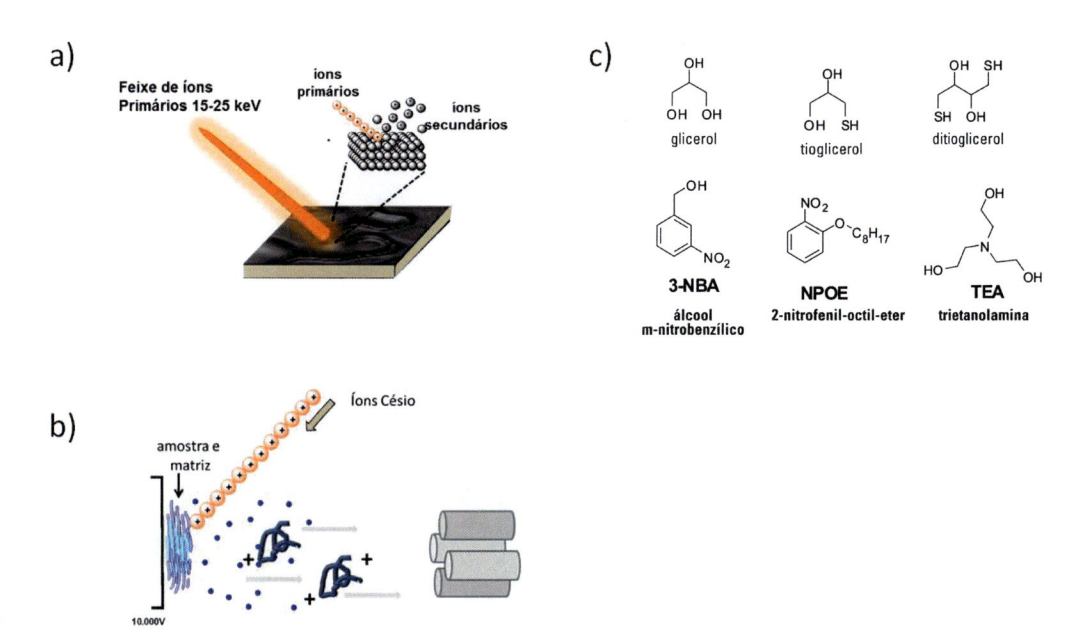

Fonte: Luiz Alberto Beraldo de Moraes e Tânia Petta (a e b). Weber Amendola com base em Luiz Alberto Beraldo de Moraes e Tânia Petta (c).

Representação esquemática da fonte de (a) SIMS, (b) FAB e (c) principais matrizes.

Página 348

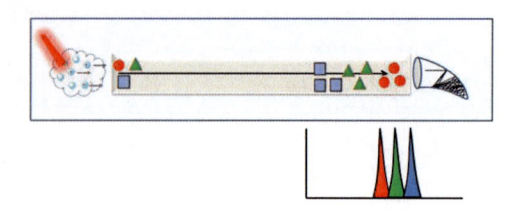

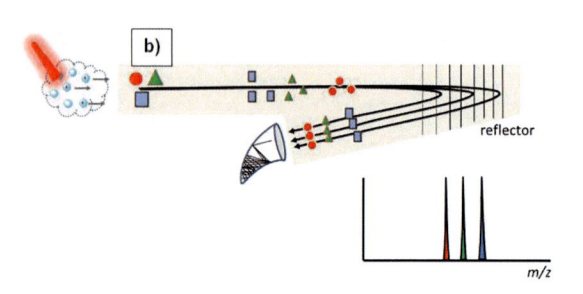

Fonte: Luiz Alberto Beraldo de Moraes e Tânia Petta.
Representação esquemática de um analisador de (a) TOF linear e (b) modo refletor.

Página 354

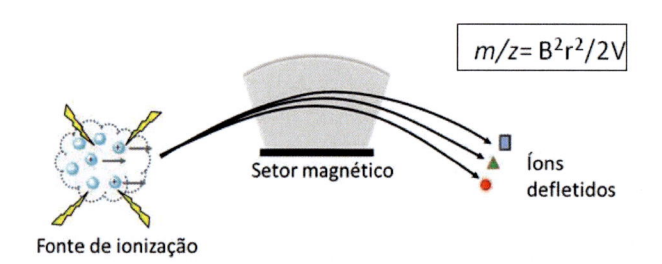

$$m/z = B^2r^2/2V$$

Fonte: Luiz Alberto Beraldo de Moraes e Tânia Petta.
Representação esquemática do analisador de setor magnético.

Página 355

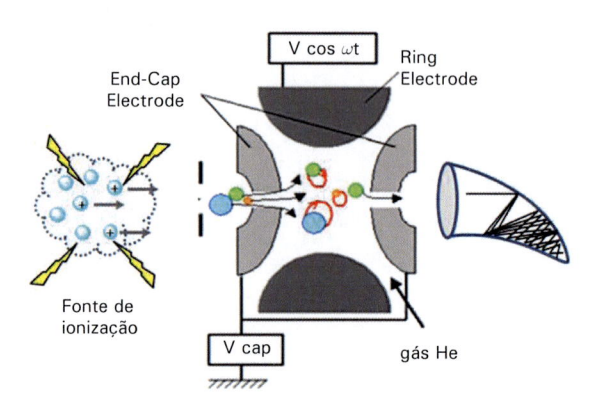

Fonte: Luiz Alberto Beraldo de Moraes e Tânia Petta.
Representação esquemática de um analisador QIT.

Página 357

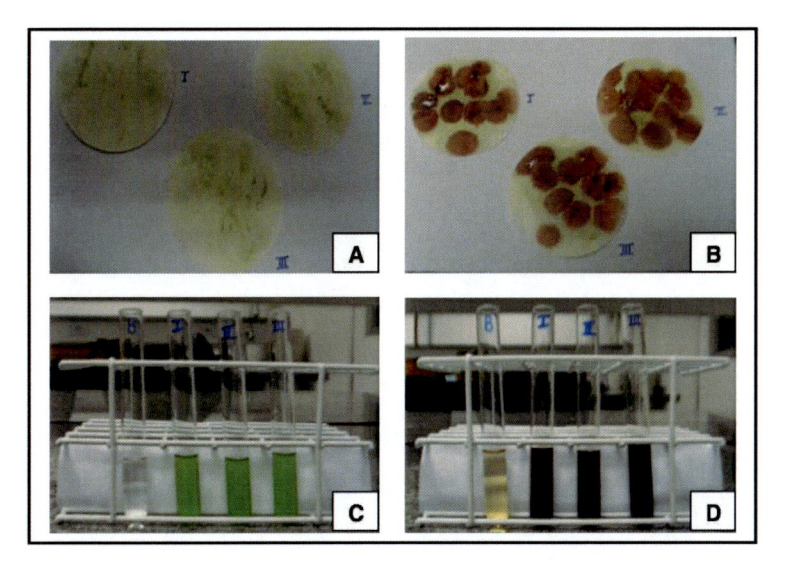

Fonte: Elaborada pelos autores (Thiago Alves Lopes Silva, Haienny Araújo da Silva e Matheus Manoel Teles de Menezes).

Teste de Fast Blue B realizado com folhas *in natura* de mangueira (*Mangifera indica*).
A- Papel-filtro após a maceração das folhas e evaporação do solvente;
B- Papel-filtro após adição da solução de Fast Blue B 0,25% indicando resultado positivo;
C- Tubos de ensaio com extrato etanólico das folhas; **D**- Tubos de ensaio com extrato etanólico das folhas após adição da solução de Fast Blue B 0,25% indicando resultado positivo.

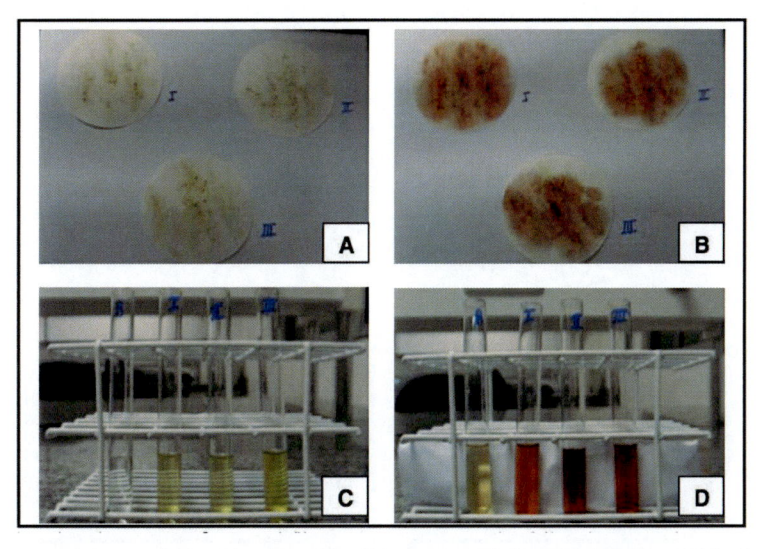

Fonte: Elaborada pelos autores (Thiago Alves Lopes Silva, Haienny Araújo da Silva e Matheus Manoel Teles de Menezes).

Teste de Fast Blue B realizado com folhas de mangueira (*Mangifera indica*) após 12 h de secagem a 100 °C. **A**- Papel-filtro após a maceração das folhas e evaporação do solvente; **B**- Papel-filtro após adição da solução de Fast Blue B 0,25% indicando resultado negativo; **C**- Tubos de ensaio com extrato etanólico das folhas; **D**- Tubos de ensaio com extrato etanólico das folhas após adição da solução de Fast Blue B 0,25% indicando resultado negativo.

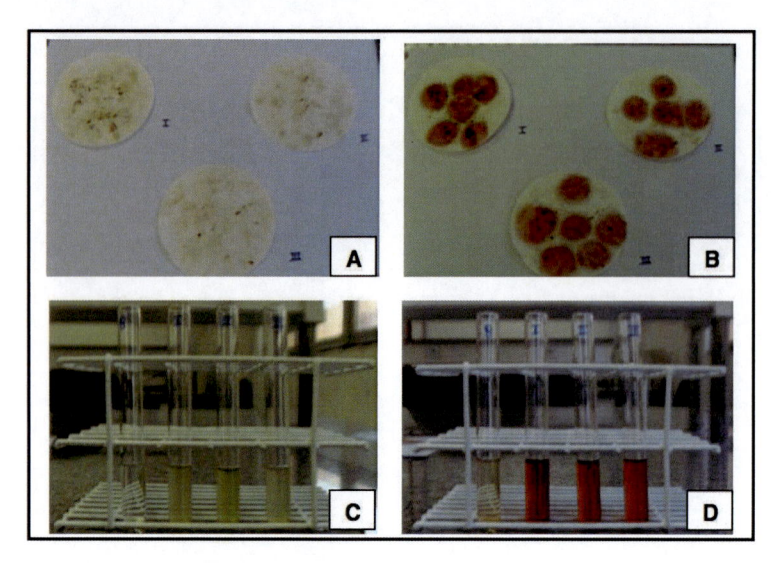

Fonte: Elaborada pelos autores (Thiago Alves Lopes Silva, Haienny Araújo da Silva e Matheus Manoel Teles de Menezes).

Teste de Fast Blue B realizado com folhas de mangueira (*Mangifera indica*) após 24 h de secagem a 100 ºC. **A**- Papel-filtro após a maceração das folhas e evaporação do solvente; **B**- Papel-filtro após adição da solução de Fast Blue B 0,25% indicando resultado negativo; **C**- Tubos de ensaio com extrato etanólico das folhas; **D**- Tubos de ensaio com extrato etanólico das folhas após adição da solução de Fast Blue B 0,25% indicando resultado negativo.

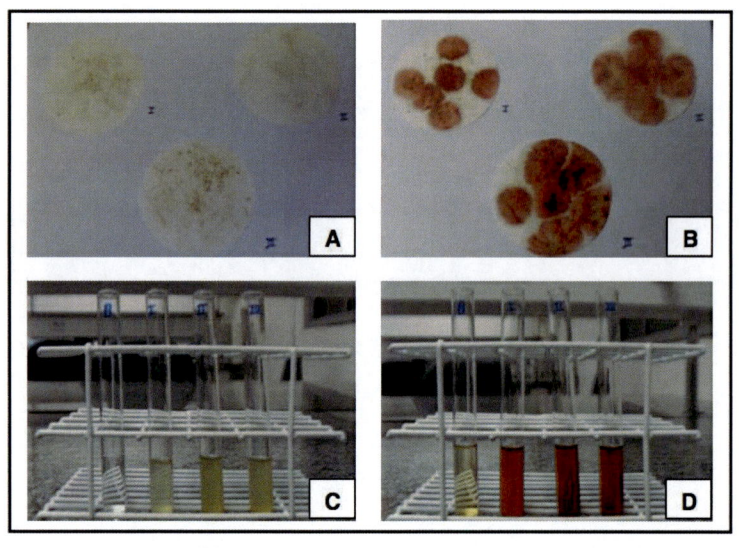

Fonte: Elaborada pelos autores (Thiago Alves Lopes Silva, Haienny Araújo da Silva e Matheus Manoel Teles de Menezes).

Teste de Fast Blue B realizado com folhas de mangueira (*Mangifera indica*) após 36 h de secagem a 100 ºC. **A**- Papel-filtro após a maceração das folhas e evaporação do solvente; **B**- Papel-filtro após adição da solução de Fast Blue B 0,25% indicando resultado negativo; **C**- Tubos de ensaio com extrato etanólico das folhas; **D**- Tubos de ensaio com extrato etanólico das folhas após adição da solução de Fast Blue B 0,25% indicando resultado negativo.

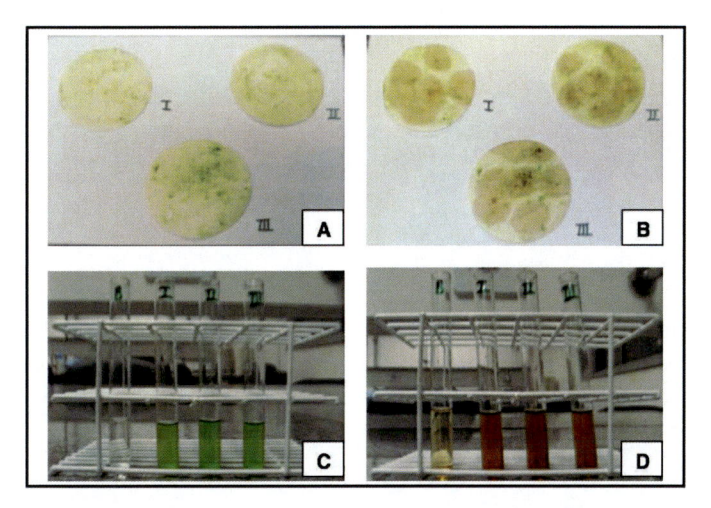

Fonte: Elaborada pelos autores (Thiago Alves Lopes Silva, Haienny Araújo da Silva e Matheus Manoel Teles de Menezes).

Teste de Fast Blue B realizado com folhas *in natura* de losna (*Artemisia absinthium*). **A-** Papel-filtro após a maceração das folhas e evaporação do solvente; **B-** Papel-filtro após adição da solução de Fast Blue B 0,25% indicando resultado negativo; **C-** Tubos de ensaio com extrato etanólico das folhas; **D-** Tubos de ensaio com extrato etanólico das folhas após adição da solução de Fast Blue B 0,25% indicando resultado negativo.

Página 380

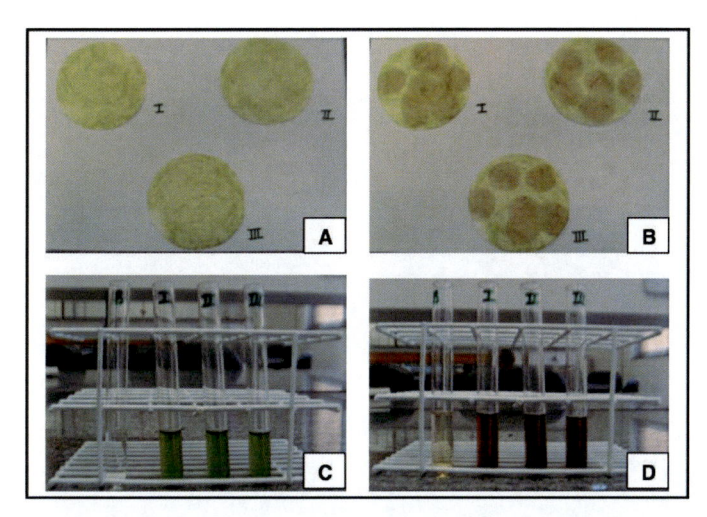

Fonte: Elaborada pelos autores (Thiago Alves Lopes Silva, Haienny Araújo da Silva e Matheus Manoel Teles de Menezes).

Teste de Fast Blue B realizado com folhas de losna (*Artemisia absinthium*) após 12 h de secagem a 100 °C. **A-** Papel-filtro após a maceração das folhas e evaporação do solvente; **B-** Papel-filtro após adição da solução de Fast Blue B 0,25% indicando resultado negativo; **C-** Tubos de ensaio com extrato etanólico das folhas; **D-** Tubos de ensaio com extrato etanólico das folhas após adição da solução de Fast Blue B 0,25% indicando resultado negativo.

Página 380

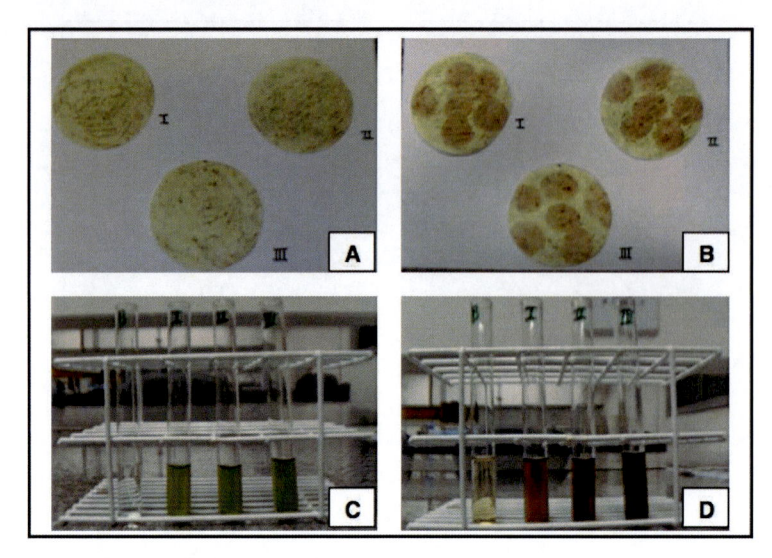

Fonte: Elaborada pelos autores (Thiago Alves Lopes Silva, Haienny Araújo da Silva e Matheus Manoel Teles de Menezes).

Teste de Fast Blue B realizado com folhas de losna (*Artemisia absinthium*) após 24 h de secagem a 100ºC. **A**- Papel-filtro após a maceração das folhas e evaporação do solvente; **B**- Papel-filtro após adição da solução de Fast Blue B 0,25% indicando resultado negativo; **C**- Tubos de ensaio com extrato etanólico das folhas; **D**- Tubos de ensaio com extrato etanólico das folhas após adição da solução de Fast Blue B 0,25% indicando resultado negativo.

Página 381

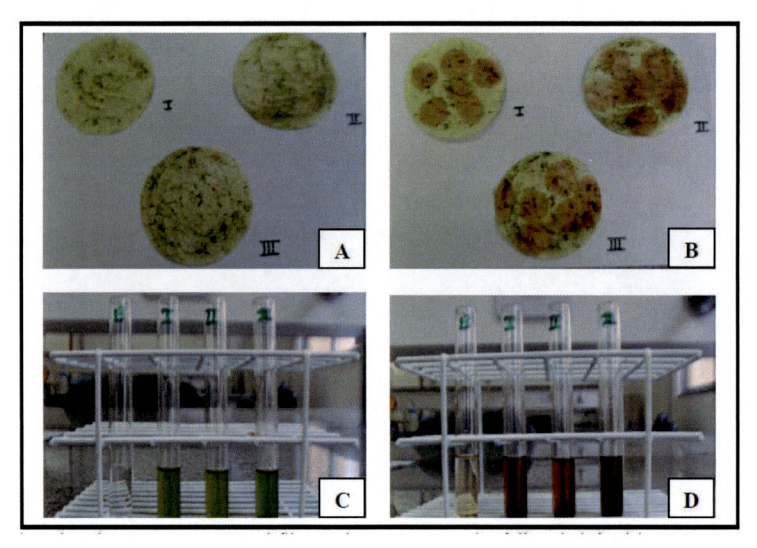

Fonte: Elaborada pelos autores (Thiago Alves Lopes Silva, Haienny Araújo da Silva e Matheus Manoel Teles de Menezes).

Teste de Fast Blue B realizado com folhas *in natura* de losna (*Artemisia absinthium*) após 36 h de secagem a 100 º C. **A**- Papel-filtro após a maceração das folhas e evaporação do solvente; **B**- Papel-filtro após adição da solução de Fast Blue B 0,25% indicando resultado negativo; **C**- Tubos de ensaio com extrato etanólico das folhas; D- Tubos de ensaio com extrato etanólico das folhas após adição da solução de Fast Blue B 0,25% indicando resultado negativo.

Página 381

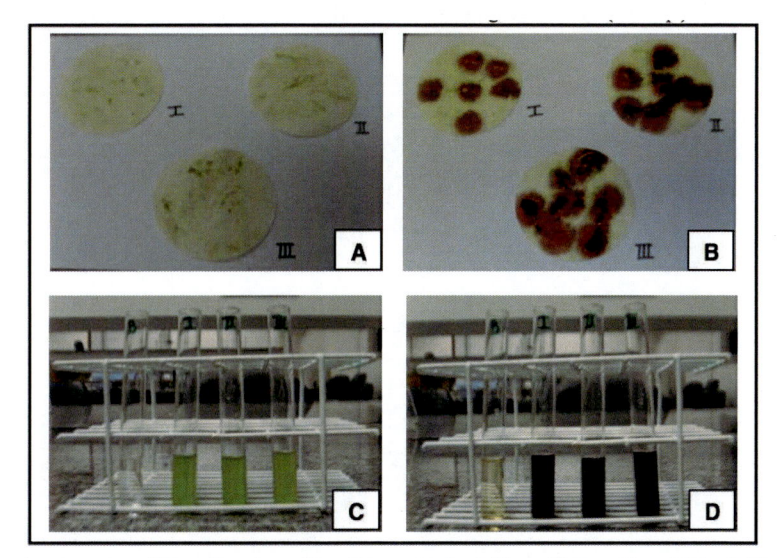

Fonte: Elaborada pelos autores (Thiago Alves Lopes Silva, Haienny Araújo da Silva e Matheus Manoel Teles de Menezes).

Teste de Fast Blue B realizado com folhas *in natura* de salgueiro-chorão (*Salix* sp.).
A- Papel-filtro após a maceração das folhas e evaporação do solvente;
B- Papel-filtro após adição da solução de Fast Blue B 0,25% indicando resultado positivo;
C- Tubos de ensaio com extrato etanólico das folhas; **D**- Tubos de ensaio com extrato etanólico das folhas após adição da solução de Fast Blue B 0,25% indicando resultado positivo.

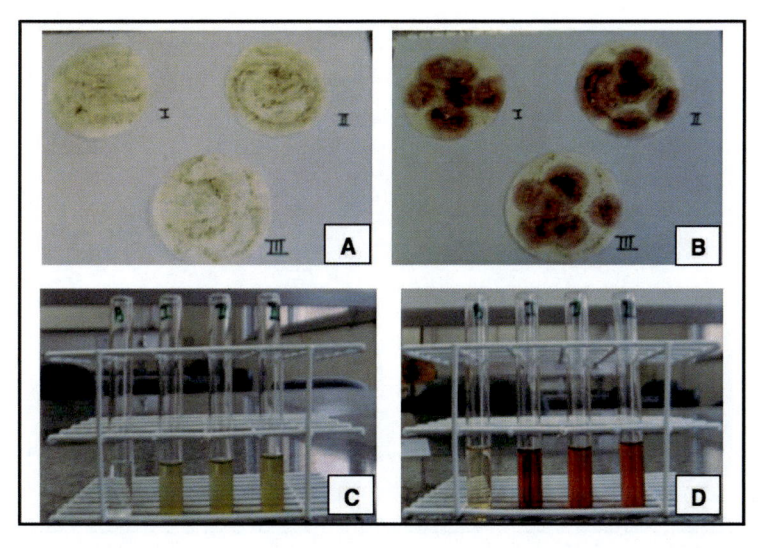

Fonte: Elaborada pelos autores (Thiago Alves Lopes Silva, Haienny Araújo da Silva e Matheus Manoel Teles de Menezes).

Teste de Fast Blue B realizado com folhas *in natura* de salgueiro-chorão (*Salix* sp.) após secagem de 12 h a 100 °C. **A**- Papel-filtro após a maceração das folhas e evaporação do solvente;
B- Papel-filtro após adição da solução de Fast Blue B 0,25% indicando resultado positivo;
C- Tubos de ensaio com extrato etanólico das folhas; **D**- Tubos de ensaio com extrato etanólico das folhas após adição da solução de Fast Blue B 0,25% indicando resultado positivo.

Fonte: Elaborada pelos autores (Thiago Alves Lopes Silva, Haienny Araújo da Silva e Matheus Manoel Teles de Menezes).

Teste de Fast Blue B realizado com folhas *in natura* de salgueiro-chorão (*Salix* sp.)
após secagem de 24 h a 100 ºC. **A**- Papel-filtro após a maceração das folhas e evaporação do solvente;
B- Papel-filtro após adição da solução de Fast Blue B 0,25% indicando resultado positivo;
C- Tubos de ensaio com extrato etanólico das folhas; **D**- Tubos de ensaio com extrato etanólico das folhas
após adição da solução de Fast Blue B 0,25% indicando resultado positivo.

Página 383

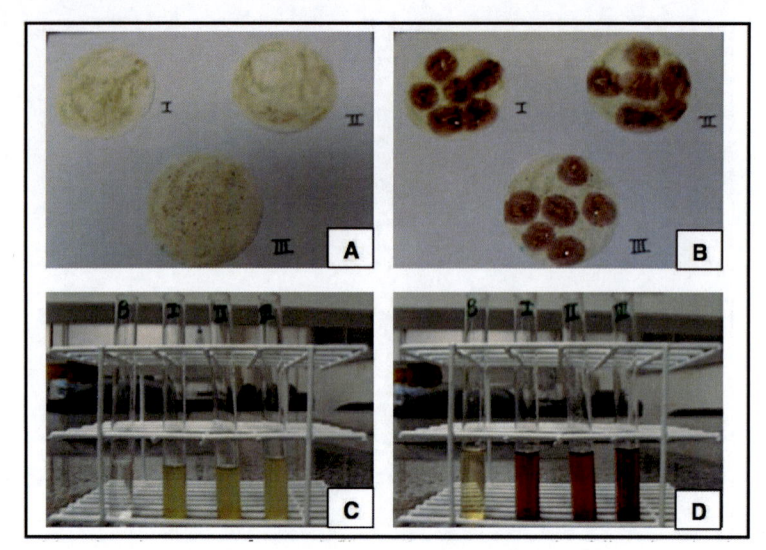

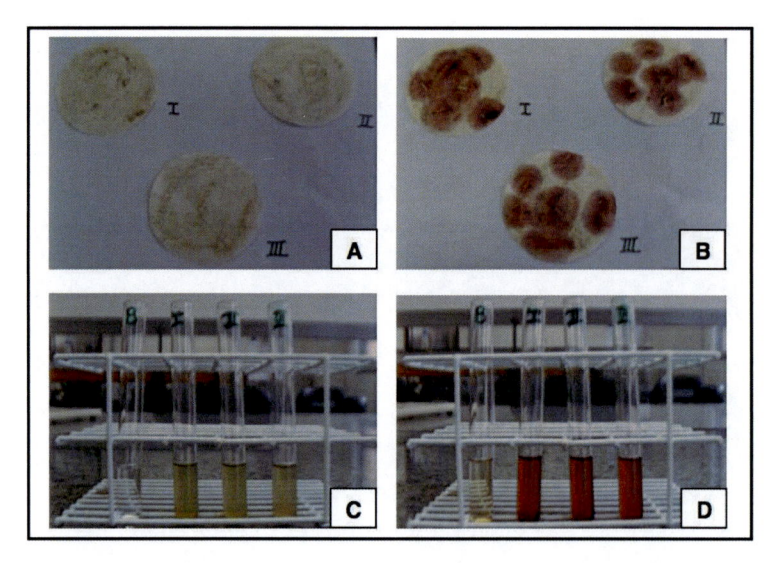

Fonte: Elaborada pelos autores (Thiago Alves Lopes Silva, Haienny Araújo da Silva e Matheus Manoel Teles de Menezes).

Teste de Fast Blue B realizado com folhas *in natura* de salgueiro-chorão (*Salix* sp.)
após secagem de 36 h a 100 ºC. **A**- Papel-filtro após a maceração das folhas e evaporação do solvente;
B- Papel-filtro após adição da solução de Fast Blue B 0,25% indicando resultado positivo;
C- Tubos de ensaio com extrato etanólico das folhas; **D**- Tubos de ensaio com extrato etanólico das folhas
após adição da solução de Fast Blue B 0,25% indicando resultado positivo.

Página 384

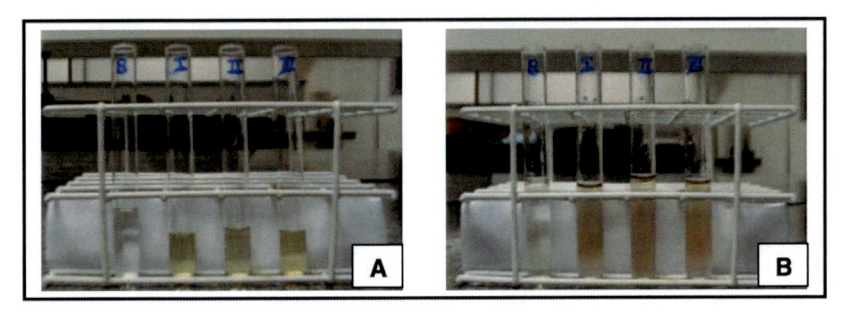

Fonte: Elaborada pelos autores (Thiago Alves Lopes Silva, Haienny Araújo da Silva e Matheus Manoel Teles de Menezes).

Teste de Duquenóis-Levine realizado com folhas *in natura* de mangueira (*Mangifera indica*).
A- Tubos de ensaio com solução de vanilina 2% após extração;
B- Tubos de ensaio após adição de ácido clorídrico P.A. indicando resultado negativo.

Página 384

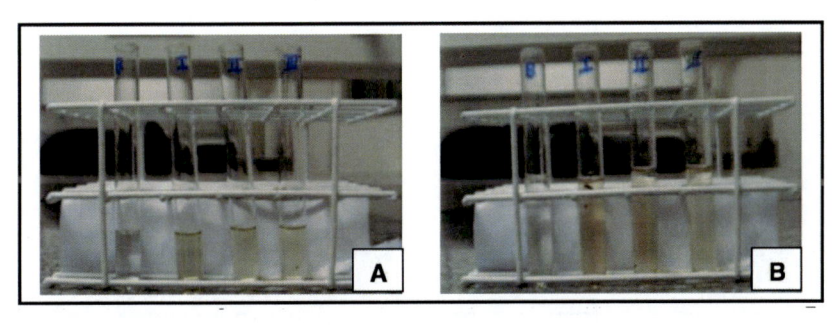

Fonte: Elaborada pelos autores (Thiago Alves Lopes Silva, Haienny Araújo da Silva e Matheus Manoel Teles de Menezes).

Teste de Duquenóis-Levine realizado com folhas de mangueira (*Mangifera indica*)
após 12 h de secagem a 100 °C. **A-** Tubos de ensaio com solução de vanilina 2% após extração;
B- Tubos de ensaio após adição de ácido clorídrico P.A. indicando resultado negativo.

Página 385

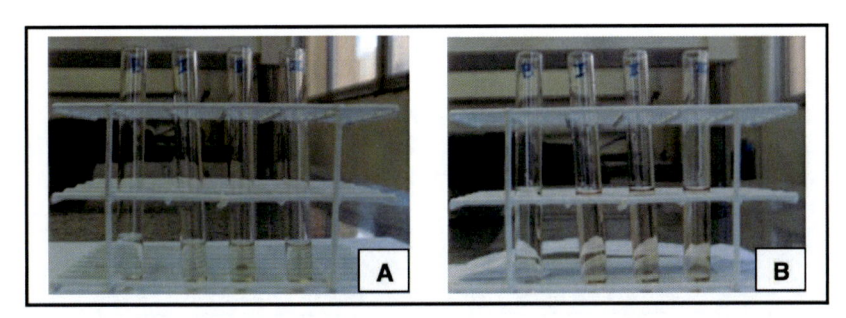

Fonte: Elaborada pelos autores (Thiago Alves Lopes Silva, Haienny Araújo da Silva e Matheus Manoel Teles de Menezes).

Teste de Duquenóis-Levine realizado com folhas de mangueira (*Mangifera indica*)
após 24 h de secagem a 100 °C. **A-** Tubos de ensaio com solução de vanilina 2% após extração;
B- Tubos de ensaio após adição de ácido clorídrico P.A. indicando resultado negativo.

Página 385

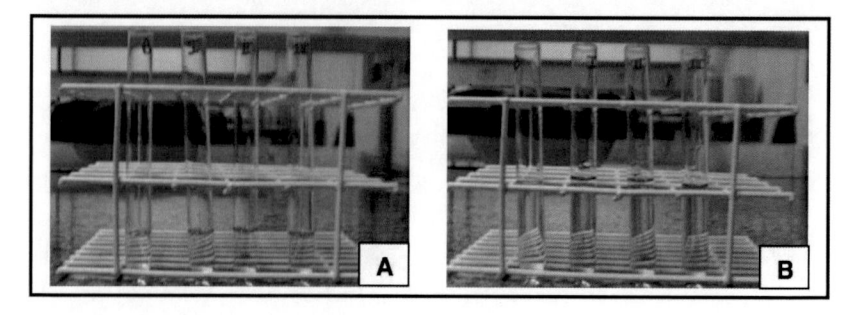

Fonte: Elaborada pelos autores (Thiago Alves Lopes Silva, Haienny Araújo da Silva e Matheus Manoel Teles de Menezes).

Teste de Duquenóis-Levine realizado com folhas de mangueira (*Mangifera indica*) após 36 h de secagem a 100 °C. **A**- Tubos de ensaio com solução de vanilina 2% após extração; **B**- Tubos de ensaio após adição de ácido clorídrico P.A. indicando resultado negativo.

Página 385

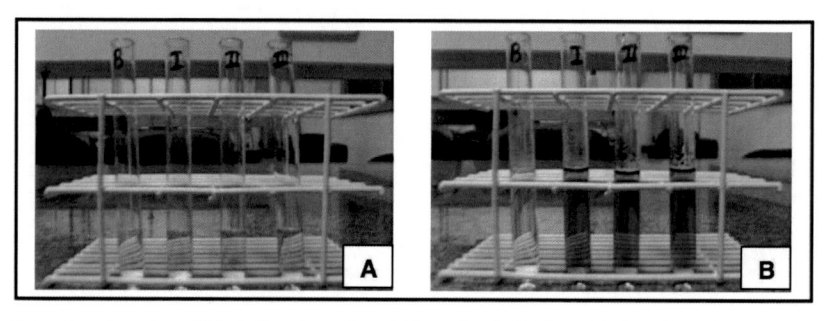

Fonte: Elaborada pelos autores (Thiago Alves Lopes Silva, Haienny Araújo da Silva e Matheus Manoel Teles de Menezes).

Teste de Duquenóis-Levine realizado com folhas *in natura* de losna (*Artemisia absinthium*). **A**- Tubos de ensaio com solução de vanilina 2% após extração; **B**- Tubos de ensaio após adição de ácido clorídrico P.A. indicando resultado negativo.

Página 386

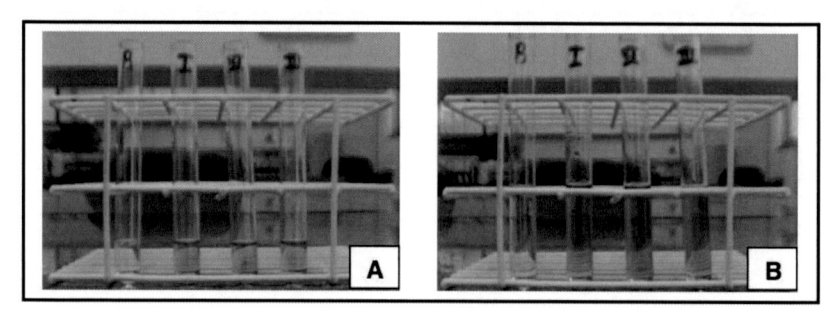

Fonte: Elaborada pelos autores (Thiago Alves Lopes Silva, Haienny Araújo da Silva e Matheus Manoel Teles de Menezes).

Teste de Duquenóis-Levine realizado com folhas *in natura* de losna (*Artemisia absinthium*) após 12 h de secagem a 100 °C. **A**- Tubos de ensaio com solução de vanilina 2% após extração; **B**- Tubos de ensaio após adição de ácido clorídrico P.A. indicando resultado negativo.

Página 386

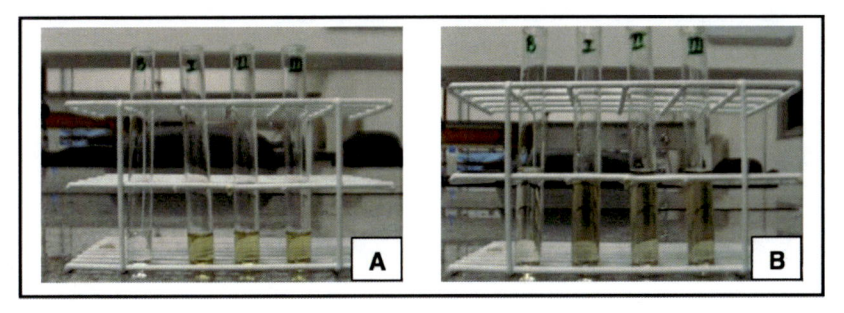

Fonte: Elaborada pelos autores (Thiago Alves Lopes Silva, Haienny Araújo da Silva e Matheus Manoel Teles de Menezes).

Teste de Duquenóis-Levine realizado com folhas *in natura* de losna (*Artemisia absinthium*) após 24 h de secagem a 100 °C. **A-** Tubos de ensaio com solução de vanilina 2% após extração; **B-** Tubos de ensaio após adição de ácido clorídrico P.A. indicando resultado negativo.

Página 386

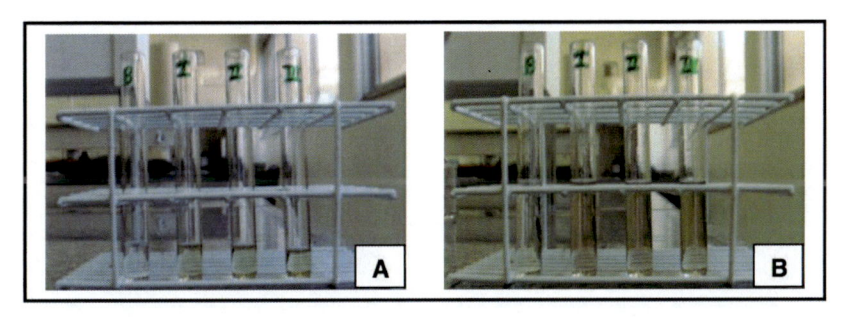

Fonte: Elaborada pelos autores (Thiago Alves Lopes Silva, Haienny Araújo da Silva e Matheus Manoel Teles de Menezes).

Teste de Duquenóis-Levine realizado com folhas *in natura* de losna (*Artemisia absinthium L.*) após 36 h de secagem a 100 °C. **A-** Tubos de ensaio com solução de vanilina 2% após extração; **B-** Tubos de ensaio após adição de ácido clorídrico P.A. indicando resultado negativo.

Página 387

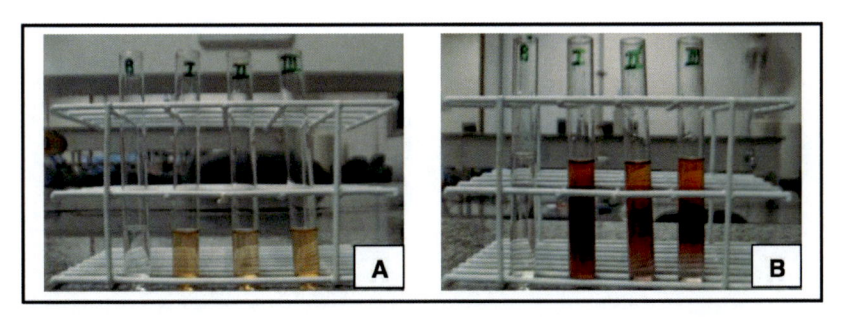

Fonte: Elaborada pelos autores (Thiago Alves Lopes Silva, Haienny Araújo da Silva e Matheus Manoel Teles de Menezes).

Figura 22 Teste de Duquenóis-Levine realizado com folhas *in natura* de salgueiro-chorão (*Salix* sp.). **A-** Tubos de ensaio com solução de vanilina 2% após extração; **B-** Tubos de ensaio após adição de ácido clorídrico P.A. indicando resultado inconclusivo.

Página 387

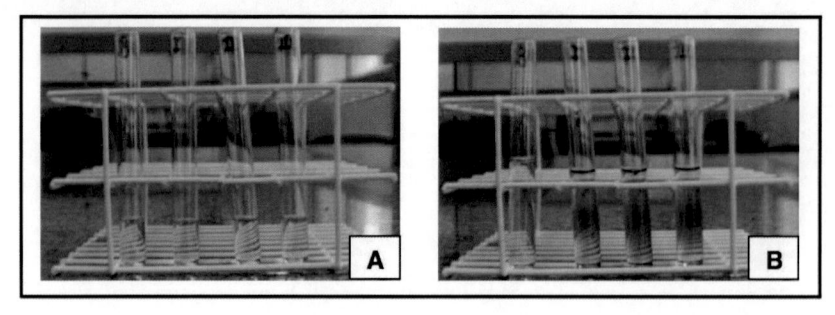

Fonte: Elaborada pelos autores (Thiago Alves Lopes Silva, Haienny Araújo da Silva e Matheus Manoel Teles de Menezes).

Teste de Duquenóis-Levine realizado com folhas *in natura* de salgueiro-chorão (*Salix* sp.) após 12 h de secagem a 100 °C. **A**- Tubos de ensaio com solução de vanilina 2% após extração; **B**- Tubos de ensaio após adição de ácido clorídrico P.A. indicando resultado positivo.

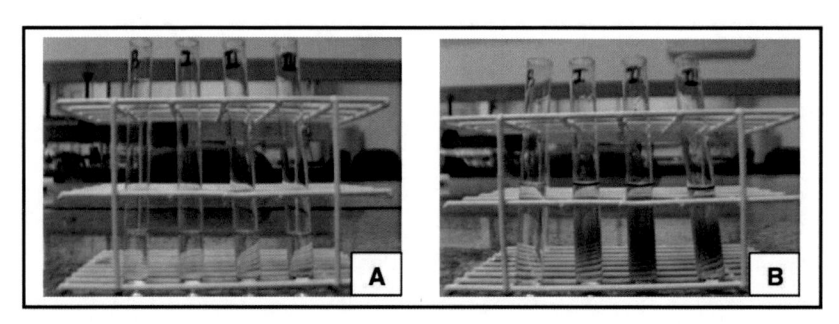

Fonte: Elaborada pelos autores (Thiago Alves Lopes Silva, Haienny Araújo da Silva e Matheus Manoel Teles de Menezes).

Teste de Duquenóis-Levine realizado com folhas *in natura* de salgueiro chorão (*Salix* sp.) após 24 h de secagem a 100 °C. **A**- Tubos de ensaio com solução de vanilina 2% após extração; **B**- Tubos de ensaio após adição de ácido clorídrico P.A. indicando resultado positivo.

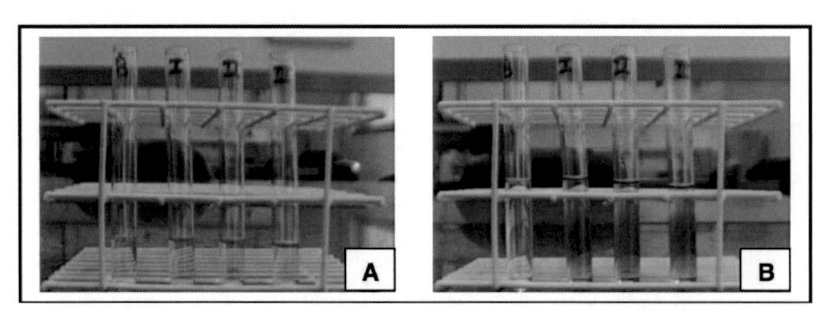

Fonte: Elaborada pelos autores (Thiago Alves Lopes Silva, Haienny Araújo da Silva e Matheus Manoel Teles de Menezes).

Teste de Duquenóis-Levine realizado com folhas *in natura* de salgueiro-chorão (*Salix* sp.) após 36 h de secagem a 100 °C. **A**- Tubos de ensaio com solução de vanilina 2% após extração; **B**- Tubos de ensaio após adição de ácido clorídrico P.A. indicando resultado positivo.

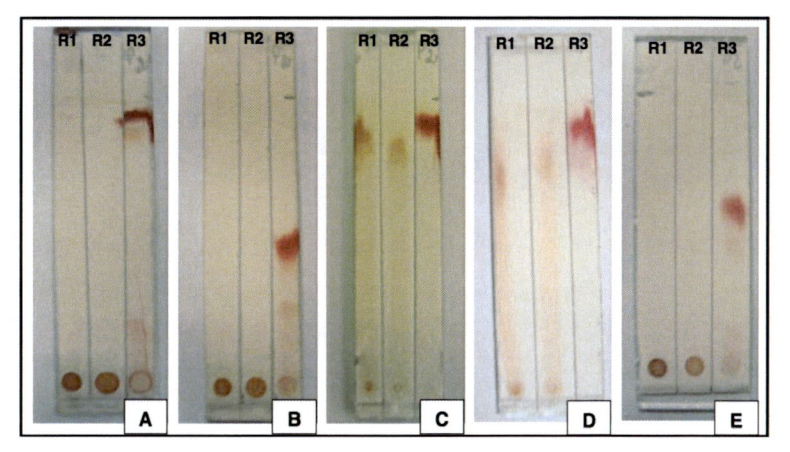

Fonte: Elaborada pelos autores (Thiago Alves Lopes Silva, Haienny Araújo da Silva e Matheus Manoel Teles de Menezes).

CCDA com extrato das folhas *in natura* de mangueira (*Mangifera indica*) (R1), extrato das folhas após 36 h de secagem a 100 °C (R2) e extrato de *Cannabis sativa* L. (R3). **A**- Placa de CCDA em sílica gel 60 (fase móvel – éter de petróleo/éter etílico 90/10 (%v/v)); **B**- Placa de CCDA em sílica gel 60 (fase móvel – hexano/éter etílico 80/20 (% v/v)); **C**- Placa de CCDA em sílica gel 60 (fase móvel – metanol 100%); **D**- Placa de CCDA em sílica gel 60 (fase móvel – metanol/acetona 70/30 (%v/v)); **E**- Placa de CCDA em sílica (fase móvel – tolueno/clorofórmio 70/30 (%v/v)).

Página 389

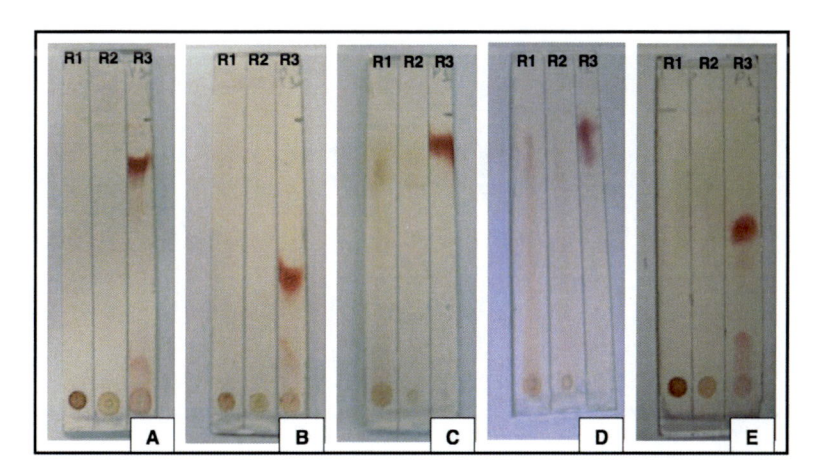

Fonte: Elaborada pelos autores (Thiago Alves Lopes Silva, Haienny Araújo da Silva e Matheus Manoel Teles de Menezes).

CCDA com extrato das folhas *in natura* de salgueiro-chorão (*Salix* sp.) (R1), extrato das folhas de salgueiro chorão (*Salix* sp.) após 36 h de secagem a 100 °C (R2), e extrato de *Cannabis sativa* L. (R3). **A**- Placa de CCDA em sílica gel 60 (fase móvel – éter de petróleo/ éter etílico 90/10 (%v/v)); **B**- Placa de CCDA em sílica gel 60 (fase móvel – hexano/éter etílico 80/20 (%v/v)); **C**- Placa de CCDA em sílica gel 60 (fase móvel – metanol 100%); **D**- Placa de CCDA em sílica gel 60 (fase móvel – metanol/acetona 70/30 (%v/v)); **E**- Placa de CCDA em sílica (fase móvel – tolueno/clorofórmio 70/30 (%v/v)).

Página 390

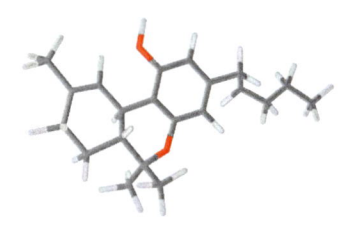

Fonte: Weber Amendola com base em Menezes (2010). Reprodução autorizada.

Fórmula Estrutural Espacial do Δ9-THC. A região cinza-escuro designa carbono; a vermelha, oxigênio; e a cinza-claro, hidrogênio.

Página 409

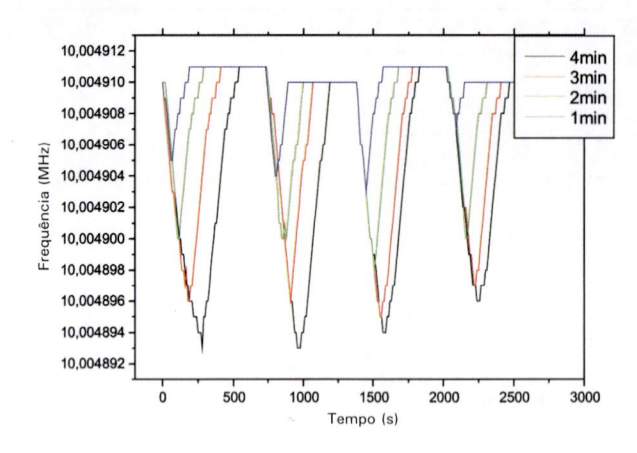

Fonte: Weber Amendola com base em Menezes (2010). Reprodução autorizada.

Gráfico da variação de frequência (MHZ) *versus* tempo (s) para o extrato de maconha, utilizando-se Fast Blue B Salt recoberto com Náfion como modificador químico.

Página 412

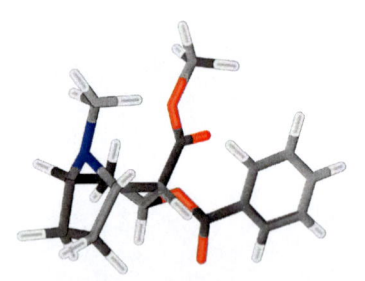

Fonte: Weber Amendola com base em Menezes (2010). Reprodução autorizada.

Fórmula estrutural espacial da cocaína
(ácido metil éster 3-benzoiloxi-8-metil-8-azabiciclo [3.2.1] octano-4-carboxílico).
A região cinza-escuro designa carbono; a vermelha, oxigênio; a azul, nitrogênio; e a cinza-claro, hidrogênio.

Página 413